中国横断山区硅藻研究

Diatoms in the Hengduan Mountains，China

罗　粉　尤庆敏　于　潘　王全喜

编　著

上海科学技术出版社

图书在版编目（CIP）数据

中国横断山区硅藻研究 / 罗粉等编著. -- 上海：
上海科学技术出版社，2024.7
ISBN 978-7-5478-6577-4

Ⅰ. ①中… Ⅱ. ①罗… Ⅲ. ①横断山脉－山区－硅藻
纲－分布－研究－中国 Ⅳ. ①Q948.884.26

中国国家版本馆CIP数据核字(2024)第061696号

中国横断山区硅藻研究
罗　粉　尤庆敏　于　潘　王全喜　编著

上海世纪出版(集团)有限公司
上海 科 学 技 术 出 版 社　出版、发行
(上海市闵行区号景路 159 弄 A 座 9F－10F)
邮政编码 201101　　www.sstp.cn
上海颛辉印刷厂有限公司印刷
开本 889×1194　1/16　印张 37
字数：1100 千字
2024 年 7 月第 1 版　2024 年 7 月第 1 次印刷
ISBN 978 - 7 - 5478 - 6577 - 4/Q·85
定价：380.00 元

内容介绍

 本书阐述了我国横断山区硅藻 2 纲 9 目 23 科 124 属 1079 种（含变种及变型），其中包括 8 个新种、121 个中国新记录种。书中所有种类硅藻均附有光镜或电镜照片，共计 398 个图版。

 书中介绍了硅藻种类的分布、生境及理化指标，描述了横断山区硅藻的区系特征，并分析了海拔、水温、pH、水体形态等环境因子对硅藻分布的影响。本书是横断山区藻类研究的重要图书，也是我国淡水硅藻研究的重要文献。

 本书可供生物学、植物学、藻类学、生态学、环境科学、地质学及地理学等领域的工作者，高等院校有关师生，水产养殖及环境保护科学工作者，以及相关学科的科研、教学人员参考。

序

  横断山是我国青藏高原东南部,四川、云南两省西部和西藏自治区东部南北向山脉的总称。"广义"上的横断山东起邛崃山,西抵伯舒拉岭,北界位于昌都、甘孜至马尔康一线,南界抵达中缅边境的山区,面积 60 余万 km²。横断山区海拔较高,山高谷深,山地垂直地带性明显;它位于亚热带,同时拥有亚热带、温带、寒带的环境条件;这里受西南季风和东南季风的影响明显,热量充足,降水丰富,利于植物的生长,区域内生物资源丰富,物种独特,是我国乃至世界生物多样性最丰富的地区之一。

  有关横断山区高等植物、脊椎动物、昆虫、大型真菌等生物多样性的调查的工作已有很多,但有关藻类的研究却很少。对于这样一个神奇的区域,开展藻类生物多样性的研究,一直吸引着我们。早在 2006 年,我们就开始在云南丽江、迪庆等地采集标本;2010—2014 年,我们对四川若尔盖、九寨沟等横断山东北部进行了 7 次采集;2015—2018 年,我们对横断山区进行了 3 次大规模的野外采集。我们对多年来采集的标本进行了系统的观察鉴定,对横断山区硅藻区系分布与生态,进行了分析,写成此书,为横断山生物多样性和中国硅藻研究提供参考资料。

  本书记述了我国横断山区的硅藻植物 124 属 1079 种(含变种及变型),其中描述了 8 个新种和 121 个中国新记录种,所有种类均附有光镜或电镜照片,共计 398 个图版。书中提供了硅藻种类的分布、生境及理化指标,描述了横断山区硅藻的区系特征,并初步分析了影响硅藻分布的环境因子。由于本书种类较多,只对新种和中国新记录种进行了描述,其他种均以表格名录的形式呈现。

标本的采集地点、生境条件也呈现在不同的表格中。名录的顺序按照王全喜等《中国淡水硅藻科属志》的系统排列，属下单位按拉丁字母顺序排列。

本书从采集标本到完稿出版时间很长，感谢庞婉婷、刘琪、曹玥、吴波、王艳璐、倪依晨、李博、房勇、邢冰伟、张黎炬等参加部分硅藻照片的拍摄或野外采集工作！本研究获得多项国家自然科学基金支持：中国横断山区硅藻分类与区系研究（32170205）、淡水曲丝藻科（硅藻门）的分类学研究（32100165）、若尔盖湿地及附近水域硅藻分类生态研究（31270249），写作和出版过程得到云财教（2023）159号高等教育121工程专项资金州市高校提质工程——应用生物科学B类专业建设项目（02003002033001）和云南省科技厅基础研究项目（202301AU070177）的资助，谨此致谢！

由于我们的水平所限，书中错误在所难免，敬请各位批评指正。

2023 年 7 月

目　　录

第 1 章

概　述

1.1　硅藻的特征及作用

　　硅藻(Diatoms)是一类单细胞的真核藻类,含有叶绿素 a、叶绿素 c、叶黄素和类胡萝卜素,光合作用的产物主要是油脂[1]。硅藻细胞单生或由多个细胞彼此连成链状、带状、丛状、放射状的群体。浮游或着生,着生种类常具胶质柄或者包被在胶质团或胶质管中。硅藻常以一分为二的方式进行繁殖,分裂之后,在原来的壳里,各产生一个新的下壳,也可产生复大孢子或进行有性生殖。硅藻的一个主要特点是硅藻细胞外覆硅质的细胞壁,硅质细胞壁纹理和形态多样,通常辐射对称或两侧对称排列,这种排列方式可作为分类命名的依据[2]。硅藻分布极其广泛,不管是海洋、淡水及潮湿的空气、泥土表面均可发现[3]。目前,全球已报道硅藻约 14 万种[4],我国已报道 4 300 余种。硅藻的主要作用如下。

　　(1)硅藻是水中重要的初级生产者,其光合作用产生大量油脂,使其成为初级消费者喜好的美食,是鱼类、贝类及其他水生动物的主要饵料之一[5]。

　　(2)硅藻在全球碳、氧和硅循环中都起了非常重要的作用。有研究者认为硅藻具有所有有机体中光合效率最高的光合机制,全球约 30% 的氧气均来自硅藻[6]。

　　(3)硅藻可作为水体监测的指示生物。不同的硅藻都有自己的环境偏好和耐受范围,对环境的变化敏感。目前,在许多国家和地区已建立了相对完善的硅藻指数评价体系用于评估河流、湖泊等水体的环境状况。在欧洲地区,硅藻被欧盟水框架组织推荐为评估水环境营养状态的生物指标,被许多国家作为一种水环境监测常规项目用来评价水环境[7]。

　　(4)硅藻光合作用形成脂类的能力也引起了广泛的关注,硅藻成为可再生生物燃料的来源之一[8]。

　　(5)硅藻死后,其硅质细胞壁不会被分解,可长期保存,因此常被用于地层鉴定、古气候研究、法医鉴定等研究中[10]。

　　(6)硅藻死后会沉于水底,经过亿万年的积累和地质变迁成为硅藻土。可作为过滤剂、隔热材料、隔音材料等,工业用途很广,具有较高的经济价值[11]。

1.2　横断山区概况

　　横断山区位于我国西南边陲,青藏高原东南缘,是我国第一阶梯、第二阶梯的分界线,为四川、云南两省西部和西藏自治区东部一系列南北向平行山脉的总称[28],面积约 36 万 km²,是中国最长、最宽和最典型的南北向山系[30]。该地区是由于板块的碰撞挤压而隆起形成的巨大褶皱山脉,加上流水的不断侵蚀,形成了南北走向的高山峡谷平行相间的独特地形,海拔多在 2 000～6 000 m,自东至西的大型山脉和河流依次为岷山—岷江—邛崃山—大渡河—大雪山—雅砻江—沙鲁里山—金沙江—芒康山-云岭—澜沧江—他念他翁山—怒山—怒江—伯舒拉岭-高黎贡山[31]。横断山区总体地势北高南低,高于 5 000 m 的山峰多有雪峰、冰川。大雪山的主峰贡嘎山海拔 7 556 m,是横断山脉的最高峰,其东坡从大渡河谷底到山顶水平距离仅 29 km,而相对高差达 6 400 m[32]。位于北纬 27°10′ 的玉龙雪山是中国纬度最南的现代冰川分布区。长江上游的金沙江、湄公河上游的澜沧江、怒江三条大江在此平行南流,三江并行奔流170 km,穿越担当力卡山、高黎贡山、怒山和云岭等崇山峻岭之间,形成世界上罕见的"江水并流而不交汇"的奇特自然地理景观。其间澜沧江与金沙江最短直线距离为66 km,澜沧江与怒江的最短直线距离为18.6 km。三江并流地处东亚、南亚和青藏高原三大地理区域的交汇处[33],是世界上罕见的高山地貌及其演化的代表地区,也是世界上生物物种最丰富的地区之一。横断山区山间盆地、湖泊众多,古冰川侵蚀与堆积地貌广布,现代冰川作用发育,重力地貌作用,如山崩、滑坡和泥石流屡见。同时,地震频繁,是中国主要地震带之一,著名的鲜水河、安宁河和小江等地震带都分布于本区[29]。

横断山脉气候上受高空西风环流、印度洋和太平洋季风环流的影响,跨越热带、亚热带、高原温带和高原亚寒带四个气候带。由于本区巨大的海拔落差,复杂的山区地形,局部气候变化多端,素有"一山有四季,十里不同天"之称。该区冬干夏雨,干湿季节非常明显,一般5月中旬至10月中旬为湿季,降水量占全年的85%以上,不少地区超过90%,且主要集中于6、7、8三个月;从10月中旬至翌年5月中旬为干季,降雨少,日照长,蒸发大,空气干燥。气候有明显的垂直变化,高原年均温14~16 ℃,最冷月6~9 ℃;谷地年均温可达20 ℃以上。南北走向的山体屏障了西部水汽的进入,如高黎贡山东坡保山,年降水量903 mm左右,年均相对湿度70%;西坡龙陵分别为2 595 mm左右和83%[32]。

横断山区由于特殊的南北走向、重要的地理位置,在地理、地质、生物、水文等诸多科学领域有重要意义。横断山脉是印度洋的暖湿气流进入中国的通道,印度洋的暖湿气流被喜马拉雅山脉和冈底斯山脉两条东西向的高大山脉所阻挡,沿南北走向的横断山脉进入中国,给青藏高原东南地区带来丰沛雨水,进而对这里冰川发育、植物分布有重大影响[34]。由于横断山脉的形成过程是逐渐由近东西走向变为近南北走向的,使这里的生物逐渐进化出非常特殊的适应性,成为动物学和植物学研究的热点地区。另外,由于横断山脉的交通困难,许多地方很少受外来影响,保存了许多少数民族独特文化和未被破坏的自然景观[35]。

横断山区是我国和亚洲东南部主要河流的上游集结地区,河流众多,水网发达。由于该地区山高水急,水资源极为丰富,该地区水资源的开发利用,对能源、工业用水、农业用水及交通运输的开发都有很重要的意义[36]。该地区复杂的地形地貌、多变的气候类型造就了丰富的生物多样性,这里拥有10 000多种高等植物和我国大约50%的鸟类和哺乳动物,国际环保组织将其确定为全球36个生物多样性热点地区之一[37]。

有关横断山区的硅藻研究,最早是 Handel-Mazzetti(1914—1918年)进行了藻类标本采集,后经Skuja(1937年)鉴定和研究,报道了横断山区的硅藻281种(含变种及变型),但文中硅藻仅以名录形式列出,没有对种类进行绘图或拍照[38]。李良庆(1939年)报道云南西北、西南及西康南部的藻类315种,其中硅藻近100种。随后,饶钦止先生(1940年)报道了西康(现川西地区与西藏自治区东部部分地区)的藻类48种。从20世纪60年代至80年代,钱澄宇等对云南的藻类进行了零星的报道。中国科学院曾先后6次(1961年,1966年,1973—1976年)组织多名科研人员,对西藏进行多学科的综合科学考察,朱慧忠和陈嘉佑(2000年)对其中的硅藻进行研究报道,共发现西藏东部地区(横断山西部)硅藻556种(含变种及变型),这是横断山区的硅藻种类数最多的一次报道[17]。包少康(1986年)报道了九寨沟的硅藻30属139种[88]。李艳玲等(2003年)对中国科学院1981—1982年采自横断山区的部分藻类标本进行了观察,鉴定了硅藻桥弯藻科和异极藻科4属117种,并提供了这些种类的生境和分布信息。李艳玲等(2007年)对采自云南8个高原湖泊的硅藻进行鉴定,提供了60个种类名录。随后,李艳玲团队陆续报道了采自横断山区硅藻的2个新属和10余个新种[89-93]。

2006年以来,本课题组6次奔赴横断山区进行硅藻标本的采集,采集的标本近2 000号,已经初步报道四川西部的硅藻500余种。李博2013年报道了四川牟尼沟硅藻192种[40];倪依晨2014年报道我国西南部分地区硅藻236种[41];2015年,刘琪报道我国四川若尔盖湿地及附近水域硅藻357种[42];2017年,王全喜等报道九寨沟硅藻176种[58];2019年,王艳璐等报道川西南地区单壳缝目硅藻87种[87];除此之外,徐继雄、于潘、尤庆敏、罗粉等对横断山区硅藻新种和中国新记录种进行报道[25][94-97][119][139][166-167]。

综上所述,对横断山区硅藻的分类工作已经有一些研究基础,但已报道种类涉及的采样点较少,研究还不系统,不能很好的反映横断山区硅藻的多样性现状。

1.3　硅藻标本的采集及处理

1.3.1　采样时间及地点

本书所涉及的标本采自于 2006 年 6 月、2009 年 8 月、2010 年 7 月、2011 年 8 月、2012 年 5 月、2012 年 10 月、2012 年 12 月、2013 年 7 月、2014 年 7 月、2015 年 8 月、2018 年 5 月、2018 年 10 月及 2020 年 8 月,共采集标本 2 000 余号。主要采样区域有:四川(康定情歌风景区、海螺沟风景区、九寨沟风景区、牟尼沟风景区、稻城亚丁风景区、若尔盖湿地、折多山、海子山、四姑娘山、螺髻山、新都桥、道孚县、小金县、丹巴县、理塘县、巴塘县、汶川县、冕宁县、西昌市、邛海、岷江、大渡河、雅砻江、青衣江等);云南(丽江、维西、香格里拉、德钦县、宁蒗、腾冲、保山、泸沽湖、金沙江、澜沧江、怒江等);西藏(芒康县、左贡县、八宿县、墨脱县、波密县、然乌湖、大熊措、雅鲁藏布江、帕隆藏布等)。采样生境包括湖泊、池塘、沼泽、瀑布、河流、溪流、温泉、盐池等。标本采集记录见附录。

1.3.2　标本的采集、处理、观察及保存

1. 采样工具

25$^\#$号浮游网、牙刷、吸管、镊子、多参数水质测量仪 YSI、pH 计、温度计、标本瓶、野外采集记录本、记录笔等。

2. 采样记录

标本采集按照采集记录本上的统一格式详细记录,包括标本编号、采集地、采集日期、采集方法(着生或浮游)、生境、着生基质、海拔、水温、pH 值、溶氧、电导率、TDS、盐度等。

3. 标本处理

(1) 将野外采集的标本放入 50 ml 的标本瓶中,现场用 4% 的甲醛溶液固定。

(2) 将野外采集的标本取出 15 ml 放入离心管中,离心后将沉淀转入消解管中,然后加入 10 ml 浓硝酸,置于微波消解仪中进行消解处理,待反应完成并冷却后,取出样品并将其转入到离心管中,离心后用纯净水清洗然后再离心,清洗 6 次,将清洗后的沉淀转移到 dorf 管中,加入 75% 的酒精进行保存[42]。

(3) 取适量存于 dorf 管中的硅藻样品,用 Naphax 胶制成永久封片。

(4) 取适量存于 dorf 管中的硅藻样品涂在粘有锡箔纸的金属台上,用于电镜观察。

4. 标本观察及鉴定

主要使用 Olympus BX53 光学显微镜和日立 SU8010 扫描电子显微镜对标本进行观察、拍照,使用 Photoshop 软件对照片进行排版,参考国内外经典书籍、文献及网站进行鉴定。

5. 标本保存

(1) 将野外采集的标本放入 50 ml 的标本瓶中,现场用 4% 的甲醛溶液固定,带回实验室封闭保存。

(2) 将消解后的样品转移到 dorf 管中,加入 75% 的酒精进行保存。

(3) 将消解后的样品制成永久封片,保存在标本盒中。

所有标本存放于上海师范大学生命科学学院藻类与环境实验室,部分备份标本保存于玉溪师范学院化学生物与环境学院标本室。

第2章

横断山区硅藻生物多样性

2.1 横断山区硅藻的种类组成

利用光学显微镜和扫描电子显微镜对横断山区硅藻标本进行观察,共发现硅藻 2 纲 9 目 23 科 124 属 1079 种(含变种及变型),其中包括 8 个新种:具球脆杆藻 *Fragilaria sphaerophorum* Luo & Wang,林芝网孔藻 *Punctastriata nyingchiensis* Luo & Wang,稻城短缝藻 *Eunotia daochengensis* Luo & Wang,横断拟内丝藻 *Encyonopsis hengduanensis* Luo & Wang,极小拟内丝藻 *Encyonopsis perpuilla* Luo & Wang,德钦瑞氏藻 *Reimeria deqinensis* Luo & Wang,披针形异极藻 *Gomphonema lancettula* Luo & Wang,横断拉菲亚藻 *Adlafia hengduanensis* Luo & Wang;121 个中国新记录种。所有种类的名录、分布,以及每个种的图版编号见表 2-1,新种和中国新记录种的详细描述见第 3 章。

表 2-1 横断山区硅藻名录及分布情况表
Table 2-1 Lists and distribution of diatoms in Hengduan Mountains

种类名称	省区分布			水系分布								标本号代号	图版(Plate)
	川	滇	藏	MJ	DDH	YLJ	JSJ	LCJ	NJ	DLJ	YLZBJ		
中心纲													
直链藻目 Melosirales													
直链藻科 Melosiraceae													
直链藻属 *Melosira*													
变异直链藻 *M. varians* Agardh	+	+	+	+	+	+	+	+	+		+	7,11,46,49,50,58,59, 60,61,68,69,70,71,73, 74,75,76,77,78,81,82, 83,84,85,88,95,96,159, 160,164	Pl. 1:1~10
沟链藻科 Aulacoseiraceae													
沟链藻属 *Aulacoseira*													
模糊沟链藻 *A. ambigua* (Grunow) Simonsen	+	+		+	+							10,11,12,40,58,59,60, 61,63,64	Pl. 2:5~13
颗粒沟链藻 *A. granulata* (Ehrenberg) Ralfs	+	+		+	+	+	+	+				6,7,11,12,12,18,21,22, 23,48,49,50,58,59,60, 61,63,64,68,69,70,71, 73,74,75,80,88,91,95, 96,97,137,164,165,166	Pl. 3:1~10
颗粒沟链藻极狭变种 *A. granulata* var. *angustissima* Mull	+	+	+		+	+	+					70,75,88,91,166	Pl. 3:11~14

（续表）

种类名称	省区分布			水系分布								标本号代号	图版(Plate)
	川	滇	藏	MJ	DDH	YLJ	JSJ	LCJ	NJ	DLJ	YLZBJ		
颗粒沟链藻螺旋变型 A. granulata f. spiralis Hustedt		+					+					88,91	Pl. 3：15~16
意大利沟链藻 A. italica (Ehrenberg) Simonsen	+			+								176	Pl. 5：1~2
曼氏沟链藻 A. muzzanensis (Meister) Krammer		+					+					220,224	Pl. 3：17~20
矮小沟链藻 A. pusilla (Meister) Tuji & Houki	+		+		+	+	+				+	20,21,22,23,40,41,63,64,66,70,159,160	Pl. 2：1~4
强壮沟链藻 A. valida (Grunow) Krammer	+				+							7,49,50	Pl. 4：1~7
正盘藻科 Orthoseiraceae													
正盘藻属 Orthoseira													
罗兹正盘藻 O. roeseana (Rabenhorst) Pfitzer	+				+							213,214	Pl. 5：5~8
侧链藻属 Pleurosira													
光滑侧链藻 P. laevis (Ehrenberg) Compère		+					+					216,221,222,223	Pl. 6：1~2
埃勒藻属 Ellerbeckia													
沙生埃勒藻 E. arenaria (Moore & Ralfs) Crawford		+					+					169	Pl. 6：3~4
海链藻目 Thalassiosirales													
冠盘藻科 Stephanodiscaceae													
小环藻属 Cyclotella													
粗肋小环藻 C. costei Druart & Straub	+	+	+		+	+						7,8,9,11,49,50,51,52,53,54,55,56,57,58,59,60,61,65,70,75	Pl. 7：1~8,21~26
分歧小环藻 C. distinguenda Hustedt	+	+		+		+						58,82,83,84,85	Pl. 8：1~2
湖北小环藻 C. hubeiana Chen & Zhu	+					+						75	Pl. 8：10~16
库津小环藻 C. kuetzingiana Thwaites	+	+			+	+						7,8,9,11,49,50,51,52,53,54,55,56,57,58,59,60,61,81,82,83,84,85	Pl. 12：1~17
梅尼小环藻 C. meneghiniana Kützing	+	+	+	+	+	+			+		+	7,8,11,49,50,51,52,53,54,55,56,57,58,59,60,61,68,69,70,75,80,87,91,95,96,97,103,104,121,124	Pl. 8：3~9
*微小小环藻 C. minuscula Jurilj					+	+						7,8,9,11,49,50,51,52,53,54,55,56,57,58,59,60,61,65,70,75	Pl. 7：9~20,27~29

(续表)

种类名称	省区分布			水系分布								标本号代号	图版(Plate)
	川	滇	藏	MJ	DDH	YLJ	JSJ	LCJ	NJ	DLJ	YLZBJ		
眼斑小环藻 *C. ocellata* Pantocsek	+	+	+	+	+	+	+	+	+	+	+	6,7,8,9,11,12,12,27,41,49,50,51,52,53,54,55,56,57,58,59,60,61,65,66,71,73,74,72,75,91,95,96,109,110,111,120,126	Pl. 9：1~14 Pl. 10：1~14
*罗西小环藻 *C. rossii* Håkansson	+				+							7,11,49,50,58,59,60,61	Pl. 11：1~9
琳达藻属 *Lindavia*													
近缘琳达藻 *L. affinis* (Grunow) Nakov, Guillory, Julius, Ther & Alverson	+				+							228,231	Pl. 17：1~5
古老琳达藻 *L. antiqua* (Smith) Nakov, Guillory, Julius, Ther & Alverson	+				+							227,228,231	Pl. 17：6~10
扭曲琳达藻 *L. comta* (Kützing) Nakov, Guillory, Julius, Ther & Alverson	+				+							231	Pl. 17：11~18
稻城琳达藻 *L. daochengensis* Luo, Yu & Wang	+					+						21	Pl. 14：1~13
凹点琳达藻 *L. lacunarum* (Hustedt) Nakov, Guillory, Julius, Theriot & Alverson	+				+							7,49,50	Pl. 15：1~10
木格措琳达藻 *L. mugecuoensis* Luo, Yu & Wang	+		+	+			+	+	+			20,21,22,23,118,119,123	Pl. 13：1~10
省略琳达藻 *L. praetermissa* (Lund) Nakov	+	+	+	+			+	+		+		67,75,91,95,96,123,126	Pl. 16：4~17
辐纹琳达藻 *L. radiosa* (Grounow) De Toni & Forti	+				+							231	Pl. 16：1~3
碟星藻属 *Discostella*													
星肋碟星藻 *D. asterocostata* (Lin, Xie & Cai) Houk & Klee	+		+		+	+			+			43,71,73,74,75,128,129	Pl. 18：1~8
假具星碟星藻 *D. pseudostelligera* (Hustedt) Houk & Klee	+	+			+	+	+					48,68,69,75,91,95,96	Pl. 19：5~10
具星碟星藻 *D. stelligera* (Cleve & Grunow) Houk & Klee	+											75,80	Pl. 19：1~4
沃尔特碟星藻 *D. woltereckii* (Hustedt) Houk & Klee	+	+							+			67,75,80,164	Pl. 19：11~20
冠盘藻属 *Stephanodiscus*													
小冠盘藻 *S. parvus* Stoermer & Håkansson		+					+					95,96	Pl. 20：10~12

（续表）

种类名称	省区分布			水系分布								标本号代号	图版（Plate）
	川	滇	藏	MJ	DDH	YLJ	JSJ	LCJ	NJ	DLJ	YLZBJ		
细弱冠盘藻 *S. tenuis* Hustedt	+	+			+	+	+					46,75,80,91,92,95,96	Pl. 20：1～9
环冠藻属 *Cyclostephanos*													
可疑环冠藻 *C. dubius* (Fricke) Round	+					+						75	Pl. 22：5～8
塞氏藻属 *Edtheriotia*													
贵州塞氏藻 *E. guizhoiana* Kociolek, You, Stepanek, Lowe & Wang	+					+						75	Pl. 22：9～11
山西塞氏藻 *E. shanxiensis* (Xie & Qi) Kociolek, You, Stepanek, Lowe & Wang		+					+					90,91,92,95,96,103,104	Pl. 23：1～9
星状藻属 *Pliocaenicus*													
维西星状藻 *P. weixiense* Yu, Luo & Wang		+					+					168	Pl. 24：1～15
筛孔藻属 *Tertiarius*													
粗糙筛孔藻 *T. aspera* Yu, Luo & Wang		+					+					168	Pl. 25：1～11
海链藻科 Thalassiosiraceae													
海链藻属 *Thalassiosira*													
波罗的海海链藻 *T. baltica* (Grunow) Ostenfeld	+					+						80	Pl. 22：1～4
线筛藻属 *Lineaperpetua*													
湖沼线筛藻 *L. lacustris* (Grunow) Yu, You, Kociolek & Wang		+					+					220,221,222,223,224	Pl. 21：10～11
筛环藻属 *Conticribra*													
魏氏筛环藻 *C. weissflogii* (Grunow) Stachura- Suchoples & Williams	+					+						75	Pl. 21：1～7
圆筛藻目 Coscinodiscales													
半盘藻科 Hemidiscaceae													
辐环藻属 *Actinocyclus*													
诺氏辐环藻 *A. normanii* (Gregory & Greville) Hustedt	+				+							46,70	Pl. 21：8～9
角毛藻目 Chaetocerotales													
刺角藻科 Acanthocerataceae													
刺角藻属 *Acanthoceras*													
扎卡刺角藻 *A. zachariasii* (Brun) Simonsen	+	+					+					215, 216, 217, 218, 219, 220,221,222,223	Pl. 5：3～4

(续表)

种类名称	省区分布			水系分布								标本号代号	图版(Plate)
	川	滇	藏	MJ	DDH	YLJ	JSJ	LCJ	NJ	DLJ	YLZBJ		
羽纹纲 Pennatae													
脆杆藻目 Fragilariales													
平板藻科 Tabellariaceae													
星杆藻属 Asterionella													
华丽星杆藻 A. formosa Hassall	+	+	+			+	+					71,72,73,74,81,82,83,84,85,91,95,96	Pl. 26：1～9
细杆藻属 Distrionella													
吉尔曼细杆藻 D. germainii (Reichardt & Lange-Bertalot) Morales, Bahls & Cody	+					+						25,26	Pl. 28：10～21
隐形细杆藻 D. incognita (Reichardt) Williams	+	+		+	+		+	+	+	+	+	44,45,88,89,105,118,119,121,128,129,133,134,135,136,157	Pl. 27：1～14
等片藻属 Diatoma													
卡拉库等片藻 D. kalakulensis Peng, Rioual & Williams		+					+					96	Pl. 29：1～10
念珠状等片藻 D. moniliformis (Kützing) Williams	+	+	+	+	+	+	+	+	+	+	+	4,7,11,15,16,35,36,44,45,46,48,49,50,58,59,60,61,63,64,68,69,71,73,74,79,88,89,93,94,95,96,103,104,106,107,108,109,110,111,112,113,115,116,118,119,120,121,122,124,125,127,126,128,129,138,139,157	Pl. 30：1～30
纤细等片藻 D. tenuis Agardh	+					+						30,39	Pl. 28：1～9
普通等片藻 D. vulgaris Bory	+	+	+	+	+	+	+	+			+	7,11,46,49,50,58,59,60,61,68,69,75,95,96,112,118,119,122	Pl. 31：1～9
普通等片藻卵圆变种 D. vulgaris var. ovalis Hustedt	+		+	+			+					46,156,157,158	Pl. 31：10～13
粗肋藻属 Odontidium													
安第斯粗肋藻 O. andinum Vouilloud & Sala		+					+					215,223	Pl. 32：12～15
双头粗肋藻 O. anceps (Ehrenberg) Grunow	+	+			+		+					8,51,52,53,54,55,56,57,98	Pl. 34：7
冬生粗肋藻 O. hyemale (Roth) Kützing	+	+	+	+	+	+	+	+	+	+		3,5,8,51,52,53,54,55,56,57,66,71,73,74,99,100,101,102,103,104,106,109,110,111,130,137,145,148,150,151,152	Pl. 33：1～20

（续表）

种类名称	省区分布			水系分布								标本号代号	图版(Plate)
	川	滇	藏	MJ	DDH	YLJ	JSJ	LCJ	NJ	DLJ	YLZBJ		
巨大粗肋藻 O. maxima（Grunow）Luo & Wang comb. nov.	+	+	+		+	+	+		+	+	+	43,66,71,73,74,99,100,101,102,130,137,148,150,151,152	Pl. 34：1~6
中型粗肋藻 O. mesodon（Kützing）Kützing	+	+	+	+	+	+	+	+	+	+	+	3,5,7,8,11,13,14,24,25,26,39,49,50,51,52,53,54,55,56,57,58,59,60,61,63,64,66,71,73,74,93,94,97,99,100,101,102,103,104,106,109,110,111,114,118,119,121,128,129,130,133,134,135,136,138,139,145,147,148,149,150,151,152,153,154,155,157	Pl. 32：1~11,16~19
截形粗肋藻 O. truncatum（Mayer）Luo & Wang		+					+					130	Pl. 35：1~12
脆形藻属 Fragilariforma													
二头端脆形藻 F. bicapitata（Mayer）Williams & Round	+	+	+		+	+	+				+	9,10,71,73,74,159,160	Pl. 37：3~17
二头端脆形藻纯正变种 F. bicapitata var. genuina Mayer	+				+							70	Pl. 36：1~3
变绿脆形藻 F. virescens（Ralfs）Willians & Round		+									+	145	Pl. 37：1~2
爪哇脆形藻 F. javanica（Hustedt）Wetzel, Morales & Ector		+									+	145	Pl. 36：4~17
扇形藻属 Meridion													
环状扇形藻 M. circulare（Greville）Agardh	+		+		+		+	+			+	11,58,59,60,61,66,105,118,119,128,129,159,160	Pl. 37：18~21
缢缩扇形藻 M. constrictum Ralfs	+					+						190,207	Pl. 37：22~24
平板藻属 Tabellaria													
窗格平板藻 T. fenestrata（Lyngbye）Kützing	+				+		+					1,11,18,21,22,23,58,59,60,61	Pl. 38：1~8
绒毛平板藻 T. flocculosa（Roth）Kützing	+	+	+		+	+	+				+	1,7,11,12,12,18,21,22,23,37,38,40,49,50,58,59,60,61,66,72,75,120,123,124,145	Pl. 39：1~11
绒毛平板藻线性变种 T. flocculosa var. linearis Koppen	+						+					18,21,22,23	Pl. 39：12~16

(续表)

种类名称	省区分布			水系分布								标本号代号	图版(Plate)
	川	滇	藏	MJ	DDH	YLJ	JSJ	LCJ	NJ	DLJ	YLZBJ		
脆杆藻科 Fragilariaceae													
蛾眉藻属 *Hannaea*													
弧形蛾眉藻 *H. arcus* (Ehrenberg) Patrick	+	+	+	+	+	+	+	+	+		+	6,7,8,9,11,28,31,32, 39,35,49,50,51,52,53, 54,55,56,57,58,59,60, 61,68,69,71,73,74,72, 75,80,81,82,83,84,85, 91,93,94,95,96,97,106, 121,124,125,126,126, 128,129,133,134,135, 136,153,154	Pl. 40: 1~12
弧形蛾眉藻双头变种 *H. arcus* var. *amphioxys* Rabenhorst	+	+	+		+	+		+		+	+	3,13,14,15,16,63,64, 138,139,145,147,150, 151,152	Pl. 42: 1~9
哈托蛾眉藻 *H. hattoriana* (Meister) Liu, Glushchenko, Kulikovskiy & Kociolek	+			+	+	+					+	7,49,50,63,64,71,73, 74,144	Pl. 41: 1~4
横断蛾眉藻 *H. hengduanensis* Luo, Bixby & Wang	+	+	+		+		+	+	+	+	+	3,30,98,99,100,101, 102,106,109,110,111, 132,141,142,144,149, 150,151,152	Pl. 46: 1~17 Pl. 47: 1~7
堪察加蛾眉藻 *H. kamtchatica* (Petersen) Luo, You & Wang	+				+							73,74	Pl. 41: 5~14
线性蛾眉藻 *H. linearis* (Holmboe) Álvarez-Blanco & Blanco	+	+			+		+					7,8,18,22,23,49,50,51, 52,53,54,55,56,57, 103,104	Pl. 42: 10~16
直蛾眉藻 *H. inaequidentata* (Lagerstedt) Genkal & Kharitonov	+	+	+	+	+	+	+	+		+	+	3,5,6,8,11,13,14,37, 38,51,52,53,54,55,56, 57,58,59,60,61,63,64, 66,68,69,70,71,73,74, 80,98,112,141,142,144, 155	Pl. 43: 1~12
棒形蛾眉藻 *H. clavata* Luo, You & Wang	+	+	+		+		+		+		+	9,99,100,101,102,106, 109,110,111,145	Pl. 48: 1~14 Pl. 49: 1~8
雅拉蛾眉藻 *H. yalaensis* Luo, You & Wang	+					+						63,64	Pl. 44: 1~19 Pl. 45: 1~7
脆杆藻属 *Fragilaria*													
高山脆杆藻 *F. alpestris* Krasske	+	+	+		+	+	+	+	+		+	6,11,12,12,13,14,58, 59,60,61,63,64,66,112, 117,121,145,149,155	Pl. 52: 7~19
两头脆杆藻 *F. amphicephaloides* Lange-Bertalot	+					+						76	Pl. 52: 1~6
水生脆杆藻 *F. aquaplus* Lange-Bertalot & Ulrich	+	+	+		+	+	+	+	+	+	+	10,18,21,22,23,33,34, 39,35,58,59,60,61,66, 91,109,110,111,117, 118,119,128,129,132, 137,138,139	Pl. 54: 13~25

（续表）

种类名称	省区分布			水系分布								标本号代号	图版(Plate)
	川	滇	藏	MJ	DDH	YLJ	JSJ	LCJ	NJ	DLJ	YLZBJ		
二齿脆杆藻较小变种 F. bidens var. minor (Grunow) Cleve-Euler	+						+					41	Pl. 56：18
北方脆杆藻 F. boreomongolica Kulikovskiy，Lange-Bertalot，Witkoxski & Dorofeyuk	+						+					41	Pl. 57：1～22
钝脆杆藻 F. capucina Desmazières	+	+	+	+	+	+	+	+	+	+	+	7,8,11,18,22,23,30,37,38,41,44,45,49,50,51,52,53,54,55,56,57,58,59,60,61,62,63,64,65,68,69,70,71,73,74,72,75,76,77,78,91,95,96,99,100,101,102,106,109,110,111,112,113,117,128,129,130,137,138,139,144,145,146,153,154,157	Pl. 53：6～14
钝脆杆藻远距变种 F. capucina var. distans (Grunow) Lange-Bertalot	+						+					24,25,26	Pl. 58：25～28
近菱形脆杆藻 F. crassirhombica Metzelitin	+	+	+		+		+	+	+		+	7,9,11,49,50,58,59,60,61,86,118,119,124,125,127,145,150,151,152,120	Pl. 56：14～17
克罗钝脆杆藻 F. crotonensisi Kitton		+	+			+	+	+	+			21,71,73,74,72,81,82,83,84,85,95,96,106,126	Pl. 51：1～7
弧形脆杆藻 F. cyclopum Brutschy	+				+							8,51,52,53,54,55,56,57	Pl. 53：20
柔弱脆杆藻 F. delicatissima (Smith) Aboal & Silva	+	+	+	+			+		+		+	9,45,73,76	Pl. 53：21～28
相近脆杆藻 F. famelica (Kützing) Lange-Bertalot	+				+							192	Pl. 52：20～21
脆型脆杆藻 F. fragilarioides (Grunow) Cholnoky	+	+			+	+	+					8,51,52,53,54,55,56,57,75,81,82,83,84,85,97	Pl. 54：26～30
纤细脆杆藻 F. gracilis Østrup	+				+							71	Pl. 53：17～18
石南脆杆藻 F. heatherae Kahlert & Kelly	+			+	+	+	+	+	+	+	+	5,6,7,8,11,49,50,51,52,53,54,55,56,57,58,59,60,61,71,73,74,75,105,106,112,115,116,118,119,120,122,124,125,127,130,141,142,144,145,146,147,149,155	Pl. 56：1～6
缺刻脆杆藻 F. incisa (Boyer) Lange-Bertalot	+				+							9	Pl. 53：1～5

（续表）

种类名称	省区分布			水系分布								标本号代号	图版(Plate)
	川	滇	藏	MJ	DDH	YLJ	JSJ	LCJ	NJ	DLJ	YLZBJ		
黎曼脆杆藻 F. lemanensis (Druart, Lavigne & Robert) Van de Vijver, Ector & Straub	+				+	+						7,11,33,34,49,50,58,59,60,61,80	Pl. 50：1~12
中狭脆杆藻 F. mesolepta Rabenh	+	+	+	+			+				+	88,91,92,95,96,97,153,154,161	Pl. 59：1~17
微沃切里脆杆藻 F. microvaucheriae Wetzel	+		+	+	+			+		+	+	6, 9, 11, 58, 59, 60, 61, 118, 119, 133, 134, 135, 136, 144, 145, 150, 151, 152	Pl. 55：18~21
米萨雷脆杆藻 F. misarelensis Almeida, Delgado, Novais & Blanco	+	+	+		+	+			+			3,63,64,105	Pl. 58：23~24
近爆裂脆杆藻 F. pararumpens Lange-Bertalot Hofm & Werum	+	+	+	+	+	+	+		+		+	11,28,31,32,29,40,58,59,60,61,68,69,70,71,73,74,75,80,81,82,83,84,85,99,100,101,102,128,129,144	Pl. 54：1~12
篦形脆杆藻 F. pectinalis (Müller) Lyngbye	+	+	+		+	+	+		+		+	7,8,9,13,14,21,30,49,50,51,52,53,54,55,56,57,63,64,75,76,77,78,86,98,121,145	Pl. 56：18~24
宾夕法尼亚脆杆藻 F. pennsylvanica Morales		+									+	33,63,64,126,130,155	Pl. 58：15~22
微小脆杆藻 F. perminuta (Grunow) Lange-Bertalot	+	+			+	+	+	+	+			13,14,24,25,26,30,75,81, 82, 83, 84, 85, 105, 107,108,120,122,130	Pl. 58：9~14
放射脆杆藻 F. radians (Kützing) Williams & Round	+				+							71	Pl. 58：1~2
爆裂脆杆藻 F. rumpens (Kützing) Lange-Bertalot	+				+							71	Pl. 53：15~16
桑德里亚脆杆藻 F. sandellii Van de Vijcer & Tarlman	+		+		+	+		+	+		+	35,36,62,118,119,124,125,127,149	Pl. 55：4~17
群生脆杆藻 F. socia (Wallace) Lange-Bertalot	+			+								224,225	Pl. 55：1~3
#具球脆杆藻 F. sphaerophorum Luo & Wang sp. nov.	+		+		+	+					+	44,45,81,82,83,84,85,86,144	Pl. 58：29~32
柔嫩脆杆藻 F. tenera (Smith) Lange-Bertalot	+				+	+						7,11,49,50,58,59,60,61,80	Pl. 50：13~22
沃切里脆杆藻 F. vaucheriae (Kützing) Petersen	+	+	+	+	+	+	+	+	+	+	+	5,6,7,8,11,49,50,51,52,53,54,55,56,57,58,59,60,61,71,73,74,75,105,106,112,115,116,118,119,120,122,124,125,127,130,131,141,142,144,145,146,147,149,155	Pl. 56：7~13

（续表）

种类名称	省区分布			水系分布								标本号代号	图版(Plate)
	川	滇	藏	MJ	DDH	YLJ	JSJ	LCJ	NJ	DLJ	YLZBJ		
沃切里脆杆藻头状变种 F. vaucheriae var. capitellata (Grunow) Patrick	+	+	+		+	+	+		+			3,63,64,105	Pl. 58：3~8
沃切里脆杆藻椭圆变种 F. vaucheriae var. elliptica Manguin	+	+	+		+	+	+	+	+	+	+	29,40,44,45,62,86,106,118, 119, 130, 141, 142, 145,146,147,149	Pl. 55：22~30
肘形藻属 Ulnaria													
尖肘形藻 U. acus (Kützing) Aboal	+	+	+	+	+	+	+	+	+		+	6, 7, 8, 9, 11, 28, 31, 32, 39, 35, 49, 50, 51, 52, 53, 54, 55, 56, 57, 58, 59, 60, 61, 68, 69, 71, 73, 74, 72, 75, 80, 81, 82, 83, 84, 85, 91, 93, 94, 95, 96, 97, 106, 126, 128, 129, 131, 133, 134,135,136,153,154	Pl. 67：1~13
尖肘形藻极狭变种 U. acus var. angustissima (Grunow) Aboal & Silva	+	+	+	+	+	+	+	+	+	+		8, 11, 51, 52, 53, 54, 55, 56,57,58,59,60,61,75, 80,91,118,119,126,133, 134,135,136	Pl. 67：14~22
二喙肘形藻 U. amphirhynchus （Ehrenberg）Compère & Bukhtiyarova	+								+			11,58,59,60,61,166	Pl. 63：1~9
二头肘形藻 U. biceps (Kützing) Compère	+	+	+	+			+		+		+	11,58,59,60,61,91,92, 97,126,161	Pl. 62：1~7, 9~10
头状肘形藻 U. capitata (Ehrenberg) Compère	+						+					71,73,76	Pl. 61：1~6
缢缩肘形藻 U. contracta （Østrup）Morales & Vi	+	+	+		+		+	+			+	7, 15, 16, 35, 36, 49, 50, 63,64,117,159,160	Pl. 66：1~10
丹尼卡肘形藻 U. danica (Kützing) Compère & Bukhtiyarova	+	+	+	+		+	+	+	+		+	8, 18, 22, 23, 51, 52, 53, 54, 55, 56, 57, 66, 72, 75, 76, 77, 78, 81, 82, 83, 84, 85, 92, 95, 96, 97, 99, 100, 101, 102, 105, 113, 114, 117,121,120,121,122	Pl. 64：1~4
披针肘形藻 U. lanceolata (Kützing) Compère	+	+	+	+	+	+	+	+			+	6, 7, 9, 11, 13, 14, 15, 16, 18, 22, 23, 24, 25, 26, 35, 36, 40, 44, 45, 49, 50, 58, 59, 60, 61, 65, 68, 69, 75, 76, 77, 78, 92, 93, 94, 103, 104, 106, 117, 118, 119, 121, 124, 125, 127, 128, 129,130,144,157,120	Pl. 65：1~14
钝端肘形藻 U. obtusa Smith		+					+					97	Pl. 62：8
窄肘形藻 U. macilenta Morales，Wetzel & Rivera	+			+			+				+	21,22,75,80,153,154	Pl. 68：1~5

（续表）

种类名称	省区分布			水系分布								标本号代号	图版（Plate）
	川	滇	藏	MJ	DDH	YLJ	JSJ	LCJ	NJ	DLJ	YLZBJ		
尖喙肘形藻 *U. oxyrhynchus* (Kützing) Aboal	+				+	+						11,58,59,60,61,75	Pl. 64：5~10
肘状肘形藻 *U. ulna* (Nitzsch) Compère	+	+	+	+	+	+	+	+	+	+	+	8,9,11,12,12,46,51,52,53,54,55,56,57,58,59,60,61,68,69,71,73,74,75,76,77,78,91,106,112,113,121,128,129,130,132,138,139,141,142,145	Pl. 60：1~9
翁格肘形藻 *U. ungeriana* (Grunow) Compère	+	+		+	+		+			+		8,9,11,51,52,53,54,55,56,57,58,59,60,61,93,94,130	Pl. 68：6~8
栉链藻属 *Ctenophora*													
美小栉链藻 *C. pulchella* (Ralfs & Kützing) Williams & Round	+	+				+				+		75,161	Pl. 68：9~10
西藏藻属 *Tibetiella*													
美丽西藏藻 *T. pulchra* Li，Williams et Metzeltin	+	+	+		+	+	+	+		+		3,76,77,78,99,100,101,102,106,109,110,111,150,151,152	Pl. 69：1~9
平格藻属 *Tabularia*													
簇生平格藻 *T. fasciculata* Williams & Round	+					+				+		75	Pl. 70：1~11
中华平格藻 *T. sinensis* Cao，Yu，You，Lowe，Williams，Wang & Kociolek		+					+					221,223,224	Pl. 71：1~8
十字脆杆藻科 Staurosiraceae													
十字脆杆藻属 *Staurosira*													
双结十字脆杆藻 *S. binodis* (Ehrenberg) Lange-Bertalot	+		+	+	+	+					+	8,51,52,53,54,55,56,57,75,161	Pl. 73：1~5
连结十字脆杆藻 *S. construens* (Ehrenberg) Grunow	+	+	+	+	+	+			+		+	7,11,27,49,50,58,59,60,61,66,120,121,125,126	Pl. 72：1~9
*缢缩十字脆杆藻 *S. pottiezii* Van de Vijver	+					+						7,66	Pl. 73：16~20
凸腹十字脆杆藻 *S. venter* (Ehrenberg) Cleve & Möller	+	+	+	+	+	+			+		+	6,8,11,21,29,40,51,52,53,54,55,56,57,58,59,60,61,63,64,88,120,121,130,137	Pl. 72：10~16
近盐生十字脆杆藻 *S. subsalina* (Hustedt) Lange-Bertalot	+				+							8,51,52,53,54,55,56,57	Pl. 73：21~27
*不定十字脆杆藻 *S. incerta* Morales	+	+	+		+				+		+	63,64,161,166	Pl. 73：6~15

（续表）

种类名称	省区分布			水系分布								标本号代号	图版(Plate)
	川	滇	藏	MJ	DDH	YLJ	JSJ	LCJ	NJ	DLJ	YLZBJ		
窄十字脆杆藻属 Staurosirella													
* 布勒塔窄十字脆杆藻 S. bullata (Østrup) Luo & Wang comb. nov.	+					+						75	Pl. 81：14
* 加拿利窄十字脆杆藻 S. canariensis (Lange-Bertalot) Morales, Ector, Maidana & Grana	+				+	+						8, 51, 52, 53, 54, 55, 56, 57, 75	Pl. 73：28～35
喜寒窄十字脆杆藻 S. frigida van de Vijver & Morales	+					+						7, 8, 49, 50, 51, 52, 53, 54, 55, 56, 57, 81, 82, 83, 84, 85	Pl. 76：1～15
狭辐节窄十字脆杆藻 S. leptostauron (Ehrenberg) Williams & Round	+	+	+	+	+			+	+		+	11, 40, 58, 59, 60, 61, 71, 73, 74, 117, 121, 153, 154	Pl. 74：1～10
* 膨大窄十字脆杆藻 S. inflata (Stone) Luo & Wang comb. nov.		+									+	121	Pl. 81：6～8, 21～22
* 大窄十字脆杆藻 S. maior (Tynni) Luo & Wang comb. nov.	+			+					+		+	67, 120, 122, 130, 137	Pl. 81：9～10
马特窄十字脆杆藻 S. martyi (Héribaud-Joseph) Morales & Manoylov	+			+		+					+	7, 11, 40, 49, 50, 58, 59, 60, 61, 66, 159, 160	Pl. 75：14～23
* 微小窄十字脆杆藻 S. minuta Morales & Edlund	+	+									+	71, 137, 161	Pl. 78：1～9
卵形窄十字脆杆藻 S. ovata Morales	+	+	+	+	+		+		+	+	+	27, 29, 41, 65, 91, 130, 133, 134, 135, 136, 137, 153, 154	Pl. 77：11～20
羽状窄十字脆杆藻 S. pinnata (Ehrenberg) Wiliams & Round	+	+	+	+	+	+	+	+	+	+	+	7, 8, 11, 24, 25, 26, 29, 30, 40, 49, 50, 51, 52, 53, 54, 55, 56, 57, 58, 59, 60, 61, 76, 77, 78, 107, 108, 118, 119, 121, 126, 130, 133, 134, 135, 136, 137, 153, 154, 157	Pl. 75：1～13
* 具刺窄十字脆杆藻 S. spinosa (Skvortzow) Luo comb. nov.	+					+						75	Pl. 81：15～16
* 突起窄十字脆杆藻 S. ventriculosa (Schumann) Luo comb. nov.		+									+	121	Pl. 81：11～13
假十字脆杆藻属 Pseudostaurosira													
短线假十字脆杆藻 P. brevistriata Grunow	+	+	+	+	+	+	+		+	+	+	7, 9, 11, 27, 30, 35, 49, 50, 58, 59, 60, 61, 63, 64, 75, 90, 120, 121, 126, 137, 153, 154, 155	Pl. 82：1～6
短线假十字脆杆藻膨大变种 P. brevistriata var. inflata (Pantocsek) Edlund	+					+						26	Pl. 83：1～13

（续表）

种类名称	省区分布			水系分布								标本号代号	图版(Plate)
	川	滇	藏	MJ	DDH	YLJ	JSJ	LCJ	NJ	DLJ	YLZBJ		
圆形假十字脆杆藻 P. cataractarum（Hustedt）Wetzel，Morales & Ector	+		+	+		+	+	+			+	6,8,11,12,12,18,22,23,40,34,51,52,53,54,55,56,57,58,59,60,61,117,120	Pl. 82：15～25
寄生假十字脆杆藻 P. parasitica（Smith）Morales	+	+	+			+	+			+	+	74,137,161	Pl. 81：17 Pl. 82：7～8
*保罗尼卡假十字脆杆藻 P. polonica（Witak & Lange-Bertalot）Morales & Edlund	+					+						75	Pl. 81：1～5
拟连结假十字脆杆藻 P. pseudoconstruens（Marciniak）Williams and Round	+		+	+				+	+			7,11,27,49,50,58,59,60,61,130,137	Pl. 82：35～39
强壮假十字脆杆藻 P. robusta（Fusey）Williams & Round	+		+	+							+	7,11,49,50,58,59,60,61,161	Pl. 82：11～14
近缢缩假十字脆杆藻 P. subconstricta（Grunow）Kulikovskiy & Genkal	+	+	+	+		+				+	+	71,137,161	Pl. 81：18～20 Pl. 82：9～10
串连假十字脆杆藻 P. trainorii Morales	+			+								8,11,51,52,53,54,55,56,57,58,59,60,61	Pl. 82：26～34
网孔藻属 Punctastriata													
*圆盘状网孔藻 P. discoidea Flower	+		+	+					+		+	2,63,64,130,153,154,159,160,161	Pl. 77：1～10
*披针形网孔藻 P. lancettula（Schümann）Hamilton & Siver	+			+	+	+	+			+		12,29,30,41,63,64,66,120,122,130,132,137,150,151,152,120	Pl. 78：10～22 Pl. 79：8～18
*线性网孔藻 P. linearis Williams & Round	+		+	+		+	+			+		8,21,40,51,52,53,54,55,56,57,133,134,135,136	Pl. 80：7～14
#林芝网孔藻 P. nyingchiensis Luo & Wang sp. nov.			+								+	161	Pl. 80：1～6
*相似网孔藻 P. mimetica Morales	+	+	+	+	+	+	+		+	+	+	40,71,73,74,81,82,83,84,85,133,134,135,136,159,160,161,166	Pl. 79：1～7
具隙藻属 Opephora													
奥尔森尼具隙藻 O. olsenii Møller		+							+		+	122,132,161	Pl. 84：1～12
拟十字脆杆藻属 Pseudostaurosiropsis													
康乃迪克拟十字脆杆藻 P. connecticutensis Morales	+			+		+					+	8,40,51,52,53,54,55,56,57,159,160	Pl. 85：1～15
十字型脆杆藻属 Stauroforma													
窄十字型脆杆藻 S. exiguiformis（Lange-Bertalot）Flower & Round	+		+	+							+	10,12,12,40,58,59,60,61,66,161	Pl. 86：1～16

（续表）

种类名称	省区分布			水系分布								标本号代号	图版(Plate)
	川	滇	藏	MJ	DDH	YLJ	JSJ	LCJ	NJ	DLJ	YLZBJ		
短缝藻目 Eunotiales													
短缝藻科 Eunotiaceae													
短缝藻属 *Eunotia*													
弧形短缝藻 E. arcus Ehrenberg	+	+	+	+	+			+			+	5,7,12,12,49,50,66,123,145	Pl. 92：1～10,12～15
拟弧形短缝藻 E. arcubus Nörpel & Lange-Bertalot	+				+							203,204	Pl. 98：7
*安卡松同短缝藻 E. ankazondranona Manguin	+				+							7,11,49,50,58,59,60,61	Pl. 95：1～2
双齿短缝藻 E. bidentula Smith	+				+							189,190	Pl. 98：8～11
驼峰短缝藻 E. bigibboidea Lange-Bertalot & Witkowski	+				+							187	Pl. 99：2
双月短缝藻 E. bilunaris (Ehrenberg) Schaarschmidt	+	+	+	+	+	+	+	+	+		+	1,11,18,22,23,58,59,60,61,66,67,71,73,74,81,82,83,84,85,141,142,145,120,125	Pl. 88：10～16
*加泰罗尼亚短缝藻 E. catalana Lange-Bertalot & Rivera Rondon	+		+		+		+	+				8,9,11,21,51,52,53,54,55,56,57,58,59,60,61,81,82,83,84,85,123,145	Pl. 96：1～5
圆贝短缝藻 E. circumborealis Lange-Bertalot & Nörpel	+				+							203,204	Pl. 98：12
库塔格鲁短缝藻 E. curtagrunowii Norpe-Schempp & Lange-Bertalot	+				+							7,11,12,12,18,21,22,23,49,50,58,59,60,61,66,123,145	Pl. 101：4～12
#稻城短缝藻 E. daochengensis Luo & Wang sp. nov.	+				+		+					7,18,22,23,49,50	Pl. 102：5～12
二峰短缝藻 E. diodon Ehrenberg	+				+							71	Pl. 101：3
埃尼施纳短缝藻 E. enischna Furey, Lowe & Johansen	+			+								181	Pl. 98：5～6
星形短缝藻 E. faba (Ehrenberg) Grunow	+		+				+				+	20,21,22,23,159,160	Pl. 100：6～8
丝状短缝藻 E. filiformis Luo, You & Wang	+				+							7,49,50	Pl. 87：1～9
蚁形短缝藻 E. formicina Lange-Bertalot	+	+			+			+				12,27,165	Pl. 99：6～8
冰刺短缝藻 E. glacialispinosa Lange-Bertalot & Cantonati	+		+		+			+				10,12,12,58,59,60,61,66,121	Pl. 89：1～8

（续表）

种类名称	川	滇	藏	MJ	DDH	YLJ	JSJ	LCJ	NJ	DLJ	YLZBJ	标本号代号	图版(Plate)
扭缠短缝藻 *E. implicata* Nörpel & Lange-Bertalot	+			+								184,190	Pl. 90：11
茱萸短缝藻 *E. juettnerae* Lange-Bertalot	+			+								193	Pl. 88：7~9
迈克尔短缝藻 *E. michaelii* Metzeltin, Witkowski & Lange-Bertalot	+	+	+		+	+	+		+		+	8,9,11,21,51,52,53,54, 55,56,57,58,59,60,61, 81,82,83,84,85,123,145	Pl. 94：8~16
较小短缝藻 *E. minor* (Kützing) Grunow	+	+	+		+	+			+		+	8,11,51,52,53,54,55, 56,57,58,59,60,61,71, 73,74,145,166	Pl. 93：1~11
莫氏短缝藻 *E. monnieri* Lange-Bertalot	+	+			+		+					11,58,59,60,61,93,94	Pl. 90：1~5
木格措短缝藻 *E. mugecuoensis* Luo, You & Wang	+				+		+					7,11,18,22,23,49,50, 58,59,60,61	Pl. 97：1~17
纳格短缝藻 *E. naegelii* Migula	+				+	+	+					1,11,18,22,23,33,34, 58,59,60,61,63,64,81, 82,83,84,85	Pl. 88：1~6
尼曼尼娜短缝藻 *E. nymanniana* Grunow	+				+		+					11,18,22,23,58,59,60, 61,66	Pl. 96：6~13
奥德布雷短缝藻 *E. odebrechtiana* Metzeltin & Lange-Bertalot	+		+		+						+	5,7,9,49,50,66,145	Pl. 95：3~13
奥利菲短缝藻 *E. oliffii* Cholnoky		+		+								211,212	Pl. 99：1
帕拉蒂娜短缝藻 *E. palatina* Lange-Bertalot & Krüger		+									+	144	Pl. 102：1~2
乳头状短缝藻 *E. papilio* (Ehrenberg) Grunow	+	+			+	+	+		+			7,11,12,12,18,22,23, 49,50,58,59,60,61,123	Pl. 99：3~5
平行短缝藻 *E. parallela* Ehrenberg	+				+							9,11,58,59,60,61	Pl. 90：6~10
极小短缝藻 *E. perpusilla* （Grunow）Åke Berg	+	+			+		+		+			20,21,22,23,66,164	Pl. 100：9~15
波米兰尼亚短缝藻 *E. pomeranica* Lange-Bertalot Bak & Witkowski	+				+							9,11,58,59,60,61,66	Pl. 94：1~7
岩壁短缝藻 *E. praerupta* Ehrenberg	+				+							49,50	Pl. 102：3~4
岩壁短缝藻中型变型 *E. praerupta* f. *intermedia* Manguin		+									+	144	Pl. 101：1~2

（续表）

种类名称	省区分布			水系分布								标本号代号	图版（Plate）
	川	滇	藏	MJ	DDH	YLJ	JSJ	LCJ	NJ	DLJ	YLZBJ		
喙头短缝藻 E. rhynchocephala Hustedt	+					+						81	Pl. 92：11
斯堪地短缝藻 E. scandiorussica Kulikovskiy, Lange-Bertalot，Genkal & Witkowski	+				+							11,58,59,60,61	Pl. 92：16~19
锯齿形短缝藻 E. serra Ehrenberg		+									+	143	Pl. 98：1~4
索氏短缝藻 E. soleirolii（Kützing）Rabenhorst	+	+			+						+	11,58,59,60,61,145	Pl. 90：12~14
近黄氏短缝藻 E. subherkiniensis Lange-Bertalot	+			+								178	Pl. 98：13
长条短缝藻 E. superpaludosa Lange-Bertalot	+	+			+		+		+		+	7,11,12,12,18,21,22, 23,49,50,58,59,60,61, 66,123,145	Pl. 91：1~11
柔弱短缝藻 E. tenella（Grunow）Hustedt	+				+							74	Pl. 96：14~17
*可变短缝藻 E. varoiundulata Norpel & Lange- Bertalot	+					+						81,82,83,84,85	Pl. 100：1~5
曲壳藻目 Achnanthales													
曲壳藻科 Achnanthaceae													
曲壳藻属 Achnanthes													
狭曲壳藻 A. coarctata（Brébisson & Smith） Grunow	+			+								213,214	Pl. 103：12~14
膨大曲壳藻 A. inflata（Kützing）Grunow	+				+							8,51,52,53,54,55,56,57	Pl. 103：1~3
长板曲壳藻 A. longboardia Sherwood & Lowe		+					+					223	Pl. 103：8
西奈曲壳藻 A. sinaensis（Hustedt）Levkov, Tofilovska & Wetzel	+			+								178,179	Pl. 103：4~7
短柄曲壳藻中型变种 A. brevipes var. intermedia （Kützing）Cleve		+					+					223	Pl. 103：9~11
曲丝藻科 Achnanthidiaceae													
曲丝藻属 Achnanthidium													
高山曲丝藻 A. alpestre（Lowe & Kociolek） Lowe & Kociolek	+	+	+	+	+	+		+	+	+	+	3,13,14,51,52,53,54,55, 56,57,66,68,69,75,107, 108,114,120,122,124, 125,127,130,131,138, 139,141,142,143,144, 145,147,150,151,152	Pl. 104：1~3

（续表）

种类名称	省区分布			水系分布								标本号代号	图版（Plate）
	川	滇	藏	MJ	DDH	YLJ	JSJ	LCJ	NJ	DLJ	YLZBJ		
原子曲丝藻 *A. atomus* Monnier Lange-Bertalot & Ector	+	+	+	+	+	+	+	+	+			3, 5, 6, 8, 27, 51, 52, 53, 54, 55, 56, 57, 68, 69, 75, 76, 77, 78, 81, 82, 83, 84, 85, 88, 91, 95, 96, 106, 109, 110, 111, 128, 129	Pl. 104：6～7
加勒多尼曲丝藻 *A. caledonicum* Lange-Bertalot	+	+	+	+	+	+	+	+	+	+		21, 29, 35, 63, 64, 65, 67, 91, 95, 96, 97, 106, 113, 114, 115, 116, 117, 118, 119, 121, 133, 134, 135, 136, 126	Pl. 105：1～3
链状曲丝藻 *A. catenatum* （Bily & Marvan） Lange-Bertalot	+	+	+	+	+	+	+	+	+		+	3, 7, 13, 14, 29, 30, 35, 46, 47, 49, 50, 70, 75, 76, 77, 78, 80, 89, 91, 95, 96, 97, 109, 110, 111, 112, 157, 123	Pl. 104：8～9
汇合曲丝藻 *A. convergens* Kobayasi	+	+	+		+		+	+	+		+	7, 8, 18, 22, 23, 49, 50, 51, 52, 53, 54, 55, 56, 57, 88, 99, 100, 101, 102, 103, 104, 106, 107, 108, 115, 116, 118, 119, 120, 121, 122, 143, 144, 145	Pl. 104：4～5
弯曲曲丝藻 *A. deflexum* （Reimer） Kingston	+	+	+	+	+	+	+	+	+	+	+	7, 8, 21, 35, 44, 45, 49, 50, 51, 52, 53, 54, 55, 56, 57, 63, 64, 65, 68, 69, 71, 73, 74, 75, 76, 77, 78, 88, 93, 94, 99, 100, 101, 102, 105, 109, 110, 111, 128, 129, 137, 150, 151, 152, 155, 157	Pl. 104：10～12
达西曲丝藻 *A. duthiei* （Sreenivasa） Edlund	+		+		+	+			+		+	8, 29, 51, 52, 53, 54, 55, 56, 57, 66, 80, 81, 82, 83, 84, 85, 121, 155, 157	Pl. 105：14～15
椭圆曲丝藻 *A. epilithica* Yu, You & Kociolek	+			+								232	Pl. 108：28～30
恩内迪曲丝藻 *A. ennediense* Compère & Van de Vijver	+	+	+	+	+	+	+	+	+	+		13, 14, 18, 22, 23, 39, 63, 64, 66, 67, 76, 77, 78, 97, 117, 120, 122, 126, 128, 129, 132, 137, 140	Pl. 105：8～9
富营养曲丝藻 *A. eutrophilum* （Lange-Bertalot） Lange-Bertalot	+	+	+	+					+		+	69, 75, 80, 90, 92, 95, 96, 159, 160, 161, 166	Pl. 105：10～13
短小曲丝藻 *A. exiguum* （Grunow） Czarnecki	+	+	+		+		+		+			8, 9, 34, 51, 52, 53, 54, 55, 56, 57, 76, 77, 78, 81, 82, 83, 84, 85, 95, 96, 126	Pl. 106：3～4
纤细曲丝藻 *A. gracillimum* （Meister） Lange-Bertalot	+	+	+	+			+		+			5, 6, 7, 9, 13, 14, 49, 50, 80, 114, 117, 153, 154, 125	Pl. 105：4～5

（续表）

种类名称	省区分布			水系分布								标本号代号	图版(Plate)
	川	滇	藏	MJ	DDH	YLJ	JSJ	LCJ	NJ	DLJ	YLZBJ		
贵州曲丝藻 A. guizhouense Yu, You & Kociolek	+			+								231	Pl. 107：9~11
杰克曲丝藻 A. jackii Rabenhorst	+			+								228	Pl. 107：12~13
九寨曲丝藻 A. jiuzhaienis Yu, You & Wang	+			+								231	Pl. 107：14~17
三角帆头曲丝藻 A. latecephalum Kobayasi	+	+	+	+	+	+	+	+	+	+	+	4, 35, 68, 69, 72, 75, 76, 77, 78, 80, 89, 95, 96, 112, 122, 128, 129, 133, 134, 135, 136, 153, 154	Pl. 104：13~15 Pl. 106：5~6
细小曲丝藻 A. limosum Yu, You & Wang	+			+								230, 231	Pl. 108：33~40
长曲丝藻 A. longissimum Yu, You & Kociolek	+			+								229	Pl. 107：1~4
泸定曲丝藻 A. ludingensis Wang			+					+				109, 110, 111	Pl. 106：1~2
极小曲丝藻 A. minutissimum (Kützing) Czarnecki	+	+	+	+	+	+	+	+	+	+	+	1, 2, 3, 7, 8, 9, 11, 12, 12, 18, 21, 22, 23, 24, 25, 26, 27, 30, 35, 36, 37, 38, 39, 40, 34, 35, 44, 45, 46, 48, 49, 50, 51, 52, 53, 54, 55, 56, 57, 58, 59, 60, 61, 62, 63, 64, 65, 66, 66, 67, 68, 69, 70, 71, 73, 74, 72, 76, 77, 78, 79, 80, 86, 88, 89, 91, 93, 94, 97, 99, 100, 101, 102, 103, 104, 105, 106, 107, 108, 109, 110, 111, 112, 114, 115, 116, 117, 128, 129, 133, 134, 135, 136, 137, 138, 139, 140, 145, 147, 150, 151, 152, 153, 154, 157	Pl. 106：7~11
菲斯特曲丝藻 A. pfisteri Lange-Bertalot	+		+	+	+	+			+			12, 12, 35, 36, 63, 64, 121	Pl. 104：16~17
亚显曲丝藻 A. pseudoconspicuum (Foged) Jüttner & Cox	+	+	+	+			+	+	+			3, 8, 51, 52, 53, 54, 55, 56, 57, 88, 93, 94, 106, 120, 121, 122, 128, 129	Pl. 106：12~13
庇里牛斯曲丝藻 A. pyrenaicum (Hustedt) Kobayasi	+	+	+	+			+		+		+	3, 13, 14, 44, 45, 47, 128, 129, 159, 160	Pl. 106：14~15
溪生曲丝藻 A. rivulare Potapova & Ponader	+	+	+	+	+		+	+		+	+	8, 18, 35, 36, 46, 48, 51, 52, 53, 54, 55, 56, 57, 68, 69, 71, 73, 74, 86, 88, 90, 93, 94, 99, 100, 101, 102, 106, 117, 124, 125, 127, 131, 138, 139, 141, 142, 145, 155	Pl. 106：19~20

（续表）

种类名称	省区分布			水系分布								标本号代号	图版(Plate)
	川	滇	藏	MJ	DDH	YLJ	JSJ	LCJ	NJ	DLJ	YLZBJ		
罗森曲丝藻 *A. rosenstockii* (Lange-Bertalot) Lange-Bertalot	+			+								228	Pl. 107：18~23
施特劳宾曲丝藻 *A. straubianum* (Lange-Bertalot) Lange-Bertalot	+	+		+			+	+				7,29,44,45,49,50,106	Pl. 106：21~22
亚哈德逊曲丝藻克氏变种 *A. subhudsonis* var. *kraeuselii* (Cholnoky) Cantonati & Lange-Bertalot	+		+	+								5	Pl. 105：16~18
极细曲丝藻 *A. subtilissimum* Yu, You & Kociolek	+			+								231	Pl. 108：41~50
蒂内曼曲丝藻 *A. thienemannii* Krammer & Lange-Bertalot	+		+	+						+		6,145	Pl. 105：6~7
三结曲丝藻 *A. trinode* Ralfs	+			+								228	Pl. 107：5~8
异端藻属 *Gomphothidium*													
卵形异端藻 *G. ovatum* Watanabe & Tuji	+		+	+						+		6,145	Pl. 106：16~18
科氏藻属 *Kolbesia*													
四川科氏藻 *K. sichuanenis* Yu, You & Wang	+			+								228	Pl. 107：24~31
沙生藻属 *Psammothidium*													
阿尔泰沙生藻 *P. altaicum* (Poretzky) Bukhtiyarova	+					+						12	Pl. 109：7~8
伯瑞特沙生藻 *P. bioretii* (Germain) Bukhtiyarova & Round	+		+	+						+		5, 11, 58, 59, 60, 61, 159,160	Pl. 108：1~4
达奥内沙生藻 *P. daonense* Bukhtiyarova & Round	+				+	+		+				13,14,30,66,121,123	Pl. 108：20~23
双生沙生藻 *P. didymum* (Hustedt) Bukhtiyarova & Round	+			+								7,49,50	Pl. 109：29~30
寒冷沙生藻 *P. frigidum* (Hustedt) Bukhtiyarova & Round					+	+						7,49,50,63,64,66	Pl. 109：9~10
淡黄沙生藻 *P. helveticum* (Hustedt) Bukhtiyarova & Round	+						+			+		20,21,22,23,145	Pl. 109：1~6
喜雪沙生藻 *P. kryophilum* (Petersen) Reichardt	+		+	+								8,51,52,53,54,55,56,57	Pl. 108：16~17

（续表）

种类名称	省区分布			水系分布								标本号代号	图版(Plate)
	川	滇	藏	MJ	DDH	YLJ	JSJ	LCJ	NJ	DLJ	YLZBJ		
劳恩堡沙生藻 *P. lauenburgianum* (Hustedt) Bukhtiyarova &.Round	+					+						12	Pl. 109：17~18
莱万德沙生藻 *P. levanderi* (Hustedt) Bukhtiyarova and Round	+				+							7,8,49,50,51,52,53,54, 55,56,57,65	Pl. 108：7~9
雷克滕沙生藻 *P. rechtense* (Leclercq) Lange-Bertalot	+				+							8,51,52,53,54,55,56,57	Pl. 108：5~6
球囊沙生藻 *P. sacculus* (Carter) Bukhtiyarova	+	+			+	+						66,81,82,83,84,85	Pl. 109：11~12
苏格兰沙生藻 *P. scoticum* (Flower &. Jones) Bukhtiyarova &. Round	+					+						12	Pl. 109：19~24
半孔沙生藻 *P. semiapertum* (Hustedt) Aboal	+				+							49,50	Pl. 102：3~4
四川沙生藻 *P. sichuanense* Wang	+				+							49,50	Pl. 102：3~4
近原子沙生藻 *P. subatomoides* (Hustedt) Bukhti-yarovar &. Round	+		+				+				+	20,21,22,23,145	Pl. 109：31~36
腹面沙生藻 *P. ventrale* (Krasske) Bukhti-yarova &. Round	+				+	+						20,21,22,23,145	Pl. 109：25~28
罗西藻属 *Rossithidium*													
彼德森罗西藻 *R. peterseni*(Hustedt) Round &. Bukhtiyarova	+		+	+	+		+	+	+			21, 24, 25, 26, 66, 117, 118,119,121,132	Pl. 108：10~11
微小罗西藻 *R. pusillum* (Grunow) Round &. Bukhtiyarova	+				+							49,50	Pl. 102：3~4
格莱维藻属 *Gliwiczia*													
卡尔卡格莱维藻 *G. calcar* (Cleve) Kulikovskiy, Lange-Bertalot &. Witkowski	+				+							49,50	Pl. 102：3~4
卡氏藻属 *Karayevia*													
克里夫卡氏藻 *K. clevei* (Grunow) Round	+		+		+						+	81,82,83,84,85,159,160	Pl. 110：3~4
线咀卡氏藻 *K. laterostrata* (Hustedt) Bukhti-yarova	+				+							10,12	Pl. 110：1~2
附萍藻属 *Lemnicola*													
匈牙利附萍藻 *L. hungarica* (Grunow) Round &. Basson	+	+	+		+	+	+		+		+	8,9,11,51,52,53,54,55, 56,57,58,59,60,61,63, 64,80,91,95,96,97,120, 121,124,125	Pl. 108：14~15

(续表)

种类名称	省区分布			水系分布								标本号代号	图版(Plate)
	川	滇	藏	MJ	DDH	YLJ	JSJ	LCJ	NJ	DLJ	YLZBJ		
片状藻属 Platessa													
巴尔斯片状藻 P. bahlsii Potapova	+				+							8,51,52,53,54,55,56,57,66	Pl. 110: 14~15
显纹片状藻 P. conspicua (Mayer) Lange-Bertalo	+				+							8,51,52,53,54,55,56,57,66	Pl. 110 7~8
披针片状藻 P. lanceolata Wang & You	+		+		+			+				11,58,59,60,61,121	Pl. 110: 9~10
山地片状藻 P. montana (Krasske) Lange-Bertalot	+			+	+	+						45,66	Pl. 110: 11~13
木格措片状藻 P. mugecuoensis Wang & You	+				+							49,50	Pl. 102: 3~4
齐格勒片状藻 P. ziegleri (Lange-Bertalot) Krammer & Lange-Bertalot	+				+		+					8,27,51,52,53,54,55,56,57	Pl. 110: 16~17
胡斯特片状藻 P. hustedtii (Krasske) Lange-Bertalot	+				+							8,51,52,53,54,55,56,57,66	Pl. 109: 37~43
平面藻属 Planothidium													
双孔平面藻 P. biporomum (Hohn & Hellerman) Lange-Bertalot		+									+	145	Pl. 112: 1~4
近披针形平面藻 P. cryptolanceolatum ahn & Abarca	+	+			+		+					8,51,52,53,54,55,56,57,81,82,83,84,85	Pl. 112: 9~10
疑似平面藻 P. dubium (Grunow) Round & Bukhtiyarova		+									+	145	Pl. 112: 7~8
椭圆平面藻 P. ellipticum (Cleve) Round & Bukhtiyarova	+											159,160	Pl. 111: 14~15
普生平面藻 P. frequentissimum (Lange-Bertalot) Lange-Bertalot	+	+	+	+	+	+	+	+			+	8,15,16,51,52,53,54,55,56,57,71,73,74,75,88,91,145	Pl. 111: 11~13
海维迪平面藻中间变种 P. haynaldii var. intermedia Cleve	+	+					+					80,88,105	Pl. 111: 1~2
忽略平面藻 P. incuriatum Wetzel, van de Vijver & Ector	+							+	+	+		106,137,164	Pl. 112: 18~21
披针形平面藻 P. lanceolatum (Brébisson ex Kützing) Lange-Bertalot	+	+	+		+	+	+	+			+	9,63,64,105,159,160,163,164	Pl. 112: 5~6
披针形平面藻小变种 P. lanceolatum var. minor Cleve	+				+							8,51,52,53,54,55,56,57	Pl. 111: 5~6

（续表）

种类名称	省区分布			水系分布								标本号代号	图版(Plate)
	川	滇	藏	MJ	DDH	YLJ	JSJ	LCJ	NJ	DLJ	YLZBJ		
厄氏平面藻 *P. oestrupii* （Cleve-Euler） Edlund, Soninkhishig, Williams & Stoermer		+									+	160	Pl. 111：7~8
佩拉加平面藻 *P. peragalloi*（Brun & Héribaud） Round & Bukhtiyarova		+									+	160	Pl. 111：9~10
波氏平面藻 *P. potapovae* Wetzel & Ector	+	+				+					+	40,160	Pl. 112：11~12
喙状平面藻 *P. rostratum*（Ostrup）Lange-Bertalot		+									+	160	Pl. 111：3~4
维氏平面藻 *P. victorii* Novis, Braidwood & Kilory		+									+	160	Pl. 112：13~14
真卵形藻属 *Eucocconeis*													
高山真卵形藻 *E. alpestris*（Brun）Lange-Bertalot	+	+					+	+				7,8,12,12,49,50,51,52,53,54,55,56,57,118,119,121	Pl. 113：9~10
阿雷塔斯真卵形藻 *E. aretasii*（Manguin）Lange-Bertalot	+					+						10,58,59,60,61	Pl. 113：11~12
弯曲真卵形藻 *E. flexella*（Kützing）Meister	+	+			+	+	+				+	7,8,11,29,49,50,51,52,53,54,55,56,57,58,59,60,61,157	Pl. 113：1~3
平滑真卵形藻 *E. laevis*（Østrup）Lange-Bertalot	+	+				+	+		+			29,65,66,121	Pl. 113：13~15
披针真卵形藻 *E. lanceolatum* Wang	+					+						7,49,50	Pl. 113：6~8
矩形真卵形藻 *E. rectangularis* Wang	+					+						5	Pl. 113：4~5
波曲真卵形藻 *E. undulatum* You, Zhao, Wang, Kociolek, Pang & Wang	+					+	+					20,21,22,23,66	Pl. 108：31~32
卵形藻科 Cocconeidaceae													
卵形藻属 *Cocconeis*													
虱形卵形藻 *C. pediculus* Ehrenberg	+	+	+	+	+	+	+	+		+		8,46,51,52,53,54,55,56,57,75,91,95,96,105,133,134,135,136	Pl. 114：1~2
扁圆卵形藻 *C. placentula* Ehrenberg, Krammer & Lange-Bertalot	+	+	+	+	+	+	+	+	+	+	+	4,5,6,7,8,9,11,13,14,35,36,40,35,46,49,50,51,52,53,54,55,56,57,58,59,60,61,63,64,68,69,70,71,73,74,75,76,77,78,88,89,91,93,94,95,96,97,98,99,100,101,102,105,106,114,121,128,129,130,133,134,135,136,138,139,144,145,148,150,151,152,155,157	Pl. 114：3~5

（续表）

种类名称	省区分布			水系分布								标本号代号	图版(Plate)
	川	滇	藏	MJ	DDH	YLJ	JSJ	LCJ	NJ	DLJ	YLZBJ		
扁圆卵形藻多孔变种 C. placentula var. euglypta (Ehrenberg) Grunow	+	+		+	+	+	+					50,75,99,100,101,102	Pl. 114：11～12
扁圆卵形藻斜缝变种 C. placentula var. klinoraphis Geitler	+				+		+					69,145,147	Pl. 114：9～10
扁圆卵形藻线条变种 C. placentula var. lineata (Ehrenberg) Van Heurck	+		+	+	+			+				69,145,147	Pl. 114：6～8
假肋纹卵形藻 C. pseudocostata Romero	+		+		+						+	81, 82, 83, 84, 85, 157, 159,160	Pl. 114：13～14

舟形藻目 Naviculales

双眉藻科 Amphoraceae

双眉藻属 Amphora

种类名称	川	滇	藏	MJ	DDH	YLJ	JSJ	LCJ	NJ	DLJ	YLZBJ	标本号代号	图版(Plate)
相等双眉藻 A. aequalis Krammer	+				+	+						7,49,50,71,73,74	Pl. 115：13～ 16, 21
结合双眉藻 A. copulata （Kützing）Schoeman & Archibald	+	+	+	+	+	+	+	+	+	+		10,18,22,23,29,58,59, 60,61,63,64,66,71,73, 74,80,114,115,116,124, 125,127,126,132,137	Pl. 115：2～7
*楔形双眉藻 A. cuneatiformis Levkov & Krstic	+	+			+				+	+		7, 11, 49, 50, 58, 59, 60, 61,75,109,110,111,130	Pl. 116：19～24
模糊双眉藻 A. indistincta Levkov	+	+						+				7,13,14,49,50,109,110, 111	Pl. 116：14～18
*马其顿双眉藻 A. macedoniensis Nagumo	+	+			+	+	+			+	+	15, 16, 80, 87, 132, 133, 134,135,136	Pl. 115：8～12,20
卵圆双眉藻 A. ovalis Kützing	+		+	+					+			121,143	Pl. 115：1
虱形双眉藻 A. pediculus Grunow	+	+	+	+	+	+	+	+	+	+		5, 6, 7, 8, 18, 22, 23, 27, 49,50,51,52,53,54,55, 56,57,63,64,66,75,81, 82,83,84,85,88,91,93, 94,95,96,106,109,110, 111, 112, 121, 133, 134, 135,136,137	Pl. 117：8～19

海双眉藻属 Halamphora

种类名称	川	滇	藏	MJ	DDH	YLJ	JSJ	LCJ	NJ	DLJ	YLZBJ	标本号代号	图版(Plate)
*阿波尼娜海双眉藻 H. aponina （Kützing）Levkov		+					+					109,110,111	Pl. 118：1～4
短海双眉藻 H. brevis Levkov		+								+		172	Pl. 119：9～10
*科伦西斯海双眉藻 H. coraensis Levkov		+							+			101	Pl. 118：16
杜森海双眉藻 H. dusenii Levkov	+				+	+						10,41,58,59,60,61,63, 64	Pl. 115：17～19
伸长海双眉藻 H. elongata Bennett & Kociolek		+								+		172	Pl. 119：14～18

(续表)

种类名称	省区分布			水系分布								标本号代号	图版(Plate)
	川	滇	藏	MJ	DDH	YLJ	JSJ	LCJ	NJ	DLJ	YLZBJ		
泉生海双眉藻 H. fontinalis Levkov	+					+						76	Pl. 118: 18~19
赫章海双眉藻 H. hezhangii You & Kociolek		+								+		172	Pl. 119: 1~4
山地海双眉藻 H. montana (Krasske) Levkov	+	+	+	+	+	+	+	+				7,8,11,46,48,49,50,51,52,53,54,55,56,57,58,59,60,61,68,69,75,80,81,82,83,84,85,87,88,105,113,118,119	Pl. 116: 1~13
诺尔曼海双眉藻 H. normanii (Rabenhorst) Levkov		+								+		155	Pl. 118: 17
寡盐海双眉藻 H. oligotraphenta (Lange-Bertalot) Levkov	+	+	+	+						+		24,25,26,28,31,32,29,30,37,38,76,77,78,91,99,100,101,102,113,114,130,133,134,135,136	Pl. 118: 5~15
近泉生海双眉藻 H. subfontinalis You & Kociolek		+						+				167	Pl. 119: 5~8
近山地海双眉藻 H. submontana (Hustedt) Levkov		+						+				167,169	Pl. 119: 11~13
*施罗德海双眉藻 H. schroederi Levkov	+		+	+			+			+		8,35,36,51,52,53,54,55,56,57,68,69,76,77,78,81,82,83,84,85,93,94,124	Pl. 117: 1~7
蓝色海双眉藻 H. veneta Levkov	+	+	+			+	+	+		+		77,78,87,97,113,133,134,135,136	Pl. 116: 25~30
桥弯藻科 Cymbellaceae													
桥弯藻属 Cymbella													
似近缘桥弯藻 C. affiniformis Krammer	+	+	+		+	+	+	+		+		2,7,8,12,12,18,22,23,29,49,50,51,52,53,54,55,56,57,75,91,95,96,113,120,121,122,128,129,132,133,134,135,136,153,154	Pl. 143: 1~10
近缘桥弯藻原始变种 C. affinis var. primigenia Manguin	+				+							180	Pl. 144: 7
高山桥弯藻 C. alpestris Krammer	+	+	+		+	+	+	+				3,8,51,52,53,54,55,56,57,80,97,109,110,111	Pl. 139: 12~15
北极桥弯藻 C. arctica Schmidt		+						+	+	+		117,143,153,154	Pl. 128: 1~7
亚洲桥弯藻 C. asiatica Metzeltin, Lange-Bertalot & Li	+	+	+		+		+	+			+	66,153,154,155	Pl. 141: 1~10
粗糙桥弯藻 C. aspera (Ehrenberg) Cleve	+	+		+		+		+				10,12,12,58,59,60,61,75,165	Pl. 124: 1~4

(续表)

种类名称	省区分布			水系分布								标本号代号	图版(Plate)
	川	滇	藏	MJ	DDH	YLJ	JSJ	LCJ	NJ	DLJ	YLZBJ		
奥地利桥弯藻 *C. australica* Cleve	+	+				+	+					75,88,89	Pl. 129：1～3
广州桥弯藻 *C. cantonensis* Voigt	+					+						76,77,78	Pl. 122：1～7
箱形桥弯藻 *C. cistula* (Ehrenberg) Kirchner	+	+	+	+	+	+	+	+	+	+	+	10,24,25,26,58,59,60,61,63,64,75,81,82,83,84,85,91,103,104,106,112,118,119,128,129,130,132,133,134,135,136,145,146,149,150,151,152,153,154	Pl. 127：7～14
箱形桥弯藻钝棘变种 *C. cistula* var. *hebetata* (Pantocsek) Cleve-Euler	+		+			+	+			+		81,82,83,84,85,133,134,135,136	Pl. 127：1～6
凸腹桥弯藻 *C. convexa* (Hustedt) Krammer	+					+						80	Pl. 137：12～15
科斯勒桥弯藻 *C. cosleyi* Bahls	+	+	+			+	+	+	+		+	24,25,26,80,106,118,119,126,132,133,134,135,136,148,153,154	Pl. 142：1～20
背腹桥弯藻 *C. dorsenotata* Østrup		+				+						168	Pl. 146：3～5
切断桥弯藻 *C. excisa* Kützing	+	+		+	+	+						4,88,93,94	Pl. 138：8～11
切断桥弯藻亚头状变种 *C. excisa* var. *subcapitata*	+			+								196	Pl. 146：8～9
分割形桥弯藻 *C. excisiformis* Krammer	+	+			+	+						7,49,50,103,104	Pl. 143：11～13
汉茨桥弯藻 *C. hantzschiana* Krammer	+	+	+	+	+	+			+	+		24,25,26,30,70,91,99,100,101,102,132,133,134,135,136	Pl. 139：1～8
暗淡桥弯藻 *C. hebetata* Pantocsek	+			+								183	Pl. 146：1～2
胡斯特桥弯藻 *C. hustedtii* Krasske	+			+								183	Pl. 144：8～9
*科尔贝桥弯藻 *C. kolbei* Hustedt	+	+				+		+				76,77,78,179	Pl. 143：14～23
披针桥弯藻 *C. lanceolata* Agardh	+	+				+						1,75,81,82,83,84,85	Pl. 123：1～4
细角桥弯藻 *C. leptoceros* (Ehrenberg) Grunow		+									+	172	Pl. 146：10～11
*马吉安娜桥弯藻 *C. maggiana* Krammer		+						+				112	Pl. 135：1～4
梅氏桥弯藻 *C. metzeltinii* Krammer		+				+						88	Pl. 138：1～7

（续表）

种类名称	省区分布			水系分布								标本号代号	图版(Plate)
	川	滇	藏	MJ	DDH	YLJ	JSJ	LCJ	NJ	DLJ	YLZBJ		
新箱形桥弯藻 *C. neocistula* Krammer	+	+	+	+	+	+	+	+	+	+	+	8，13，14，30，51，52，53，54，55，56，57，63，64，76，77，78，88，89，114，118，119，121，126，138，139，147，149，153，154，120，122	Pl. 125：1~8
新箱形桥弯藻月形变种 *C. neocistula* var. *lunata* Krammer		+					+					102	Pl. 126：2~5
新箱形桥弯藻岛生变种 *C. neocistula* var. *islandica* Krammer			+								+	173	Pl. 126：1
晚熟桥弯藻 *C. neogena*（Grunow）Krammer			+								+	173	Pl. 121：1~2
新细角桥弯藻 *C. neoleptoceros* Krammer	+	+	+	+	+	+	+		+		+	7，8，29，49，50，51，52，53，54，55，56，57，65，71，73，74，76，77，78，80，91，95，96，140，145，121	Pl. 145：1~11
闭塞桥弯藻 *C. obtusiformis* Krammer	+					+						179	Pl. 134：3
微细桥弯藻 *C. parva*（Smith）Kirchner	+					+						179	Pl. 146：14~16
极近缘桥弯藻 *C. peraffinis*（Grunow）Krammer	+					+						177	Pl. 146：6~7
极头状桥弯藻 *C. percapitata* Krammer	+					+						178	Pl. 146：21~23
新月形桥弯藻 *C. percymbiformis* Agardh	+	+	+	+	+	+	+				+	10，58，59，60，61，91，132	Pl. 131：1~7
近轴桥弯藻 *C. proxima* Reimer	+					+	+			+		7，49，50，95，96，133，134，135，136	Pl. 135：5~9
斯库台桥弯藻 *C. scutariana* Krammer	+	+				+	+	+				10，58，59，60，61，91，132	Pl. 134：4~7
西蒙森桥弯藻 *C. simonsenii* Krammer		+							+			132	Pl. 133：1~5
孤点桥弯藻 *C. stigmaphora* Østrup	+					+						178	Pl. 134：1~2
斯图施拜桥弯藻 *C. stuxbergii*（Cleve）Cleve	+	+	+			+	+				+	3，8，51，52，53，54，55，56，57，147，150，151，152	Pl. 120：1~5
近北极桥弯藻 *C. subarctica* Cleve-Euler		+				+						183	Pl. 146：12~13
近箱形桥弯藻 *C. subcistula* Krammer	+					+						75	Pl. 139：9~11
近淡黄桥弯藻 *C. subhelvetica* Krammer	+	+	+	+	+	+			+	+		7，11，39，35，49，50，58，59，60，61，126，130，133，134，135，136	Pl. 132：1~8

（续表）

种类名称	省区分布			水系分布								标本号代号	图版(Plate)
	川	滇	藏	MJ	DDH	YLJ	JSJ	LCJ	NJ	DLJ	YLZBJ		
近细角桥弯藻 C. subleptoceros Kützing	+	+	+	+	+	+	+	+	+	+	+	2,3,47,71,73,74,75,80,88,99,100,101,102,106,109,110,111,113,114,124,125,127,140,148,125,126	Pl. 144：1~6,10~12
热带桥弯藻 C. tropica Krammer	+	+			+	+		+				46,76,77,78,164	Pl. 137：1~11
膨胀桥弯藻 C. tumida Van Heurck	+	+	+	+	+	+	+	+			+	46,68,69,75,88,89,91,106,159,160,161	Pl. 130：1~6
肿大桥弯藻 C. turgidula Grunow	+	+	+	+	+	+			+		+	6,18,35,36,68,69,70,71,73,74,89,166	Pl. 136：1~6
肿大桥弯藻孟加拉变种 C. turgidula var. bengalensis Krammer	+					+						76,77	Pl. 136：7~13
*图尔桥弯藻 C. tuulensis Metzeltin, Lange-Bertalot & Nergui			+					+			+	118,153,154,157	Pl. 140：1~6
普通桥弯藻 C. vulgata Krammer	+	+			+		+	+				55,93,94	Pl. 138：12~18
韦斯拉桥弯藻 C. weslawskii Krammer	+				+							183	Pl. 146：17~20
弯肋藻属 Cymbopleura													
针状弯肋藻 C. acutiformis Krammer		+								+		173	Pl. 148：10~12
双头弯肋藻 C. amphicephala（Nägeli & Kützing）Krammer		+						+				109,110,111	Pl. 155：14~15
安格利弯肋藻 C. anglica (Lagerstedt) Krammer	+				+							181	Pl. 148：14~19
窄弯肋藻 C. angustata (Smith)	+		+		+			+				7,8,35,49,50,51,52,53,54,55,56,57,117	Pl. 157：8~16
窄弯肋藻细弱变种 C. angustata var. tenuis Krammer	+				+							180	Pl. 148：1
窄弯肋藻泉生变种 C. angustata var. fontinalis Krammer	+				+							180	Pl. 148：2~3
尖弯肋藻 C. apiculata Krammer	+											177	Pl. 147：1~4
急尖弯肋藻 C. cuspidata（Kützing）Krammer	+				+							4	Pl. 155：13
赫西弯肋藻 C. hercynica (Schmidt) Krammer	+	+	+			+	+		+		+	30,63,64,159,160,164	Pl. 155：1~6
不对称弯肋藻 C. inaequalis (Ehrenberg) Krammer	+		+		+		+				+	10,58,59,60,61,90,153,154	Pl. 149：1~5

(续表)

种类名称	省区分布			水系分布								标本号代号	图版(Plate)
	川	滇	藏	MJ	DDH	YLJ	JSJ	LCJ	NJ	DLJ	YLZBJ		
不定弯肋藻 C. incerta (Grunow) Krammer		+	+				+	+			+	93,94,113,114,155	Pl. 158：7~14
不定型弯肋藻 C. incertiformis Krammer	+				+							9	Pl. 157：6~7
*朱里尔吉弯肋藻 C. juriljii Levkov & Metzeltin	+				+							6	Pl. 151：1~5
库布西弯肋藻 C. kuelbsii Krammer	+					+						76,77	Pl. 159：1~18
侧偏弯肋藻 C. lata (Grunow)	+					+						63,64	Pl. 152：11~15
线形弯肋藻 C. linearis Krammer	+		+		+							10,12,12,18,22,23,58,59,60,61,62,66,121	Pl. 154：1~13
*玛吉埃弯肋藻 C. maggieae Loren	+											7,49,50	Pl. 154：14~17
*马格列夫弯肋藻 C. margalefii Delgado	+				+							47,76,77,78	Pl. 158：1~6
蒙古弯肋藻 C. mongolica Metzeltin, Lange-Bertalot & Nergui	+	+			+							11,12,24,25,26,29,30,99,100,101,102	Pl. 157：1~5
*蒙提科拉弯肋藻 C. monticola (Hustedt) Krammer		+									+	139	Pl. 155：7~12
*纳代科弯肋藻 C. nadejdae Metzeltin, Lange-Bertalot & Soninkhishig	+	+					+			+	+	30,133,134,150	Pl. 156：8~11
舟形弯肋藻 C. naviculiformis (Auerswald & Heibery) Krammer	+	+	+	+	+	+	+		+		+	10,12,12,58,59,60,61,62,63,64,66,71,73,74,105,145,120	Pl. 152：1~10
舟形弯肋藻侧头变种 C. naviculiformis var. laticapitata Krammer	+				+							178	Pl. 147：5~12
矩圆弯肋藻 C. oblongata Krammer	+				+	+	+	+		+		2,7,11,12,12,24,25,26,29,30,35,49,50,58,59,60,61,65,71,73,74,105,114,117,133,134,135,136,137	Pl. 153：6~14
*矩圆弯肋藻微细变种 C. oblongata var. parva Krammer	+			+	+		+					10,30,58,59,60,61	Pl. 153：3~5
*延伸弯肋藻 C. perprocera Krammer	+				+		+		+			11,12,13,14,18,22,23,66,123	Pl. 150：1~8
岩生弯肋藻 C. rupicola (Grunow) Krammer		+	+				+				+	99,100,101,102	Pl. 158：15~23
十字形弯肋藻 C. stauroneiformis Krammmer	+				+		+					24,25,26,66,109,110,111,118,119	Pl. 156：1~7
近相等弯肋藻 C. subaequalis (Grunow) Krammer	+				+							176	Pl. 148：4~6 Pl. 153：1~2

(续表)

种类名称	省区分布			水系分布								标本号代号	图版(Plate)
	川	滇	藏	MJ	DDH	YLJ	JSJ	LCJ	NJ	DLJ	YLZBJ		
近相等弯肋藻平截变种 C. subaequalis var. pertruncata Krammer	+			+								230	Pl. 148:7~9
亚特弯肋藻 C. yateana (Maillard) Krammer	+			+								232	Pl. 148:13
优美藻属 Delicatophycus													
高山优美藻 D. alpestris (Krammer) Wynne	+	+	+	+	+	+	+	+	+	+	+	8, 24, 25, 26, 40, 51, 52, 53, 54, 55, 56, 57, 68, 69, 88, 103, 104, 106, 107, 108, 109, 110, 111, 115, 116, 117, 118, 119, 120, 122, 130, 133, 134, 135, 136, 144	Pl. 160:1~15
*加拿大优美藻 D. canadensis (Bahls) Wynne	+		+	+			+	+			+	8, 51, 52, 53, 54, 55, 56, 57, 65, 99, 100, 101, 102, 118, 119, 150, 151, 152	Pl. 162:22~31
重庆优美藻 D. chongqingensis (Zhang, Yang & S Blanco) Wynne	+		+	+							+	4, 47, 144	Pl. 164:1~16
优美藻 D. delicatula (Kützing) Wynne	+	+	+	+	+	+	+	+	+	+	+	8, 11, 29, 44, 45, 51, 52, 53, 54, 55, 56, 57, 58, 59, 60, 61, 63, 64, 67, 90, 99, 100, 101, 102, 103, 104, 106, 107, 108, 114, 115, 116, 117, 118, 119, 120, 121, 122, 124, 125, 127, 128, 129, 130, 141, 142, 156, 158	Pl. 161:14~23
犹太优美藻 D. judaica (Krammer & Lange-Bertalot) Wynne	+		+	+							+	68, 159	Pl. 161:12~13
*小型优美藻 D. minutus (Krammer) Wynne	+	+	+	+		+	+				+	29, 46, 76, 77, 78, 121, 150, 151, 152	Pl. 162:14~21
蒙古优美藻 D. montana (Bahls) Wynne	+		+	+				+				65, 67, 132	Pl. 162:9~11
中华优美藻 D. sinensis (Krammer & Metzeltin) Wynne	+	+	+	+			+				+	29, 46, 48, 65, 68, 69, 144	Pl. 161:1~11
稀疏优美藻 D. sparsistriata (Krammer) Wynne	+	+	+	+	+	+	+	+	+	+	+	8, 24, 25, 26, 40, 51, 52, 53, 54, 55, 56, 57, 68, 69, 88, 103, 104, 106, 107, 108, 109, 110, 111, 115, 116, 117, 118, 119, 120, 122, 130, 133, 134, 135, 136, 144	Pl. 160:16~31
维里纳优美藻 D. verena (Lange-Bertalot & Krammer) Wynne	+		+	+			+		+			39, 150, 151, 152, 153	Pl. 162:1~8, 12~13

(续表)

种类名称	省区分布			水系分布								标本号代号	图版(Plate)
	川	滇	藏	MJ	DDH	YLJ	JSJ	LCJ	NJ	DLJ	YLZBJ		
威廉姆斯优美藻 *D. williamsii*（Liu & Blanco）Wynne	+	+	+	+	+	+	+	+				44,45,46,63,64,66,68,69,93,94,115,116	Pl. 163：1～16
新加拿大优美藻 *D. neocaledonica*（Krammer）Wynne	+		+	+							+	69,159,160	Pl. 165：1～12
内丝藻属 Encyonema													
奥尔斯瓦尔德内丝藻 *E. auerswaldii* Rabenhorst	+					+						75	Pl. 168：1～8
短头内丝藻 *E. brevicapitatum* Krammer	+	+	+	+	+	+	+	+	+	+	+	3,5,6,8,18,22,23,29,35,36,51,52,53,54,55,56,57,63,64,66,71,73,74,86,99,100,101,102,109,110,111,115,116,118,119,120,122,128,129,130,133,134,135,136,145,147,155,157,122	Pl. 171：7～15
卡罗尼内丝藻 *E. caronianum* Kramme	+				+	+						10,12,12,40,58,59,60,61,66	Pl. 172：21～23
簇生内丝藻 *E. cespitosum* Kützing	+	+				+	+					65,81,82,83,84,85,95,96	Pl. 168：9～13
盖乌马内丝藻 *E. gaeumanii*（Meister）Krammer	+					+						6,7,12,12,40,49,50,63,64,66	Pl. 172：1～10
耶姆特兰内丝藻维尼变种 *E. jemtlandicum* var. *venezolanum* Kramme	+				+							210	Pl. 170：16～17
*库克南努内丝藻 *E. kukenanum* Krammer	+											48	Pl. 172：24～25
长贝尔塔内丝藻 *E. lange-bertalotii* Krammer	+	+	+	+	+	+	+	+	+	+	+	3,4,5,6,8,13,14,15,16,18,22,23,24,25,26,29,30,35,36,44,45,46,48,51,52,53,54,55,56,57,63,64,65,68,69,75,88,89,91,93,94,95,96,98,105,117,121,124,125,127,128,129,130,133,134,135,136,145,146,147,156,158	Pl. 166：10～16
长内丝藻 *E. latens*（Bleisch）Mann	+	+	+	+	+	+	+	+			+	8,18,18,22,23,28,31,32,30,35,36,34,51,52,53,54,55,56,57,65,72,88,106,109,110,111,112,115,116,118,119,128,129,145,153,154	Pl. 171：1～6
雷氏内丝藻 *E. leei* Ohtsuka	+				+	+						48,68,69	Pl. 169：5～11
莱布内丝藻 *E. leibleinii*（Agardh）Silva	+				+		+					68,69,91	Pl. 167：14～16

(续表)

种类名称	省区分布			水系分布								标本号代号	图版(Plate)
	川	滇	藏	MJ	DDH	YLJ	JSJ	LCJ	NJ	DLJ	YLZBJ		
半月形内丝藻 E. lunatum (Smith) Van Heurck	+			+			+					10,12,12,18,22,23,58,59,60,61	Pl. 170: 18~22
*半月形内丝藻北方变种 E. lunatum var. borealis Krammer	+		+	+							+	7,11,49,50,58,59,60,61,66,159,160	Pl. 170: 7~15
微小内丝藻 E. minnutum Mann	+	+	+	+	+	+	+	+	+	+	+	3,6,12,12,13,14,21,29,35,36,34,62,63,64,66,67,68,69,76,77,78,81,82,83,84,85,89,91,93,94,95,96,97,106,109,110,111,112,114,117,118,119,120,122,124,126,128,129,132,133,134,135,136,137,147,153,154	Pl. 167: 1~7
*奇异内丝藻 E. mirabilis Rodionova	+				+							7,49,50	Pl. 169: 12~17
新纤细内丝藻 E. neogracile Krammer	+				+							7,11,49,50,58,59,60,61	Pl. 170: 1~6
挪威内丝藻 E. norvegicum (Grunow) Mills	+				+							7,12,12,49,50	Pl. 167: 8~13
*近郎氏内丝藻 E. perlangebertalotii Kulikovskiy & Metzeltin	+	+	+	+		+	+		+		+	4,8,11,29,46,51,52,53,54,55,56,57,58,59,60,61,63,64,68,69,75,105,120,126,145	Pl. 171: 16~19
*假簇生内丝藻 E. pseudocaespitosum Levkov & Krstic	+	+		+		+	+	+				7,49,50,63,64,112	Pl. 169: 1~4
瑞卡德内丝藻 E. reichardtii Mann	+							+		+	+	7,49,50,118,119,137,147	Pl. 172: 11~17
具喙内丝藻 E. rostratum Krammer	+				+	+	+					44,45,68,69,71,73,74	Pl. 171: 21~25
西里西亚内丝藻 E. silesiacum (Bleisch) Mann	+	+	+	+	+	+	+	+	+	+	+	3,6,8,13,14,15,16,18,22,23,28,31,32,29,51,52,53,54,55,56,57,71,73,74,81,82,83,84,85,93,94,95,96,117,118,119,124,128,129,133,134,135,136,145,146,147,149,150,151,152,153,154,156,158	Pl. 166: 1~9
膨胀内丝藻 E. ventricosum (Agardh) Grunow	+				+							44,45	Pl. 172: 18~20
近丝藻属 Kurtkrammeria													
新两尖近丝藻 K. neoamphioxys (Krammer) Bahls	+					+						12	Pl. 173: 1~9
拟内丝藻属 Encyonopsis													
*高山拟内丝藻 E. alpina Krammer and Lange-Bertert	+				+	+				+	+	11,12,27,29,81,82,83,84,85,137,145	Pl. 180: 1~6

（续表）

种类名称	省区分布			水系分布								标本号代号	图版(Plate)
	川	滇	藏	MJ	DDH	YLJ	JSJ	LCJ	NJ	DLJ	YLZBJ		
*鲍勃马歇尔拟内丝藻 E. bobmarshallensis Bahls			+					+		+		117,137	Pl. 180: 7~8
舟形拟内丝藻 E. cesatiformis Krammer	+		+	+	+		+					4,7,8,18,22,23,24,25,26,30,49,50,51,52,53,54,55,56,57,66	Pl. 174: 15~20
赛萨特拟内丝藻 E. cesatii (Rabenhorst) Krammer	+		+		+	+	+			+		21,28,31,32,30,40,65,66,133,134,135,136	Pl. 175: 1~10
杂拟内丝藻 E. descripta (HUstedt) Krammer	+		+	+	+		+	+		+		4,28,31,32,114,133,134,135,136	Pl. 176: 9~14
*杂型拟内丝藻 E. descriptiformis Bahls	+					+						43	Pl. 176: 1~8
*埃菲兰拟内丝藻 E. eifelana Krammer	+				+							7,49,50	Pl. 177: 4
法国拟内丝藻 E. falaisensis (Grounow) Krammer	+		+	+	+		+					10,29,58,59,60,61,65	Pl. 175: 11~18
#横断拟内丝藻 E. hengduanensis Luo & Wang sp. nov.	+					+						77	Pl. 179: 1~8
胡斯特拟内丝藻 E. hustedtii Bahls	+		+		+					+		12,137	Pl. 177: 1~3
*库特璐拟内丝藻 E. kutenaiorum Bahls	+				+							7,49,50	Pl. 178: 1~3
小头拟内丝藻 E. microcephala (Grunow) Krammer	+	+	+	+	+	+	+	+	+	+	+	4,7,39,35,49,50,67,71,73,74,75,80,81,82,83,84,85,91,95,96,109,110,111,113,114,118,119,126,128,129,133,134,135,136,150,151,152,155	Pl. 177: 5~10
微小拟内丝藻 E. minuta Krammer & Reichardt	+	+	+	+	+	+		+				8,34,51,52,53,54,55,56,57,76,77,78,80,81,82,83,84,85,114	Pl. 179: 9~14
*山北拟内丝藻 E. montana Bahls	+				+		+					10,18,22,23,58,59,60,61	Pl. 174: 1~14
北方拟内丝藻 E. perborealis Krammer	+		+		+			+				7,49,50,118,119	Pl. 178: 6~12
#极小拟内丝藻 Encyonopsis perpuilla Luo & Wang sp. nov.		+					+					94	Pl. 180: 9~15
斯塔夫霍尔蒂拟内丝藻 E. stafsholtii Bahls	+				+		+					7,11,18,22,23,49,50,58,59,60,61	Pl. 174: 21~26
蒂罗里亚拟内丝藻 E. tiroliana Krammer & Lange-Bertalot	+					+						71,73,74	Pl. 178: 4~5

（续表）

种类名称	省区分布			水系分布								标本号代号	图版(Plate)
	川	滇	藏	MJ	DDH	YLJ	JSJ	LCJ	NJ	DLJ	YLZBJ		
半舟藻属 Seminavis													
小半舟藻 S. pusilla (Grunow) Cox & Reid	+	+	+	+	+		+		+			35,36,109,110,111,133,134,135,136	Pl. 181：1～9
瑞氏藻属 Reimeria													
* 亚洲瑞氏藻 R. asiatica Kulikovskiy, Lange-Bertalot & Metzeltin	+				+							7,49,50	Pl. 182：25～32
* 头状瑞氏藻 R. capitata (Cleve-Euler) Levkov & Ector	+				+							10,58,59,60,61	Pl. 182：35～36
泉生瑞氏藻 R. fontinalis Levkov		+								+		144	Pl. 182：33～34
# 德钦瑞氏藻 Reimeria deqinensis Luo & Wang sp. nov.					+	+		+	+			9,37,38,40,63,64,118,119,130	Pl. 182：40～46
卵圆瑞氏藻 R. ovata (Hustedt) Levkov & Ector					+		+		+		+	6,8,11,51,52,53,54,55,56,57,58,59,60,61,66,114,137,150,151,152	Pl. 182：17～24
波状瑞氏藻 R. sinuata (Gregory) Kociolek & Stoermer	+	+	+		+	+	+	+	+	+	+	4,5,7,8,11,13,14,15,16,18,22,23,24,25,26,35,36,49,50,51,52,53,54,55,56,57,58,59,60,61,63,64,66,71,73,74,86,93,94,95,96,105,112,114,118,119,121,124,125,127,128,129,130,137,145,147,157	Pl. 182：1～16
* 波状瑞氏藻粗壮变型 R. sinuata f. antiqua (Grunow) Kociolek & Stoermer	+				+							10,58,59,60,61	Pl. 182：39
单列瑞氏藻 R. uniseriata Sala, Guerrero & Ferrario		+						+				113	Pl. 182：37～38
异极藻科 Gomphonemataceae													
双楔藻属 Didymosphenia													
双生双楔藻 D. geminata (Lyngbye) Schmidt	+	+	+		+	+	+		+			5,6,8,13,14,21,35,36,51,52,53,54,55,56,57,103,104,121,130,144,145,147,150,151,152	Pl. 183：1～7
异纹藻属 Gomphonella													
密纹异纹藻 G. densestriata (Foged) Luo comb. nov.		+								+	+	141,142,144,159,160	Pl. 187：1～12
橄榄绿异纹藻 G. olivacea (Hornemann) Rabenhorst	+		+		+		+	+	+			46,88,115,116,128,129	Pl. 185：1～16

（续表）

种类名称	省区分布			水系分布								标本号代号	图版(Plate)
	川	滇	藏	MJ	DDH	YLJ	JSJ	LCJ	NJ	DLJ	YLZBJ		
线性异纹藻 G. linearoides (Levkov) Jahn & Abarca			+						+			128,129	Pl. 186：1～13
异楔藻属 Gomphoneis													
假库诺异楔藻 G. pseudookunoi Tuji	+	+	+	+	+	+	+	+	+		+	3,6,13,14,44,45,62,63,64,99,100,101,102,103,104,106,107,108,118,119,121,141,142,145,146,147,150,151,152,156,158	Pl. 189：22～24
类橄榄绿异楔藻 G. olivaceoides Hustedt	+		+								+	8,51,52,53,54,55,56,57,144	Pl. 189：1～21
中华异极藻属 Gomphosinica													
高位中华异极藻 G. chubichuensis Jüttner & Cox	+	+	+	+		+	+	+	+	+	+	3,8,9,13,14,30,35,36,51,52,53,54,55,56,57,63,64,99,100,101,102,103,104,106,109,110,111,121,124,125,127,138,139,145	Pl. 119：13～29
赫迪中华异极藻 G. hedinii Kociolek, You & Wang	+		+					+	+			13,35,36,118,119,121,128,129	Pl. 189：1～12
湖生中华异极藻 G. lacustris Kociolek, You & Wang		+					+					103	Pl. 190：1～19
异极藻属 Gomphonema													
尖细异极藻 G. acuminatum Ehrenberg	+	+	+	+	+	+		+	+		+	7,12,12,49,50,71,73,74,79,81,82,83,84,85,106,153,154,120,121,125	Pl. 195：3～6
尖细异极藻中型变种 G. acuminatum var. intermedium Grunow	+		+		+					+		7,49,50,66,141,142	Pl. 197：1～6
尖细异极藻伯恩托克斯变种 G. acuminatum var. pantocsekii Cleve-Euler	+	+			+		+					10,24,25,26,28,31,32,58,59,60,61,99,100,101,102	Pl. 197：10～11
邻近异极藻 G. affine Kützing	+	+	+		+	+				+		8,9,51,52,53,54,55,56,57,66,71,73,74,75,80,81,82,83,84,85,91,92,95,96,141,142	Pl. 209：1～8
非洲异极藻 G. afrhombicum Reichardt	+				+							7,49,50	Pl. 191：21
美洲钝异极藻 G. americobtusatum Reichardt & Lange-Bertalot	+	+	+		+	+			+		+	8,18,30,35,36,51,52,53,54,55,56,57,99,100,101,102,103,104,121,124,125,127,130,147,148	Pl. 212：23～26 Pl. 213：19～25

（续表）

种类名称	省区分布			水系分布								标本号代号	图版（Plate）
	川	滇	藏	MJ	DDH	YLJ	JSJ	LCJ	NJ	DLJ	YLZBJ		
英吉利异极藻 *G. anglicum* Ehrenberg	+			+								211	Pl. 201：4～5
窄异极藻 *G. angustatum*（Kützing）Rabenhorst	+	+		+	+	+	+					7,8,11,40,49,50,51,52,53,54,55,56,57,58,59,60,61,81,82,83,84,85,97	Pl. 211：6～12
变窄异极藻 *G. angustius* Reichardt	+	+	+	+				+				44,45,106,107,108,112	Pl. 220：17～24
窄壳面异极藻 *G. angustivalva* Reichardt & Lange-Bertalot		+		+						+		15,16,147	Pl. 203：12～15
窄头异极藻 *G. angusticephalum* Reichardt & Lange-Bertalot	+	+				+	+					75,91	Pl. 206：4～9
亚洲异极藻 *G. asiaticum* Liu & Kociolek	+					+						75	Pl. 204：1 Pl. 207：1～3
不对称异极藻 *G. asymmetricum* Carter	+			+								228	Pl. 207：15～17
尖顶异极藻 *G. augur* Ehrenberg	+		+			+				+		75,161	Pl. 206：1～3
尖顶型异极藻 *G. auguriforme* Levkov	+					+						75	Pl. 206：10～12
长耳异极藻 *G. auritum* Braun	+					+						75	Pl. 210：1～6
布列毕松异极藻 *G. brebissonii* Kützing	+	+			+		+					10,24,25,26,28,31,32,58,59,60,61,99,100,101,102	Pl. 197：7～9
加利福尼亚异极藻 *G. californicum* Stancheva & Kociolek	+		+		+	+			+	+		5,63,64,118,119,120,122	Pl. 219：1～8,21～22
头端异极藻 *G. capitatum* Ehrenberg		+							+	+		126,140	Pl. 196：1～4
棒形异极藻 *G. clavatum* Ehrenberg	+	+	+		+		+					10,58,59,60,61,66,88,95,96,141,142	Pl. 211：1～5
冠状异极藻 *G. coronatum* Ehrenberg	+		+							+		7,49,50,161	Pl. 195：1～2
极细异极藻 *G. exilissimum* Lange-Bertalot	+	+	+		+	+	+	+	+	+	+	3,11,30,40,58,59,60,61,81,82,83,84,85,91,97,109,110,111,125,141,142,146	Pl. 211：30～33
纤细异极藻 *G. gracile* Ehrenberg	+	+	+	+	+	+	+					1,9,18,21,22,23,66,71,73,74,80,123,155,123,125,126	Pl. 210：13～20
近纤细异极藻 *G. graciledictum* Reichardt & Smith	+	+	+	+		+	+			+		67,71,73,74,75,80,81,82,83,84,85,91,95,96,97,123,125	Pl. 208：1～11

(续表)

种类名称	省区分布			水系分布								标本号代号	图版(Plate)
	川	滇	藏	MJ	DDH	YLJ	JSJ	LCJ	NJ	DLJ	YLZBJ		
赫布里底异极藻 G. hebridense Gregory	+				+							7,49,50	Pl. 202: 1~14
未知异极藻 G. incognitum Reichardt	+					+						63	Pl. 191: 5~8
标志形异极藻 G. insigniforme Reichardt & Lange-Bertalot	+				+							191	Pl. 207: 18~22
不稳异极藻王氏变种 G. instabile var. wangii (Bao & Reimer) Shi	+	+	+		+	+	+			+		10,24,25,26,28,31,32,30,35,36,35,58,59,60,61,103,104,120	Pl. 214: 11~16
岛屿异极藻 G. insularum Kociolek, Woodward & Graeff	+	+			+	+	+			+	+	63,66,91,140,164	Pl. 191: 9~13
中间异极藻 G. intermedium Hustedt	+	+	+	+		+	+	+	+	+	+	24,25,26,35,36,68,69,89,91,95,96,112,132,122	Pl. 217: 1~16
缠结异极藻 G. intricatum Kützing	+				+							7,8,49,50,51,52,53,54,55,56,57,68,69	Pl. 200: 9~12
缠结异极藻头端变种 G. intricatum var. capitata Hustedt	+				+							7,8,49,50,51,52,53,54,55,56,57	Pl. 200: 1~8
缠结异极藻化石变种 G. intricatum var. fossile Pantocsek	+				+							196	Pl. 201: 1~3
意大利异极藻 G. italicum Kützing	+	+				+	+		+			71,75,80,81,82,83,84,85,95,96,166	Pl. 196: 16~19
卡兹那科夫异极藻 G. kaznakowii Mereschkowsky	+		+		+				+	+	+	43,44,45,128,129,138,139,144	Pl. 194: 4~9, 14~15
卡兹那科夫异极藻十字形变种 G. kaznakowii var. cruciatum Shi & Li	+		+		+				+	+	+	43,44,45,128,129,138,139,144	Pl. 194: 1~3, 10~13
维多利亚异极藻 G. lacus-victoriensis Reichardt	+				+							7,49,50	Pl. 204: 12~18
具领异极藻 G. lagenula Kützing	+	+	+	+	+	+	+				+	8,51,52,53,54,55,56,57,68,69,70,72,76,77,78,87,88,95,96,105,122,124,125,145	Pl. 213: 3~9
拉格赫姆异极藻 G. lagerheimii Cleve	+				+							66	Pl. 203: 1~11
♯披针形异极藻 G. lancettula Luo & Wang sp nov.		+						+				132	Pl. 221: 17~22
长贝尔塔异极藻 G. lange-bertalotii Reichardt	+		+		+		+	+	+	+		7,12,12,27,29,49,50,65,114,118,119,121,133,134,135,136	Pl. 216: 1~9, 14~16
侧点异极藻 G. lateripunctatum Reichardt	+		+		+				+			8,51,52,53,54,55,56,57,121	Pl. 216: 10~13

（续表）

种类名称	省区分布			水系分布								标本号代号	图版(Plate)
	川	滇	藏	MJ	DDH	YLJ	JSJ	LCJ	NJ	DLJ	YLZBJ		
宽颈异极藻 *G. laticollum* Reichardt	+	+		+			+	+				7,18,22,23,49,50,113	Pl. 191：22 Pl. 196：12~15
细异极藻 *G. leptoproductum* Lange-Bertalot & Genkal	+	+		+			+	+	+		+	15,16,18,22,23,93,94,112,118,119,128,129,145	Pl. 213：26~32
雷曼尼亚异极藻 *G. leemanniae Cholnoky*		+					+					87,95,96	Pl. 191：20
舌状异极藻 *G. lingulatum* Hustedt		+					+					91	Pl. 191：4
李氏异极藻 *G. liyanlingae* Metzeltin & Lange-Bertalot	+		+	+				+	+			5,63,64,118,119,120,122	Pl. 219：13~22
长头异极藻 *G. longiceps* Ehrenberg	+			+								7,11,49,50,58,59,60,61	Pl. 197：12~13
中亚异极藻 *G. medioasiae* Metzeltin, Lange-Bertalot & Nergui	+					+						63	Pl. 221：1~16
南欧异极藻 *G. meridionalum* Kociolek & Thomas	+	+	+	+			+					10,58,59,60,61,87,91,112	Pl. 211：19~22
墨西哥异极藻 *G. mexicanum* Grunow	+			+								209	Pl. 207：9~11
小足异极藻 *G. micropus* Kützing	+	+	+	+		+	+				+	10,24,25,26,28,31,32,30,35,36,35,58,59,60,61,103,104,120	Pl. 214：1~10,17~18
微披针形异极藻 *G. microlanceolatum* You & Kociolek	+	+	+	+			+		+	+		68,69,75,79,132,138,139	Pl. 203：21~26
较小异极藻 *G. minutum*（Agardh）Agardh	+	+	+	+			+				+	8,35,36,46,51,52,53,54,55,56,57,66,68,69,75,80,89,91,120	Pl. 218：12~24
妙思乐异极藻 *G. mustela* Cleve-Euler		+									+	160	Pl. 191：17
隐形异极藻 *G. occultum* Reichardt	+	+	+	+		+	+	+	+			5,6,39,44,45,47,93,94,112,124,125,127,138,139	Pl. 220：1~16
微小异极藻 *G. parvuliforme* Lange-Bertalot	+	+					+		+			80,141,163	Pl. 212：7~14
细小异极藻 *G. parvuloides* Cholnoky		+					+					87,95,96	Pl. 210：7~12
小型异极藻 *G. parvulum* Kützing	+	+	+	+	+	+	+	+	+	+	+	1,3,7,8,9,11,12,21,27,29,30,40,44,45,46,48,49,50,51,52,53,54,55,56,57,58,59,60,61,62,66,70,72,75,80,81,82,83,84,85,87,88,91,92,95,96,97,105,112,121,123,124,125,126,132,141,142,145,153,154,155,157	Pl. 212：15~22

(续表)

种类名称	省区分布			水系分布								标本号代号	图版(Plate)
	川	滇	藏	MJ	DDH	YLJ	JSJ	LCJ	NJ	DLJ	YLZBJ		
小型异极藻荒漠变种 G. parvulum var. deserta Skvortzow	+	+			+		+					9,105	Pl. 213:16~18
小异极藻 G. parvulius Lange-Bertalot & Reichardt	+	+			+	+	+					8,9,51,52,53,54,55,56,57,76,77,78,80,87	Pl. 211:23~29
中凸异极藻 G. preliciae Levkov, Mitic Kopanja & Reichardt	+						+					221	Pl. 192:1~16
狭异极藻 G. procerum Reichardt & Lange-Bertalot	+		+		+						+	7,11,27,49,50,58,59,60,61,157,159,160	Pl. 215:16~21
延长异极藻 G. productum Lange-Bertalot & Genkal	+	+	+		+		+	+	+		+	15,16,18,22,23,93,94,112,118,119,128,129,145	Pl. 212:27~30
拟细异极藻 G. pseudoangur Lange-Bertalot	+				+							199	Pl. 207:6~8
假中间异极藻 G. pseudointermedium Reichardt	+		+			+			+	+		68,69,75,79,132,138,139	Pl. 218:1~11
假具球异极藻 G. pseudosphaerophorum Kobayasi	+	+				+		+				75,80,166	Pl. 199:1~13
假弱小异极藻 G. pseudopusillum Reichardt	+				+							195	Pl. 201:6
矮小异极藻坚实变种 G. pumilum var. rigidum Reichardt & Lange-Bertalot	+				+							197	Pl. 201:7~12
矮小异极藻 G. pygmaeoides You & Kociolek		+	+				+		+	+		92,132,136	Pl. 215:1~15
具球异极藻 G. sphaerophorum Ehrenberg	+				+							7,49,50	Pl. 212:1~6
理查德异极藻 G. ricardii Maillard	+				+		+					20,65	Pl. 191:16
球顶异极藻 G. sphenovertex Lange-Bertalot & Reichardt	+				+							10,58,59,60,61	Pl. 213:10~15
近北极异极藻 G. subarcticum Lange-Bertalot & Reichardt	+				+							194	Pl. 207:12~14
近球状异极藻 G. subbulbosum Reichardt		+					+					91	Pl. 203:16~20
近棒形异极藻 G. subclavatum (Grunow) Grunow	+				+					+		7,11,49,50,58,59,60,61,66,141,142	Pl. 204:3~11
近拉蒂科尔异极藻 G. sublaticollum Reichardt		+						+				132	Pl. 196:8~11
三棱头异极藻 G. trigonocephalum Ehrenberg	+				+							7,11,49,50,58,59,60,61	Pl. 195:7~12

(续表)

种类名称	省区分布			水系分布								标本号代号	图版(Plate)
	川	滇	藏	MJ	DDH	YLJ	JSJ	LCJ	NJ	DLJ	YLZBJ		
热带异极藻 G. tropicale Brun	+			+								68,69	Pl. 193：1~6
缢缩异极藻 G. truncatum Ehrenberg	+	+	+		+	+	+				+	10,58,59,60,61,75,81,82,83,84,85,91,95,96,153,154	Pl. 198：9~12
膨胀异极藻 G. tumida Liu & Kociolek		+					+					91	Pl. 191：14~15
膨大异极藻 G. turgidum Ehrenberg	+		+		+	+					+	8,46,51,52,53,54,55,56,57,75,76,77,78,162	Pl. 196：5~7
塔形异极藻 G. turris Ehrenberg	+				+	+						7,49,50,75	Pl. 204：2
塔形异极藻中华变种 G. turris var. sinicum Zhu & Chen	+	+				+	+					75,91	Pl. 205：1~6
瓦尔达异极藻 G. vardarense Reichardt	+	+	+				+	+		+		9,46,88,89,93,94,105,107,108,115,116	Pl. 216：17~28
近变形异极藻 G. varisohercynicum Lange-Bertalot & Reichardt	+				+							10,48,58,59,60,61	Pl. 211：13~18
偏肿异极藻 G. ventricosum Gregory	+					+						63	Pl. 198：1~8
变形异极藻 G. vibrio Ehrenberg	+			+								201	Pl. 207：4~5
威尔斯科异极藻 G. wiltschkorum Lange-Bertalot	+				+		+					66,93,94	Pl. 213：1~2
尤卡塔尼异极藻 G. yucatanense Metzeltin & Lange-Bertalot	+				+							7,49,50	Pl. 197：14~18
新疆异极藻 G. xinjiangianum You & Kociolek	+				+							7,49,50	Pl. 191：18~19
弯楔藻科 Rhoicospheniaceae													
弯楔藻属 Rhoicosphenia													
短纹弯楔藻 R. abbreviata （Agardh） Lange-Bertalot	+	+	+		+						+	42,44,45,75,76,77,78,81,82,83,84,85,159,160	Pl. 184：1~20
楔异极藻属 Gomphosphenia													
格鲁弗楔异极藻 G. grovei Lange-Bertalot	+					+						75	Pl. 191：1~3
舟形藻科 Naviculaceae													
拉菲亚藻属 Adlafia													
水生拉菲亚藻 A. aquaeductae （Krasske） Lange-Bertalot		+						+				113	Pl. 224：5~7

（续表）

种类名称	省区分布			水系分布								标本号代号	图版(Plate)
	川	滇	藏	MJ	DDH	YLJ	JSJ	LCJ	NJ	DLJ	YLZBJ		
白卡尔拉菲亚藻 *A. baicalensis* Kulikovskiy & Lange-Bertalot		+						+				110	Pl. 224：8
嗜苔藓拉菲亚藻 *A. bryophila* (Petersen) Lange-Bertalot	+	+	+	+	+	+	+	+	+		+	10,27,30,34,58,59,60,61,67,68,69,71,73,74,81,82,83,84,85,91,105,109,110,111,113,147,124,126	Pl. 222：1~8
*密纹拉菲亚藻 *A. detenta* (Hustedt) Heudre, Wetzel & Ector	+				+							7,11,49,50,58,59,60,61,70	Pl. 224：1~4
#横断拉菲亚藻 *A. hengduanensis* Luo & Wang sp. nov.		+					+					93,94,97	Pl. 223：9~17
小型拉菲亚藻 *A. minuscula* (Grunow) Lange-Bertalot	+	+	+	+	+			+	+		+	6,11,15,16,24,25,26,30,58,59,60,61,87,88,103,104,105,118,119,121,124,125,127,128,129,130,145,146,153,154,120,124	Pl. 222：8~22
*拟白卡尔拉菲亚藻 *A. pseudobaicalensis* Kulikovskiy & Lange-Bertalot	+		+				+	+				20,21,22,23,28,31,32,29,30,71,73,74,145	Pl. 224：12~17
中华拉菲亚藻 *A. sinensis* Liu & Williams	+	+					+	+	+			27,76,77,78,88,89,93,94,97,164	Pl. 223：1~8
史穗兰拉菲亚藻 *A. suchlandtii* (Hustedt) Monnier & Ector			+					+				113	Pl. 224：9~10
双肋藻属 Amphipleura													
明析双肋藻 *A. pellucida* (Kützing) Kützing	+	+	+	+			+			+	+	63,64,71,73,74,75,81,82,83,84,85,97,133,134,135,136,161	Pl. 225：1~10
暗额藻属 Aneumastus													
喙暗额藻 *A. rostratus* (Hustedt) Lange-Bertalot	+				+							75	Pl. 226：1~4
吐丝暗额藻 *A. tuscula* (Ehrenberg) Mann & Stickle		+					+					225	Pl. 226：5~8
异菱藻属 Anomoeoneis													
中肋异菱藻 *A. costata* (Kützing) Hustedt	+				+							191	Pl. 228：4
中肋异菱藻类菱形变种 *A. costata* var. *rhomboides* Jao	+				+							191	Pl. 229：1~4
薄壁异菱藻 *A. inconcinna* Metzeltin, Lange-Bertalot & Nergui	+				+							183,184	Pl. 228：5~7

（续表）

种类名称	省区分布			水系分布								标本号代号	图版(Plate)
	川	滇	藏	MJ	DDH	YLJ	JSJ	LCJ	NJ	DLJ	YLZBJ		
莫诺异菱藻 A. monoensis (Kociolek & Herbst) Bahls	+			+								183	Pl. 228:8~10
具球异菱藻 A. sphaerophora Pfitzer	+	+				+	+					75,92	Pl. 227:1~6
具球异菱藻冈瑟变种 A. sphaerophora var. guentheri Müller	+			+								183	Pl. 228:1~3
短纹藻属 Brachysira													
*布兰奇短纹藻 B. blancheana Lange-Bertalot & Moser	+	+		+	+	+		+	+			34,65,66,113,121,126	Pl. 231:1~12
布氏短纹藻 B. brebissonii Ross	+				+							65	Pl. 232:1~14
*瓜雷莱短纹藻 B. guarrerae Vouilloud, Sala & Núñez-Avellaneda	+			+	+			+	+			34,65,66,113,121,126	Pl. 233:14~22
小头短纹藻 B. microcephala (Grunow) Compère	+			+	+	+						7,8,49,50,51,52,53,54,55,56,57,80	Pl. 230:5~11
近瘦短纹藻 B. neoexilis Lange-Bertalot	+			+	+	+	+	+		+		7,18,22,23,35,49,50,65,67,75,76,77,78,113,133,134,135,136	Pl. 230:18~27
奥克兰短纹藻 B. ocalanensis Shayler & Siver	+			+	+	+	+	+			+	11,12,18,22,23,76,77,78,113,114,159,160	Pl. 233:1~13
*延伸短纹藻 B. procera Lange-Bertalot & Moser	+				+							7,49,50	Pl. 231:13~21
鲁佩利短纹藻 B. ruppeliana Moser, Lange-Bertalot & Metzeltin	+			+								228	Pl. 230:12~13
透明短纹藻 B. vitrea (Grunow) Ross	+			+	+							7,35,49,50	Pl. 230:1~4
*泽尔短纹藻 B. zellensis (Grunow) Round & Mann	+		+		+						+	7,49,50,159,160	Pl. 230:14~17
美壁藻属 Caloneis													
杆状美壁藻 C. bacillum (Grunow) Cleve	+				+							48	Pl. 237:1~2
杆状美壁藻截形变种 C. bacillum var. trunculata Skvortsov	+					+						75	Pl. 238:3
杆状美壁藻泉生变型 C. bacillum f. fonticola (Grunow) Mayer	+				+							10,58,59,60,61	Pl. 235:10~13
杆状美壁藻宽披针形变型 C. bacillum f. latilanceolata Zhu & Chen	+					+						75	Pl. 238:5~6

（续表）

种类名称	省区分布			水系分布								标本号代号	图版(Plate)
	川	滇	藏	MJ	DDH	YLJ	JSJ	LCJ	NJ	DLJ	YLZBJ		
烙印美壁藻 *C. budensis* (Hustedt) Krammer	+					+						75	Pl. 238：7
克利夫美壁藻 *C. clevei* (Lagerstedt) Cleve	+				+							7,8,49,50,51,52,53,54,55,56,57	Pl. 236：21~27
*殖民美壁藻 *C. coloniformans* Kulikovskiy, Lange-Bertalot & Metzeltin	+	+			+		+					10,30,58,59,60,61,97	Pl. 237：3~9
镰形美壁藻 *C. falcifera* Lange-B, Genkal & Vekhov	+	+	+	+	+	+	+	+	+	+	+	7,8,9,11,12,12,24,25,26,29,40,48,49,50,51,52,53,54,55,56,57,58,59,60,61,71,73,74,75,76,77,78,81,82,83,84,85,121,132,133,134,135,136,145,153,154,126	Pl. 235：3~9
*恒河美壁藻 *C. ganga* Metzeltin, Kulikovskiy & Lange-Bertalot	+					+						71,75	Pl. 238：8~13
*吉德代纳美壁藻 *C. gjeddeana* Foged	+											48	Pl. 237：23~26
透明美壁藻 *C. hyaline* Hustedt	+					+						71,75	Pl. 237：10~11
曲缘美壁藻 *C. limosa* (Kützing) Patrick	+	+		+			+	+				25,100,127,128	Pl. 234：1~2, 8~10
*马来西亚美壁藻 *C. malayensis* Hustedt	+				+							71	Pl. 238：1~2
极大美壁藻 *C. permagna* (Bailey) Cleve	+					+						75	Pl. 235：1~2
*伪透明美壁藻 *C. pseudohyalina* Fusey	+					+						51,75	Pl. 238：14~15
*伪塔拉格美壁藻 *C. pseudotarag* Kulikovskiy, Lange-Bertalot & Metzeltin	+	+	+	+	+	+	+	+				8,9,46,51,52,53,54,55,56,57,68,69,71,73,74,76,77,78,80,87,91,92,93,94,113,118,119	Pl. 237：12~22
短角美壁藻 *C. silicula* (Ehrenberg) Cleve	+				+		+					29	Pl. 234：5~7
热带美壁藻 *C. thermalis* (Grunow) Krammer	+											207	Pl. 234：3~4
两栖美壁藻 *C. tenuis* (Gregory) Krammer	+				+	+						10,35,58,59,60,61,63,64,66	Pl. 236：11~20
波曲美壁藻 *C. undulata* (Gregory) Krammer	+	+		+	+	+			+			10,58,59,60,61,62,63,64,120,122	Pl. 236：1~10
偏肿美壁藻 *C. ventricosa* Meister	+				+							48	Pl. 238：4

（续表）

种类名称	省区分布			水系分布								标本号代号	图版(Plate)
	川	滇	藏	MJ	DDH	YLJ	JSJ	LCJ	NJ	DLJ	YLZBJ		
洞穴藻属 Cavinula													
卵形洞穴藻 C. cocconeiformis（Hustedt）Lange-Bertalot	+				+		+					10,18,22,23,58,59,60,61,66	Pl. 240：13～20
*戴维西亚洞穴藻 C. davisiae Bahls	+		+		+	+	+			+		10,30,40,58,59,60,61,123	Pl. 239：1～12
石生洞穴藻 C. lapidosa（Krasske）Lange-Bertalot	+				+							66	Pl. 240：9～13
伪楯形洞穴藻 C. pseudoscutiformis Mann & Stickle	+				+		+					7,29,49,50	Pl. 240：1～8
楯状洞穴藻 C. scutelloides（Smith）Lange-Bertalot	+					+						75	Pl. 239：13～15
矮羽藻属 Chamaepinnularia													
根特普矮羽藻 C. gandrupii（Petersen）Lange-Bertalot & Krammer		+						+				123	Pl. 241：10～11
海塞矮羽藻 C. hassiaca（Krasske）Cantonati & Lange-Bertalot		+						+				123	Pl. 241：12～15
平凡矮羽藻 C. mediocris（Krasske）Lange-Bertalot		+								+		146	Pl. 241：3～9
索尔矮羽藻 C. soehrensis Lange-Bertalot & Krammer	+			+								228	Pl. 241：1～2
格形藻属 Craticula													
适中格形藻 C. accomoda（Hustedt）Mann	+						+					20,21,22,23	Pl. 246：6～7
模糊格形藻 C. ambigua Mann	+	+		+			+	+				80,87,95,96,97	Pl. 243：1～3
*南极格形藻 C. antarctica Van De Vijver & Sabbe	+		+		+				+	+		8,51,52,53,54,55,56,57,113,114,126	Pl. 244：1～15
*澳大利亚格形藻 C. australis Van der Vijver, Kopalová & Zindarova	+		+		+		+			+		6,87,132	Pl. 246：8～9
布代里格形藻 C. buderi（Hustedt）Lange-Bertalot	+						+					28	Pl. 244：16～25
急尖格形藻 C. cuspidata（Kützing）Mann	+	+	+				+				+	30,87,95,96,161	Pl. 242：1～6

（续表）

种类名称	省区分布			水系分布								标本号代号	图版（Plate）
	川	滇	藏	MJ	DDH	YLJ	JSJ	LCJ	NJ	DLJ	YLZBJ		
*富曼蒂格形藻 *Craticula fumantii* Lange-Bertalot		+					+					95	Pl. 245：1~5
*盐生格形藻 *C. halopannonica* Lange-Bertalot		+							+			123	Pl. 243：4
扰动格形藻 *C. molestiformis* （Hustedt）Mayama	+						+					28	Pl. 246：12~21
*清晰格形藻 *C. nonambigua* Lange-Bertalot	+						+					28	Pl. 243：6
*岸边格形藻 *C. obaesa* Van der Vijver, Kopalová & Zindarova		+							+			163	Pl. 243：5
微扰格形藻 *C. submolesta* Lange-Bertalot		+						+				110	Pl. 246：10~11
交互对生藻属 *Decussiphycus*													
胎座交互对生藻 *D. placenta* （Ehrenberg）Lange-Bertalot & Metzeltin	+				+	+						64,66,71,73,74	Pl. 247：1~12
全链藻属 *Diadesmis*													
丝状全链藻 *D. confervacea* Kützing	+	+	+		+	+	+			+		8,9,11,18,22,23,51,52,53,54,55,56,57,58,59,60,61,75,76,77,78,81,82,83,84,85,125,126	Pl. 248：1~6
双壁藻属 *Diploneis*													
博尔特双壁藻 *D. boldtiana* Cleve		+						+				111	Pl. 251：9~10
*结石双壁藻 *D. calcilacustris* Lange-Bertalot & Fuhrmann	+					+						73,74	Pl. 250：9~12
*智利双壁藻 *D. chilensis* （Hustedt）Lange-Bertalot	+					+						73,74	Pl. 249：1~11
椭圆双壁藻 *D. elliptica* （Kützing）Cleve	+		+	+	+	+					+	8,9,11,51,52,53,54,55,56,57,58,59,60,61,71,73,74,153,154	Pl. 250：1~2
*泉生双壁藻 *D. fontanella* Lange-Bertalot		+							+			155	Pl. 251：1~3
间断双壁藻 *D. interrupta* （Kützing）Cleve	+			+								192	Pl. 250：8
长圆双壁藻 *D. oblongella* （Naegeli）Cleve		+						+				111	Pl. 251：4~8
类眼双壁藻 *D. oculata* （Brébisson）Cleve	+			+								192	Pl. 251：13~14

（续表）

种类名称	省区分布			水系分布								标本号代号	图版（Plate）
	川	滇	藏	MJ	DDH	YLJ	JSJ	LCJ	NJ	DLJ	YLZBJ		
小圆盾双壁藻 *D. parma* Cleve	+			+								227,231	Pl. 251：11～12
彼得森双壁藻 *D. petersenii* Hustedt	+	+			+	+	+					11,12,71,73,74,105	Pl. 251：15～20
卵圆双壁藻 *D. ovalis* (Hilse) Cleve	+						+					73,74	Pl. 250：3～7
杜氏藻属 *Dorofeyukea*													
*印度尼西亚杜氏藻 *D. indokotschyi* Kulikovskiy, Maltsev, Andreeva & Kociolek		+					+					113	Pl. 252：1～8
萨凡纳杜氏藻 *D. savannahiana* (Patrick) Kulikovskiy & Kociolek		+					+					105	Pl. 252：9～17
塘生藻属 *Eolimna*													
小塘生藻 *E. subminuscula* (Manguin) Moser, Lange-Bertalot & Metzeltin	+	+		+	+	+	+					46,68,69,80,87	Pl. 253：1～10
微肋藻属 *Microcostatus*													
*诺曼微肋藻 *M. naumannii* (Hustedt) Lange-Bertalot	+				+							66	Pl. 254：8～17
透明微肋藻 *M. vitrea* (Østrup) Mann	+				+							7,49,50	Pl. 254：6～7
*威鲁姆微肋藻 *M. werumii* Metzeltin, Lange-Bertalot & Soninkhishig	+	+			+							7,49,50,105	Pl. 254：18～20
伪形藻属 *Fallacia*													
矮小伪形藻 *F. pygmaea* (Kützing) Stickle & Mann	+	+				+	+					80,86,87,91,92,95,96	Pl. 255：1～7
假伪形藻属 *Pseudofallacia*													
*加利福尼亚假伪形藻 *P. californica* (Stancheva & Manoylov) Luo & Wang comb. nov.		+									+	161	Pl. 255：20～23
*佛罗里达假伪形藻 *P. floriniae* (Møller) Luo & Wang comb. nov.		+									+	161	Pl. 255：17～19
伦齐假伪形藻 *P. lenzii* (Lange-Bertalot) Luo & Wang comb. nov.	+				+							193	Pl. 255：8～9
露西维假伪形藻 *P. losevae* (Lange-Bertalot, Genkal & Vechov) Liu, Kociolek & Wang	+				+							193,197	Pl. 255：10～11

（续表）

种类名称	省区分布			水系分布								标本号代号	图版(Plate)
	川	滇	藏	MJ	DDH	YLJ	JSJ	LCJ	NJ	DLJ	YLZBJ		
串珠假伪形藻 *P. monoculata*（Hustedt）Liu, Kociolek & Wang	+	+	+		+		+			+		10,58,59,60,61,99,100,101,102,141,142	Pl. 255：12～16
管状藻属 *Fistulifera*													
薄壳管状藻 *F. pelliculosa*（Kützing）Lange-Bertalot		+					+					87	Pl. 256：1～11
肋缝藻属 *Frustulia*													
阿莫塞肋缝藻 *F. amosseana* Lange-Bertalot	+		+									193	Pl. 259：7～8
*亚洲肋缝藻 *F. asiatica*（Skvortzow）Metzeltin, Lange-Bertalot & Soninkhishig	+				+							10,58,59,60,61	Pl. 258：8～11
粗脉肋缝藻 *F. crassinervia*（Brebisson）Lange-Bertalot & Krammer	+		+		+		+			+		6,12,12,18,22,23,66,159,160	Pl. 259：1～6,9～14
横断肋缝藻 *F. hengduanensis* Luo & Wang	+		+				+		+			20,21,22,23,123	Pl. 257：1～13
萨克森肋缝藻 *F. saxonica* Rabenh	+				+							66	Pl. 260：1～7
普生肋缝藻 *F. vulgaris*（Thwaites）De Toni	+	+	+		+	+	+	+	+	+		63,64,66,71,73,74,88,117,145,159,160,164,165	Pl. 258：1～7
盖斯勒藻属 *Geissleria*													
艾肯盖斯勒藻 *G. aikenensis*（Patrick）Torgan & Olivera	+				+							10,58,59,60,61	Pl. 262：1～3
*波旁盖斯勒藻 *G. bourbonensis* Le Cohu, Ten-Hage & Coste	+				+							10,58,59,60,61	Pl. 262：8～11
卡氏盖斯勒藻 *G. cummerowii*（Kalbe）Lange-Bertalot	+				+		+					10,18,22,23,58,59,60,61	Pl. 261：11～17
美容盖斯勒藻 *G. decussis*（Østrup）Lange-Bertalot & Metzeltin	+		+		+	+				+		4,5,6,35,36,35,159,160	Pl. 261：1～10
无名盖斯勒藻 *G. ignota*（Krasske）Lange-Bertalot & Metzeltin	+				+							10,58,59,60,61	Pl. 262：4
*蒙古盖斯勒藻 *G. mongolica* Metzeltin, Lange-Bertalot & Soninkhishig	+				+							7,11,49,50,58,59,60,61	Pl. 262：5～7
*多变盖斯勒藻 *G. irregularis* Kulikovskiy, Lange-Bertalot & Metzeltin	+					+						75	Pl. 262：12～14

（续表）

种类名称	省区分布			水系分布								标本号代号	图版(Plate)
	川	滇	藏	MJ	DDH	YLJ	JSJ	LCJ	NJ	DLJ	YLZBJ		
根卡藻属 Genkalia													
高山根卡藻 G. alpina Luo, You & Wang	+		+	+						+		66,160	Pl. 263: 1~17
布纹藻属 Gyrosigma													
尖布纹藻 G. acuminatum (Kützing) Rabenhorst	+	+					+	+	+			75,88,90,91,92,95,96,166	Pl. 264: 1~7
渐窄布纹藻 G. attenuatum (Kützing) Rabenhorst		+						+				226	Pl. 265: 3
刀形布纹藻 G. scalproides (Rabenhorst) Cleve	+		+	+	+	+	+					43,81,82,83,84,85,86,88,89,93,94	Pl. 264: 8~13
斯潘泽尔布纹藻 G. spencerii (Smith) Cleve	+				+							192	Pl. 265: 1~2
奥立布纹藻 G. wormleyi (Sull.) Boyer	+				+							182,183,184	Pl. 265: 4~7
宽纹藻属 Hippodonta													
头端宽纹藻 H. capitata (Ehrenberg) Lange-Bertalot, Metzeltin & Witkowski	+		+			+				+		42,162	Pl. 266: 1~5
杰奥宽纹藻 H. geocollegarum Lange-Bertalot, Metzeltin & Witkowski	+		+	+					+			43,135,136,137	Pl. 266: 6~13
喜湿藻属 Humidophila													
*弓形喜湿藻 H. arcuatoides (Lange-Bertalot) Lowe, Kociolek, Johansen, Van de Vijver, Lange-Bertalot & Kopalová	+				+							7,49,50,66	Pl. 248: 14~15
狭喜湿藻 H. contenta (Grunow) Lowe, Kociolek, Johansen, Van de Vijver, Lange-Bertalot & Kopalová	+				+							7,49,50	Pl. 248: 16~18
*福岛喜湿藻 H. fukushimae (Lange-Bertalot, Werum & Broszinski) Buczkó & Köver		+								+		142	Pl. 248: 7~12
类印加喜湿藻 H. ingeiiformis Hamilton & Antoniade	+			+								206,207,213	Pl. 248: 22~23
*科马雷克喜湿藻 H. komarekiana Kochman-Kedziora, Noga, Zidarova, Kopalová & Van de Vijver	+		+		+							7,49,50,99,100,101,102	Pl. 248: 13

（续表）

种类名称	省区分布			水系分布								标本号代号	图版（Plate）
	川	滇	藏	MJ	DDH	YLJ	JSJ	LCJ	NJ	DLJ	YLZBJ		
极小喜湿藻 *H. perpusilla*（Grouwn）Lowe，Kociolek，Johansen，Van de Vijver，Lange-Bertalot & Kopalová	+	+		+					+			10,58,59,60,61,141,142	Pl. 248：24～30
爬虫形喜湿藻 *H. sceppacuerciae* Kopalova		+						+				163	Pl. 248：19～21
湿岩藻属 Hygropetra													
巴尔福利亚湿岩藻 *H. balfouriana*（Grunow & Cleve）Krammer & Lange-Bertalot		+						+				121	Pl. 253：11
小林藻属 Kobayasiella													
*嘉吉小林藻 *K. jaagii*（Meister）Lange-Bertalot	+						+					29	Pl. 267：1～3
*微点小林藻 *K. micropunctata*（Germain）Lange-Bertalot	+	+		+			+					11,12,18,21,22,23,123	Pl. 267：7～20
极细小林藻 *K. subtilissima*（Cleve）Lange-Bertalot	+						+					29	Pl. 267：4～6
泥栖藻属 Luticola													
*澳大利亚钝泥栖藻 *L. australomutica* Van de Vijver	+			+								68,69	Pl. 270：22～26
比利泥栖藻 *L. bilyi* Levkov，Metzeltin & Pavlov	+			+								214	Pl. 271：16～18
双结泥栖藻 *L. binodis*（Hustedt）Edlund	+			+								214	Pl. 271：21～22
*考伯格斯泥栖藻 *L. caubergsii* Van de Vijver	+			+								68,69	Pl. 270：4～5
柯氏泥栖藻 *L. cohnii*（Hilse）Mann	+			+								214	Pl. 271：19～20
桥佩蒂泥栖藻 *L. goeppertiana*（Bleisch）Mann，Rarick，Wu，Lee & Edlund	+	+		+		+						7,49,50,91	Pl. 269：1～9
大披针泥栖藻 *L. grupcei* Pavlov，Nakov & Levkov	+			+								46	Pl. 268：1～19
西尔根伯格泥栖藻 *L. hilgenbergii* Metzeltin，Lange-Bertalot & García-Rodríguez	+			+								214	Pl. 271：1～2
穆拉泥栖藻 *L. murrayi*（West & West）Mann	+			+								214	Pl. 271：13～15

(续表)

种类名称	省区分布			水系分布								标本号代号	图版(Plate)
	川	滇	藏	MJ	DDH	YLJ	JSJ	LCJ	NJ	DLJ	YLZBJ		
钝泥栖藻 *L. mutica* (Kützing) Mann	+	+		+			+	+				28,30,35,36,63,64,97,103,104	Pl. 270: 11~13
雪白泥栖藻 *L. nivalis* (Ehrenberg) Mann	+			+								214	Pl. 271: 7~8
*奥尔萨克泥栖藻 *L. olegsakharovii* Zidarova, Levkov & Van de Vijver			+					+				119	Pl. 270: 1
*极钝型泥栖藻 *L. permuticopsis* Kopalova & Van de Vijver	+			+								68,69	Pl. 270: 2~3
近菱形泥栖藻 *L. pitranensis* Levkov	+	+		+	+	+	+					9,47,68,69,72,93,94	Pl. 269: 10~15
可赞赏泥栖藻 *L. plausibilis* (Hustedt) Li & Qi	+			+								68,69	Pl. 270: 20~21
洞壁泥栖藻 *L. poulickovae* Levkov, Metzeltin & Pavlov	+			+								213,214	Pl. 271: 9~12
不对称泥栖藻 *L. scardica* Levkov, Metzeltin & Pavlov		+					+					98	Pl. 270: 27~31
*近克罗泽泥栖藻 *L. subcrozetensis* Van de Vijver, Kopalová, Zidarova & Levkov	+			+	+	+						46,47,48,68,69,76,77,78	Pl. 270: 14~19
细泥栖藻 *L. tenuis* Levkov, Metzeltin & Pavlov	+			+								213	Pl. 271: 3~6
偏凸泥栖藻 *L. ventricosa* (Kützing) Mann	+	+	+	+		+	+					7,33,34,47,49,50,67,97,103,104	Pl. 270: 6~10
马雅美藻属 *Mayamaea*													
细柱马雅美藻 *M. atomus* Lange-Bertalot	+	+				+	+					15,16,28,31,32,46,86,88,93,94	Pl. 272: 10~14
小沟马雅美藻 *M. fossalis* (Krasske) Lange-Bertalot		+					+					87	Pl. 272: 15~20
胸隔藻属 *Mastogloia*													
波罗的海胸隔藻 *M. baltica* Grunow		+					+					220	Pl. 274: 4
假史密斯胸膈藻 *M. pseudosmithii* Lee, Gaiser, Van de Vijver, Edlund & Spaulding	+			+								229	Pl. 273: 1~2
史密斯胸隔藻 *M. smithii* Thwaites & Smith	+					+						75	Pl. 273: 3~9

（续表）

种类名称	省区分布			水系分布								标本号代号	图版(Plate)
	川	滇	藏	MJ	DDH	YLJ	JSJ	LCJ	NJ	DLJ	YLZBJ		
双头胸隔藻 M. amphicephala Zakrzewski	+			+								213	Pl. 274：1～3
缪氏藻属 Muelleria													
近膨胀缪氏藻 M. pseudogibbula Liu & Wang	+						+					20,21,22,23	Pl. 254：1～5
定舟藻属 Naviculadicta													
二形定舟藻 N. amphiboliformis Metzeltin, Lange-Bertalot & Nergui	+					+						187,188,190,196	Pl. 274：5～7
舟形藻属 Navicula													
双头舟形藻 N. amphiceropsis Lange-Bertalot	+	+	+				+				+	75,80,89,145,165	Pl. 275：1～6
窄舟形藻 N. angusta Grunow	+	+	+			+	+					63,64,66,71,73,74,76, 77,78	Pl. 277：1～13
安东尼舟形藻 N. antonii Lange-Bertalot	+	+	+			+	+	+	+	+		29,30,48,63,64,71,73, 74,87,89,95,96,98,109, 110,111,114,123,124	Pl. 288：6～14
水生舟形藻 N. aquaedurae Lange-Bertalot	+			+								203	Pl. 290：15～18
关联舟形藻 N. associata Lange-Bertalot		+									+	125	Pl. 288：1～5
辐头舟形藻 N. capitatoradiata Germain	+	+	+	+	+	+	+	+	+	+	+	16,17,18,22,23,29,40, 46,63,64,68,69,71,73, 74,75,81,82,83,84,85, 88,89,91,95,96,97,115, 116,133,134,135,136, 145,120,122,126	Pl. 280：1～13
*卡若辛茨舟形藻 N. cariocincta Lange-Bertalot		+	+			+				+		27,35,62,75,91,95,96, 133,134,135,136	Pl. 285：2～8
密花舟形藻 N. caterva Hohn & Hellerman	+	+	+			+	+	+	+	+	+	4,39,34,46,48,81,82, 83,84,85,87,88,95,96, 109,110,111,115,116, 124,125,127,133,134, 135,136,137,143,145, 124	Pl. 282：16～21
*卡代伊舟形藻 N. cadeei Van de Vijver & Cocquyt		+					+					88	Pl. 289：6～8
清晰舟形藻 N. chiarae Lange-Bertalot	+	+	+	+	+	+	+				+	43,68,69,81,82,83,84, 85,97,106,161,165,166	Pl. 279：8～14
系带舟形藻 N. cincta (Threnberg) Ralgs		+									+	147,148	Pl. 289：25
隐头舟形藻 N. cryptocephala Kützing	+	+	+	+	+	+	+	+	+	+	+	15,16,35,47,63,64,66, 71,73,74,72,75,80,81, 82,83,84,85,92,95,96, 97,105,145,153,154, 120,121,124,125,126	Pl. 283：1～15

（续表）

种类名称	省区分布			水系分布								标本号代号	图版(Plate)
	川	滇	藏	MJ	DDH	YLJ	JSJ	LCJ	NJ	DLJ	YLZBJ		
隐细舟形藻 N. cryptotenella Lange-Bertalot	+	+	+	+	+	+	+	+	+	+	+	8, 18, 27, 29, 30, 35, 36, 48, 51, 52, 53, 54, 55, 56, 57, 67, 75, 81, 82, 83, 84, 85, 87, 88, 89, 90, 91, 95, 96, 105, 109, 110, 111, 113, 133, 134, 135, 136, 145, 146, 150, 151, 152, 155	Pl. 285：9～24
隐弱舟形藻 N. cryptotenelloides Lange-Bertalot	+	+	+	+	+	+	+	+	+	+	+	8, 29, 30, 51, 52, 53, 54, 55, 56, 57, 75, 84, 88, 90, 91, 96, 105, 113, 133, 134, 135, 136, 145, 146, 150, 155	Pl. 284：13～22
*德国舟形藻 N. germanopolonica Witkowski & Lange-Bertalot	+	+		+	+	+	+					43, 46, 68, 69, 76, 77, 78, 88	Pl. 288：15～23
簇生舟形藻 N. gregaria Donkin	+	+			+	+	+					8, 51, 52, 53, 54, 55, 56, 57, 62, 72, 105	Pl. 282：1～6
披针舟形藻 N. lanceolata（Agardh）Ehrenberg		+		+	+		+		+			46, 68, 69, 91, 95, 96, 164	Pl. 278：11～12
雷氏舟形藻 N. leistikowii Lange-Bertalot	+	+	+	+	+	+	+	+	+		+	4, 9, 12, 12, 29, 48, 68, 69, 70, 76, 77, 78, 88, 97, 112, 115, 116, 123, 124, 145	Pl. 283：16～29
细纹舟形藻 N. leptostriata Jørg	+				+							48	Pl. 289：23～24
荔波舟形藻 N. libonensis Schoeman	+	+	+		+	+	+	+	+		+	9, 11, 12, 12, 13, 14, 58, 59, 60, 61, 71, 73, 74, 87, 91, 98, 113, 125, 133, 134, 135, 136, 146	Pl. 286：16～22
*集瑞卡德舟形藻 N. metareichardtiana Lange-Bertalot & Kusber	+	+	+	+	+	+	+	+			+	48, 68, 69, 70, 75, 76, 77, 78, 81, 82, 83, 84, 85, 105, 109, 110, 111, 115, 116, 120, 130	Pl. 282：7～15
微车舟形藻 N. microcari Lange-Bertalot	+	+	+		+	+	+		+			8, 11, 51, 52, 53, 54, 55, 56, 57, 58, 59, 60, 61, 75, 91, 132	Pl. 286：23～27
默氏舟形藻 N. moenofranconica Lange-Bertalot	+				+							203	Pl. 290：22～25
假舟形藻 N. notha Wallace	+						+					29	Pl. 289：11～12
双层舟形藻 N. obtecta Juttner & Cox			+								+	160	Pl. 291：1～12
极长圆舟形藻 N. peroblonga Metzeltin, Lange-Bertalot & Nergui	+	+					+	+				80, 91	Pl. 275：7～9
假披针形舟形藻 N. pseudolanceolata Lange-Bertalot	+	+			+	+	+		+			8, 11, 51, 52, 53, 54, 55, 56, 57, 58, 59, 60, 61, 75, 91, 132	Pl. 289：1～5

（续表）

种类名称	省区分布			水系分布								标本号代号	图版(Plate)
	川	滇	藏	MJ	DDH	YLJ	JSJ	LCJ	NJ	DLJ	YLZBJ		
放射舟形藻 N. radiosa Kützing	+	+	+	+	+	+	+		+	+		8,35,36,46,51,52,53,54,55,56,57,63,64,71,73,74,75,81,82,83,84,85,91,92,97,105,121,126,133,134,135,136	Pl. 276：1~8
莱茵舟形藻 N. reinhardtii Grunow Navicula	+	+		+								174,182	Pl. 290：19~21
莱茵舟形藻纯正变种 N. reinhardtii var. genuina Cleve	+				+		+					11,12,18,22,23	Pl. 289：22
里德舟形藻 N. riediana Lange-Bertalot & Rumrich	+						+					29	Pl. 289：9
喙头舟形藻 N. rhynchocephala Kützing		+	+				+		+		+	93,94,159,160,165	Pl. 279：1~7
施马斯曼舟形藻 N. schmassmannii Hustedt	+			+								209	Pl. 290：8~14
瑞士舟形藻 N. schweigeri Bahls	+					+						12	Pl. 281：1~11
西比舟形藻 N. seibigiana Lange-Bertalot	+	+	+	+	+	+	+	+	+			8,27,30,40,51,52,53,54,55,56,57,76,77,78,81,82,83,84,85,87,115,116,124	Pl. 287：1~11
斯莱斯维舟形藻 N. slesvicensis Grunow	+				+							204	Pl. 276：9~10
近高山舟形藻 N. subalpina Reichardt	+	+	+	+	+		+	+			+	4,7,44,45,48,49,50,67,70,97,115,116,123,125,153,154	Pl. 280：14~21
近喙头舟形藻 N. subrhynchocephala Hustedt		+					+					91,97	Pl. 289：26~28
对称舟形藻 N. symmetrica Patrick	+				+							48	Pl. 289：10
*绘制舟形藻 N. tsetsegmaae Metzeltin Lange-Bertalot & Nergui	+				+	+						10,58,59,60,61,71,73,74	Pl. 287：12~15
三点舟形藻 N. tripunctata Bory	+	+	+	+	+		+	+				46,68,69,90,114,115,116,118,119	Pl. 278：1~10
平凡舟形藻 N. trivialis Lange-Bertalot	+	+	+	+	+	+	+		+		+	29,33,34,46,63,64,71,73,74,80,81,82,83,84,85,86,87,95,96,97,107,108,121,125,126,133,134,135,136	Pl. 284：1~12
*图尔舟形藻 N. tuulensis Metzeltin Lange-Bertalot & Nergui	+	+			+	+						10,24,25,26,58,59,60,61,71,73,74,90,105	Pl. 286：1~5
威蓝色舟形藻 N. veneta Kützing	+	+	+	+	+	+	+			+		8,30,51,52,53,54,55,56,57,66,81,82,83,84,85,105,133,134,135,136	Pl. 287：16~29

（续表）

种类名称	省区分布			水系分布								标本号代号	图版(Plate)
	川	滇	藏	MJ	DDH	YLJ	JSJ	LCJ	NJ	DLJ	YLZBJ		
维拉谱兰舟形藻 N. vilalanii Lange-Bertalot & Sabater	+	+	+			+	+	+				30,40,105,115,116	Pl. 289：13~21
淡绿舟形藻 N. viridula (Kützing) Ehrenberg		+								+		144	Pl. 285：1
淡绿舟形藻短喙变种 N. viridula var. rostellata (Kützing) Cleve	+			+								196	Pl. 290：1~3
近绿舟形藻 N. viridulacalcis Lange-Bertalot	+											193	Pl. 290：4~7
上凸舟形藻 N. upsaliensis (Grunow) Peragallo	+			+	+	+	+		+	+		8, 35, 36, 46, 51, 52, 53, 54,55,56,57,63,64,71, 73,74,75,81,82,83,84, 85,91,92,97,105,121, 126,133,134,135,136	Pl. 281：12~19
长箆形藻属 Neidiomorpha													
似双结长箆形藻 N. binodiformis (Krammer) Cantonati, Lange-Bertalot & Angeli	+		+	+	+		+					43,71,73,74,117	Pl. 292：1~3
双结长箆形藻 N. binodis (Ehrenberg) Cantonati, Lange-Bertalot & Angeli	+	+	+				+	+		+		45,71,73,74,95,96,133, 134,135,136	Pl. 292：4~8
四川长箆形藻 N. sichuaniana Liu, Wang & Kociolek	+						+					29	Pl. 292：9
细箆藻属 Neidiopsis													
标志细箆藻 N. vekhovii Lange-Bertalot & Genkal	+						+					20,21,22,23	Pl. 292：10~12
长箆藻属 Neidium													
相等长箆藻 N. aequum Liu, Wang & Kociolek	+			+								207	Pl. 298：8~12
细纹长箆藻 N. affine Liu, Wang & Kociolek	+			+								198	Pl. 299：9~10
细纹长箆藻二喙变种 N. affine var. amphirhynchus Liu, Wang & Kociolek	+			+								198	Pl. 300：9~10
增大长箆藻 N. ampliatum (Ehrenberg) Krammer	+											206	Pl. 299：7~8
狭窄长箆藻 N. angustatum Liu, Wang & Kociolek	+			+								204	Pl. 300：13~14

（续表）

种类名称	省区分布			水系分布								标本号代号	图版(Plate)
	川	滇	藏	MJ	DDH	YLJ	JSJ	LCJ	NJ	DLJ	YLZBJ		
尖头长篦藻 N. apiculatoides Liu, Wang & Kociole	+			+								206	Pl. 300：5~6
燕麦长篦藻 N. avenaceum Liu, Wang & Kociolek	+			+								198	Pl. 299：11~12
杆状长篦藻 N. bacillum Liu, Wang & Kociolek	+		+	+	+	+				+		11,12,18,22,23,63,64,66,133,134,135,136	Pl. 297：1~12
*贝吉长篦藻 N. bergii (Cleve) Krammeri	+					+	+					43,63,64	Pl. 304：1~6
二哇长篦藻 N. bisulcatum （Lagerstedt） Cleve	+		+	+	+	+				+		11,12,18,22,23,63,64,66,133,134,135,136	Pl. 296：1~7
拱形长篦藻 N. convexum Liu, Wang & Kociolek	+			+								197	Pl. 300：3~4
楔形长篦藻 N. cuneatiforme Levkov	+						+					29	Pl. 298：6~7
*科提长篦藻 N. curtihamatum Lange-Bertalot, Cavacini, Tagliaventi & Alfinito	+					+	+					19,20,22,23,28,31,32,30,66	Pl. 303：8~13
双头长篦藻 N. dicephalum Liu, Wang & Kociolek	+			+								197	Pl. 301：7
显点长篦藻 N. distinctepunctatun Hustedt		+							+			132	Pl. 303：1~7
不定长篦藻 N. dubium Liu, Wang & Kociolek	+			+								197	Pl. 300：7~8
虹彩长篦藻 N. iridis (Ehrenberg) Cleve	+		+	+	+	+				+		10,18,22,23,58,59,60,61,66,71,73,74,145	Pl. 294：1~6
肯特长篦藻 N. khentiiense Metzeltin Lange-Bertalot & Nergui	+		+	+			+					21,66,159,160	Pl. 295：4~5
科氏长篦藻 N. kozlowii Skvortzow	+			+								197	Pl. 301：1~4
科氏长篦藻椭圆变种 N. kozlowii var. ellipticum Mereschkowsky			+							+		135	Pl. 302：1~11
花湖长篦藻 N. lacusflorum Liu, Wang & Kociolek	+					+	+					7,40,49,50,63,64	Pl. 293：1~6
舌状长篦藻 N. ligulatum Liu, Wang & Kociolek	+			+								207	Pl. 299：5~6

(续表)

种类名称	省区分布			水系分布								标本号代号	图版(Plate)
	川	滇	藏	MJ	DDH	YLJ	JSJ	LCJ	NJ	DLJ	YLZBJ		
收缩长篦藻 N. medioconstrictum Liu, Wang & Kociolek	+	+	+	+	+	+	+					10,18,22,23,58,59,60, 61,63,64,67,71,73,74	Pl. 295：6～10
齐氏长篦藻 N. qii Liu, Wang & Kociolek	+			+								191	Pl. 300：1～2
喙状长篦藻 N. rostellatum Liu, Wang & Kociolek	+			+								191	Pl. 301：5～6
短喙长篦藻 N. rostratum Liu, Wang & Kociolek	+				+		+					10,15,16,29,30,58,59, 60,61	Pl. 298：1～5
近长圆长篦藻 N. suboblongum Liu, Wang & Kociolek	+			+								206	Pl. 300：11～12
*土栖长篦藻 N. terrestre Bock		+							+			137	Pl. 304：7～12
青藏长篦藻 N. tibetianum Liu, Wang & Kociolek	+		+	+		+					+	21,66,159,160	Pl. 295：1～3
三波曲长篦藻 N. triundulatum Liu, Wang & Kociolek	+				+							202	Pl. 299：3～4
若尔盖长篦藻 N. zoigeaeum Liu, Wang & Kociolek	+			+								191	Pl. 299：1～2
努佩藻属 Nupela													
*可疑努佩藻 N. decipiens (Reimer) Potapova	+			+								7,49,50	Pl. 272：1～2
*阿斯塔蒂尔努佩藻 N. astartiella Metzeltin & Lange-Bertalot	+			+								7,49,50	Pl. 272：3～4
*近喙状努佩藻 N. subrostrata (Hustedt) Potapova	+			+			+					9,18,22,23,66	Pl. 272：5～9
羽纹藻属 Pinnularia													
*阿布西塔羽纹藻 P. absita Hohn & Hellerman	+						+					20,21,22,23	Pl. 315：13～14
*弯羽纹藻喙状变种 P. abaujensis var. rostrata (Patrick) Patrick	+					+						12	Pl. 315：12
*喜酸羽纹藻 P. acidicola Van de Vijver & Cohu	+						+					21,22,22,23	Pl. 322：6～8
圆顶羽纹藻 P. acrosphaeria Smith	+					+						12	Pl. 317：1

（续表）

种类名称	省区分布			水系分布								标本号代号	图版(Plate)
	川	滇	藏	MJ	DDH	YLJ	JSJ	LCJ	NJ	DLJ	YLZBJ		
尖形布列毕松羽纹藻 P. acutobrebissonii Kulikovskiy, Lange-Bertalot & Metzeltin	+					+						12	Pl. 320：11～12
具棱羽纹藻 P. angulosa Krammer	+			+								208	Pl. 321：1～2
*澳洲微辐节羽纹藻 P. australomicrostauron Zidarova	+	+			+		+					7,11,49,50,58,59,60,61,66,113	Pl. 314：5～7
*伯尼基安羽纹藻 P. birnirkiana Patrick & Freese	+					+						12	Pl. 322：9
北方羽纹藻 P. borealis Ehrenberg	+	+			+		+		+		+	7,11,12,12,18,22,23,49,50,58,59,60,61,66,123,145	Pl. 321：3～9
北方羽纹藻岛屿变种 P. borealis var. islandica Krammer	+			+								193	Pl. 321：10～12
二球羽纹藻极小变种 P. biglobosa var. minuta Cleve		+						+				165	Pl. 322：10～11
布列毕松羽纹藻 P. brebissonii (Kützing) Rabenh	+					+						52	Pl. 316：1～5
短肋羽纹藻 P. brevicostata Cleve	+				+							1,11,58,59,60,61	Pl. 312：1～4
棒形羽纹藻 P. clavata Liu, Kociolek & Wang	+				+							7,11,49,50,58,59,60,61,63,64	Pl. 311：5～8
康吉儿羽纹藻 P. congeri Krammer & Metzeltin	+	+			+	+	+				+	8,11,30,51,52,53,54,55,56,57,58,59,60,61,66,76,77,78,145	Pl. 316：12～15
*锥状羽纹藻 P. conica Gandhi	+				+		+					7,18,22,23,49,50	Pl. 322：4～5
中心羽纹藻 P. cruxarea Hustedt	+				+							8	Pl. 311：1～4
分歧羽纹藻双缢缩变种 P. divergens var. biconstricta Cleve-Euler	+			+								201	Pl. 309：1
分歧羽纹藻中型变种 P. divergens var. media Krammer	+				+		+					10,18,22,23,58,59,60,61,66	Pl. 315：6～7
分歧羽纹藻近线形变种 P. divergens var. sublinearis Cleve	+				+		+					10,18,22,23,58,59,60,61,66	Pl. 314：1～4
分歧羽纹藻菱形波纹变种 P. divergens var. rhombundulata Krammer	+			+								201	Pl. 309：2～3
极岐羽纹藻 P. divergentissima (Grunow) Cleve	+			+	+		+					10,18,22,23,58,59,60,61,66,67	Pl. 318：11～15

(续表)

种类名称	省区分布			水系分布								标本号代号	图版(Plate)
	川	滇	藏	MJ	DDH	YLJ	JSJ	LCJ	NJ	DLJ	YLZBJ		
极岐羽纹藻胡斯特变种 P. divergentissima var. hustedtiana Ross	+				+		+		+			10,18,22,23,58,59,60,61,66,123	Pl. 319:22~26
多洛玛羽纹藻 P. doloma Hohn & Hellerman	+		+		+	+	+				+	8,11,30,51,52,53,54,55,56,57,58,59,60,61,66,76,77,78,145	Pl. 316:16~20
*可变羽纹藻 P. erratica Krammer	+						+					20,21,22,23	Pl. 324:1~13
*河蚌羽纹藻 P. fluminea Patrick & Freese	+						+					29	Pl. 323:1~5
同族羽纹藻 P. gentilis (Donkin) Cleve	+				+							203	Pl. 307:1~3
根卡羽纹藻 P. genkalii Krammer & Lange-Bertalot		+						+				113	Pl. 323:6~11
圆头羽纹藻 P. globiceps Gregory	+				+							203	Pl. 309:6~7
格鲁羽纹藻 P. grunowii Krammer	+				+	+						7,49,50,71,73,74	Pl. 318:1~7
喜盐羽纹藻 P. halophila Krammer		+						+				113	Pl. 313:1~4
薄弱羽纹藻 P. infirma Krammer	+				+							194	Pl. 309:5
荣格羽纹藻 P. jungii Krammer	+	+			+	+			+			20,21,22,23,33,34,66,164	Pl. 316:6~9
拉格斯泰德羽纹藻 P. lagerstedtii (Cleve) Cleve		+						+				117	Pl. 320:22~24
微辐节羽纹藻 P. microstauron (Ehrenberg) Cleve	+				+							10,58,59,60,61	Pl. 315:8~11
新巨大羽纹藻 P. neomajor Krammer	+	+			+	+						1,12,12,81,82,83,84,85	Pl. 305:1~2
具节羽纹藻 P. nodosa (Ehrenberg) Smith	+				+							66	Pl. 317:2
具节羽纹藻喙状变种 P. nodosa var. robusta Krammer	+					+						12	Pl. 317:3~11
模糊羽纹藻 P. obscura Krasske		+							+			123	Pl. 320:20~21
微细羽纹藻 P. parvulissima Krammer	+	+				+	+					71,90,91	Pl. 322:1~3
极细羽纹藻 P. perspicua Krammer	+				+	+						10,58,59,60,61,63,64	Pl. 305:3~6
钩状羽纹藻 P. pisciculus Ehrenberg	+						+					20,21,22,23	Pl. 319:1~5

(续表)

种类名称	省区分布			水系分布								标本号代号	图版(Plate)
	川	滇	藏	MJ	DDH	YLJ	JSJ	LCJ	NJ	DLJ	YLZBJ		
多雨形羽纹藻 P. pluvianiformis Krammer	+				+							8	Pl. 318：8～10
瑞卡德羽纹藻 P. reichardtii Krammer		+								+		171	Pl. 307：4～5
腐生羽纹藻 P. saprophila Lange-Bertalot, Kobayasi & Krammer		+								+		144	Pl. 319：6～13
萨王羽纹藻兴安变种 P. savanensis var. hinganica Skvortsov	+				+							11,12,66	Pl. 320：13～16
施氏羽纹藻 P. schoenfelderi Krammer	+				+	+						10,40,58,59,60,61,66, 71,73,74	Pl. 320：1～10
北乌头羽纹藻 P. septentrionalis Krammer						+						208	Pl. 309：4
左翼羽纹藻 P. sinistra Krammer	+	+			+	+	+					10,58,59,60,61,66,71, 73,74,97	Pl. 319：14～21
具孔羽纹藻 P. stomatophora (Grunow) Cleve	+				+							10,58,59,60,61	Pl. 309：4～9
具孔羽纹藻爱尔兰变种 P. stomatophora var. erlangensis (Mayer) Krammer		+								+		146	Pl. 309：1～3
近头端羽纹藻 P. subcapitata Gregory	+				+							11,12	Pl. 316：21～22
近头端羽纹藻疏线变种 P. subcapitata var. paucistriata (Grunow) Cleve	+				+	+						10,58,59,60,61,63,64, 66	Pl. 322：12～19
近变异羽纹藻 P. subcommutata Krammer	+					+						40	Pl. 320：17～19
近弯羽纹藻 P. subgibba Krammer	+	+	+	+		+	+				+	7,11,12,12,18,22,23, 49,50,58,59,60,61,66, 71,73,74,81,82,83,84, 85,90,91,95,96,120	Pl. 310：1～11
近微辐节羽纹藻 P. submicrostauron Liu, Kociolek & Wang	+				+							10,58,59,60,61	Pl. 315：1～5
卷边羽纹藻 P. viridis (Nitzsch) Ehrenberg	+				+	+		+	+	+		10,12,12,40,58,59,60, 61,66,113,123,159,160	Pl. 306：1～7
扎贝林羽纹藻间断变种 P. zabelinii var. interrupta Skvortsov	+	+				+	+			+	+	28,30,63,64,133,134, 135,136,145	Pl. 316：10～11
盘状藻属 Placoneis													
阿比斯库盘状藻 P. abiskoensis (Hustedt) Lange-Bertalor & Metzeltin	+											7,49,50	Pl. 325：5
温和盘状藻 P. clementis (Grunow) Cox	+					+						209	Pl. 325：12～13

(续表)

种类名称	省区分布			水系分布								标本号代号	图版(Plate)
	川	滇	藏	MJ	DDH	YLJ	JSJ	LCJ	NJ	DLJ	YLZBJ		
克莱曼盘状藻 *P. clementioides* (Hustedt) Cox	+				+							7,49,50	Pl. 325:6~10
埃尔金盘状藻 *P. elginensis* (Gregory) Ralfs	+	+									+	7,8,49,50,51,52,53,54, 55,56,57,145	Pl. 325:1~4
*椭圆盘状藻 *P. ellipticorostrata* Metzeltin, Lange-Bertalot & Soninkhishig	+				+							74	Pl. 326:10~14
平截盘状藻 *P. explanata* (Hustedt) Mayama	+				+							7,11,49,50,58,59,60,61	Pl. 326:1~5
汉堡盘状藻 *P. hambergii* (Hustedt) Bruder	+				+	+						7,18,49,50	Pl. 326:21~24
*未知盘状藻 *P. ignorata* (Schimanski) Lange- Bertalot	+				+							7,11,49,50,58,59,60,61	Pl. 326:6~9
帕拉尔金盘状藻 *P. paraelginensis* Lange-Bertalot	+				+							6,11,58,59,60,61	Pl. 326:15~20
胎座盘状藻 *P. placentula* Heinzerling	+			+								198	Pl. 326:25~26
波状盘状藻 *P. undulata* (Krasske) Lange- Bertalor	+	+					+		+		+	63,64,71,73,74,81,82, 83,84,85,159,160,161, 163	Pl. 325:14~21
鞍型藻属 *Sellaphora*													
专制鞍型藻 *S. absoluta* (Hustedt) Wetzel, Ector, Van de Vijver, Compère & Mann		+					+					92	Pl. 333:15
原子鞍型藻 *S. atomoides* (Grunow) Wetzel & Van de Vijver	+	+			+		+					1,9,11,58,59,60,61,88, 97	Pl. 334:16~21
奥德雷基鞍型藻 *S. auldreekie* Mann & Donald		+					+					92	Pl. 330:16~20
类杆状鞍型藻 *S. bacilloides* (Hustedt) Levkov, Krstic & Nakov	+			+								176,177	Pl. 331:10~11
杆状鞍型藻 *S. bacillum* (Ehrenberg) Mann	+			+								181	Pl. 329:16~17
布莱克福德鞍型藻 *S. blackfordensis* Mann & Droop	+	+	+		+		+	+	+			8,10,40,42,43,57,58, 59,60,63,67,71,72,82, 94,100,120,121,124	Pl. 331:1~5
十字形鞍型藻 *S. crassulexigua* (Reichardt) Wetzel & Ector	+				+							10,58,59,60,61	Pl. 333:20~27
分离鞍型藻 *S. disjuncta* (Hustedt) Mann	+	+					+					30,66,113	Pl. 332:19~22
椭圆披针鞍型藻 *S. ellipticolanceolata* Metzeltin, Lange-Bertalot & Nergui	+						+					31,32	Pl. 337:1~8

（续表）

种类名称	省区分布			水系分布								标本号代号	图版(Plate)
	川	滇	藏	MJ	DDH	YLJ	JSJ	LCJ	NJ	DLJ	YLZBJ		
梭状鞍型藻 S. fusticulus Lange-Bertalot	+				+							10,58,59,60,61	Pl. 327：10～11
古言鞍型藻 S. guyanensis Metzeltin & Lange-Bertalot	+				+							46	Pl. 336：8～15
中间鞍型藻 S. intermissa Metzeltin, Lange-Bertalot & Nergui			+								+	146	Pl. 336：16～20
日本鞍型藻 S. japonica （Kobayasi） Kobayasi	+	+			+	+	+			+		8,37,38,51,52,53,54,55,56,57,63,64,71,73,74,88,89,164	Pl. 336：1～7
坎西尔鞍型藻 S. khangalis Metzeltin & Lange-Bertalot	+		+		+						+	10,58,59,60,61,153,154	Pl. 328：1～12
克莱斯鞍型藻 S. kretschmeri Metzeltin, Lange-Bertalot & Soninkhishig	+				+							10,58,59,60,61	Pl. 327：1～9
库斯伯鞍型藻 S. kusberi Metzeltin, Lange-Bertalot & Soninkhishig	+											8,51,52,53,54,55,56,57	Pl. 330：1～4
光滑鞍型藻 S. laevissima （Kützing） Mann	+			+	+		+					7,29,49,50	Pl. 332：1～2
蒙古鞍型藻 S. mongolcollegarum Metzeltin & Lange-Bertalot	+				+	+	+					4,7,29,49,50,71,73,74,75,80	Pl. 329：1～5
娜娜鞍型藻 S. nana （Hustedt） Lange-Bertalot	+						+					31,32	Pl. 337：9～14
黑色鞍型藻 S. nigri （Notaris） Wetzel & Ector	+	+			+		+					1,9,11,58,59,60,61,88,97	Pl. 334：22～30
类瞳孔鞍型藻 S. paenepupula Metzeltin & Lange-Bertalot	+	+		+	+	+	+	+	+		+	10,48,58,59,60,61,80,84,91,95,109,110,111,132,120,124	Pl. 330：14～15
近瞳孔鞍型藻 S. parapupula Lange-Bertalot Potapova & Ponader	+				+							10,58,59,60,61,66	Pl. 329：12～15
波动鞍型藻 S. permutata Metzeltin, Lange-Bertalot & Soninkhishig	+											10,58,59,60,61	Pl. 331：12～14
亚头状鞍型藻 S. perobesa Metzeltin, Lange-Bertalot & Soninkhishig	+	+	+		+							10,58,59,60,61,66	Pl. 331：6～9
伪瞳孔鞍型藻 S. pseudopupula （Gregory） Lange-Bertalot & Metzeltin			+		+		+				+	1,7,11,30,49,50,58,59,60,61,157	Pl. 330：21～24

（续表）

种类名称	省区分布			水系分布								标本号代号	图版(Plate)
	川	滇	藏	MJ	DDH	YLJ	JSJ	LCJ	NJ	DLJ	YLZBJ		
假凸腹鞍型藻 S. pseudoventralis （Hustudt）Lange-Bertalot	+				+							10,58,59,60,61	Pl. 333：1~6
瞳孔鞍型藻 S. pupula（Kützing）Mereschkovsky	+	+		+	+	+	+		+			4,7,40,49,50,51,52,53,54,55,56,57,67,81,82,83,84,85,105,125	Pl. 330：5~13
圆形鞍型藻 S. rotunda （Hustedt）Wetzel, Ector, Van de Vijver, Compère & Mann	+					+						75	Pl. 240：22~26
苏格瑞斯鞍型藻 S. saugerresii （Desmazières）Wetzel & Mann		+								+		160	Pl. 333：7~14
施罗西鞍型藻 S. schrothiana Metzeltin, Lange-Bertalot & Soninkhishig	+				+	+						10,12,12,58,59,60,61,63,64,66	Pl. 329：6~11
半裸鞍型藻 S. seminulum （Grunow）Mann	+	+	+		+	+	+		+			8,11,51,52,53,54,55,56,57,58,59,60,61,75,76,77,78,80,88,91,93,94,105,120,122,123,124	Pl. 334：1~15
辐节型鞍型藻 S. stauroneioides （Lange-Bertalot）Vesela & Johansen	+					+						31,32	Pl. 337：15~22
近杆状鞍型藻 S. subbacillum （Hustedt）Falasco & Ector	+			+	+	+						7,29,49,50	Pl. 332：3~5
梳形鞍型藻 S. stroemii （Hustedt）Kobayasi Sellaphora aggerica	+	+	+		+			+	+	+		7,8,39,34,35,49,50,51,52,53,54,55,56,57,76,77,78,109,110,111,113,128,129,133,134,135,136,141,142	Pl. 332：6~18
冥河鞍型藻 S. styxii Novis, Braidwood & Kilroy	+				+							9,11,58,59,60,61	Pl. 333：16~19
三齿鞍型藻 S. tridentula （Krasske）Wetzel		+				+						92	Pl. 335：13~21
凸腹鞍型藻 S. ventraloides （Hustedt）Falasco & Ector	+		+			+	+	+	+	+		39,66,105,117,118,119,120,122,130,141,142	Pl. 335：1~12
四川藻属 Sichuaniella													
四川藻 S. lacustris Li, Lange-Bertalot & Metzeltin	+				+							229	Pl. 338：10~12
前辐节藻属 Prestauroneis													
嫩哇前辐节藻 P. nenwai Liu, Wang & Kociolek	+				+							198	Pl. 338：1~5

（续表）

种类名称	省区分布			水系分布								标本号代号	图版(Plate)
	川	滇	藏	MJ	DDH	YLJ	JSJ	LCJ	NJ	DLJ	YLZBJ		
洛伊前辐节藻 *P. lowei* Liu, Wang & Kociolek	+			+								198	Pl. 338: 6~8
喙状前辐节藻 *P. protracta* (Grunow) Bishop, Minerovic, Liu & Kociolek		+					+					226	Pl. 338: 9
辐带藻属 *Staurophora*													
*布兰迪辐带藻 *S. brantii* Bahls	+				+							10	Pl. 246: 1~5
辐节藻属 *Stauroneis*													
尖辐节藻 *S. acuta* Smith	+			+								184	Pl. 342: 1~2
二头辐节藻 *S. amphicephala* Kützing		+									+	146	Pl. 344: 1
双头辐节藻羊八井变种 *S. anceps* var. *yangbajingensis* Huang	+			+							+	109	Pl. 346: 1~5
双头辐节藻爪哇变种 *S. anceps* var. *javanica* Hustedt	+				+							7,49,50	Pl. 343: 9~11
*田地辐节藻膨大变种 *S. agrestis* var. *inflata* Kobayasi & Ando				+							+	109	Pl. 346: 1~5
鲍里克辐节藻 *S. borrichii* (Petersen) Lund	+				+							8,51,52,53,54,55,56,57	Pl. 344: 7
鲍里克辐节藻近头端变种 *S. borrichii* var. *subcapitata* (Petersen) Hustedt	+											8,51,52,53,54,55,56,57	Pl. 344: 8~10
圆辐节藻 *S. circumborealis* Lange-Bertalot & K. Krammer	+		+		+						+	1,123	Pl. 339: 1~4
可辩辐节藻 *S. distinguenda* Hustedt				+							+	49,50,109	Pl. 344: 3
纤弱辐节藻 *S. gracilior* E. Reichardt	+			+								191	Pl. 345: 13~14
格氏辐节藻 *S. gremmenii* Van de Vijver & Lange-Bertalot	+	+		+	+		+					10,18,22,23,35,58,59,60,61,66,67,159,160	Pl. 340: 1~6
*繁杂辐节藻 *S. intricans* Van de Vijver & Lange-Bertalot	+		+	+	+	+	+		+			20,21,22,23,28,31,32,30,66,71,73,74,123	Pl. 345: 8~12
加尔辐节藻 *S. jarensis* Lange-Bertalot	+	+			+	+	+					7,11,18,22,23,37,38,40,49,50,58,59,60,61,63,64,97	Pl. 343: 1~8
克里格辐节藻 *S. kriegeri* Patrick	+		+		+						+	10,58,59,60,61,66,76,77,78,145	Pl. 346: 6~11

(续表)

种类名称	省区分布			水系分布								标本号代号	图版(Plate)
	川	滇	藏	MJ	DDH	YLJ	JSJ	LCJ	NJ	DLJ	YLZBJ		
*微小辐节藻 S. minutula Hustedt	+					+						73,74	Pl. 344: 11~12
*适度辐节藻 S. modestissima Metzeltin, Lange-Bertalot & García-Rodríguez	+					+						76,77	Pl. 347: 1~28
*新透明辐节藻 S. neohyalina Lange-Bertalot & Krammer	+					+						20,21,22,23	Pl. 348: 1~8
瑞卡德辐节藻 S. reichardtii Lange-Bertalot	+		+	+	+	+	+		+			20,21,22,23,28,31,32,30,66,71,73,74,123	Pl. 345: 1~7
*分离辐节藻 S. separanda Lange-Bertalot & Werum		+	+				+	+				105,118,119	Pl. 344: 15~18
西伯利亚辐节藻 S. siberica (Grunow) Lange-Bertalot & Krammer	+				+							7,49,50	Pl. 341: 5~6
史密斯辐节藻 S. smithii Grunow	+				+							181,183,184	Pl. 344: 13~14
极细辐节藻 S. supergracilis Van de Vijver & Lange-Bertalot	+				+							10,58,59,60,61,66	Pl. 341: 1~4
翻转辐节藻 S. superhyperborea Van de Vijver & Lange-Bertalot	+				+							194,209	Pl. 342: 3~4
西藏辐节藻 S. tibetica Mereschkowsky	+				+	+		+				7,29,49,50	Pl. 344: 4~5
*韦尔巴尼亚辐节藻 S. verbania Notaris	+					+						73,74	Pl. 344: 2
双菱藻目 Surirellales													
杆状藻科 Bacillariaceae													
杆状藻属 Bacillaria													
奇异杆状藻 B. paxillifera (Müller) Marsson	+					+						75,81,82,83,84,85	Pl. 349: 1~3
菱形藻属 Nitzschia													
针形菱形藻 N. acicularis Smith	+						+					20	Pl. 361: 1~4, 7~9
喜酸菱形藻 N. acidoclinata Lange-Bertalot	+	+	+		+	+	+	+			+	7, 11, 40, 49, 50, 58, 59, 60, 61, 63, 64, 66, 114, 118,119,123,145	Pl. 363: 1~14
适合菱形藻 N. adapta Hustedt	+	+	+			+	+	+	+	+		63,64,93,94,95,96,97, 109, 110, 111, 128, 129, 133,134,135,136,161	Pl. 350: 4~7
高山菱形藻 N. alpina Hustedt	+	+	+		+	+	+	+	+			7,8,34,49,50,51,52,53, 54,55,56,57,63,64,70, 75,81,82,83,84,85,87, 113,126	Pl. 365: 11~21

（续表）

种类名称	省区分布			水系分布								标本号代号	图版(Plate)
	川	滇	藏	MJ	DDH	YLJ	JSJ	LCJ	NJ	DLJ	YLZBJ		
两栖菱形藻 N. amphibia Grunow	+	+	+	+	+	+	+		+		+	7,8,9,11,18,22,23,39,34,46,49,50,51,52,53,54,55,56,57,58,59,60,61,76,77,78,80,81,82,83,84,85,87,88,91,153,154,157,123,126	Pl. 362：9~19
两栖菱形藻伸长变型 N. amphibia f. frauenfeldii (Grunow) Lange-Bertalot	+				+							39,62,66,109,110,111,113	Pl. 362：1~8
阿奇巴尔菱形藻 N. archibaldii Lange-Bertalot	+					+	+					15,16,35,36,34	Pl. 366：17~19
巴伐利亚菱形藻 N. bavarica Hustedt	+	+	+			+	+			+		59,75,91,93,94,95,96,97,133,134,135,136	Pl. 351：8~15
小头端菱形藻 N. capitellata Hustedt	+					+	+	+			+	87,107,113,147	Pl. 366：1~4
普通菱形藻 N. communis Rabenhorst	+	+	+	+	+	+	+	+				4,7,8,18,22,23,39,49,50,51,52,53,54,55,56,57,62,66,71,73,74,81,82,83,84,85,105,109,110,111,113	Pl. 362：20~30
亚高山菱形藻 N. dealpina Lange-Bertalot & Hofmann	+		+		+	+			+			10,46,47,58,59,60,61,80,126	Pl. 365：1~10
德洛菱形藻 N. delognei (Grunow) Lange-Bertalot	+	+	+		+	+	+		+		+	2,7,8,9,11,41,35,46,49,50,51,52,53,54,55,56,57,58,59,60,61,63,64,67,71,73,74,75,76,77,78,80,81,82,83,84,85,91,93,94,99,100,101,102,126,146,153,154	Pl. 368：7~29
定日菱形藻 N. dingrica Jao & Lee	+		+					+				43,117	Pl. 367：1~9
细端菱形藻 N. dissipata Grunow	+	+	+	+	+	+	+	+	+	+	+	6,9,35,36,35,46,63,64,68,69,72,75,80,81,82,83,84,85,91,93,94,106,109,110,111,112,114,115,116,118,119,128,129,133,134,135,136,145,120,121	Pl. 352：10~18
细端菱形藻中型变种 N. dissipata var. media (Hantzsch) Grunow	+	+	+				+		+		+	75,81,82,83,84,85,106,112,159,160,162	Pl. 351：4~7
多样菱形藻 N. diversa Hustedt	+		+			+	+			+	+	80,88,95,96,113,114,133,134,135,136,145	Pl. 357：9~15
爪维兰斯菱形藻 N. draveillensis Coste & Ricard	+		+									185	Pl. 361：5~6

（续表）

种类名称	省区分布			水系分布								标本号代号	图版（Plate）
	川	滇	藏	MJ	DDH	YLJ	JSJ	LCJ	NJ	DLJ	YLZBJ		
额雷菱形藻 N. *eglei* Lange-Beralot	+			+								218,219	Pl. 354：4～6 Pl. 355：8～10
纤细菱形藻 N. *exilis* Sovereign	+	+	+		+	+	+	+	+	+	+	1,4,7,11,13,14,18,22, 23,30,33,34,35,49,50, 58,59,60,61,75,80,87, 91,95,96,118,119,128, 129,130,133,134,135, 136,120,125,126	Pl. 359：1～16
费拉扎菱形藻 N. *ferrazae* Cholnoky	+	+	+		+	+	+	+	+	+		3,8,18,41,51,52,53,54, 55,56,57,62,63,64,65, 66,95,96,114,115,116, 121,133,134,135,136, 124	Pl. 360：1～12
丝状菱形藻 N. *filiformis* Heurck	+	+	+		+	+	+	+				10,18,22,23,30,35,58, 59,60,61,66,75,80,81, 82,83,84,85,87,112, 113,117	Pl. 357：1～11
泉生菱形藻 N. *fonticola* (Grunow) Grunow	+	+	+			+	+				+	7,49,50,75,80,91,161	Pl. 364：24～32
泉生菱形藻头端变种 N. *fonticola* var. *capitata* Cleve	+	+	+	+	+	+	+	+	+		+	10,13,14,39,46,58,59, 60,61,67,71,73,74,75, 91,113,118,119,121, 126,133,134,135,136, 137,145,121	Pl. 365：29～31
溪生菱形藻 N. *fonticoloides* (Grunow) Sovereign	+		+			+		+	+		+	68,69,109,130,162	Pl. 364：13～24
小片菱形藻 N. *frustulum* (Kützing) Grunow		+			+	+	+	+	+			1,11,27,58,59,60,61, 68,69,70,109,110,111	Pl. 364：1～12
底栖菱形藻 N. *fundi* Cholnoky	+		+			+	+		+			30,35,36,121	Pl. 366：5～8
吉斯纳菱形藻 N. *gessneri* Hustedt	+	+	+	+						+		10,58,59,60,61,81,82, 83,84,85,95,96,133, 134,135,136	Pl. 357：16～18
细长菱形藻 N. *gracilis* Hantzsch	+	+	+			+	+		+		+	33,34,75,81,82,83,84, 85,87,161,166	Pl. 361：10～21
汉茨菱形藻 N. *hantzschiana* Rabenhorst	+	+	+		+	+	+	+	+		+	3,8,11,12,12,18,24,25, 26,28,31,32,29,30,40, 51,52,53,54,55,56,57, 58,59,60,61,63,64,66, 113,114,145,155,126	Pl. 363：15～24
霍弗里菱形藻 N. *heufleriana* Grunow	+		+		+		+					13,14,35,36,112	Pl. 349：4～7
毡帽菱形藻 N. *homburgiensis* Lange-Bertalot	+		+									186,187	Pl. 356：3～6
杂种菱形藻 N. *hybrida* Grunow	+		+			+		+	+			24,25,26,114,126,133, 134,135,136	Pl. 353：7～14

（续表）

种类名称	省区分布			水系分布								标本号代号	图版(Plate)
	川	滇	藏	MJ	DDH	YLJ	JSJ	LCJ	NJ	DLJ	YLZBJ		
平庸菱形藻 *N. inconspicua* Grounow	+	+	+		+	+	+				+	7,11,29,49,50,58,59,60,61,75,91,95,96,157	Pl. 365：32~35
中型菱形藻 *N. intermedia* Hantzsch	+	+				+	+					81,82,83,84,85,87,88,91,97	Pl. 360：12~14
沟坑菱形藻 *N. lacuum* Lange-Bertalot	+					+						43	Pl. 366：20~24
线性菱形藻 *N. linearis* Smith	+	+	+	+	+	+	+	+	+		+	8,11,12,12,15,16,30,35,36,39,35,46,51,52,53,54,55,56,57,58,59,60,61,68,69,76,77,78,81,82,83,84,85,88,89,91,95,96,112,113,114,121,155,120,121	Pl. 350：8~12
洛伦菱形藻 *N. lorenziana* Grunow	+	+		+	+	+	+		+			15,16,75,91,166	Pl. 354：1
钝端菱形藻 *N. obtusa* Smith	+				+							207	Pl. 354：3
寡盐菱形藻 *N. oligotraphenta* (Lange-Bertalot) Lange-Bertalot	+		+		+					+		8,51,52,53,54,55,56,57,133,134,135,136	Pl. 352：1~9
谷皮菱形藻 *N. palea* (Kützing) Smith	+	+	+	+	+	+	+	+	+	+	+	8,12,12,15,16,18,18,22,23,28,31,32,30,35,36,37,38,48,51,52,53,54,55,56,57,68,69,70,75,81,82,83,84,85,87,88,89,91,93,94,95,96,97,98,105,109,110,111,112,113,133,134,135,136,137,147,157,122,124,125,126	Pl. 358：21~27
谷皮菱形藻线条变种 *N. palea* var. *tenuirostris* Grunow	+	+	+		+	+	+	+				3,13,14,30,33,34,62,71,73,74,87,112,165	Pl. 358：1~7
谷皮菱形藻柔弱变种 *N. palea* var. *debilis* Grunow	+	+	+		+	+	+	+			+	3,13,14,15,16,18,22,23,30,34,80,87,98,112,113,145,147,124,125	Pl. 358：12~20
谷皮菱形藻微小变种 *N. palea* var. *minuta* (Bleisch) Grunow	+	+	+		+	+	+		+			8,11,28,31,32,51,52,53,54,55,56,57,58,59,60,61,70,71,73,74,75,80,81,82,83,84,85,87,89,98,109,110,111,123,124	Pl. 358：8~11
稻皮菱形藻 *N. paleacea* Grunow		+	+			+	+		+	+	+	20,21,22,23,30,80,121,123,133,134,135,136,161	Pl. 359：17~24
小型菱形藻 *N. pusilla* Grunow	+					+						42	Pl. 366：25~34
直菱形藻 *N. recta* Hantzsch	+	+	+		+	+	+		+	+	+	64,81,82,83,84,85,91,95,96,124,125,127,133,134,135,136,145,120	Pl. 352：19~22

（续表）

种类名称	省区分布			水系分布								标本号代号	图版(Plate)
	川	滇	藏	MJ	DDH	YLJ	JSJ	LCJ	NJ	DLJ	YLZBJ		
规则菱形藻粗壮变种 *N. regula* var. *robusta* Hustedt	+	+				+	+					18,22,23,80,91,97	Pl. 349：8~11
反曲菱形藻 *N. reversa* Smith	+						+					222,223	Pl. 354：2
类S状菱形藻 *N. sigmoidea* (Nitzschia) Smith	+				+							7,49,50	Pl. 350：1~3
群聚菱形藻 *N. sociabilis* Hustedt		+	+				+	+				67,152,153	Pl. 366：9~13
犬齿菱形藻 *N. solgensis* Cleve-Euler	+	+	+	+	+	+	+		+		+	64,81,82,83,84,85,91,95,96,124,125,127,133,134,135,136,145	Pl. 368：1~6
常见菱形藻 *N. solita* Hustedt	+	+					+					95,96,97,113	Pl. 365：22~28
瘦弱菱形藻 *N. stelmachpessiana* Hamsher	+		+				+					20,21,22,23,105	Pl. 366：14~16
近线性菱形藻 *N. sublinearis* Hantzsch	+	+	+			+					+	6, 7, 35, 46, 49, 50, 99, 100, 101, 102, 103, 104, 150,151,152	Pl. 351：1~3
平板菱形藻 *N. tabellaria* (Grunow) Grunow	+	+	+		+	+	+	+				43,46,48,63,64,67,75,95,96,126	Pl. 367：10~16
细致菱形藻 *N. tenuis* Smith	+				+							183,185,186	Pl. 355：4~7
短形菱形藻 *N. brevissima* Grunow	+											187,188	Pl. 356：7~9
管毛菱形藻 *N. tubicola* Grunow	+											182	Pl. 356：10~14
脐形菱形藻 *N. umbonata* (Ehrenberg) Lange-Bertalot		+					+					87,88	Pl. 353：1~6
粗肋菱形藻 *N. valdecostata* Lange-Bertalot & Simonsen	+		+						+			135,136,137	Pl. 369：1~13
粗条菱形藻 *N. valdestriata* Aleem & Hustedt	+		+		+	+						8,9,34,51,52,53,54,55,56,57,133,134,135,136	Pl. 369：14~19
蠕虫状菱形藻 *N. vermicularis* (Kützing) Hantzsch	+				+							185,186,198	Pl. 355：1~3
玻璃质菱形藻 *N. vitrea* Norman	+				+							198	Pl. 356：1~2
菱板藻属 *Hantzschia*													
丰富菱板藻 *H. abundans* Lange-bertalot	+	+	+		+	+	+				+	8, 11, 51, 52, 53, 54, 55, 56,57,58,59,60,61,66, 81,82,83,84,85,97,103, 104,145	Pl. 372：1~5
两尖菱板藻 *H. amphioxys* (Ehrenberg) Grunow	+	+			+	+	+	+				13, 14, 63, 64, 68, 69, 72, 80,91,97,105	Pl. 372：10~18

（续表）

种类名称	川	滇	藏	MJ	DDH	YLJ	JSJ	LCJ	NJ	DLJ	YLZBJ	标本号代号	图版(Plate)
两尖菱板藻相等变种 H. amphioxys var. aequalis Clever–Eulur	+			+	+	+	+					15,16,28,31,32,30,33,34	Pl. 372: 6~9
嫌钙菱板藻 H. calcifuga Reichardt & Lange-Bertalot	+				+							66	Pl. 372: 19~20
长菱板藻 H. elongata (Hantzsch) Grunow	+				+							194,201,204	Pl. 370: 1~3
盖斯纳菱板藻 H. giessiana Lange-Bertalot & Rumrich	+				+							182,195,200	Pl. 371: 6~7
格拉西奥萨菱板藻 H. graciosa Lange-Bertalot	+				+							193,201,204,205	Pl. 371: 2~5
近石生菱板藻 H. subrupestris Lange-Bertalot	+				+							195,202	Pl. 370: 4~6
长命菱板藻 H. vivax (Smith) Grunow	+				+							204	Pl. 371: 1
细齿藻属 Denticula													
华美细齿藻 D. elegans Kützing	+	+	+	+	+		+	+				7,8,27,49,50,51,52,53,54,55,56,57,65,114	Pl. 373: 18~28
库津细齿藻 D. kuetzingii Grunow	+		+	+	+	+	+	+	+		+	11,12,24,25,26,39,76,77,78,81,82,83,84,85,113,114,117,126,153,154	Pl. 375: 1~10
库津细齿藻汝牧变种 D. kuetzingii var. rumrichae Krammer	+				+							227	Pl. 375: 11~12
多雨细齿藻 D. rainierensis Sovereign	+						+					26	Pl. 373: 1~17
小型细齿藻 D. tenuis Kützing		+		+	+	+	+	+	+		+	11,12,24,25,26,39,76,77,78,81,82,83,84,85,113,114,117,126,153,154	Pl. 375: 13~15
强壮细齿藻 D. valida (Pedicino) Grunow	+	+	+	+	+	+	+			+		7,8,11,29,49,50,51,52,53,54,55,56,57,58,59,60,61,63,64,95,96,121	Pl. 374: 1~14
盘杆藻属 Tryblionella													
渐窄盘杆藻 T. angustata Smith	+		+		+	+	+			+		7,8,35,49,50,51,52,53,54,55,56,57,81,82,83,84,85,95,96,133,134,135,136	Pl. 377: 1~5
狭窄盘杆藻 T. angustatula (Lange-Bertalot) You	+	+					+					29,87,95,96	Pl. 377: 12~15
细尖盘杆藻 T. apiculata Gregory		+					+					87	Pl. 377: 16~17

（续表）

种类名称	省区分布			水系分布								标本号代号	图版(Plate)
	川	滇	藏	MJ	DDH	YLJ	JSJ	LCJ	NJ	DLJ	YLZBJ		
布诺盘杆藻 *T. brunoi* （Lange-Bertalot）Cantonati & Lange-Bertalot	+			+								186,198,199,200	Pl. 376：1~5
暖温盘杆藻 *T. calida* Mann		+					+					87,95,96	Pl. 377：18
缢缩盘杆藻 *T. constricta* (Kützing) Poulin	+						+					224	Pl. 376：6~7
匈牙利盘杆藻 *T. hungarica* Frenguelli			+						+			137	Pl. 377：6~11
莱维迪盘杆藻 *T. levidensis* Smith	+			+								182,187,188	Pl. 376：8~13
岸边盘杆藻 *T. littoralis* (Grunow) Mann		+					+					226	Pl. 377：19~21
棒杆藻科 Rhopalodiaceae													
棒杆藻属 *Rhopalodia*													
弯棒杆藻 *R. gibba* (Grounow) Müller	+	+	+	+	+	+	+	+			+	11,12,63,64,66,80,81,82,83,84,85,91,95,96,132,121,126	Pl. 378：2~7
弯棒杆藻凸起变种 *R. gibba* var. *jugalis* Bonadonna	+					+						80	Pl. 379：6~8
弯棒杆藻小型变种 *R. gibba* var. *minuta* Krammer		+					+					91	Pl. 380：9~12
弯棒杆藻偏肿变种 *R. gibba* var. *ventricosa* (Kützing) Peragallo & Peragallo		+								+		171	Pl. 379：5
纤细棒杆藻 *R. gracilis* Müller	+	+	+	+		+	+				+	8,51,52,53,54,55,56,57,76,77,78,80,81,82,83,84,85,91,97,161	Pl. 379：1~4
具盖棒杆藻 *R. operculata* (Agardh) Hakansson	+	+	+		+	+						8,9,11,34,51,52,53,54,55,56,57,58,59,60,61	Pl. 380：1~8
平行棒杆藻 *R. parallela* (Grunow) Mull	+			+								185	Pl. 378：1
窗纹藻属 *Epithemia*													
侧生窗纹藻 *E. adnata* (Kützing) Brebisson		+	+				+		+			91,92,132	Pl. 385：9~13
侧生窗纹藻蛆形变种 *E. adnata* var. *porcellus* (Kützing) Patrick	+	+			+				+			8,51,52,53,54,55,56,57,132	Pl. 385：5~6
侧生窗纹藻顶生变种 *E. adnata* var. *proboscidea* (Kützing) Hendey	+				+	+	+					11,12,40,63,64,91,92	Pl. 385：1~4
侧生窗纹藻萨克森变种 *E. adnata* var. *saxonica* (Kützing) Patrick	+					+						63	Pl. 385：7~8

（续表）

种类名称	省区分布			水系分布								标本号代号	图版(Plate)
	川	滇	藏	MJ	DDH	YLJ	JSJ	LCJ	NJ	DLJ	YLZBJ		
光亮窗纹藻 *E. argus* (Ehrenberg) Kützing	+	+	+		+		+			+		8,11,51,52,53,54,55,56,57,58,59,60,61,91,97,133,134,135,136	Pl. 384：6~10
光亮窗纹藻高山变种 *E. argus* var. *alpestris* (Smith) Grunow	+				+							11,12	Pl. 384：4
光亮窗纹藻龟形变种 *E. argus* var. *testudo* Fricke	+				+							8,51,52,53,54,55,56,57	Pl. 384：5
弗里克窗纹藻 *E. frickei* Krammer	+					+						76	Pl. 382：9~15
鼠形窗纹藻 *E. sorex* Kützing	+	+	+		+	+	+	+	+		+	7,8,12,12,15,16,49,50,51,52,53,54,55,56,57,81,82,83,84,85,91,97,105,113,120,121,125,126,153,154	Pl. 381：1~8
鼠形窗纹藻球状变型 *E. sorex* f. *globosa* Allorge & Manquin	+				+							8,51,52,53,54,55,56,57	Pl. 381：9~11
鼠形窗纹藻细长变种 *E. sorex* var. *gracilis* Hustedt		+					+					91	Pl. 382：1~5
膨大窗纹藻 *E. turgida* (Ehrenberg) Kützing		+					+					91	Pl. 382：1~5
膨大窗纹藻头端变种 *E. turgida* var. *capitata* Fricke		+					+					169	Pl. 383：6~7
膨大窗纹藻颗粒变种 *E. turgida* var. *granulata* (Ehrenberg) Brun		+					+					92	Pl. 383：1~5
膨大窗纹藻典型变型 *E. turgida* f. *typica* Mayer		+					+					91	Pl. 382：6~8
双菱藻科 Surirellaceae													
双菱藻属 *Surirella*													
窄双菱藻 *S. angusta* Kützing	+	+	+	+	+	+	+	+	+	+	+	7,11,15,16,18,22,23,24,25,26,30,47,48,49,50,58,59,60,61,71,73,74,80,87,91,93,94,105,113,120,124,133,134,135,136,145	Pl. 391：1~12
北极双菱藻 *S. arctica* (Patrick & Freese) Veselá and Potapova	+											7,49,50	Pl. 393：5~7
二额双菱藻 *S. bifrons* Ehrenberg	+	+						+		+		35,36	Pl. 393：1~4
二列双菱藻 *S. biseriata* (Brébisson) Ruck & Nakov	+					+						191	Pl. 388：1~2
波海密双菱藻 *S. bohemica* Maly	+						+					67	Pl. 392：6

（续表）

种类名称	省区分布			水系分布								标本号代号	图版（Plate）
	川	滇	藏	MJ	DDH	YLJ	JSJ	LCJ	NJ	DLJ	YLZBJ		
布列双菱藻 *S. brebissonii* Krammer & Lange-Bertalot		+					+					105	Pl. 386：3～6
细长双菱藻 *S. gracilis* Grunow	+						+					67	Pl. 392：3～5
泪滴双菱藻 *S. lacrimula* English	+	+	+		+		+	+				10,46,58,59,60,61,93,94,112	Pl. 387：12～19
线性双菱藻 *S. linearis* Smith	+				+							10,12,12,58,59,60,61	Pl. 390：1～6
线性双菱藻缢缩变种 *S. linearis* var. *constricta* Grunow	+					+						208	Pl. 391：1
微小双菱藻 *S. minuta* Brebisson	+	+	+		+	+	+	+				7,12,12,15,16,18,22,23,49,50,62,63,64,71,73,74,95,96,103,104,105,112,115,116,118,119	Pl. 387：1～11
卵圆双菱藻 *S. ovalis* Brebisson		+	+				+	+				87,113	Pl. 386：1～2
螺旋双菱藻 *S. spiralis* Kützing		+							+		+	132,148	Pl. 394：1～5
华彩双菱藻 *S. splendida* (Ehrenberg) Kützing	+				+							184	Pl. 389：1～2
柔软双菱藻 *S. tenera* Greyory		+					+					93,96	Pl. 391：13～15
膨大双菱藻 *S. turgida* Smith	+				+							10,58,59,60,61	Pl. 392：1～2
波缘藻属 *Cymatopleura*													
扭曲波缘藻 *C. aquastudia* Smith	+	+				+	+					71,95,96	Pl. 395：3～5
椭圆波缘藻 *C. elliptica* Smith		+								+		137	Pl. 395：1～2
草鞋波缘藻 *C. solea* Smith	+	+	+	+			+	+		+	+	40,63,64,66,90,91,92,126,133,134,135,136,161	Pl. 395：6～9
草鞋波缘藻细长变种 *C. solea* var. *gracilis* Grunow		+					+					223	Pl. 395：10～12
草鞋波缘藻细尖变种 *C. solea* var. *apiculata* (Smith) Ralfs		+					+					223	Pl. 395：13
草鞋波缘藻钝变种 *C. solea* var. *obtusata* Jurilj		+					+					223	Pl. 395：14
草鞋波缘藻整齐变种 *C. solea* var. *regula* (Ehrenberg) Grunow		+					+					223	Pl. 395：15～16
长羽藻属 *Stenopterobia*													
剑形长羽藻 *S. anceps* (Lewis) Brebisson	+				+							10,12,12,58,59,60,61	Pl. 397：1～9

(续表)

种类名称	省区分布			水系分布								标本号代号	图版(Plate)
	川	滇	藏	MJ	DDH	YLJ	JSJ	LCJ	NJ	DLJ	YLZBJ		
优美长羽藻 *S. delicatissima* (Lewis) Brebisson	+				+							11,12,66	Pl. 398:1~13
马鞍藻属 *Campylodiscus*													
莱温马鞍藻 *C. levanderi* Hustedt		+					+					169	Pl. 396:7
茧形藻科 Entomoneidaceae													
茧形藻属 *Entomoneis*													
膜翼茧形藻 *E. alata* (Ehrenberg) Ehrenberg		+							+			167	Pl. 396:1~2
三波曲茧形藻 *E. triundulata* Liu & Williams	+	+					+					215,216,217,218,219, 220,221,222,223,224	Pl. 396:3~6

注1:"＊"代表中国新记录种;"♯"代表新种;"＋"代表有分布。
注2:"MJ"是岷江;"DDH"是大渡河;"YLJ"是雅砻江;"JSJ"是金沙江;"LCJ"是澜沧江;"NJ"是怒江;"DLJ"是独龙江;"YLZBJ"是雅鲁藏布江。

在我们的调查中,舟形藻目(Naviculales)种类最多,共发现 60 属 646 种,占总种数的 59.87%;双菱藻目(Surirellales)次之,共 12 属 138 种,占总种数的 12.79%;脆杆藻目(Fragilariales)20 属 117 种,占总种数的 10.84%;曲壳藻目(Achnanthales)13 属 93 种,占总种数的 8.62%;短缝藻目(Eunotiales)1 属 41 种,占总种数的 3.80%;海链藻目(Thalassiosirales)10 属 30 种,占总种数的 2.78%;直链藻目(Melosirales)5 属 12 种,占总种数的 1.11%;圆筛藻目(Coscinodiscales)和角毛藻目(Chaetocerotales)种类最少,仅 1 属 1 种,分别占总种数的 0.09%。

研究发现,异极藻属 *Gomphonema* 种类最多,共 91 种;菱形藻属 *Nitzschia* 次之,共 63 种。其他种类较多的属有:羽纹藻属 *Pinnularia*(58 种);桥弯藻属 *Cymbella*(50 种);舟形藻属 *Navicula*(49 种);短缝藻属 *Eunotia*(41 种)。各属的具体种数如下:

异极藻属 *Gomphonema*(91 种);　　　双菱藻属 *Surirella*(16 种);

菱形藻属 *Nitzschia*(63 种);　　　　　窗纹藻属 *Epithemia*(15 种);

羽纹藻属 *Pinnularia*(58 种);　　　　 平面藻属 *Planothidium*(14 种);

桥弯藻属 *Cymbella*(50 种);　　　　　 海双眉藻属 *Halamphora*(14 种);

舟形藻属 *Navicula*(49 种);　　　　　 肘形藻属 *Ulnaria*(13 种);

短缝藻属 *Eunotia*(41 种);　　　　　　窄十字脆杆藻属 *Staurosirella*(12 种);

鞍型藻属 *Sellaphora*(37 种);　　　　 优美藻属 *Delicatophycus*(12 种);

脆杆藻属 *Fragilaria*(33 种);　　　　　格形藻属 *Craticula*(12 种);

弯肋藻属 *Cymbopleura*(31 种);　　　　双壁藻属 *Diploneis*(11 种);

长篦藻属 *Neidium*(31 种);　　　　　　盘状藻属 *Placoneis*(11 种);

曲丝藻属 *Achnanthidium*(30 种);　　　短纹藻属 *Brachysira*(10 种);

辐节藻属 *Stauroneis*(25 种);　　　　　蛾眉藻属 *Hannaea*(9 种);

内丝藻属 *Encyonema*(23 种);　　　　　假十字脆杆藻属 *Pseudostaurosira*(9 种);

美壁藻属 *Caloneis*(21 种);　　　　　　拉菲亚藻属 *Adlafia*(9 种);

泥栖藻属 *Luticola*(20 种);　　　　　　菱板藻属 *Hantzschia*(9 种);

拟内丝藻属 *Encyonopsis*(18 种);　　　 盘杆藻属 *Tryblionella*(9 种);

沙生藻属 *Psammothidium*(16 种);　　　小环藻属 *Cyclotella*(8 种);

沟链藻属 *Aulacoseira*（8 种）；

琳达藻属 *Lindavia*（8 种）；

瑞士藻属 *Reimeria*（8 种）；

片状藻属 *Platessa*（7 种）；

真卵形藻属 *Eucocconeis*（7 种）；

双眉藻属 *Amphora*（7 种）；

盖斯勒藻属 *Geissleria*（7 种）；

喜湿藻属 *Humidophila*（7 种）；

棒杆藻属 *Rhopalodia*（7 种）；

波缘藻属 *Cymatopleura*（7 种）；

粗肋藻属 *Odontidium*（6 种）；

十字脆杆藻属 *Staurosira*（6 种）；

卵形藻属 *Cocconeis*（6 种）；

异菱藻属 *Anomoeoneis*（6 种）；

肋缝藻属 *Frustulia*（6 种）；

细齿藻属 *Denticula*（6 种）；

等片藻属 *Diatoma*（5 种）；

网孔藻属 *Punctastrata*（5 种）；

曲壳藻属 *Achnanthes*（5 种）；

洞穴形藻属 *Cavinula*（5 种）；

布纹藻属 *Gyrosigma*（5 种）；

假伪形藻属 *Pseudofallacia*（5 种）

碟星藻属 *Discostella*（4 种）；

脆型藻属 *Fragilariforma*（4 种）；

矮羽藻属 *Chamaepinnularia*（4 种）；

胸隔藻属 *Mastogloia*（4 种）；

平板藻属 *Tabellaria*（3 种）；

异纹藻属 *Gomphonlla*（3 种）；

中华异极藻属 *Gomphosinica*（3 种）；

小林藻属 *Kobayasiella*（3 种）；

微肋藻属 *Microcostatus*（3 种）；

长篦形藻属 *Neidiomorpha*（3 种）；

努佩藻属 *Nupela*（3 种）；

前辐节藻属 *Prestauroneis*（3 种）；

冠盘藻属 *Stephanodiscus*（2 种）；

塞氏藻属 *Edtheriotia*（2 种）；

平格藻属 *Tabularia*（2 种）；

细杆藻属 *Distrionella*（2 种）；

扇形藻属 *Meridion*（2 种）；

罗西藻属 *Rossithidium*（2 种）；

卡氏藻属 *Karayevia*（2 种）；

异楔藻属 *Gomphoneis*（2 种）；

暗额藻属 *Aneumastus*（2 种）；

杜氏藻属 *Dorofeyukea*（2 种）；

宽纹藻属 *Hippodonta*（2 种）；

马雅美藻属 *Mayamaea*（2 种）；

长羽藻属 *Stenopterobia*（2 种）；

茧形藻属 *Entomoneis*（2 种）；

直链藻属 *Melosira*（1 种）；

海链藻属 *Thalassiosira*（1 种）；

线筛藻属 *Lineaperpetua*（1 种）；

侧链藻属 *Pleurosira*（1 种）；

正盘藻属 *Orthoseira*（1 种）；

埃勒藻属 *Ellerbeckia*（1 种）；

辐环藻属 *Actinocyclus*（1 种）；

环冠藻属 *Cyclostephanos*（1 种）；

星状藻属 *Pliocaenicus*（1 种）；

筛孔藻属 *Tertiarius*（1 种）；

筛环藻属 *Conticribra*（1 种）；

刺角藻属 *Acanthoceras*（1 种）；

星杆藻属 *Asterionella*（1 种）；

栉链藻属 *Ctenophora*（1 种）；

西藏藻属 *Tibetiella*（1 种）；

具隙藻属 *Opephora*（1 种）；

拟十字脆杆藻属 *Pseudostaurosiropsis*（1 种）；

十字型脆杆藻 *Stauroforma*（1 种）；

附萍藻属 *Lemnicola*（1 种）；

格莱维藻属 *Gliwiczia*（1 种）；

异端藻属 *Gomphothidium*（1 种）；

科氏藻属 *Kolbesia*（1 种）；

双楔藻属 *Didymosphenia*（1 种）；

近丝藻属 *Kurtkrammeria*（1 种）；

半舟藻属 *Seminavis*（1 种）；

楔异极藻属 *Gomphosphenia*（1 种）；

弯楔藻属 *Rhoicosphenia*（1 种）；

双肋藻属 *Amphipleura*（1 种）；

交互对生藻属 *Decussata*（1 种）；

全链藻属 *Diadesmis*（1 种）；

塘生藻属 *Eolimna*（1 种）；

伪形藻属 *fallacia*（1 种）；

管状藻属 *Fistulifera*（1 种）；

根卡藻属 *Genkalia*（1 种）；

湿岩藻属 *Hygropetra*（1 种）；

缪氏藻属 *Muelleria*（1 种）；

定舟藻属 *Naviculadicta*（1 种）；　　　　　辐带藻属 *Staurophora*（1 种）；

细篦藻属 *Neidiopsis*（1 种）；　　　　　　杆状藻属 *Bacillaria*（1 种）

四川藻属 *Sichuania*（1 种）；　　　　　　马鞍藻属 *Campylodiscus*（1 种）。

2.2 横断山区硅藻的区系特征

横断山区是全球生物多样性热点地区之一，也是植物种类最为丰富和复杂的地区之一。本区作为一个自然的植物区系地区，早已得到一些学者的承认[80]。本区地貌的显著特点是一系列南北平行的山系和河流，山高谷深。由于本区特殊的地形地貌和复杂的自然环境，形成了一个植物极其丰富的山地区系[35]。李锡文和李捷确认本区有种子植物 226 科 1 325 属 7 954 种[83]，最新的统计数字为 8 590 种[84]。本区作为一个自然的植物区系，硅藻植物也非常丰富，迄今为止，本区共记载硅藻 124 属 1 423 种，约占我国硅藻属、种总数的 82% 和 33%。就种数而言，是我国硅藻植物最丰富的地区。

2.2.1 横断山区硅藻的常见种、特有种、耐碱性种和耐盐种

横断山区硅藻种类非常丰富，常见种有 *Achnanthidium minutissimum*，*Cocconeis placentula*，*Gomphonema parvulum*，*Encyonema lange-bertalotii*，*Diatoma moniliformi*，*Odontidium mesodon*，*Nitzschia palea*，*Fragilaria capucina*，*Encyonema minnutum*，*Reimeria sinuate*，*Ulnaria lanceolata*，*Ulnaria acus*，*Encyonema silesiacum*，*Delicatula delicatula*，*Encyonema brevicapitatum*，*Navicula cryptotenella*，*Nitzschia linearis*，*Fragilaria heatherae*，*Fragilaria vaucheriae*，*Hannaea arcus*，*Nitzschia delognei*，*Nitzschia dissipata*，*Caloneis falcifera*，*Amphora pediculu*，*Encyonopsis microcephala*，*Navicula cryptotenelloides*，*Aulacoseira granulate*，*Cymbella cistula*，*Navicula capitatoradiata*，*Navicula cryptocephala*，*Navicula exilis*，*Cyclotella ocellata*，*Staurosirella pinnata*，*Achnanthidium deflexum*，*Nitzschia amphibia*，*Surirella angusta*，*Ulnaria ulna*，*Achnanthidium rivulare*，*Gomphoneis pseudokunoi* 和 *Adlafia minuscula*。

在该区域内，蕴藏着许多特有种类，其中包括 2 个新属：四川藻属 *Sichuaniella* Li, Lange-Bertalot & Metzeltin 和西藏藻属 *Tibetiella* Li, Williams & Metzeltin；60 个新种：*Cyclotella changhai*，*Lindavia daochengensis*，*L. mugecuoensis*，*Pliocaenicus weixiense*，*Tertiarius aspera*，*Hannaea yalaensis*，*H. hengduanensis*，*H. clavate*，*Fragilaria sphaerophorum*，*Tibetiella pulchra*，*Punctastriata lingzhiensis*，*Eunotia mugecuoensis*，*E. filiformis*，*E. daochengensis*，*Achnanthidium epilithica*，*A. jiuzhaiensis*，*A. limosua*，*A. longissimum*，*A. subtilissimum*，*A. ludingensis*，*Kolbesia sichuanensis*，*Platessa mugecuoensis*，*P. lanceolata*，*Psammothidium undulatum*，*P. sichuanense*，*Cymbella heihaiensis*，*C. shudunensis*，*C. xingyuanensis*，*Encyonopsis hengduanensis*，*E. perpuilla*，*Reimeria deqinensis*，*Gomphonema yaominae*，*G. sichuanensis*，*G. heilongtanensis*，*G. tumida*，*Adlafia hengduanensis*，*Genkalia alpina*，*Muelleria pseudogibbula*，*Neidiomorpha sichuaniana*，*Neidium aequum*，*N. affine*，*N. angustatum*，*N. apiculatoides*，*N. avenaceum*，*N. bacillum*，*N. convexum*，*N. dicephalum*，*N. dubium*，*N. lacusflorum*，*N. ligulatum*，*N. medioconstrictum*，*N. rostratum*，*N. rostellatum*，*N. suboblongum*，*N. tibetianum*，*N. tortum*，*N. zoigeaeum*，*Prestauroneis nenwai*，*P. lowei*，*Sichuaniella lacustris*。尽管该区域已经发现 60 个新种，但仍然还有很多未被发现的种类。

横断山区水体富含矿物质，大部分水体呈中性至碱性[85]，pH 在 6.4～10。在该区域内发现的耐碱性硅藻有 *Lindavia radiosa*，*Discostella stelligera*，*Thalassiosira baltica*，*Edtheriotia guizhoiana*，*Hannaea arcus* var. *kamtchatica*，*Fragilaria radians*，*F. submesolepta*，*Pseudostaurosira subbrevistriata*，

Planothidium dubium，*P. ellipticum*，*P. oestrupii*，*P. victorii*，*Halamphora normanii* var. *undulata*，*Cymbella convexa*，*C. maggiana*，*C. simonsenii*，*Cymbopleura hercynica*，*C. rupicola*，*Delicata montana*，*D. hengduanensis*，*Encyonema kukenanum*，*Reimeria uniseriata*，*Gomphonema incognitum*，*G. medioasiae*，*G. ventricosum*，*G. wiltschkorum*，*G. hengduanensis*，*G. lancettula*，*Caloneis bacillum*，*C. budensis*，*C. gjeddeana*，*C. ventricosa*，*Chamaepinnularia gandrupii*，*C. hassiaca*，*Diploneis fontanella*，*Fistulifera pelliculosa*，*Genkalia alpina*，*Mayamaea fossalis*，*Navicula cincta*，*N. leptostriata*，*N. rhynchocephala*，*N. symmetrica*，*Neidiopsis clavata*，*Neidium aequum*，*N. bergii*，*Pinnularia lagerstedtii*，*Sellaphora saugerresii*，*S. intermissa*，*Subcraticula hengduanensis*，*Nitzschia dingrica*，*Tryblionella apiculata*，*Epithemia adnata* var. *saxonica*，*Surirella spiralis*。

耐盐种有：*Cyclotella ocellata*，*Diatom moniliformis*，*Odontidium hyemale*，*O. mesodon*，*Fragilaria aqualplus*，*F. aquastudia*，*F. capucina*，*Hannaea arcus*，*H. hengduanensis*，*H. clavata*，*Tibetiella pulchra*，*Cocconeis placentula* var. *klinoraphis*，*C. placentula* var. *lineata*，*Achnanthidium atomus*，*A. catenatum*，*A. deflexum*，*A. ludingensis*，*A. minutissimum*，*Amphora cuneatiformis*，*A. indistincta*，*A. pediculus*，*Halamphora aponina*，*Cymbella alpestris*，*C. subleptoceros*，*Cymbopleura amphicephala*，*C. stauroneiformis*，*Delicatula alpestris*，*D. sparsistriata*，*Encyonema brevicapitatum*，*E. latens*，*E. minnutum*，*Encyonopsis microcephala*，*Seminavis pusilla*，*Gomphosinica chubichuensis*，*Gomphonema exilissimum*，*Adlafia bryophila*，*Diploneis boldtiana*，*D. oblongella*，*Navicula antonii*，*N. caterva*，*N. cryptotenella*，*N. cryptotenelloides*，*N. metareichardtiana*，*Sellaphora blackfordensis*，*S. paenepupula*，*S. stroemii*，*Nitzschia adapta*，*N. communis*，*N. dissipata*，*N. fonticola* var. *capitata*，*N. fonticoloides*，*N. palea*，*N. palea* var. *minuta*。

2.2.2 横断山区不同水系的硅藻多样性

横断山区水资源丰富，河网密布，是我国及东南亚地区主要的水源集结地，在该区域内分布着多条南北走向的河流，自东向西有岷江、大渡河、雅砻江、金沙江、澜沧江、怒江、独龙江和雅鲁藏布江。

从图2-1中可以看出，在不同的流域中，硅藻多样性差异较大。大渡河水系硅藻多样性最高，共发现硅藻573种；金沙江水系次之，共发现硅藻476种；独龙江水系种类最少，仅发现143种。

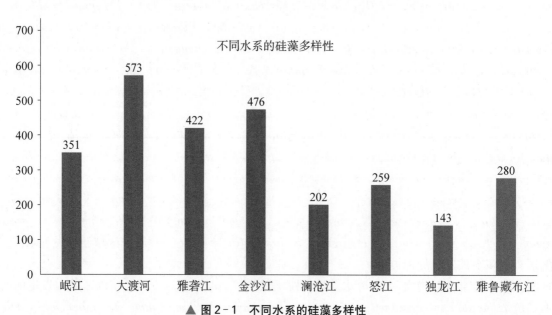

▲ 图2-1 不同水系的硅藻多样性

Fig.2-1 Diatom diversity in different water systems

从表 2-2 和图 2-2 中可以看出,岷江水系独有种最多,共发现 158 种,占岷江水系总种数的 45.01%;大渡河水系独有种次之,共发现 134 种,占大渡河水系总种数的 23.39%;澜沧江、怒江和独龙江水系独有种较少,分别占各水系总种数的 8.42%、6.56% 和 4.20%。总体来说,自东向西水系中硅藻的多样性和独有种都呈现降低趋势,独有种占总种数的比例也是逐渐降低的。

表 2-2　不同水系中独有种与总种数的比例
Table 3-2　The ratio of unique species to total species in different water systems

水系	岷江	大渡河	雅砻江	金沙江	澜沧江	怒江	独龙江	雅鲁藏布江
总种数	351	573	422	476	202	259	143	280
水系独有种	158	134	71	96	17	17	6	44
独有种/总种数	45.01%	23.39%	16.82%	20.17%	8.42%	6.56%	4.20%	15.71%

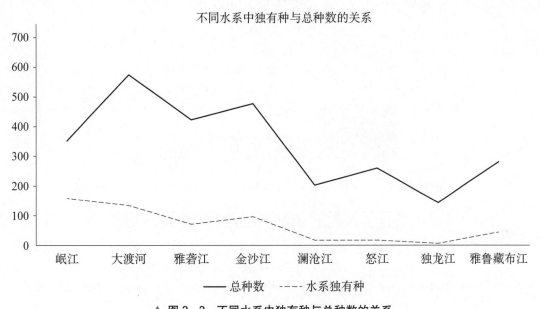

▲ 图 2-2　不同水系中独有种与总种数的关系
Fig.2-2　The relationship between endemic species and total species in different water systems

2.2.3　四川、云南和西藏的硅藻多样性

横断山区包括四川西部、云南西北部和西藏东部地区。在不同的区域,硅藻多样性不同。研究发现四川种类数最多,共 922 种,占总种数的 85.45%;西藏次之,共发现 464 种,占总种数的 43.00%;云南最少,仅 366 种,占总种数的 33.92%。

从图 2-3 中可以看出,同时在三个区域都出现的硅藻有 215 种,仅在两个区域同时出现的硅藻有 245 种,仅在一个区域出现的硅藻有 617 种,其中只在四川发现的种类最多,共有 470 种,只在云南发现的种类最少,仅有 62 种。通过计算任意两个区域间硅藻的相似度($S_{四川-云南} = 2 * (215 + 81)/(922 + 366) = 45.96\%$;$S_{四川-西藏} = 2 * (215 + 156)/(922 + 464) = 53.54\%$;$S_{云南-西藏} = 2 * (215 + 8)/(464 + 366) = 53.73\%$),发现三个区域间硅藻的相似度差异不大,均在 50% 左右。

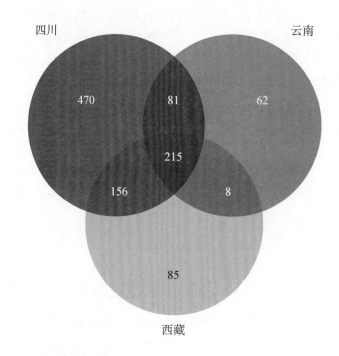

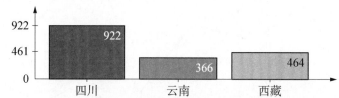

在三个区域同时发现、在两个区域同时发现和仅在一个区域发现的硅藻种类数

▲ 图 2-3　四川、云南和西藏硅藻多样性及种类组成

Fig. 2-3　Diatoms diversity and species composition in Sichuan, Yunnan and Tibet (Xizang)

第 3 章

横断山区硅藻新种和中国新记录种

3.1 横断山区硅藻新种

1. 具球脆杆藻 *Fragilaria sphaerophorum* Luo & Wang sp. nov. 图版 58：29～32

Description： In the light microscope，valve narrow and rhombic，the middle of the valve is widest and gradually narrow towards apices. The ends slightly swollen and teardrop-like （Fig. 29～31）. Length 55～65 μm，breadth 2.5～3 μm. Axial area narrow and linear，the central area slightly enlarged and spherical. Striae nearly parallel，15～17 in 10 μm. In the scanning electron microscope，the valve is smooth，the striae single row，composed of circular areolae，and the striae are arranged alternately on both sides of the axial area.

Type： CHINA，Yarlung Zangbo River，Tibet （Xizang），N 29°56′52″，E 94°47′54″，Date：October，2018 （SHNU，slide HDS201810459 - 1！ Holotype illustrated in plate 58，figure 29；isotype，YXNU，slide HDS201810459 - 2）.

Etymology： The species is named based on the spherical shape of the central area of its valve.

Remarks： The rhombic valve and spherical central area of this species are significantly different from other species. Similar to *Fragilaria amphicephaloides* Lange Bertalot and *Fragilaria parrumpens* Lange Bertalot，Hofm & Werum. The difference is *F. amphicephaloides* and *F. parrumpens* are nearly parallel on both sides，with small spines at the edge of the valve. But *F. sphaerophorum* has a diamond valve and no small spines on the valve.

描述： 在光镜下，壳面窄，近菱形，中部最宽，向两端逐渐变窄，末端轻微膨大呈水滴状。壳面长 55～65 μm，宽 2.5～3 μm。中轴区窄、线形，中央区两侧轻微膨大呈球状。线纹近平行排列，在 10 μm 内有 15～17 条。在扫描电镜下，壳面光滑，线纹单列，由圆形孔纹组成，线纹在中轴区两侧交错排列。

模式标本： 中国，西藏自治区雅鲁藏布江，N 29°56′52″，E 94°47′54″。采样日期：2018 年 10 月。标本收藏于上海师范大学，标本号 HDS201810459 - 1，模式图为图版 58：29，等模式标本藏于云南省玉溪市玉溪师范学院，标本号 HDS201810459 - 2。

定名依据： 本种依据其壳面的中央区呈球状命名。

讨论： 本种菱形的壳面和球形的中央区与其他种明显不同。与 *Fragilaria amphicephaloides* Lange-Bertalot 和 *Fragilaria pararumpens* Lange-Bertalot，Hofm & Werum 较为相近。区别在于 *F. amphicephaloides* 和 *F. pararumpens* 两侧近平行，壳面边缘具小刺。而 *F. sphaerophorum* 壳面菱形，且不具小刺。

2. 林芝网孔藻 *Punctastriata nyingchiensis* Luo & Wang sp. nov. 图版 80：1～6

Description： In the light microscope，valve cross-shaped，the middle swelling and the end slightly extends and rostrate （Fig. 1～4）. Length 14～17 μm，breadth 5～6 μm. Axial area narrow lanceolate， no central area. Parallel arrangement of striae, $11\sim12$ in $10\,\mu m$. In the scanning electron microscope, the striae are wide and consists of multiple rows of areolae. The near axial area has $1\sim2$ rows, gradually increasing towards the edge of valve to $4\sim5$ rows. And the striae are arranged crosswise on both sides of the axial area. The edge of the valve has forked small spines located on the costae. There are two apical pore-fields, with a smaller head apical pore-field consisting of $1\sim2$ areolae, and a larger foot apical pore-field consisting of multiple rows of regularly arranged areolae. No rimoportulae.

Type: CHINA, Taohua Villa, Nyingchi, Tibet (Xizang), N $29°35'54''$, E $94°25'49''$, Date: October, 2018 (SHNU, slide HDS201810469 - 1! Holotype illustrated in plate 80, figure 1; isotype, YXNU, slide HDS201810469 - 2).

Etymology: The species is named based on its type sample origin in Nyingchi.

Remarks: The morphology of *Punctastriata* and *Staurosilla* Wiliams & Round is very similar, which is difficult to distinguish under the light microscope. The difference is that their striae structures are different. *Punctastriata*'s striae are composed of multiple rows of small round areolae, while *Staurosilla*'s striae are composed of single rows of fissure like areolae. The cross shaped valve of this species is different from most species of the genus *Punctastriata*, and is more similar in morphology to *Punctatriata mimetica* Morales. The main difference is that *P. mimetica* has a smaller valve (Length $11\sim13\,\mu m$, breadth $3.5\sim4.5\,\mu m$), slightly-heteropolar, and does not extend at the end. And *P. nyingchiensis* has larger valve, symmetrical shell surface and the end slightly extends into rostrate.

描述:在光镜下,壳面十字形,中部膨大,末端延伸呈喙状。壳面长 $14\sim17\,\mu m$,宽 $5\sim6\,\mu m$。中轴区窄披针形,无中央区。线纹近平行排列,在 $10\,\mu m$ 内有 $11\sim12$ 条。在扫描电镜下,线纹较宽,由多列孔纹组成,近中轴区是 $1\sim2$ 列,向边缘逐渐增加到 $4\sim5$ 列,线纹在中轴区两侧交叉排列。壳面边缘具叉状小刺,小刺位于肋纹上。顶孔区两个,一端顶孔区较小,由 $1\sim2$ 个孔纹组成,另一端顶孔区较大,由多列规则排列的孔纹组成。无唇形突。

模式标本:中国,西藏自治区林芝市桃花山庄,N $29°35'54''$,E $94°25'49''$。采样日期:2018 年 10 月 27 日。标本收藏于上海师范大学,标本号 HDS201810469 - 1,模式标本为图版 80:1。等模式标本藏于云南省玉溪市玉溪师范学院,标本号 HDS201810469 - 2。

定名依据:本种依据其模式标本产地林芝命名。

讨论:网孔藻属和窄十字脆杆藻属 *Staurosirella* Wiliams & Round 形态非常相似,在光镜下很难区分,区别在于其线纹结构不同,*Punctastriata* 的线纹由多列小的圆形的孔纹组成,而 *Staurosirella* 线纹由单列的裂缝状孔纹组成。本种十字形的壳面与该属的大部分种类明显不同,与 *Punctastriata mimetica* Morales 的形态较为相似。主要区别在于:*P. mimetica* 壳面更小,轻微异极,末端不延伸。而本种壳面更大,对称,末端延伸呈喙状。

3. 稻城短缝藻 *Eunotia daochengensis* Luo & Wang sp. nov. 图版 102:7~12

Description: In the light microscope, valve oval to butterfly shaped, dorsal margin curved, ventral margin slightly concave or straight, ends wide rounded or truncation. Length $13\sim17\,\mu m$, breadth $8\sim10\,\mu m$. Striae arranged parallel in the middle, and microradiation arranged in the ends, $9\sim11$ in $10\,\mu m$. In the scanning electron microscope, external raphe fissures at the junction between valve and mantle and terminal raphe fissures extend slightly onto the valve. Striae single row, composed of circular areolae, and some of the pores are covered by siliceous sheets. Short striae are distributed between long striae near the dorsal of the valve. From the inner valve, areolae round, and the terminal raphe fissures has a helictoglossa.

Type：CHINA，Haizishan Reserve，Daocheng County，Sichuan Province，N 29°20′55″，E 100°06′51″，Date：August 2015（SHNU，slide SC201508145 - 1！Holotype illustrated in plate 107，figure 7；isotype，YXNU，slide SC201508145 - 2）.

Etymology：The species is named based on its type sample origin in Daocheng County.

Remarks：This species has a small cell，a relatively small length and width ratio. Unlike most common brachyraphis，it is easily separated from other species. The main differences between *E. daochengensis* and *Eunotia papilio*（Ehrenberg）Grunow are：*E. papilio* has a large valve，and two distinct milky crests at the dorsal margin. But this species is smaller，there is no milky crest.

描述：在光镜下，壳面卵圆形至蝶形，背侧凸出，腹侧直或轻微凹入，末端截形，壳面长 13～17 μm，宽 8～10 μm。线纹在中部平行排列，末端微辐射排列，在 10 μm 内有 9～11 条。在扫描电镜下，壳缝位于壳面壳套连接处，远缝端壳缝裂缝弯向壳面。线纹单列，由近圆形孔纹组成，有些孔纹被硅质片覆盖，靠近背侧的长线纹间有短线纹分布。从内壳面看，孔纹圆形，壳缝较短，远缝端具螺旋舌。

模式标本：中国，四川省稻城县海子山保护区，N 29°20′55″，E 100°06′51″。采样日期：2015 年 8 月。标本收藏于上海师范大学，标本号 SC201508145 - 1，模式标本为图版 102：7。等模式标本藏于云南省玉溪市玉溪师范学院，标本号 SC201508145 - 2。

定名依据：本种依据其模式标本产地稻城县命名。

讨论：本种壳面较小，长宽比小，与常见的大部分短缝藻不同，很容易与其他种分开。本种与 *Eunotia papilio* Lange-Bertalot & Norpel Schempp 的主要区别在于：*E. papilio* 壳体较大，背缘有两个明显的乳状波峰。而本种壳体较小，也无乳状波峰。

4. 横断拟内丝藻 *Encyonopsis hengduanensis* Luo & Wang sp. nov. 图版 179：1～8

Description：In the light microscope，valve lanceolate to long-elliptical，the difference between dorsal and ventral is not obvious，both sides are slightly curved or straight. The terminal capitate with obviously constricted. Length 13～15 μm，breadth 3～4 μm. Axial area narrow linear，no central area. striae are radially arrangement，25～29 in 10 μm. In the scanning electron microscope，the striae is single row，composed of circular areolae. The raphe is located in the middle of the valve or slightly biased towards ventral side. External raphe fissures are slightly expanded and biased toward the dorsal side，while terminal raphe fissures are strongly hooked and curved to the ventral side. From the inner valve，areolae round，raphe straight and the terminal raphe fissures has a helictoglossa.

Type：CHINA，Hengduan Mountains，Tianquan County，Sichuan Province，Date：October，2018.（SHNU，slide SC201805011 - 1！Holotype illustrated in plate 179，figure 3；isotype，YXNU，slide SC201805011 - 2）.

Etymology：The species is named based on its type sample origin in Hengduan Mountains.

Remarks：This species is similar to *Encyonopsis minuta* Krammer & Reichardt and *Encyonopsis microcephala*（Grunow）Krammer. The main difference between this species and *E. minuta* is that the middle striae of *E. minuta* are parallel，and external raphe fissures are slightly curved to the ventral side，However，the middle striae of *E. hengduanensi* are radiating，and external raphe fissures are slightly expanded and biased toward the dorsal side. The main difference between *E. hengduanensis* and *E. microcephala* is that the valve of *E. microcephala* is wider（4.5～6 μm），the middle striae parallel，and terminal raphe fissures are slightly curved to the ventral side. However，the valve of *E. hengduanensis* narrow，the middle striae are radiating，and terminal raphe fissures are strongly hooked and curved to the ventral side.

描述：在光镜下，壳面披针形至长椭圆形，背腹之分不明显，两侧边缘轻微凸起或直，末端明显缢缩呈小头状。壳面长 13～15 μm，宽 3～4 μm。线纹辐射排列，在 10 μm 内有 25～29 条。在扫描电镜下，线纹单列，由圆形孔纹组成，壳缝位于壳面中位或轻微偏向腹侧，近缝端壳缝裂缝略膨大且倾向背侧，远缝端壳缝裂缝呈强钩状并弯向腹侧。从内壳面看，孔纹圆形，壳缝直，远缝端壳缝裂缝具螺旋舌。

模式标本：中国，四川省天全县横断山区。采样日期：2018 年 10 月 28 日。标本收藏于上海师范大学，标本号 SC201805011－1，模式标本为图版 179：3。等模式标本藏于云南省玉溪市玉溪师范学院，标本号 SC201805011－2。

定名依据：本种依据其模式标本产地横断山区命名。

讨论：本种与 *Encyonopsis minuta* Krammer & Reichardt 和 *Encyonopsis microcephala*（Grunow）Krammer 比较相似。本种与 *E. minuta* 的主要区别在于 *E. minuta* 壳面中部线纹平行排列，远缝端壳缝裂缝轻微弯向腹侧。而本种壳面中部线纹辐射排列，远缝端壳缝裂缝呈强钩状并弯向腹侧。本种与 *E. microcephala* 的主要区别在于：*E. microcephala* 壳面较宽（4.5～6 μm），中部线纹平行排列，远缝端壳缝裂缝轻微弯向腹侧。而本种壳面较窄，中部线纹辐射排列，远缝端壳缝裂缝呈强钩状并弯向腹侧。

5. 极小拟内丝藻 *Encyonopsis perpuilla* Luo & Wang sp. nov. 图版 180：10～15

Description：In the light microscope, the cell small, valve lanceolate, the difference between dorsal and ventral margin is not obvious, both sides are curved. The ends extend in a rostrate-rounded. Length 9～12 μm, breadth 2.5～3 μm. Axial area narrow linear, no central area. Striae sub-parallel arrangement, 27～30 in 10 μm. In the scanning electron microscope, the striae is single row, composed of circular areolae. The raphe is located in the middle of the valve. External raphe fissures are slightly toward the dorsal side, while terminal raphe fissures are slightly curved to the ventral side.

Type：CHINA, Shangri-La County, Diqing City, Yunnan Province, N 27°40′31″, E 99°44′15″, Date: October, 2018. (SHNU, slide HDS201810186－1! Holotype illustrated in plate 180, figure 11; isotype, YXNU, slide HDS201810186－2).

Etymology：The species is named based on its cell characteristics—the cell is very small.

Remarks：*Encyonopsis perpuilla* cell is very small, only about 10 μm. The main differences between this species and *Encyonopsis minuta* is that the valve of *E. minuta* have dorsoventrally divided, and the ends sharply narrowed into a capitate. *Encyonopsis perpuilla* is no obvious dorsoventrally divided, the ends extend in a rostrate-rounded.

描述：在光镜下，壳面披针形，无明显背腹之分，背腹两侧边缘均轻微凸起，末端延伸呈圆喙状，壳面长 9～12 μm，宽 2.5～3 μm。中轴区窄，无中央区。线纹近平行排列，在 10 μm 内有 27～30 条。在扫描电镜下，线纹单列，由圆形孔纹组成。壳缝位于壳面中位，近缝端壳缝裂缝略膨大且略弯向背侧，远缝端壳缝裂缝弯向腹侧并延伸至壳套。中轴区窄，线形。中央区不明显。

模式标本：中国，云南省迪庆市香格里拉市，N 27°40′31″，E 99°44′15″。采样日期：2018 年 10 月 20 日。标本收藏于上海师范大学，标本号 HDS201810186－1，模式标本为图版 180：11。等模式标本藏于云南省玉溪市玉溪师范学院，标本号 HDS201810186－2。

定名依据：本种依据其壳体特征命名——壳体极小。

讨论：本种壳体极小，只有 10 μm 左右。本种与 *Encyonopsis minuta* 的主要区别在于：*E. minuta* 壳面有背腹之分，末端急剧收缢呈小头状。而本种壳面无明显的背腹之分，末端延伸呈圆喙状。

6. 德钦瑞氏藻 *Reimeria deqinensis* Luo & Wang sp. nov. 图版 182：40～46

Description：In the light microscope, valve linear-lanceolate, dorsal margin obviously curved, and ventral margin straight or slightly curved. The ends slightly extend in a rostrate-rounded. Length $11\sim$ $16\,\mu\text{m}$, breadth $4\sim4.5\,\mu\text{m}$. Axial area narrow linear. The central area asymmetrical, the dorsal central area is small and usually has a short striae, and the ventral central area is large and has no short line. The central region has an isolated puncta, located in the center of the valve, between the two raphe. The striae parallel to radiate, $12\sim14$ in $10\,\mu\text{m}$. In the scanning electron microscope, double row of striae, composed of round areolae, striae extending from the valve to mantle. The raphe straight and inclined to the ventral side of the valve, external raphe fissures expand and slightly toward the ventral side, while terminal raphe fissures curved to the ventral side and extend to the mantle. Two apical pore-fields located at the ends of the ventral valve.

Type: CHINA, Deqin County, Diqing City, Yunnan Province, N $30°16'09''$, E $101°31'17''$, Date: October, 2018. (SHNU, slide HDS201810229 - 1! Holotype illustrated in plate 182, figure 40; isotype, YXNU, slide HDS201810229 - 2).

Etymology: The species is named based on its type sample origin in Deqin County.

Remarks: *Reimeria deqinensis* is morphologically similar to *Reimeria sinuata* (Gregory) Kociolek & Stoermer and *Reimeria ovata* (Hustedt) Levkov & Ector. The main difference between this species and *R. sinuata* is that the ventral margin of *R. sinuata* is obviously enlarged, resulting in a curved ventral margin, and the ends rounded. But the central area of this species is not obviously enlarged, the ventral margin is smooth, and the end is rostrate-rounded. The main difference between this species and *R. ovata* is that *R. ovata* has a rounded end and "C" shaped areolae. However, *R. deqinensis* has a rounded-rostrate end and rounded areolae.

描述: 在光镜下,壳面线形披针形,背缘明显凸起,腹缘平直或轻微凸起,末端轻微延伸呈喙圆状。壳面长 $11\sim16\,\mu\text{m}$,宽 $4\sim4.5\,\mu\text{m}$。中轴区窄,线形。中央区不对称,背侧中央区较小,通常有一条短线纹,腹侧中央区较大,无短线纹。中央区具有一个孤点,位于壳面中央,两条壳缝之间。线纹平行至辐射排列,在 $10\,\mu\text{m}$ 内有 $12\sim14$ 条。在扫描电镜下,线纹双列,由圆形的孔纹组成,线纹从壳面延伸至壳套。壳缝直,偏向壳面腹侧,近缝端壳缝裂缝膨大并弯向腹侧,远缝端壳缝弯向腹侧并延伸至壳套。顶孔区两个,位于腹侧壳面末端。

模式标本: 中国,云南省迪庆市德钦县,N $30°16'09''$,E $101°31'17''$。采样日期:2018 年 10 月。标本收藏于上海师范大学,标本号 HDS201810229 - 1,模式标本为图版 182:40。等模式标本藏于云南省玉溪市玉溪师范学院,标本号 HDS201810229 - 2。

定名依据: 本种依据其模式标本产地德钦县命名。

讨论: 本种与 *Reimeria sinuata* (Gregory) Kociolek & Stoermer 和 *Reimeria ovata* (Hustedt) Levkov & Ector 形态相似。本种与 *R. sinuata* 的主要区别在于:*R. sinuata* 中央区腹侧明显膨大,导致腹缘波曲,末端圆头状。而本种中央区凸起不明显,腹侧边缘是光滑的弧形,末端圆喙状。本种与 *R. ovata* 的主要区别在于:*R. ovata* 末端圆头状,孔纹"C"形。而本种壳面末端喙圆形,孔纹圆形。

7. 披针形异极藻 *Gomphonema lancettula* Luo & Wang sp. nov. 图版 221:$17\sim22$

Description: In the light microscope, valve lanceolate, obviously heteropolar, the head end is wide and rounded, the foot end is narrow and cuneate. Length $18\sim27\,\mu\text{m}$, breadth $5\sim6.5\,\mu\text{m}$. Axial area narrow lanceolate. and the central area is enlarged to form an oval to rhomboid central area. The striae are arranged parallel to radiate, $10\sim13$ in $10\,\mu\text{m}$. In the scanning electron microscope, double rows of striae, composed of round areolae. The isolated puncta circular, located on one side of the central area. The raphe straight, external raphe fissures expand and slightly toward one side, while terminal raphe fissures curved to the other side. The foot end of the valve has apical pore-fields，which is bisected by the raphe. From the inner valve，external raphe fissures curved to the same side in a strong hook shape，and the terminal raphe fissures has a helictoglossa. Isolated puncta are long pore.

Type：CHINA，Yele Town，Mianning County，Liangshan Yi Autonomous Prefecture，Sichuan Province，N 28°55′07″，E 102°11′51″，Date：October，2018. （SHNU，slide HDS201810031 - 1! Holotype illustrated in plate 221，figure 17；isotype，YXNU，slide HDS201810031 - 2).

Etymology：The species is named based on its valve characteristics—the valve lanceolate.

Remarks：*Gomphonema lancettula* is similar to *Gomphonema medioasiae* Metzeltin, Lange-Bertalot & Nergui and *Gomphonema liyanlingae* Metzeltin & Lange-Bertalot. The main difference between this species and *G. medioasiae* is that striae single row of *G. medioasiae* and the isolated puncta are connected with the striae. But the striae of this species are double rows, and the isolated puncta are independent. The main difference between this species and *G. liyanlingae* is that striae single row of *G. liyanlingae* and the central area is rectangle. But the striae of this species are double rows, and the central area is oval to rhomboid.

描述：在光镜下，壳面披针形，明显异极，头端较宽呈圆形，足端较窄呈楔形。壳面长 18～27 μm，宽 5～6.5 μm。中轴区窄，披针形，中部膨大形成一个椭圆形至菱形的中央区。线纹平行至辐射状排列，在 10 μm 内有 10～13 条。在扫描电镜下，线纹双列，由圆形孔纹组成。孤点圆形，位于中央区一侧。壳缝直，近缝端壳缝膨大并轻微偏向一侧，远缝端壳缝偏向另一侧。壳面足端具顶孔区，被壳缝一分为二。从内壳面看，近缝端壳缝裂缝呈强钩状弯向同一侧，远缝端壳缝裂缝具螺旋舌。孤点呈长孔状。

模式标本：中国，四川省凉山彝族自治州冕宁县冶勒镇，N 28°55′07″，E 102°11′51″。采样日期：2018 年 10 月。标本收藏于上海师范大学，标本号 HDS201810031 - 1，模式标本为图版 221：17。等模式标本藏于云南省玉溪市玉溪师范学院，标本号 HDS201810031 - 2。

定名依据：本种依据其壳面形态命名——壳面披针形。

讨论：本种与 *Gomphonema medioasiae* Metzeltin, Lange-Bertalot & Nergui 和 *Gomphonema liyanlingae* Metzeltin & Lange-Bertalot 比较相似。本种与 *G. medioasiae* 的主要区别在于：*G. medioasiae* 线纹单列，孤点与线纹相连。而本种线纹双列，孤点独立。本种与 *G. liyanlingae* 的主要区别在于：*G. liyanlingae* 线纹单列，中央区横矩形。而本种线纹双列，中央区椭圆形至菱形。

8. 横断拉菲亚藻 Adlafia hengduanensis Luo & Wang sp. nov. 图版 223：9～17

Description：In the light microscope, cell small, valve lanceolate. The ends rounded Length 11～13 μm, breadth 3～3.5 μm. Axial area narrow linear, no central area. Striae radial arrangement, 13～15 in 10 μm. In the scanning electron microscope, the valve surface is usually covered with a layer of siliceous film. Striae single row, composed of rounded to elliptical areolae. The raphe straight, external raphe fissures slightly expand, while terminal raphe fissures bent to the mantle in a strong hook shape. From the inner valve, external raphe fissures curved to the same side in a strong hook shape, and the terminal raphe fissures has a helictoglossa.

Type：CHINA，Hengduan Mountains，Shangri-La County，Diqing City，Yunnan Province，N 27°17′29″，E 100°00′03″，Date：October，2018. （SHNU，slide HDS201810183 - 1! Holotype illustrated in plate 223，figure 10；isotype，YXNU，slide HDS201810183 - 2!).

Etymology：The species is named based on its type sample origin in Hengduan Mountains.

Remarks：*Adlafia hengduanensis* is similar to *Adlafia sinensis* Liu & Williams and *Adlafia minuscula* (Grunow) Lange-Bertalot. The main difference between this species and *A. sinensis* is that

A. sinensis ends extend and are rostrate. But the ends of this species do not extend and are rounded.

The main difference between *A. hengduanensis* and *A. minuscula* is that the external raphe fissures are straight from the inner valve. But the external raphe fissures curved to the same side in a strong hook shape.

描述：在光镜下，壳面较小，披针形，末端喙圆形。壳面长 11～13 μm，宽 3～3.5 μm。中轴区窄，无中央区。线纹辐射状排列，每 10 μm 内有 13～15 条。在扫描电镜下，壳面表面常覆盖一层硅质薄膜，线纹单列，由圆形至椭圆形孔纹组成。壳缝直，近缝端壳缝裂缝轻微膨大，远缝端壳缝裂缝呈强钩状弯向壳套。从内壳面看，近缝端壳缝裂缝呈强钩状弯向同侧，远缝端壳缝裂缝具螺旋舌。

模式标本：中国，云南省迪庆市香格里拉市横断山区，N 27°17′29″，E 100°00′03″。采样日期：2018 年 10 月。标本收藏于上海师范大学，标本号 HDS201810183 - 1，模式标本为图版 223：10。等模式标本藏于云南省玉溪市玉溪师范学院，标本号 HDS201810183 - 2。

定名依据：本种依据其模式标本产地横断山区命名。

讨论：本种与 *Adlafia sinensis* Liu & Williams 和 *Adlafia minuscula* (Grunow) Lange-Bertalot 比较相似。本种与 *A. sinensis* 的主要区别在于：*A. sinensiss* 末端延伸呈喙状。而本种末端不延伸，呈圆形。本种与 *A. minuscula* 的主要区别在于：*A. minuscula* 内壳面近缝端壳缝是直的。而本种内壳面近缝端壳缝呈强钩状弯向同侧。

3.2 横断山区硅藻中国新记录种

1. 微小小环藻　图版 7：9～20，27～29

Cyclotella minuscula (Jurilj) Cvetkoska 2014：328.

壳面较小、圆形，直径 4.5～9 μm，线纹由 3～4 排孔纹组成，在 10 μm 内有 19～22 条。壳面中部具 1 个支持突，壳缘具多个支持突，壳面和中央区连接处具 1 个唇形突。

生境：湖泊、河流、溪流。

分布：四川（木格措、七色海、大渡河、邛海）。

2. 罗西小环藻　图版 11：1～9

Cyclotella rossii Håkansson 1990：267.

壳面圆形，直径 22.5～27 μm，线纹由 2～4 列孔纹组成，在 10 μm 内有 14～16 条。从外壳面上看，中央区具辐射状排列的孔状结构。从内壳面看，壳面中部具 4 个支持突，边缘具 1 个唇形突，壳套上具多个唇形突。

生境：湖泊。

分布：四川（木格措、七色海）。

3. 顿端肘形藻　图版 62：8

Ulnaria obtusa (Smith) Reichardt 2018：100.

壳面直线形，两侧平行，末端圆头状，中轴区窄、线形，中央区近矩形。壳面长 190 μm，宽 6.5 μm，线纹在 10 μm 内有 10 条。

生境：沼泽。

分布：云南（纳帕湖）。

4. 缢缩十字脆杆藻　图版 73：16～20

Staurosira pottiezii Van de Vijver 2014：257.

壳面长椭圆形,中部缢缩,末端延伸呈头状,中轴区窄披针形,中央区线纹较浅,壳面边缘具小刺,无唇形突。壳面长 $11 \sim 13\,\mu m$,宽 $2.5 \sim 3\,\mu m$,线纹在 $10\,\mu m$ 内有 $12 \sim 16$ 条。

生境:湖泊、池塘、溪流。

分布:四川(木格措、四姑娘山、汶川县)。

5. 不定十字脆杆藻　图版 73:6~15

Staurosira incerta Morales 2006:137.

壳面卵圆形至十字形,中部膨胀,末端延伸呈喙头状,中轴区窄披针形,无中央区,壳面边缘具小刺,位于横肋骨上,无唇形突。壳面长 $11 \sim 15\,\mu m$,宽 $5.5 \sim 6.5\,\mu m$,线纹在 $10\,\mu m$ 内有 $14 \sim 16$ 条。

生境:湖泊、池塘、溪流、温泉。

分布:四川(道孚县);云南(保山);西藏(林芝)。

6. 布勒塔窄十字脆杆藻　图版 81:14

Staurosirella bullata (Østrup) Luo & Wang comb. nov.

Fragilaria pinnata f. *bullata* Clever 1953:37.

壳面宽线形,边缘波曲,末端宽圆头状,中轴区窄披针形,无中央区。壳面长 $17\,\mu m$,宽 $3.5\,\mu m$,线纹在 $10\,\mu m$ 内有 13 条。

生境:湖泊。

分布:四川(邛海)。

7. 加拿利窄十字脆杆藻　图版 73:28~35

Staurosirella canariensis (Lange-Bertalot) Morales, Ector, Maidana & Grana 2018:69.

壳面椭圆披针形,末端宽圆形,中轴区宽披针形,线纹较短,壳面边缘具匙状小刺,位于肋骨上。壳面长 $8 \sim 11\,\mu m$,宽 $4 \sim 5\,\mu m$,线纹在 $10\,\mu m$ 内有 $12 \sim 14$ 条。

生境:湖泊、温泉。

分布:四川(康定市、邛海)。

8. 膨大窄十字脆杆藻　图版 81:6~8, 21~22

Staurosirella inflata (Stone) Luo & Wang comb. nov.

Fragilaria lapponica var. *inflata* Stone 1986:47.

壳面宽线形,中部膨大呈球状,末端宽圆形,中轴区狭窄、线形,线纹平行排列,由裂缝状孔纹组成,无中央区。壳面长 $30 \sim 33\,\mu m$,宽 $4.5 \sim 5\,\mu m$,线纹在 $10\,\mu m$ 内有 $9 \sim 10$ 条。

生境:溪流。

分布:西藏(东达山)。

9. 大窄十字脆杆藻　图版 81:9~10

Staurosirella maior (Tynni) Luo & Wang comb. nov.

Fragilaria lapponica var. *maior* Tynni 1982:34.

壳面宽线形,两侧近平行,末端圆头状,中轴区狭窄、线形,线纹平行排列,无中央区。壳面长 $26 \sim 27\,\mu m$,宽 $3 \sim 4\,\mu m$,线纹在 $10\,\mu m$ 内有 $10 \sim 11$ 条。

生境:湖泊、池塘。

分布:四川(卧龙自然保护区);西藏(东达山、八宿县)。

10. 微小窄十字脆杆藻 图版 78：1~9

Staurosirella minuta Morales & Edlund 2003：226.

壳面小，线形披针形，末端头状，中轴区狭窄、线形，线纹单列，平行排列，由裂缝状孔纹组成，壳面边缘有或无小刺，顶孔区 2 个，无唇形突。壳面长 13~17 μm，宽 3~4 μm，线纹在 10 μm 内有 10~11 条。

生境：池塘、溪流。

分布：四川（冕宁县）；西藏（八宿县、林芝市）。

11. 突起窄十字脆杆藻 图版 81：11~13

Staurosirella ventriculosa (Schumann) Luo comb. nov.

Fragilaria pinnata var. *ventriculosa* Mayer 1937：65.

壳面椭圆披针形至近菱形，中部轻微膨大，末端宽圆形，中轴区狭窄、线形，线纹平行排列，无中央区。壳面长 11~16.5 μm，宽 4~5 μm，线纹在 10 μm 内有 10~11 条。

生境：湖泊、池塘。

分布：西藏（东达山）。

12. 具刺窄十字脆杆藻 图版 81：15~16

Staurosirella spinosa (Skvortzow) Kingston 2000：409

壳面椭圆形，末端圆头状，中轴区宽、披针形，短线纹位于壳面边缘，近平行排列。壳面长 10~11 μm，宽 3~4 μm，线纹在 10 μm 内有 15~17 条。

生境：湖泊。

分布：四川（邛海）。

13. 保罗尼卡假十字脆杆藻 图版 81：1~5

Pseudostaurosira polonica (Witak & Lange-Bertalot) Morales & Edlund 2003：235.

壳面披针形，末端尖头状，中轴区线形披针形，短线纹位于壳面两侧，近平行排列。壳面长 20~33 μm，宽 4~4.5 μm，线纹在 10 μm 内有 10 条。

生境：湖泊。

分布：四川（邛海）。

14. 圆盘状网孔藻 图版 77：1~10

Punctastriata discoidea Flower 2005：65.

壳面卵圆形，末端宽圆头状，中轴区窄线形，无中央区，壳缘线纹较宽，由 3~4 列点状孔纹组成，靠近中轴区逐渐变窄，顶孔区 1 个，由 3~4 排孔纹组成，壳面边缘具小刺，位于肋骨上，无唇形突。壳面长 5.5~8.5 μm，宽 4~6 μm，线纹在 10 μm 内有 10~12 条。

生境：池塘、河流、溪流。

分布：四川（海螺沟景区、牛奶海）；西藏（八宿县、波密县、雅鲁藏布江、林芝市）。

网孔藻属（*Punctastriata*）是由 Williams & Round 在 1988 年建立的，在我国属于首次报道。该属壳体较小，壳面线形、卵圆形至椭圆形，线纹较宽，由多列点状孔纹组成，壳面边缘具小刺，位于肋骨上，顶孔区 1~2 个，无唇形突。

该属在光镜下很难鉴定，必须借助扫描电子显微镜才能观察到线纹结构，其与窄十字脆杆藻属的区别就在于线纹结构不同，窄十字脆杆藻属线纹由单列的裂缝状孔纹组成，而网孔藻属线纹由多列的点状孔纹组成。因此，网孔藻属的种类经常被错放到窄十字脆杆藻属中。

15. 披针形网孔藻　图版78：10～22，图版79：8～18

Punctastriata lancettula (Schumann) Hamilton & Siver 2008：363.

壳面小，线形披针形，末端头状，中轴区狭窄，线形，线纹平行排列，由多列点状孔纹组成，壳面边缘具小刺，位于肋骨上，顶孔区1～2个，无唇形突。壳面长15～19 μm，宽3.5～4.5 μm，线纹在10 μm内有9～10条。

生境：湖泊、池塘、沼泽、河流、溪流。

分布：四川（康定市、牛奶海、五色海、道孚县）。

16. 线性网孔藻　图版80：7～14

Punctastriata linearis Williams & Round 1988：278.

壳面线形，末端尖头状，中轴区狭窄，线形，线纹平行排列，由多列点状孔纹组成，壳面边缘具小刺，位于肋骨上，顶孔区1～2个，无唇形突。壳面长15～19 μm，宽4～5 μm，线纹在10 μm内有9～11条。

生境：湖泊、溪流、温泉。

分布：四川（康定市、泰宁自然保护区、海子山保护区）；西藏（然乌湖）。

17. 相似网孔藻　图版79：1～7

Punctastriata mimetica Morales 2005：128.

壳面长椭圆形，中部轻微膨大，末端圆头状至喙头状，中轴区狭窄，线形，线纹平行至微辐射排列，由多列点状孔纹组成，壳面边缘具小刺，位于肋骨上，顶孔区1个，无唇形突。壳面长11～13 μm，宽3.5～4.5 μm，线纹在10 μm内有9～10条。

生境：湖泊、池塘、河流、溪流、温泉。

分布：四川（泰宁自然保护区、冕宁县）；云南（泸沽湖、青华海）；西藏（然乌湖、林芝市）。

18. 安卡松同短缝藻　图版95：1～2

Eunotia ankazondranona Manguin 2014：97.

壳面弓形，背侧轻微凸起，腹侧平直或轻微凹入，末端宽圆形。壳面长344～45 μm，宽度6～7 μm，线纹在10 μm内有8～9条。

生境：湖泊。

分布：四川（木格措、七色海）。

19. 加泰罗尼亚短缝藻　图版96：1～5

Eunotia catalana Lange-Bertalot & Rivera Rondon 2011：74.

壳面弓形，背侧凸起，腹侧平直或轻微凹入，末端头状或轻微延伸。壳面长25～39 μm，宽4.5～6 μm，线纹在10 μm内有17～20条。

生境：湖泊、沼泽、温泉。

分布：四川（药池温泉、七色海、海子山保护区、泸沽湖）；云南（泸沽湖、腾冲市）；西藏（墨脱县）。

20. 可变短缝藻　图版100：1～5

Eunotia varioundulata Nörpel & Lange-Bertalot 1996.

壳面弓形，背侧波曲呈3个峰，腹侧凹入，末端头状。壳面长16～19 μm，宽4.5～6 μm，线纹在10 μm

内有 15～17 条。

　　生境：池塘、湖泊。

　　分布：云南（泸沽湖）。

21．楔形双眉藻　　图版 116：19～24

Amphora cuneatiformis Levkov & Krstic 2009：54.

　　细胞卵圆形至椭圆形，壳面具背腹之分，背缘凸起，腹缘平直，末端尖头状，中央区小。壳面长 12～17 μm，宽 3～4.5 μm，线纹在 10 μm 内有 16～19 条。

　　生境：湖泊、溪流、盐池。

　　分布：四川（木格措、七色海、邛海）；西藏（芒康县盐田、八宿县）。

22．马其顿双眉藻　　图版 115：8～12，20

Amphora macedoniensis Nagumo 2003：30.

　　细胞卵圆形，壳面具背腹之分，背缘凸起，腹缘近平直，末端头状，中央区小，有时被线纹阻隔，背侧线纹纵向波曲，由长椭圆形孔纹组成。壳面长 17～27 μm，宽 5～7 μm，线纹在 10 μm 内有 14～17 条。

　　生境：湖泊、池塘、沼泽。

　　分布：四川（新都桥、盐源县）；云南（宁蒗县）；西藏（大熊措、然乌湖）。

23．阿波尼娜海双眉藻　　图版 118：1～4

Halamphora aponina （Kützing） Levkov 2009：170.

　　细胞线形披针形，壳面具背腹之分，背缘凸起，腹缘平直或轻微凹入，末端延伸呈喙状，无中央区。壳面长 30～40 μm，宽 3.5～4.5 μm，线纹在 10 μm 内有 26～28 条。

　　生境：盐池。

　　分布：西藏（芒康县盐田）。

24．科伦西斯海双眉藻　　图版 118：16

Halamphora coraensis （Foged） Levkov 2009：180.

　　壳面具背腹之分，背缘凸起，腹缘近平直，末端延伸呈头状，中央区小、矩形，壳面腹侧无线纹。壳面长 32 μm，宽 5.5 μm，线纹在 10 μm 内有 17 条。

　　生境：湖泊。

　　分布：西藏（然乌湖）。

25．施罗德海双眉藻　　图版 117：1～7

Halamphora schroederi （Hustedt） Levkov 2009：223.

　　细胞长椭圆形，壳面具背腹之分，背缘凸起，腹缘轻微凸起或平直，末端延伸，中央区横向贯穿壳面，壳面腹侧无线纹，壳套和环带上具长椭圆形的孔纹。壳面长 29～36 μm，宽 3.5～6.5 μm，线纹在 10 μm 内有 18～21 条。

　　生境：池塘、河流、溪流、温泉。

　　分布：四川（螺髻山温泉、都江堰、药池温泉、雅江县）；云南（腾冲市、香格里拉市、泸沽湖）。

26．科尔贝桥弯藻　　图版 143：14～23

Cymbella kolbei Hustedt 1949：46.

壳面椭圆披针形,背侧弓形,腹侧略凸起或平直,末端圆形,中轴区窄披针形,中央区小或无,腹侧具 1个孤点。壳面长 18～26 μm,宽 6.5～8 μm,线纹在 10 μm 内有 11～12 条。

生境:溪流、温泉。

分布:四川(螺髻山温泉);西藏(芒康县)。

27. 马吉安娜桥弯藻　图版 135:1～4

Cymbella maggiana Krammer 2002:62.

壳面披针形,背侧弓形,腹侧中部外凸,末端钝圆,壳缝略弯向腹侧,中轴区窄披针形,中央区腹侧具 6～8 个孤点。壳面长 49～51 μm,宽 12～13 μm,线纹在 10 μm 内有 10～11 条。

生境:溪流。

分布:西藏(芒康县)。

28. 图尔桥弯藻　图版 140:1～6

Cymbella tuulensis Metzeltin, Lange-Bertalot & Soninkhishig 2009:27.

壳面披针形,背侧弓形,腹侧中部外凸,末端钝圆,壳缝略弯向腹侧,中轴区窄披针形,中央区椭圆形,腹侧具 4～6 个孤点,线纹组成不规则,由 1 列长条状孔纹或 2 列小孔纹组成。壳面长 73～83 μm,宽 17～20 μm,线纹在 10 μm 内有 6～7 条。

生境:池塘、溪流。

分布:西藏(芒康县、波密县嘎朗湿地公园)。

29. 朱里尔吉弯肋藻　图版 151:1～5

Cymbopleura juriljii Levkov & Metzeltin 2007:45.

壳面近宽圆形至椭圆形,具轻微背腹之分,背、腹两侧明显弓形弯曲,末端尖喙状,中轴区窄线形,中央区小或无。壳面长 73～85 μm,宽 32～34 μm,线纹在 10 μm 内有 7～8 条。

生境:湖泊。

分布:四川(康定老榆林)。

30. 玛吉埃弯肋藻　图版 154:14～17

Cymbopleura maggieae Bahls 2014:65.

壳面披针形,具轻微背腹之分,背缘弧形凸起,腹侧轻微凸起,中部近平直,末端延伸呈喙状,中轴区窄披针形,中央区椭圆形。壳面长 28～31 μm,宽 8～8.5 μm,线纹在 10 μm 内有 12～15 条。

生境:湖泊。

分布:四川(木格措)。

31. 马格列夫弯肋藻　图版 158:1～6

Cymbopleura margalefii Delgado, Novais, Blanco & Ector 2013:98.

壳面椭圆披针形,具背腹之分,背缘弧形凸起,腹侧轻微凸起,末端圆头状,中轴区窄、线形,无中央区。壳面长 20～44 μm,宽 5.5～7 μm,线纹在 10 μm 内有 13～16 条。

生境:河流、温泉。

分布:四川(天全县、螺髻山温泉)。

32. 蒙提科拉弯肋藻　图版 155：7～12

Cymbopleura monticula （Hustedt）Krammer 2003：71.

壳面披针形,背腹之分不明显,末端延伸呈喙头状,中轴区窄、线形,中央区小或不明显,呈椭圆形。壳面长 23.5～25 μm,宽 5.5～7 μm,线纹在 10 μm 内有 11～15 条。

生境：溪流。

分布：西藏（八宿县桑曲河）。

33. 纳代科弯肋藻　图版 156：8～11

Cymbopleura nadejdae Metzeltin, Lange-Bertalot & Soninkhishig 2009：31.

壳面披针形,具轻微背腹之分,末端尖头状,中轴区窄、线形,中央区小、椭圆形。壳面长 34.5～39 μm,宽 6.5～7.5 μm,线纹在 10 μm 内有 16～17 条。

生境：湖泊、河流。

分布：四川（海子山保护区）；西藏（然乌湖、波密县）。

34. 矩圆弯肋藻微细变种　图版 153：3～5

Cymbopleura oblongata* var. *parva Krammer 2003：104.

壳面线形披针形,几乎无背腹之分,背腹两侧近平直或轻微凸起,末端圆头状,中轴区窄、线形,中央区不明显,有时呈椭圆形。壳面长 34～38.5 μm,宽 5～7 μm,线纹在 10 μm 内有 12～13 条。

生境：湖泊、溪流。

分布：四川（翡翠湖、七色海、五色海）。

35. 延伸弯肋藻　图版 150：1～8

Cymbopleura perprocera Krammer 2003：44.

壳面线形披针形,具轻微背腹之分,背侧弧形凸起,腹侧轻微凸起,中部近平直,末端延伸呈喙头状,中轴区窄披针形,中央区近菱形。壳面长 65～101 μm,宽 17.5～22 μm,线纹在 10 μm 内有 8～11 条。

生境：湖泊、沼泽。

分布：四川（折多山、海子山保护区、四姑娘山）；西藏（东达山）。

36. 加拿大优美藻　图版 162：22～31

Delicatophycus canadensis （Bahls）Wynne 2019：1.

壳面窄披针形,具明显背腹之分,背侧弓形凸起,腹侧轻微凹入或平直,末端钝圆形,中轴区窄,中央区不明显。壳面长 16～20.5 μm,宽 3.5～5 μm,线纹在 10 μm 内有 19～22 条。

生境：湖泊、河流、溪流、温泉。

分布：四川（四姑娘措、药池温泉）；云南（白马雪山）；西藏（芒康县、波密县）。

37. 小型优美藻　图版 162：14～21

Delicatophycus minutus （Krammer）Wynne 2019：2.

壳面窄披针形,具明显背腹之分,背侧弓形凸起,腹侧轻微凸起或平直,末端尖圆形,中轴区窄,中央区不明显。壳面长 18～23 μm,宽 3.5～4.5 μm,线纹在 10 μm 内有 20～22 条。

生境：湖泊、池塘、河流、溪流、温泉。

分布：四川（牛奶海、夹金山森林公园、螺髻山温泉、五花海）；西藏（东达山、波密县）。

38. 库克南努内丝藻　图版 172：24～25

Encyonema kukenanum Krammer 1997：21.

壳面半披针形，具明显背腹之分，背侧弓形凸起，腹侧微微凸起，末端圆形，中轴区窄、线形。壳面长 15～16 μm，宽 4～4.5 μm，线纹在 10 μm 内有 13～14 条。

生境：池塘。

分布：四川（天全县）。

39. 半月形内丝藻北方变种　图版 170：7～15

Encyonema lunatum* var. *borealis Krammer 1997：151.

壳面半披针形，具明显背腹之分，背侧弓形凸起，腹侧轻微凹入或平直，末端狭圆形，中轴区窄、线形。壳面长 27～36 μm，宽 4.5～6 μm，线纹在 10 μm 内有 7～9 条。

生境：湖泊、沼泽、河流。

分布：四川（木格措、七色海、四姑娘山）；西藏（雅鲁藏布江）。

40. 奇异内丝藻　图版 169：12～17

Encyonema mirabilis Rodionova, Pomazkina & Makarevich 2013：489.

壳面较小，披针形，具明显背腹之分，背侧弓形凸起，腹侧轻微凹入，在中部轻微凸起，末端宽圆形，中轴区窄、线形。壳面长 19～23.5 μm，宽 4.5～5.5 μm，线纹在 10 μm 内有 13～16 条。

生境：湖泊。

分布：四川（木格措）。

41. 近郎氏内丝藻　图版 171：16～19

Encyonema perlangebertalotii Kulikovskiy & Metzeltin 2012：97.

壳面半圆形，具明显背腹之分，背侧半圆形凸起，腹侧平直，末端宽圆形。壳面长 13～15 μm，宽 6～6.5 μm，线纹在 10 μm 内有 14～15 条。

生境：湖泊、沼泽、河流、溪流、温泉。

分布：四川（泸定县、药池温泉、七色海、牛奶海、夹金山森林公园、雅拉雪山、岷江、邛海）；云南（德钦县、青华海）；西藏（墨脱县、雅鲁藏布江）。

42. 假簇生内丝藻　图版 169：1～4

Encyonema pseudocaespitosum Levkov & Krstic 2007：55.

壳面披针形，具明显背腹之分，壳缘不规则，末端宽圆形，中轴区窄、线形。壳面长 42～46 μm，宽 8～10 μm，线纹在 10 μm 内有 10～12 条。

生境：湖泊、溪流。

分布：四川（木格措、雅拉雪山）；西藏（芒康县）。

43. 高山拟内丝藻　图版 180：1～6

Encyonopsis alpina Krammer & Lange-Bertert 1997：196.

壳面椭圆披针形至线形披针形，背腹之分不明显，末端延伸呈头状，中轴区窄线形，无中央区。壳面长 13～17.5 μm，宽 2.5～3 μm，线纹在 10 μm 内有 23～25 条。

生境：湖泊、池塘、沼泽、溪流。

分布：四川（泸沽湖、牛奶海、卓玛央措、折多山）；云南（泸沽湖）；西藏（墨脱县、八宿县）。

44. 鲍勃马歇尔拟内丝藻 图版 180：7～9

Encyonopsis bobmarshallensis Bahls 2013：13.

壳面椭圆披针形，背腹之分不明显，末端延伸呈短头状，中轴区窄线形，中央区小，近椭圆形。壳面长 13～14 μm，宽 3 μm，线纹在 10 μm 内有 20 条。

生境：溪流。

分布：西藏（芒康县、八宿县）。

45. 杂型拟内丝藻 图版 176：1～8

Encyonopsis descriptiformis Bahls 2013：18.

壳面椭圆披针形，背腹之分不明显，末端缢缩呈头状，中轴区窄线形，中央区不规则。壳面长 24～26 μm，宽 4.5～5 μm，线纹在 10 μm 内有 19～23 条。

生境：湖泊、池塘、沼泽、溪流。

分布：四川（丹巴县）；西藏（嘎朗湿地公园、左贡县）。

46. 埃菲兰拟内丝藻 图版 177：4

Encyonopsis eifelana Krammer 1997：102.

壳面线形披针形，两侧近平行，无背腹之分，末端延伸呈尖喙状，中轴区窄线形，中央区近椭圆形。壳面长 22.5 μm，宽 3.5 μm，线纹在 10 μm 内有 17 条。

生境：湖泊。

分布：四川（木格措）。

47. 库特瑙拟内丝藻 图版 178：1～3

Encyonopsis kutenaiorum Bahls 2013：21.

壳面线形披针形，背腹之分不明显，末端轻微延伸呈短喙状，中轴区窄线形，中央区小或无。壳面长 20～20.5 μm，宽 3～3.5 μm，线纹在 10 μm 内有 22～23 条。

生境：湖泊。

分布：四川（木格措）。

48. 山北拟内丝藻 图版 174：1～14

Encyonopsis montana Bahls 2013：26.

壳面线形披针形，背腹之分不明显，末端尖头状，中轴区窄线形，中央区小或无，仅位于壳面一侧，形状不规则。壳面长 36.5～55 μm，宽 5～7 μm，线纹在 10 μm 内有 17～22 条。

生境：湖泊、沼泽。

分布：四川（七色海、海子山保护区）。

49. 亚洲瑞氏藻 图版 182：25～32

Reimeria asiatica Kulikovskiy, Lange-Bertalot & Metzeltin 2012：239.

壳面半椭圆形，背侧弓形，腹侧近平直或轻微凸起，末端圆头状，壳缝偏向壳面腹侧，中轴区窄、线形，中央区向腹侧扩大至边缘呈矩形空白区，孤点位于中央节中心，呈长孔状，线纹双列，由"C"状孔纹组成，顶孔区位于壳面腹侧末端。壳面长 12～17 μm，宽 5～5.5 μm，线纹在 10 μm 内有 10～12 条。

生境：湖泊。

分布：四川（木格措）。

50. 头状瑞氏藻　图版 182：35～36

Reimeria capitata (Cleve) Levkov & Ector 2010：481.

壳面线形披针形，背侧弓形，腹侧波曲，末端缢缩呈头状，壳缝偏向壳面腹侧，中轴区窄、线形，中央区向腹侧扩大至边缘呈矩形空白区，孤点位于中央节中心。壳面长 23～26 μm，宽 6.5～7 μm，线纹在 10 μm 内有 9～10 条。

生境：湖泊。

分布：四川（七色海）。

51. 波状瑞氏藻粗壮变型　图版 182：39

Reimeria sinuata* f. *antiqua (Grunow) Kociolek & Stoermer 1987：458.

壳面线形椭圆形，末端缢缩呈头状，壳缝位于壳面近中部，中轴区窄、线形，中央区向腹侧扩大至边缘呈矩形空白区，孤点偏向于壳面背侧。壳面长 20.5 μm，宽 6 μm，线纹在 10 μm 内有 8 条。

生境：湖泊。

分布：四川（七色海）。

52. 密纹拉菲亚藻　图版 224：1～4

Adlafia detenta (Hustedt) Heudre, Wetzel & Ector 2018：273.

壳面椭圆形，末端延伸并缢缩呈头状，中轴区很窄、线形，无中央区，线纹密集，辐射排列。壳面长 15～17 μm，宽 6 μm，线纹在 10 μm 内有 28～30 条。

生境：湖泊、河流。

分布：四川（木格措、七色海、大渡河）。

53. 拟白卡尔拉菲亚藻　图版 224：12～17

Adlafia pseudobaicalensis Kulikovskiy & Lange-Bertalot 2012：37.

壳面长椭圆形，末端延伸头状，中轴区很窄、线形，中央区小或无，线纹密集，辐射排列。壳面长 10～12 μm，宽 3～4 μm，线纹在 10 μm 内有 17～22 条。

生境：湖泊、沼泽、溪流。

分布：四川（冕宁县、五色海、牛奶海、桑堆红草地、海子山保护区）；西藏（墨脱县）。

54. 布兰奇短纹藻　图版 231：1～12

Brachysira blancheana Lange-Bertalot & Moser 1994：19.

壳面线性披针形，末端延伸呈尖头状，有时轻微缢缩，中轴区很窄、线形，中央区小、纵向椭圆形，线纹密集，辐射排列。壳面长 28～40 μm，宽 5～6 μm，线纹在 10 μm 内有 30～33 条。

生境：湖泊、池塘、沼泽、溪流。

分布：四川（泰宁自然保护区、四姑娘山、五花海）；西藏（芒康县、东达山）。

55. 瓜雷莱短纹藻　图版 233：14～22

Brachysira guarrerae Vouilloud, Sala & Núñez-Avellaneda 2014：152.

壳面宽披针形，上下两侧关于横轴不对称，末端轻微延伸呈狭头状，有时轻微缢缩，中轴区很窄、线形，中央区小、圆形至椭圆形,线纹密集,辐射排列。壳面长 17～26 μm,宽 5 μm,线纹在 10 μm 内有 31～34 条。

生境:湖泊、池塘、沼泽、溪流。

分布:四川(道孚县、五花海、东达山、四姑娘山);西藏(芒康县)。

56. 延伸短纹藻　图版 231:13～21

Brachysira procera Lange-Bertalot & Moser 1994:55.

壳面线性披针形,左右两侧关于纵轴轻微不对称,壳缘不规则,末端头状,中轴区很窄、轻微弯曲、呈线形,中央区纵向卵圆形至长椭圆形,线纹密集,微辐射排列。壳面长 33～46 μm,宽 5～7 μm,线纹在 10 μm 内有 30～37 条。

生境:湖泊。

分布:四川(木格措)。

57. 泽尔短纹藻　图版 230:14～17

Brachysira zellensis (Grunow) Round & Mann 1981:227.

壳面棒形,末端宽圆形,中轴区窄、线形,中央区横向卵圆形,线纹密集,微辐射排列。壳面长 8～24 μm,宽 2～5 μm,线纹在 10 μm 内有 17～31 条。

生境:湖泊、河流。

分布:四川(木格措);西藏(雅鲁藏布江)。

58. 殖民美壁藻　图版 237:3～9

Caloneis coloniformans Kulikovskiy, Lange-Bertalot & Metzeltin 2012:61.

壳面棒形,末端宽圆形,中轴区窄、线形,中央区横矩形,线纹辐射排列。壳面长 14～24 μm,宽 3～4 μm,线纹在 10 μm 内有 18～21 条。

生境:湖泊、沼泽、溪流。

分布:四川(七色海、五色海);云南(纳帕海)。

59. 恒河美壁藻　图版 238:8～13

Caloneis ganga Metzeltin, Kulikovskiy & Lange-Bertalot 2012:63.

壳面宽披针形,两侧近平行,末端轻宽圆形,中轴区很窄、线形,中央区横矩形,线纹近平行排列。壳面长 14～26 μm,宽 4～6 μm,线纹在 10 μm 内有 15～19 条。

生境:湖泊、溪流。

分布:四川(冕宁县、邛海)。

60. 吉德代纳美壁藻　图版 237:23～26

Caloneis gjeddeana Foged 1976:13.

壳面宽披针形至棒形,两侧近平行,末端轻宽圆形,中轴区窄、披针形,中央区横矩形,线纹近平行排列。壳面长 28～41 μm,宽 6～9 μm,线纹在 10 μm 内有 16～18 条。

生境:池塘。

分布:四川(天全县)。

61. 马来西亚美壁藻　图版 238:1～2

Caloneis malayensis Hustedt 1942:79～80.

壳面宽披针形,壳缘轻微波曲,末端宽圆形,中轴区从两端至中部逐渐变宽、呈披针形,线纹近平行排列。壳面长 40～47 μm,宽 10～12 μm,线纹在 10 μm 内有 18 条。

生境:溪流。

分布:四川(冕宁县)。

62. 伪透明美壁藻　图版 238:14～15

Caloneis pseudotarag Kulikovskiy, Lange-Bertalot & Metzeltin 2012:64.

壳体较小,壳面披针形,末端狭圆形,中轴区从两端至中部逐渐变宽、呈披针形,中央区横矩形,线纹近平行排列。壳面长 10～12 μm,宽 3～4 μm,线纹在 10 μm 内有 25～26 条。

生境:湖泊、溪流。

分布:四川(冕宁县、邛海)。

63. 伪塔拉格美壁藻　图版 237:12～22

Caloneis pseudotarag Kulikovskiy,Lange-Bertalot & Metzeltin 2012:64.

壳体较小,壳面线性披针形,末端宽圆形,中轴区呈披针形,中央区较大,横矩形至矩形,线纹微辐射排列。壳面长 10～18 μm,宽 3～4 μm,线纹在 10 μm 内有 18～19 条。

生境:湖泊、池塘、沼泽、河流、溪流、温泉。

分布:四川(药池温泉、夹金山森林公园、岷江、冕宁县、螺髻山温泉、盐源县潘家坝);西藏(芒康县、芒康县);云南(宁蒗县、拉市海、香格里拉市)。

64. 戴维西亚洞穴形藻　图版 239:1～12

Cavinula davisiae Bahls 2013:15.

壳面长椭圆形,末端宽圆形,中轴区窄、线形,中央区横向辐节形、两侧具多条短线纹,线纹微辐射排列。壳面长 13～19 μm,宽 7～8 μm,线纹在 10 μm 内有 30～35 条。

生境:湖泊、沼泽、溪流。

分布:四川(七色海、泰宁自然保护区);西藏(东达山)。

65. 南极格形藻　图版 244:1～15

Craticula antarctica Van De Vijver & Sabbe 2010:433.

壳面线性披针形,末端轻微缢缩、延伸呈头状,中轴区窄、线形,无中央区,线纹在中部平行排列、末端辐射排列。壳面长 25～28 μm,宽 6～8 μm,线纹在 10 μm 内有 19～21 条。

生境:池塘、溪流、温泉。

分布:四川(药池温泉);西藏(芒康县、左贡县)。

66. 澳大利亚格形藻　图版 246:8～9

Craticula australis Van der Vijver, Kopalová & Zindarova 2015:36.

壳面宽披针形,末端缢缩呈头状,中轴区窄、线形,无中央区,线纹在中部平行排列、末端辐射排列。壳面长 19～21 μm,宽 5 μm,线纹在 10 μm 内有 81～19 条。

生境:湖泊、池塘。

分布:四川(康定老榆林);西藏(大熊措);云南(宁蒗县)。

67. 盐生格形藻　图版 243：4

Craticula halopannonica Lange-Bertalot 2001：113.

壳面宽披针形,末端宽圆形,中轴区窄、线形,无中央区,线纹在整个壳面上平行排列。壳面长 66 μm,宽 15 μm,线纹在 10 μm 内有 16 条。

生境:湖泊。

分布:云南(腾冲市)。

68. 清晰格形藻　图版 243：6

Craticula nonambigua Lange-Bertalot，Cavacini，Tagliaventi & Alfinito 2003：38.

壳面宽披针形,末端延伸呈尖喙状,中轴区窄、线形,无中央区,线纹在中部平行排列、向两端微辐射排列。壳面长 48 μm,宽 14 μm,线纹在 10 μm 内有 19 条。

生境:沼泽。

分布:四川(桑堆红草地)。

69. 岸边格形藻　图版 243：5

Craticula obaesa Van der Vijver，Kopalová & Zindarova 2015：38.

壳面披针形,末端圆头状,中轴区窄、线形,无中央区,线纹在整个壳面上近平行排列。壳面长 62 μm,宽 16 μm,线纹在 10 μm 内有 16 条。

生境:池塘。

分布:云南(腾冲市)。

70. 富曼蒂格形藻　图版 245：1～5

Craticula fumantii Lange-Bertalot，Cavacini，Tagliaventi & Alfinito 2003：33.

壳体较大,壳面宽披针形或近菱形,末端尖头状,中轴区窄、线形,无中央区,线纹在整个壳面上近平行排列。壳面长 79～88 μm,宽 22～28 μm,线纹在 10 μm 内有 14～16 条。

生境:池塘、河流。

分布:云南(香格里拉市龙潭公园)。

71. 结石双壁藻　图版 250：9～12

Diploneis calcilacustris Lange-Bertalot & Fuhrmann 2016：160.

壳面卵圆形,末端宽圆形,中轴区明显,中央节小卵圆形,纵沟狭窄,近线形,在中央节处略加宽,线纹粗壮,辐射排列。壳面长 19～26 μm,宽 11～13 μm,线纹在 10 μm 内有 11～14 条。

生境:溪流。

分布:四川(冕宁县)。

72. 智利双壁藻　图版 249：1～11

Diploneis chilensis (Hustedt) Lange-Bertalot 2000：112.

壳面卵圆形,末端宽圆形,中轴区明显,中央节不规则、两侧具不规则排列的孔纹,纵沟窄、近披针形,在中央节处略加宽,线纹粗壮、明显,辐射状排列。壳面长 29～43 μm,宽 19～26 μm,线纹在 10 μm 内有 11～12 条。

生境:溪流。

分布:四川(冕宁县)。

73. 泉生双壁藻　图版 251：1~3

Diploneis fontanella Lange-Bertalot 2004：141.

壳面长椭圆形,末端宽圆形,中轴区窄、线形,中央节圆形至椭圆形,纵沟狭窄、近线形、在中央节处略加宽,线纹明显,辐射状排列。壳面长 17~24 μm,宽 8~9 μm,线纹在 10 μm 内有 14~19 条。

生境：溪流。

分布：西藏(波密县嘎朗湿地公园)。

74. 印度尼西亚杜氏藻　图版 252：1~8

Dorofeyukea indokotschyi Kulikovskiy, Maltsev, Andreeva & Kociolek 2019：176.

壳面长椭圆形至宽线性披针形,末端延伸并缢缩呈小小头状,中轴区窄、线形,中央区横向蝴蝶结形,线纹辐射状排列。壳面长 19~25 μm,宽 6 μm,线纹在 10 μm 内有 17~22 条。

生境：溪流。

分布：西藏(芒康县)。

75. 亚洲肋缝藻　图版 258：8~11

Frustulia asiatica (Skvortzow) Metzeltin, Lange-Bertalot & Soninkhishig 2009：46.

壳面线性披针形,末端宽圆形,中轴区狭窄、轻微弯向一侧、呈线形,中央节纵向椭圆形,线纹在中部微辐射状排列,两端近平行排列。壳面长 43~50 μm,宽 8~9 μm,线纹在 10 μm 内有 28~32 条。

生境：湖泊。

分布：四川(七色海)。

76. 波旁盖斯勒藻　图版 262：8~11

Geissleria bourbonensis Le Cohu, Ten-Hage & Coste 2009：309.

壳面舟状椭圆形,末端宽圆形,中轴区狭窄、线形,中央区小、横向矩形,线纹辐射状排列,不具孤点。壳面长 10~13 μm,宽 5~7 μm,线纹在 10 μm 内有 15~17 条。

生境：湖泊。

分布：四川(七色海)。

77. 蒙古盖斯勒藻　图版 262：5~7

Geissleria mongolica Metzeltin, Lange-Bertalot & Soninkhishig 2009：271.

壳面长椭圆形,末端延伸并轻微缢缩呈小头状,中轴区狭窄、线形,中央区横矩形,不具孤点,线纹微辐射状排列。壳面长 14~19 μm,宽 5~6 μm,线纹在 10 μm 内有 14~18 条。

生境：湖泊。

分布：四川(七色海、木格措)。

78. 多变盖斯勒藻　图版 262：12~14

Geissleria irregularis Kulikovskiy, Lange-Bertalot & Metzeltin 2012：117.

壳面长椭圆形,末端宽圆形,中轴区狭窄、线形,中央区横矩形,具 1 个孤点,线纹微辐射状排列。壳面长 9~10 μm,宽 4 μm,线纹在 10 μm 内有 14 条。

生境：湖泊。

分布：四川(邛海)。

79. 弓形喜湿藻　图版 248：14～15

Humidophila arcuatoides（Lange-Bertalot）Lowe, Kociolek, Johansen, Van de Vijver, Lange-Bertalot, & Kopalová 2014：357.

　　壳面线形,壳面两侧中部膨大,末端宽圆形,中轴区窄线形,中央区膨大呈小圆形,线纹在光镜下不明显。壳面长 12～16 μm,宽 24～29 μm。

　　生境：湖泊、沼泽。

　　分布：四川(四姑娘山、木格措)。

80. 福岛喜湿藻　图版 248：7～12

Humidophila fukushimae（Lange-Bertalot, Werum & Broszinski）Buczkó & Köver 2015：247.

　　壳面线性披针形,末端圆形,中轴区窄披针形,中央区膨大呈椭圆形,线纹在光镜下不明显。壳面长 12～16 μm,宽 3～4 μm。

　　生境：溪流。

　　分布：西藏(察隅县)。

81. 科马雷克喜湿藻　图版 248：13

Humidophila komarekiana Kochman-Kędziora, Noga, Zidarova, Kopalová & Van de Vijver 2016：186.

　　壳面杆状,两侧近平行,末端圆形,中轴区窄披针形,中央区膨大呈小圆形,线纹在光镜下不明显。壳面长 12 μm,宽 3 μm。

　　生境：湖泊、溪流。

　　分布：四川(木格措)；云南(白马雪山)。

82. 嘉吉小林藻　图版 267：1～3

Kobayasiella jaagii（Meister）Lange-Bertalot 1999：266.

　　壳面线性披针形,末端延伸呈头状,中轴区狭窄、线形,中央区横辐节形,两侧具短线纹,线纹在光镜下不明显。壳面长 26～30 μm,宽 5 μm。

　　生境：湖泊。

　　分布：四川(牛奶海)。

83. 微点小林藻　图版 267：7～20

Kobayasiella micropunctata（Germain）Lange-Bertalot 1999：267.

　　壳面线状披针形,末端延伸并缢缩呈小头状,中轴区狭窄、线形,中央区小或无,线纹在光镜下不明显。壳面长 18～23 μm,宽 3～5 μm。

　　生境：湖泊、沼泽。

　　分布：四川(折多山、海子山保护区)；西藏(东达山)。

84. 考伯格斯泥栖藻　图版 270：4～5

Luticola caubergsii Van de Vijver 2008：455.

　　壳面椭圆形,末端延伸并轻微缢缩呈圆头状,中轴区明显,窄披针形,中央区横向,左右两侧轻微不对称,线纹辐射状排列,由明显的孔纹组成。壳面长 16～18 μm,宽 7 μm,线纹在 10 μm 内有 24 条。

生境:河流。

分布:四川(岷江)。

85. 奥尔萨克泥栖藻　图版 270:1

Luticola olegsakharovii Zidarova, Levkov & Van de Vijver 2014:164.

壳面线形椭圆形,两侧边缘各有 3 个波状,末端延伸并缢缩呈圆头状,中轴区明显,窄线形,中央区横向,在中央区一侧有一个孤点,线纹辐射状排列,由明显的孔纹组成。壳面长 22 μm,宽 8 μm,线纹在 10 μm 内有 20 条。

生境;溪流。

分布:西藏(芒康县)。

86. 极钝型泥生藻　图版 270:2~3

Luticola permuticopsis Kopalova & Van de Vijver 2011:53.

壳面线形椭圆形,两侧边缘各有 3 个波状,末端明显缢缩呈小头状,中轴区明显,窄线形,中央区横向,在中央区一侧有一个孤点,线纹辐射状排列,由明显的孔纹组成。壳面长 16~18 μm,宽 6 μm,线纹在 10 μm 内有 23~24 条。

生境:河流。

分布:四川(岷江)。

87. 近克罗泽泥栖藻　图版 270:14~19

Luticola subcrozetensis Van de Vijver, Kopalová, Zidarova & Levkov 2013:228.

壳面卵圆形至椭圆形,末端圆头状至尖头状,中轴区明显,线形,中央区横向,在中央区一侧有一个孤点,线纹辐射状排列,由明显的孔纹组成。壳面长 10~18 μm,宽 5~7 μm,线纹在 10 μm 内有 20~22 条。

生境:池塘、河流、溪流、温泉。

分布:四川(螺髻山温泉、岷江、天全县)。

88. 诺曼微肋藻　图版 254:8~17

Microcostatus naumannii (Hustedt) Lange-Bertalot 1999:291.

壳面椭圆形至椭圆披针形,末端宽圆形、轻微延伸或不延伸,中轴区明显,向中部逐渐扩大,形成一个纵向椭圆形的中央区,线纹位于壳面边缘,辐射状排列。壳面长 11~17 μm,宽 4~5 μm,线纹在 10 μm 内有 23~27 条。

生境:沼泽。

分布:四川(四姑娘山)。

89. 威鲁姆微肋藻　图版 254:18~20

Microcostatus werumii Metzeltin, Lange-Bertalot & Soninkhishig 2009:59.

壳面椭圆披针形,末端宽圆形,中轴区窄线形,线纹在光镜下不明显。壳面长 11~13 μm,宽 4~5 μm。

生境:湖泊、沼泽、溪流。

分布:四川(木格措);云南(德钦县阿东河)。

90. 卡若辛茨舟形藻　图版 285：2～8

Navicula cariocincta Lange-Bertalot 2000：271.

壳面线形披针形，末端楔形，中轴区狭窄，中央区圆形至椭圆形，线纹辐射状排列，向两端平行至明显聚集状排列。壳面长 34～42 μm，宽 6～7 μm，线纹在 10 μm 内有 13～17 条。

生境：湖泊、池塘、河流、溪流。

分布：四川（卓玛央措、丹巴县、木雅圣地、邛海）；西藏（然乌湖）；云南（拉市海、香格里拉市）。

91. 卡代伊舟形藻　图版 289：6～8

Navicula cadeei Van de Vijver & Cocquyt 2009：210.

壳面线形披针形，末端楔形，中轴区狭窄，中央区圆形至椭圆形，线纹辐射状排列，向两端平行至明显聚集状排列。壳面长 37～42.5 μm，宽 7.5～8.5 μm，线纹在 10 μm 内有 9～10 条。

生境：池塘、河流。

分布：四川（天全县）；云南（金沙江）。

92. 德国舟形藻　图版 288：15～23

Navicula germanopolonica Witkowski & Lange-Bertalot 1993：110.

壳面线形椭圆形至线形披针形，末端楔形，中轴区狭窄，中央区小、近圆形，线纹在中部辐射状排列，向两端平行至聚集状排列。壳面长 12～18 μm，宽 4～5 μm，线纹在 10 μm 内有 16～19 条。

生境：河流、溪流、温泉。

分布：四川（丹巴县、夹金山森林公园、岷江、螺髻山温泉）。

93. 集瑞卡德舟形藻　图版 282：7～15

Navicula metareichardtiana Lange-Bertalot & Kusber 2019：1.

壳面线形披针形，末端轻微延伸呈喙状，中轴区狭窄，中央区近圆形，线纹在中部辐射状排列，向两端平行至明显聚集状排列。壳面长 18～22 μm，宽 5 μm，线纹在 10 μm 内有 18～22 条。

生境：湖泊、池塘、沼泽、河流、溪流、温泉、盐池。

分布：四川（天全县、岷江、大渡河、邛海、螺髻山温泉）；西藏（芒康县、盐田、八宿县、雅鲁藏布江）；云南（泸沽湖、德钦县阿东河）。

94. 绘制舟形藻　图版 287：12～15

Navicula tsetsegmaae Metzeltin, Lange-Bertalot & Soninkhishig 2009：61.

壳面宽披针形，末端宽圆形，中轴区窄，中央区近圆形至横向椭圆形，线纹在中部辐射状排列，向两端聚集状排列。壳面长 24～28 μm，宽 6～7 μm，线纹在 10 μm 内 14～16 有条。

生境：湖泊、溪流。

分布：四川（七色海、冕宁县）。

95. 图尔舟形藻　图版 286：1～15

Navicula tuulensis Metzeltin, Lange-Bertalot & Soninkhishig 2009：66.

壳面线形披针形，末端圆形，中轴区窄，中央区小，线纹辐射状排列。壳面长 20～25 μm，宽 4～6 μm，线纹在 10 μm 内有 10～12 条。

生境：湖泊、沼泽、河流、溪流。

分布：四川（冕宁县、七色海、稻城亚丁自然保护区、波瓦山）；云南（德钦县阿东河、丽江古城）。

96. 贝吉长篦藻　图版 304：1～6

Neidium bergii (Cleve) Krammer 1985：102.

壳面线形椭圆形,末端宽圆形,中轴区窄,中央区小,中央区两侧孔纹明显大于其孔纹,线纹在中部平行排列,向两端微辐射状排列。壳面长 20～24 μm,宽 3～5 μm,线纹在 10 μm 内有 22～30 条。

生境:溪流。

分布:四川(丹巴县、雅拉雪山)。

97. 科提长篦藻　图版 303：8～13

Neidium curtihamatum Lange-Bertalot, Cavacini, Tagliaventi & Alfinito 2003：88.

壳面线形椭圆形,两侧近平行,末端延伸呈喙头状,中轴区窄,中央区小或无,线纹在中部平行排列,向两端微辐射状排列。壳面长 22～58 μm,宽 5～7 μm,线纹在 10 μm 内有 26～32 条。

生境:沼泽、溪流。

分布:四川(四姑娘山、五色海、桑堆红草地、海子山保护区)。

98. 土栖长篦藻　图版 304：7～12

Neidium terrestre Bock 1970：428.

壳面线形椭圆形,两侧近平行,末端宽圆形,中轴区窄,中央区横向椭圆形,线纹在壳面上近平行排列。壳面长 15～36 μm,宽 3～9 μm,线纹在 10 μm 内有 15～35 条。

生境:湖泊、沼泽。

分布:西藏(然乌湖、墨脱县)。

99. 可疑努佩藻　图版 272：1～2

Nupela decipiens (Reimer) Potapova 2013：139.

壳面长椭圆形,末端宽圆形,上下壳面异形,其中一个壳面壳缝发育完整,中央区横向辐节形,中轴区窄,线纹辐射排列,另一个壳面壳缝发育不完全,中央区小,近圆形线纹辐射排列。壳面长 22～23 μm,宽 8～9 μm,线纹在 10 μm 内有 24～32 条。

生境:湖泊。

分布:四川(木格措)。

100. 阿斯塔蒂尔努佩藻　图版 272：3～4

Nupela astartiella Metzeltin & Lange-Bertalot 1998：157.

壳面长椭圆形,末端轻微延伸呈尖头状,上下壳面异形,其中一个壳面壳缝发育完整,中央区横向椭圆形,中轴区明显、窄披针形,线纹不规则,纵向波曲,另一个壳面壳缝发育不完全,中央区小或不明显,线纹不规则,纵向波曲。壳面长 16～17 μm,宽 7～8 μm,线纹在 10 μm 内有 22～28 条。

生境:湖泊。

分布:四川(木格措)。

101. 近喙状努佩藻　图版 272：5～9

Nupela subrostrata (Hustedt) Potapova 2011：83.

壳面线形,末端轻微延伸呈喙头状,上下壳面异形,关于中轴不对称,其中一个壳面壳缝发育完整,中央区圆形至纵向卵圆形,中轴区窄披针形,线纹从中部向两端逐渐辐射排列,另一个壳面壳缝发育不完全,无明显中央区,中轴区明显,窄披针形,线纹从中部向两端逐渐辐射排列。壳面长 19～21 μm,宽 4～

5 μm，线纹在 10 μm 内有 25～28 条。

生境：沼泽、溪流。

分布：四川（四姑娘山、海子山保护区、康定市）。

102. 加利福尼亚假伪形藻　图版 255：20～23

Pseudoallacia californica (Stancheva & Manoylov) Luo & Wang comb. nov. *Fallacia californica* Stancheva & Manoylov 2018：106.

壳体较薄，壳面椭圆形，中轴区窄、线形，中央区小或无，线纹微辐射状排列。壳面长 7～8 μm，宽 4 μm，线纹在 10 μm 内有 14～17 条。

生境：池塘。

分布：西藏（波密县）。

103. 佛罗里达假伪形藻　图版 255：17～19

Pseudoallacia floriniae (Møller) Luo & Wang comb. nov. *Fallacia floriniae* (Møller) Witkowski 1993：215.

壳体较薄，壳面椭圆形，中轴区窄、线形，无明显中央区，线纹微辐射状排列。壳面长 5～11 μm，宽 2～5 μm，线纹在 10 μm 内有 23～24 条。

生境：池塘。

分布：西藏（波密县）。

104. 阿布西塔羽纹藻　图版 315：13～14

Pinnularia absita Hohn & Hellerman 1963：322.

壳面线形披针形，末端延伸呈窄圆头状，中轴区明显，窄披针形，中央区横矩形，线纹在中部辐射排列，向末端聚集状排列。壳面长 51～54 μm，宽 6～7 μm，线纹在 10 μm 内有 10～11 条。

生境：沼泽。

分布：四川（海子山保护区）。

105. 阿保吉羽纹藻喙状变种　图版 315：12

Pinnularia abaujensis* var. *rostrata (Patrick) Patrick 1966：614.

壳面线形披针形，末端宽圆形，中轴区较宽，近菱形，轴区中部的宽度相当于壳面宽度的 1/2 至 1/3，中央区轻微扩大，线纹在中部辐射排列，向末端聚集状排列。壳面长 57 μm，宽 9 μm，线纹在 10 μm 内有 13 条。

生境：沼泽。

分布：四川（折多山）。

106. 喜酸羽纹藻　图版 322：6～8

Pinnularia acidicola Van de Vijver & Le Cohu 2002：78.

壳面线形披针形，末端轻微延伸呈窄头状，中轴区披针形，在中部明显扩大，中央区横向矩形至菱形，线纹在中部微辐射排列，向末端聚集状排列。壳面长 25～31 μm，宽 5～6 μm，线纹在 10 μm 内有 11～15 条。

生境：沼泽。

分布：四川（海子山保护区）。

107. 澳洲微辐节羽纹藻　图版 314：5～7

Pinnularia australomicrostauron Zidarova, Kopalová & Van de Vijver 2012：22.

壳面线形披针形，两侧平行，末端轻微延伸呈窄头状，中轴区披针形，在中部明显扩大，中央区近菱形，线纹在中部强烈辐射排列，向末端聚集状排列。壳面长 59～64 μm，宽 11～13 μm，线纹在 10 μm 内有 11～15 条。

生境：湖泊、沼泽、溪流。

分布：四川（木格措、七色海）；西藏（芒康县）。

108. 伯尼基安羽纹藻　图版 322：9

Pinnularia birnirkiana Patrick & Freese 1961：235.

壳面宽披针形，末端轻微延伸呈窄头状，中轴区窄、线形，中央区横向辐节形，线纹在中部微辐射排列，向末端聚集状排列。壳面长 23 μm，宽 6 μm，线纹在 10 μm 内有 10 条。

生境：湖泊、沼泽、溪流。

分布：四川（木格措、七色海）；西藏（芒康县）。

109. 锥状羽纹藻　图版 322：4～5

Pinnularia conica Gandhi 1957：847.

壳面线形披针形，两侧平行，末端轻微溢缩并延伸呈窄头状，中轴区窄、线形，中央区不规则、近椭圆形，线纹在中部微辐射排列，向末端聚集状排列。壳面长 33～34 μm，宽 6～7 μm，线纹在 10 μm 内有 12～14 条。

生境：湖泊、沼泽。

分布：四川（木格措、海子山保护区）。

110. 河蚌羽纹藻　图版 323：1～5

Pinnularia fluminea Patrick & Freese 1961：3.

壳面宽披针形至菱形，两侧平行，末端延伸呈喙头状，中轴区窄、线形，在中部膨大，中央区菱形至横向矩形，线纹在中部辐射排列，向末端聚集状排列。壳面长 36～47 μm，宽 11～13 μm，线纹在 10 μm 内有 12～14 条。

生境：湖泊。

分布：四川（牛奶海）。

111. 可变羽纹藻　图版 324：1～13

Pinnularia erratica Krammer 2000：96.

壳面线形披针形，末端轻微溢缩呈头状，中轴区明显、呈披针形，在中部轻微扩大，中央区不确定，横向矩形或位于壳面一侧或无，菱形至横向矩形，线纹在中部近平行排列，向末端轻微聚集状排列。壳面长 40～50 μm，宽 7～8 μm，线纹在 10 μm 内有 19～25 条。

生境：沼泽。

分布：四川（海子山保护区）。

112. 椭圆盘状藻　图版 326：0～14

Placoneis ellipticorostrata Metzeltin, Lange-Bertalot & Soninkhishig 2009：82.

壳面椭圆形至长椭圆形，末端溢缩呈小头状，中轴区狭窄，中央区横向、不规则，线纹在中部微辐射排列,末端近平行排列。壳面长 18～29 μm,宽 7～9 μm,线纹在 10 μm 内有 12～14 条。

　　生境:沼泽、溪流。

　　分布:四川(冕宁县);西藏(墨脱县)。

113. 未知盘状藻　图版 326:6～9

Placoneis ignorata (Schimanski) Lange-Bertalot 2000:207.

　　壳面线形披针形,两侧近平行,末端延伸呈尖头状,中轴区狭窄,中央区横向、近椭圆形,线纹在整个壳面上辐射排列。壳面长 24～36 μm,宽 7～9 μm,线纹在 10 μm 内有 10～13 条。

　　生境:湖泊。

　　分布:四川(木格措、七色海)。

114. 布兰迪辐带藻　图版 246:1～5

Staurophora brantii Bahls 2012:30.

　　壳面线形披针形,末端轻微延伸呈头状,中轴区窄、线形,壳面关于中轴区轻微不对称,中央区横向、不规则,两侧具短线纹,线纹在壳面中部近平行排列,末端辐射排列。壳面长 22～27 μm,宽 6～7 μm,线纹在 10 μm 内有 22～24 条。

　　生境:湖泊。

　　分布:四川(七色海)。

115. 田地辐节藻膨大变种　图版 346:1～5

Stauroneis agrestis* var. *inflata Petersen 1915:289.

　　壳面线形披针形,末端溢缩呈小头状,中轴区明显、窄线形,中央区横向矩形,线纹在壳面中部平行排列,向两端微辐射排列。壳面长 26～39 μm,宽 5～9 μm,线纹在 10 μm 内有 25～27 条。

　　生境:沼泽、溪流。

　　分布:西藏(墨脱县)。

116. 繁杂辐节藻　图版 345:8～12

Stauroneis intricans Van de Vijver & Lange-Bertalot 2004:43.

　　壳面线形披针形,末端溢缩呈小头状,中轴区明显、窄线形,中央区横向矩形至蝴蝶结形,线纹在壳面中部微辐射状排列,末端强烈辐射排列。壳面长 37～43 μm,宽 6～7 μm,线纹在 10 μm 内有 26～32 条。

　　生境:池塘、沼泽、溪流。

　　分布:四川(若尔盖、冕宁县、四姑娘山、五色海、桑堆红草地、海子山保护区);西藏(东达山)。

117. 微小辐节藻　图版 344:11～12

Stauroneis minutula Hustedt 1937:16.

　　壳体较小,壳面线形披针形,末端延伸呈喙头状,中轴区窄线形,中央区横向蝴蝶结形,线纹在整个壳面上均辐射排列。壳面长 20 μm,宽 4 μm,线纹在 10 μm 内有 27 条。

　　生境:溪流。

　　分布:四川(冕宁县)。

118. 适度辐节藻　图版 347:1～28

Stauroneis modestissima Metzeltin, Lange-Bertalot & García-Rodríguez 2005:106.

壳体较小,壳面线形披针形,末端延伸呈喙头状,中轴区窄线形,中央区横向蝴蝶结形,中央区两侧具短线纹,线纹辐射排列。壳面长 17～20 μm,宽 3～6 μm,线纹在 10 μm 内有 20～26 条。

生境:温泉。

分布:四川(螺髻山温泉)。

119. 分离辐节藻   图版 344:15～18

Stauroneis separanda Lange-Bertalot & Werum 2004:180.

壳体较小,壳面长椭圆形至线形,两侧边缘三波曲,中部波图凸最宽,末端延伸呈喙状,中轴区窄、线形,中央区横向、窄矩形,线纹在中部平行排列,末端微辐射排列。壳面长 12～15 μm,宽 4～5 μm,线纹在 10 μm 内有 27～28 条。

生境:沼泽、溪流。

分布:西藏(芒康县);云南(德钦县阿东河)。

120. 韦尔巴尼亚辐节藻   图版 344:2

Stauroneis verbania Notaris 1871:322.

壳面宽披针形,末端尖头状,中轴区窄、线形,中央区横向矩形,线纹在中部微辐射排列,末端强辐射排列。壳面长 52 μm,宽 14 μm,线纹在 10 μm 内有 19 条。

生境:溪流。

分布:四川(冕宁县)。

121. 新透明辐节藻   图版 348:1～8

Stauroneis neohyalina Lange-Bertalot & Krammer 1996:104.

壳面披针形,末端延伸呈喙头状,中轴区窄、线形,中央区横向矩形至蝴蝶结形,线纹在壳面中部微辐射状排列,末端强烈辐射排列。壳面长 42～60 μm,宽 5～10 μm,线纹在 10 μm 内有 25～27 条。

生境:沼泽。

分布:四川(海子山保护区)。

第4章

横断山区硅藻的生态分析

横断山区地形地貌复杂,气候类型多样,水资源丰富,蕴藏着丰富的自然资源。本节将给出每个物种的生境分布及理化范围(见表4-2),并对该地区硅藻的生态进行分析。

4.1 海拔对硅藻多样性的影响

生物多样性的海拔模式是生态学中最古老的研究课题之一,可以追溯到270年前[144]。研究表明,生物多样性的海拔模式主要以两种形式之一出现:物种丰富度呈单峰模式或随海拔单调下降[145]。虽然关于海拔高度多样性的文献相对广泛且丰富[145],但对许多在生态系统中很重要的微生物(如细菌、藻类)直到十年前才得到较少研究[145]。与越来越多的关于土壤微生物的海拔研究[145][147]相比,对于沿海拔梯度的水生藻类的研究仍然不足。因此,研究硅藻沿海拔梯度的分布模式变得尤为重要,横断山区显著的海拔落差也为研究硅藻沿海拔的分布模式提供了基础。

从图4-1中可以看出,在湖泊和河流中,硅藻的多样性随海拔的升高呈降低趋势;在溪流和池塘中,

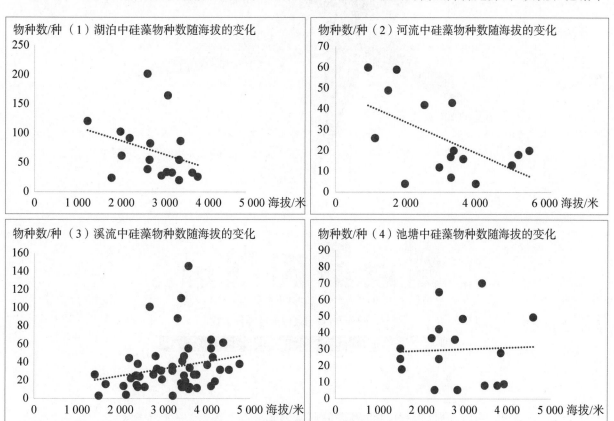

▲ 图4-1 不同生境中硅藻多样性和海拔的变化

Fig.4-1 Changes of Diatom Diersity in different habitats with elevation

硅藻的多样性与海拔高度的关系在不同的研究中结果有所不同。这可能是因为,在湖泊和河流中,水体的体量较大,水环境相对稳定,硅藻可以长期生活在同一个地方,能形成适合该环境的稳定群落。而在溪流和小池塘中,水体的体量较小,水环境容易受到外界环境(如强降雨、干旱、人为活动等)的影响,硅藻很难在一个地方长期生活。因此,在研究硅藻多样性沿海拔的分布模式时,选择湖泊或河流可能会更好。

4.2 地理隔离对硅藻多样性的影响

横断山区是由于板块的碰撞挤压而隆起形成的巨褶皱山脉,加上流水的不断侵蚀,形成了南北走向的高山峡谷平行相间的独特地形。由于河流被高山阻隔,水系之间的交流受到严重阻碍,那么不同河流之间硅藻的种类组成是否也有所不同呢? 我们选择6条河流进行研究,分析不同河流间硅藻的种类组成差异。

从图4-2中可以看出,不同河流间硅藻的种类组成差异较大。在这6条河流中,共发现硅藻266种。在其中一条河流中发现的硅藻有116种,占总种数的43.6%;在两条河流中出现的硅藻有28种,占总种数的10.5%;在三条河流中出现的硅藻有17种,占总种数的6.4%;在四条河流中出现的硅藻有6种(*Ulnaria lanceolata*,*Fragilaria pararumpens*,*Diatoma moniliformis*,*Achnanthidium atomus*,*Delicata*

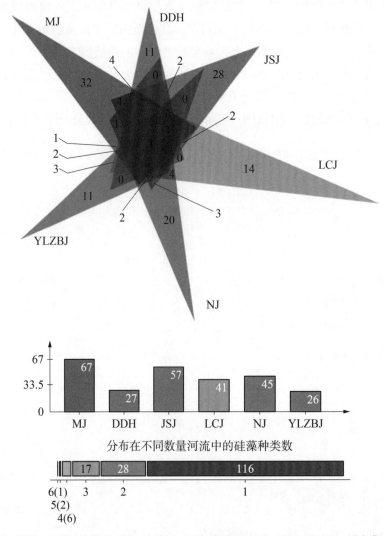

MJ—岷江　DDH—大渡河　JSJ—金沙江　LCJ—澜沧江　NJ—怒江　YLZBJ—雅鲁藏布江

▲ 图4-2　六条河流之间硅藻的种类组成差异

Fig.4-2　Differences in species composition of diatoms among the six rivers *sparsistriata*，*Delicata alpestris*），占总种数的 2.2%；在五条河流中出现的硅藻有 2 种（*Fragilaria capucina*，*Achnanthidium minutissimum*），占总种数的 0.75%；在六条河流中出现的硅藻只有 1 种（*Cocconeis placentula*），占总种类数的 0.38%。

从表 4-1 中可以看出，不同河流之间硅藻的相似度较低，在 4.4%～18.6%。从图 4-3 可以看出，随着河流间山脉的增多，河流间硅藻的相似度呈降低趋势。硅藻群落的形成不仅受环境因子的影响，受地理隔离的影响也很大，硅藻的种类组成和分布存在明显的地理隔离效应。

表 4-1　不同河流之间硅藻的相似度
Table 4-1　Similarity of diatoms between different rivers

	大渡河	金沙江	澜沧江	怒江	雅鲁藏布江
岷江	14.9%	15.3%	13.9%	12.5%	9.7%
大渡河		10.7%	4.4%	5.6%	7.5%
金沙江			13.3%	10.8%	4.8%
澜沧江				18.6%	13.4%
怒江					10.1%

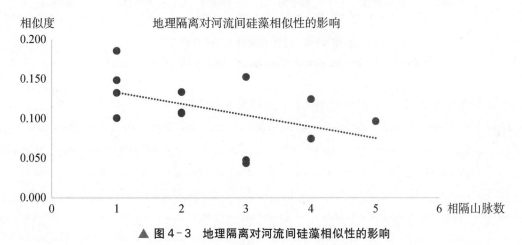

▲ 图 4-3　地理隔离对河流间硅藻相似性的影响

Fig.4-3　The impact of geographic isolation on the similarity of diatoms between rivers

4.3 pH 对硅藻多样性的影响

在各种对淡水硅藻有影响的环境因子中，pH 是影响硅藻的重要因素之一，通过对硅藻的研究发现，多数种类都有一个较窄的 pH 适应范围[154]。Hustedt（1937—1939 年）基于他的研究，利用硅藻对 pH 的不同适应范围将硅藻划分为以下几个大类。①嗜碱种：仅生活在 pH 大于 7 的生境中；②喜碱种：分布在 pH 在 7 左右的生境中，但在 pH 大于 7 的环境中分布广泛；③耐受性种：在 pH 大于和小于 7 的生境中有同样的分布形式；④喜酸种：分布在 pH 在 7 左右的生境中，但在 pH 小于 7 的环境中分布广泛；⑤嗜酸种：仅生活在 pH 小于 7 的生境中，多分布在 pH 小于 5.5 的生境中。横断山区受地壳运动的影响，水体富含矿物质，大部分水体呈中性至碱性，pH 在 6.4～10[155]。基于 Hustedt 的划分方式，结合横断山区水体情况和硅藻的分布情况，将横断山区硅藻划分为四大类。①嗜碱种：仅分布在 pH 大于 8.5 的生境中；②喜碱种：仅分布在 pH 大于 7 的生境中；③中性种：分布在 pH 6～8 的生境中；④喜酸种：仅生活在 pH

小于 7 的生境中。

根据这个划分依据,结合横断山区硅藻的分布情况,对横断山区硅藻种类对环境偏好性进行了如下分析。

(1) 横断山区硅藻多样性与 pH 的关系。从图 4-4 中可以看出,硅藻的多样性随 pH 的升高呈现先增加后降低的趋势,pH 在 8.0~8.5 的生境中,硅藻的多样性达到最高,为 738 种;在 pH 大于 9 的生境中,硅藻的多样性最低,为 209 种。

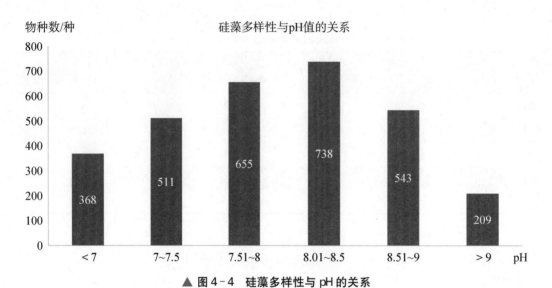

▲ 图 4-4　硅藻多样性与 pH 的关系

Fig.4-4　The relationship between diatoms diversity and pH

(2) 仅分布在 pH 大于 8.5 的生境中的种类是典型的耐碱种类,一共有 53 种,包括 *Lindavia radiosa*,*Discostella stelligera*,*Thalassiosira baltica*,*Edtheriotia guizhoiana*,*Hannaea arcus* var. *kamtchatica*,*Fragilaria radians*,*F. submesolepta*,*Pseudostaurosira subbrevistriata*,*Planothidium dubium*,*P. ellipticum*,*P. oestrupii*,*P. victorii*,*Halamphora normanii* var. *undulata*,*Cymbella convexa*,*C. maggiana*,*C. simonsenii*,*Cymbopleura hercynica*,*C. rupicola*,*Delicata montana*,*D. hengduanensis*,*Encyonema kukenanum*,*Reimeria uniseriata*,*Gomphonema incognitum*,*G. medioasiae*,*G. ventricosum*,*G. wiltschkorum*,*G. hengduanensis*,*G. lancettula*,*Caloneis bacillum*,*C. budensis*,*C. gjeddeana*,*C. ventricosa*,*Chamaepinnularia gandrupii*,*C. hassiaca*,*Diploneis fontanella*,*Fistulifera pelliculosa*,*Genkalia alpina*,*Mayamaea fossalis*,*Navicula cincta*,*N. leptostriata*,*N. rhynchocephala*,*N. symmetrica*,*Neidiopsis clavata*,*Neidium aequum*,*N. bergii*,*Pinnularia lagerstedtii*,*Sellaphora saugerresii*,*S. intermissa*,*Subcraticula hengduanensis*,*Nitzschia dingrica*,*Tryblionella apiculata*,*Epithemia adnata* var. *saxonica* 和 *Surirella spiralis*。

(3) 仅分布在 pH 小于 7 的生境中的喜酸性种类,在横断山区只发现 3 种,它们是 *Cymbopleura incertiformis*,*Staurophora brantii* 和 *Nitzschia acicularis* Smith。

(4) 横断山区大部分种类为中性种或喜碱种,其中中性种有 113 种,喜碱种有 546 种。详细名录和每个物种的 pH 范围见表 4-2。

4.4　温度对硅藻多样性的影响

温度是影响硅藻种类组成及分布的主要因素之一[156~157]。为了探究温度对硅藻的影响,在四川木格措药池温泉中,我们采集了水温在 10～60℃ 的硅藻标本,研究结果如下。

从图 4-5 中可以看出,随着水体温度的增加,硅藻多样性呈先增加后降低的趋势。水温在 30℃ 左右时,硅藻种类最多为 56 种,随着温度的继续增加,硅藻的多样性急剧下降,水温达 60℃ 时,仅发现 12 种硅藻。

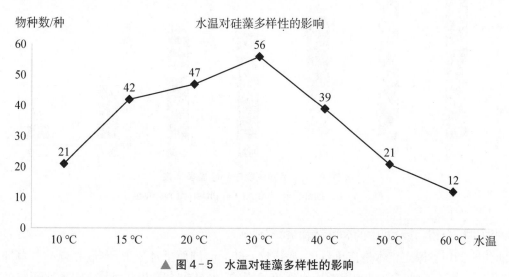

▲ 图 4-5　水温对硅藻多样性的影响

Fig. 4-5　The influence of water temperature on diatoms diversity

不同温度下不仅种类数不同,优势种也不一样。在 10～15℃ 的环境中,优势种是 *Cyclotella ocellata*, *Ulnaria ungeriana*, *Hannaea inaequidentata* 和 *Achnanthidium minutissimum*;在 20～30℃ 的环境中,优势种较多,分别是 *Cyclotella ocellata*, *Achnanthidium minutissimum*, *A. exiguum*, *Gomphonema affine*, *Caloneis clevei*, *Diadesmis confervacea*, *Nitzschia amphibia*;在 40℃ 的环境中,优势种是 *Cyclotella ocellata*, *Staurosirella canariensis*, *Pseudostaurosiropsis connecticutensis* 和 *Achnanthidium exiguum*;在 50～60℃ 的高温环境中,优势种是 *Cyclotella ocellata*, *Nitzschia amphibia* 和 *Achnanthidium exiguum*。研究发现,*Cyclotella ocellata* 在 10～60℃ 的环境中均能形成优势,是一个广温性的种类。

4.5　不同水体类型中硅藻的分布特征

横断山区环境复杂,生境多样,我将水体分为静水生境、流水生境和特殊生境。静水生境有湖泊、沼泽、池塘;流水生境有河流和溪流;特殊生境有温泉和盐池。研究结果如下。

从图 4-6 中可以看出,不同生境中硅藻的种类数有所不同,湖泊中多样性最高,共发现 635 种;溪流次之,共发现 543 种;沼泽中有 433 种;河流中有 376 种;池塘中有 361 种;温泉中有 190 种;盐池中种类最少,仅发现 53 种。总体来说,静水生境中的硅藻种类数多于流水生境中的硅藻种类数多于特殊生境中的硅藻种类数。

1. 湖泊

横断山区分布着许多大小不同,形态各异的湖泊,本研究涉及的湖泊就有 21 个。湖泊中的常见种有 *Aulacoseira granulata*, *Cyclotella ocellata*, *Cyclotella costei*, *Cyclotella kuetzingiana*, *Cocconeis placentula*, *Fragilaria capucina*, *Ulnaria acus*, *Odontidium mesodon*, *Achnanthidium*, *A. caledonicum*, *Cymbella cistula*, *Encyonema lange-bertalotii*, *Navicula* spp. 和 *Nitzschia* spp. 等。仅在湖泊中分布的硅藻有 173 种。由于横断山区地貌形态复杂多样,湖泊形态特征也各不相同,这里将对

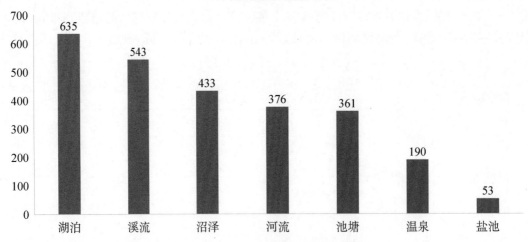

不同生境的硅藻多样性

▲ 图4-6　不同生境中的硅藻多样性

Fig. 4-6　Diatoms diversity in different habitats

几个重要湖泊进行介绍,并对湖中的硅藻植物进行分析。

　　七色海位于四川省康定市木格措风景区,海拔约2 600 m,湖面呈月牙形,镶嵌在森林与草坪之间,湖水清澈透明[164]。由于受地下热泉和上游冷水溪流的影响,水温在10~40℃[158]。在本次研究的湖泊中,七色海中硅藻种类是最为丰富的,一共发现208种,优势种是 *Cyclotella ocellata*,*Stauroforma exiguiformis*,*Odontidium mesodon*,*Ulnaria biceps*,*Tabellaria flocculosa*,*Staurosirella* spp.,*Eunotia* spp. 和 *Gomphonema* spp. 等。大部分研究表明,*Eunotia* 的种类更适合生活在酸性的沼泽生境中[159]。但是在七色海中,*Eunotia* 的种类比较丰富[166],一共发现15种,分别是 *Eunotia ankazondranona*,*E. bilunaris*,*E. boreotenuis*,*E. glacialispinosa*,*E. michaelii*,*E. minor*,*E. monnieri*,*E. mugecuo*,*E. näegelii*,*E. nymanniana*,*E. parallela*,*E. pomeranica*,*E. papilio*,*E. soleirolii* 和 *E. superpaludosa*。

　　木格措位于四川省康定市木格措风景区,是川西北最大的高原湖泊之一,水域面积约4 km²,水深约70 m,海拔3 870 m[165]。湖泊四周环山,湖水清澈透明,是一个典型的高山冷水湖泊[167]。在木格措中,一共发现硅藻植物177种,优势种是 *Aulacoseira granulate*,*Cyclotella ocellata*,*C. kuetzingiana*,*Ulnaria acus*,*Fragilaria capucina*,*Gomphonema acuminatum* 和 *Denticula elegans*。

　　邛海位于四川省凉山彝族自治州西昌市,是四川省第二大淡水湖,属于更新世早期的断陷湖。其形状如蜗牛,水域面积约30 km²,是西昌市区工农业及城市生活用水水源[168]。在邛海中,一共发现硅藻131种,优势种为 *Cyclotella ocellata*,*Pseudostaurosira polonica*,*Navicula capitatoradiata*,*Nitzschia bavarica* 和 *N. dissipata* var. *media*。在邛海中,发现的圆筛藻目的种类是所有采样区中最多的,共有15种,占圆筛藻目硅藻的50%,其中 *Cyclotella hubeiana*,*Cyclostephanos dubius*,*Edtheriotia guizhoiana*,*Lindavia radiosa* 和 *Thalassiosira weissflogii* 仅发现于邛海中。

　　泸沽湖位于云南省宁蒗县与四川省盐源县的交界处,湖盆结构复杂,湖水清澈透明,湖泊面积约为50 km²,最大水深为105.3 m,海拔约2 700 m,是中国第三大深水湖,也是典型的高原淡水湖泊[169]。在泸沽湖中,共发现硅藻111种,其中包括2个中国新记录种:*Aneumastus minor* 和 *Placoneis humilis*。在泸沽湖中,以小落水村采样点为例,研究了不同基质类型对硅藻的影响。结果显示,石头上的硅藻种类数最多,为40种;丝状藻上的硅藻种类数次之,为37种;水草上的硅藻种类数较少,为23种。不同基质上硅藻的种类数存在一定差异,但是优势种差异不大,主要类群是 *Fragilaria*,*Encyonema*,*Gomphonema* 和 *Cymbella*。

　　然乌湖位于西藏自治区八宿县然乌镇,是一个由于山体崩塌而形成的堰塞湖。这里曾经是帕隆藏布的河道,大约 200 年前,河边山体轰然崩塌,河道被堵,水不能顺利向下游流走,在原来的河谷里迅速聚积而形成的堰塞湖。然乌湖非常狭长,长度大于 20 km,宽度只有 1~5 km,有些地方甚至不足 1 km[170]。在然乌湖中,一共鉴定出硅藻 93 种,优势种为 *Ulnaria acus* var. *angustissima*,*Distrionella germainii*,*Achnanthidium caledonicum*,*A. minutissimum*,*Cymbella arctica*,*Encyonema lange-bertalotii*,*Gomphosinica lacustris*,*Gomphonema pygmaeoides*,*Navicula capitatoradiata* 和 *Navicula veneta*。在然乌湖中,发现 2 个新种:*Encyonopsis wangii* 和 *Navicula hengduanensis*。

冶勒湖又称冶勒水库,位于四川省冕宁县冶勒乡,湖水清澈,四周有森林、雪山、草甸,海拔 2 670 m,由于地处偏远的大山里,很少有游人前往,因此保留了比较原始的自然风貌[171]。在冶勒湖中,仅发现 17 种硅藻,是所有湖泊中硅藻种类数最低的,湖中优势种单一,绝大部分是 *Fragilaria crotonensis*,其他种类的数量较少。

2. 沼泽

沼泽是指长期被水浸泡,水草茂密的泥泞地区,其形成主要取决于水热状况和地貌条件[172]。本研究涉及 10 个沼泽区,共鉴定出硅藻植物 433 种,优势种为 *Tabellaria flocculosa*,*Eunotia bilunaris*,*E. superpaludosa*,*Achnanthidium minutissimum*,*Encyonema lange-bertalotii*,*Reimeria sinuata*,*Gomphonema gracile*,*G. parvulum*,*Navicula cryptocephala*,*Pinnularia borealis*,*Stauroneis intricans*,*S. reichardtii*,*Nitzschia hantzschiana*,*N. palea* 和 *Neidium* spp. 等。

仅发现在沼泽中的种类包括 *Ulnaria obtusa*,*Fragilariforma virescens*,*F. javanica*,*Achnanthidium ovatum*,*Planothidium biporomum*,*Psammothidium helveticum*,*P. scoticum*,*P. undulatus*,*Kurtkrammeria neoamphioxys*,*Gomphonema lagerheimii*,*G. lingulatum*,*G. ricardii*,*G. hengduanensis*,*Adlafia baicalensis*,*Brachysira brebissonii*,*Cavinula lapidosa*,*Chamaepinnularia gandrupii*,*C. hassiaca*,*C. mediocris*,*Craticula accomoda*,*C. molestiformis*,*C. nonambigua*,*Frustulia saxonica*,*F. hengduanensis*,*Kobayasiella hengduanensis*,*Microcostatus naumannii*,*Navicula reinhardtii*,*N. hengduanensis*,*Neidiomorpha sichuaniana*,*Neidiopsis vekhovii*,*Pinnularia absita*,*P. abaujensis* var. *rostrata*,*P. acidicola*,*P. acrosphaeria*,*P. acutobrebissonii*,*P. birnirkiana*,*P. nodosa*,*P. nodosa* var. *robusta*,*P. obscura*,*P. pisciculus*,*P. savanensis* var. *hinganica*,*P. stomatophora* var. *erlangensis*,*P. subcapitata*,*P. yadingensis*,*Sellaphora auldreekie*,*S. ellipticolanceolata*,*S. nana*,*S. stauroneioides*,*S. tridentula*,*Stauroneis amphicephala*,*S. circumborealis*,*S. hengduanensis*,*Hantzschia calcifuga*,*Epithemia argus* var. *alpestris* 和 *Stenopterobia delicatissima*。

研究结果表明,沼泽中的 *Eunotia*,*Pinnularia*,*Stauroneis* 和 *Neidium* 的种类是最多的。在横断山区,一共鉴定出 *Stauroneis* 硅藻 21 种,沼泽种 13 种,占比 62%,其中仅发现于沼泽中的种类有 3 种,分别是 *Stauroneis amphicephala*,*S. circumborealis* 和 *S. hengduanensis*;在横断山区共发现 *Eunotia* 硅藻 30 种,沼泽中有 19 种,占比 63%;在横断山区共发现 *Neidium* 硅藻 31 种,沼泽中有 13 种,占比 42%;在横断山区共发现 *Pinnularia* 硅藻 50 种,沼泽中有 34 种,占比 68%,其中仅发现于沼泽中的种类有 14 种,分别是 *Pinnularia absita*,*P. abaujensis* var. *rostrata*,*P. acidicola*,*P. acrosphaeria*,*P. acutobrebissonii*,*P. birnirkiana*,*P. nodosa*,*P. nodosa* var. *robusta*,*P. obscura*,*P. pisciculus*,*P. savanensis* var. *hinganica*,*P. stomatophora* var. *erlangensis*,*P. subcapitata* 和 *P. yadingensis*。

3. 池塘

池塘通常是指一些比湖泊小的水体[173]。在本研究中,池塘包括公园水体,小水坑以及一些临时性的水体。由于池塘水体小,容易受外界因素(降雨、干旱、人类活动)的干扰,因此在不同的池塘中,水环境差异很大,硅藻的种类组成也有所不同。在池塘中,一共发现硅藻 361 种,常见种有 *Cyclotella meneghiniana*,*Ulnaria acus*,*Achnanthidium minutissimum*,*Achnanthidium eutrophilum*,*Cymbella neoleptoceros*,*Cymbella subleptoceros*,*Encyonopsis microcephala*,*Gomphonema parvulum*,*Navicula cryptotenella*,*N. cryptotenelloides*,*N. trivialis*,*Sellaphora paenepupula*,*Nitzschia delognei*,*Staurosira* spp.,*Staurosirella* spp. 和 *Nitzschia* spp。仅发现在池塘中的种类包括 *Discostella stelligera*,*Thalassiosira baltica*,*Fragilaria tibetica*,*Tabularia fasciculata*,*Diatoma kalakulensis*,*Punctastriata hengduanensis*,*Eunotia varoiundulata*,*Psammothidium lauenburgianum*,*Cymbella convexa*,*Cymbopleura juriljii*,*C. subaequalis*,*Delicata hengduanensis*,*Encyonema kukenanum*,*Gomphonema mustela*,*Caloneis bacillum*,*C. gjeddeana*,*C. ventricosa*,*Craticula halopannonica*,*C. obaesa*,*Fallacia californica*,*F. floriniae*,*Fistulifera pelliculosa*,*Humidophila sceppacuerciae*,*Hygropetra balfouriana*,*Mayamaea fossalis*,*Navicula leptostriata*,*N. symmetrica*,*Pinnularia borealis* var. *islandica*,*P. biglobosa* var. *minuta*,*P. stomatophora*,*P. latilanceolata* 和 *Tryblionella apiculate*。

4. 溪流

溪流是自然山涧中最常见的水流形式,相对于河流而言,溪流的流量小、流速快。在横断山区中,水资源丰富,溪流密布,本次研究涉及的溪流生境也是最多的。溪流中的常见种有 *Achnanthidium minutissimum*,*A. rivulare*,*Diatoma moniliformis*,*Oodontidium hyemale*,*Fragilaria heatherae*,*Ulnaria lanceolata*,*Staurosirella pinnata*,*Cocconeis placentula*,*Cymbella neocistula*,*Delicata delicatula*,*Encyonema brevicapitatum*,*E. lange-bertalotii*,*E. latens*,*Reimeria sinuata*,*Gomphoneis pseudokunoi*,*Gomphonema americobtusatum*,*Adlafia minuscula*,*Nitzschia palea* 和 *Hannaea* spp。仅发现于溪流中的种类包括 *Hannaea yalaensis*,*Fragilaria boreomongolica*,*F. incisa*,*Ulnaria hengduanensis*,*Diatoma tenuis*,*Odontidium truncatum*,*O. hengduanensis*,*Pseudostaurosira subbrevistriata*,*Eunotia diodon*,*E. tenella*,*Planothidium dubium*,*Eucocconeis rectangularis*,*Halamphora normanii* var. *undulata*,*Cymbella maggiana*,*C. neocistula* var. *lunata*,*Cymbopleura cuspidata*,*C. incertiformis*,*C. monticola*,*Encyonopsis bobmarshallensis*,*E. tiroliana*,*Reimeria hengduanensis*,*Gomphonema californicum*,*G. liyanlingae*,*G. medioasiae*,*G. ventricosum*,*Adlafia aquaeductae*,*A. suchlandtii*,*Caloneis malayensis*,*Diploneis calcilacustris*,*D. chilensis*,*D. fontanella*,*D. pseudoovalis*,*Dorofeyukea indokotschyi*,*Luticola olegsakharovii*,*Navicula associata*,*N. cincta*,*N. viridula*,*Neidiopsis clavata*,*Neidium aequum*,*Pinnularia halophila*,*P. lagerstedtii*,*P. hengduanensis*,*Stauroneis verbania*,*Nitzschia hyaline* 和 *Epithemia adnata* var. *saxonica*。

在溪流中,由于水流较快,优势种多以具胶质柄或胶质垫的硅藻为主,胶质柄或胶质垫可以黏附在石头、水草、丝状藻等基质上,能更好地抵抗水流的冲刷。

5. 河流

河流是地球上水文循环最重要路径之一,也是泥沙、营养盐等进入湖泊、海洋的通道[175]。横断山区河流众多,较大的河流有岷江、大渡河、雅砻江、金沙江、澜沧江、怒江、独龙江、雅鲁藏布江、帕隆藏布等。在河流中,共鉴定出硅藻 335 种。常见种有 *Melosira varians*,*Diatoma moniliformis*,*Fragilaria capucina*,*Cocconeis placentula*,*Achnanthidium atomus*,*A. minutissimum*,*A. pseudoconspicuum*,*A. rivulare*,*Delicatophycus alpestris*,*D. sparsistriata*,*Encyonema lange-bertalotii*,*E. latens* 和 *Nitzschia dissipata*。仅发现在河流中的种类包括 *Fragilaria bicapitata* var. *genuina*,*Eunotia palatina*,*E. praerupta* f. *intermedia*,*Planothidium oestrupii*,*P. victorii*,*Cymbella metzeltini*,

Delicata judaica，*Gomphonella linearoides*，*G. tropicale*，*Luticola australomutica*，*L. caubergsii*，*L. permuticopsis*，*L. plausibilis*，*Pinnularia saprophila* 和 *Subcraticula hengduanensis*。

6. 盐池

盐池是一个比较特殊的环境，池中含盐分较多，取其水蒸发浓缩结晶，即得食盐。盐池的含盐量为 28.5‰～35.5‰。在盐池中，共鉴定出硅藻 53 种，其中包括 3 个无壳缝目硅藻新种，命名为 *Fragilaria aquastudia*，*Hannaea hengduanensis* 和 *H. clavata*。盐池中优势种为 *Hannaea clavata*，*Odontidium mesodon*，*Navicula caterva* 和 *Nitzschia dissipata*。仅发现于盐池中的硅藻是 *Halamphora aponina* 和 *Cymbopleura amphicephala*。本研究认为，能生活在盐池中的种类均为耐盐性种类，它们是 *Cyclotella ocellata*，*Diatom moniliformis*，*Odontidium hyemale*，*O. mesodon*，*Fragilaria aqualplus*，*F. aquastudia*，*F. capucina*，*Hannaea arcus*，*H. hengduanensis*，*H. clavata*，*Tibetiella pulchra*，*Cocconeis placentula* var. *klinoraphis*，*C. placentula* var. *lineata*，*Achnanthidium atomus*，*A. catenatum*，*A. deflexum*，*A. ludingensis*，*A. minutissimum*，*Amphora cuneatiformis*，*A. indistincta*，*A. pediculus*，*Halamphora aponina*，*Cymbella alpestris*，*C. subleptoceros*，*Cymbopleura amphicephala*，*C. stauroneiformis*，*Delicatula alpestris*，*D. sparsistriata*，*Encyonema brevicapitatum*，*E. latens*，*E. minnutum*，*Encyonopsis microcephala*，*Seminavis pusilla*，*Gomphosinica chubichuensis*，*Gomphonema exilissimum*，*Adlafia bryophila*，*Diploneis boldtiana*，*D. oblongella*，*Navicula antonii*，*N. caterva*，*N. cryptotenella*，*N. cryptotenelloides*，*N. metareichardtiana*，*Sellaphora blackfordensis*，*S. paenepupula*，*S. stroemii*，*Nitzschia adapta*，*N. communis*，*N. dissipata*，*N. fonticola* var. *capitata*，*N. fonticoloides*，*N. palea* 和 *N. palea* var. *minuta*。

7. 温泉

温泉是泉水的一种，泉口温度往往显著高于天然泉水。温泉形成的原因可分为两种：一种是由于地壳内部的岩浆作用而形成，岩浆会不断释放出大量的热量，只要岩浆附近有具孔隙的含水岩层，就会受热成为高温的热水，且大部分会形成蒸气；另一种是由于地表水渗透循环所形成，当地表雨水向下渗透，深入地壳深处形成地下水，地下水受到下方地热加热成为热水[176]。本研究采集了 3 个温泉中的硅藻标本，木格措药池温泉水温是 10～60℃，螺髻山温泉水温是 15～25℃，道孚温泉水温是 45～50℃。在木格措的药池温泉中，硅藻的种类数最多，共发现 194 种，优势种为 *Cyclotella ocellata*，*Ulnaria ungeriana*，*Hannaea inaequidentata* 和 *Achnanthidium minutissimum*；在螺髻山温泉中，硅藻种类数次之，共发现硅藻 67 种，优势种为 *Achnanthidium minutissimum*，*Ulnaria linearis*，*Cymbella tropica*，*Cymbella sichuanensis*，*Cymbopleura kuelbsii* 和 *Stauroneis modestissima*；道孚温泉中硅藻最少，仅发现 23 种，优势种为 *Achnanthidium exiguum*，*Achnanthidium minutissimum*，*Nitzschia alpina*，*Nitzschia amphibia* 和 *Nitzschia archibaldii*。

温泉中的常见种有 *Cyclotella ocellata*，*C. costei*，*Staurosirella pinnata*，*Cocconeis placentula*，*Achnanthidium atomus*，*A. minutissimum*，*A. exiguum*，*Cymbella neoleptoceros*，*C. tropica*，*Encyonema minnutum*，*Encyonopsis minuta*，*Diadesmis confervacea*，*Sellaphora stroemii*，*S. seminulum*，*Nitzschia amphibia* 和 *Rhopalodia operculata*。仅发现于温泉中的种类包括 *Synedra cyclopum*，*Staurosira subsalina*，*Achnanthes inflata*，*Planothidium lanceolatum* var. *minor*，*Psammothidium altaicum*，*P. kryophilum*，*Halamphora fontinalis*，*Cymbella cantonensis*，*Cymbella turgidula* var. *bengalensis*，*C. luogishanensis*，*Pinnularia pluvianiformis*，*Sellaphora kusberi*，*Stauroneis borrichii*，*S. borrichii* var. *subcapitata*，*S. minutula*，*S. modestissima*，*Epithemia argus* var. *testudo* 和 *E. sorex* f. *globosa*。

表 4-2 硅藻在不同生境中的分布及其理化范围

Table 4-2 The distribution of diatoms in different habitat and their physical and chemical ranges

种类名称	生境							理化指标							
	湖泊	池塘	沼泽	河流	溪流	温泉	盐池	海拔[m]	水温[℃]	pH	电导率[ms/cm]	盐度[‰]	NH$_4^+$-N	DO[mg/L]	TDS[mg/L]
Melosira varians Agardh	+	+		+	+	+		740~3807	7.6~40	6.4~8.7	7~608	0.02~0.42	0.08~2.05	6.2~9.6	9~546
Aulacoseira ambigua (Grunow) Simonsen	+		+		+			3200~3730	6.1~40	6.4~8.6	53~294	0.03~0.4	0.16~2.05	2.6~8.9	9~211
A. granulata (Ehrenberg) Ralfs	+	+	+	+	+			740~4630	5~40	6.4~9.5	7~608	0.01~0.42	0.02~2.05	2.6~10.4	9~546
A. granulata var. *angustissima* Mull	+							900~2440	10.5~20	8.0~8.5	239~608	0.13~0.42	0.29~1.09	3.9~9.4	174~546
A. granulata f. *spiralis* Hustedt	+		+					1400~2440	15.1~15.8	8.1~8.4	272~567	0.16~0.35	0.69~1.09	1.3~8.3	218~449
A. italica (Ehrenberg) Simonsen						+		3075	8.7	8.0	—	—	—	—	—
A. muzzanensis (Meister) Krammer					+			225~842	21.2~23.7	8.4~8.7	422~452	—	—	—	—
A. pusilla (Meister) Tuji & Houki	+	+	+	+	+			900~4630	3~30	6.9~8.7	12~239	0.01~0.13	0.02~0.88	5.4~8.1	10~175
A. valida (Grunow) Krammer	+							3780~3870	3.0~12.4	7.8~8.3	25~31	0.02	0.08~0.76	7.0~8.5	25~80
Orthoseira roeseana (Rabenhorst) Pfitzer	+				+			2658~2673	9.3~10.5	8.0~8.1	—	—	—	—	—
Pleurosira laevis (Ehrenberg) Compère					+			533~1378	20~24	8.0~8.3	426~494	—	—	—	—
Ellerbeckia arenaria (Moore & Ralfs) Crawford		+				+		2795	—	7.9	—	—	—	—	—
Cyclotella costei Druart & Straub	+		+	+	+			900~3780	3~50	6.4~8.5	18~612	0.02~0.83	0.08~3.6	2.6~11.4	9~357
C. distinguenda Hustedt	+	+						2472~3203	7.6~17.2	7.5~8.7	132~186	0.19	0.63~0.87	6.2~14.7	109~260
C. hubeiana Chen & Zhu	+							1510	19.8	8.5	270	0.14	0.97	6.8	195
C. kuetzingiana Thwaites	+	+				+		2700~3780	7.6~40	6.4~8.7	18~612	0.02~0.83	0.08~3.6	6.2~11.4	9~357
C. meneghiniana Kützing	+	+	+	+	+	+		740~3780	11~19.8	6.4~9.1	18~61	0.02~0.4	0.08~2.05	2.6~11.4	9~320
C. minuscula Jurilj	+			+	+			900~3780	3~50	6.4~8.5	18~612	0.02~0.73	0.08~3.6	2.6~11.4	14~357
C. ocellata Pantocsek	+	+	+	+	+	+	+	1470~4100	3~50	6.4~8.7	7~612	0.02~0.35	0.9~3.1	3.4~11	9~256
C. rossii Håkansson	+							3200~3780	9.3~40	6.4~8.2	18~294	0.02~0.4	0.08~2.05	2.6~8.7	9~211
Lindavia affinis (Grunow) Nakov, Guillory, Julius, Ther & Alverson	+							—	10~11.1	7.5~7.9	—	0.18~0.19	—	4.5~4.9	—

（续表）

种类名称	生境							理化指标							
	湖泊	池塘	沼泽	河流	溪流	温泉	盐池	海拔[m]	水温[℃]	pH	电导率[ms/cm]	盐度[‰]	NH_4^+-N	DO[mg/L]	TDS[mg/L]
L. antiqua (Smith) Nakov, Guillory, Julius, Ther & Alverson	+							—	10.0~14.1	7.5~8.0	—	0.18~0.19	—	4.5~4.9	—
L. comta (Kützing) Nakov, Guillory, Julius, Ther & Alverson	+							—	10.0	7.5	—	0.19		4.5	—
L. daochengensis Luo, Yu & Wang	+		+					4 630	13.6	7.6	17	0.01	0.28	6.4	145
L. lacunarum (Hustedt) Nakov, Guillory, Julius, Theriot & Alverson	+							3 780~3 870	3.0~12.4	7.8~8.3	25~31	0.02	0.08~0.76	7.0~8.5	25~80
L. mugecuoensis Luo, Yu & Wang	+	+	+		+			3 203~4 750	2.3~15.3	6.9~9.1	12~179	0.01~0.08	0.02~0.35	5.4~9.4	10~148
L. praetermissa (Lund) Nakov	+	+	+	+				1 500~4 750	5.3~19.8	7.8~9.1	91~375	0.07~0.22	0.43~0.35	3.9~14.7	100~293
L. radiosa (Grounow) De Toni & Forti	+							—	10	7.5	0	0.189	—	4.5	—
Discostella asterocostata (Lin, Xie & Cai) Houk & Klee	+			+	+			1 510~2 960	4.7~26.8	8.2~8.5	7~285	0.03~0.2	0.75~1.4	5.3~12.9	41~273
D. pseudostelligera (Hustedt) Houk & Klee	+	+			+			740~3 810	11.9~20.6	8.1~9.5	70~375	0.04~0.22	0.57~1.09	3.9~9.6	50~293
D. stelligera (Cleve & Grunow) Houk & Klee	+	+						1 510~2 400	19.1~19.8	8.5~9.1	258~271	0.14	0.97~0.99	6.8~10.4	189~195
D. woltereckii (Hustedt) Houk & Klee	+	+			+			1 500~2 400	15.6~19.8	8.5~9.1	173~270	0.1~0.14	0.43~0.99	6.8~10.4	138~195
Stephanodiscus parvus Stoermer & Håkansson		+			+			2 290~3 280	11.9~12.9	8.3~8.6	114~119	0.07~0.1	0.74~0.84	6.9~9.2	100~130
S. tenuis Hustedt	+	+	+	+	+			1 510~3 807	11.9~19.8	7.9~9.1	114~375	0.07~0.22	0.715~1.09	3.9~10.4	100~293
Cyclostephanos dubius (Fricke) Round	+							1 510	19.8	8.5	270	0.14	0.97	6.8	195
Edtheriotia guizhoiana Kociolek, You, Stepanek, Lowe & Wang	+							1 510	19.8	8.5	270	0.14	0.97	6.8	195
E. shanxiensis (Xie & Qi) Kociolek, You, Stepanek, Lowe & Wang	+	+	+	+	+			2 290~3 760	11~19.8	8.1~8.6	114~375	0.07~0.22	0.74~1.09	3.9~9.2	100~293
Pliocaenicus weixiense Yu, Luo & Wang		+			+			2 374	—	7.5				—	—
Tertiarius aspera Yu, Luo & Wang		+			+			2 374	—	7.5				—	—
Thalassiosira baltica (Grunow) Ostenfeld		+						2 400	19.1	9.1	258	0.14	0.99	10.4	189
Lineaperpetua lacustris (Grunow) Yu, You, Kociolek & Wang				+				225~842	21.2~24	8.0~8.7	422~494			—	—
Conticribra weissflogii (Grunow) Stachura-Suchoples & Williams	+							1 510	19.8	8.5	270	0.14	0.97	6.8	195

（续表）

种类名称	湖泊	池塘	沼泽	河流	溪流	温泉	盐池	海拔[m]	水温[℃]	pH	电导率[ms/cm]	盐度[‰]	NH$_4^+$-N	DO[mg/L]	TDS[mg/L]
Actinocyclus normanii（Gregory & Greville）Hustedt				+	+			900~1200	13.6~19.1	7.9~8.5	207~262	0.12~0.16	0.75~0.88	7.5~8.36	170~218
Acanthoceras zachariasii（Brun）Simonsen			+					370~1463	19.5~24	8.0~8.7	422~600	—	—	—	—
Asterionella formosa Hassall	+	+		+	+			2290~3280	7.6~17.2	7.7~8.7	7~375	0.03~0.22	0.63~1.12	6.2~9.2	41~293
Distrionella germainii（Reichardt & Lange-Bertalot）Morales，Bahls & Cody					+			4100~4200	6.3~6.4	7.8~8.1	99~114	0.07~0.08	0.23~0.3	8.8~9.1	100~116
D. incognita（Reichardt）Williams	+	+	+	+	+			1400~4600	1.6~17.5	7.5~8.7	49~608	0.04~0.42	0.01~0.57	5.3~10.0	52~546
Diatoma kalakulensis Peng，Rioual & Williams		+						3260	12.9	8.3	119	0.07	0.84	7.5	101
D. moniliformis（Kützing）Williams	+	+	+	+	+		+	740~4750	1.6~40	6.4~9.5	7~608	0.01~0.35	0.01~0.35	2.6~10.4	9~546
D. tenuis Agardh	+			+				3500~4100	21.5	8.1	390	0.20	0.99	7.4	27
D. vulgaris Bory	+	+		+	+			740~4000	2.3~40	6.4~9.0	18~294	0.02~0.4	0.08~2.05	2.6~9.6	9~218
D. vulgaris var. *ovalis* Hustedt				+	+			2400~4000	2.3~14.6	7.9~8.7	80~262	0.12~0.16	0.63~1.49	6.7~9.4	92~218
Odontidium andinum Vouilloud & Sala			+					370~1463	19.5~23.7	8.0~8.2	423~466	—	—	—	—
O. anceps（Ehrenberg）Grunow				+	+			2070~3570	7.6~32.7	6.8~8.8	390~612	0.16~0.25	1.05~2.05	8.5~11.4	221~357
O. hyemale（Roth）Kützing	+	+	+	+	+	+	+	1660~4610	1.7~26	6.8~9.1	7~612	0.01~0.35	0.07~3.6	3.7~14.7	20~357
O. maxima（Grunow）Luo & Wang comb. nov.		+	+	+				2550~4610	1.7~26.8	8~8.9	7~285	0.03~0.14	0.29~2.48	7.2~12.9	41~191
O. mesodon（Kützing）Kützing	+	+	+	+	+	+	+	1660~4630	1.6~26	6.4~9.1	7~612	0.01~0.35	0.01~0.57	2.6~14.7	9~481
O. truncatum（Mayer）Luo & Wang					+			4140	5.3	8.4	91	0.07	1.68	8.2	95
Fragilariforma bicapitata（Mayer）Williams & Round				+	+			2550~3600	6.2~21.1	6.8~8.8	7~193	0.03~0.1	0.4~1.12	5.6~8.7	41~136
F. bicapitata var. *genuina* Mayer			+					900	19.1	8.5	239	0.13	0.88	7.5	175
F. virescens（Ralfs）Willians & Round					+			3420	4.0	8.6	—	—	—	—	—
F. javanica（Hustedt）Wetzel，Morales & Ector					+			3420	4.0	8.6	—	—	—	—	—
Meridion circulare（Greville）Agardh	+		+	+	+			2472~4000	2.3~40	6.4~8.7	53~294	0.03~0.4	0.63~2.05	2.6~14.7	9~273
M. constrictum Ralfs			+					3583	12.5~18.6	8.2~9.7	—	—	—	—	—

（续表）

种类名称	生境							理化指标						
	湖泊	池塘	沼泽	河流	溪流	温泉	盐池	海拔 [m]	水温 [℃]	pH	电导率 [ms/cm]	盐度 [‰]	NH₄⁺-N	DO [mg/L]	TDS [mg/L]
Tabellaria fenestrata（Lyngbye）Kützing	+		+					2 750~ 4 630	8.3~ 40	6.4~ 8.2	12~ 294	0.01~ 0.4	0.02~ 2.05	8.1~ 8.9	9~ 211
T. flocculosa（Roth）Kützing		+	+	+				1 510~ 4 750	3~ 40	6.4~ 9.1	12~ 294	0.01~ 0.4	0.02~ 0.35	8.9~ 8.9	9~ 211
T. flocculosa var. *linearis* Koppen	+		+					4 160~ 4 630	8.3~ 15.3	6.9~ 7.6	45 280	0.01	0.02~ 0.28	5.4~ 8.0	10~ 175
Hannaea arcus（Ehrenberg）Patrick	+	+	+	+	+	+	+	1 660~ 4 750	1.6~ 26	6.4~ 9	12~ 612	0.01~ 0.35	0.01~ 0.35	2.6~ 11.4	9~ 481
H. arcus var. *amphioxys* Rabenhorst	+		+	+	+			2 430~ 4 250	2.3~ 18.1	7.76~ 9.1	36~ 173	0.02~ 0.14	0.18~ 2.09	6.4~ 9.7	32~ 191
H. hattoriana（Meister）Liu, Glushchenko, Kulikovskiy & Kociolek	+			+	+			2 540~ 3 780	6.1~ 13.3	7.1~ 8.6	7~ 95	0.02~ 0.06	0.08~ 1.12	7.3~ 9.8	17~ 84
H. hengduanensis Luo, Bixby & Wang	+			+			+	1 660~ 4 475	0.6~ 13.9	7.2~ 10	61~ 422	0.04~ 0.35	0.21~ 5.02	4.7~ 9.8	61~ 348
H. kamtchatica（Petersen）Luo, You & Wang					+			2 550~ 2 670	9.3~ 11.9	8.2~ 8.5	44	0.03	0.83	8.7	41
H. linearis（Holmboe）Álvarez-Blanco & Blanco	+		+		+	+		3 570~ 4 630	11~ 19.8	6.8~ 8.5	12~ 612	0.01~ 0.83	0.02~ 3.6	3.7~ 11.4	10~ 357
H. inaequidentata（Lagerstedt）Genkal & Kharitonov	+		+	+				740~ 4 100	3~ 40	6.4~ 9.1	7~ 612	0.01~ 0.83	0.07~ 3.6	2.6~ 11.4	9~ 357
H. clavata Luo, You & Wang			+	+			+	1 660~ 3 600	3.7~ 21.1	6.8~ 8.9	193~ 422	0.1~ 0.35	0.4~ 1.26	4.7~ 9.3	136~ 348
H. yalaensis Luo, You & Wang					+			3 400	6.1	8.6	68	0.05	0.55	8.1	70
Fragilaria alpestris Krasske	+	+	+		+			2 400~ 4 760	1.6~ 40	6.4~ 9.1	36~ 294	0.02~ 0.4	0.01~ 5.02	2.6~ 9.4	9~ 211
F. amphicephaloides Lange-Bertalot					+			1 620	25.3	8.2	395	0.19	1.08	5.0	256
F. aquaplus Lange-Bertalot & Ulrich	+	+	+	+			+	2 300~ 4 760	0.6~ 40	6.4~ 10	12~ 422	0.01~ 0.35	0.02~ 2.19	2.6~ 12.9	9~ 348
F. bidens var. *minor*（Grunow）Cleve-Euler			+					3 470	18.3	8.0	99	0.05	0.33	7.5	74
F. boreomongolica Kulikovskiy, Lange-Bertalot, Witkoxski & Dorofeyuk			+					3 470	18.3	8.0	99	0.05	0.33	7.5	74
F. capucina Desmazières	+	+	+	+	+	+	+	740~ 4 760	1.7~ 40	6.4~ 9.8	7~ 612	0.01~ 0.35	0.02~ 3.6	2.6~ 11.4	9~ 481
F. capucina var. *distans*（Grunow）Lange-Bertalot	+		+					4 100~ 4 630	5.3~ 19	7.7~ 8.06	29~ 134	0.01~ 0.1	0.23~ 0.42	4.2~ 9.09	22~ 140
F. crassirhombica Metzelitin	+		+	+				2 560~ 4 750	2.3~ 40	6.4~ 9.1	18~ 294	0.02~ 0.4	0.08~ 0.35	2.6~ 9.7	9~ 211
F. crotonensisi Kitton	+	+		+	+			1 470~ 4 630	7.6~ 20	7.6~ 8.7	7~ 372	0.01~ 0.26	0.28~ 1.12	6.2~ 9.3	145~ 336

（续表）

种类名称	生境							理化指标							
	湖泊	池塘	沼泽	河流	溪流	温泉	盐池	海拔[m]	水温[℃]	pH	电导率[ms/cm]	盐度[‰]	NH_4^+-N	DO[mg/L]	TDS[mg/L]
F. cyclopum Brutschy					+			3 570	20~32.7	6.8~8.0	72~612	0.16~0.83	1.05~3.6	3.7~11.4	50~357
F. delicatissima（Smith）Aboal & Silva	+		+	+				2 472~4 100	4.7~10.4	7.8~8.8	156~280	0.11~0.2	0.21~1.4	5.3~14.7	156~272
F. famelica（Kützing）Lange-Bertalot				+				1 620	12.3	8.5	—	—	—	—	—
F. fragilarioides（Grunow）Cholnoky	+	+	+			+		1 510~3 570	7.6~40	6.8~8.7	132~612	0.14~0.25	0.63~2.05	6.2~11.4	109~357
F. gracilis Østrup				+				2 670	11.2	8.4	95	0.06	1.12	7.7	84
F. heatherae Kahlert & Kelly	+		+	+	+			1 510~4 750	1.7~40	6.4~9.8	7~612	0.01~0.4	0.07~0.35	2.6~14.7	9~357
F. incisa（Boyer）Lange-Bertalot				+				3 570	21.1	6.8	193	0.10	0.40	5.6	1 355
F. lemanensis（Druart, Lavigne & Robert）Van de Vijver, Ector & Straub	+	+						2 400~4 110	9.3~40	6.4~9.1	18~294	0.02~0.4	0.08~2.05	2.6~10.4	9~211
F. mesolepta Rabenh	+	+		+	+			1 400~3 280	7.3~20.4	7.5~9.0	114~608	0.07~0.42	0.29~1.09	3.9~9.4	100~546
F. microvaucheriae Wetzel	+		+	+	+			2 472~4 310	2.3~40	6.4~9.1	49~294	0.03~0.4	0.29~0.57	2.6~14.7	9~260
F. misarelensis Almeida, Delgado, Novais & Blanco			+	+	+			2 840~4 100	6.1~15	8.0~8.6	68~156	0.05~0.11	0.21~0.55	7.9~9.0	63~156
F. pararumpens Lange-Bertalot Hofm & Werum	+	+	+	+				740~4 660	3.7~40	6.4~9.1	7~294	0.01~0.4	0.14~2.05	6.2~14.7	9~273
F. pectinalis（Müller）Lyngbye	+	+	+	+	+	+		1 470~4 630	1.6~32.7	6.8~9.1	17~612	0.01~0.83	0.01~3.6	3.7~11.4	145~357
F. pennsylvanica Morales		+			+			2 760~4 140	1.7~11.9	8.3~8.8	68~262	0.05~0.17	0.55~2.48	8.1~10.4	70~226
F. perminuta（Grunow）Lange-Bertalot	+	+	+	+	+			1 510~4 630	1.7~19.8	7.7~8.7	29~335	0.01~0.23	0.23~2.48	6.2~9.09	215~307
F. radians（Kützing）Williams & Round				+				2 670	11.2	8.4	96	0.06	1.12	7.7	85
F. rumpens（Kützing）Lange-Bertalot				+				2 670	11.2	8.4	96	0.06	1.12	7.7	85
F. sandellii Van de Vijcer & Tarlman				+	+			3 200~4 750	2.3~19.6	8.0~9	80~179	0.01~0.18	0.18~0.35	6.7~9.4	92~166
F. socia（Wallace）Lange-Bertalot					+			225~1 765	11.8~23.7	8.3~8.4	452~733	—	—	—	—
F. sphaerophorum Luo & Wang sp. nov.		+	+	+	+			2 440~2 740	6.9~17.2	7.7~8.7	61~186	0.04~0.11	0.42~0.87	6.2~10.0	61~163
F. tenera（Smith）Lange-Bertalot	+	+						2 400~3 780	9.3~40	6.4~9.1	18~294	0.02~0.4	0.08~2.05	2.6~10.4	9~211
F. vaucheriae（Kützing）Petersen	+		+	+	+			1 510~4 750	1.7~40	6.4~9.8	7~612	0.01~0.4	0.07~0.35	2.6~14.7	9~357

（续表）

种类名称	生境							理化指标							
	湖泊	池塘	沼泽	河流	溪流	温泉	盐池	海拔[m]	水温[℃]	pH	电导率[ms/cm]	盐度[‰]	NH$_4^+$-N	DO[mg/L]	TDS[mg/L]
F. vaucheriae var. *capitellata* (Grunow) Patrick			+	+	+			2840~4100	6.1~15	8.0~8.6	68~156	0.05~0.11	0.21~0.55	7.9~9.0	63~156
F. vaucheriae var. *elliptica* Manguin			+	+	+			1660~4140	1.7~19.6	8.0~9.8	55~372	0.01~0.26	0.16~5.02	5.66~10.0	58~336
Ulnaria acus (Kützing) Aboal	+	+	+	+	+	+		740~4660	3~40	6.4~9.1	7~612	0.01~0.4	0.08~0.57	6.2~12.9	9~357
U. acus var. *angustissima* (Grunow) Aboal & Silva	+	+			+	+		1510~4310	2.3~40	6.4~9.1	49~612	0.03~0.83	0.63~0.57	2.6~11.4	9~357
U. amphirhynchus (Ehrenberg) Compère & Bukhtiyarova	+							1470~3200	9.8~40	6.4~8.2	53~294	0.03~0.4	1.67~2.05	2.6~7.5	9~211
U. biceps (Kützing) Compère	+	+	+		+			2440~3850	9.8~40	6.4~8.4	53~375	0.03~0.4	0.83~2.05	2.6~10.4	9~293
U. capitata (Ehrenberg) Compère					+	+		3203~4750	2.3~16.8	7.5~9	91~301	0.08~0.17	0.83~0.35	7.3~10.4	105~232
U. contracta （Østrup） Morales & Vi	+			+	+			3200~4760	6.1~19.6	7.1~8.9	18~174	0.01~0.18	0.08~2.19	7.3~9.7	17~147
U. danica (Kützing) Compère & Bukhtiyarova	+	+	+					1510~4760	1.6~50	6.8~8.9	12~612	0.01~0.83	0.01~3.6	6.2~11.4	10~481
U. lanceolata (Kützing) Compère	+	+	+	+	+			740~4760	1.6~26	6.4~9	12~395	0.01~0.83	0.01~0.35	2.6~10.0	9~336
U. obtusa Smith	+							3260	16.8	8.0	301	0.17	0.83	8.1	232
U. macilenta Morales, Wetzel & Rivera	+	+						1510~4100	7.3~19.8	8.5~9.1	258~270	0.14	0.97~0.99	6.8~10.4	189~195
U. oxyrhynchus (Kützing) Aboal	+							1510~3200	9.8~40	6.4~8.5	53~294	0.03~0.4	0.97~2.05	2.6~7.5	9~211
U. ulna （Nitzsch） Compère	+	+	+	+	+	+		740~4600	0.6~40	6.4~10	7~612	0.03~0.4	0.01~2.48	2.6~11.4	9~481
U. ungeriana (Grunow) Compère	+	+			+			2200~4140	1.7~40	6.4~8.6	42~612	0.03~0.4	0.4~2.48	2.6~14.7	9~357
Ctenophora pulchella （Ralfs & Kützing） Williams & Round	+	+						1510~2960	19.8~20.4	7.7~8.5	270	0.14	0.97	6.8	195
Tibetiella pulchra Li, Williams et Metzeltin			+	+	+	+		1620~3380	3.6~25.3	7.2~8.9	65~422	0.05~0.35	0.29~2.09	4.7~9.7	63~348
Tabularia fasciculata Williams & Round	+							1510	19.8	8.5	270	0.14	0.97	6.8	195
T. sinensis Cao, Yu, You, Lowe, Williams, Wang & Kociolek				+				225~544	11.8~23.7	8.3~8.4	426~466	—	—	—	—
Staurosira binodis （Ehrenberg） Lange-Bertalot	+	+				+		1510~3570	10.4~32.7	6.8~8.5	72~612	0.14~0.83	0.97~3.6	3.7~14.7	50~357
S. construens (Ehrenberg) Grunow	+	+	+					1470~4100	3~40	6.4~8.7	18~294	0.02~0.4	0.08~2.05	2.6~14.7	9~260
S. pottiezii Van de Vijver	+		+					3600~3780	4.0~12.4	7.8	29	0.02	0.08	7.3	25

（续表）

种类名称	生境							理化指标							
	湖泊	池塘	沼泽	河流	溪流	温泉	盐池	海拔[m]	水温[℃]	pH	电导率[ms/cm]	盐度[‰]	NH₄⁺-N	DO[mg/L]	TDS[mg/L]
S. venter (Ehrenberg) Cleve & Möller	+	+		+	+	+		1 400～4 630	1.6～40	6.4～8.7	17～612	0.01～0.83	0.01～3.6	2.6～14.7	9～546
S. subsalina (Hustedt) Lange-Bertalot						+		3 570	30～32.7	6.8～8.0	390～612	0.16～0.25	1.05～2.05	8.5～11.4	221～357
S. incerta Morales	+	+			+	+		1 470～3 604	6.1～20	7.7～8.6	68～72	0.05～0.83	0.55～3.6	3.7～8.1	50～70
Staurosirella bullata (Østrup) Luo & Wang comb. nov.	+							1 510	19.8	8.5	270	0.14	0.97	6.8	195
S. canariensis (Lange-Bertalot) Morales, Ector, Maidana & Grana	+					+		1 510～3 570	19.8～40	6.8～8.5	270～612	0.14～0.25	0.97～2.05	6.8～11.4	195～357
S. frigida van de Vijver & Morales	+	+				+		2 700～3 780	7.6～32.7	6.8～8.7	18～612	0.02～0.25	0.08～2.05	6.2～11.4	17～357
S. leptostauron (Ehrenberg) Williams & Round	+	+			+			2 550～4 760	1.6～40	6.4～9.0	7～294	0.03～0.4	0.01～2.19	2.6～8.7	9～211
S. inflata (Stone) Luo & Wang comb. nov.		+						4 600	1.6	8.1	138	0.09	0.01	7.7	121
S. maior (Tynni) Luo & Wang comb. nov.		+			+			1 500～4 610	1.7～15.6	8.2～8.9	71～173	0.05～0.1	0.43～2.48	7.2～9.1	67～138
S. martyi (Héribaud-Joseph) Morales & Manoylov	+		+	+	+			3 200～3 780	3～40	6.4～8.7	18～294	0.02～0.4	0.08～2.05	2.6～8.7	9～211
S. minuta Morales & Edlund		+						2 550～4 610	6.2～20.4	7.7～8.8	7～95	0.03～0.06	0.83～1.22	7.2～8.7	41～84
S. ovata Morales	+	+			+			1 470～4 610	1.7～20.4	7.7～9.0	49～375	0.04～0.22	0.33～0.57	3.9～14.7	52～293
S. pinnata (Ehrenberg) Wiliams & Round	+	+		+	+	+		1 620～4 630	1.6～50	6.4～9.0	18～612	0.01～0.4	0.01～0.57	2.6～14.7	9～357
S. spinosa (Skvortzow) Kingston	+							1 510	19.8	8.5	270	0.14	0.97	6.8	195
S. ventriculosa (Schumann) Luo comb. nov.		+						4 600	1.6	8.1	138	0.09	0.01	7.7	121
Pseudostaurosira brevistriata Grunow	+	+		+	+	+		1 470～4 610	5～40	6.4～9.0	18～294	0.02～0.83	0.08～3.6	2.6～14.7	9～260
P. brevistriata var. inflata (Pantocsek) Edlund					+			4 100	6.4	8.1	99	0.07	0.3	8.8	100
P. cataractarum (Hustedt) Wetzel, Morales & Ector	+		+	+	+	+		2 800～4 760	6.5～50	6.4～8.8	12～612	0.01～0.4	0.02～2.19	2.6～11.4	9～357
P. parasitica (Smith) Morales		+			+			2 550～4 610	6.2～20.4	7.7～8.8	7～95	0.03～0.06	0.83～1.22	7.2～8.7	41～84
P. polonica (Witak & Lange-Bertalot) Morales & Edlund	+							1 510	19.8	8.5	270	0.14	0.97	6.8	195
P. pseudoconstruens (Marciniak) Williams and Round	+				+			3 200～4 610	1.7～40	6.4～8.4	18～294	0.02～0.4	0.08～2.48	2.6～8.9	9～211

（续表）

种类名称	生境							理化指标							
	湖泊	池塘	沼泽	河流	溪流	温泉	盐池	海拔[m]	水温[℃]	pH	电导率[ms/cm]	盐度[‰]	NH_4^+-N	DO[mg/L]	TDS[mg/L]
P. robusta（Fusey）Williams & Round	+	+						2 960~3 780	9.3~40	6.4~8.2	18~294	0.02~0.4	0.08~2.05	2.6~8.7	9~211
P. subconstricta（Grunow）Kulikovskiy & Genkal		+			+			2 550~4 610	6.2~20.4	7.7~8.8	7~95	0.03~0.06	0.83~1.22	7.2~8.7	41~84
P. trainorii Morales				+		+		3 200~3 570	9.8~40	6.4~8.2	53~612	0.03~0.4	1.05~2.05	2.6~11.4	9~357
Punctastriata discoidea Flower				+	+			2 700~4 140	1.7~20.4	7.7~9.0	68~91	0.05~0.08	0.29~2.48	8.1~9.0	63~105
P. lancettula（Schumann）Hamilton & Siver	+	+	+	+	+			2 472~4 610	0.6~18.3	7.6~10	61~173	0.04~0.19	0.21~2.48	7.2~14.7	62~260
P. linearis Williams & Round					+	+		3 470~4 630	3.4~32.7	6.8~8.7	17~612	0.01~0.83	0.16~0.57	3.7~11.4	145~357
P. nyingchiensis Luo & Wang sp. nov.		+						2 960	20.4	7.7	—	—	—	—	—
P. mimetica Morales	+	+		+	+	+		1 470~4 310	3.4~40	7.7~8.7	7~186	0.03~0.1	0.16~0.57	6.2~9.7	41~163
Opephora olsenii Møller	+	+			+			2 960~4 600	0.6~20.4	7.7~10	83~103	0.07~0.09	0.01~2.25	7.7~9.1	98~121
Pseudostaurosiropsis connecticutensis Morales				+	+	+		3 320~3 570	10~60	6.8~8.7	72~612	0.04~0.25	0.16~2.05	7.6~11.4	58~357
Stauroforma exiguiformis（Lange-Bertalot）Flower & Round	+	+	+					2 960~3 730	3~40	6.4~8.2	53~294	0.03~0.4	0.16~2.05	2.6~8.9	9~211
Eunotia arcus Ehrenberg	+			+				2 472~4 750	3~13.3	7.1~9.1	18~91	0.01~0.19	0.07~0.35	7.3~14.7	17~260
E. arcubus Nörpel & Lange-Bertalot				+				3 425~3 490	6.5~14.1	7.7~7.8	—	—	—	—	—
E. ankazondranona Manguin	+							3 200~3 780	9.3~40	6.4~8.2	18~294	0.02~0.4	0.08~2.05	2.6~8.7	9~211
E. bidentula Smith				+				3 451	18.6	9.7	—	—	—	—	—
E. bigibboidea Lange-Bertalot & Witkowski					+			3 444	20	8.7	—	—	—	—	—
E. bilunaris（Ehrenberg）Schaarschmidt	+	+	+	+	+			1 500~4 630	3~40	6.4~9.1	7~294	0.01~0.4	0.02~2.05	8.9~8.9	9~211
E. catalana Lange-Bertalot & Rivera Rondon	+		+			+		3 570~4 750	5.3~32.7	6.8~9.1	12~612	0.01~0.83	0.02~0.35	3.7~11.4	10~357
E. circumborealis Lange-Bertalot & Nörpel		+						3 425~3 490	6.5~14.1	7.7~7.8	—	—	—	—	—
E. curtagrunowii Norpe-Schempp & Lange-Bertalot				+		+		3 470~3 600	4~10.3	7.8~8	22	0.01	0.07	8.5	20
E. daochengensis Luo & Wang sp. nov.	+			+				3 780~4 630	8.3~15.3	6.9~7.8	12~34	0.01~0.02	0.02~0.28	5.4~8.7	45~230
E. diodon Ehrenberg						+		2 670	11.2	8.4	95	0.06	1.12	7.7	84

(续表)

种类名称	生境							理化指标							
	湖泊	池塘	沼泽	河流	溪流	温泉	盐池	海拔[m]	水温[℃]	pH	电导率[ms/cm]	盐度[‰]	NH$_4^+$-N	DO[mg/L]	TDS[mg/L]
E. enischna Furey, Lowe & Johansen			+					3 582	17	7.4	—	—	—	—	—
E. faba (Ehrenberg) Grunow			+	+				3 320~4 630	8.3~15.3	6.9~8.7	45~280	0.01	0.02~0.28	5.4~8.0	5
E. filiformis Luo, You & Wang	+							3 780~3 870	3.0~12.4	7.8~8.3	25~31	0.02	0.08~0.76	7.0~8.5	25~80
E. formicina Lange-Bertalot		+	+					1 500~2 750	12.9~17	6.9~8.7	12~186	0.06	0.39	6.2~8.7	10~163
E. glacialispinosa Lange-Bertalot & Cantonati	+	+	+					3 200~4 600	1.6~40	6.4~8.2	53~294	0.03~0.4	0.01~2.05	2.6~8.9	9~211
E. implicata Nörpel & Lange-Bertalot		+	+					3 222	15.6~18.6	8.2~9.7	—	—	—	—	—
E. juettnerae Lange-Bertalot				+				3 256	4.5	8.4	—	—	—	—	—
E. michaelii Metzeltin, Witkowski & Lange-Bertalot	+	+	+		+	+		1 534~4 630	5~40	6.4~9.1	17~612	0.01~0.83	0.28~3.6	6.2~11.4	9~357
E. minor (Kützing) Grunow	+		+		+	+		1 470~3 570	5~40	6.4~9.1	7~612	0.03~0.83	0.83~3.6	2.6~11.4	9~357
E. monnieri Lange-Bertalot	+				+			2 200~3 210	9.8~40	6.4~8.6	53~294	0.03~0.4	0.74~2.05	2.6~8.6	9~211
E. mugecuoensis Luo, You & Wang	+		+					3 200~4 630	8.3~40	6.4~8.2	12~294	0.01~0.4	0.02~2.05	2.6~8.7	9~211
E. naegelii Migula	+	+	+		+			2 700~4 630	6.1~40	6.4~8.7	12~294	0.01~0.4	0.02~2.05	8.19~8.9	9~211
E. nymanniana Grunow	+							3 200~4 630	3~40	6.4~8.2	12~294	0.01~0.4	0.02~2.05	2.6~8.0	9~211
E. odebrechtiana Metzeltin & Lange-Bertalot	+		+		+			3 450~3 780	3~21.1	6.8~9.1	18~193	0.01~0.1	0.07~0.4	5.6~8.7	17~136
E. oliffii Cholnoky	+							2 658~3 481	9.2	9.2	—	—	—	—	—
E. palatina Lange-Bertalot & Krüger				+				2 740	7.6	8.2	81	0.06	0.67	9.3	79
E. papilio (Ehrenberg) Grunow	+		+		+			3 200~4 750	5.3~40	6.4~9.1	12~294	0.01~0.4	0.02~0.35	2.6~8.9	9~211
E. parallela Ehrenberg	+				+			3 200~3 570	9.8~40	6.4~8.2	53~294	0.03~0.4	0.4~2.05	2.6~7.5	9~211
E. perpusilla (Grunow) Åke Berg			+					1 510~4 630	3~17.5	6.9~7.6	45~280	0.01	0.02~0.28	5.4~8.0	10~175
E. pomeranica Lange-Bertalot Bak & Witkowski	+		+		+			3 200~3 600	4~40	6.4~8.2	53~294	0.03~0.4	0.4~2.05	2.6~7.5	9~211
E. praerupta Ehrenberg	+				+			3 870	3.0~7.9	8.1~8.3	25~31	0.02	0.41~0.76	7.0~8.5	27~80
E. praerupta f. *intermedia* Manguin				+				2 740	7.6	8.2	81	0.06	0.67	9.3	79

(续表)

种类名称	生境 湖泊	池塘	沼泽	河流	溪流	温泉	盐池	理化指标 海拔[m]	水温[℃]	pH	电导率[ms/cm]	盐度[‰]	NH_4^+-N	DO[mg/L]	TDS[mg/L]
E. rhynchocephala Hustedt		+						2 700	11.5	7.9	187	0.12	—	6.2	164
E. scandiorussica Kulikovskiy, Lange-Bertalot, Genkal & Witkowski	+							3 200	9.8~40	6.4~8.2	53~294	0.03~0.4	1.67~2.05	2.6~7.5	9~211
E. serra Ehrenberg				+				3 250	7.0	8.2	88	0.06	1.66	8.1	87
E. soleirolii (Kützing) Rabenhorst	+		+					3 200~3 450	5~40	6.4~9.1	53~294	0.03~0.4	1.67~2.05	2.6~7.5	9~211
E. subherkiniensis Lange-Bertalot	+							3 360	15.2	7.7	—	—	—	—	—
E. superpaludosa Lange-Bertalot	+		+					3 200~4 750	3~40	6.4~9.1	12~294	0.01~0.4	0.02~0.35	2.6~8.9	9~211
E. tenella (Grunow) Hustedt						+		2 550	9.3	8.5	45	0.03	0.83	8.8	42
E. varoiundulata Norpel & Lange-Bertalot		+						2 700~3 600	4~17.2	7.7~8.7	132~186	0.03~0.05	0.63~0.87	6.2~5.2	109~163
Achnanthes coarctata (Brébisson & Smith) Grunow	+							2 658~2 673	9.2~10.5	8.0~8.1	—	—	—	—	—
A. inflata (Kützing) Grunow					+			3 570	30.5~40	6.8~8.0	390~612	0.16~0.25	1.05~2.05	8.5~11.4	221~357
A. longboardia Sherwood & Lowe				+				370	23.7	8.0	466	—	—	—	—
A. mauiensis Lowe & Sherwood	+							3 356~3 360	15.2~17.1	7.7~8.0	—	—	—	—	—
A. brevipes var. *intermedia* (Kützing) Cleve					+			370	23.7	8.0	466	—	—	—	—
Achnanthidium alpestre (Lowe & Kociolek) Lowe & Kociolek	+		+	+	+			740~4 750	1.7~19.8	7.76~9	36~547	0.02~0.83	0.29~0.35	3.7~9.8	32~481
A. atomus Monnier Lange-Bertalot & Ector	+	+		+	+	+	+	740~4 100	4.7~50	6.8~8.7	22~612	0.01~0.35	0.07~2.05	6.2~11.4	20~546
A. caledonicum Lange-Bertalot	+	+	+	+	+			1 470~4 760	1.6~26.8	7.6~8.9	17~547	0.01~0.37	0.01~0.57	3.9~14.7	145~481
A. catenatum (Bily & Marvan) Lange-Bertalot	+	+	+	+	+		+	900~4 100	6.3~26.8	7.1~9.1	18~422	0.02~0.35	0.04~1.26	3.9~14.7	17~348
A. convergens Kobayasi	+	+	+	+	+		+	1 400~4 630	1.6~26	6.8~9.1	12~612	0.01~0.83	3.6	3.7~11.4	10~546
A. deflexum (Reimer) Kingston	+		+	+	+			740~4 630	3~50	6.8~8.9	7~612	0.01~0.35	0.08~2.09	4.7~12.9	145~546
A. duthiei (Sreenivasa) Edlund	+	+	+		+		+	2 190~4 600	1.6~32.7	6.8~9.1	72~612	0.07~0.83	0.01~3.6	6.2~11.4	50~357
A. epilithica Yu, You & Kociolek						+		—	9.6	8.1	—	0.19	—	5.2	—
A. ennediense Compère & Van de Vijver	+	+	+	+	+			1 500~4 760	0.6~25.3	6.9~10	12~395	0.01~0.2	0.02~2.25	5.0~10.4	10~273
A. eutrophilum (Lange-Bertalot) Lange-Bertalot	+	+	+	+	+			740~3 320	10~20.4	7.7~9.1	114~270	0.07~0.14	0.57~0.99	6.8~10.4	100~195
A. exiguum (Grunow) Czarnecki	+	+		+	+		+	1 470~3 570	7.6~60	6.8~8.7	42~612	0.03~0.25	0.4~2.05	6.2~11.4	38~357

(续表)

种类名称	生境							理化指标							
	湖泊	池塘	沼泽	河流	溪流	温泉	盐池	海拔[m]	水温[℃]	pH	电导率[ms/cm]	盐度[‰]	NH$_4^+$-N	DO[mg/L]	TDS[mg/L]
A. gracillimum (Meister) Lange-Bertalot	+	+		+				1500~4760	5~21.1	6.8~9.1	18~547	0.01~0.83	0.07~3.6	3.7~14.7	17~481
A. guizhouense Yu, You & Kociolek	+							—	10.0	7.5	—	0.19	—	4.5	—
A. jackii Rabenhorst	+							—	11.1	7.9	—	0.18	—	4.9	—
A. jiuzhaiensis Yu, You & Wang	+							—	10.0	7.5	—	0.19	—	4.5	—
A. latecephalum Kobayasi	+	+		+	+	+		740~4310	3.4~26.8	7.9~9.1	49~395	0.04~0.2	0.36~0.57	5.0~12.9	52~273
A. limosua Yu, You & Wang	+							—	10.0~12.0	7.5~8.1	—	0.19	—	—	—
A. longissimum Yu, You & Kociolek	+							—	12.9	8.3	—	0.17	—	5.5	—
A. ludingensis Wang							+	2300	11.3~13.9	7.2~7.7	330~422	0.35~28.78	0.79~1.26	4.7~5.7	291~348
A. minutissimum (Kützing) Czarnecki	+	+	+	+	+	+	+	740~4760	2.3~26	6.4~9.5	7~612	0.01~0.35	0.02~0.57	8.9~14.7	9~546
A. pfisteri Lange-Bertalot			+	+	+			2472~4600	1.6~19.6	7.6~8.6	61~174	0.01~0.19	0.01~0.55	7.7~14.7	62~260
A. pseudoconspicuum (Foged) Jüttner & Cox		+		+	+	+		1400~4600	1.6~50	6.8~8.62	71~612	0.05~0.42	0.01~2.25	5.3~11.4	63~546
A. pyrenaicum (Hustedt) Kobayasi	+		+	+				2400~4100	4.7~14.1	7.76~8.7	36~280	0.02~0.2	0.04~1.4	5.3~10.0	32~273
A. rivulare Potapova & Ponader	+	+	+	+			+	740~4760	2.3~32.7	6.8~9.5	7~612	0.01~0.83	0.18~0.35	3.7~14.7	375~546
A. rosenstockii (Lange-Bertalot) Lange-Bertalot	+							—	11.1	7.9	—	0.18	—	4.9	—
A. straubianum (Lange-Bertalot) Lange-Bertalot	+		+	+	+			1660~4100	9.3~15	7.1~8.62	18~372	0.02~0.26	0.08~0.9	7.3~10.0	17~336
A. subhudsonis var. *kraeuselii* (Cholnoky) Cantonati & Lange-Bertalot				+				3470	10.3	7.8	22	0.01	0.07	8.5	20
A. subtilissimum Yu, You & Kociolek	+							—	10.0	7.5	—	0.19	—	4.5	—
A. thienemannii Krammer & Lange-Bertalot	+			+				3450~3750	5~20.8	7.78~9.1	55~72	0.03~0.83	0.4~3.6	3.7~9.4	46~50
A. trinode Ralfs	+							—	11.1	7.9	—	0.18	—	4.9	—
Gomphothidium ovatum Watanabe & Tuji	+			+				3450~3750	5~20	7.78~9.1	55~72	0.03~0.83	0.4~3.6	3.7~9.4	46~50
Kolbesia sichuanensis Yu, You & Wang	+							—	11.1	7.9	—	0.18	—	4.9	—
Psammothidium altaicum (Poretzky) Bukhtiyarova		+		+				3730	6.5	7.6	61	0.04	0.24	8.9	62
P. bioretii (Germain) Bukhtiyarova & Round	+			+	+			3200~3470	9.8~40	6.4~8.7	22~294	0.01~0.4	0.07~2.05	2.6~8.46	9~211

种类名称	生境							理化指标							
	湖泊	池塘	沼泽	河流	溪流	温泉	盐池	海拔[m]	水温[℃]	pH	电导率[ms/cm]	盐度[‰]	NH_4^+-N	DO[mg/L]	TDS[mg/L]
P. daonense Bukhtiyarova & Round	+	+	+		+			3600~4750	1.6~12.1	7.76~9.1	36~131	0.02~0.09	0.01~0.35	6.4~7.7	32~121
P. didymum（Hustedt）Bukhtiyarova & Round	+							3780~3870	3.0~12.4	7.8~8.3	25~31	0.02	0.08~0.76	7.0~8.5	25~80
P. frigidum（Hustedt）Bukhtiyarova & Round	+		+					3200~3780	3~13.3	7.1~8.6	18~68	0.02~0.05	0.08~0.55	7.3~8.7	17~70
P. helveticum（Hustedt）Bukhtiyarova & Round		+						3450~4630	5~15.3	6.9~9.1	45~280	0.01	0.02~0.28	5.4~8.0	10~175
P. kryophilum（Petersen）Reichardt						+		3570	20~32.7	6.8~8.0	72~612	0.16~0.83	1.05~3.6	3.7~11.4	50~357
P. lauenburgianum（Hustedt）Bukhtiyarova & Round		+			+			3730	6.5	7.6	61	0.04	0.24	8.9	62
P. levanderi（Hustedt）Bukhtiyarova and Round	+					+		3570~3780	3~32.7	6.8~8.0	18~612	0.02~0.83	0.08~3.6	3.7~11.4	17~357
P. rechtense（Leclercq）Lange-Bertalot						+		3570	30.5~40	6.8~8.0	390~612	0.16~0.25	1.05~2.05	8.5~11.4	221~357
P. sacculus（Carter）Bukhtiyarova		+	+					2700~3600	4~17.2	7.7~8.7	132~186	0.02~0.03	0.63~0.87	6.2~5.2	109~163
P. scoticum（Flower & Jones）Bukhtiyarova & Round		+			+			3730	6.5	7.6	61	0.04	0.24	8.9	62
P. semiapertum（Hustedt）Aboal	+				+			3870	3.0~7.9	8.1~8.3	25~31	0.02	0.41~0.76	7.0~8.5	27~80
P. sichuanense Wang	+							3870	3.0~7.9	8.1~8.3	25~31	0.02	0.41~0.76	7.0~8.5	27~80
P. subatomoides（Hustedt）Bukhtiyarovar & Round	+		+					3450~4630	5~15.3	6.9~9.1	45~280	0.01	0.02~0.28	5.4~8.0	10~175
P. ventrale（Krasske）Bukhtiyarova & Round		+						3450~4630	5~15.3	6.9~9.1	45~280	0.01	0.02~0.28	5.4~8.0	10~175
Rossithidium peterseni（Hustedt）Round & Bukhtiyarova	+	+	+	+	+			2472~4760	0.6~19	7.5~10	17~179	0.01~0.19	0.01~2.19	4.2~14.7	145~260
R. pusillum（Grunow）Round & Bukhtiyarova	+				+			3870	3.0~7.9	8.1~8.3	25~31	0.02	0.41~0.76	7.0~8.5	27~80
Gliwiczia calcar（Cleve）Kulikovskiy, Lange-Bertalot & Witkowski	+				+			3870	3.0~7.9	8.1~8.3	25~31	0.02	0.41~0.76	7.0~8.5	27~80
Karayevia clevei（Grunow）Round		+		+	+			2700~3570	7.6~17.2	7.7~8.7	72~186	0.83	0.63~3.6	6.2~5.2	50~163
K. laterostrata（Hustedt）Bukhtiyarova			+		+			3570~3730	6.5~15	7.6~7.78	61~72	0.04~0.83	0.24~3.6	3.7~8.9	50~62
Lemnicola hungarica（Grunow）Round & Basson	+	+	+	+	+	+		1500~3604	6.1~60	6.4~9.1	42~612	0.03~0.4	0.4~2.05	2.6~11.4	9~357
Platessa bahlsii Potapova			+		+			3570~3600	4~32.7	6.8~8.0	72~612	0.16~0.83	1.05~3.6	3.7~11.4	50~357

（续表）

种类名称	生境							理化指标							
	湖泊	池塘	沼泽	河流	溪流	温泉	盐池	海拔[m]	水温[℃]	pH	电导率[ms/cm]	盐度[‰]	NH_4^+-N	DO[mg/L]	TDS[mg/L]
P. conspicua（Mayer）Lange-Bertalo			+			+		3570~3600	4~32.7	6.8~8.0	72~612	0.16~0.83	1.05~3.6	3.7~11.4	50~357
P. lanceolata Wang & You	+	+						3200~4600	1.6~40	6.4~8.2	53~294	0.03~0.4	0.01~2.05	2.6~7.7	9~211
P. montana（Krasske）Lange-Bertalot	+		+		+			2472~3604	3~10.4	7.8~8.6	68	0.05~0.19	0.55	8.1~14.7	70~260
P. mugecuoensis Wang & You	+				+			3870	3.0~7.9	8.1~8.3	25~31	0.02	0.41~0.76	7.0~8.5	27~80
P. ziegleri（Lange-Bertalot）Krammer & Lange-Bertalot	+					+		3570~4100	30~40	6.8~8.0	390~612	0.16~0.25	1.05~2.05	8.5~11.4	221~357
P. hustedtii（Krasske）Lange-Bertalot			+			+		3570~3600	4~32.7	6.8~8.0	72~612	0.16~0.83	1.05~3.6	3.7~11.4	50~357
Planothidium biporomum（Hohn & Hellerman）Lange-Bertalot					+			3450	5~8.1	8.4~9.1	55~72	0.03~0.83	0.4~3.6	—	46~50
P. cryptolanceolatum ahn & Abarca		+				+		2700~3570	7.6~32.7	6.8~8.7	132~612	0.16~0.25	0.63~2.05	6.2~11.4	109~357
P. dubium（Grunow）Round & Bukhtiyarova					+			3450	5~8.1	8.4~9.1	55~72	0.03~0.83	0.4~3.6	7.6	46~50
P. ellipticum（Cleve）Round & Bukhtiyarova				+				3320	10.0	8.7	—	—	—	—	—
P. frequentissimum（Lange-Bertalot）Lange-Bertalot	+	+	+	+	+	+		1400~3620	5~40	6.8~9.1	7~612	0.03~0.42	0.18~2.05	3.9~11.4	41~546
P. haynaldii var. intermedia Cleve		+	+	+	+			1400~3760	10.5~19.1	8.0~9.1	258~608	0.14~0.42	0.29~0.99	8.3~10.4	189~546
P. incuriatum Wetzel, van de Vijver & Ector				+	+			1510~4610	8.5~17.5	8.3~8.62	71~372	0.05~0.26	0.48~1.22	7.2~9.3	67~336
P. lanceolatum（Brébisson ex Kützing）Lange-Bertalot		+	+	+	+			1510~3760	6.1~21.1	6.8~8.7	68~193	0.05~0.1	0.4~0.55	5.6~8.1	70~136
P. lanceolatum var. minor Cleve					+			3570	30~32.7	6.8~8.0	390~612	0.16~0.25	1.05~2.05	8.5~11.4	221~357
P. oestrupii（Cleve-Euler）Edlund, Soninkhishig, Williams & Stoermer				+				3320	10.0	8.7					
P. peragalloi（Brun & Héribaud）Round & Bukhtiyarova				+				3320	10.0	8.7	—	—	—	—	—
P. potapovae Wetzel & Ector				+	+			3320~3470	10~14.5	8.0~8.7	72	0.04	0.16	7.6	58
P. rostratum（Ostrup）Lange-Bertalot				+				3320	10.0	8.7					
P. victorii Novis, Braidwood & Kilory				+				3320	10.0	8.7	—	—	—	—	—
Eucocconeis alpestris（Brun）Lange-Bertalot	+	+	+		+			3500~4600	1.6~32.7	6.8~8.7	18~612	0.02~0.83	0.01~3.6	3.7~11.4	17~357
E. aretasii（Manguin）Lange-Bertalot	+							3200	9.8~40	6.4~8.2	53~294	0.03~0.4	1.67~2.05	2.6~7.5	9~211

（续表）

种类名称	生境							理化指标							
	湖泊	池塘	沼泽	河流	溪流	温泉	盐池	海拔[m]	水温[℃]	pH	电导率[ms/cm]	盐度[‰]	NH$_4^+$-N	DO[mg/L]	TDS[mg/L]
E. flexella（Kützing）Meister	+	+			+	+		2 190~4 100	8.9~40	6.4~8.5	18~612	0.02~0.83	0.08~3.6	2.6~11.4	9~357
E. laevis（Østrup）Lange-Bertalot	+	+	+					3 600~4 600	1.6~15	8.1~8.5	103~111	0.07~0.09	0.01~0.39	7.7~8.6	89~121
E. lanceolatum Wang	+							3 780~3 870	3.0~12.4	7.8~8.3	25~31	0.02	0.08~0.76	7.0~8.5	25~80
E. rectangularis Wang					+			3 470	10.3	7.8	22	0.01	0.07	8.5	20
E. undulatum You, Zhao, Wang, Kociolek, Pang & Wang				+				3 600~4 630	4~15.3	6.9~7.6	45~280	0.01	0.02~0.28	5.4~8.0	10~175
Cocconeis pediculus Ehrenberg	+	+	+	+	+	+		1 510~4 310	3.4~50	6.8~8.7	49~612	0.04~0.25	0.715~0.57	3.9~11.4	52~357
C. placentula Ehrenberg, Krammer & Lange-Bertalot	+	+	+	+	+	+		740~4 600	1.6~50	6.4~9.1	7~612	0.01~0.83	0.01~0.57	2.6~14.7	9~546
C. placentula var. *euglypta*（Ehrenberg）Grunow	+			+	+			740~4 010	3.7~19.8	7.7~8.9	55~270	0.03~0.14	0.29~0.97	6.8~9.6	46~195
C. placentula var. *klinoraphis* Geitler	+			+			+	740~3 750	10.7~21.5	7.2~8.6	55~422	0.03~0.35	0.29~1.26	4.7~9.6	275~348
C. placentula var. *lineata*（Ehrenberg）Van Heurck	+			+	+		+	740~3 750	10.7~21.5	7.2~8.6	55~422	0.03~0.35	0.29~1.26	4.7~9.6	275~348
C. pseudocostata Romero	+	+		+				2 190~3 320	7.6~17.2	7.7~8.7	132~186	0.11	0.63~0.87	6.2~7.83	109~163
Amphora aequalis Krammer	+				+			2 550~3 780	9.3~13.3	7.1~8.5	7~95	0.02~0.06	0.08~1.12	7.3~8.7	17~84
A. copulata（Kützing）Schoeman & Archibald	+	+	+	+	+			1 470~4 750	0.6~40	6.4~10	7~547	0.01~0.4	0.02~0.35	2.6~10.4	9~481
A. cuneatiformis Levkov & Krstic	+				+		+	1 510~4 140	1.7~40	6.4~8.5	18~422	0.02~0.35	0.08~2.48	2.6~8.9	9~348
A. indistincta Levkov	+						+	2 300~4 100	9.3~13.9	7.1~8.09	18~422	0.02~0.35	0.08~1.26	4.7~8.7	17~348
A. macedoniensis Nagumo	+	+	+					2 230~4 475	0.6~19.8	8.0~10	49~258	0.04~0.14	0.18~0.57	7.2~10.4	52~189
A. ovalis Kützing		+			+			3 203~4 600	1.6~13.5	7.5~8.37	89~103	0.07~0.09	0.01~2.48	7.7~8.9	94~121
A. pediculus Grunow	+	+	+	+	+	+		1 400~4 630	1.6~32.7	6.8~9.0	12~612	0.01~0.35	0.01~0.57	6.2~14.7	10~546
Halamphora aponina（Kützing）Levkov							+	2 300	11.3~13.9	7.2~7.7	330~422	28.78~0.35	0.79~1.26	4.7~5.7	291~348
H. brevis Levkov			+					3 550	—	—	—	—	—	—	—
H. coraensis Levkov			+					3 400	6.2	8.7	—	—	—	—	—
H. dusenii Levkov	+	+			+			3 200~3 604	6.1~40	6.4~8.6	53~294	0.03~0.4	0.33~2.05	2.6~8.1	9~211
H. elongata Bennett & Kociolek			+					3 550	—	—	—	—	—	—	—

（续表）

种类名称	生境							理化指标							
	湖泊	池塘	沼泽	河流	溪流	温泉	盐池	海拔[m]	水温[℃]	pH	电导率[ms/cm]	盐度[‰]	NH_4^+-N	DO[mg/L]	TDS[mg/L]
H. fontinalis Levkov					+			1 620	23.4~25.3	8.2~8.4	373~395	0.18~0.19	1.08	5.0~5.1	249~256
H. hezhangii You & Kociolek			+					3 550	—	—	—	—	—	—	—
H. montana (Krasske) Levkov	+	+	+	+	+	+		740~4 000	2.3~40	6.4~9.5	18~612	0.02~0.42	0.08~2.05	6.2~11.4	9~546
H. normanii (Rabenhorst) Levkov					+			2 760	7.9	8.5					
H. oligotraphenta (Lange-Bertalot) Levkov	+	+	+	+	+			1 620~4 660	1.7~25.3	7.4~8.9	16~547	0.01~0.37	0.1~0.57	3.9~9.7	14~481
H. subfontinalis You & Kociolek		+						2 030	—	7.6	—	—	—	—	—
H. submontana (Hustedt) Levkov				+	+			2 030~2 795		7.6~7.9					
H. schroederi Levkov		+		+	+			740~4 110	7.6~32.7	6.8~8.7	83~612	0.01~0.25	0.18~2.05	6.2~11.4	71~357
H. veneta Levkov	+	+	+		+			1 620~4 310	3.4~25.3	8.0~9.0	49~547	0.04~0.37	0.8~0.57	5.0~9.7	52~481
Cymbella affiniformis Krammer	+	+	+	+	+			1 510~4 630	0.6~32.7	6.8~10	12~612	0.01~0.83	0.01~0.57	3.7~11.4	10~481
C. affinis var. *primigenia* Manguin	+							3 416	10.7	7.7	—	—	—	—	—
C. alpestris Krammer		+	+		+	+	+	2 300~3 570	10.7~60	6.8~9.1	71~612	0.05~0.35	0.29~2.05	4.7~11.4	63~357
C. arctica Schmidt	+	+			+			2 700~4 760	3.4~14	8.2~9.0	49~137	0.04~0.1	0.8~0.57	7.2~9.7	52~140
C. asiatica Metzeltin, Lange-Bertalot & Li		+	+		+			2 700~4 760	3~14	8.4~9.0	77	0.05	2.19	7.3	74
C. aspera (Ehrenberg) Cleve	+	+	+					1 500~3 730	6.5~40	6.4~8.5	53~294	0.03~0.4	0.24~2.05	2.6~8.9	9~211
C. australica Cleve	+			+				1 400~2 010	10.5~19.8	8.0~8.5	270~608	0.14~0.42	0.29~0.97	6.8~9.4	195~546
C. cantonensis Voigt					+			1 620	23.4~25.3	8.2~8.4	373~395	0.18~0.19	1.08	5.0~5.1	249~256
C. cistula (Ehrenberg) Kirchner	+	+	+		+			1 510~4 630	0.6~26	6.4~10	29~375	0.01~0.4	0.21~0.57	6.2~9.7	9~336
C. cistula var. *hebetata* (Pantocsek) Cleve-Euler	+	+						2 700~4 310	3.4~17.2	7.7~8.7	49~186	0.04~0.1	0.63~0.57	6.2~9.7	52~163
C. convexa (Hustedt) Krammer		+						2 400	19.1	9.1	258	0.14	0.99	10.4	189
C. cosleyi Bahls		+			+			1 660~4 630	0.6~19.1	7.7~10	29~372	0.01~0.26	0.21~0.57	4.2~10.4	215~336
C. dorsenotata Østrup		+			+			2 374	—	7.5	—	—	—	—	—
C. excisa Kützing		+		+	+			1 400~3 600	6.2~15.8	7.5~8.8	83~608	0.05~0.42	0.29~0.78	8.3~9.4	71~546
C. excisa var. *subcapitata*	+							3 468	16.1	8.2					

(续表)

种类名称	生境							理化指标							
	湖泊	池塘	沼泽	河流	溪流	温泉	盐池	海拔[m]	水温[℃]	pH	电导率[ms/cm]	盐度[‰]	NH_4^+-N	DO[mg/L]	TDS[mg/L]
C. excisiformis Krammer	+				+			3760~3780	11~19.8	7.1~8.5	18~34	0.02	0.08~0.18	7.3~8.7	17~31
C. hantzschiana Krammer	+	+		+	+			900~4630	0.6~19.1	7.5~10	29~375	0.01~0.22	0.21~0.57	3.9~9.7	215~293
C. hebetata Pantocsek			+					3222	16.1	7.9	—	—	—	—	—
C. hustedtii Krasske			+					3222	16.1	7.9	—	—	—	—	—
C. kolbei Hustedt						+	+	1620~2400	11.2~25.3	8.2~8.5	373~547	0.18~0.37	0.86~1.08	5.0~7.5	249~481
C. lanceolata Agardh	+	+	+					1510~2750	7.6~19.8	7.0~8.7	94~270	0.06~0.14	0.39~0.97	6.8~8.9	79~195
C. leptoceros (Ehrenberg) Grunow			+					3550	—	—	—	—	—	—	—
C. maggiana Krammer					+			2400	9.1	9.0	129	0.09	0.56	9.0	120
C. metzeltinii Krammer				+				1400	15.8	8.1	567	0.35	0.69	8.3	449
C. neocistula Krammer	+	+		+	+	+		1400~4600	1.6~32.7	6.8~9.0	36~612	0.02~0.83	0.01~5.02	3.7~11.4	32~546
C. neocistula var. lunata Krammer						+		4010	6.3	8.4	—	—	—	—	—
C. neocistula var. islandica Krammer	+							4443	—	8.5	—	—	—	—	—
C. neogena (Grunow) Krammer	+							4443	—	8.5	—	—	—	—	—
C. neoleptoceros Krammer	+	+	+	+	+			1620~4100	3~60	6.8~9.1	7~612	0.02~0.83	0.08~3.6	3.7~14.7	17~357
C. obtusiformis Krammer	+							3356	17.1	8.0	—	—	—	—	—
C. parva (Smith) Kirchner	+							3356	17.1	8.0	—	—	—	—	—
C. peraffinis (Grunow) Krammer	+							—	14.8	7.9	—	—	—	—	—
C. percapitata Krammer	+							3360	15.2	7.7	—	—	—	—	—
C. percymbiformis Agardh								2440~4475	0.6~40	6.4~10	53~375	0.03~0.4	0.21~2.05	2.6~8.2	9~293
C. proxima Reimer	+	+		+				2290~4310	3.4~13.3	7.1~8.7	18~137	0.02~0.1	0.08~0.57	6.9~9.7	17~140
C. scutariana Krammer	+							2440~4475	0.6~40	6.4~10	53~375	0.03~0.4	0.21~2.05	2.6~8.2	9~293
C. simonsenii Krammer	+							4475	0.6	10.0	83	0.07	0.21	8.2	98
C. stigmaphora Østrup	+							3360	15.2	7.7	—	—	—	—	—
C. stuxbergii (Cleve) Cleve					+	+	+	2670~4010	2.3~32.7	6.8~8.9	55~612	0.05~0.83	0.29~3.6	3.7~11.4	50~357
C. subarctica Cleve-Euler			+					3222	16.1	7.9	—	—	—	—	—
C. subcistula Krammer	+							1510	19.8	8.5	270	0.14	0.97	6.8	195
C. subhelvetica Krammer	+	+			+			2472~4310	1.7~40	6.4~8.7	18~389	0.02~0.4	0.08~0.57	2.6~14.7	9~260

（续表）

种类名称	生境							理化指标							
	湖泊	池塘	沼泽	河流	溪流	温泉	盐池	海拔[m]	水温[℃]	pH	电导率[ms/cm]	盐度[‰]	NH₄⁺-N	DO[mg/L]	TDS[mg/L]
C. subleptoceros Kützing	+	+		+	+		+	1400~4750	2.3~20	7.2~9.1	7~608	0.02~0.35	0.04~0.35	4.7~10.4	29~546
C. tropica Krammer			+	+	+			1510~3807	13.6~25.3	7.9~8.4	207~395	0.12~0.19	0.715~1.08	5.0~8.36	170~256
C. tumida Van Heurck	+	+		+	+			740~3807	9.5~20.4	7.7~8.7	174~608	0.11~0.42	0.29~1.09	3.9~9.6	146~546
C. turgidula Grunow		+		+	+			740~4110	9.2~20	8.2~8.65	7~239	0.01~0.18	0.18~1.12	7~9.6	41~175
C. turgidula var. *bengalensis* Krammer					+			1620	23.4~25.3	8.2~8.4	373~395	0.18~0.19	1.08	5.0~5.1	249~256
C. tuulensis Metzeltin, Lange-Bertalot & Nergui		+						2700~4000	2.3~14.6	8.0~9.0	80~179	—	0.63~1.49	6.7~9.4	92~148
C. vulgata Krammer		+		+	+			1620~3210	10.4~25.3	7.8~8.6	83~395	0.05~0.19	0.74~1.08	5.0~14.7	71~260
C. weslawskii Krammer			+					3222	16.1	7.9	—	—	—	—	—
Cymbopleura acutiformis Krammer	+							4443	—	8.5	—	—	—	—	—
C. amphicephala (Nägeli & Kützing) Krammer						+		2300	11.3~13.9	7.2~7.7	330~422	28.78~0.35	0.79~1.26	4.7~5.7	291~348
C. anglica (Lagerstedt) Krammer			+					3582	17	7.4	—	—	—	—	—
C. angustata (Smith)		+		+	+			2810~4760	8.5~32.7	6.8~8.8	18~612	0.02~0.83	0.08~3.6	3.7~12.9	17~357
C. angustata var. *tenuis* Krammer	+							3416	10.7	7.7	—	—	—	—	—
C. angustata var. *fontinalis* Krammer	+							3416	10.7	7.7	—	—	—	—	—
C. apiculata Krammer	+							—	14.8	7.9	—	—	—	—	—
C. cuspidata (Kützing) Krammer					+			2240	13.6	7.9	119	0.07	0.36	8.6	995
C. hercynica (Schmidt) Krammer				+	+			1510~4100	6.1~17.5	8.6~8.7	68	0.05	0.55	8.1	70
C. inaequalis (Ehrenberg) Krammer	+	+			+			2400~3200	7.3~40	6.4~9.0	53~294	0.03~0.4	1.67~2.05	2.6~7.5	9~211
C. incerta (Grunow) Krammer					+			2200~3210	5~12.3	8.5~8.7	83~547	0.05~0.37	0.74~0.86	7.5~8.6	71~481
C. incertiformis Krammer					+			3570	21.1	6.9	193	0.10	0.40	5.6	136
C. juriljii Levkov & Metzeltin	+							3750	13.5	8.3	55	0.03	0.40	9.4	463
C. kuelbsii Krammer					+			1620	10.7~25.3	7.7~8.4	373~395	0.18~0.19	1.08	5.0~5.1	249~256
C. lata (Grunow)		+			+			3200~3604	6.1~13.5	7.5~8.6	68	0.05	0.55	8.1	70
C. linearis Krammer	+	+	+		+			3200~4630	1.6~40	6.4~8.2	12~294	0.01~0.4	0.01~2.05	2.6~8.9	9~211
C. maggieae Loren		+						3780~3870	3.0~12.4	7.8~8.3	25~31	0.02	0.08~0.76	7.0~8.5	25~80

（续表）

种类名称	生境							理化指标							
	湖泊	池塘	沼泽	河流	溪流	温泉	盐池	海拔[m]	水温[℃]	pH	电导率[ms/cm]	盐度[‰]	NH₄⁺-N	DO[mg/L]	TDS[mg/L]
C. margalefii Delgado				+		+		1620~3809	14.1~25.3	8.2~8.4	128~395	0.08~0.19	0.04~1.08	5.0~8.21	105~256
C. mongolica Metzeltin, Lange-Bertalot & Nergui	+		+	+	+			3200~4630	3.7~19	7.6~8.9	29~134	0.01~0.1	0.23~0.42	4.2~9.09	22~140
C. monticola (Hustedt) Krammer				+				2430	5.4	8.2	129	0.10	0.66	9.7	134
C. nadejdae Metzeltin, Lange-Bertalot & Soninkhishig	+			+				3070~4100	3.6~12	7.7~8.7	65~173	0.05~0.14	0.23~2.0	4.2~9.7	65~191
C. naviculiformis (Auerswald & Heibery) Krammer	+	+	+	+	+			2550~3760	3~40	6.4~9.1	7~294	0.03~0.4	0.24~2.05	2.6~8.9	9~211
C. naviculiformis var. *laticapitata* Krammer	+							3360	15.2	7.7	—	—	—	—	—
C. oblongata Krammer	+		+	+	+			2400~4760	3~40	6.4~8.8	7~547	0.01~0.57	0.08~0.57	2.6~12.9	9~481
C. oblongata var. *parva* Krammer	+					+		3200~4100	9.8~40	6.4~8.2	53~294	0.03~0.4	1.67~2.05	2.6~7.5	9~211
C. perprocera Krammer	+		+					3600~4750	4~15.3	6.9~9.1	12~131	0.01~0.08	0.02~0.35	5.4~8.9	10~113
C. rupicola (Grunow) Krammer					+			2760~3380	3.7~7.9	8.5~8.9	—	—	—	—	—
C. stauroneiformis Krammmer	+		+	+			+	2300~4630	2.3~19	7.2~8.7	29~422	0.01~28.8	0.23~1.49	4.2~9.4	215~348
C. subaequalis (Grunow) Krammer					+			3075	8.7	8.0	—	—	—	—	—
C. subaequalis var. *pertruncata* Krammer	+							—	12.0	8.1	—	0.19	—	4.9	—
C. yateana (Maillard) Krammer					+			—	9.6	8.1	—	0.19	—	5.2	—
Delicatophycus alpestris (Krammer) Wynne	+		+	+	+	+	+	740~4760	1.7~26	6.8~8.8	29~612	0.01~0.35	0.16~0.57	3.7~14.7	215~546
D. canadensis (Bahls) Wynne	+		+	+	+			2670~4000	2.3~32.7	6.8~8.9	42~612	0.03~0.25	0.29~2.09	6.64~11.4	38~357
D. chongqingensis (Zhang, Yang & S Blanco) Wynne				+	+			2240~3809	6.9~14.1	7.9~8.29	61~128	0.04~0.08	0.04~0.67	8.21~9.8	61~105
D. delicatula (Kützing) Wynne	+	+	+	+	+	+		1500~4760	1.6~26	6.4~9	42~612	0.03~0.83	0.01~0.35	2.6~14.7	9~481
D. judaica (Krammer & Lange-Bertalot) Wynne				+				740~2540	6.9~16	8.2~8.6	61~191	0.04~0.11	0.42~0.62	7~9.8	61~150
D. minutus (Krammer) Wynne	+	+			+			1620~4600	1.6~25.3	7.8~8.5	65~395	0.05~0.19	0.01~2.09	5.0~14.7	65~260
D. montana (Bahls) Wynne	+	+						1500~4475	0.6~15.6	8.9~10	83~173	0.07~0.1	0.21~0.43	8.2~8.26	98~138
D. sinensis (Krammer & Metzeltin) Wynne	+	+		+				740~4100	3~20.6	7.9~9.5	61~262	0.04~0.16	0.39~0.75	7~9.8	50~218
D. sparsistriata (Krammer) Wynne	+		+	+	+		+	740~4760	1.7~26	6.8~8.8	29~612	0.01~0.35	0.16~0.57	3.7~14.7	215~546

（续表）

种类名称	生境							理化指标							
	湖泊	池塘	沼泽	河流	溪流	温泉	盐池	海拔[m]	水温[℃]	pH	电导率[ms/cm]	盐度[‰]	NH$_4^+$-N	DO[mg/L]	TDS[mg/L]
D. verena （Lange-Bertalot & Krammer）Wynne	+			+	+			2 472~3 500	5~21.5	7.8~8.7	204~389	0.15~0.2	0.88~0.99	7.4~14.7	28~260
D. williamsii （Liu & Blanco）Wynne			+	+	+			740~3 807	3~16	7.9~8.7	68~262	0.05~0.16	0.43~0.88	7~10.0	70~218
D. neocaledonica （Krammer）Wynne				+				740~2 540	6.9~16	8.2~8.6	61~191	0.04~0.11	0.42~0.62	7~9.8	61~150
Encyonema auerswaldii Rabenhorst	+							1 510	19.8	8.5	270	0.14	0.97	6.8	195
E. brevicapitatum Krammer	+		+	+	+	+	+	2 190~4 630	1.7~32.7	6.8~9.1	7~612	0.01~0.35	0.02~0.57	3.7~14.7	10~357
E. caronianum Kramme	+		+		+			3 200~3 730	3~40	6.4~8.2	53~294	0.03~0.4	0.16~2.05	2.6~8.9	9~211
E. cespitosum Kützing	+	+		+				2 290~3 600	4~17.2	7.7~8.7	114~186	0.07~0.1	0.63~0.87	6.2~9.2	100~163
E. gaeumanii （Meister）Krammer	+		+		+			3 200~3 780	3~14.5	7.1~8.6	18~72	0.02~0.05	0.08~0.55	7.3~9.4	17~70
E. jemtlandicum var. *venezolanum* Kramme			+					3 468	11	8.5	—	—	—	—	—
E. kukenanum Krammer		+						2 400	20.6	9.5	70	0.04	0.70	9.3	50
E. lange-bertalotii Krammer	+	+	+	+	+	+		740~4 760	1.6~32.7	6.8~9.8	12~612	0.01~0.83	0.01~0.57	3.7~11.4	10~546
E. latens （Bleisch）Mann	+	+	+	+	+	+	+	1 400~4 660	2.3~50	6.8~9.1	12~612	0.01~0.35	0.02~3.6	3.7~14.9	10~546
E. leei Ohtsuka		+		+				740~2 400	13~20.6	8.2~9.5	70~191	0.04~0.11	0.57~0.7	7~9.6	50~150
E. leibleinii （Agardh）Silva	+			+				740~2 440	13~16.2	8.1~8.6	174~375	0.11~0.22	0.57~1.09	3.9~9.6	146~293
E. lunatum （Smith）Van Heurck	+		+					3 200~4 630	6.5~40	6.4~8.2	12~294	0.01~0.4	0.02~2.05	2.6~8.9	9~211
E. lunatum var. *borealis* Krammer	+		+	+				3 200~3 780	3~40	6.4~8.7	18~294	0.02~0.4	0.08~2.05	2.6~8.7	9~211
E. minnutum Mann		+	+	+	+	+	+	740~4 760	0.6~50	7.2~10	17~547	0.01~0.35	0.18~0.57	6.2~9.7	145~481
E. mirabilis Rodionova	+							3 780~3 870	3.0~12.4	7.8~8.3	25~31	0.02	0.08~0.76	7.0~8.5	25~80
E. neogracile Krammer	+							3 200~3 780	9.3~40	6.4~8.2	18~294	0.02~0.4	0.08~2.05	2.6~8.7	9~211
E. norvegicum （Grunow）Mills	+		+					3 730~3 780	6.5~13.3	7.1~7.8	18~61	0.02~0.04	0.08~0.24	7.3~8.9	17~62
E. perlangebertalotii Kulikovskiy & Metzeltin	+		+	+	+			740~4 100	5~40	6.4~9.1	53~612	0.03~0.4	0.36~2.05	2.6~11.4	9~357
E. pseudocaespitosum Levkov & Krstic	+			+				2 400~3 780	6.1~13.3	7.1~9.0	18~129	0.02~0.09	0.08~0.56	7.3~9.04	17~120

种类名称	生境							理化指标							
	湖泊	池塘	沼泽	河流	溪流	温泉	盐池	海拔[m]	水温[℃]	pH	电导率[ms/cm]	盐度[‰]	NH$_4^+$-N	DO[mg/L]	TDS[mg/L]
E. reichardtii Mann	+				+			3500~4610	2.3~14.6	7.1~8.9	18~179	0.02~0.05	0.08~1.49	6.7~9.4	17~148
E. rostratum Krammer			+	+	+			740~2670	9.3~16	8~8.6	7~191	0.03~0.11	0.43~1.12	7~10.0	41~150
E. silesiacum (Bleisch) Mann	+	+	+	+	+		+	1510~4760	2.3~32.7	6.8~9.8	7~612	0.01~0.83	0.02~0.57	6.2~11.4	10~357
E. ventricosum (Agardh) Grunow			+		+			2440	9.4~9.9	8~8.29	161~163	0.11	0.43~0.62	9.69~10.0	149~150
Kurtkrammeria neoamphioxys (Krammer) Bahls			+					3730	6.5	7.6	61	0.04	0.24	8.9	62
Encyonopsis alpina Krammer and Lange-Bertert	+	+	+		+			2700~4610	5~17.2	7.6~9.1	61~186	0.04~0.07	0.24~1.22	6.2~8.9	62~163
E. bobmarshallensis Bahls					+			4610~4760	8.5	8.4~8.8	71~77	0.05	1.22~2.19	7.2~7.3	67~74
E. cesatiformis Krammer	+		+	+	+		+	2240~4630	3~32.7	6.8~8.5	12~612	0.01~0.83	0.02~3.6	3.7~11.4	10~357
E. cesatii (Rabenhorst) Krammer	+							3470~4660	3~15.4	7.5~8.7	16~137	0.01~0.1	0.14~0.57	5.0~9.7	14~140
E. descripta (HUstedt) Krammer	+	+	+					2240~4660	3.4~15.4	7.5~8.7	16~547	0.01~0.37	0.14~0.57	5.0~14.7	14~481
E. descriptiformis Bahls		+						2810	26.8	8.5	286	0.13		12.9	179
E. eifelana Krammer	+							3780~3870	3.0~12.4	7.8~8.3	25~31	0.02	0.08~0.76	7.0~8.5	25~80
E. falaisensis (Grounow) Krammer	+	+			+			2472~4100	3~40	6.4~8.8	53~294	0.03~0.4	0.39~2.05	2.6~14.7	9~260
E. hengduanensis Luo & Wang sp. nov.						+		1620	23.4	8.4	374	0.18	1.07	5.1	250
E. hustedtii Bahls			+		+			3730~4310	6.5~8.5	7.6~8.4	61~71	0.04~0.05	0.24~1.22	7.2~8.9	62~67
E. kutenaiorum Bahls	+							3780~3870	3.0~12.4	7.8~8.3	25~31	0.02	0.08~0.76	7.0~8.5	25~80
E. microcephala (Grunow) Krammer	+	+		+	+		+	1470~4310	2.3~26.8	7.1~9.1	7~547	0.02~0.35	0.08~0.57	6.7~12.9	17~481
E. minuta Krammer & Reichardt	+	+			+	+		1620~3570	5~50	6.8~9.1	72~612	0.14~0.83	0.63~3.6	6.2~14.7	50~481
E. montana Bahls	+		+					3200~4630	8.3~40	6.4~8.2	12~294	0.01~0.4	0.02~2.05	2.6~8.0	9~211
E. perborealis Krammer	+				+			3500~4000	2.3~14.6	7.1~8.7	18~179	0.02	0.08~1.49	6.7~9.4	17~148
E. perpuilla Luo & Wang sp. nov.					+			3210	12.3	8.6	83	0.05	0.74	8.6	71
E. stafsholtii Bahls	+		+					3200~4630	8.3~40	6.4~8.2	12~294	0.01~0.4	0.02~2.05	2.6~8.7	9~211

（续表）

种类名称	生境							理化指标							
	湖泊	池塘	沼泽	河流	溪流	温泉	盐池	海拔[m]	水温[℃]	pH	电导率[ms/cm]	盐度[‰]	NH_4^+-N	DO[mg/L]	TDS[mg/L]
E. tiroliana Krammer & Lange-Bertalot					+			2550~2670	9.3~11.2	8.2~8.5	7~95	0.03~0.06	0.83~1.12	7.7~8.7	41~84
Seminavis pusilla (Grunow) Cox & Reid	+	+		+	+		+	2300~4310	3.4~26.8	7.2~8.7	49~422	0.01~0.35	0.18~0.57	4.7~12.9	52~348
Reimeria asiatica Kulikovskiy, Lange-Bertalot & Metzeltin	+							3780~3870	3.0~12.4	7.8~8.3	25~31	0.02	0.08~0.76	7.0~8.5	25~80
R. capitata (Cleve) Levkov & Ector	+							3200	9.8~40	6.4~8.2	53~294	0.03~0.4	1.67~2.05	2.6~7.5	9~211
R. fontinalis Levkov					+			2740	7.6	8.2	81	0.06	0.67	9.3	79
Reimeria deqinensis Luo & Wang sp. nov.				+				3200~4140	1.7~21.1	6.8~8.7	22~193	0.01~0.1	0.1~2.48	5.6~9.4	21~148
R. ovata (Hustedt) Levkov & Ector	+		+	+	+			2400~4610	3~40	6.4~8.7	53~612	0.03~0.83	0.29~3.6	2.6~11.4	9~481
R. sinuata (Gregory) Kociolek & Stoermer	+	+	+	+	+	+		1510~4750	1.6~40	6.4~9.1	7~612	0.01~0.83	0.01~0.35	2.6~11.4	9~481
R. sinuata f. *antiqua* (Grunow) Kociolek & Stoermer	+							3200	9.8~40	6.4~8.2	53~294	0.03~0.4	1.67~2.05	2.6~7.5	9~211
R. uniseriata Sala, Guerrero & Ferrario		+						2400	11.2	8.5	547	0.37	0.86	7.5	481
Didymosphenia geminata (Lyngbye) Schmidt	+	+		+	+	+		2540~4630	1.6~26	6.8~8.9	17~612	0.01~0.83	0.01~3.6	3.7~11.4	145~357
Gomphonella densestriata (Foged) Luo comb. nov.					+	+		2360~3320	5.3~10	8.2~8.7	61~83	0.04~0.06	0.42~1	8.9~9.8	61~835
G. olivacea (Hornemann) Rabenhorst					+	+		1200~3807	4.7~15.8	7.9~8.7	180~608	0.12~0.42	0.29~1.4	5.3~9.4	169~546
G. linearoides (Levkov) Jahn & Abarca						+		2700~2960	4.7~8.8	8.3~8.4	180~280	0.13~0.2	0.75~1.4	5.3~7.4	170~272
Gomphoneis pseudookunoi Tuji	+	+	+	+				1660~4600	1.6~26	7.7~9.8	36~372	0.02~0.26	0.01~2.09	6.4~10.0	32~336
G. olivaceoides Hustedt				+	+	+		2540~3570	6.9~50	6.8~8.5	42~612	0.03~0.83	0.42~3.6	3.7~11.4	38~357
Gomphosinica chubichuensis Jüttner & Cox	+	+	+	+	+	+	+	1660~4750	1.6~26	6.8~9.1	36~612	0.01~0.35	0.01~0.35	4.7~11.4	32~357
G. hedinii Kociolek, You & Wang	+	+	+	+	+			2700~4600	1.6~19.6	7.76~8.7	36~280	0.01~0.2	0.01~1.49	5.3~9.4	32~273
G. lacustris Kociolek, You & Wang				+				3760	8.0	8.3	—	—	—	—	—
Gomphonema acuminatum Ehrenberg	+	+	+	+	+			1500~3780	6.5~20.4	7.1~9.0	7~372	0.02~0.26	0.08~1.12	6.2~9.3	17~336
G. acuminatum var. *intermedium* Grunow	+		+	+	+			2360~3780	3~13.3	7.1~8.7	18~83	0.02~0.06	0.08~1	7.3~8.9	17~84
G. acuminatum var. *pantocsekii* Cleve-Euler	+		+	+	+			3200~4660	3.7~40	6.4~8.9	16~294	0.01~0.4	0.14~2.05	2.6~9.09	9~211

（续表）

种类名称	生境							理化指标							
	湖泊	池塘	沼泽	河流	溪流	温泉	盐池	海拔[m]	水温[℃]	pH	电导率[ms/cm]	盐度[‰]	NH_4^+-N	DO[mg/L]	TDS[mg/L]
G. affine Kützing	+	+	+	+	+	+		1510~3600	4~32.7	6.8~9.1	7~612	0.03~0.25	0.4~2.05	6.2~11.4	38~357
G. afrhombicum Reichardt	+							3780~3870	3.0~12.4	7.8~8.3	25~31	0.02	0.08~0.76	7.0~8.5	25~80
G. americobtusatum Reichardt & Lange-Bertalot		+		+	+	+		3200~4750	1.6~26	6.8~9	55~612	0.01~0.25	0.01~0.35	7.26~14.9	63~357
G. anglicum Ehrenberg	+							3481	—	—	—	—	—	—	—
G. angustatum（Kützing）Rabenhorst	+	+	+		+	+		2700~3780	7.6~50	6.4~8.7	18~612	0.02~0.4	0.08~2.05	6.2~11.4	9~357
G. angustius Reichardt			+	+	+			1660~2440	9.1~12.5	8~9.0	129~372	0.09~0.26	0.32~0.9	8.13~10.0	120~336
G. angustivalva Reichardt & Lange-Bertalot			+		+			3470~3770	2.3~18.1	8.0~8.9	55~133	0.04~0.09	0.18~1.13	7.3~9.7	53~124
G. angusticephalum Reichardt & Lange-Bertalot	+							1510~2440	15.1~19.8	8.1~8.5	270~375	0.14~0.22	0.89~1.09	3.9~6.8	195~293
G. asiaticum Liu & Kociolek	+							1510	19.8	8.5	270	0.14	0.97	6.8	195
G. asymmetricum Carter	+							—	11.1	7.9		0.18		4.9	
G. augur Ehrenberg	+	+						1510~2960	19.8~20.4	7.7~8.5	270	0.14	0.97	6.8	195
G. auguriforme Levkov	+							1510	19.8	8.5	270	0.14	0.97	6.8	195
G. auritum Braun	+							1510	19.8	8.5	270	0.14	0.97	6.8	195
G. brebissonii Kützing	+		+	+	+			3200~4660	3.7~40	6.4~8.9	16~294	0.01~0.4	0.14~2.05	2.6~9.09	9~211
G. californicum Stancheva & Kociolek						+		3200~4190	1.8~14.6	7.8~8.7	22~179	0.01~0.08	0.07~2.25	6.7~9.4	20~148
G. capitatum Ehrenberg			+					2300~3850	6.9~11.9	8.3~8.4	30~262	0.02~0.17	0.37~1.97	8.07~10.4	29~226
G. clavatum Ehrenberg	+	+	+	+	+			1400~3600	4~40	6.4~8.7	53~608	0.03~0.42	0.29~2.05	2.6~9.4	9~546
G. coronatum Ehrenberg	+							2960~3780	9.3~20.4	7.1~7.8	18~34	0.02	0.08~0.18	7.3~8.7	17~31
G. exilissimum Lange-Bertalot	+	+	+	+	+		+	1500~4100	5.3~40	6.4~9.8	53~422	0.03~0.35	0.16~2.05	6.2~9.0	9~348
G. gracile Ehrenberg	+	+	+		+			1470~4750	3~21.1	6.8~9.1	7~258	0.01~0.14	0.02~0.35	8.9~10.4	10~189
G. graciledictum Reichardt & Smith	+	+	+	+	+			1500~3280	7.6~19.8	7.7~9.1	7~375	0.03~0.22	0.43~1.12	6.2~10.4	41~293
G. hebridense Gregory	+							3780~3870	3.0~12.4	7.8~8.3	25~31	0.02	0.08~0.76	7.0~8.5	25~80
G. incognitum Reichardt						+		3400	6.1	8.6	68	0.05	0.55	8.1	70
G. insigniforme Reichardt & Lange-Bertalot				+				3483	21.8	7.6	—				

（续表）

种类名称	生境							理化指标							
	湖泊	池塘	沼泽	河流	溪流	温泉	盐池	海拔 [m]	水温 [℃]	pH	电导率 [ms/cm]	盐度 [‰]	NH_4^+-N	DO [mg/L]	TDS [mg/L]
G. instabile var. wangii (Bao & Reimer) Shi	+		+	+	+			2810~4660	5.3~26	6.4~8.8	16~294	0.01~0.4	0.14~2.05	2.6~12.9	9~211
G. insularum Kociolek, Woodward & Graeff	+	+	+		+			1510~3604	3~17.5	8.1~8.6	30~375	0.02~0.22	0.37~1.09	3.9~8.1	29~293
G. intermedium Hustedt	+	+		+	+			740~4630	0.6~19.6	7.7~10	29~375	0.01~0.22	0.18~1.09	3.9~9.6	215~293
G. intricatum Kützing	+			+	+	+		740~3780	9.3~32.7	6.8~8.6	18~612	0.02~0.83	0.08~3.6	3.7~11.4	17~357
G. intricatum var. capitata Hustedt	+					+		3570~3780	9.3~32.7	6.8~8.0	18~612	0.02~0.83	0.08~3.6	3.7~11.4	17~357
G. intricatum var. fossile Pantocsek	+							3468	16.1	8.2	—	—	—	—	—
G. italicum Kützing	+	+		+	+			1470~3280	7.6~20	7.7~9.1	7~270	0.03~0.14	0.63~1.12	6.2~10.4	41~195
G. kaznakowii Mereschkowsky			+	+	+			2430~4250	4.7~26.8	8~8.5	61~285	0.04~0.2	0.42~1.4	5.3~12.9	61~273
G. kaznakowii var. cruciatum Shi & Li			+	+	+			2430~4250	4.7~26.8	8~8.5	61~285	0.04~0.2	0.42~1.4	5.3~12.9	61~273
G. lacus-victoriensis Reichardt	+							3780~3870	3.0~12.4	7.8~8.3	25~31	0.02	0.08~0.76	7.0~8.5	25~80
G. lagenula Kützing	+	+	+	+	+			740~3760	5~40	6.8~9.1	114~612	0.07~0.42	0.29~2.05	5.0~11.4	100~546
G. lagerheimii Cleve			+					3600	4.0	—					
G. lancettula Luo & Wang sp nov.	+							4475	0.6	10.0	83	0.07	0.21	8.2	99
G. lange-bertalotii Reichardt	+	+			+			2400~4600	1.6~15	7.1~8.7	18~547	0.02~0.37	0.01~0.57	6.7~9.7	17~481
G. lateripunctatum Reichardt		+				+		3570~4600	1.6~32.7	6.8~8.1	72~612	0.09~0.83	0.01~3.6	3.7~11.4	50~357
G. laticollum Reichardt	+		+		+			2400~4630	8.3~15.3	6.9~8.5	12~547	0.01~0.37	0.02~0.86	5.4~8.7	10~481
G. leptoproductum Lange-Bertalot & Genkal			+	+	+			2200~4630	2.3~18.1	6.9~9.1	12~280	0.01~0.2	0.02~1.49	5.3~9.7	10~273
G. leemanniae Cholnoky		+	+					2230~3280	11.9~19.8	8.3~9.0	114~119	0.07~0.1	0.74~0.84	6.9~9.2	100~130
G. lingulatum Hustedt	+							2440	15.1	8.4	272	0.16	1.09	4.3	218
G. liyanlingae Metzeltin & Lange-Bertalot					+			3200~4190	1.8~14.6	7.8~8.7	22~179	0.01~0.08	0.07~2.25	6.7~9.4	20~148
G. longiceps Ehrenberg	+							3200~3780	9.3~40	6.4~8.2	18~294	0.02~0.4	0.08~2.05	2.6~8.7	9~211
G. medioasiae Metzeltin, Lange-Bertalot & Nergui					+			3400	6.1	8.6	68	0.05	0.55	8.1	70

（续表）

种类名称	湖泊	池塘	沼泽	河流	溪流	温泉	盐池	海拔 [m]	水温 [℃]	pH	电导率 [ms/cm]	盐度 [‰]	NH₄⁺-N	DO [mg/L]	TDS [mg/L]
G. meridionalum Kociolek & Thomas	+	+			+			2 230~3 200	9.1~40	6.4~9.0	53~375	0.03~0.4	0.56~2.05	2.6~9.04	9~293
G. mexicanum Grunow	+							3 468	7.5	7.9	—	—	—	—	—
G. micropus Kützing	+		+	+	+			2 810~4 660	5.3~26	6.4~8.8	16~294	0.01~0.4	0.14~2.05	2.6~12.9	9~211
G. microlanceolatum You & Kociolek	+			+	+			740~4 475	0.6~19.8	8.18~10	83~270	0.07~0.14	0.21~0.97	6.8~9.73	98~195
G. minutum（Agardh）Agardh	+	+	+		+	+		740~4 110	3~32.7	6.8~9.1	132~612	0.01~0.25	0.18~2.05	3.9~11.4	110~357
G. mustela Cleve-Euler					+			3 320	10.0	8.7	—	—	—	—	—
G. occultum Reichardt	+		+	+				2 200~4 750	2.3~21.5	7.8~9	22~389	0.01~0.2	0.04~0.35	7.3~10.0	20~166
G. parvuliforme Lange-Bertalot		+	+		+			1 534~3 760	15~19.1	8.4~9.1	258	0.14	0.99	10.4	189
G. parvuloides Cholnoky		+		+				2 230~3 280	11.9~19.8	8.3~9.0	114~119	0.07~0.1	0.74~0.84	6.9~9.2	100~130
G. parvulum Kützing	+	+	+	+	+	+		900~4 630	0.6~40	6.4~8.8	17~612	0.01~0.83	0.08~3.6	8.9~11.4	9~546
G. parvulum var. *deserta* Skvortzow				+				3 570~3 760	15~21.1	6.8~8.4	193	0.10	0.40	5.6	136
G. parvulius Lange-Bertalot & Reichardt		+			+	+		1 620~3 570	19.1~40	6.8~9.1	193~612	0.1~0.25	0.4~2.05	5.0~11.4	136~357
G. preliciae Levkov，Mitic-Kopanja & Reichardt					+			544	22.2	8.3	426	—	—	—	—
G. procerum Reichardt & Lange-Bertalot	+				+			2 190~4 100	8.9~40	6.4~8.7	18~294	0.02~0.4	0.08~2.05	2.6~8.7	9~211
G. productum Lange-Bertalot & Genkal			+	+	+			2 200~4 630	2.3~18.1	6.9~9.1	12~280	0.01~0.2	0.02~1.49	5.3~9.7	10~272
G. pseudoangur Lange-Bertalot			+					3 442	19.8	7.9					
G. pseudointermedium Reichardt	+			+	+			740~4 475	0.6~19.8	8.18~10	83~270	0.07~0.14	0.21~0.97	6.8~9.73	98~195
G. pseudosphaerophorum Kobayasi	+	+						1 470~2 400	19.1~20	8.5~9.1	258~270	0.14	0.97~0.99	6.8~10.4	189~195
G. pseudopusillum Reichardt	+							3 468	16.5	8.5					
G. pumilum var. *rigidum* Reichardt & Lange-Bertalot	+							3 468	20.6	8.7					
G. pygmaeoides You & Kociolek	+			+				2 440~4 475	0.6~15.2	8.2~10	49~137	0.04~0.1	0.21~0.57	7.2~9.7	52~140
G. sphaerophorum Ehrenberg	+							3 780~3 870	3.0~12.4	7.8~8.3	25~31	0.02	0.08~0.76	7.0~8.5	25~80
G. ricardii Maillard				+				3 600~4 630	3~15.3	6.9~7.6	45~280	0.01	0.02~0.28	5.4~8.0	10~175

种类名称	湖泊	池塘	沼泽	河流	溪流	温泉	盐池	海拔[m]	水温[℃]	pH	电导率[ms/cm]	盐度[‰]	NH_4^+-N	DO[mg/L]	TDS[mg/L]
G. sphenovertex Lange-Bertalot & Reichardt	+							3 200	9.8~40	6.4~8.2	53~294	0.03~0.4	1.67~2.05	2.6~7.5	9~211
G. subarcticum Lange-Bertalot & Reichardt			+					3 468	13.2	7.8	—	—	—	—	—
G. subbulbosum Reichardt	+							2 440	15.1	8.4	272	0.16	1.09	4.3	218
G. subclavatum (Grunow) Grunow	+		+	+	+			2 360~3 780	3~40	6.4~8.7	18~294	0.02~0.4	0.08~2.05	2.6~8.9	9~211
G. sublaticollum Reichardt	+							4 475	0.6	10.0	83	0.07	0.21	8.2	99
G. trigonocephalum Ehrenberg	+							3 200~3 780	9.3~40	6.4~8.2	18~294	0.02~0.4	0.08~2.05	2.6~8.7	9~211
G. tropicale Brun				+				740~880	13~16	8.2~8.6	174~191	0.11	0.57~0.62	7~9.6	146~150
G. truncatum Ehrenberg	+	+		+	+			1 510~3 280	7.3~40	6.4~9.0	53~375	0.03~0.4	0.63~2.05	6.2~9.2	9~293
G. tumida Liu & Kociolek	+							2 440	15.1	8.4	272	0.16	1.09	4.3	218
G. turgidum Ehrenberg	+			+	+	+		1 510~3 807	9.2~32.7	6.8~8.65	42~612	0.03~0.25	0.715~2.05	5.0~11.4	38~357
G. turris Ehrenberg	+							1 510~3 780	9.3~19.8	7.1~8.5	18~270	0.02~0.14	0.08~0.97	6.8~8.7	17~195
G. turris var. *sinicum* Zhu & Chen	+							1 510~2 440	15.1~19.8	8.1~8.5	270~375	0.14~0.22	0.89~1.09	3.9~6.8	195~293
G. vardarense Reichardt			+	+	+			1 400~3 807	5~21.1	6.8~8.7	83~608	0.05~0.42	0.29~0.88	5.6~9.4	71~546
G. varisohercynicum Lange-Bertalot & Reichardt	+	+						2 400~3 810	9.8~40	6.4~9.5	53~294	0.03~0.4	0.7~2.05	2.6~9.3	9~211
G. ventricosum Gregory				+				3 400	6.1	8.6	68	0.05	0.55	8.1	70
G. vibrio Ehrenberg			+					3 453	12.1	7.6	—	—	—	—	—
G. wiltschkorum Lange-Bertalot			+		+			2 200~3 600	3~12.3	8.6	83	0.05	0.74	8.6	71
G. yucatanense Metzeltin & Lange-Bertalot	+							3 780~3 870	3.0~12.4	7.8~8.3	25~31	0.02	0.08~0.76	7.0~8.5	25~80
G. xinjiangianum You & Kociolek	+							3 780~3 870	3.0~12.4	7.8~8.3	25~31	0.02	0.08~0.76	7.0~8.5	25~80
Rhoicosphenia abbreviata (Agardh) Lange-Bertalot	+	+	+	+	+	+		1 510~3 400	7.6~50	7.7~8.7	132~395	0.11~0.19	0.43~1.08	6.2~10.0	109~256
Gomphosphenia grovei Lange-Bertalot	+							1 510	19.8	8.5	270	0.14	0.97	6.8	195
Adlafia aquaeductae (Krasske) Lange-Bertalot		+						2 400	11.2	8.5	547	0.37	0.86	7.5	481
A. baicalensis Kulikovskiy & Lange-Bertalot							+	2 300	10.4	8.4	271	1.92	0.91	7.1	239
A. bryophila (Petersen) Lange-Bertalot	+	+	+	+	+		+	740~4 100	2.3~50	6.4~8.9	7~547	0.03~0.35	0.43~2.05	6.2~14.7	9~481

（续表）

种类名称	生境							理化指标						
	湖泊	池塘	沼泽	河流	溪流	温泉	盐池	海拔 [m]	水温 [℃]	pH	电导率 [ms/cm]	盐度 [‰]	$NH_4^+ - N$	DO [mg/L]	TDS [mg/L]
A. detenta（Hustedt）Heudre, Wetzel & Ector	+			+				900～3 780	9.3～40	6.4～8.5	18～294	0.02～0.4	0.08～2.05	2.6～8.7	9～211
A. hengduanensis Luo & Wang sp. nov.			+		+			2 200～3 260	12.3～16.8	8.0～8.6	83～301	0.05～0.17	0.74～0.83	8.12～8.6	71～232
A. minuscula（Grunow）Lange-Bertalot	+	+	+	+	+			1 400～4 750	1.6～26	6.4～9.8	29～608	0.01～0.42	0.01～0.35	2.6～14.7	9～546
A. pseudobaicalensis Kulikovskiy & Lange-Bertalot	+		+		+			2 550～4 660	5～15.4	6.9～9.1	7～111	0.01～0.07	0.02～1.12	5.0～8.7	10～89
A. sinensis Liu & Williams	+		+	+	+		+	1 400～4 100	10.5～25.3	8.0～8.6	83～608	0.05～0.42	0.29～1.08	5.0～9.4	71～546
A. suchlandtii（Hustedt）Monnier & Ector		+						2 400	11.2	8.5	547	0.37	0.86	7.5	481
Amphipleura pellucida（Kützing）Kützing	+	+	+		+			1 510～4 310	3.4～20.4	7.7～8.7	7～301	0.03～0.17	0.55～0.57	6.2～9.7	41～232
Aneumastus rostratus（Hustedt）Lange-Bertalot	+							1 510	19.8	8.5	270	0.14	0.97	6.8	195
A. tuscula（Ehrenberg）Mann & Stickle					+			3 222	16.1	7.9	—	—	—	—	—
Anomoeoneis costata（Kützing）Hustedt					+			3 483	21.8	7.6	—	—	—	—	—
A. costata var. rhomboides Jao					+			3 483	21.8	7.6	—	—	—	—	—
A. inconcinna Metzeltin, Lange-Bertalot & Nergui			+					3 222	15.6～16.1	7.9～8.2	—	—	—	—	—
A. monoensis（Kociolek & Herbst）Bahls			+					3 222	16.1	7.9	—	—	—	—	—
A. sphaerophora Pfitzer	+		+					1 510～3 203	12.5～19.8	7.5～8.5	270	0.14	0.97	6.8	195
A. sphaerophora var. guentheri Müller			+					3 222	16.1	7.9					
Brachysira blancheana Lange-Bertalot & Moser	+	+	+		+			2 400～4 600	1.6～50	7.8～8.5	72～547	0.04～0.37	0.01～1.97	7.5～14.7	58～481
B. brebissonii Ross	+							3 600	4.0	—					
B. guarrerae Vouilloud, Sala & Núñez～Avellaneda	+	+	+					2 400～4 600	1.6～50	7.8～8.5	72～547	0.04～0.37	0.01～1.97	7.5～14.7	58～481
B. microcephala（Grunow）Compère	+	+					+	2 400～3 780	9.3～32.7	6.8～9.1	18～612	0.02～0.83	0.08～3.6	3.7～14.7	17～357
B. neoexilis Lange-Bertalot	+	+	+		+	+		1 500～4 630	3～26.8	6.9～8.9	12～547	0.01～0.37	0.02～0.57	5.0～14.7	10～481
B. ocalanensis Shayler & Siver	+		+	+		+		1 620～4 630	5～25.3	6.9～8.7	12～547	0.01～0.37	0.01～1.08	5.0～14.7	10～481
B. procera Lange-Bertalot & Moser	+							3 780～3 870	3.0～12.4	7.8～8.3	25～31	0.02	0.08～0.76	7.0～8.5	25～80
B. ruppeliana Moser, Lange-Bertalot & Metzeltin	+							—	—	—	—				

（续表）

种类名称	生境							理化指标							
	湖泊	池塘	沼泽	河流	溪流	温泉	盐池	海拔[m]	水温[℃]	pH	电导率[ms/cm]	盐度[‰]	NH_4^+-N	DO[mg/L]	TDS[mg/L]
B. vitrea (Grunow) Ross	+			+				2472~3780	9.3~26.8	7.1~8.5	18~285	0.02~0.19	0.08~0.9	7.3~14.7	17~260
B. zellensis (Grunow) Round & Mann	+		+					3320~3780	9.3~13.3	7.1~8.7	18~34	0.02	0.08~0.18	7.3~8.7	17~31
Caloneis bacillum (Grunow) Cleve		+						2400	20.6	9.5	70	0.04	0.70	9.3	50
C. bacillum var. *trunculata* Skvortsov	+							1510	19.8	8.5	270	0.14	0.97	6.8	195
C. bacillum f. *fonticola* (Grunow) Mayer	+							3200	9.8~40	6.4~8.2	53~294	0.03~0.4	1.67~2.05	2.6~7.5	9~211
C. bacillum f. *latilanceolata* Zhu & Chen	+							1510	19.8	8.5	270	0.14	0.97	6.8	195
C. budensis (Hustedt) Krammer	+							1510	19.8	8.5	270	0.14	0.97	6.8	195
C. clevei (Lagerstedt) Cleve	+			+				3570~3780	9.3~60	6.8~8.2	18~612	0.02~0.25	0.08~2.05	7.3~11.4	17~357
C. coloniformans Kulikovskiy, Lange-Bertalot & Metzeltin	+		+	+				3200~4100	9.8~40	6.4~8.2	53~301	0.03~0.4	0.83~2.05	2.6~8.12	9~232
C. falcifera Lange-B, Genkal & Vekhov	+	+	+	+	+			1470~4630	0.6~40	6.4~10	7~612	0.01~0.83	0.01~0.57	6.2~11.4	9~357
C. ganga Metzeltin, Kulikovskiy & Lange-Bertalot	+			+				1510~2670	9.3~19.8	8.2~8.5	7~270	0.03~0.14	0.83~1.12	6.8~8.7	41~195
C. gjeddeana Foged		+						2400	20.6	9.5	70	0.04	0.70	9.3	50
C. hyaline Hustedt	+			+				1510~2670	9.3~19.8	8.2~8.5	7~270	0.03~0.14	0.83~1.12	6.8~8.7	41~195
C. limosa (Kützing) Patrick	+	+		+				3203~4475	0.6~15	7.5~10	83~111	0.07	0.21~0.39	8.2~8.6	89~98
C. malayensis Hustedt				+				2670	11.2	8.4	96	0.06	1.12	7.7	85
C. permagna (Bailey) Cleve	+							1510	19.8	8.5	270	0.14	0.97	6.8	195
C. pseudohyalina Fusey	+			+				1510~2670	9.3~19.8	8.2~8.5	7~270	0.03~0.14	0.83~1.12	6.8~8.7	41~195
C. pseudotarag Kulikovskiy, Lange-Bertalot & Metzeltin	+	+	+	+	+	+		740~4000	2.3~32.7	6.8~9.1	7~612	0.03~0.37	0.4~2.05	3.9~11.4	41~481
C. silicula (Ehrenberg) Cleve	+							4100	15.0	8.5	112	0.07	0.39	8.8	90
C. thermalis (Grunow) Krammer				+				3583	12.5	8.2	—	—	—	—	—
C. tenuis (Gregory) Krammer	+		+					2810~3604	3~40	6.4~8.6	53~294	0.03~0.4	0.55~2.05	2.6~12.9	9~211
C. undulata (Gregory) Krammer	+			+				3200~4190	1.8~40	6.4~8.6	53~294	0.03~0.4	0.55~2.25	2.6~9.1	9~211
C. ventricosa Meister		+						2400	20.6	9.5	70	0.04	0.70	9.3	50
Cavinula cocconeiformis (Hustedt) Lange-Bertalot	+		+					3200~4630	3~40	6.4~8.2	12~294	0.01~0.4	0.02~2.05	2.6~8.0	9~211

（续表）

种类名称	湖泊	池塘	沼泽	河流	溪流	温泉	盐池	海拔[m]	水温[℃]	pH	电导率[ms/cm]	盐度[‰]	NH$_4^+$-N	DO[mg/L]	TDS[mg/L]
C. davisiae Bahls	+		+		+			3 200~4 750	5.3~40	6.4~9.1	53~294	0.03~0.4	0.16~0.35	2.6~7.6	9~211
C. lapidosa（Krasske）Lange-Bertalot			+					3 600	4.0	—	—	—	—	—	—
C. pseudoscutiformis Mann & Stickle	+							3 780~4 100	9.3~15	7.1~8.5	18~111	0.02~0.07	0.08~0.39	7.3~8.6	17~89
C. scutelloides（Smith）Lange-Bertalot	+							1 510	19.8	8.5	270	0.14	0.97	6.8	195
Chamaepinnularia gandrupii（Petersen）Lange-Bertalot & Krammer			+					4 750	5.3	9.1	91	0.08	0.35	7.3	105
C. hassiaca（Krasske）Cantonati & Lange-Bertalot			+					4 750	5.3	9.1	91	0.08	0.35	7.3	105
C. mediocris（Krasske）Lange-Bertalot			+		+			3 450	5.8	9.8	—	—	—	—	—
C. soehrensis Lange-Bertalot & Krammer	+							—	11.1	7.9	—	0.18	—	4.9	—
Craticula accomoda（Hustedt）Mann			+					4 160~4 630	8.3~15.3	6.9~7.6	45~280	0.01	0.02~0.28	5.4~8.0	10~175
C. ambigua Mann			+	+	+			2 230~3 280	11.9~19.8	7.5~9.1	114~301	0.07~0.17	0.74~0.99	6.9~10.4	100~232
C. antarctica Van De Vijver & Sabbe		+				+	+	2 400~3 850	5~50	6.8~8.7	262~612	0.16~0.37	0.86~2.05	7.5~11.4	221~481
C. australis Van de Vijver, Kopalová & Zindarova	+	+						2 230~4 475	0.6~19.8	8.3~10	55~83	0.03~0.07	0.21~0.4	8.2~9.4	46~98
C. buderi（Hustedt）Lange-Bertalot			+					4 100	14.3	7.9	23	0.01	0.31	5.0	18
C. cuspidata（Kützing）Mann		+		+	+			2 230~4 100	11.9~20.4	7.7~9.0	114~119	0.07~0.1	0.74~0.84	6.9~9.2	100~130
C. fumantii Lange-Bertalot		+						3 280	12.4	8.3	117	0.07	0.74	6.9	100
C. halopannonica Lange-Bertalot			+					4 750	2.3	9.1	91	0.08	0.35	7.3	105
C. molestiformis（Hustedt）Mayama			+					4 100	14.3	7.9	23	0.01	0.31	5.0	18
C. nonambigua Lange-Bertalot			+					4 100	14.3	7.9	23	0.01	0.31	5.0	18
C. obaesa Van der Vijver, Kopalová & Zindarova		+						1 534	17.0	—	—	—	—	—	—
C. submolesta Lange-Bertalot							+	2 300	10.4	8.4	271	1.92	0.91	7.1	239
Decussiphycus placenta（Ehrenberg）Lange-Bertalot & Metzeltin			+		+			2 550~3 604	3~11.2	8.2~8.6	7~95	0.03~0.06	0.55~1.12	7.7~8.7	41~84
Diadesmis confervacea Kützing	+	+	+		+		+	1 470~4 630	7.6~40	6.4~8.7	12~612	0.01~0.4	0.02~2.05	6.2~11.4	9~357
Diploneis boldtiana Cleve							+	2 300	11.3	7.7	330	28.78	0.79	5.7	290

（续表）

种类名称	生境							理化指标							
	湖泊	池塘	沼泽	河流	溪流	温泉	盐池	海拔[m]	水温[℃]	pH	电导率[ms/cm]	盐度[‰]	NH_4^+-N	DO[mg/L]	TDS[mg/L]
D. calcilacustris Lange-Bertalot & Fuhrmann				+				2550~2670	9.3~11.2	8.2~8.5	7~95	0.03~0.06	0.83~1.12	7.7~8.7	41~84
D. chilensis (Hustedt) Lange-Bertalot				+				2550~2670	9.3~11.2	8.2~8.5	7~95	0.03~0.06	0.83~1.12	7.7~8.7	41~84
D. elliptica (Kützing) Cleve	+	+		+	+			2472~3570	7.3~40	6.4~9.0	7~612	0.03~0.83	0.4~3.6	2.6~14.7	9~357
D. fontanella Lange-Bertalot				+				2760	7.9	8.5	—	—	—	—	—
D. interrupta (Kützing) Cleve			+					1620	12.3	8.5	—	—	—	—	—
D. oblongella (Naegeli) Cleve							+	2300	11.3	7.7	330	28.78	0.79	5.7	290
D. oculata (Brébisson) Cleve								1620	12.3	8.5	—	—	—	—	—
D. parma Cleve	+							—	10~14.1	7.5~8.0	—	0.18~0.19	—	4.5~4.8	—
D. petersenii Hustedt				+	+			2550~3760	6.5~15	7.6~8.5	7~95	0.03~0.06	0.24~1.12	7.7~8.9	41~84
D. ovalis (Hilse) Cleve				+				2550~2670	9.3~11.2	7.7~8.5	7~95	0.03~0.06	0.83~1.12	7.7~8.7	41~84
Dorofeyukea indokotschyi Kulikovskiy, Maltsev, Andreeva & Kociolek		+						2400	11.2	8.5	547	0.37	0.86	7.5	481
D. savanmahiana (Patrick) Kulikovskiy & Kociolek			+	+	+			3760	15.0	8.4	—	—	—	—	—
Eolimna subminuscula (Manguin) Moser, Lange-Bertalot & Metzeltin		+		+	+			740~3807	13~19.8	7.9~9.1	174~262	0.11~0.16	0.57~0.99	7~10.4	146~218
Microcostatus naumannii (Hustedt) Lange-Bertalot			+					3600	4.0	—	—	—	—	—	—
M. vitrea (Østrup) Mann	+							3780~3870	3.0~12.4	7.8~8.3	25~31	0.02	0.08~0.76	7.0~8.5	25~80
M. werumii Metzeltin, Lange-Bertalot & Soninkhishig	+		+					3760~3780	9.3~15	7.1~8.4	18~34	0.02	0.08~0.18	7.3~8.7	17~31
Fallacia pygmaea (Kützing) Stickle & Mann	+	+	+	+	+			2230~3280	11.9~19.8	8.1~9.1	114~375	0.07~0.22	0.72~1.09	3.9~10.4	100~293
Pseudofallacia californica (Stancheva & Manoylov) Luo & Wang comb. nov.		+						2960	20.4	7.7	—	—	—	—	—
P. floriniae (Møller) Luo & Wang comb. nov.		+						2960	20.4	7.7	—	—	—	—	—
P. lenzii (Lange-Bertalot) Luo & Wang comb. nov.				+				3256	4.5	8.4	—	—	—	—	—
P. losevae (Lange-Bertalot, Genkal & Vechov) Liu, Kociolek & Wang	+							3256~3468	4.5~20.6	8.4~8.7	—	—	—	—	—
P. monoculata (Hustedt) Liu, Kociolek & Wang	+			+	+			2360~3380	3.7~40	6.4~8.9	53~294	0.03~0.4	1~2.05	2.6~8.9	9~211

（续表）

种类名称	生境							理化指标							
	湖泊	池塘	沼泽	河流	溪流	温泉	盐池	海拔[m]	水温[℃]	pH	电导率[ms/cm]	盐度[‰]	NH_4^+-N	DO[mg/L]	TDS[mg/L]
Fistulifera pelliculosa（Kützing）Lange-Bertalot		+						2 230	19.8	9.0	—	—	—	—	—
Frustulia amosseana Lange-Bertalot				+				3 256	4.5	8.4	—	—	—	—	—
F. asiatica（Skvortzow）Metzeltin, Lange-Bertalot & Soninkhishig	+							3 200	9.8~40	6.4~8.2	53~294	0.03~0.4	1.67~2.05	2.6~7.5	9~211
F. crassinervia（Brebisson）Lange-Bertalot & Krammer	+		+	+				3 320~4 630	3~15.3	6.9~8.7	12~61	0.01~0.04	0.02~0.4	5.4~9.4	10~62
F. hengduanensis Luo & Wang				+				4 160~4 750	5.3~15.3	6.9~9.1	12~91	0.01~0.08	0.02~0.35	5.4~8.0	10~105
F. saxonica Rabenh				+				3 600	4.0	—	—	—	—	—	—
F. vulgaris（Thwaites）De Toni		+	+	+	+			1 400~4 760	3~17.5	7.9~9.1	7~608	0.03~0.42	0.29~2.19	7.3~9.4	41~546
Geissleria aikenensis（Patrick）Torgan & Olivera	+							3 200	9.8~40	6.4~8.2	53~294	0.03~0.4	1.67~2.05	2.6~7.5	9~211
G. bourbonensis Le Cohu, Ten-Hage & Coste	+							3 200	9.8~40	6.4~8.2	53~294	0.03~0.4	1.67~2.05	2.6~7.5	9~211
G. cummerowii（Kalbe）Lange-Bertalot	+		+					3 200~4 630	8.3~40	6.4~8.2	12~294	0.01~0.4	0.02~2.05	2.6~8.0	9~211
G. decussis（Østrup）Lange-Bertalot & Metzeltin	+				+	+		2 240~4 110	10~26.8	7.8~8.7	22~285	0.01~0.18	0.07~0.9	7.74~12.9	20~179
G. ignota（Krasske）Lange-Bertalot & Metzeltin	+							3 200	9.8~40	6.4~8.2	53~294	0.03~0.4	1.67~2.05	2.6~7.5	9~211
G. mongolica Metzeltin, Lange-Bertalot & Soninkhishig	+							3 200~3 780	9.3~40	6.4~8.2	18~294	0.02~0.4	0.08~2.05	2.6~8.7	9~211
G. irregularis Kulikovskiy, Lange-Bertalot & Metzeltin	+							1 510	19.8	8.5	270	0.14	0.97	6.8	195
Genkalia alpina Luo, You & Wang			+	+				3 320~3 600	4~10	8.7					
Gyrosigma acuminatum（Kützing）Rabenhorst	+	+	+	+	+			1 400~3 280	10.5~20	8.0~8.6	114~608	0.07~0.42	0.29~1.09	3.9~9.4	100~546
G. attenuatum（Kützing）Rabenhorst				+				227	20.2	8.8	363	—	—	—	—
G. scalproides（Rabenhorst）Cleve		+		+	+			1 400~3 210	7.6~26.8	7.5~8.7	83~608	0.05~0.42	0.29~0.9	6.2~12.9	71~546
G. spencerii（Smith）Cleve				+				1 620	12.3	8.5					
G. wormleyi（Sull.）Boyer	+							3 222~3 360	15.6~16.1	7.9~8.2					
Hippodonta capitata（Ehrenberg）Lange-Bertalot, Metzeltin & Witkowski					+	+		2 960~3 400	10.9~50	8.4	143	0.09	0.75	8.7	129

（续表）

种类名称	生境							理化指标							
	湖泊	池塘	沼泽	河流	溪流	温泉	盐池	海拔[m]	水温[℃]	pH	电导率[ms/cm]	盐度[‰]	NH$_4^+$-N	DO[mg/L]	TDS[mg/L]
H. geocollegarum Lange-Bertalot, Metzeltin & Witkowski	+			+				2810~4310	3.4~26.8	8.2~8.7	49~285	0.04~0.13	0.57~0.8	7.2~12.9	52~179
Humidophila arcuatoides (Lange-Bertalot) Lowe, Kociolek, Johansen, Van de Vijver, Lange-Bertalot & Kopalová	+		+					3600~3780	3~13.3	7.1~7.8	18~34	0.02	0.08~0.18	7.3~8.7	17~31
H. contenta (Grunow) Lowe, Kociolek, Johansen, Van de Vijver, Lange-Bertalot & Kopalová	+							3780~3870	3.0~12.4	7.8~8.3	25~31	0.02	0.08~0.76	7.0~8.5	25~80
H. fukushimae (Lange-Bertalot, Werum & Broszinski) Buczkó & Köver				+				2640	6.5	8.2	83	0.06	1	8.9	84
H. ingeiiformis Hamilton & Antoniade	+	+	+	+	+			—	—	—	—	—	—	—	—
H. komarekiana Kochman-Kedziora, Noga, Zidarova, Kopalová & Van de Vijver	+			+				3200~3780	3.7~13.3	7.1~8.9	18~34	0.02	0.08~0.18	7.3~8.7	17~31
H. perpusilla (Grouwn) Lowe, Kociolek, Johansen, Van de Vijver, Lange-Bertalot & Kopalová	+			+	+			2360~3200	5.3~40	6.4~8.7	53~294	0.03~0.4	1~2.05	2.6~8.9	9~211
H. sceppacuerciae Kopalova		+						1534	17.0	—	—	—	—	—	—
Hygropetra balfouriana (Grunow & Cleve) Krammer & Lange-Bertalot		+						4600	1.6	8.1	103	0.09	0.01	7.7	121
Kobayasiella jaagii (Meister) Lange-Bertalot	+							4100	15.0	8.5	111	0.07	0.39	8.6	89
K. micropunctata (Germain) Lange-Bertalot	+		+					3730~4750	5.3~15.3	6.9~9.1	12~91	0.01~0.08	0.02~0.35	5.4~8.9	10~105
K. subtilissima (Cleve) Lange-Bertalot	+							4100	15.0	8.5	111	0.07	0.39	8.6	89
Luticola australomutica Van de Vijver			+					740~880	13~16	8.2~8.6	174~191	0.11	0.57~0.62	7~9.6	146~150
L. bilyi Levkov, Metzeltin & Pavlov	+							2658	9.3	8.1	—	—	—	—	—
L. binodis (Hustedt) Edlund	+							2658	9.3	8.1					
L. caubergsii Van de Vijver			+					740~880	13~16	8.2~8.6	174~191	0.11	0.57~0.62	7~9.6	146~150
L. cohnii (Hilse) Mann	+							2658	9.3	8.1	—	—	—	—	—
L. goeppertiana (Bleisch) Mann, Rarick, Wu, Lee & Edlund	+							2440~3780	9.3~16.2	7.1~8.4	18~375	0.02~0.22	0.08~1.09	3.9~8.7	17~293
L. grupcei Pavlov, Nakov & Levkov				+				1200	13.6	7.9	263	0.16	0.75	8.4	218

(续表)

种类名称	生境							理化指标							
	湖泊	池塘	沼泽	河流	溪流	温泉	盐池	海拔[m]	水温[℃]	pH	电导率[ms/cm]	盐度[‰]	NH4+-N	DO[mg/L]	TDS[mg/L]
L. hilgenbergii Metzeltin, Lange-Bertalot & García—Rodriguez	+							2 658	9.3	8.1	—	—	—	—	—
L. murrayi (West & West) Mann	+							2 658	9.3	8.1	—	—	—	—	—
L. mutica (Kützing) Mann		+	+	+	+			3 200~4 660	6.1~26	7.5~8.6	16~301	0.01~0.18	0.14~0.83	5.0~8.89	14~232
L. nivalis (Ehrenberg) Mann	+							2 658	9.3	8.1	—	—	—	—	—
L. olegsakharovii Zidarova, Levkov & Van de Vijver					+			3 500	2.5	8.7	81	0.07	0.75	9.4	103
L. permuticopsis Kopalova & Van de Vijver				+				740~880	13~16	8.2~8.6	174~191	0.11	0.57~0.62	7~9.6	146~150
L. pitranensis Levkov	+			+				740~3 809	6.2~21.1	6.8~8.8	83~193	0.05~0.11	0.04~0.8	5.6~9.6	71~150
L. plausibilis (Hustedt) Li & Qi				+				740~880	13~16	8.2~8.6	174~191	0.11	0.57~0.62	7~9.6	146~150
L. poulickovae Levkov, Metzeltin & Pavlov	+				+			2 658~2 673	9.3~10.5	8.0~8.1	—	—	—	—	—
L. scardica Levkov, Metzeltin & Pavlov					+			2 070	10.9	8.5	—	—	—	—	—
L. subcrozetensis Van de Vijver, Kopalová, Zidarova & Levkov		+		+	+			740~3 810	13~25.3	7.9~9.5	70~395	0.04~0.19	0.04~1.08	5.0~9.6	50~256
L. tenuis Levkov, Metzeltin & Pavlov	+														
L. ventricosa (Kützing) Mann	+	+	+	+	+			1 500~4 110	11~19.8	7.1~8.9	18~301	0.02~0.17	0.04~0.83	5.36~8.7	17~232
Mayamaea atomus Lange-Bertalot			+	+	+			1 400~4 660	9~18.1	7.5~8.9	16~608	0.01~0.42	0.14~0.78	5.0~9.7	14~546
M. fossalis (Krasske) Lange-Bertalot		+						2 230	19.8	9.0	—	—	—	—	—
Mastogloia baltica Grunow				+				842	21.2	8.7	422				
M. pseudosmithii Lee, Gaiser, Van de Vijver, Edlund & Spaulding	+							—	12.9	8.3	—	0.17		5.5	—
M. smithii Thwaites & Smith	+							1 510	19.8	8.5	270	0.14	0.97	6.8	195
M. amphicephala Zakrzewski	+							2 673	10.5	8.0	—	—	—	—	—
Muelleria pseudogibbula Liu & Wang			+					4 160~4 630	8.3~15.3	6.9~7.6	45~280	0.01	0.02~0.28	5.4~8.0	10~175
Naviculadicta amphiboliformis Metzeltin, Lange-Bertalot & Nergui		+	+	+				3 438~3 468	16.1~25.2	8.2~9.7	—	—	—	—	—
Navicula amphiceropsis Lange-Bertalot	+	+	+					1 400~3 450	5~19.8	8.4~9.1	258~270	0.14	0.97~0.99	6.8~10.4	189~195
N. angusta Grunow			+		+			1 620~3 604	3~25.3	8.2~8.6	7~395	0.03~0.19	0.55~1.12	5.0~8.7	41~256

（续表）

种类名称	生境							理化指标							
	湖泊	池塘	沼泽	河流	溪流	温泉	盐池	海拔[m]	水温[℃]	pH	电导率[ms/cm]	盐度[‰]	NH_4^+-N	DO[mg/L]	TDS[mg/L]
N. antonii Lange-Bertalot	+	+		+	+		+	1400~4100	5~20.6	7.2~9.5	7~547	0.03~0.35	0.39~1.26	4.7~9.3	41~481
N. aquaedurae Lange-Bertalot			+					3425	6.5	7.7	—	—	—	—	—
N. associata Lange-Bertalot					+			3850	7.7	8.3	171	0.12	1.73	8.0	166
N. capitatoradiata Germain	+	+	+	+	+			740~4630	3.4~20	6.9~9.1	7~608	0.01~0.42	0.02~0.57	6.2~9.7	10~546
N. cariocincta Lange-Bertalot	+			+				1510~4310	3.4~26.8	8.1~8.7	49~375	0.04~0.22	0.57~0.74	3.9~12.9	52~293
N. caterva Hohn & Hellerman	+	+	+	+			+	1400~4750	2.3~50	7.2~9.5	49~608	0.04~0.35	0.29~0.57	6.2~9.7	275~546
N. cadeei Van de Vijver & Cocquyt					+			1400	15.8	8.1	567	0.35	0.69	8.3	449
N. chiarae Lange-Bertalot	+	+	+	+	+			740~3260	7.6~26.8	7.7~8.7	132~372	0.11~0.26	0.48~0.9	6.2~12.9	109~336
N. cincta (Threnberg) Ralgs					+			3770	2.3~5.1	8.65~8.9	55	0.05	1.13	9.2	63
N. cryptocephala Kützing	+	+	+	+	+			1470~3809	3~26.8	7.5~9.1	7~301	0.03~0.19	0.04~1.12	6.2~14.7	41~260
N. cryptotenella Lange-Bertalot	+	+	+	+	+	+	+	1400~4310	3.4~40	6.8~9.8	42~612	0.01~0.35	0.18~0.57	6.2~14.7	375~546
N. cryptotenelloides Lange-Bertalot	+	+	+	+	+	+	+	1400~4310	3.4~40	6.8~9.8	42~612	0.01~0.35	0.18~0.57	6.2~14.7	375~546
N. germanopolonica Witkowski & Lange-Bertalot			+	+	+			740~3807	10.5~26.8	7.9~8.6	174~608	0.11~0.42	0.29~1.08	5.0~12.9	146~546
N. gregaria Donkin	+		+		+	+		2670~3760	12.4~32.7	6.8~8.4	171~612	0.11~0.25	0.8~2.05	7.26~11.4	146~357
N. lanceolata (Agardh) Ehrenberg	+	+						740~3807	11.9~17.5	7.9~8.6	114~375	0.07~0.22	0.57~1.09	3.9~9.6	100~293
N. leistikowii Lange-Bertalot	+	+	+	+	+			740~4100	5~25.3	6.8~9.5	61~608	0.04~0.42	0.24~1.08	5.0~14.7	50~546
N. leptostriata Jørg		+						2400	20.6	9.5	70	0.04	0.70	9.3	50
N. libonensis Schoeman	+	+	+					1500~4310	3.4~40	6.4~9.8	7~547	0.02~0.4	0.24~0.57	2.6~9.7	9~481
N. metareichardtiana Lange-Bertalot & Kusber	+	+	+	+	+	+		740~4140	1.7~25.3	7.2~9.5	70~422	0.04~0.35	0.57~2.48	6.2~9.6	50~348
N. microcari Lange-Bertalot	+					+		1510~4475	0.6~40	6.4~10	53~612	0.03~0.83	0.21~3.6	2.6~11.4	9~357
N. moenofranconica Lange-Bertalot			+					3425	6.5	7.7	—	—	—	—	—
N. notha Wallace	+							4100	15.0	8.5	112	0.07	0.39	8.8	90
N. obtecta Juttner & Cox					+			3320	10.3	8.7					
N. peroblonga Metzeltin, Lange-Bertalot & Nergui	+	+						2400~2440	15.1~19.1	8.1~9.1	258~375	0.14~0.22	0.89~1.09	3.9~10.4	189~293

(续表)

种类名称	生境							理化指标							
	湖泊	池塘	沼泽	河流	溪流	温泉	盐池	海拔[m]	水温[℃]	pH	电导率[ms/cm]	盐度[‰]	NH_4^+-N	DO[mg/L]	TDS[mg/L]
N. pseudolanceolata Lange-Bertalot	＋					＋		1510~4475	0.6~40	6.4~10	53~612	0.03~0.83	0.21~3.6	2.6~11.4	9~357
N. radiosa Kützing		＋	＋	＋	＋	＋		1510~4600	1.6~32.7	6.8~8.7	7~612	0.01~0.83	0.01~0.57	6.2~14.7	41~357
N. reinhardtii Grunow	＋		＋		＋			3360~4729	—	9.8					
N. reinhardtii var. genuina Cleve			＋					3730~4630	6.5~15.3	6.9~7.6	12~61	0.01~0.04	0.02~0.28	5.4~8.9	10~62
N. riediana Lange-Bertalot & Rumrich	＋							4100	15.0	8.5	111	0.07	0.39	8.6	89
N. rhynchocephala Kützing		＋		＋	＋			1500~3320	10~15	8.6~8.7	83	0.05	0.74	8.6	71
N. schmassmannii Hustedt	＋							3468	7.5	7.9	—				
N. schweigeri Bahls			＋		＋			3730	6.5	7.6	61	0.04	0.24	8.9	62
N. seibigiana Lange-Bertalot	＋	＋		＋	＋	＋		1510~4100	5~32.7	6.8~9.0	72~612	0.04~0.83	0.16~3.6	6.2~11.4	50~357
N. slesvicensis Grunow			＋					3490	14.1	7.8					
N. subalpina Reichardt	＋	＋	＋	＋	＋			900~3810	5~20.6	7.1~9.5	18~301	0.02~0.17	0.08~0.88	7.3~10.0	17~232
N. subrhynchocephala Hustedt	＋		＋					2440~3260	15.1~16.8	8.0~8.4	272~375	0.16~0.22	0.83~1.09	3.9~8.12	218~293
N. symmetrica Patrick		＋						2400	20.6	9.5	70	0.04	0.70	9.3	50
N. tsetsegmaae Metzeltin Lange-Bertalot & Nergui	＋					＋		2550~3200	9.3~40	6.4~8.5	7~294	0.03~0.4	0.83~2.05	2.6~8.7	9~211
N. tripunctata Bory				＋	＋			740~4000	2.3~17	7.9~8.7	80~547	0.11~0.37	0.57~1.49	6.7~9.6	92~481
N. trivialis Lange-Bertalot	＋	＋	＋	＋	＋			1470~4310	3.4~20.4	7.37~9.1	7~335	0.02~0.23	0.32~0.57	6.2~10.1	255~307
N. tuulensis Metzeltin Lange-Bertalot & Nergui	＋		＋	＋				2400~4630	5.3~40	6.4~8.5	7~294	0.01~0.4	0.23~2.05	2.6~9.09	9~211
N. veneta Kützing	＋	＋	＋		＋	＋		2472~4310	3~32.7	6.8~8.7	49~612	0.04~0.25	0.57~0.63	6.2~14.7	52~357
N. vilalanii Lange-Bertalot & Sabater			＋	＋	＋			2940~4100	5~15	8.0~8.7	72~204	0.04~0.15	0.16~0.88	7.6~8.3	58~199
N. viridula (Kützing) Ehrenberg				＋				2740	7.6	8.2	81	0.06	0.67	9.3	79
N. viridula var. rostellata (Kützing) Cleve	＋							3468	16.1	8.2	—	—	—	—	—
N. viridulacalcis Lange-Bertalot				＋				3256	4.5	8.4	—	—	—	—	—
N. upsaliensis (Grunow) Peragallo	＋	＋	＋	＋	＋	＋		1510~4600	1.6~32.7	6.8~8.7	7~612	0.01~0.83	0.01~0.57	6.2~14.7	41~357

（续表）

种类名称	生境							理化指标							
	湖泊	池塘	沼泽	河流	溪流	温泉	盐池	海拔[m]	水温[℃]	pH	电导率[ms/cm]	盐度[‰]	NH_4^+-N	DO[mg/L]	TDS[mg/L]
Neidiomorpha binodiformis（Krammer）Cantonati, Lange-Bertalot & Angeli				+				2 550~4 760	8.5~26.8	8.2~8.8	7~285	0.03~0.13	0.83~2.19	7.3~12.9	41~179
N. binodis（Ehrenberg）Cantonati, Lange-Bertalot & Angeli	+	+		+	+			2 290~4 310	3.4~12.9	8.2~8.7	7~137	0.03~0.1	0.55~0.57	6.9~9.7	41~140
N. sichuaniana Liu, Wang & Kociolek	+							4 100	15.0	8.5	111	0.07	0.39	8.6	89
Neidiopsis vekhovii Lange-Bertalot & Genkal			+					4 160~4 630	8.3~15.3	6.9~7.6	45~280	0.01	0.02~0.28	5.4~8.0	10~175
Neidium aequum Liu, Wang & Kociolek								3 583	12.5	8.2	—	—	—	—	—
N. affine Liu, Wang & Kociolek					+			3 454	11.8	8.2	—	—	—	—	—
N. affine var. *amphirhynchus* Liu, Wang & Kociolek					+			3 454	11.8	8.2	—	—	—	—	—
N. ampliatum（Ehrenberg）Krammer		+						3 476	20.1	7.7	—	—	—	—	—
N. angustatum Liu, Wang & Kociolek		+						3 490	14.1	7.8	—	—	—	—	—
N. apiculatoides Liu, Wang & Kociole		+						3 476	20.1	7.7	—	—	—	—	—
N. avenaceum Liu, Wang & Kociolek					+			3 454	11.8	8.2	—	—	—	—	—
N. bacillum Liu, Wang & Kociolek	+		+		+			3 200~4 630	3~15.3	6.9~8.7	12~137	0.01~0.1	0.02~0.57	5.4~9.7	10~140
N. bergii（Cleve）Krammeri					+			2 810~3 604	6.1~26.8	8.5~8.6	68~285	0.05~0.13	0.55~0.9	8.1~12.9	70~179
N. bisulcatum（Lagerstedt）Cleve	+		+		+			3 200~4 630	3~15.3	6.9~8.7	12~137	0.01~0.1	0.02~0.57	5.4~9.7	10~140
N. convexum Liu, Wang & Kociolek	+							3 468	20.6	8.7	—	—	—	—	—
N. cuneatiforme Levkov	+							4 100	15.0	8.5	111	0.07	0.39	8.6	89
N. curtihamatum Lange-Bertalot, Cavacini, Tagliaventi & Alfinito			+		+			3 600~4 660	3~15.4	6.9~7.9	45~282	0.01~0.07	0.02~0.31	5.0~8.0	45~217
N. dicephalum Liu, Wang & Kociolek	+							3 468	20.6	8.7	—	—	—	—	—
N. distinctepunctatun Hustedt	+							4 475	0.6	10.0	83	0.07	0.21	8.2	99
N. dubium Liu, Wang & Kociolek	+							3 468	20.6	8.7	—	—	—	—	—
N. iridis（Ehrenberg）Cleve	+		+		+			2 550~4 630	3~40	6.4~9.1	7~294	0.01~0.4	0.02~2.05	2.6~8.7	9~211
N. khentiiense Metzeltin Lange-Bertalot & Nergui	+		+	+				3 320~4 630	3~13.6	7.6~8.7	17	0.01	0.28	6.4	145

（续表）

种类名称	生境							理化指标						
	湖泊	池塘	沼泽	河流	溪流	温泉	盐池	海拔 [m]	水温 [℃]	pH	电导率 [ms/cm]	盐度 [‰]	NH₄⁺-N	DO [mg/L]	TDS [mg/L]
N. kozlowii Skvortzow	+							3 468	20.6	8.7	—	—	—	—	—
N. kozlowii var. *ellipticum* Mereschkowsky	+							3 930	3.4	8.5	49	0.04	1.35	9.7	52
N. lacusflorum Liu，Wang & Kociolek	+				+			3 200~ 3 780	6.1~ 14.5	7.1~ 8.6	18~ 72	0.02~ 0.05	0.08~ 0.55	7.3~ 8.7	17~ 70
N. ligulatum Liu，Wang & Kociolek					+			3 583	12.5	8.2	—	—	—	—	—
N. medioconstrictum Liu，Wang & Kociolek	+	+	+		+			1 500~ 4 630	6.1~ 40	6.4~ 8.9	7~ 294	0.01~ 0.4	0.02~ 2.05	2.6~ 8.7	9~ 211
N. qii Liu，Wang & Kociolek				+				3 483	21.8	7.6	—	—	—	—	—
N. rostellatum Liu，Wang & Kociolek				+				3 483	21.8	7.6	—	—	—	—	—
N. rostratum Liu，Wang & Kociolek	+		+		+			3 200~ 4 100	9~ 40	6.4~ 8.9	53~ 294	0.03~ 0.4	0.18~ 2.05	2.6~ 9.7	9~ 211
N. suboblongum Liu，Wang & Kociolek				+				3 476	20.1	7.7	—	—	—	—	—
N. terrestre Bock					+			4 310	8.5	8.4	71	0.05	1.22	7.2	68
N. tibetianum Liu，Wang & Kociolek	+		+	+				3 320~ 4 630	3~ 13.6	7.6~ 8.7	17	0.01	0.28	6.4	145
N. triundulatum Liu，Wang & Kociolek				+				3 461	3.2	7.5	—	—	—	—	—
N. zoigeaeum Liu，Wang & Kociolek				+				3 483	21.8	7.6	—	—	—	—	—
Nupela decipiens （Reimer） Potapova	+							3 780~ 3 870	3.0~ 12.4	7.8~ 8.3	25~ 31	0.02	0.08~ 0.76	7.0~ 8.5	25~ 80
N. astartiella Metzeltin & Lange-Bertalot	+							3 780~ 3 870	3.0~ 12.4	7.8~ 8.3	25~ 31	0.02	0.08~ 0.76	7.0~ 8.5	25~ 80
N. subrostrata (Hustedt) Potapova			+		+			3 570~ 4 630	3~ 21.1	6.8~ 7.6	12~ 193	0.01~ 0.1	0.02~ 0.4	5.4~ 8.0	10~ 136
Pinnularia absita Hohn & Hellerman			+					4 160~ 4 630	8.3~ 15.3	6.9~ 7.6	45~ 280	0.01	0.02~ 0.28	5.4~ 8.0	10~ 175
P. abaujensis var. *rostrata* (Patrick) Patrick			+		+			3 730	6.5	7.6	61	0.04	0.24	8.9	62
P. acidicola Van de Vijver & Cohu			+					4 160~ 4 630	8.3~ 15.3	6.9~ 7.6	45~ 280	0.01	0.02~ 0.28	5.4~ 8.0	10~ 175
P. acrosphaeria Smith			+		+			3 730	6.5	7.6	61	0.04	0.24	8.9	62
P. acutobrebissonii Kulikovskiy, Lange-Bertalot & Metzeltin			+		+			3 730	6.5	7.6	61	0.04	0.24	8.9	62
P. angulosa Krammer			+					—	9.9	8.0	—	—	—	—	—
P. australomicrostauron Zidarova	+		+		+			2 400~ 3 780	3~ 40	6.4~ 8.5	18~ 547	0.02~ 0.4	0.08~ 2.05	2.6~ 8.7	9~ 481
P. birnirkiana Patrick & Freese			+		+			3 730	6.5	7.6	61	0.04	0.24	8.9	62

(续表)

种类名称	生境							理化指标							
	湖泊	池塘	沼泽	河流	溪流	温泉	盐池	海拔[m]	水温[℃]	pH	电导率[ms/cm]	盐度[‰]	NH_4^+-N	DO[mg/L]	TDS[mg/L]
P. borealis Ehrenberg	+		+					3 200~4 750	3~40	6.4~9.1	12~294	0.01~0.4	0.02~0.35	2.6~8.9	9~211
P. borealis var. islandica Krammer				+				3 203	13.5	7.5	—	—	—	—	—
P. biglobosa var. minuta Cleve		+						1 500	15.0						
P. brebissonii (Kützing) Rabenh				+				3 570	50.0						
P. brevicostata Cleve	+		+					2 750~3 200	9.8~40	6.4~8.2	53~294	0.03~0.4	0.39~2.05	7.5~8.9	9~211
P. clavata Liu, Kociolek & Wang	+			+				3 200~3 780	6.1~40	6.4~8.6	18~294	0.02~0.4	0.08~2.05	2.6~8.7	9~211
P. congeri Krammer & Metzeltin	+		+		+			1 620~4 100	3~40	6.4~9.1	53~612	0.03~0.4	1.05~2.05	2.6~11.4	9~357
P. conica Gandhi	+		+					3 780~4 630	8.3~15.3	6.9~7.8	12~34	0.01~0.02	0.02~0.28	5.4~8.7	45~230
P. cruxarea Hustedt					+			3 570	30.5	8.0	612	0.25	2.05	11.4	358
P. divergens var. biconstricta Cleve-Euler		+						—	—						
P. divergens var. media Krammer	+		+					3 200~4 630	3~40	6.4~8.2	12~294	0.01~0.4	0.02~2.05	2.6~8.0	9~211
P. divergens var. sublinearis Cleve	+		+					3 200~4 630	3~40	6.4~8.2	12~294	0.01~0.4	0.02~2.05	2.6~8.0	9~211
P. divergens var. rhombundulata Krammer			+					3 453	12.1	7.6	—	—	—	—	—
P. divergentissima (Grunow) Cleve	+	+	+					1 500~4 630	3~40	6.4~8.9	12~294	0.01~0.4	0.02~2.05	2.6~8.26	9~211
P. divergentissima var. hustedtiana Ross	+		+					3 200~4 750	3~40	6.4~9.1	12~294	0.01~0.4	0.02~0.35	2.6~8.0	9~211
P. doloma Hohn & Hellerman	+		+		+	+		1 620~4 100	3~40	6.4~9.1	53~612	0.03~0.4	1.05~2.05	2.6~11.4	9~357
P. erratica Krammer			+					4 160~4 630	8.3~15.3	6.9~7.6	45~280	0.01	0.02~0.28	5.4~8.0	10~175
P. fluminea Patrick & Freese	+							4 100	15.0	8.5	111	0.07	0.39	8.6	89
P. gentilis (Donkin) Cleve			+					3 425	6.5	7.7	—	—	—	—	—
P. genkalii Krammer & Lange-Bertalot		+						2 400	11.2	8.5	547	0.37	0.86	7.5	481
P. globiceps Gregory			+					3 425	6.5	7.7	—	—	—	—	—
P. grunowii Krammer	+	+			+			2 550~3 780	9.3~13.5	7.1~8.5	7~95	0.02~0.06	0.08~1.12	7.3~8.7	17~84
P. halophila Krammer		+						2 400	11.2	8.5	547	0.37	0.86	7.5	481
P. infirma Krammer			+					3 468	13.2	7.8	—	—	—	—	—
P. jungii Krammer		+	+		+			1 510~4 630	3~17.5	6.9~7.6	45~291	0.01~0.02	0.02~0.49	5.36~8.0	10~255
P. lagerstedtii (Cleve) Cleve				+				4 760	8.5	8.8	77	0.05	2.19	7.3	74

(续表)

种类名称	生境							理化指标							
	湖泊	池塘	沼泽	河流	溪流	温泉	盐池	海拔[m]	水温[℃]	pH	电导率[ms/cm]	盐度[‰]	NH_4^+-N	DO[mg/L]	TDS[mg/L]
P. microstauron (Ehrenberg) Cleve	+							3 200	9.8~40	6.4~8.2	53~294	0.03~0.4	1.67~2.05	2.6~7.5	9~211
P. neomajor Krammer		+	+					2 700~3 730	6.5~17.2	7.0~8.7	61~186	0.04~0.06	0.24~0.87	8.9	62~163
P. nodosa (Ehrenberg) Smith			+					3 600	4.0	—	—	—	—	—	—
P. nodosa var. robusta Krammer			+		+			3 730	6.5	7.6	61	0.04	0.24	8.9	62
P. obscura Krasske			+					4 750	2.3	9.1	91	0.08	0.35	7.3	105
P. parvulissima Krammer	+				+			2 400~2 670	9.3~17	8.1~8.5	7~375	0.03~0.22	0.83~1.12	3.9~8.7	41~293
P. perspicua Krammer	+				+			3 200~3 604	6.1~40	6.4~8.6	53~294	0.03~0.4	0.55~2.05	2.6~8.1	9~211
P. pisciculus Ehrenberg			+					4 160~4 630	8.3~15.3	6.9~7.6	45~280	0.01	0.02~0.28	5.4~8.0	10~175
P. pluvianiformis Krammer						+		3 570	30.5	8.0	612	0.25	2.05	11.4	358
P. reichardtii Krammer		+						2 677	—	8.1	—	—	—	—	—
P. saprophila Lange-Bertalot, Kobayasi & Krammer			+					2 740	7.6	8.2	81	0.06	0.67	9.3	79
P. savanensis var. hinganica Skvortsov			+					3 600~3 730	3~6.5	7.6	61	0.04	0.24	8.9	62
P. schoenfelderi Krammer	+		+		+			2 550~3 600	3~40	6.4~8.5	7~294	0.03~0.4	0.16~2.05	2.6~8.7	9~211
P. septentrionalis Krammer			+					—	9.9	8.0					
P. sinistra Krammer	+		+		+			2 550~3 600	3~40	6.4~8.5	7~301	0.03~0.4	0.83~2.05	2.6~8.7	9~232
P. stomatophora (Grunow) Cleve	+							3 200	9.8~40	6.4~8.2	53~294	0.03~0.4	1.67~2.05	2.6~7.5	9~211
P. stomatophora var. erlangensis (Mayer) Krammer			+		+			3 450	5.8	9.8	—	—	—	—	—
P. subcapitata Gregory			+					3 730	6.5	7.6	61	0.04	0.24	8.9	62
P. subcapitata var. paucistriata (Grunow) Cleve	+		+		+			3 200~3 604	3~40	6.4~8.6	53~294	0.03~0.4	0.55~2.05	2.6~8.1	9~211
P. subcommutata Krammer					+			3 470	14.5	8.0	72	0.04	0.16	7.6	59
P. subgibba Krammer	+	+	+	+	+			2 290~4 630	3~40	6.4~8.7	7~375	0.01~0.4	0.02~2.05	6.2~9.2	9~293
P. submicrostauron Liu, Kociolek & Wang	+							3 200	9.8~40	6.4~8.2	53~294	0.03~0.4	1.67~2.05	2.6~7.5	9~211
P. viridis (Nitzsch) Ehrenberg	+		+	+	+			2 400~4 750	3~40	6.4~9.1	53~547	0.03~0.4	0.16~0.35	2.6~8.9	9~481
P. zabelinii var. interrupta Skvortsov	+		+		+			3 200~4 660	3.4~15.4	7.5~9.1	16~137	0.01~0.1	0.14~0.57	5.0~9.7	14~140
Placoneis abiskoensis (Hustedt) Lange-Bertalor & Metzeltin	+							3 780~3 870	3.0~12.4	7.8~8.3	25~31	0.02	0.08~0.76	7.0~8.0	25~80

（续表）

种类名称	生境							理化指标							
	湖泊	池塘	沼泽	河流	溪流	温泉	盐池	海拔[m]	水温[℃]	pH	电导率[ms/cm]	盐度[‰]	NH_4^+-N	DO[mg/L]	TDS[mg/L]
P. clementis (Grunow) Cox	+							3 468	7.5	7.9	—	—	—	—	—
P. clementioides (Hustedt) Cox	+							3 780~3 870	3.0~12.4	7.8~8.3	25~31	0.02	0.08~0.76	7.0~8.5	25~80
P. elginensis (Gregory) Ralfs	+	+			+			3 450~3 780	5~32.7	6.8~9.1	18~612	0.02~0.83	0.08~3.6	3.7~11.4	17~357
P. ellipticorostrata Metzeltin, Lange-Bertalot & Soninkhishig				+				2 550	9.3	8.5	45	0.03	0.83	8.8	42
P. explanata (Hustedt) Mayama	+							3 200~3 780	9.3~40	6.4~8.2	18~294	0.02~0.4	0.08~2.05	2.6~8.7	9~211
P. hambergii (Hustedt) Bruder	+			+				3 780~4 100	9.3~13.3	7.1~7.8	18~34	0.02	0.08~0.18	7.3~8.7	17~31
P. ignorata (Schimanski) Lange-Bertalot	+							3 200~3 780	9.3~40	6.4~8.2	18~294	0.02~0.4	0.08~2.05	2.6~8.7	9~211
P. paraelginensis Lange-Bertalot	+							3 200~3 750	9.8~40	6.4~8.3	53~294	0.03~0.4	0.4~2.05	2.6~9.4	9~211
P. placentula Heinzerling			+					3 454	11.8	8.2	—	—	—	—	—
P. undulata (Krasske) Lange-Bertalor		+		+	+			1 534~3 604	6.1~20.4	7.7~8.7	7~186	0.03~0.06	0.55~1.12	6.2~8.7	41~163
Sellaphora absoluta (Hustedt) Wetzel, Ector, Van de Vijver, Compère & Mann			+					2 440	15.2	8.2	—	—	—	—	—
S. atomoides (Grunow) Wetzel & Van de Vijver	+		+	+	+			1 400~3 570	9.8~40	6.4~8.4	53~608	0.03~0.42	0.29~2.05	8.9~9.4	9~546
S. auldreekie Mann & Donald			+					2 440	15.2	8.2	—	—	—	—	—
S. bacilloides (Hustedt) Levkov, Krstic & Nakov		+	+	+				3 075	8.7~14.8	7.9~8.0					
S. bacillum (Ehrenberg) Mann			+					3 582	17	7.4					
S. blackfordensis Mann & Droop	+	+	+	+	+	+	+	1 510~4 750	0.6~40	6.4~10	53~612	0.03~0.35	0.21~0.35	6.2~11.4	9~357
S. crassulexigua (Reichardt) Wetzel & Ector	+							3 200	9.8~40	6.4~8.2	53~294	0.03~0.4	1.67~2.05	2.6~7.5	9~211
S. disjuncta (Hustedt) Mann			+		+			2 400~4 100	3~11.2	8.5	547	0.37	0.86	7.5	481
S. ellipticolanceolata Metzeltin, Lange-Bertalot & Nergui			+					4 100~4 630	10.7~15.4	7.5~7.6	16~21	0.01~0.07	0.14~0.17	5.6~6.1	14~16
S. fusticulus Lange-Bertalot	+							3 200	9.8~40	6.4~8.2	53~294	0.03~0.4	1.67~2.05	2.6~7.5	9~211
S. guyanensis Metzeltin & Lange-Bertalot				+				1 200	13.6	7.9	263	0.16	0.75	8.4	218
S. intermissa Metzeltin, Lange-Bertalot & Nergui			+	+				3 450	5.8	9.8	—	—	—	—	—
S. japonica (Kobayasi) Kobayasi			+	+	+			1 400~3 604	6.1~40	6.8~8.6	7~612	0.01~0.42	0.1~2.05	7.7~11.4	205~546

（续表）

种类名称	生境							理化指标							
	湖泊	池塘	沼泽	河流	溪流	温泉	盐池	海拔[m]	水温[℃]	pH	电导率[ms/cm]	盐度[‰]	NH_4^+-N	DO[mg/L]	TDS[mg/L]
S. khangalis Metzeltin & Lange-Bertalot	+	+			+			2700~3200	7.3~40	6.4~9.0	53~294	0.03~0.4	1.67~2.05	2.6~7.5	9~211
S. kretschmeri Metzeltin, Lange-Bertalot & Soninkhishig	+							3200	9.8~40	6.4~8.2	53~294	0.03~0.4	1.67~2.05	2.6~7.5	9~211
S. kusberi Metzeltin, Lange-Bertalot & Soninkhishig						+		3570	20.8~32.7	6.8~8.0	72~612	0.16~0.83	1.05~3.6	3.7~11.4	50~357
S. laevissima (Kützing) Mann	+	+						2472~4100	9.3~15	7.1~8.5	18~111	0.02~0.19	0.08~0.39	7.3~14.7	17~260
S. mongolcollegarum Metzeltin & Lange-Bertalot	+	+			+			1510~4100	9.3~19.8	7.1~9.1	7~270	0.02~0.14	0.08~1.12	6.8~10.4	17~195
S. nana (Hustedt) Lange-Bertalot				+				4100~4660	10.7~15.4	7.5~7.6	16~21	0.01~0.07	0.14~0.17	5.6~6.1	14~16
S. nigri (Notaris) Wetzel & Ector	+			+	+			1400~3570	9.8~40	6.4~8.4	53~608	0.03~0.42	0.29~2.05	8.9~9.4	9~546
S. paenepupula Metzeltin & Lange-Bertalot	+	+	+	+	+	+	+	1510~4750	0.6~40	6.4~10	53~612	0.03~0.35	0.21~0.35	6.2~11.4	9~357
S. parapupula Lange-Bertalot Potapova & Ponader	+			+				3200~3600	3~40	6.4~8.2	53~294	0.03~0.4	1.67~2.05	2.6~7.5	9~211
S. permutata Metzeltin, Lange-Bertalot & Soninkhishig	+							3200	9.8~40	6.4~8.2	53~294	0.03~0.4	1.67~2.05	2.6~7.5	9~211
S. perobesa Metzeltin, Lange-Bertalot & Soninkhishig	+			+				3200~3600	3~40	6.4~8.2	53~294	0.03~0.4	1.67~2.05	2.6~7.5	9~211
S. pseudopupula (Gregory) Lange-Bertalot & Metzeltin	+			+	+			2190~4100	8.9~40	6.4~8.22	18~294	0.02~0.4	0.08~2.05	8.7~8.9	9~211
S. pseudoventralis (Hustudt) Lange-Bertalot	+							3200	9.8~40	6.4~8.2	53~294	0.03~0.4	1.67~2.05	2.6~7.5	9~211
S. pupula (Kützing) Mereschkovsky	+	+	+		+			1500~3780	7.6~17.2	7.1~8.9	18~186	0.02~0.1	0.08~1.92	6.2~8.6	17~163
S. rotunda (Hustedt) Wetzel, Ector, Van de Vijver, Compère & Mann	+							1510	19.8	8.5	270	0.14	0.97	6.8	195
S. saugerresii (Desmazières) Wetzel & Mann					+			3320	10.0	8.7	—	—	—	—	—
S. schrothiana Metzeltin, Lange-Bertalot & Soninkhishig	+			+				3200~3730	3~40	6.4~8.6	53~294	0.03~0.4	0.24~2.05	2.6~8.9	9~211
S. seminulum (Grunow) Mann	+	+	+	+	+	+		1400~4190	1.8~40	6.4~9.1	53~612	0.03~0.42	0.29~2.25	2.6~11.4	9~546
S. stauroneioides (Lange-Bertalot) Vesela & Johansen				+				4100~4660	10.7~15.4	7.5~7.6	16~21	0.01~0.07	0.14~0.17	5.6~6.1	14~16
S. subbacillum (Hustedt) Falasco & Ector	+	+						2472~4100	9.3~15	7.1~8.5	18~111	0.02~0.19	0.08~0.39	7.3~14.7	17~260
S. stroemii (Hustedt) Kobayasi Sellaphora aggerica	+				+	+	+	1620~4310	3.4~50	6.8~8.7	18~612	0.02~0.35	0.08~0.57	3.7~12.9	17~481

（续表）

种类名称	生境							理化指标							
	湖泊	池塘	沼泽	河流	溪流	温泉	盐池	海拔[m]	水温[℃]	pH	电导率[ms/cm]	盐度[‰]	NH$_4^+$-N	DO[mg/L]	TDS[mg/L]
S. styxii Novis, Braidwood & Kilroy	+				+			3 200~3 570	9.8~40	6.4~8.2	53~294	0.03~0.4	0.4~2.05	2.6~7.5	9~211
S. tridentula (Krasske) Wetzel			+					2 440	15.2	8.2	—	—	—	—	—
S. ventraloides (Hustedt) Falasco & Ector			+	+	+			2 360~4 760	1.7~21.5	8.0~8.8	77~389	0.05~0.2	0.63~2.48	6.7~9.4	28~148
Sichuaniella lacustris Li, Lange-Bertalot & Metzeltin	+							—	12.9	8.3		0.17		5.5	
Prestauroneis nenwai Liu, Wang & Kociolek				+				3 454	11.8	8.2	—	—	—	—	—
P. lowei Liu, Wang & Kociolek				+				3 454	11.8	8.2	—	—	—	—	—
P. protracta (Grunow) Bishop, Minerovic, Liu & Kociolek				+				227	20.2	8.8	363				
Staurophora brantii Bahls	+							3 200	15.0	6.9	294	0.15	1.9	7.1	211
Stauroneis acuta Smith			+					3 222	15.6	8.2	—	—	—	—	—
S. amphicephala Kützing			+		+			3 450	5.8	9.8	—	—	—	—	—
S. anceps var. *yangbajingensis* Huang			+					3 450	5.0	9.1	—	—	—	—	—
S. anceps var. *javanica* Hustedt	+							3 780~3 870	3.0~12.4	7.8~8.3	25~31	0.02	0.08~0.76	7.0~8.5	25~80
S. agrestis var. *inflata* Kobayasi & Ando			+		+			3 450	5.0	9.1	—	—	—	—	—
S. borrichii (Petersen) Lund					+			3 570	30.5~40	6.8~8.0	390~612	0.16~0.25	1.05~2.05	8.5~11.4	221~357
S. borrichii var. *subcapitata* (Petersen) Hustedt					+			3 570	30.5~40	6.8~8.0	390~612	0.16~0.25	1.05~2.05	8.5~11.4	221~357
S. circumborealis Lange-Bertalot & K. Krammer			+					2 750~4 750	2.3~12.9	7.0~9.1	91~94	0.06~0.08	0.35~0.39	7.3~8.9	79~105
S. distinguenda Hustedt	+	+						3 450~3 780	5~7.9	8.09~9.1	30	0.02	0.41	7.0	79
S. gracilior E. Reichardt				+				3 483	21.8	7.6					
S. gremmenii Van de Vijver & Lange-Bertalot	+	+	+	+	+			1 500~4 630	3~40	6.4~8.9	12~294	0.01~0.4	0.02~2.05	2.6~12.9	9~211
S. intricans Van de Vijver & Lange-Bertalot		+	+					2 550~4 750	3~15.4	6.9~9.1	7~95	0.01~0.08	0.02~0.35	5.0~8.7	10~105
S. jarensis Lange-Bertalot	+	+						3 200~4 630	6.1~40	6.4~8.6	12~301	0.01~0.4	0.02~2.05	2.6~8.7	9~232
S. kriegeri Patrick	+	+			+			1 620~3 600	3~40	6.4~9.1	53~395	0.03~0.4	1.08~2.05	2.6~7.5	9~256
S. minutula Hustedt					+			2 550~2 670	9.3~11.2	8.2~8.5	7~95	0.03~0.06	0.83~1.12	7.7~8.7	41~84
S. modestissima Metzeltin, Lange-Bertalot & García-Rodríguez					+			1 620	23.4~25.3	8.2~8.4	373~395	0.18~0.19	1.08	5.0~5.1	249~256

(续表)

种类名称	生境							理化指标							
	湖泊	池塘	沼泽	河流	溪流	温泉	盐池	海拔[m]	水温[℃]	pH	电导率[ms/cm]	盐度[‰]	NH_4^+-N	DO[mg/L]	TDS[mg/L]
S. neohyalina Lange-Bertalot & Krammer			+					4160~4630	8.3~15.3	6.9~7.6	45~280	0.01	0.02~0.28	5.4~8.0	10~175
S. reichardtii Lange-Bertalot		+	+		+			2550~4750	3~15.4	6.9~9.1	7~95	0.01~0.08	0.02~0.35	5.0~8.7	10~105
S. separanda Lange-Bertalot & Werum			+		+			3760~4000	2.3~15	8.0~8.7	80~179	0.03~0.09	0.63~1.49	6.7~9.4	92~148
S. siberica (Grunow) Lange-Bertalot & Krammer	+							3780~3870	3.0~12.4	7.8~8.3	25~31	0.02	0.08~0.76	7.0~8.5	25~80
S. smithii Grunow			+					3222~3582	15.6~17	7.4~8.2	—	—	—	—	—
S. supergracilis Van de Vijver & Lange-Bertalot	+		+					3200~3600	4~40	6.4~8.2	53~294	0.03~0.4	1.67~2.05	2.6~7.5	9~211
S. superhyperborea Van de Vijver & Lange-Bertalot	+		+					3468	7.5~13.2	7.8~7.9	—	—	—	—	—
S. tibetica Mereschkowsky	+	+						3203~4100	9.3~15	7.1~8.5	18~111	0.02~0.07	0.08~0.39	7.3~8.6	17~89
S. verbania Notaris						+		2550~2670	9.3~11.2	8.2~8.5	7~95	0.03~0.06	0.83~1.12	7.7~8.7	41~84
Bacillaria paxillifera (Müller) Marsson	+	+						1510~2700	7.6~19.8	7.7~8.7	132~270	0.14	0.63~0.97	6.2~6.8	109~195
Nitzschia acicularis Smith			+					4160	15.3	6.9	20	0.01	0.11	5.4	16
N. acidoclinata Lange-Bertalot	+	+			+			1534~4000	2.3~40	6.4~9.1	18~547	0.02~0.4	0.08~2.05	2.6~9.4	9~481
N. adapta Hustedt	+	+	+	+	+		+	2200~4310	3.4~20.4	7.2~8.7	49~422	0.04~0.35	0.55~0.57	4.7~9.7	52~348
N. alpina Hustedt	+	+		+	+	+		900~3850	6.1~60	6.8~9.0	18~612	0.02~0.37	0.08~2.05	6.2~11.4	17~481
N. amphibia Grunow	+	+	+	+	+			1400~4630	7.3~60	6.4~9.1	12~612	0.01~0.83	0.02~3.6	6.2~11.4	9~546
N. amphibia f. *frauenfeldii* (Grunow) Lange-Bertalot	+				+			3200~3570	9.8~21.5	6.4~8.2	53~612	0.03~0.4	0.4~2.05	2.6~11.4	9~357
N. archibaldii Lange-Bertalot		+	+	+	+			2800~4110	9~50	8.0~8.9	68~174	0.01~0.18	0.18~0.3	7.3~9.7	53~147
N. bavarica Hustedt	+	+	+	+	+			1510~4310	3.4~26.8	8.0~8.7	49~375	0.04~0.22	0.74~0.57	3.9~12.9	52~293
N. capitellata Hustedt		+			+			2230~3770	2.3~19.8	8.5~9.1	55~547	0.05~0.37	0.86~1.13	7.5~10.4	63~481
N. communis Rabenhorst	+	+	+		+	+	+	1500~4630	7.6~60	6.8~8.7	7~612	0.01~0.35	0.02~2.05	6.2~11.4	10~481
N. dealpina Lange-Bertalot & Hofmann	+	+		+	+			2400~3850	9.8~40	6.4~9.1	53~294	0.03~0.4	0.04~2.05	2.6~10.4	9~226
N. delognei (Grunow) Lange-Bertalot	+	+		+	+			1470~3850	3.7~40	6.4~9.8	7~612	0.02~0.4	0.08~2.05	6.2~12.9	9~357

(续表)

种类名称	生境							理化指标							
	湖泊	池塘	沼泽	河流	溪流	温泉	盐池	海拔[m]	水温[℃]	pH	电导率[ms/cm]	盐度[‰]	NH₄⁺-N	DO[mg/L]	TDS[mg/L]
N. dingrica Jao & Lee					+			2 810~4 760	8.5~26.8	8.5~8.8	77~285	0.05~0.13	0.9~2.19	7.3~12.9	74~179
N. dissipata Grunow	+	+	+	+	+		+	740~4 310	2.3~26.8	6.8~9.1	49~547	0.01~0.35	0.18~0.57	6.2~12.9	463~481
N. dissipata var. media (Hantzsch) Grunow	+	+		+	+			1 510~3 320	7.6~19.8	7.7~9.0	129~372	0.09~0.26	0.48~0.97	6.2~9.3	109~336
N. diversa Hustedt	+	+	+	+	+			1 400~4 310	3.4~19.1	8.0~9.1	49~608	0.04~0.42	0.29~0.57	6.9~10.4	52~546
N. draveillensis Coste & Ricard			+					3 203	13.5	7.5	—	—	—	—	—
N. eglei Lange-Beralot	+							994~1 120	21~23.6	8.3	564~600				
N. exilis Sovereign		+	+	+	+			1 470~4 630	1.7~40	6.4~9.1	12~375	0.01~0.4	0.02~0.57	8.9~12.9	9~293
N. ferrazae Cholnoky		+	+		+	+		1 510~4 760	3~40	6.4~9.1	12~612	0.01~0.83	0.02~3.6	6.2~12.9	9~481
N. filiformis Heurck	+	+						1 510~2 960	15.1~20.4	7.7~9.1	258~375	0.14~0.22	0.89~1.09	3.9~10.4	189~293
N. fonticola (Grunow) Grunow	+	+	+	+	+			1 500~4 610	1.6~40	6.4~9.1	7~547	0.02~0.4	0.01~0.57	2.6~10.4	9~481
N. fonticola var. capitata Cleve	+			+	+		+	1 510~4 140	1.7~19.8	7.2~8.5	89~422	0.07~0.35	0.75~2.48	4.7~8.9	94~348
N. fonticoloides (Grunow) Sovereign	+			+			+	740~4 100	9.8~40	6.4~8.6	53~422	0.03~0.35	0.57~2.05	2.6~9.6	9~348
N. frustulum (Kützing) Grunow	+	+	+	+	+			1 510~4 600	1.6~18.3	7.0~8.7	49~547	0.04~0.37	0.01~0.57	8.9~9.7	52~481
N. fundi Cholnoky		+		+	+			3 430~4 600	1.6~19.6	8.1~8.34	103~174	0.01~0.18	0.01~0.22	7.7~8.89	110~147
N. gessneri Hustedt	+	+						2 290~4 310	3.4~40	6.4~8.7	49~294	0.03~0.4	0.57~0.63	6.2~9.7	9~211
N. gracilis Hantzsch	+	+						1 470~4 110	7.6~20.4	7.37~9.0	31~270	0.02~0.14	0.49~0.97	6.2~6.8	26~195
N. hantzschiana Rabenhorst	+		+	+	+	+		1 470~4 660	3~40	6.4~9.1	16~612	0.01~0.83	0.14~3.6	2.6~11.4	9~481
N. heufleriana Grunow	+			+	+			2 374~4 110	9.1~19.6	7.5~9.0	36~174	0.01~0.18	0.18~0.56	6.4~9.04	32~147
N. homburgiensis Lange-Bertalot	+	+						3 444~3 481	14.9~20	8.7~9.2					
N. hybrida Grunow	+	+		+	+			2 400~4 630	3.4~19	7.7~8.7	29~547	0.01~0.37	0.23~0.57	4.2~10.4	215~481
N. inconspicua Grounow	+	+		+	+			1 510~4 100	8.9~40	6.4~8.6	18~375	0.02~0.4	0.08~2.05	2.6~9.2	9~293
N. intermedia Hantzsch	+	+	+	+				1 400~3 260	7.6~19.8	7.7~9.0	132~608	0.16~0.42	0.29~1.09	6.2~9.4	109~546

种类名称	生境							理化指标							
	湖泊	池塘	沼泽	河流	溪流	温泉	盐池	海拔[m]	水温[℃]	pH	电导率[ms/cm]	盐度[‰]	NH_4^+-N	DO[mg/L]	TDS[mg/L]
N. lacuum Lange-Bertalot		+						2810	26.8	8.5	286	0.13	0.9	12.9	179
N. linearis Smith	+	+	+	+	+	+		740~4600	1.6~40	6.4~9.0	53~612	0.01~0.83	0.01~3.6	6.2~12.9	9~546
N. lorenziana Grunow	+	+	+					1470~3620	9~20	7.5~8.9	68~375	0.04~0.22	0.18~1.09	3.9~9.7	53~293
N. obtusa Smith					+			3583	12.5	8.2					
N. oligotraphenta (Lange-Bertalot) Lange-Bertalot	+					+		3570~4310	3.4~32.7	6.8~8.7	49~612	0.04~0.25	0.57~0.8	7.2~11.4	52~357
N. palea (Kützing) Smith	+	+	+	+	+	+	+	740~4660	2.3~32.7	6.8~9.5	12~612	0.01~0.35	0.02~0.57	6.2~14.9	10~546
N. palea var. tenuirostris Grunow	+	+			+			1500~4110	9.1~19.8	7.37~9.0	7~131	0.02~0.09	0.29~1.12	5.36~9.04	26~120
N. palea var. debilis Grunow	+	+	+					1500~4630	2.3~50	6.9~9.1	12~547	0.02~0.37	0.02~1.13	5.4~10.4	10~481
N. palea var. minuta (Bleisch) Grunow	+	+	+	+	+	+	+	900~4660	7.6~50	6.4~9.1	7~612	0.01~0.35	0.14~2.05	6.2~11.4	9~357
N. paleacea Grunow	+	+		+	+			2400~4750	1.6~20.4	6.9~9.1	12~258	0.01~0.14	0.01~0.57	5.4~10.4	10~189
N. pusilla Grunow						+		3400	45~50	—	—	—	—	—	—
N. recta Hantzsch		+	+	+	+			2290~4750	2.3~17.2	7.5~9.1	49~375	0.04~0.22	0.55~0.57	6.2~9.7	52~293
N. regula var. robusta Hustedt	+	+	+					2400~4630	8.3~19.1	6.9~9.1	12~375	0.01~0.22	0.02~1.09	3.9~10.4	10~293
N. reversa Smith	+							370~533	23.7~24	8.0~8.3	466~494	—	—	—	—
N. sigmoidea (Nitzschia) Smith	+							3780~3870	3.0~12.4	7.8~8.3	25~31	0.02	0.08~0.76	7.0~8.5	25~80
N. sociabilis Hustedt	+			+				2440~3100	5~16.2	8.1~8.7	204~375	0.15~0.22	0.88~1.09	3.9~8.3	199~293
N. solgensis Cleve-Euler	+	+	+	+	+			2290~4100	11.2~16.8	7.5~8.6	111~547	0.07~0.37	0.39~0.86	6.9~9.2	89~481
N. solita Hustedt		+	+		+	+		1470~3850	3.7~40	6.4~9.8	7~612	0.02~0.4	0.08~2.05	6.2~12.9	9~357
N. stelmachpessiana Hamsher			+					3760~4630	8.3~15.3	6.9~8.4	45~280	0.01	0.02~0.28	5.4~8.0	10~175
N. sublinearis Hantzsch	+			+	+			2400~3807	3.6~26	7.1~8.9	18~285	0.02~0.16	0.08~2.09	7.3~12.9	17~218
N. tabellaria (Grunow) Grunow	+	+		+	+			1500~3850	6.1~26.8	7.5~9.5	68~285	0.04~0.17	0.43~1.97	6.8~12.9	50~226
N. tenuis Smith	+	+	+					3203~3481	13.5~16.1	7.5~9.2					

（续表）

种类名称	生境							理化指标							
	湖泊	池塘	沼泽	河流	溪流	温泉	盐池	海拔[m]	水温[℃]	pH	电导率[ms/cm]	盐度[‰]	$NH_4^+ - N$	DO[mg/L]	TDS[mg/L]
N. brevissima Grunow		+		+	+			3 438～3 444	20～25.2	8.7～9.1	—	—	—	—	—
N. tubicola Grunow		+						3 360	—	—	—	—	—	—	—
N. umbonata （Ehrenberg） Lange-Bertalot		+		+				1 400～2 230	10.5～19.8	8.0～9.0	567～608	0.35～0.42	0.29～0.78	8.3～9.4	448～546
N. valdecostata Lange-Bertalot & Simonsen	+							3 930～4 310	3.4～8.5	8.2～8.7	49～137	0.04～0.1	0.57～0.8	7.2～9.7	52～140
N. valdestriata Aleem & Hustedt	+			+	+			2 800～4 310	3.4～50	6.8～8.7	49～612	0.04～0.25	0.4～0.57	5.6～11.4	52～357
N. vermicularis （Kützing） Hantzsch	+	+		+				3 203～3 454	11.8～14.9	7.5～9.2	—	—	—	—	—
N. vitrea Norman				+				3 454	11.8	8.2	—	—	—	—	—
Hantzschia abundans Lange-bertalot	+	+	+		+	+		2 700～3 760	4～16	6.4～9.1	53～612	0.03～0.4	0.63～2.05	6.2～11.4	9～357
H. amphioxys （Ehrenberg） Grunow	+	+	+	+				740～4 100	6.1～19.1	7.5～9.1	36～375	0.02～0.22	0.31～1.09	3.9～10.4	32～293
H. amphioxys var. *aequalis* Clever—Eulur		+	+		+			3 203～4 660	9～18.1	7.37～8.9	16～133	0.01～0.09	0.14～0.49	5.0～9.7	14～124
H. calcifuga Reichardt & Lange-Bertalot			+					3 600	4.0	—	—	—	—	—	—
H. elongata （Hantzsch） Grunow			+					3 254～3 490	12.1～14.1	7.6～7.8	—	—	—	—	—
H. giessiana Lange-Bertalot & Rumrich	+	+	+					3 360～3 468	16.5～19	8.5～10.2	—	—	—	—	—
H. graciosa Lange-Bertalot			+	+				3 256～3 490	4.5～22.8	7.6～8.4	—	—	—	—	—
H. subrupestris Lange-Bertalot	+	+						3 461～3 468	3.2～16.5	7.5～8.5	—	—	—	—	—
H. vivax （Smith） Grunow			+					3 490	14.1	7.8	—	—	—	—	—
Denticula elegans Kützing	+	+			+	+		2 400～4 100	3～32.7	6.8～8.7	18～612	0.02～0.83	0.08～3.6	3.7～14.7	17～481
D. kuetzingii Grunow	+	+		+	+	+		2 290～4 600	1.6～60	6.4～8.6	53～612	0.03～0.83	0.01～3.6	2.6～14.7	9～357
D. kuetzingii var. *rumrichae* Krammer	+							—	14.1	8.0		0.18		4.8	—
D. rainierensis Sovereign				+				4 100	6.4	8.1	99	0.07	0.3	8.8	100
D. tenuis Kützing	+	+		+	+	+		1 620～4 760	5～25.3	7.5～9.0	29～547	0.01～0.37	0.23～2.19	6.2～10.4	215～481
D. valida （Pedicino） Grunow	+				+	+		2 800～3 780	9.3～50	6.4～8.2	18～612	0.02～0.4	0.08～2.05	2.6～11.4	9～357
Tryblionella angustata Smith	+	+		+	+	+		2 290～4 310	3.4～32.7	6.8～8.7	18～612	0.02～0.83	0.08～0.57	6.2～12.9	17～357

（续表）

种类名称	生境							理化指标							
	湖泊	池塘	沼泽	河流	溪流	温泉	盐池	海拔[m]	水温[℃]	pH	电导率[ms/cm]	盐度[‰]	$NH_4^+ - N$	DO[mg/L]	TDS[mg/L]
T. angustatula（Lange-Bertalot）You	+	+		+				2 230~4 100	11.9~19.8	8.3~9.0	111~119	0.07~0.1	0.39~0.84	6.9~9.2	89~130
T. apiculata Gregory		+						2 230	19.8	9.0	—	—	—	—	—
T. brunoi（Lange-Bertalot）Cantonati & Lange-Bertalot	+	+	+	+				3 440~3 481	11.8~19.8	7.9~10.2					
T. calida Mann		+		+				2 230~3 280	11.9~19.8	8.3~9.0	114~119	0.07~0.1	0.74~0.84	6.9~9.2	100~130
T. constricta（Kützing）Poulin				+				225	23.7	8.4	452	—	—	—	—
T. hungarica Frenguelli						+		4 310	8.5	8.4	71	0.05	1.22	7.2	68
T. levidensis Smith		+						3 360~3 444	20~25.2	8.7~9.1					
T. littoralis（Grunow）Mann				+				227	20.2	8.8	363				
Rhopalodia gibba（Grounow）Müller	+	+	+	+				1 470~4 475	0.6~20.4	7.5~10	61~375	0.04~0.22	0.21~1.09	6.2~14.7	62~293
R. gibba var. *jugalis* Bonadonna		+						2 400	19.1	9.1	259	0.14	0.99	10.4	189
R. gibba var. *minuta* Krammer	+							2 440	15.1	8.4	272	0.16	1.09	4.3	218
R. gibba var. *ventricosa*（Kützing）Peragallo & Peragallo		+						2 677	—	8.1					
R. gracilis Müller	+	+	+		+			1 620~3 570	7.6~40	6.8~9.1	132~612	0.14~0.25	0.63~2.05	6.2~11.4	109~357
R. operculata（Agardh）Hakansson	+					+	+	2 800~3 570	9.8~60	6.4~8.5	42~612	0.03~0.4	0.4~2.05	2.6~11.4	9~357
R. parallela（Grunow）Mull			+					3 203	13.5	7.5	—	—	—	—	—
Epithemia adnata（Kützing）Brebisson	+		+					2 440~4 475	0.6~16.2	8.1~10	83~375	0.07~0.22	0.21~1.09	3.9~8.2	98~293
E. adnata var. *porcellus*（Kützing）Patrick	+					+		3 570~4 475	0.6~32.7	6.8~10	83~612	0.07~0.25	0.21~2.05	8.2~11.4	98~357
E. adnata var. *proboscidea*（Kützing）Hendey	+		+		+			2 440~3 730	6.1~16.2	7.6~8.6	61~375	0.04~0.22	0.16~1.09	3.9~8.9	58~293
E. adnata var. *saxonica*（Kützing）Patrick						+		3 400	6.1	8.6	68	0.05	0.55	8.1	70
E. argus（Ehrenberg）Kützing	+		+			+		2 440~4 310	3.4~40	6.4~8.7	49~612	0.03~0.4	0.57~0.8	2.6~11.4	9~357
E. argus var. *alpestris*（Smith）Grunow		+						3 200~3 730	6.5	7.6	61	0.04	0.24	8.9	62
E. argus var. *testudo* Fricke						+		3 570	30.5~40	6.8~8.0	390~612	0.16~0.25	1.05~2.05	8.5~11.4	221~357
E. frickei Krammer						+		1 620	25.3	8.2	395	0.19	1.08	5.0	256
E. sorex Kützing	+	+	+	+	+	+		1 470~3 780	6.5~40	6.8~9.0	18~612	0.02~0.37	0.08~2.05	6.2~11.4	17~481
E. sorex f. *globosa* Allorge & Manquin						+		3 570	30.5~40	6.8~8.0	390~612	0.16~0.25	1.05~2.05	8.5~11.4	221~357

（续表）

种类名称	生境							理化指标							
	湖泊	池塘	沼泽	河流	溪流	温泉	盐池	海拔 [m]	水温 [℃]	pH	电导率 [ms/cm]	盐度 [‰]	NH₄⁺- N	DO [mg/L]	TDS [mg/L]
E. sorex var. *gracilis* Hustedt	+							2 440	15.1	8.4	272	0.16	1.09	4.3	218
E. turgida (Ehrenberg) Kützing	+							2 440	15.1	8.4	272	0.16	1.09	4.3	218
E. turgida var. *capitata* Fricke		+			+			2 795	—	7.9	—	—	—	—	—
E. turgida var. *granulata* (Ehrenberg) Brun			+					2 440	15.2	8.2	—	—	—	—	—
E. turgida f. *typica* Mayer	+							2 440	15.1	8.4	272	0.16	1.09	4.3	218
Surirella angusta Kützing	+	+	+	+	+			1 510~ 4 630	3.4~ 20.6	6.9~ 9.5	7~ 547	0.01~ 0.37	0.02~ 0.57	3.9~ 10.4	10~ 481
S. arctica (Patrick & Freese) Veselá and Potapova	+							3 780~ 3 870	3.0~ 12.4	7.8~ 8.3	25~ 31	0.02	0.08~ 0.76	7.0~ 8.5	25~ 80
S. bifrons Ehrenberg				+	+			3 430~ 4 110	13.0~ 19.6	8.2~ 8.3	133~ 146	0.09~ 0.18	0.22~ 0.27	7.8~ 8.9	111~ 122
S. biseriata (Brébisson) Ruck & Nakov				+				3 483	21.8	7.6	—	—	—	—	—
S. bohemica Maly		+			+			1 500	15.6	8.9	173	0.1	0.43	8.3	137
S. brebissonii Krammer & Lange-Bertalot			+	+	+			3 760	15.0	8.4	—	—	—	—	—
S. gracilis Grunow		+						1 500	15.6	8.9	173	0.1	0.43	8.3	137
S. lacrimula English	+			+	+			2 200~ 3 807	9.1~ 40	6.4~ 9.0	53~ 294	0.03~ 0.4	0.56~ 2.05	2.6~ 9.04	9~ 218
S. linearis Smith	+		+					3 200~ 3 730	6.5~ 40	6.4~ 8.2	53~ 294	0.03~ 0.4	0.24~ 2.05	2.6~ 8.9	9~ 211
S. linearis var. *constricta* Grunow			+					—	9.9	8.0	—	—	—	—	—
S. minuta Brebisson	+	+	+	+	+			2 290~ 4 630	2.3~ 26	6.9~ 9.0	7~ 204	0.01~ 0.15	0.02~ 1.49	5.4~ 9.7	10~ 199
S. ovalis Brebisson		+			+			2 230~ 2 400	11.2~ 19.8	8.5~ 9.0	547	0.37	0.86	7.5	481
S. spiralis Kützing	+	+						3 770~ 4 475	0.6~ 5.3	8.6~ 10	83	0.07	0.21	8.2	98
S. splendida (Ehrenberg) Kützing			+					3 222	15.6	8.2	—	—	—	—	—
S. tenera Greyory		+		+				2 290~ 3 280	11.9~ 12.9	8.3~ 8.6	114~ 119	0.07~ 0.1	0.74~ 0.84	6.9~ 9.2	100~ 130
S. turgida Smith	+							3 200	9.8~ 40	6.4~ 8.2	53~ 294	0.03~ 0.4	1.67~ 2.05	2.6~ 7.5	9~ 211
Cymatopleura aquastudia Smith		+		+	+			2 290~ 3 280	9.3~ 12.9	8.2~ 8.6	7~ 119	0.03~ 0.1	0.74~ 1.12	6.9~ 9.2	41~ 130
C. elliptica Smith					+			4 310	8.5	8.4	71	0.05	1.22	7.2	68
C. solea Smith	+	+	+		+			1 500~ 4 310	3.4~ 20.4	7.5~ 8.7	49~ 375	0.04~ 0.22	0.16~ 0.57	3.9~ 10.4	52~ 293
C. solea var. *gracilis* Grunow				+				370	23.7	8.0	466	—	—	—	—
C. solea var. *apiculata* (Smith) Ralfs				+				370	23.7	8.0	466	—	—	—	—

（续表）

种类名称	生境							理化指标						
	湖泊	池塘	沼泽	河流	溪流	温泉	盐池	海拔[m]	水温[℃]	pH	电导率[ms/cm]	盐度[‰]	NH₄⁺-N	DO[mg/L]	TDS[mg/L]
C. solea var. *obtusata* Jurilj				+				370	23.7	8.0	466	—	—	—	—
C. solea var. *regula*（Ehrenberg）Grunow				+				370	23.7	8.0	466	—	—	—	—
Stenopterobia anceps（Lewis）Brebisson	+		+					3 200~3 730	6.5~40	6.4~8.2	53~294	0.03~0.4	0.24~2.05	2.6~8.9	9~211
S. delicatissima（Lewis）Brebisson			+					3 600~3 730	3~6.5	7.6	61	0.04	0.24	8.9	62
Campylodiscus lexanderi Hustedt		+			+			2 795	—	7.9	—	—	—	—	—
Entomoneis alata（Ehrenberg）Ehrenberg		+						2 030	—	7.6	—	—	—	—	—
E. triundulata Liu & Williams				+				225~1 463	21.2~24	8.0~87	422~600	—	—	—	—

（续表）

参考文献

［1］Lee R E. Phycology［M］. Cambridge：Cambridge University Press，2008.

［2］Mann D G & Droop S J M. Biodiversity，biogeography and conservation of diatoms［J］. Hydrobiologia，1996，336：19~32.

［3］Kociolek J P，Hoover R B，Levin G V et al. Diatoms：unique eukaryotic extremophiles providing insights into planetary change［J］. 2007，6：694.

［4］Guiry M D in Guiry M D & Guiry G M AlgaeBase. World-wide electronic publication，National University of Ireland，Galway. 2023.

［5］Schnetzer A & Steinberg D. Natural diets of vertically migrating zooplankton in the Sargasso Sea［J］. 2002，141(1)：89~99.

［6］Falciatore A & Bowler C. Revealing the molecular secrets of marine diatoms［J］. Annual Review of Plant Biology，2002，53(1)：109.

［7］Lobo E A，Heinrich C G，Schuch M，Wetzel C E & Ector L. Diatoms as Bioindicators in Rivers. River Algae. Springer International Publishing［M］. 2016.

［8］Sheehan N A，Didelez V，Burton P R & Tobin M D. Mendelian Randomisation and Causal Inference in Observational Epidemiology［J］. Plos Medicine，2008，5(8)：177.

［9］Abishek S，Ramanujam S K & Katte S S. View Factors Between Disk/Rectangle and Rectangle in Parallel and Perpendicular Planes［J］. Journal of Thermophysics & Heat Transfer，2014，21(1)：236~239.

［10］谢淑琦，蔡石勋. 山西、河北、内蒙古及河南内陆水体中心硅藻的研究［J］. 山西大学学报（自然科学版），1981(03)：16~34.

［11］刘洁，赵东风. 硅藻土的研究现状及进展［J］. 环境科学与管理，2009，34(5)：28~32.

［12］Round F E，Crawford R M & Mann D G. The Diatoms. Biology and Morphology of the Genera［M］. Cambridge，1990.

［13］Gmelin J F. Carolia Linne. Systema Naturae per regna tria naturae secundum classes，ordines，genera species cum characteribus，differentiis，synonymis，locis. Ed. 13，Tomus I. Pars VI. Vermes Infusoria. 1791，3021~3910.

［14］Battarbee R W. Diatom Analysis［J］. Handbook of Holocene Palaeoecology & Palaeohydrology，1986，19(3)：402.

［15］*Kolkwitz* R，Marson M. Ökologie der tierischen Saprobien. Int. Rev. gesamt［J］. Hydrobiol 1908，2：126~152.

［16］Gutwinski. "De algis. Praecipue diatomacees a Dr. Holdereranno 1898 in Asia centroli atque in China collectis［J］. Bull Acad. Sci. Cracovie Sci. Math. Nat. 1903：201~227.

［17］朱蕙忠，陈嘉佑. 中国西藏硅藻［M］. 北京：科学出版社，2000.

［18］朱蕙忠，陈嘉佑. 索溪峪的硅藻研究［M］. 北京：科学出版社，1989.

［19］朱蕙忠，陈嘉佑. 武陵山区硅藻的研究［M］. 北京：科学出版社，1994.

［20］范亚文，胡征宇. 黑龙江省兴凯湖地区管壳缝目硅藻初步研究［J］. 水生生物学报，2004，28(4)：421~425.

［21］范亚文，王全喜，包文美. 中国东北桥弯藻科的研究［J］. 哈尔滨师范大学自然科学学报，1993，9(4)：82~106.

［22］范亚文，包文美，王全喜. 异极藻科八个分类单位的分类学问题初探［J］. 植物研究，1997，17(4)：371~376.

［23］范亚文，包文美，王全喜. 中国黑龙江省异极藻科植物研究［J］. 植物研究，1998，18(2)：243~251.

［24］尤庆敏，李海玲，王全喜. 新疆喀纳斯地区硅藻初报［J］. 武汉植物学研究，2005，23(3)：247~256.

［25］You Q M，Liu Y，Wang Y F & Wang Q X. Taxonomy and distribution of diatoms in the genera Epithemia and Rhopalodia from the Xinjiang，China［J］. Nova Hedwigia，2009，89(3~4)：397~430.

［26］刘妍. 大兴安岭沼泽硅藻分类生态研究［D］. 浙江大学，2010.

［27］ Liu Y, Wang Q X & Fu C X. Taxonomy and distribution of diatoms in the genus Eunotia from the Da'erbin Lake and Surrounding Bogs in the Great Xing'an Mountains, China［J］. Nova Hedwigia, 2011，92（1～2）：205～232.

［28］ 王襄平, 王志恒, 方精云. 中国的主要山脉和山峰［J］. 生物多样性, 2004, 12(001)：206～212.

［29］ 桑旦. 青藏高原造山运动初步研究［J］. 城市建设理论研究：电子版, 2014, 000(034)：1045～1045.

［30］ 李炳元. 横断山脉范围探讨［J］. 山地研究, 1987(2)：12～20.

［31］ 王金亭, 李扬, 阎建平. 横断山区干旱河谷植被改造利用刍议［J］. 山地学报, 1988(01)：13～18.

［32］ 王菱. 横断山脉的地形气候利用与橡胶树北移［J］. 地理研究, 1985(01)：73～80.

［33］ 苏士澍. 中国文化遗产年鉴［M］. 文物出版社, 2007.

［34］ 齐墨, 王斌. 野性高黎贡［J］. 森林与人类, 2017, 10(328)：17～34.

［35］ 陈灵芝. 中国植物区系与植被地理［M］. 科学出版社, 2014.

［36］ 马克平. 中国生物多样性热点地区评估与优先保护重点的确定应该重视［J］. 植物生态学报, 2001, 25(1)：125～125.

［37］ Surhone L M, Tennoe M T & Henssonow S F. Biodiversity Hotspot［M］. Betascript Publishing, 2010.

［38］ Skuja H. Symbolae Sinicae：Botanische ergebnisse der Expedition der Akademie der Wissenschaften in Wien nach Südwest-china, 1914/1918：Algae. 1. Verlag von Julius Springer［M］. Wien, 1939.

［39］ 王艳璐, 尤庆敏, 于潘, 等. 四川亚丁自然保护区硅藻植物分类研究［J］. 上海师范大学学报（自然科学版）, 2018, 047(005)：585～591.

［40］ 李博. 四川牟尼沟喀斯特地貌硅藻研究［D］. 上海师范大学, 2013.

［41］ 倪依晨. 中国西南山区硅藻研究［D］. 上海师范大学, 2014.

［42］ 刘琪. 四川若尔盖湿地及其附近水域硅藻的分类及生态研究［D］. 浙江大学, 2015.

［43］ 齐雨藻. 中国淡水藻志：第四卷, 硅藻门, 中心纲［M］. 北京：科学出版社, 1995.

［44］ 齐雨藻, 李家英. 中国淡水藻志：第十卷, 硅藻门, 羽纹纲（无壳缝目和拟壳缝目）［M］. 北京：科学出版社, 2004.

［45］ 施之新. 中国淡水藻志：异极藻科.［M］. 北京：科学出版社, 2004.

［46］ 李家英, 齐雨藻. 中国淡水藻志：第十四卷, 舟形藻科（I）［M］. 北京：科学出版社, 2010.

［47］ 施之新. 中国淡水藻志：第十六卷, 硅藻门, 桥弯藻科［M］. 北京：科学出版社, 2013.

［48］ 李家英, 齐雨藻. 中国淡水藻志：第十九卷, 硅藻门, 舟形藻科（II）［M］. 北京：科学出版社, 2014.

［49］ 王全喜. 中国淡水藻志：第二十二卷, 硅藻门, 管壳缝目［M］. 北京：科学出版社, 2018.

［50］ 李家英, 齐雨藻. 中国淡水藻志：第二十三卷, 硅藻门, 舟形藻科（III）［M］. 北京：科学出版社, 2018.

［51］ Krammer K. The genus *Pinnularia*［M］. A. R. G. Gantner, 2000.

［52］ Lange-Bertalot H. *Navicula* sensu stricto：10 genera separated from navicula sensu lato：Frustulia［M］. A. R. G. Gantner, 2001.

［53］ Serieyssol, Karen K. Diatoms of Europe：Diatoms of the European Inland Waters and Comparable Habitats vol 3：*Cymbella*［J］. Diatom Research, 2012, 27(2)：103～103.

［54］ Zampella R A, Laidig K J, Lowe R L. Distribution of Diatoms in Relation to Land Use and pH in Blackwater Coastal Plain Streams［J］. Environmental Management, 2007, 39(3)：369～384.

［55］ Bukhtiyarova L. Diatoms of Ukraine. Inland waters［M］. 1999.

［56］ Houk V, Klee R & Tanaka H. Atlas of freshwater centric diatoms with a brief key and descriptions, Part III. Stephanodiscaceae A. *Cyclotella*, *Tertiarius*, *Discostella*［J］. Fottea, 2010, 10：1～498.

［57］ Krammer K. Morphology and taxonomy in some taxa of the genus *Aulacoseira* Thwaites (Bacillariophyceae). II. Taxa in the A. granulata-. italica- and lirata-groups［J］. Nova Hedwigia, 1991, 53：477～496.

［58］ Siver P A, Hamilton P B, Stachura-Suchoples K & Kociolek J P. Diatoms of North America. The Freshwater Flora of Cape Cod［J］. Iconographia Diatomologica, 2005, 14：1～463.

［59］ Williams D M & Round F E. Revision of the genus *Synedra* Ehrenb［J］. Diatom Research, 1987, 1(2)：313～339.

［60］ Williams D M. Morphology, taxonomy and inter-relationships of the ribbed araphid diatoms from the genera *Diatoma* and *Meridion* (Diatomaceae：Bacillariophyta)［M］. Cramer, 1985.

［61］ Lange-Bertalot H. Naviculaceae. Neue und wenig bekannte Taxa, neue Kombinationen und Synonyme sowie Bemerkungen zu einigen Gattungen［J］. Biblioth. Diatomologica9, 1985：1～230.

［62］ Lange-Bertalot H，Krammer K. Bacillariaceae，Epithemiaceae，Surirellaceae：neue und wenig bekannte Taxa，neue Kombinationen und Synonyme sowie Bemerkungen und Ergänzungen zu den Naviculaceae［M］. Cramer，1987.

［63］ Krammer K. Die cymbelloiden Diatomeen. Eine Monographie der weltweit bekannten Taxa. Teil 2. *Encyonema* part.，*Encyonopsis* and *Cymbellopsis*［J］. Bibliotheca Diatomologica，1997，37：1～469.

［64］ Vijver V，Frenot Y，Beyens L. Freshwater diatoms from Ile de la Possession（Crozet archipelago，Subantarctica）［J］. Cramer，2002.

［65］ Tanaka H. Taxonomic Studies of the Genera Cyclotella（Kützing）Brébisson，Discostella Houk Et Klee，and Puncticulata Håkansson in the Family Sephanodiscaceae Glezer Et Makarova（Bacillariophyta）in Japan［M］. J. Cramer，2007.

［66］ Vyverman W. Diatoms from Tasmanian mountain lakes：a reference data-set（TASDIAT）for environmental reconstruction and a systematic and autecological study［M］. Gebruder Borntraeger Verlagsbuchhandlung，1995.

［67］ De Domitrovic Y Z，Maidana N I. Taxonomic and ecological studies of the Paraná River daitom flora（Argentina）［M］. Gebruder Borntraeger Verlagsbuchhandlung，1997.

［68］ Bateman L. Diatom Floras of Selected Uinta Mountain Lakes Utah，USA［D］. Brigham Young University. Department of Botany and Range Science，1983.

［69］ Wendker S. Untersuchungen zur subfossilen und rezenten Diatomeenflora des Schlei-Ästuars（Ostsee）［M］. J. Cramer，1990.

［70］ Reichardt E. 1999. Zur Revision der Gattung *Gomphonema*. Die Arten um G. affine/insigne，G. angustatum/micropus，G. acuminatum sowie gomphonemoide Diatomeen aus dem Oberoligozän in Böhmen［J］. Iconographia diatomologica 8：1～203.

［71］ Rumrich U，H Lange-Bertalot & M Rumrich. 2000. Diatoms of the Andes（from Venezuela to Patagonia / Tierra del Fuego）［J］. Iconographia diatomologica 9：1～673.

［72］ Lange-Bertalot H，P Cavacini，N Tagliaventi & S Alfinito. 2003. Diatoms of Sardinia［J］. Iconographia diatomologica 12：1～438.

［73］ Metzeltin D，H Lange-Bertalot & F Garcia-Rodriguez. 2005. Diatoms of Uruguay［J］. Iconographia diatomologica 15：1～736.

［74］ Antoniades D，P B Hamilton，M S V Douglas & J P Smol. 2008. Diatoms of North America：The freshwater floras of Prince Patrick，Ellef Ringnes and northern Ellesmere Islands from the Canadian Arctic Archipelago［J］. Iconographia diatomologica：17：1～649.

［75］ Henderson M V & C W Reimer. 2003. Bibliography on the Fine Structure of diatom Frustules（Bacillariophyceae），Ⅱ & Deletions，Addenda and Corrigenda for Bibliography I［J］. Diatom monographs 3：1～372.

［76］ Ussing A P，R Gordon，L Ector，K Buczko，A G Desnitskiy & S L Vanlandingham. 2005. The Colonial Diatom "Bacillaria paradoxa"：Chaotic Gliding Motility，Lindenmeyer Model of Colonial Morphogenesis，and Bibliography，with Translation of O. F. Müller（1783）. "About a peculiar being in the beach water"［J］. Diatom monographs 5：1～139.

［77］ Kwandrans J. 2007. Diversity and ecology of benthic diatom communities in relation to acidity，acidification and recovery of lakes and rivers［J］. Diatom monographs 9：1～169.

［78］ Diatom Monographs：Edited by Krystyna Wasylikowa and Andrzej Witkowski. Volume 08：The Palaeoecology of Lake Zeribar and surrounding areas，Western Iran，during the last 48,000 years. 2008.

［79］ Reichardt E. 1995. Die Diatomeen（Bacillariophyceae）in Ehrenbergs Material von Cayenne，Guyana Gallica（1843）［J］. Iconographia diatomologica 1：1～107.

［80］ 吴征镒. 论中国植物区系的分区问题［J］. 植物分类与资源学报，1979，1（1）：3～22.

［81］ Wu Z Y. Hengduan Mountain flora and her significance［J］. Journal of Japanese Botany，1988，63（9）：297～311.

［82］ Wang L S，Harada H，Wang X Y. Contributions to the lichen flora of the Hengduan Mountains，China（3）. Bryoria divergescens（Parmeliaceae），an overlooked species［J］. Bryologist，2012，115（1）：101～108.

［83］ 李锡文，李捷. 横断山脉地区种子植物区系的初步研究［J］. 云南植物研究，1993（03）：3～17.

［84］ Zhang D C，Boufford D E，Ree R H & Sun H. The 29°N latitudinal line：an important division in the Hengduan

Mountains，a biodiversity hotspot in southwest China[J]. Nordic Journal of Botany，2010，27(5)：405～412.

[85] 潘红玺. 横断山区湖泊中溶解氧的分布特征[J]. 湖泊科学，1990，2(2)：53～60.

[86] 王全喜，邓贵平. 九寨沟藻类自然保护区常见藻类图集 [M]. 北京：科学出版社，2017.

[87] 王艳璐. 中国四川西南部单壳缝目硅藻分类学研究[D]. 2019.

[88] 包少康，谭明初，钟肇新. 四川九寨沟自然保护区藻类植物调查[J]. 西南师范大学学报（自然科学版），1986，3：56～71.

[89] Zhang Y，Liao M & Li Y L. *Cymbella xiaojinensis* sp. nov. a new cymbelloid diatom species (Bacillariophyceae) from high altitude lakes，China[J]. Phytotaxa，2021，482(1)：55～64.

[90] Hu Z J，Li Y L & Metzeltin D. Three new species of *Cymbella* (Bacillariophyta) from high altitude lakes，China. [J]. Acta Botanica Croatica，2013，72(2)：359～374.

[91] Li Y L，Williams D M，Metzeltin D，Kociolek J P & Gong Z. *Tibetiella pulchra* gen. nov. et sp. nov.，a new freshwater epilithic diatom (Bacillariophyta) from River Nujiang in Tibet，China[J]. Journal of Phycoogy，2010，46(2)：325～330.

[92] Li Y L，Lange-Bertalot H & Metzelin D. *Sichuania lacustris* spec. et gen. nov. an as yet monospecific genus from oligotrophic high mountain lakes in the Chinese province Sichuan[J]. Iconographia Diatomologica，2009，20：687～703.

[93] Li Y L，Zhi J，Gong P & Xie. Distribution and morphology of two endemic gomphonemoid species，*Gomphonema kaznakowi* mereschkowsky and *G. yangtzensis* li nov. sp. in China[J]. Diatom Research，2006，21(2)：313～324.

[94] 于潘，尤庆敏，王全喜，等. 九寨沟单壳缝目（硅藻门）的中国新记录植物[J]. 植物科学学报，2017，03(35)：25～33.

[95] Yu P，Kociolek J P，You Q M & Wang Q. *Achnanthidium longissimum* sp. nov. (Bacillariophyta) a new diatom species from Jiuzhai Valley，Southwestern China [J]. Diatom Research，2018，33(3)：339～348.

[96] Yu P，You Q M，Pang W T，Cao Y & Wang Q X. Five new Achnanthidiaceae species (Bacillariophyta) from Jiuzhai Valley，Sichuan Province，Southwestern China[J]. Phytotaxa，2019，405(3)：147～170.

[97] Xu J X，You Q M，Kociolek J P & Wang Q X. Taxonomic studies of the centric diatoms from the lake Changhai，Jiuzhaigou Valley，China，including the description of a new species[J]. Acta Hydrobiologica Sinica，2017，41(5)：1140～1148.

[98] Ehrenberg C G（1843）. Mittheilungen über 2 neue asiatische Lager fossiler Infusorien-Erden aus dem russischen Trans-Kaukasien（Grusien）und Sibirien[J]. Bericht über die zur Bekanntmachung geeigneten Verhandlungen der Königlich-Preussischen Akademie der Wissenschaften zu Berlin 1843：43～49.

[99] Boyer C S. Synopsis of North American Diatomaceae[J]. Proceedings of the Academy of Natural Sciences of Philadelphia，1927，79：229～583.

[100] Bory de Saint-Vincent J B G M. Bacillariées[J]. Dictionnaire Classique d'Histoire naturelle，1822，2：127～129.

[101] Grunow A. Algae[D]. In：Reise der österreichischen Fregatte Novara um die Erde in den Jahren 1857，1858，1859 unter den Befehlen des Commodore B. von Wüllerstorf-Urbair. Botanischer Theil. Erster Band. Sporenpflanzen.（Fenzl，E. et al. Eds），1868.

[102] Rumrich U，Lange-Bertalot H & Rumrich M. Diatomeen der Anden von Venezuela bis Patagonien/Feuerland und zwei weitere Beiträge. Diatoms of the Andes. From Venezuela to Patagonia/Tierra del Fuego. And two additional contributions[J]. Iconographia Diatomologica，2000，9：1～673.

[103] Camburn K E & Charles J C. Diatoms of low-alkalinity lakes in the northeastern United States[J]. Academy of Natural Sciences of Philadelphia，Special Publication，2000，18：1～152.

[104] Nakov T，Guillory W X，Julius M L，Theriot E C & Alverson A J. Towards a phylogenetic classification of species belonging to the diatom genus *Cyclotella* (Bacillariophyceae)：Transfer of species formerly placed in *Puncticulata*，*Handmannia*，*Pliocaenicus* and *Cyclotella* to the genus *Lindavia*[J]. Phytotaxa，2015，217(3)：249～264.

[105] Patrick R & Reimer C W. The diatoms of the United States exclusive of Alaska and Hawaii. Volume 1：Fragilariaceae，Eunotiaceae，Achnanthaceae，Naviculaceae[J]. Monographs of the Academy of Natural Sciences of Philadelphia，1966，13：1～688.

[106] Liu Q, Glushchenko A, Kulikovskiy M, Maltsev Y & Kociolek J P. New *Hannaea* Patrick (Fragilariaceae, Bacillariophyta) species from Asia, with comments on the biogeograhy of the genus[J]. Cryptogamie Algologie, 2019, 40(5): 41~61.

[107] Álvarez-Blanco I. & Blanco S. *Nitzschia imae* sp. nov. (Bacillariophyta, Nitzschiaceae) from Iceland, with a redescription of *Hannaea arcus* var. *linearis*[J]. Anales del Jardín Botánico de Madrid, 2013, 70(2): 144~151.

[108] Genkal S I & Kharitonov V G. On the morphology and taxonomy of *Hannaea arcus* (Bacillariophyta) [J]. Nov. Syst. Plant. non Vasc, 2008, 42: 14~23.

[109] Hofmann G, Werum M & Lange-Bertalot H. Diatomeen im Süßwasser—Benthos von Mitteleuropa[M]. Bestimmungsflora Kieselalgen für die ökologische Praxis. Über 700 der häufigsten Arten und ihre Ökologie, 2013.

[110] Cholnoky B J. Ein Beitrag zur Kenntnis der Diatomeenflora von Holländisch-Neuguinea. Nova Hedwigia, 1963, 5: 157~198.

[111] Novais M H, Almeida S F P, Blanco S & Delgado C (2019). Morphology and ecology of *Fragilaria misarelensis* sp. nov. (Bacillariophyta), a new diatom species from southwest of Europe. Phycologia 58(2): 128~144.

[112] Krammer K & Lange-Bertalot H. Bacillariophyceae, 3. Teil: Centrales, Fragilariaceae, Eunotiaceae [M]. In: Süßwasserflora von Mitteleuropa. Band 2/3 (ed. 2), 2000.

[113] Tuji A & Williams D M. Examination of the type material of *Fragilaria mesolepta* Rabenhorst and two similar, but distinct, taxa. Diatom Research, 2008, 23(2): 503~510.

[114] Compère P. *Ulnaria* (Kützing) Compère, a new genus name for *Fragilaria* subgen. *Alterasynedra* Lange-Bertalot with comments on the typification of *Synedra* Ehrenberg[J]. In: Lange-Bertalot Festschrift. Studies on diatoms dedicated to Prof. Dr. Dr. h. c. Horst Lange-Bertalot on the occasion of his 65th birthday. 2001: 97~101.

[115] Aboal, M., Álvarez Cobelas, M., Cambra, J. & Ector, L. (2003). Floristic list of non-marine diatoms (Bacillariophyceae) of Iberian Peninsula, Balearic Islands and Canary Islands. Updated taxonomy and bibliography. Diatom Monographs 4: 1~639.

[116] Kützing F T. Species[M]. algarum, 1849. 1~922.

[117] Williams D M & Round F E. Revision of the genus *Fragilaria*[J]. Diatom Research, 1988 '1987', 2: 267~288.

[118] Morales E A. Observations of the morphology of some known and new fragilarioid diatoms (Bacillariophyceae) from rivers in the USA[J]. Phycological Research, 2005, 53(2): 113~133.

[119] Luo F, You Q M, Yu P, Pang W T & Wang Q X. *Eunotia* (Bacillariophyta) diversity from high altitude, freshwater habitats in the Mugecuo Scenic Area, Sichuan Province, China[J]. Phytotaxa, 2019, 394(2): 133~147.

[120] Ehrenberg C G. Die Infusionsthierchen als vollkommene Organismen[M]. Ein Blick in das tiefere organische Leben der Natur, 1838.

[121] Wang G R. Holocene diatoms from the delta of Pearl-River, South China[J]. Acta Paleontol. Sin, 1998, 37(3): 305~325.

[122] Lange-Bertalot H, Witkowski M & Tagliaventi N. Diatoms of Europe: Diatoms of the European inland waters and comparable habitats. Vol. 6: Eunotia and some related genera[M]. ARG Gantner Verlag K G, Ruggell, 2011.

[123] Kobayasi H, Ando K. & Nagumo T. On some endemic species of the genus Eunotia in Japan[J]. In: Proceedings of the Sixth Symposium on Recent and Fossil Diatoms, Budapest, September 1~5, 1980, Taxonomy-Morphology-Ecology-Biology. Koeltz Publishing, Koenigstein. (Ross, R. Eds), 1981: 93~114.

[124] Grunow A. Algae[M]. In: Reise der österreichischen Fregatte Novara um die Erde in den Jahren 1857, 1858, 1859 unter den Befehlen des Commodore B. von Wüllerstorf-Urbair. Botanischer Theil. Erster Band. Sporenpflanzen. (Fenzl, E. et al. Eds), 1868 '1867'.

[125] Sarode P T & Kamat N D. Freshwater diatoms of Maharashtra[M]. Aurangabad, India: Saikripa Prakashan, 1984.

［126］ Reichardt E. Zur Diatomeenflora（Bacillariophyceae）tuffabscheidender Quellen und Bäche im Südlichen Frankenjura［J］. Berichte Bayerische Botanische Gesellschaft,1994, 64: 119～133.

［127］ Krammer K. *Cymbopleura*, *Delicata*, *Navicymbula*, *Gomphocymbellopsis*, *Afrocymbella*［M］. In: Diatoms of Europe, Diatoms of the European Inland water and comparable habitats. Vol. 4. （Lange-Bertalot, H. Eds）, Rugell: A. R. G. Gantner Verlag K G, 2003.

［128］ Bahls L L. Diatoms from western North America 1. Some new and notable biraphid species［M］. Helena, Montana, 2017.

［129］ Krammer K. Die cymbelloiden Diatomeen. Eine Monographie der weltweit bekannten Taxa. Teil 2. Encyonema Part. , Encyonopsis und Cymbellopsis［J］. Bibliotheca Diatomologica, 1997, 37: 1～469.

［130］ Krammer K. Die cymbelloiden Diatomeen. Eine Monographie der welweit bekannten Taxa. Teil 1. Allgemeines und Encyonema Part［J］. Bibliotheca Diatomologica, 1997, 36: 1～382.

［131］ Kociolek J P & Stoermer E F. Ultrastructure of Cymbella sinuate and its allies (Bacillariophyceae), and their transfer to Reimeria, gen. nov［J］. Systematic Botany, 1987, 12(4): 451～459.

［132］ Levkov Z & Ector L. A comparative study of Reimeria species (Bacillariophyceae)［J］. Nova Hedwigia, 2010, 90(3～4): 469～489.

［133］ Metzeltin D, Lange-Bertalot H & Soninkhishig N. Diatoms in Mongolia［J］. Iconographia Diatomologica, 2009, 20: 3～686.

［134］ Grunow A. Die Diatomeen von Franz Josefs-Land［J］. Denkschriften der Kaiserlichen Akademie der Wissenschaften. Mathematisch-Naturwissenschaftliche Classe, Wien, 1844, 48(2): 53～112.

［135］ Cleve A. On recent freshwater diatoms from Lule Lappmark in Sweden［J］. Bihang till Kongliga Svenska Vetenskaps-Akademiens Handlingar, 1895, 21(Ⅲ, 2): 1～44.

［136］ Liu B, Williams D M & Ou Y. *Adlafia sinensis* sp. nov. (Bacillariophyceae) from the Wuling Mountains Area, China, with reference to the structure of its girdle bands［J］. Phytotaxa, 2017, 298(1): 43～54.

［137］ Lange-Bertalot H & Genkal S I. Diatoms from Siberia I - Islands in the Arctic Ocean (Yugorsky-Shar Strait) Diatomeen aus Siberien. I. Insel im Arktischen Ozean (Yugorsky-Shar Strait)［J］. Iconographia Diatomologica, 1966, 6: 1～271.

［138］ Lange-Bertalot H. & Moser G. Brachysira. Monographie der Gattung Naviculadicta nov. gen［J］. Biblioteca Diatomologica, 1994, 29: 1～212.

［139］ Luo F, You Q M & Wang Q X. A new species of *Genkalia* (Bacillariophyta) from mountain lakes within the Sichuan province of China［J］. Phytotaxa, 2018, 372(3): 236～242.

［140］ Lange-Bertalot H. Kobayasiella nom. nov. ein neuer Gattungsname für Kobayasia Lange-Bertalot 1996［J］. Iconographia Diatomologica, 1999, 6: 272～275.

［141］ Rumrich U, Lange-Bertalot H & Rumrich M. Diatomeen der Anden von Venezuela bis Patagonien/Feuerland und zwei weitere Beiträge. Diatoms of the Andes. From Venezuela to Patagonia/Tierra del Fuego. And two additional contributions［J］. Iconographia Diatomologica, 2000, 9: 1～673.

［142］ Lange-Bertalot H. Navicula sensu stricto. 10 Genera separated from *Navicula* sensu lato. Frustulia. Diatoms of Europe Vol. 2［M］. diatoms of the European inland waters and comparable habitats, 2001.

［143］ Kützing F T. Die Kieselschaligen Bacillarien oder Diatomeen［M］. Nordhausen: zu finden bei W. Köhne, 1844.

［144］ Lomolino M V. Elevation gradients of species diversity: Historical and prospective views. Global Ecology and Biogeography［J］. Journal of Biogeography, 2001, 10(1): 3～13.

［145］ Rahbek C. The role of spatial scale and the perception of large-scale species-richness patterns［J］. Ecology Letters, 2005, 8(2): 224～239.

［146］ Wang J, Soininen J, Zhang Y, Wang B, Yang X & Shen J. Contrasting patterns in elevational diversity between microorganisms and macroorganisms［J］. Journal of Biogeography, 2001, 38: 595～603.

［147］ Bryant R A, Felmingham K & Whitford T J. Bryant R A, Felmingham K, Whitford T J. Rostral anterior cingulate volume predicts treatment response to cognitive-behavioural therapy for posttraumatic stress disorder［J］. Journal of Psychiatry & Neuroscience Jpn, 2008, 33(2): 142～146.

［148］ Ormerod S J, Rundle S D, Wilkinson S M, Daly G P, Dale K M & Jüttner I. Altitudinal trends in the diatoms, bryophytes,macroinvertebrates and fish of a Nepalese river system［J］. Freshwater Biology, 1994,

32：309～322.

［149］ Benito X，Fritz S，Steinitz - Kannan M，Vélez M I & McGlue M M. Lake regionalization and diatom metacommunity structuring in tropical South America［J］. Ecology and Evolution，8：7865～7878.

［150］ Teittinen A，Kallajoki L，Meier S，Stigzelius T & Soininen J. The roles of elevation and local environmental factors as drivers of diatom diversity in subarctic streams［J］. Freshwater Biology，2016，61：1509～1521.

［151］ Jüttner I，Chimonides P D J，Ormerod S J & Cox E J. Ecology and biogeography of Himalayan diatoms：Distribution along gradients of altitude，stream habitat and water chemistry［J］. Fundamental and Applied Limnology，2010，177：293～311.

［152］ Teittinen A，Wang J，Strömgård S & Soininen J. Local and geographical factors jointly drive elevational patterns in three microbial groups across subarctic ponds［J］. Global Ecology and Biogeography，2017，26：973～982.

［153］ Wang J，Meier S，Soininen J，Casamayor E，Pan F，Tang X，Shen J. Regional and global elevational patterns of microbial species richness and evenness［J］. Ecography，2017，40：393～402.

［154］ Denicola D M. A review of diatoms found in highly acidic environments［J］. Hydrobiologia，2000，433(1～3)：111～122.

［155］ Hustedt F. systematische und okologische unstersuchungen uber die Diatomeen Flora von Java，Bali und Sumatra［J］. Hydrobiologia，1937 - 1939：15～16.

［156］ Soininen J，Teittinen A. Fifteen important questions in the spatial ecology of diatoms［J］. Freshwater Biology，2019：1～13.

［157］ 丁蕾，支崇远. 环境对硅藻的影响及硅藻对环境的监测［J］. 贵州师范大学学报(自然科学版)，2006，(03)：17～20.

［158］ 韩民桢. 水色天光木格措［J］. 金秋，2016，04：2.

［159］ Round F E，Crawford R M & Mann D G. The diatoms. Biology & morphology of the genera［M］. Cambridge Univ. Press，1990.

［160］ 齐雨藻，李家英. 中国淡水藻志. 第十卷，硅藻门，羽纹纲(无壳缝目拟壳缝目)［M］. 科学出版社，2004.

［161］ Liu Y，Wang Q X & Fu C X. Taxonomy and distribution of diatoms in the genus Eunotia from the Da'erbin Lake and Surrounding Bogs in the Great Xing'an Mountains，China［J］. Nova Hedwigia，2011，92 (1～2)：205～232.

［162］ Lange-Bertalot H，Witkowski M & Tagliaventi N. Diatoms of Europe：Diatoms of the European inland waters and comparable habitats. Vol. 6：Eunotia and some related genera［M］. ARG Gantner Verlag KG，Ruggell，2011.

［163］ Furey P C，Lowe R L & Johansen J R. Eunotia Ehrenberg of the Great Smoky Mountains National Park，U. S. A.［J］. Bibliotheca Diatomologica，2011，56：1～134.

［164］ 伍谷. 情迷塞班，一起去看七色海，浙商旅游梦幻塞班之旅［J］. 浙商，2014，000(017)：109.

［165］ 刘丹，贾疏源，姜云. 康定木格措景区热矿水特征及成因模式［J］. 铁道工程学报，1996(2)：155～162.

［166］ F Luo，Q M You，P Yu，W T Pang & Q X Wang. 2019. Eunotia (Bacillariophyta) biodiversity from high altitude，freshwater habitats in the Mugecuo Scenic Area，Sichuan Province，China. Phytotaxa 394(2)：133～147.

［167］ 罗粉，尤庆敏，于潘，等. 四川木格措十字脆杆藻科硅藻的分类研究［J］. 水生生物学报，2019，043(004)：910～922.

［168］ 林向. 邛海地陷辨［J］. 四川大学学报(哲学社会科学版)，1977(04)：69～77.

［169］ 李恒，徐廷志. 泸沽湖植被考察［J］. 植物分类与资源学报，1979，2(1)：125～137.

［170］ 晋华. 西藏东南明珠然乌湖［J］. 百姓生活，2018，000(004)：62～64.

［171］ 严秉忠，刘治理，马光文. 冶勒水库年、月径流预测模型研究［J］. 四川水力发电(4)：57～59.

［172］ 宋长春. 沼泽湿地生态系统土壤 CO 和 CH 排放动态及影响因素［J］. 环境科学，2004，25(4)：1～6.

［173］ 王崇明，张岩. 对虾池塘浮游植物与主要水质因子的关系［J］. 海洋科学，1993，17(004)：10～12.

［174］ 袁兴中，罗固源. 溪流生态系统潜流带生态学研究概述［J］. 生态学报，2003，23(005)：956～964.

［175］ Lembi C A. Limnology，Lake and River Ecosystems［J］. Journal of Phycology，2001，37(6)：1146～1147.

［176］ 章鸿钊. 中国温泉辑要［M］. 地质社，1956.

［177］ Harwood D M，Nikolaev V A. Cretaceous Diatoms：Morphology，Taxonomy，Biostratigraphy［J］. Siliceous

Microfossils，1995.

[178] Gaiser E E，Bachmann R W. The ecology and taxonomy of epizoic diatoms on Cladocera[J]. Limnology & Oceanography，1993，38(3)：628～637.

[179] Bachmann G R W. The Ecology and Taxonomy of Epizoic Diatoms on Cladocera[J]. Limnology & Oceanography，1993，38(3)：628～637.

[180] Mirko Dreßler，Verweij G，Kistenich S. Applied use of taxonomy：lessons learned from the first German intercalibration exercise for benthic diatoms[J]. Acta Botanica Croatica，2015，74(2)：211～232.

[181] 刘静，韦桂峰，胡韧，等. 珠江水系东江流域底栖硅藻图集[M]. 中国环境科学出版社，2013.

[182] 朱蕙忠，陈嘉佑. 西藏硅藻的新种类(Ⅱ)[J]. 植物分类学报，1995，33(5)：516～519.

[183] Kociolek J P & Kingston. Taxonomy，ultrastructure，and distribution of some gomphonemoid diatoms (Bacillariophyceae：Gomphonemataceae) from rivers in the United States[J]. Can. J. Bot. 1999，77(5)：686～705.

[184] Lange-Bertalot H，Witkowski A，Kulikovskiy M S，Seddon A W R & Kociolek J P. Taxonomy，frustular morphology and systematics of *Platichthys*，a new genus of canal raphe bearing diatoms within the Entomoneidaceae[J]. Phytotaxa，2015，236(2)：135.

[185] Hoban M A. Biddulphioid diatoms Ⅲ：Morphology and taxonomy of *Odontella aurita* and *Odontella longicruris* (Bacillariophyta，Bacillariophytina，Mediophyceae) with comments on the sexual reproduction of the latter[J]. Nova Hedwigia，2008：47～65.

[186] Komura S. Comments on some new diatoms from the Miocene Morito Formation，central Japan[J]. Diatom，2001，17.

[187] John J. Diatom Flora of Australia Volume 1 - Diatoms from Stradbroke and Fraser Islands，Australia：Taxonomy and Biogeography[M]. 2016.

[188] Smol J P，Stoermer E F. The Diatoms：The Diatoms[J]. Journal of Uoeh，2010，12(3)：373～378.

[189] Landucci，Monaliza，Ludwig，Thelma A. Veiga. Diatoms from Litorânea watershed rivers，Paraná State，Brazil：Coscinodiscophyceae and Fragilariophyceae[J]. Acta Botanica Brasilica，2005，19(2)：345～357.

[190] Kawamura T. Taxonomy and Ecology of Marine Benthic Diatoms[J]. Mar Fouling，1994，10(2)：7～25.

[191] Lange-Bertalot H，Hofmann G，Werum M & Cantonati M. Freshwater Benthic Diatoms of Central Europe. Over 800 common species used in ecological assessment. English edition with updated taxonomy and added species[M]. 2017.

[192] Wojtal A，Elżbieta Wilk-Woźniak，Bucka H. Diatoms (Bacillariophyceae) of the transitory zone of Wolnica Bay (Dobczyce dam reservoir) and Zakliczanka stream (Southern Poland)[J]. Algological Studies，2005，115(1)：1～35(35).

[193] Mann D G，Droop S J M. 3. Biodiversity，biogeography and conservation of diatoms[J]. Hydrobiologia，1996，336(1)：19～32.

[194] Mann D G & Kociolek J P. The species concept in diatoms. Report on a workshop[M]. Proceedings of the 10th International Diatom Symposium. 1990.

[195] Battarbee R W，Jones V J，Flower R J，et al. Diatoms[M]. Tracking Environmental Change Using Lake Sediments. 2002.

[196] Morales E A. Studies in selected fragilarioid diatoms of potential indicator value from Florida (USA) with notes on the genus Opephora Petit (Bacillariophyceae)[J]. Limnologica-Ecology and Management of Inland Waters，2002，32(2)：102～113.

[197] Moura A D N，Bittencourt-Oliveira M C. Diatoms (Bacillariophyceae) of the Tibagi River，southern Brazil[J]. Algological Studies，2004，112(1)：73～87.

[198] Burliga A L，Kociolek J P. Diatoms (Bacillariophyta) in Rivers[M]. River Algae. Springer International Publishing，2016.

[199] Miettinen A. Diatoms[M]. Springer Netherlands，2015.

[200] Cohu R L，Maillard R. Freshwater diatoms from Kerguelen Islands (excluding Monoraphideae)[J]. Annales de Limnologie - International Journal of Limnology，1986，22(2)：99～118.

[201] Stoermer K E F. Taxonomy，Ultrastructure and Distribution of Gomphoneis herculeana，G. eriense and Closely Related Species (Naviculales：Gomphonemataceae)[J]. Proceedings of the Academy of Natural

Sciences of Philadelphia, 1988, 140(2): 24~97.

[202] Mann, David G. Morphology, taxonomy and inter-relationships of the ribbed araphid diatoms from the genera Diatoma and Meridion (Diatomaceae: Bacillariophyta) Clc[J]. Phycologia, 1986, 25(2): 269~270.

[203] Witkowski A. Diatoms of the Puck Bay coastal shallows (Poland, Southern Baltic) [J]. Nordic Journal of Botany, 2010, 11(6): 689~701.

[204] Witkowski A. Diatoms of the Puck Bay coastal shallows (Poland, Southern Baltic) [J]. Nordic Journal of Botany, 1991, 11.

[205] Cefarelli A O, Ferrario M E, Vernet M. Diatoms (Bacillariophyceae) associated with free-drifting Antarctic icebergs: taxonomy and distribution[J]. Polar Biology, 2016, 39(3):443~459.

[206] Witkowski A, Ashworth M, Li C, et al. Exploring Diversity, Taxonomy and Phylogeny of Diatoms (Bacillariophyta) from Marine Habitats. Novel Taxa with Internal Costae[J]. Protist, 2020: 125~713.

[207] Karayeva N I, Dzhafarova S K. Diversity of diatoms (Bacillariophyta) in Azerbaijan[J]. International Journal on Algae, 2004, 6(3): 224~234.

[208] Witkowski, Zelazna-Wieczorek, Solak C N & Kulikovskiy. Morphology, ecology and distribution of the diatom (Bacillariophyceae) species Simonsenia delognei (Grunow) Lange-Bertalot[J]. Oceaol Hydrobiolst, 2014, 2014,43(4): 393~401.

[209] Eduardo A, Morales, et al. New epiphytic araphid diatoms in the genus *Ulnaria* (Bacillariophyta) from Lake Titicaca, Bolivia[J]. Diatom Research, 2013.

[210] Liu B, Williams D M, Saúl Blanco, et al. Three new species of *Ulnaria* (Bacillariophyta) from the Wuling Mountains Area, China[J]. Nova Hedwigia, 2017, 146(146): 197~208.

[211] Morales E A, Wetzel C E, Ector L. Two short-striated species of *Staurosirella* [Bacillariophyceae] from Indonesia and the United States[J]. Polish Botanical Journal, 2010, 55(1): 107~117.

[212] Kermarrec, Lenaig. First Evidence of the Existence of Semi-Cryptic Species and of a Phylogeographic Structure in the Gomphonema parvulum (Kützing) Kützing Complex (Bacillariophyta)[J]. Protist, 2013, 164(5): 686~705.

[213] Bart V D V, Le Cohu, René. Two new species of the genus *Geissleria* Lange-Bertalot & Metzeltin (Bacillariophyceae) from the Kerguelen and Crozet archipelagos (TAAF, Subantarctica) [J]. Nova Hedwigia, 2003, 77(3~4): 341~349.

图版及图版说明

图版 1

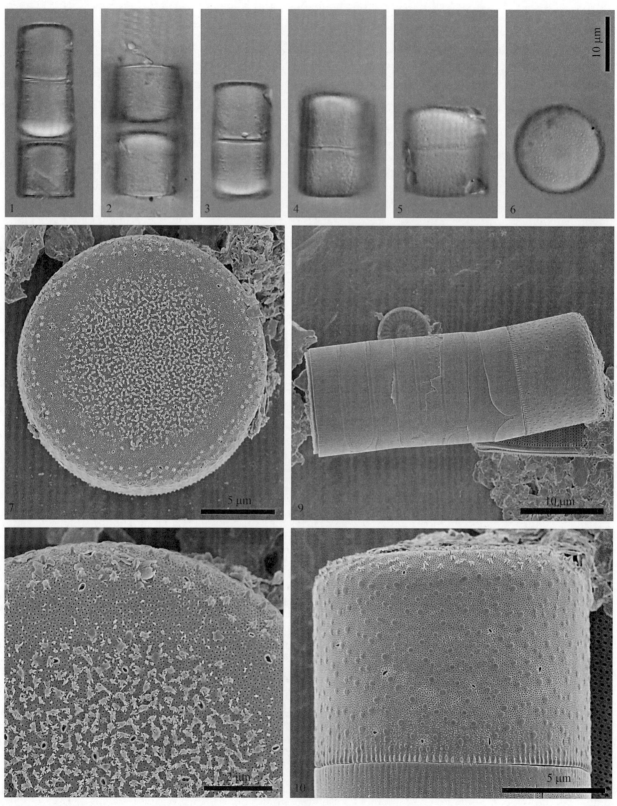

1~10　变异直链藻 *Melosira varians* Agardh

图版 2

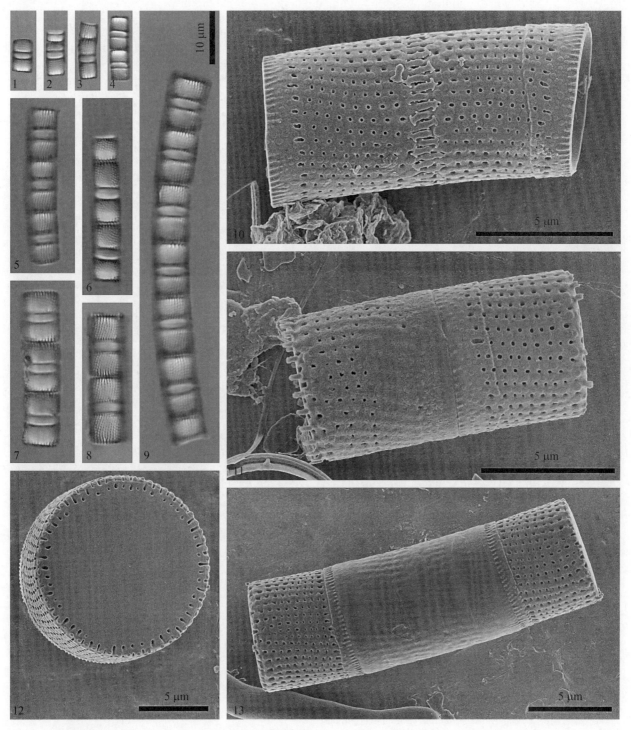

1～4　矮小沟链藻 *Aulacoseira pusilla*（Meister）Tuji & Houki
5～13　模糊沟链藻 *Aulacoseira ambigua*（Grunow）Simonsen

图版 3

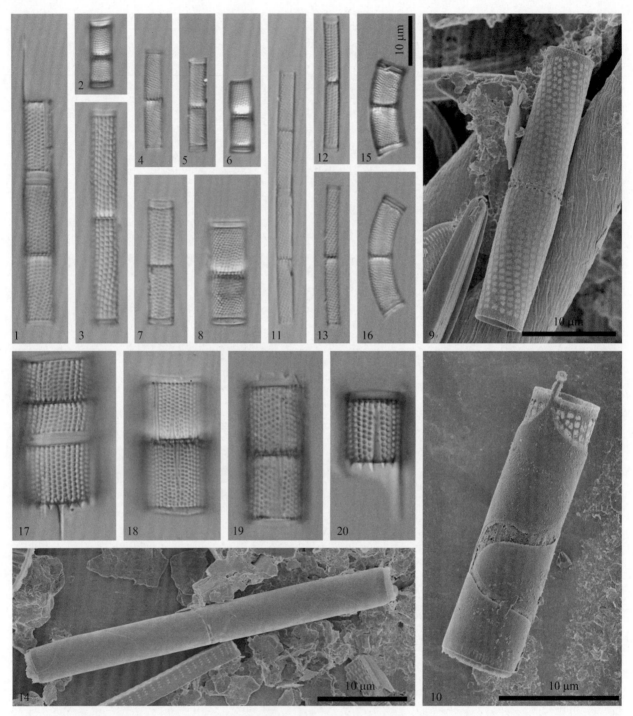

1～10　颗粒沟链藻 *Aulacoseira granulata* (Ehrenberg) Simonsen

11～14　颗粒沟链藻极狭变种 *Aulacoseira granulata* var. *angustissima* (Müller) Simonsen

15～16　颗粒沟链藻螺旋变型 *Aulacoseira granulata* f. *spiralis* (Hustedt) Czarnecki & Reinke

17～20　曼氏沟链藻 *Aulacoseira muzzanensis* (Meister) Krammer

图版 4

1~7　强壮沟链藻 *Aulacoseira valida*（Grunow）Krammer

图版 5

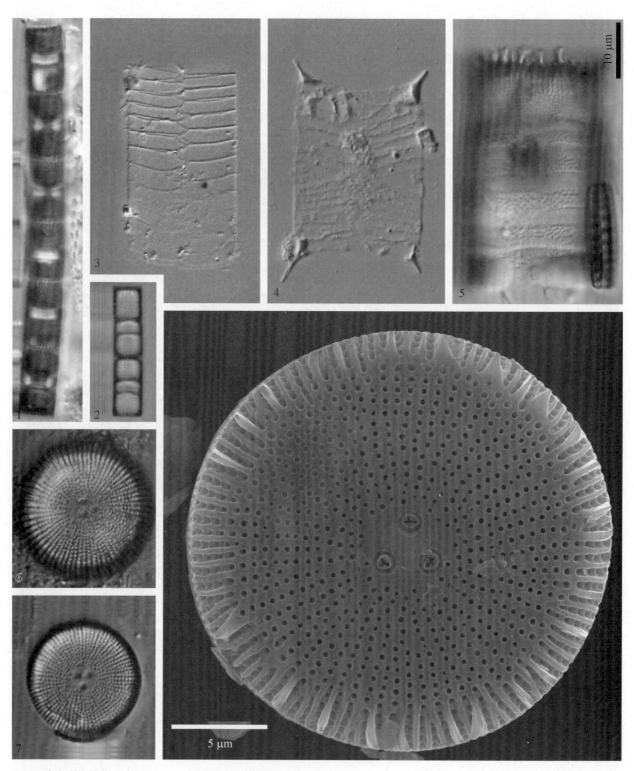

1～2　意大利沟链藻 *Aulacoseira italica*（Ehrenberg）Simonsen
3～4　扎卡四棘藻 *Acanthoceras zachariasii*（Brun）Simonsen
5～8　罗兹正盘藻 *Orthoseira roeseana*（Rabenhorst）Pfitzer

图版 6

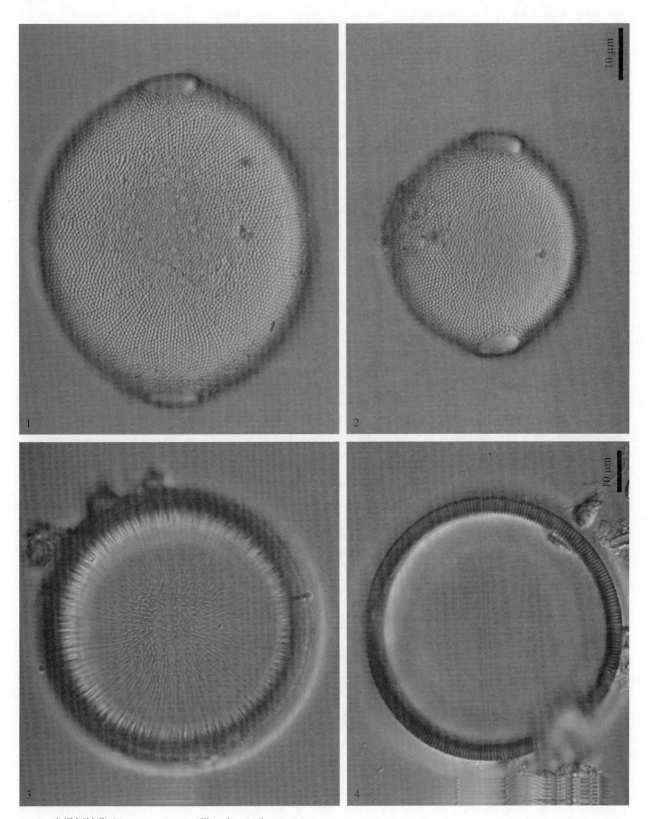

1～2　光滑侧链藻 *Pleurosira laevis*（Ehrenberg）Compère
3～4　沙生埃勒藻 *Ellerbeckia arenaria*（Moore & Ralfs）Dorofeyuk & Kulikovskiy

图版 7

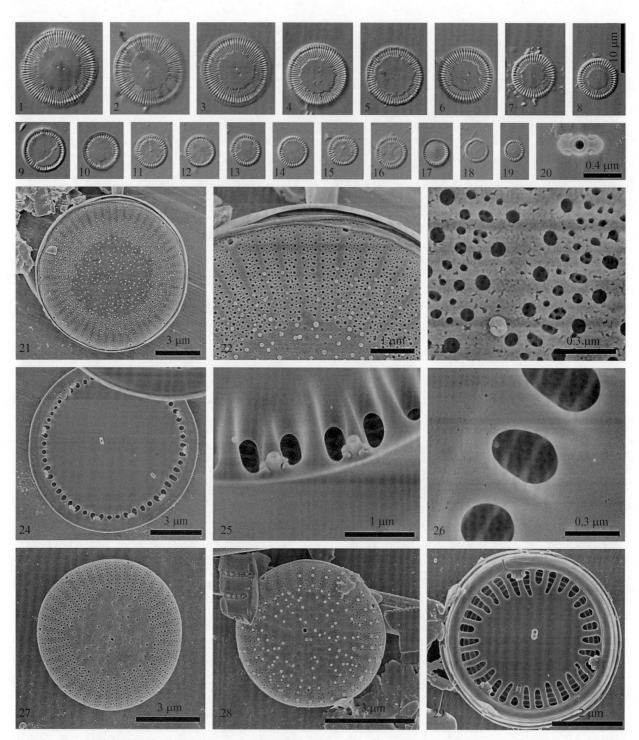

1~8，21~26　粗肋小环藻 *Cyclotella costei* Druart & Straub
9~20，27~29　微小小环藻 *Cyclotella minuscula* Jurilj

图版 8

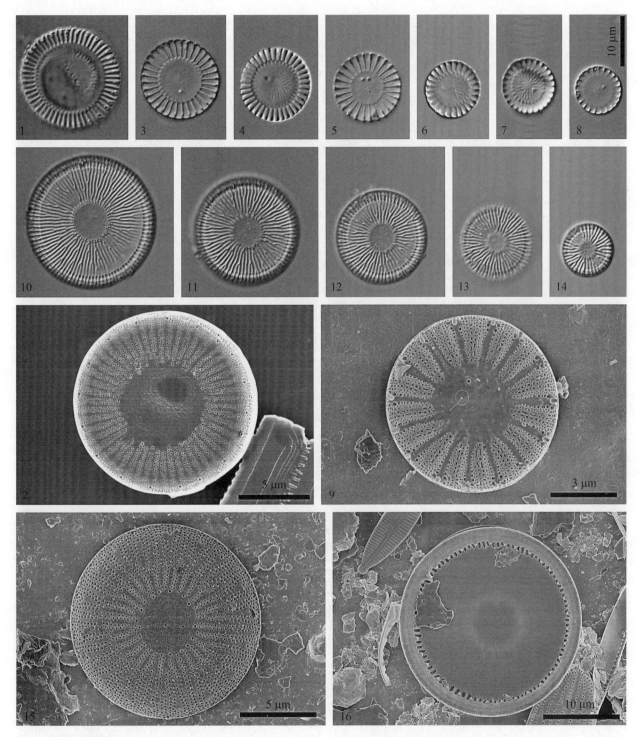

1～2　分歧小环藻 *Cyclotella distinguenda* Hustedt
3～9　梅尼小环藻 *Cyclotella meneghiniana* Kützing
10～16　湖北小环藻 *Cyclotella hubeiana* Chen & Zhu

图版 9

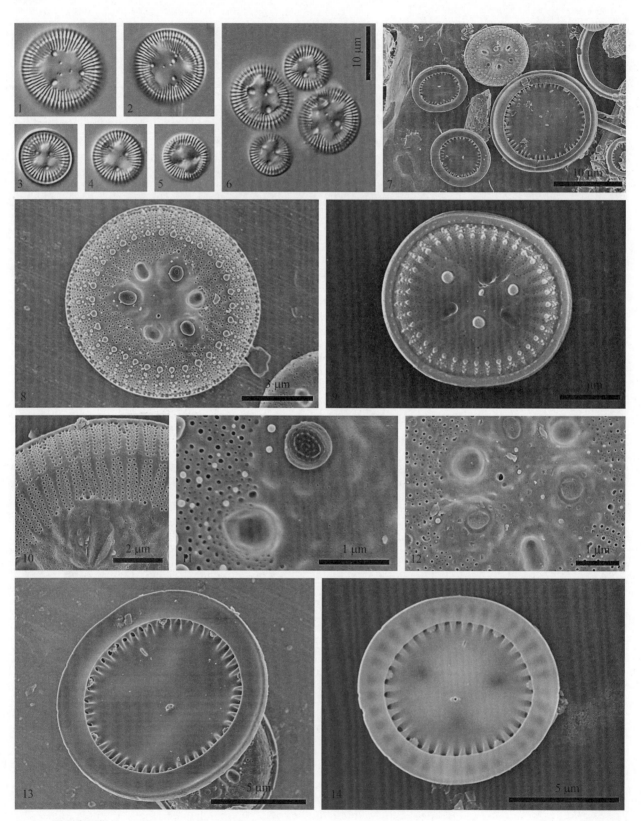

1～14　眼斑小环藻 *Cyclotella ocellata* Pantocsek

图版 10

1~14　眼斑小环藻 *Cyclotella ocellata* Pantocsek

图版 11

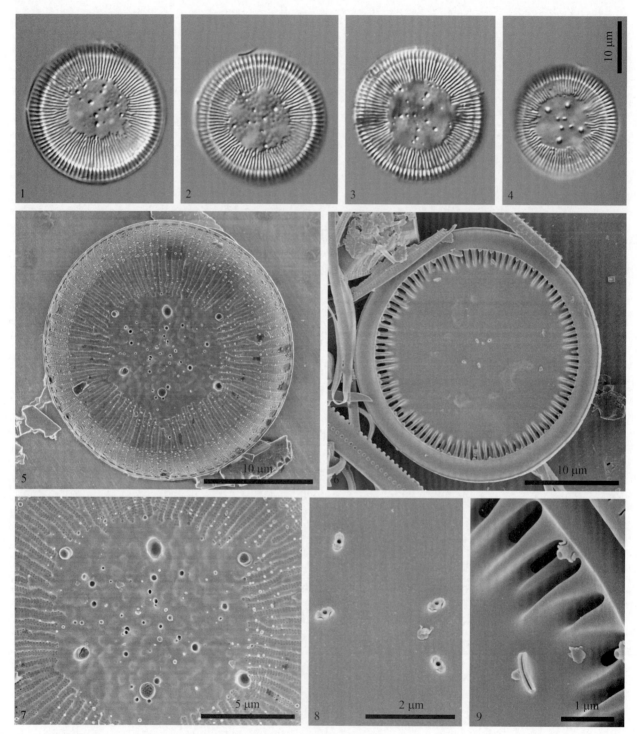

1～9　罗西小环藻 *Cyclotella rossii* Håkansson

图版 12

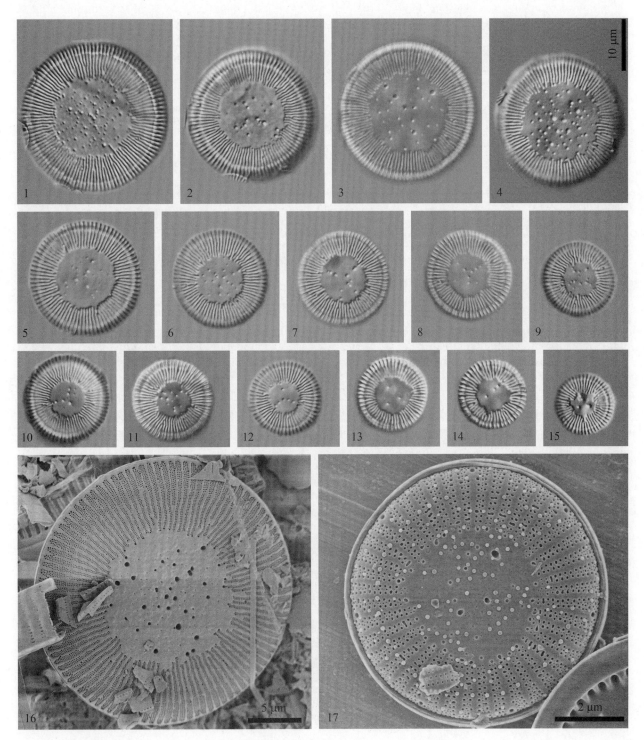

1～17　库津小环藻 *Cyclotella kuetzingiana* Thwaites

图版 13

1～10　木格措琳达藻 *Lindavia mugecuoensis* Luo，Yu & Wang

图版 14

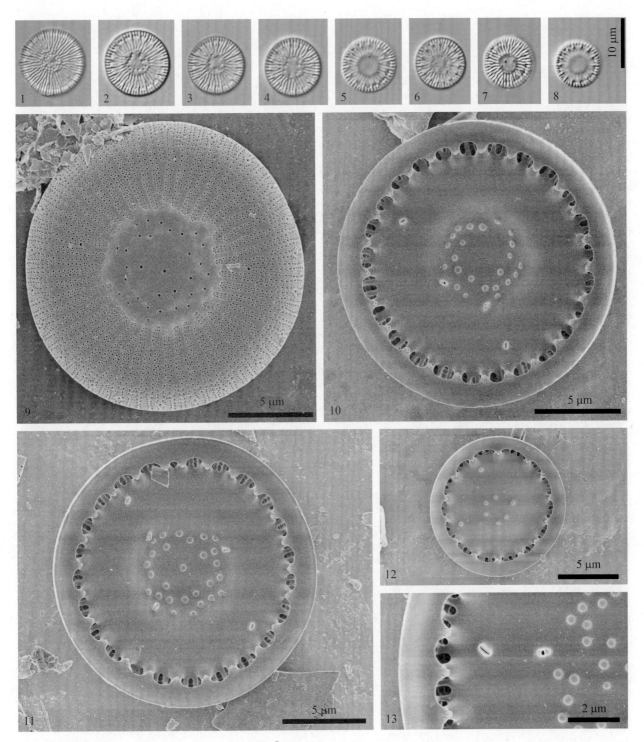

1~13　稻城琳达藻 *Lindavia daochengensis* Luo，Yu & Wang

图版 15

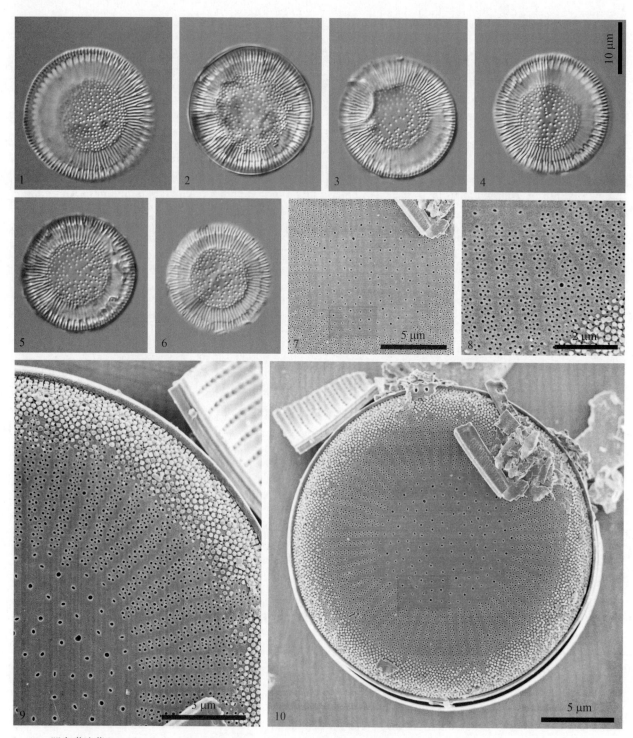

1～10　凹点琳达藻 *Lindavia lacunarum*（Hustedt）Nakov，Guillory，Julius，Theriot &. Alverson

图版 16

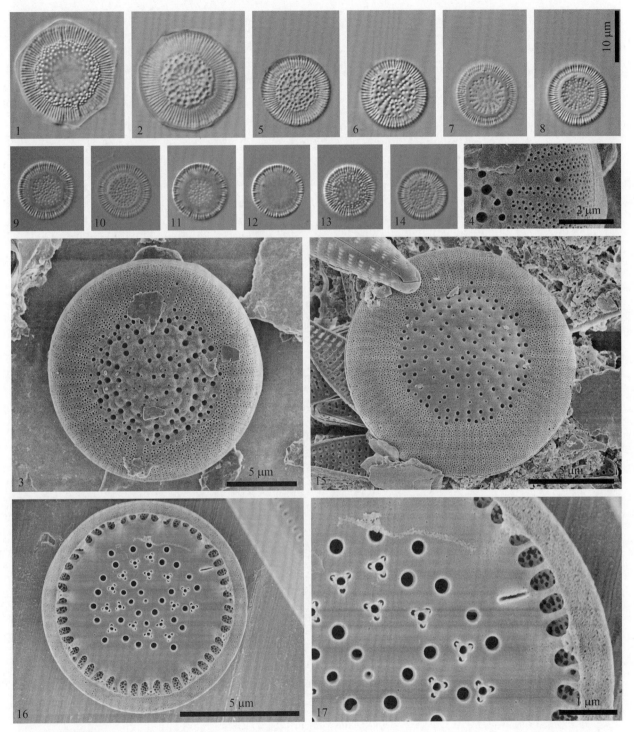

1～3　辐纹琳达藻 *Lindavia radiosa*（Grounow）De Toni & Forti

4～17　省略琳达藻 *Lindavia praetermissa*（Lund）Nakov

图版 17

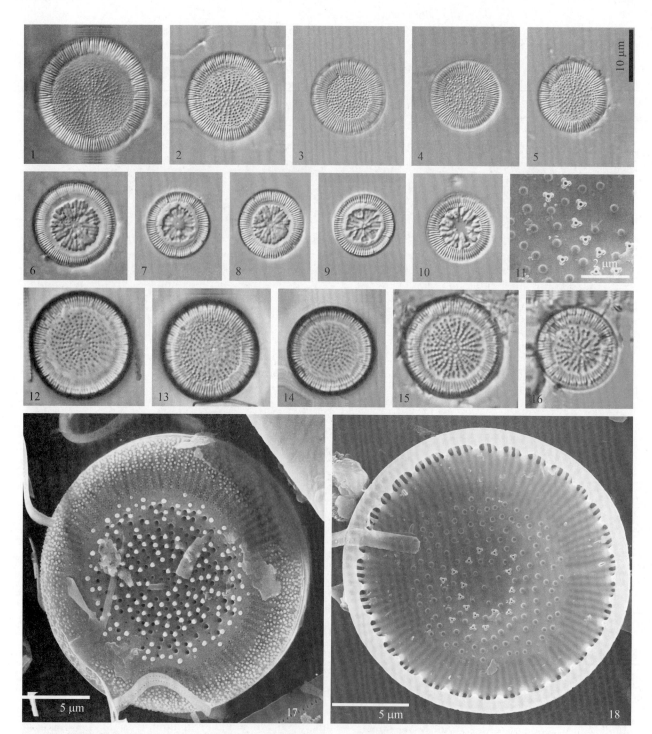

1~5　近缘琳达藻 *Lindavia affinis*（Grunow）Nakov, Guillory, Julius, Ther & Alverson

6~10　古老琳达藻 *Lindavia antiqua*（Smith）Nakov, Guillory, Julius, Theriot & Alverson

11~18　扭曲琳达藻 *Lindavia comta*（Kützing）Nakov, Guillory, Julius, Theriot & Alverson

图版 18

1～8　星肋碟星藻 *Discostella asterocostata* （Lin，Xie & Cai）Houk & Klee

图版 19

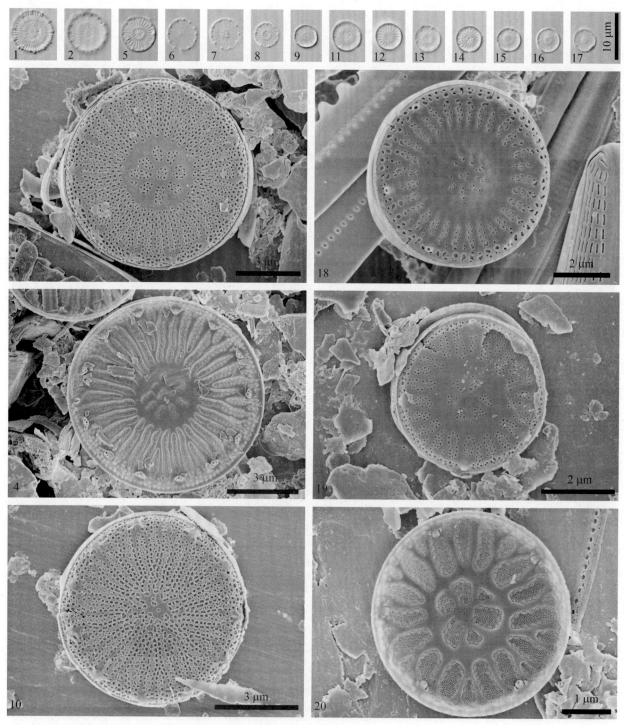

1~4　具星碟星藻 *Discostella stelligera* (Cleve & Grunow) Houk & Klee

5~10　假具星碟星藻 *Discostella pseudostelligera* (Hustedt) Houk & Klee

11~20　沃尔特碟星藻 *Discostella woltereckii* (Hustedt) Houk & Klee

图版 20

1~9　细弱冠盘藻 *Stephanodiscus tenuis* Hustedt
10~12　小冠盘藻 *Stephanodiscus parvus* Stoermer & Håkansson

图版 21

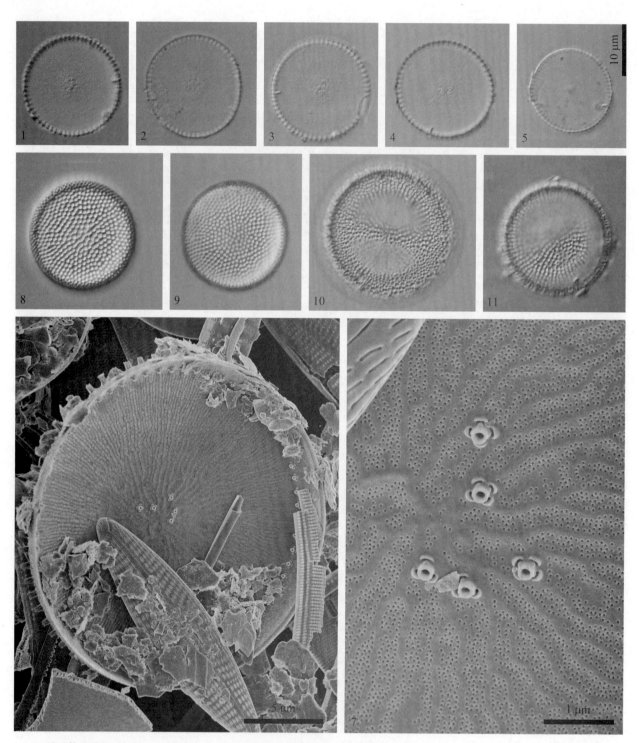

1～7　魏氏筛环藻 *Conticribra weissflogii*（Grunow）Stachura-Suchoples & Williams
8～9　诺氏辐环藻 *Actinocyclus normanii*（Gregory & Greville）Hustedt
10～11　湖沼线筛藻 *Lineaperpetua lacustris*（Grunow）Yu，You，Kociolek & Wang

图版 22

1~4 波罗的海海链藻 *Thalassiosira baltica*（Grunow）Ostenfeld
5~8 可疑环冠藻 *Cyclostephanos dubius*（Hustedt）Round
9~11 贵州塞氏藻 *Edtheriotia guizhoiana* Kociolek，You，Stepanek，Lowe & Wang

图版 23

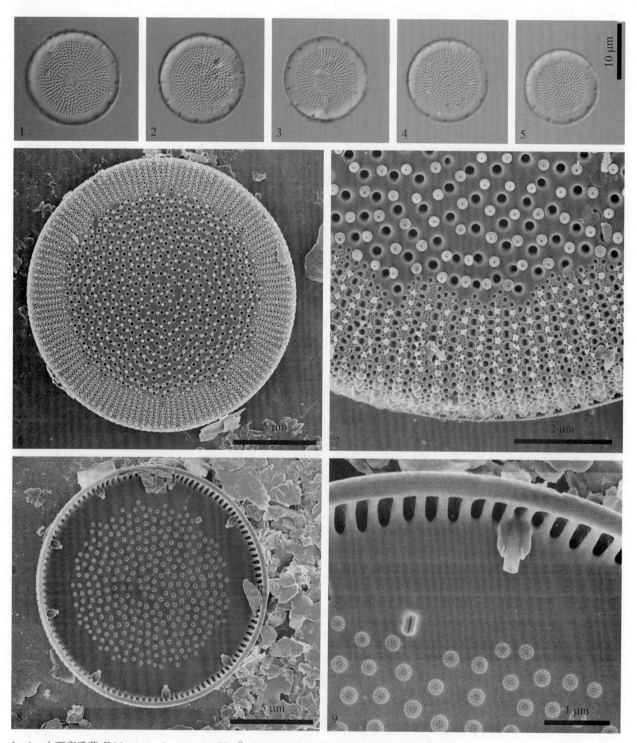

1～9　山西塞氏藻 *Edtheriotia shanxiensis*（Xie & Qi）Kociolek，You，Stepanek，Lowe & Wang

图版 24

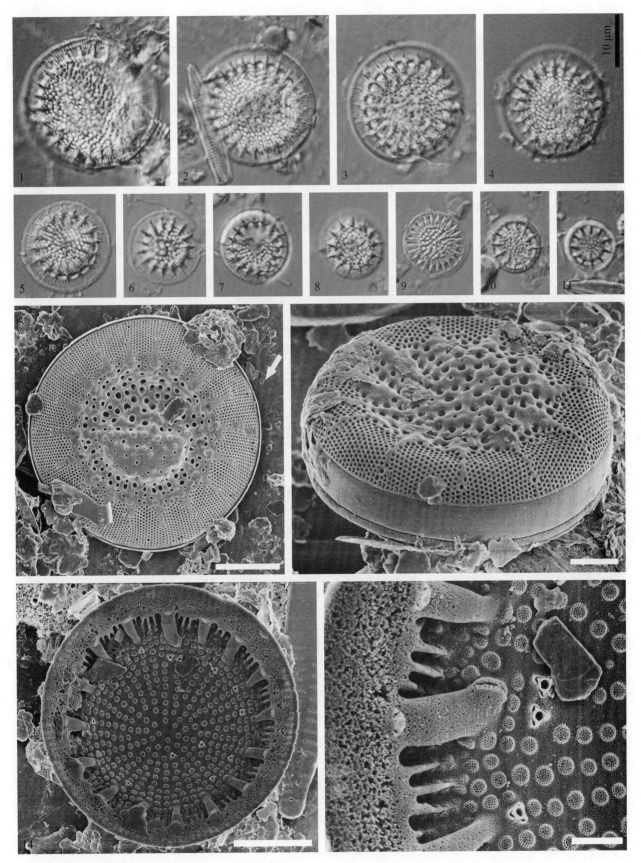

1~15　维西星状藻 *Pliocaenicus weixiense* Yu，Luo & Wang

图版 25

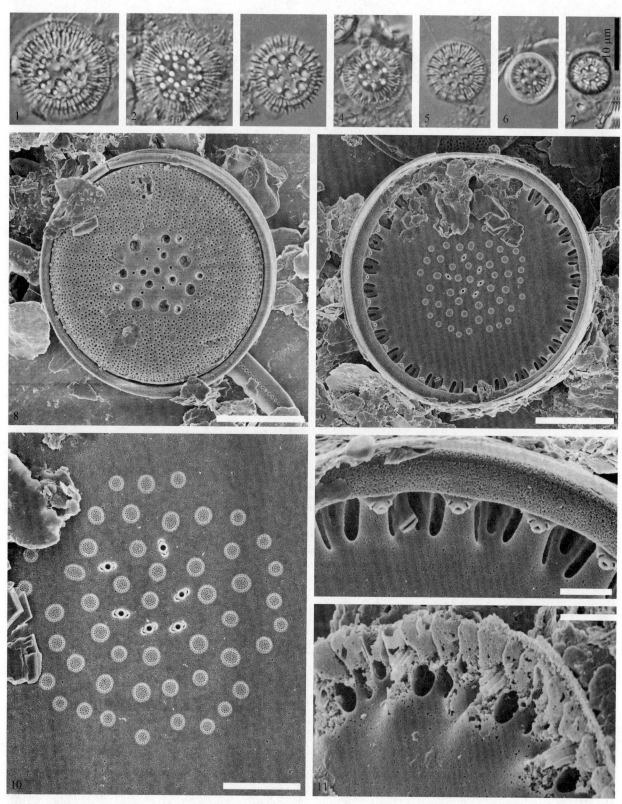

1~11　粗糙筛孔藻 *Tertiarius aspera* Yu，Luo & Wang

图版 26

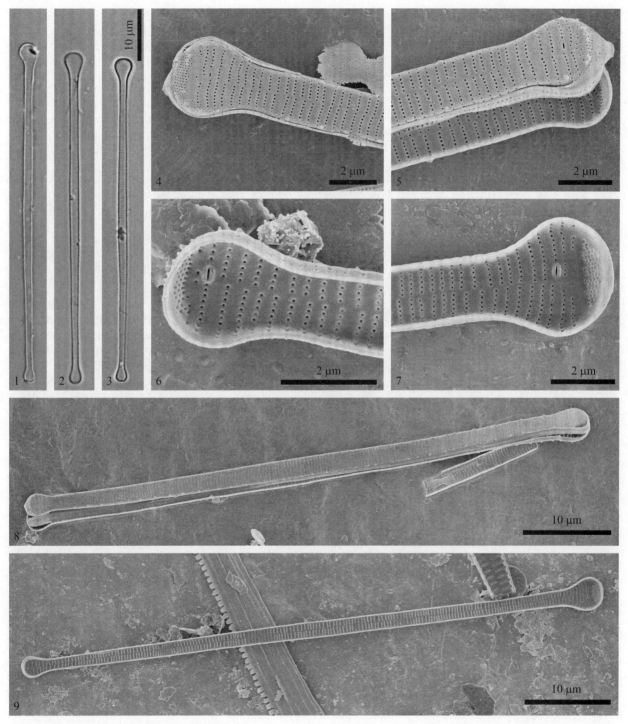

1～9　华丽星杆藻 *Asterionella formosa* Hassall

图版 27

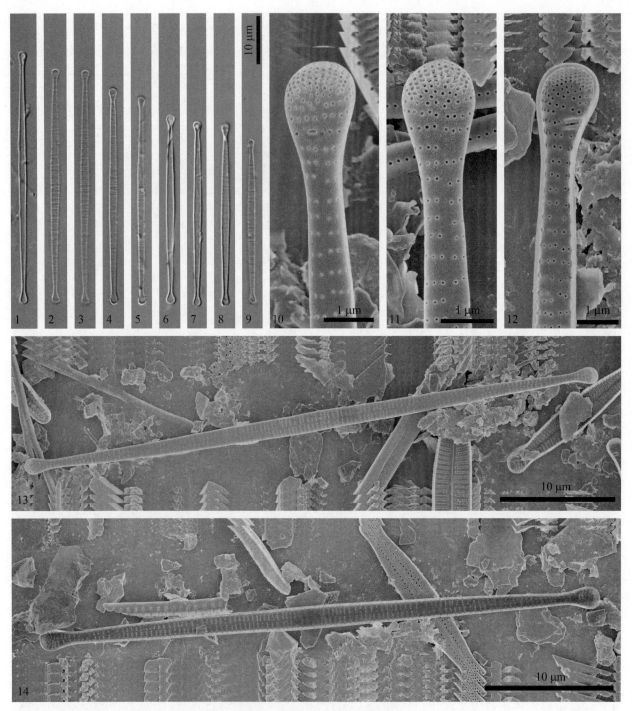

1～14　隐形细杆藻 *Distrionella incognita*（Reichardt）Williams

图版 28

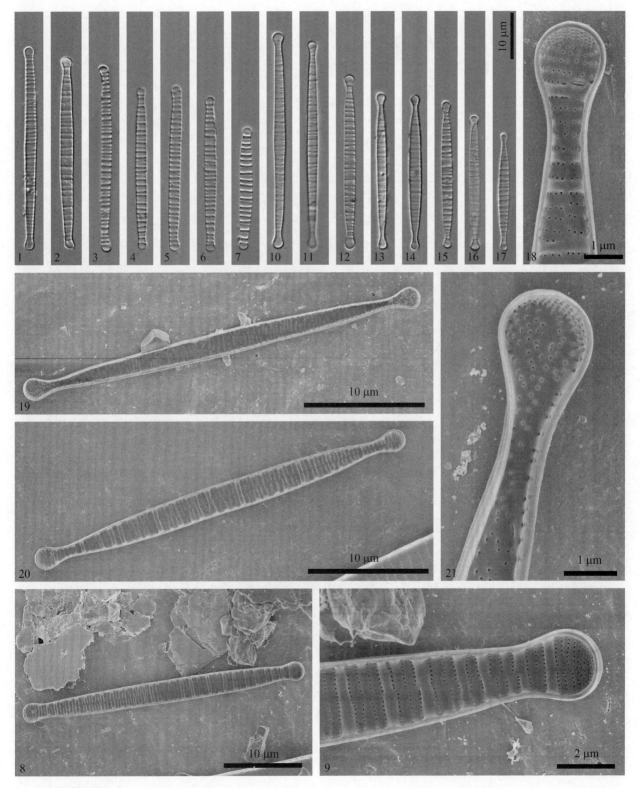

1～9　纤细等片藻 *Diatoma tenuis* Agardh

10～21　吉尔曼细杆藻 *Distrionella germainii*（Reichardt & Lange-Bertalot）Morales，Bahls & Cody

图版 29

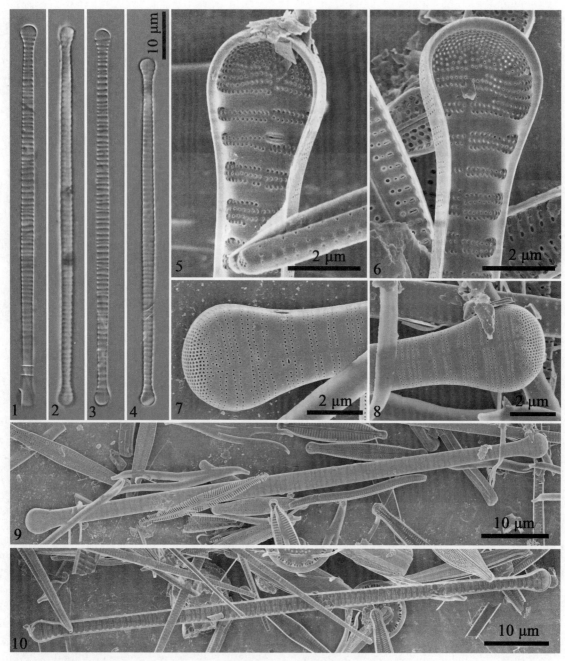

1～10 卡拉库等片藻 *Diatoma kalakulensis* Peng，Rioual & Williams

图版 30

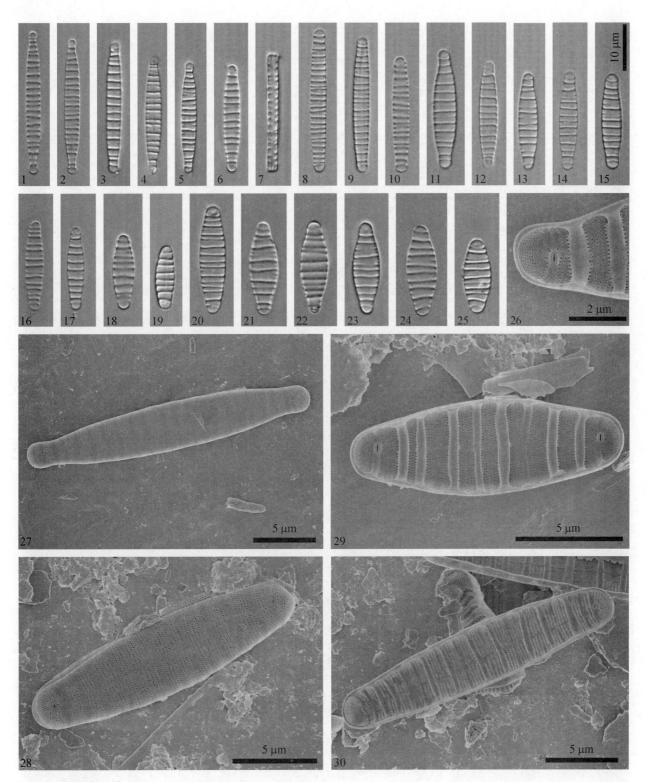

1～30　念珠状等片藻 *Diatoma moniliformis* (Kützing) Williams

图版 31

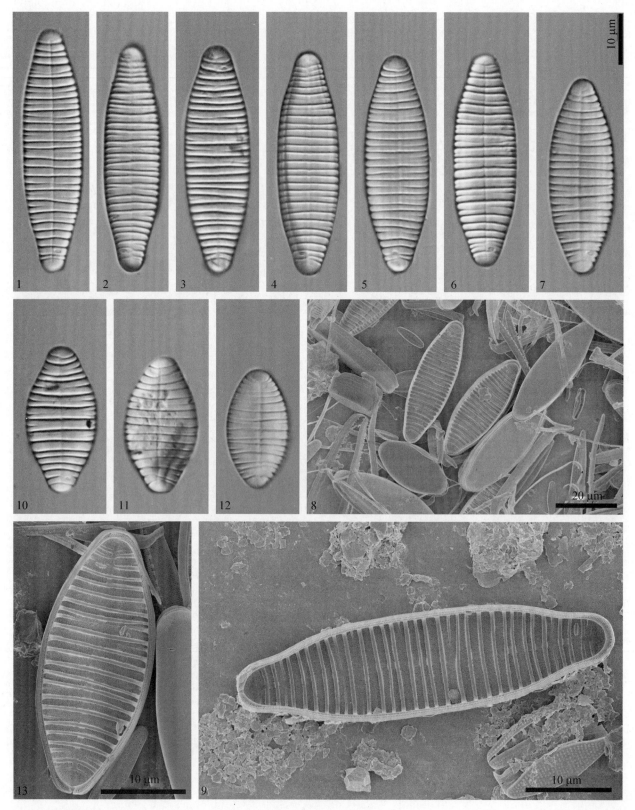

1～9　普通等片藻 *Diatoma vulgaris* Bory
10～13　普通等片藻卵圆变种 *Diatoma vulgaris* var. *ovalis* (Fricke) Hustedt

图版 32

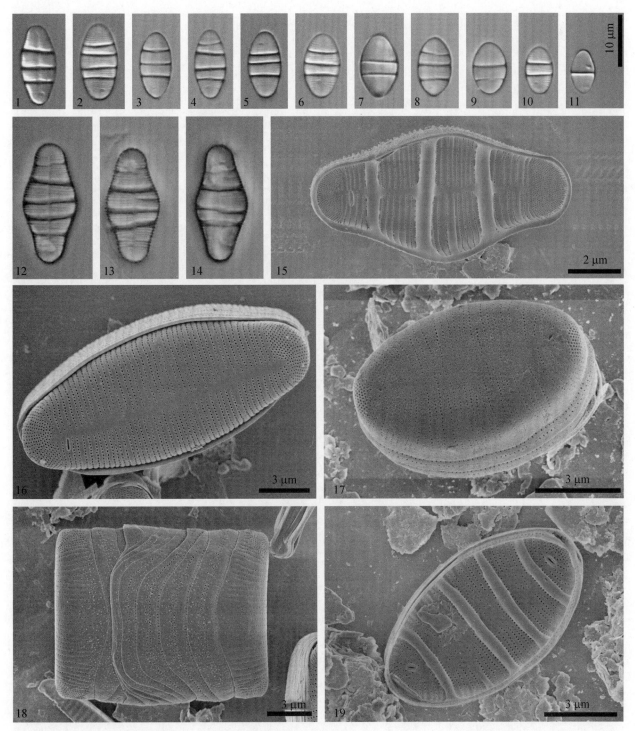

1～11，16～19　中型粗肋藻 *Odontidium mesodon*（Kützing）Kützing
12～15　安第斯粗肋藻 *Odontidium andinum* Vouilloud & Sala

图版 33

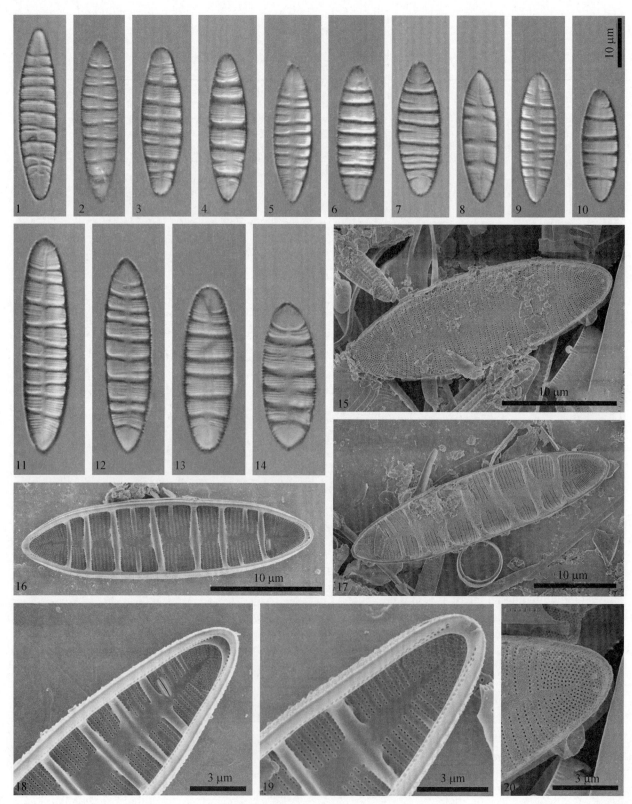

1～20　冬生粗肋藻 *Odontidium hyemale*（Roth）Kützing

图版 34

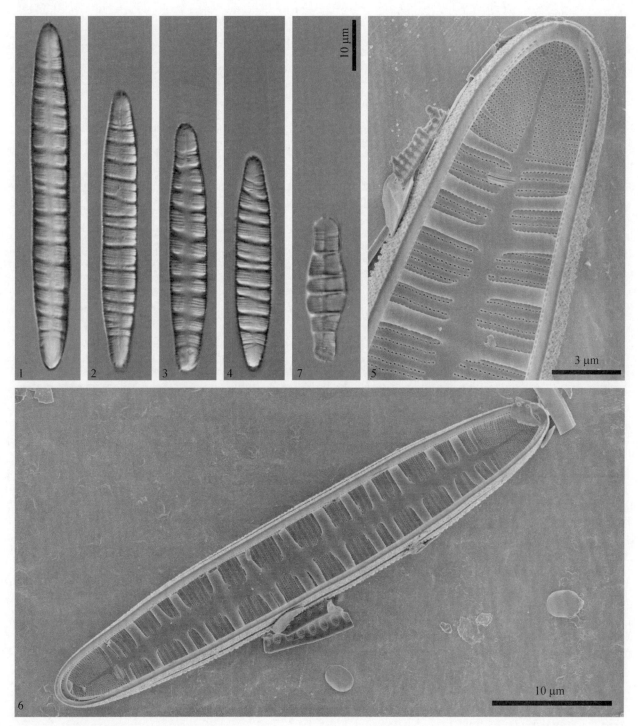

1～6　巨大粗肋藻 *Odontidium maxima*（Grunow）Luo & Wang nov. comb
7　双头粗肋藻 *Odontidium anceps*（Ehrenberg）Ralfs

图版 35

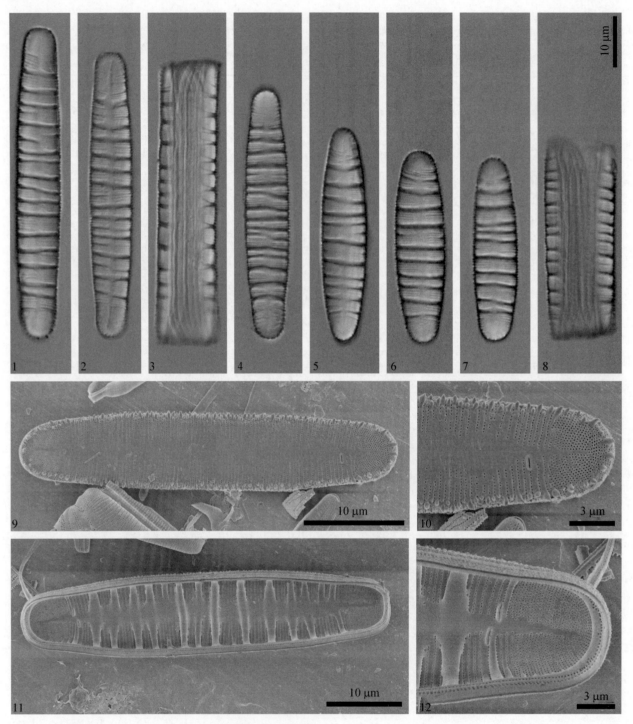

1～12 截形粗肋藻 *Odontidium truncatum*（Mayer）Luo & Wang

图版 36

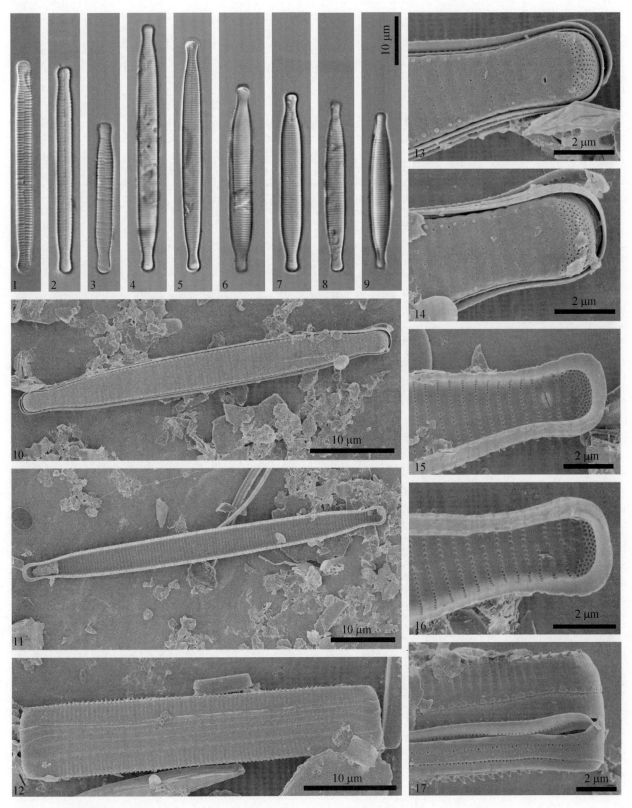

1~3　二头端脆型藻纯正变种 *Fragilariforma bicapitata* var. *genuina* Taşkin & Açikgöz

4~17　爪哇脆型藻 *Fragilariforma javanica*（Hustedt）Wetzel，Morales & Ector

图版 37

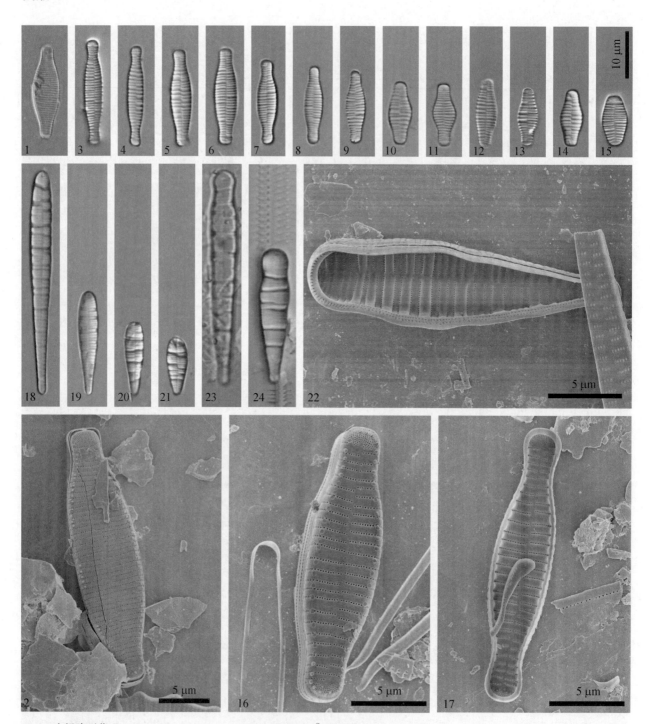

1～2　变绿脆型藻 *Fragilariforma virescens*（Ralfs）Williams & Round

3～17　二头端脆型藻 *Fragilariforma bicapitata*（Mayer）Williams & Round

18～21　环状扇形藻 *Meridion circulare*（Greville）Agardh

22～24　缢缩扇形藻 *Meridion constrictum* Ralfs

图版 38

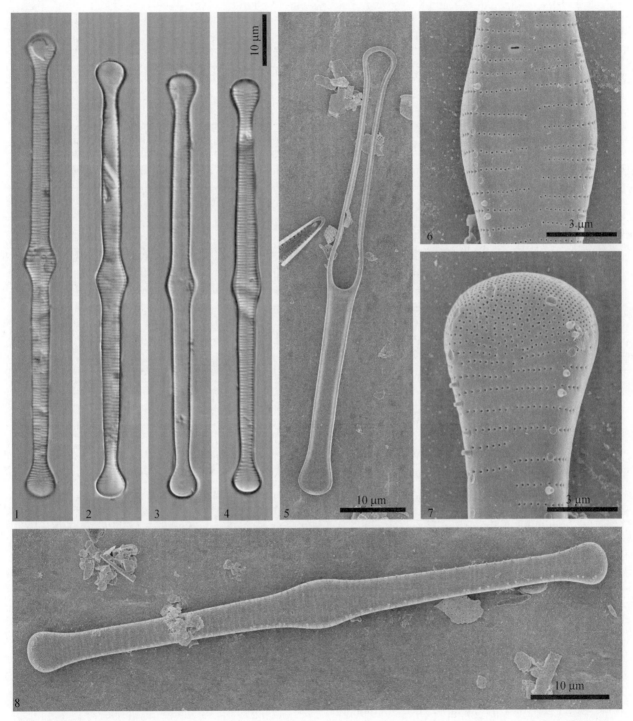

1~8　窗格平板藻 *Tabellaria fenestrata*（Lyngbye）Kützing

图版 39

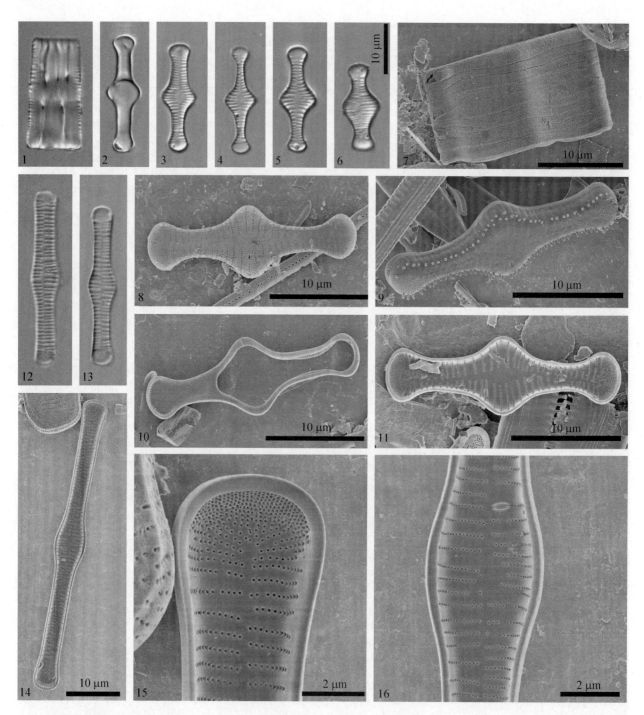

1～11 绒毛平板藻 *Tabellaria flocculosa* (Roth) Kützing

12～16 绒毛平板藻线性变种 *Tabellaria flocculosa* var. *linearis* Koppen

图版 40

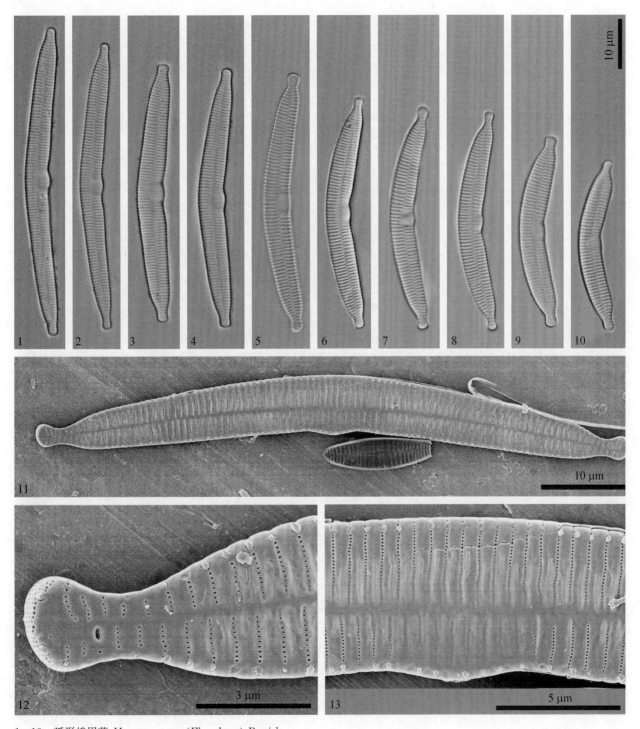

1～13　弧形蛾眉藻 *Hannaea arcus* (Ehrenberg) Patrick

图版 41

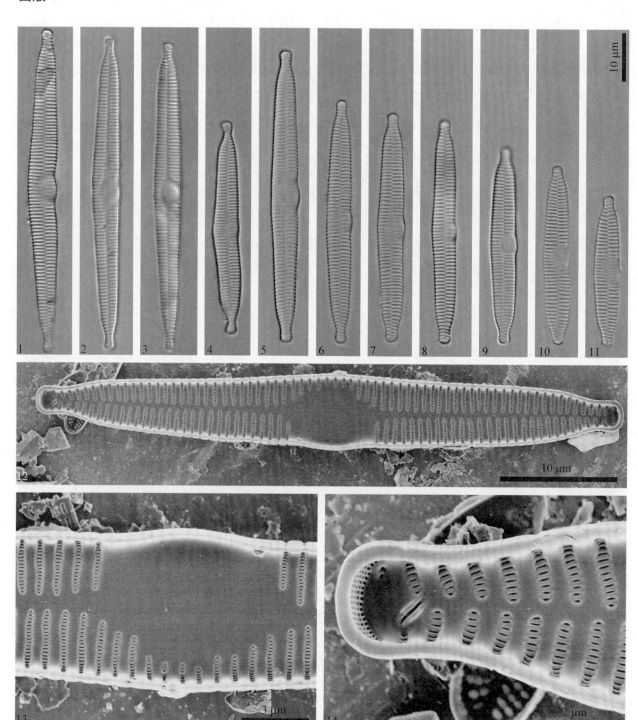

1～4　哈托蛾眉藻 *Hannaea hattoriana* (Meister) Liu，Glushchenko，Kulikovskiy & Kociolek
5～14　堪察加蛾眉藻 *Hannaea kamtchatica* (Petersen) Luo，You & Wang

图版 42

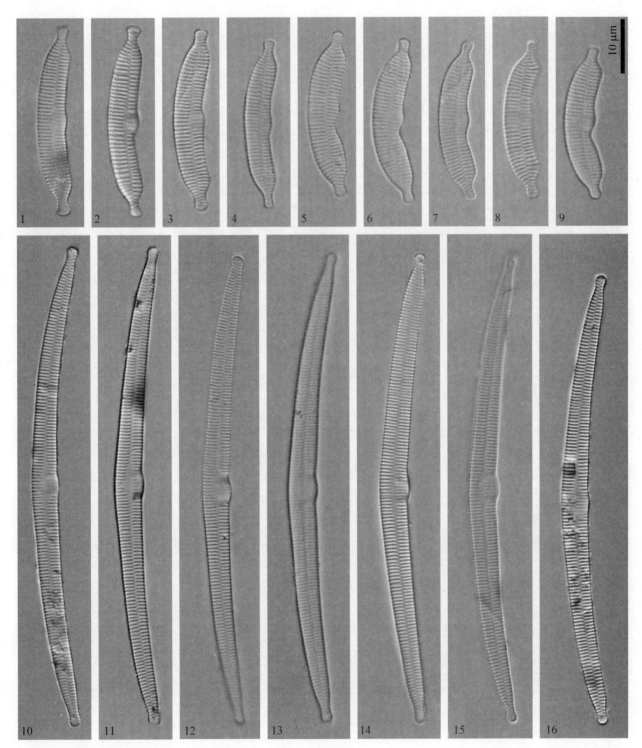

1～9　弧形蛾眉藻双头变种 *Hannaea arcus* var. *amphioxys* Rabenhorst
10～16　线形蛾眉藻 *Hannaea linearis*（Holmboe）Álvarez-Blanco & Blanco

图版 43

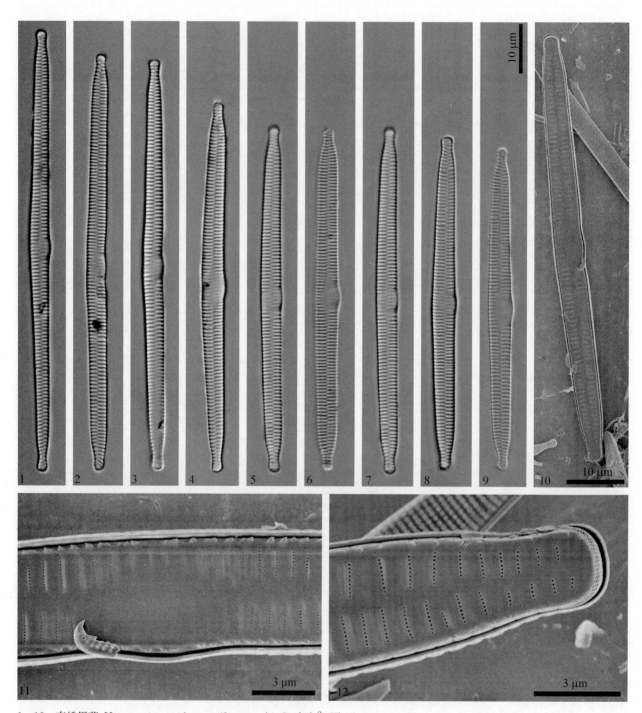

1~12　直蛾眉藻 *Hannaea inaequidentata*（Lagerstedt）Genkal & Kharitonov

图版 44

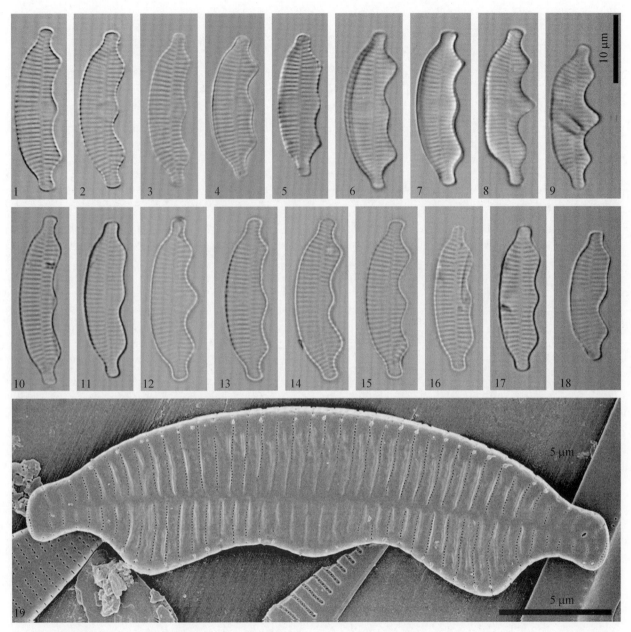

1～19　雅拉蛾眉藻 *Hannaea yalaensis* Luo，You & Wang

图版 45

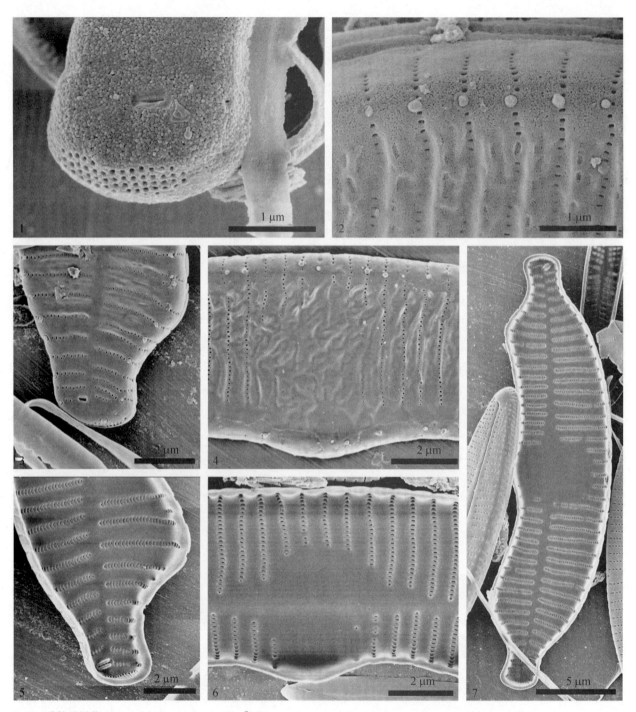

1~7 雅拉蛾眉藻 *Hannaea yalaensis* Luo，You &. Wang

图版 46

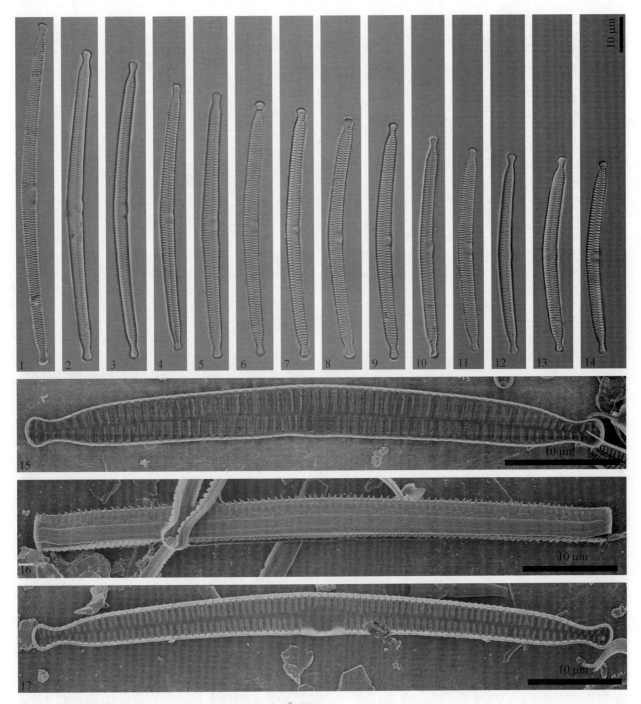

1～17　横断蛾眉藻 *Hannaea hengduanensis* Luo，Bixby & Wang

图版 47

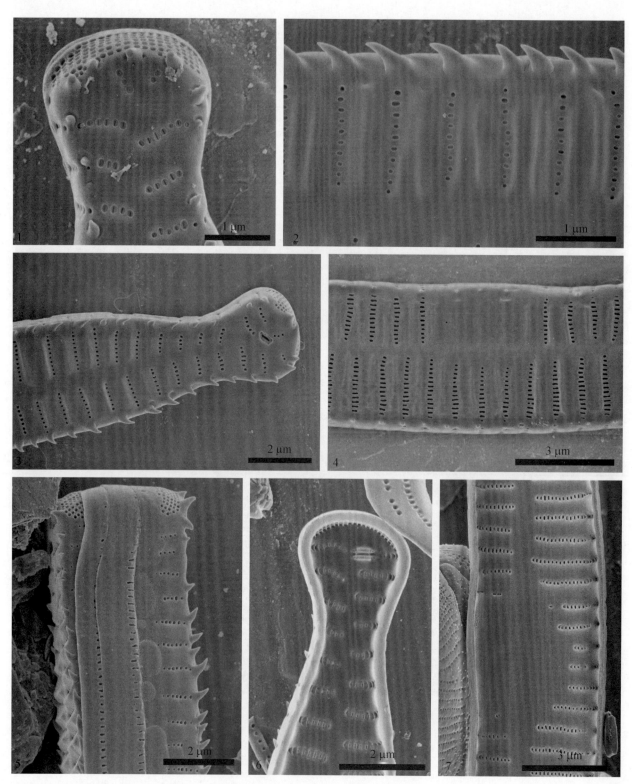

1～7　横断蛾眉藻 *Hannaea hengduanensis* Luo，Bixby & Wang

图版 48

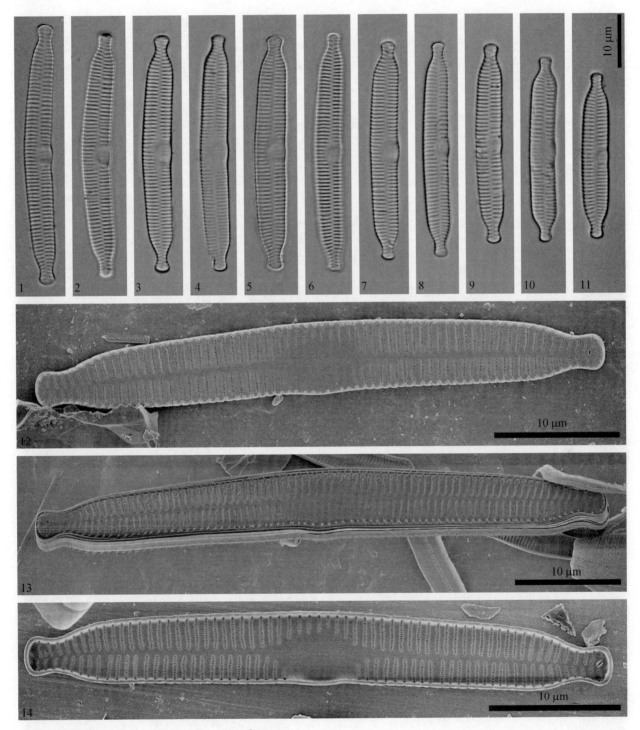

1～14 棒形蛾眉藻 *Hannaea clavata* Luo，You & Wang

图版 49

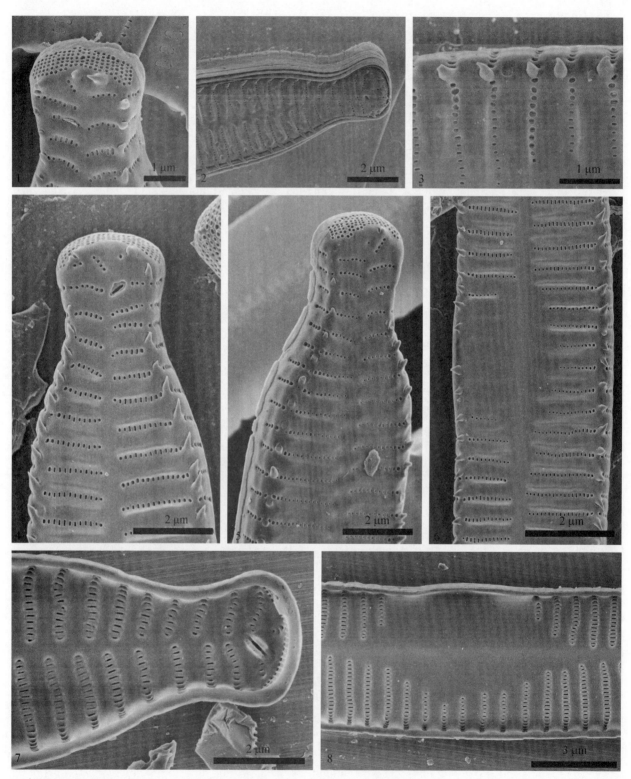

1～8　棒形蛾眉藻 *Hannaea clavata* Luo，You & Wang

图版 50

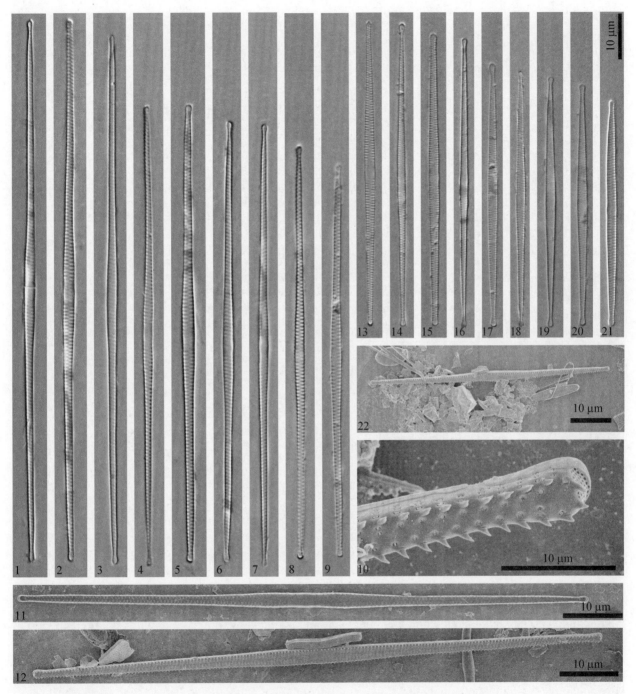

1～12　黎曼脆杆藻 *Fragilaria lemanensis*（Druart，Lavigne & Robert）Van de Vijver，Ector & Straub

13～22　柔嫩脆杆藻 *Fragilaria tenera*（Smith）Lange-Bertalot

图版 51

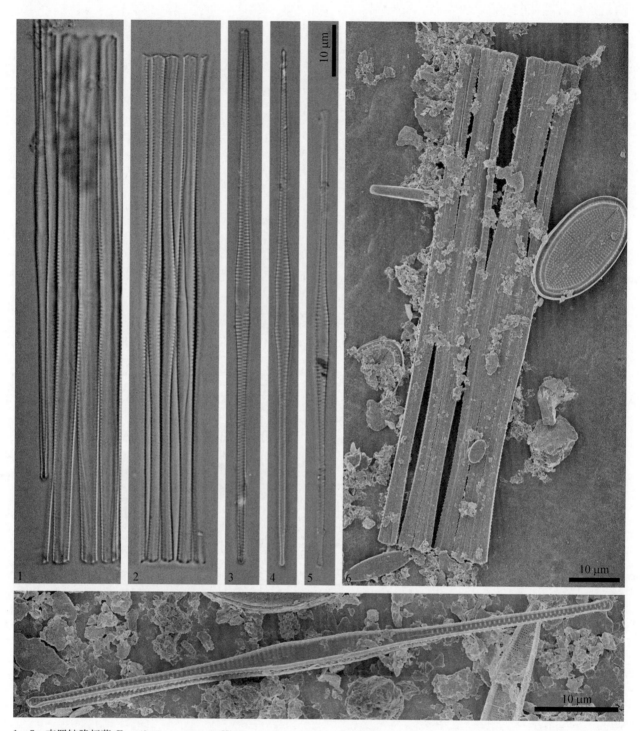

1～7　克罗钝脆杆藻 *Fragilaria crotonensis* Kitton

图版 52

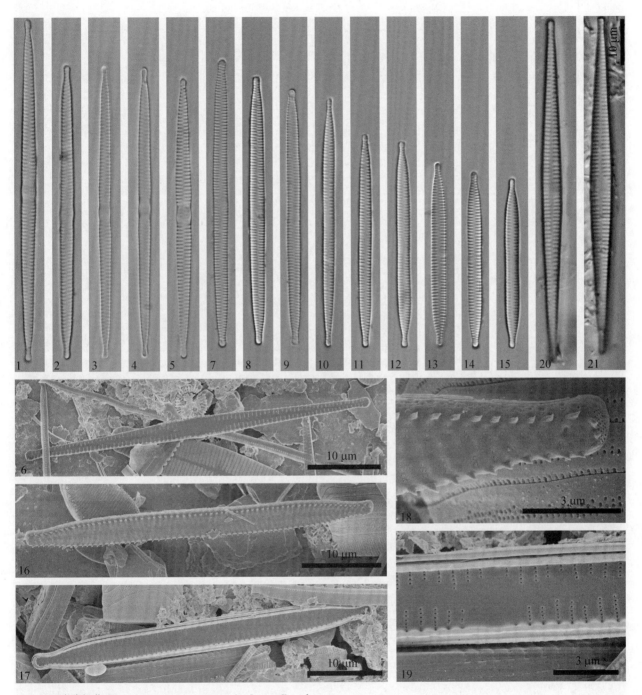

1～6　两头脆杆藻 *Fragilaria amphicephaloides* Lange-Bertalot

7～19　高山脆杆藻 *Fragilaria alpestris* Krasske &. Hustedt

20～21　相近脆杆藻 *Fragilaria famelica*（Kützing）Lange-Bertalot

图版 53

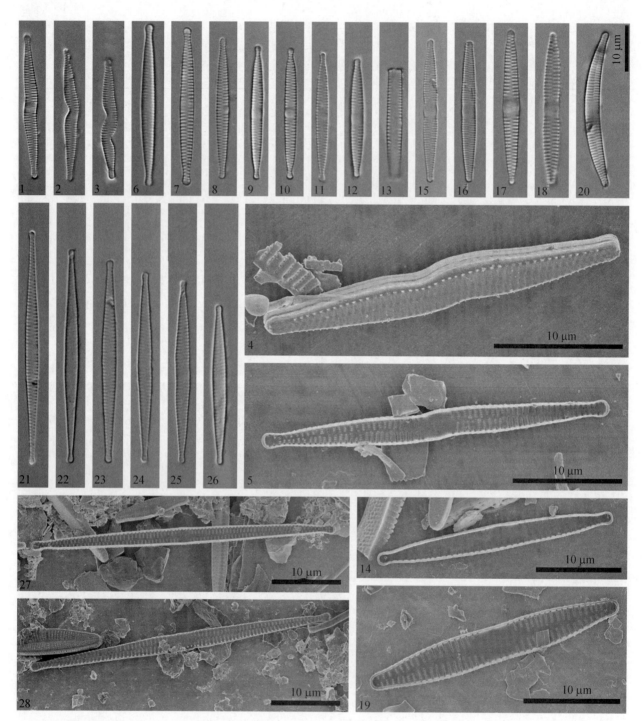

1～5　缺刻脆杆藻 *Fragilaria incisa*（Boyer）Lange-Bertalot

6～14　钝脆杆藻 *Fragilaria capucina* Desma

15～16　爆裂脆杆藻 *Fragilaria rumpens*（Kützing）Carlson

17～19　纤细脆杆藻 *Fragilaria gracilis* Østrup

20　弧形脆杆藻 *Fragilaria cyclopum* Brutschy

21～28　柔弱脆杆藻 *Fragilaria delicatissima*（Smith）Aboal & Silva

图版 54

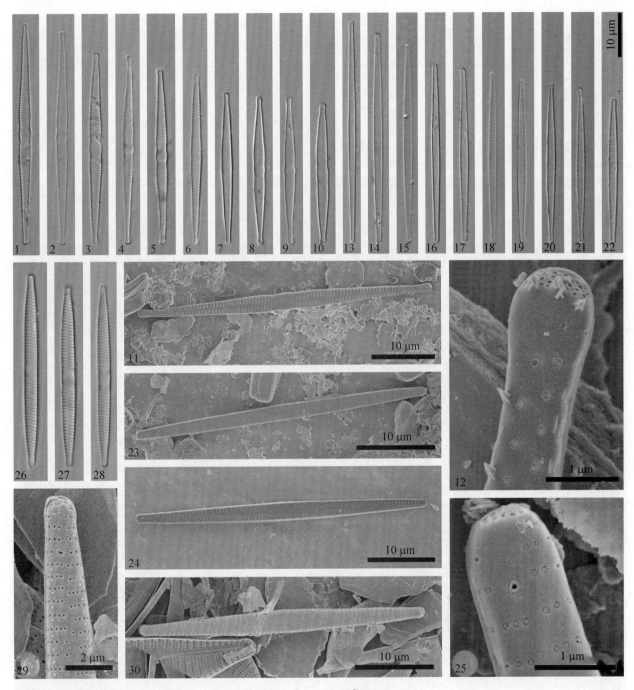

1~12　近爆裂针杆藻 *Fragilaria pararumpens* Lange-Bertalot，Hofm & Werum

13~25　水生脆杆藻 *Fragilaria aquaplus* Lange-Bertalot & Ulrich

26~30　脆型脆杆藻 *Fragilaria fragilarioides* (Grunow) Cholnoky

图版 55

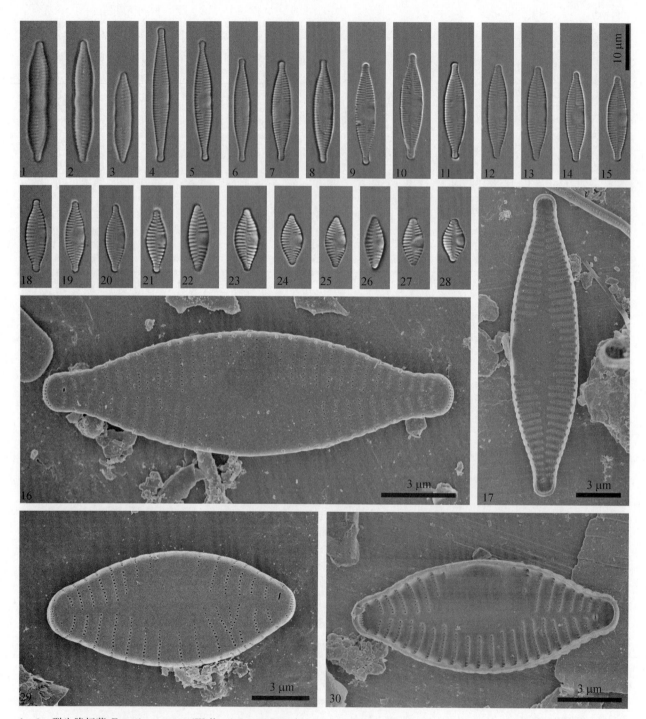

1～3　群生脆杆藻 *Fragilaria socia* (Wallace) Lange-Bertalot
4～17　桑德里亚脆杆藻 *Fragilaria sandellii* Van de Vijcer & Jarlman
18～21　微沃切里脆杆藻 *Fragilaria microvaucheriae* Wetzel
22～30　沃切里脆杆藻椭圆变种 *Fragilaria vaucheriae* var. *elliptica* Manguin

图版 56

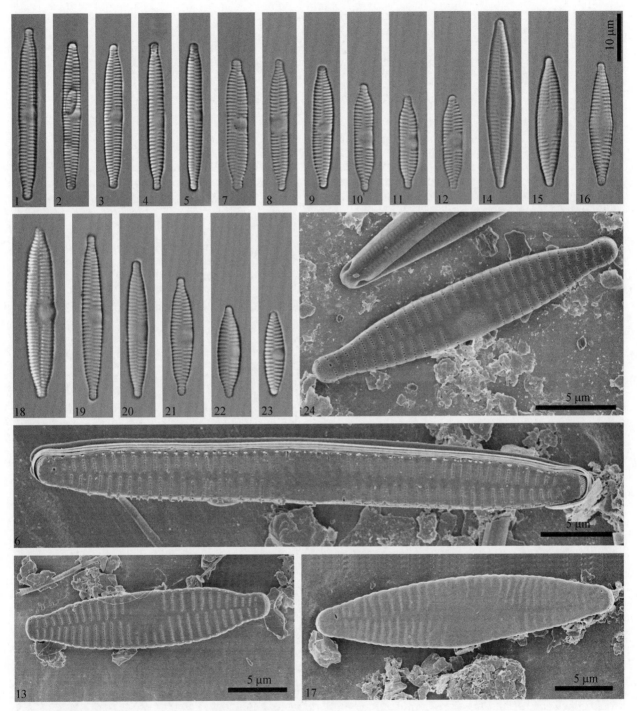

1～6　石南脆杆藻 *Fragilaria heatherae* Kahlert & Kelly

7～13　沃切里脆杆藻 *Fragilaria vaucheriae* (Kützing) Petersen

14～17　近菱形脆杆藻 *Fragilaria crassirhombica* Metzelitin，Lange-Bertalot & Nergui

18　二齿脆杆藻较小变种 *Fragilaria bidens* var. *minor* (Grunow) Cleve

19～24　篦形脆杆藻 *Fragilaria pectinalis* (Müller) Lyngbye

图版 57

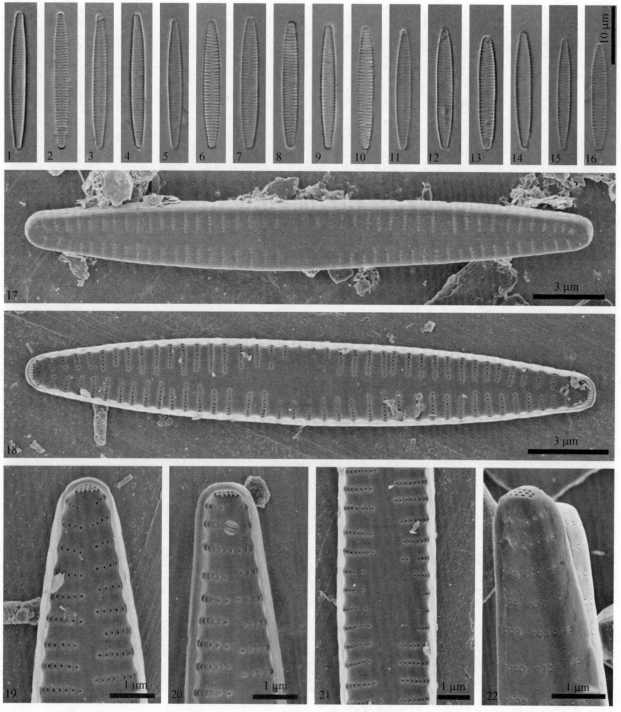

1～22　北方脆杆藻 *Fragilaria boreomongolica* Kulikovskiy，Lange-Bertalot，Witkoxski & Dorofeyuk

图版 58

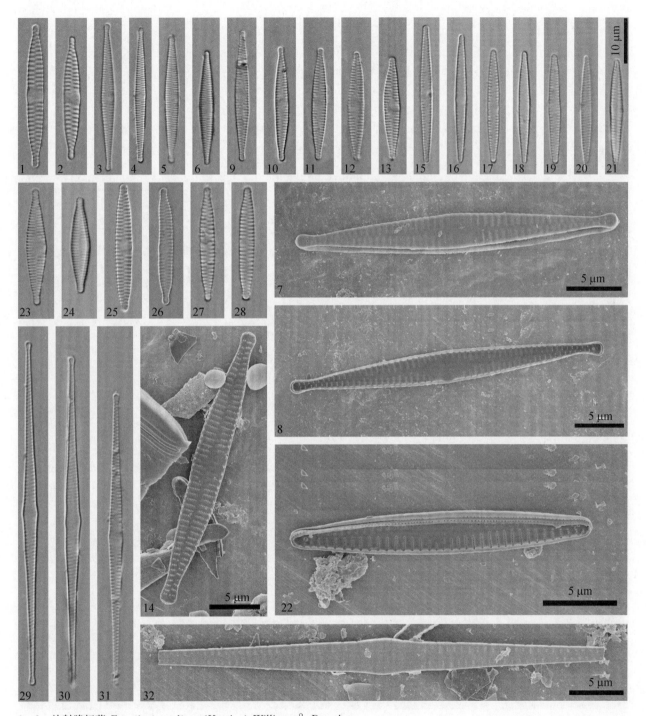

1～2　放射脆杆藻 *Fragilaria radians*（Kützing）Williams & Round

3～8　沃切里脆杆藻头端变种 *Fragilaria vaucheriae* var. *capitellata*（Grunow）Patrick

9～14　微小脆杆藻 *Fragilaria perminuta*（Grunow）Lange-Bertalot

15～22　宾夕法尼亚脆杆藻 *Fragilaria pennsylvanica* Morales

23～24　米萨雷脆杆藻 *Fragilaria misarelensis* Almeida, Delgado, Novais & Blanco

25～28　钝脆杆藻远距变种 *Fragilaria capucina* var. *distans*（Grunow）Lange-Bertalot

29～32　具球脆杆藻 *Fragilaria sphaerophorum* Luo & Wang sp. nov.

图版 59

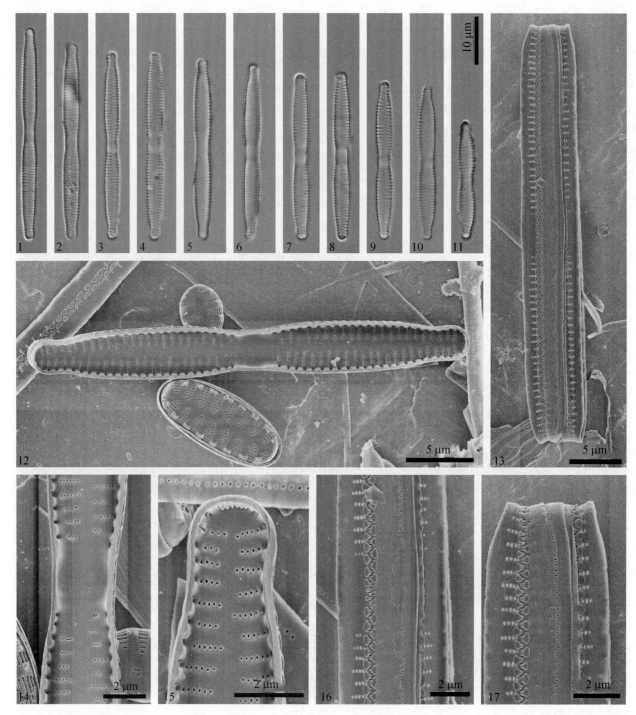

1～17　中狭脆杆藻 *Fragilaria mesolepta* Rabenh

图版 60

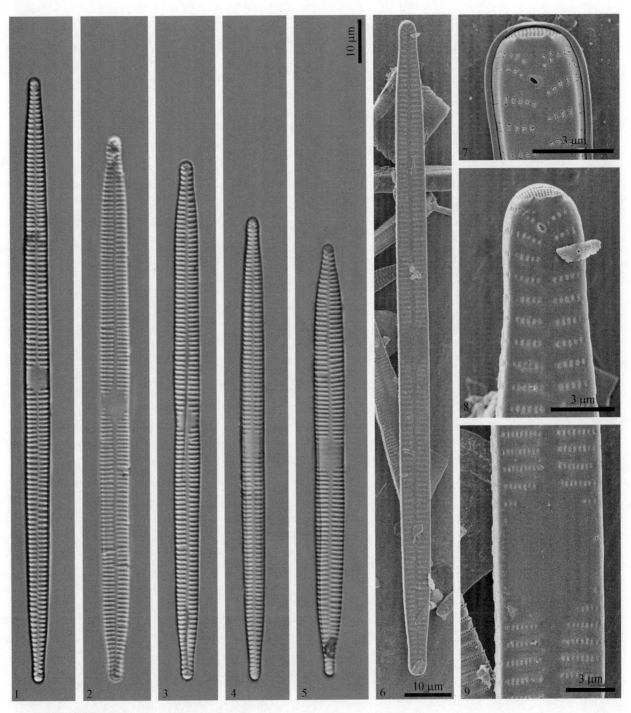

1～9　肘状肘形藻 *Ulnaria ulna*（Nitzsch）Compère

图版 61

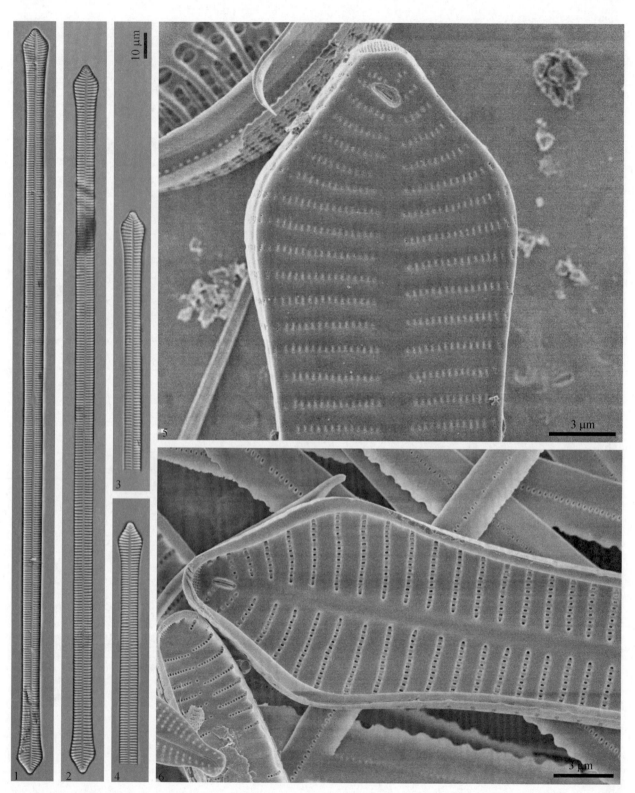

1～6　头状肘形藻 *Ulnaria capitata* (Ehrenberg) Compère

图版 62

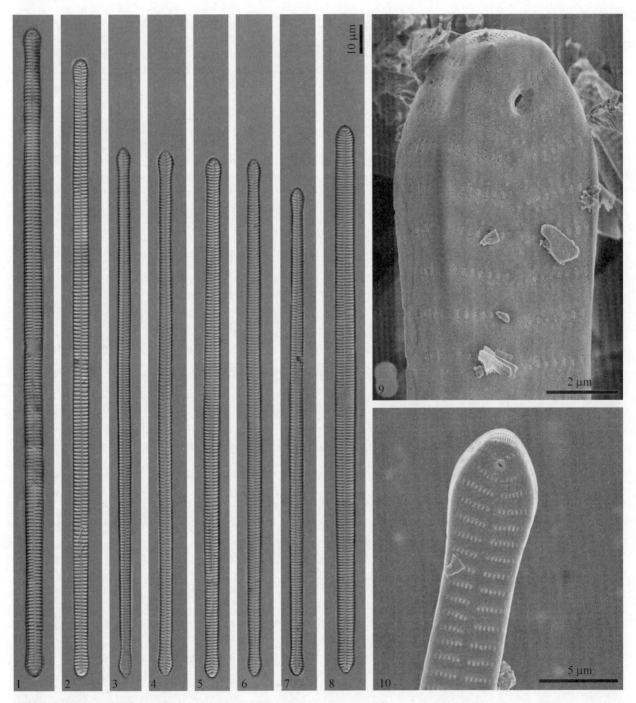

1～7，9～10　二头肘形藻 *Ulnaria biceps*（Kützing）Compère
8　顿端肘形藻 *Ulnaria obtusa*（Smith）Reichardt

图版 63

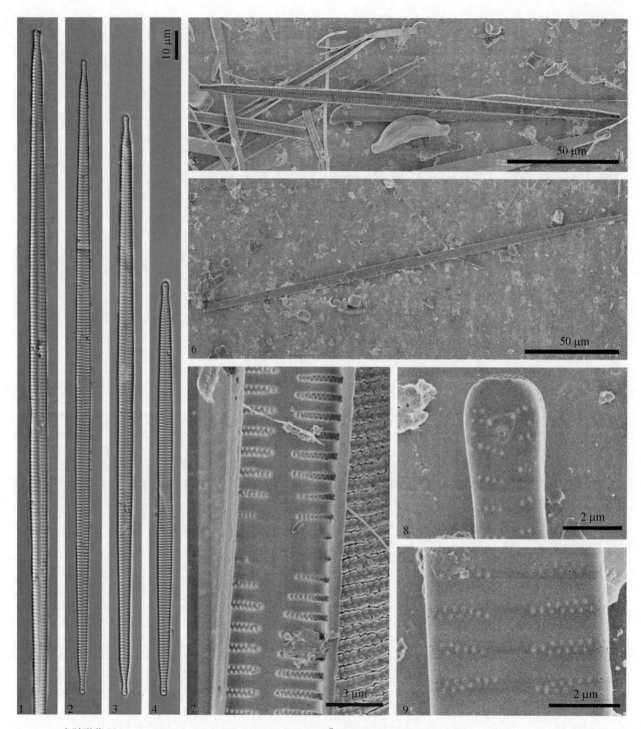

1～9 二喙肘形藻 *Ulnaria amphirhynchus* (Ehrenberg) Compère & Bukhtiyarova

图版 64

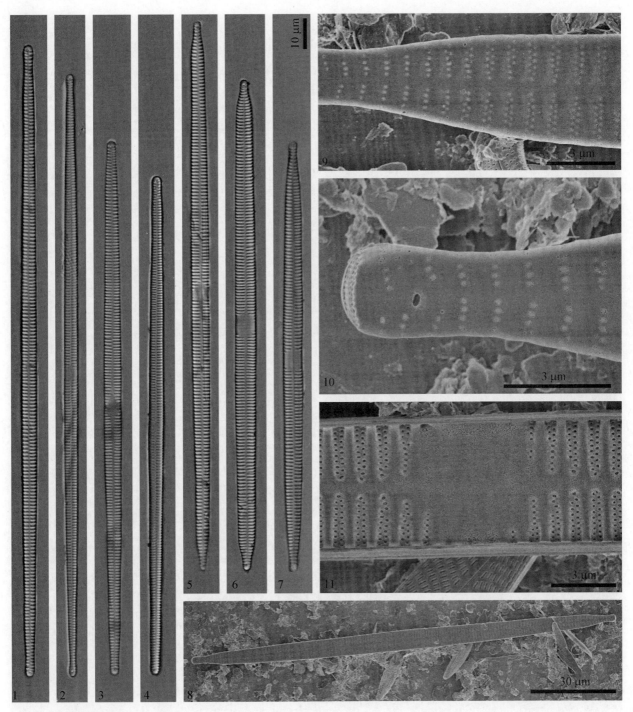

1~4　丹尼卡肘形藻 *Ulnaria danica*（Kützing）Compère & Bukhtiyarova

5~11　尖喙肘形藻 *Ulnaria oxyrhynchus*（Kützing）Aboal

图版 65

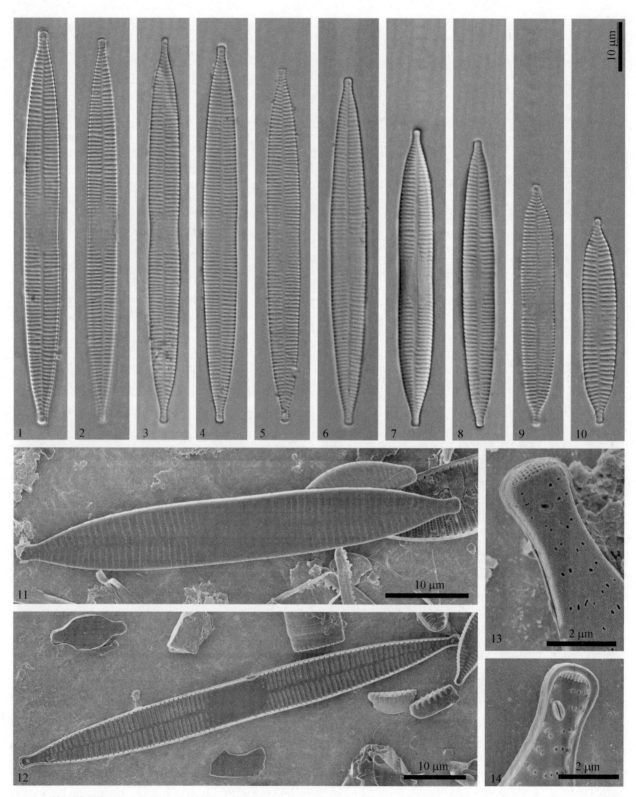

1～14　披针肘形藻 *Ulnaria lanceolata*（Kützing）Compère

图版 66

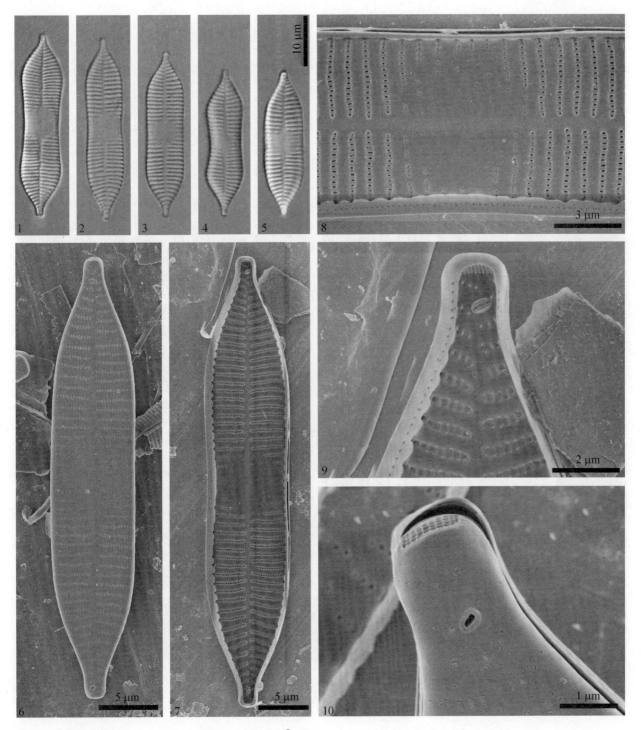

1~10　缢缩肘形藻 *Ulnaria contracta*（Østrup）Morales & Vis

图版 67

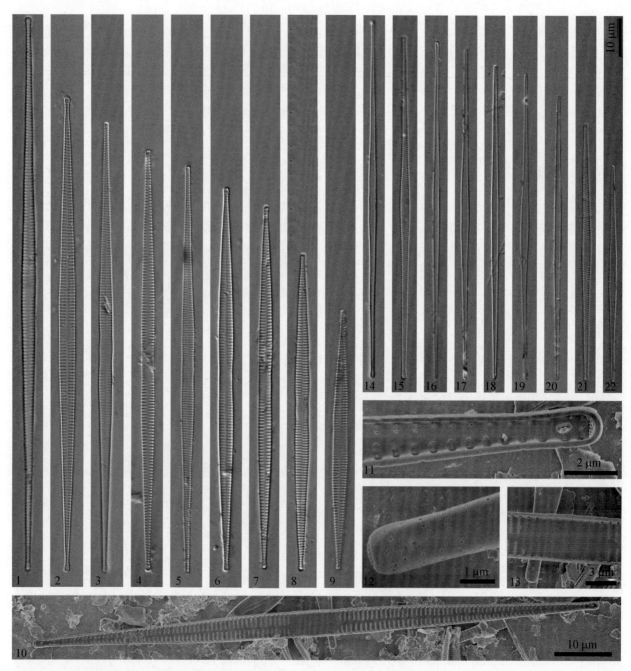

1～13　尖肘形藻 *Ulnaria acus* （Kützing）Aboal

14～22　尖肘形藻极狭变种 *Ulnaria acus* var. *angustissima* （Grunow）Aboal & Silva

图版 68

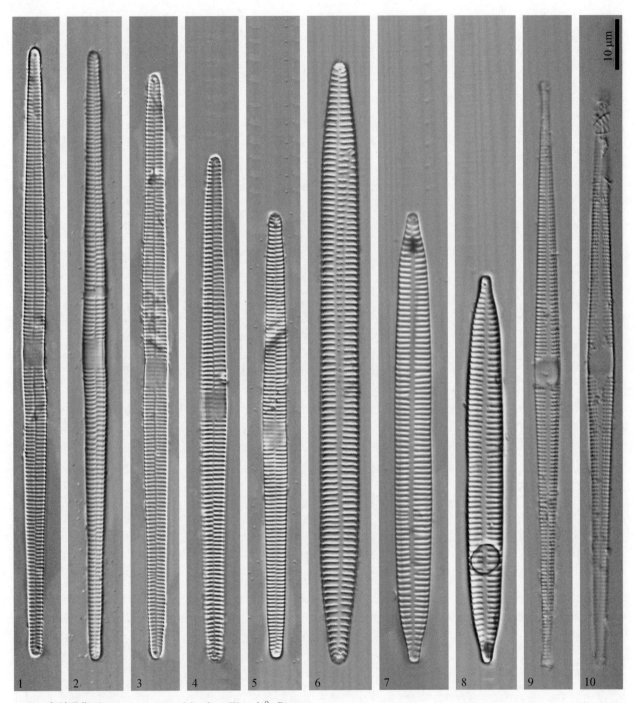

1~5　窄肘形藻 *Ulnaria macilenta* Morales，Wetzel & Rivera
6~8　翁格肘形藻 *Ulnaria ungeriana*（Grunow）Compère
9~10　美小栉链藻 *Ctenophora pulchella*（Ralfs & Kützing）Williams & Round

图版 69

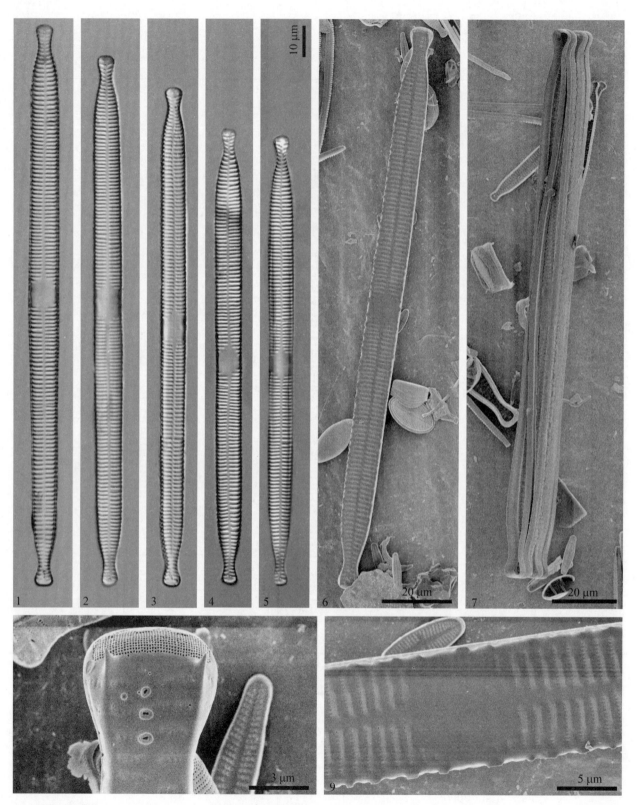

1～9　美丽西藏藻 *Tibetiella pulchra* Li，Williams & Metzeltin

图版 70

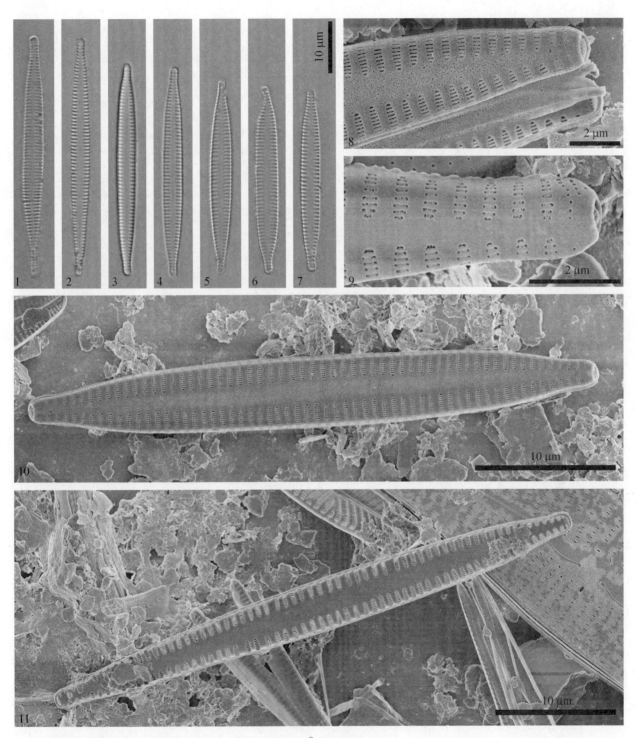

1~11 簇生平格藻 *Tabularia fasciculata* (Agardh) Williams & Round

图版 71

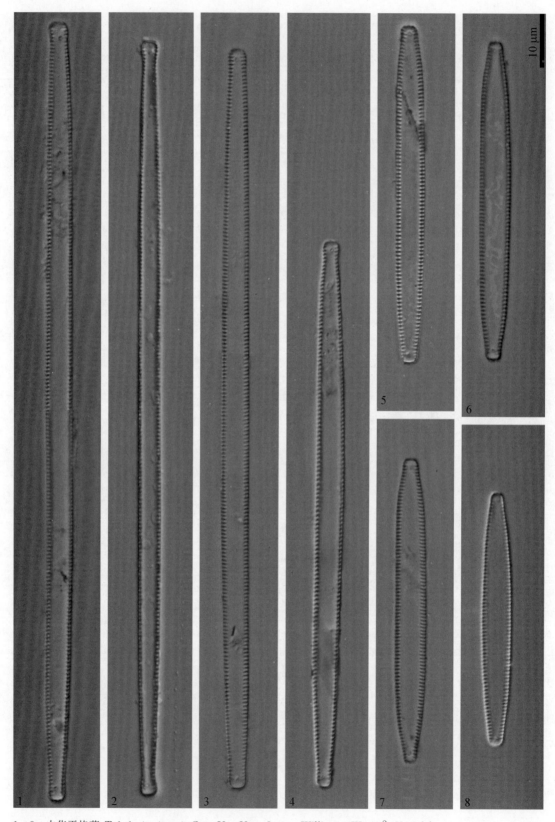

1～8　中华平格藻 *Tabularia sinensis* Cao，Yu，You，Lowe，Williams，Wang & Kociolek

图版 72

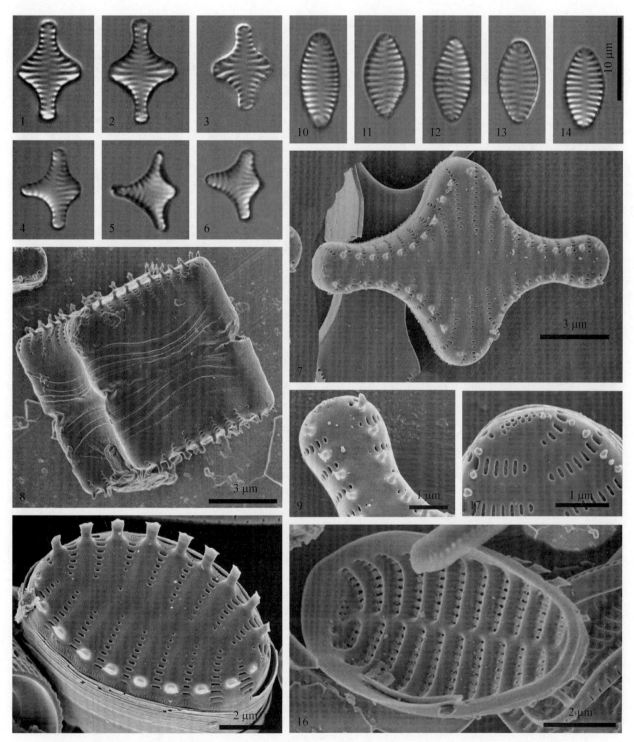

1～9　连结十字脆杆藻 *Staurosira construens*（Ehrenberg）Grunow

10～17　凸腹十字脆杆藻 *Staurosira venter*（Ehrenberg）Cleve & Möller

图版 73

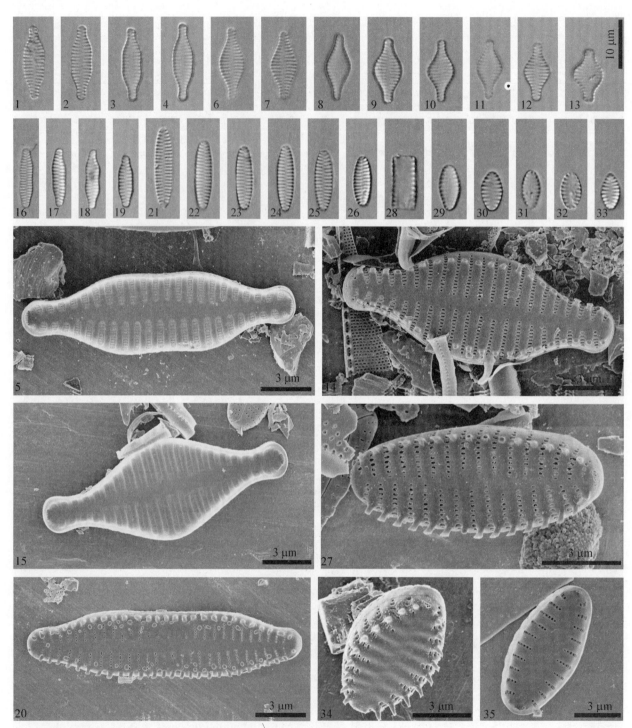

1～5　双结十字脆杆藻 *Staurosira binodis*（Ehrenberg）Lange-Bertalot

6～15　不定十字脆杆藻 *Staurosira incerta* Morales

16～20　缢缩十字脆杆藻 *Staurosira pottiezii* Van de Vijver

21～27　近盐生十字脆杆藻 *Staurosira subsalina*（Hustedt）Lange-Bertalot

28～35　加拿利窄十字脆杆藻 *Staurosirella canariensis*（Lange-Bertalot）Morales，Ector，Maidana & Grana

图版 74

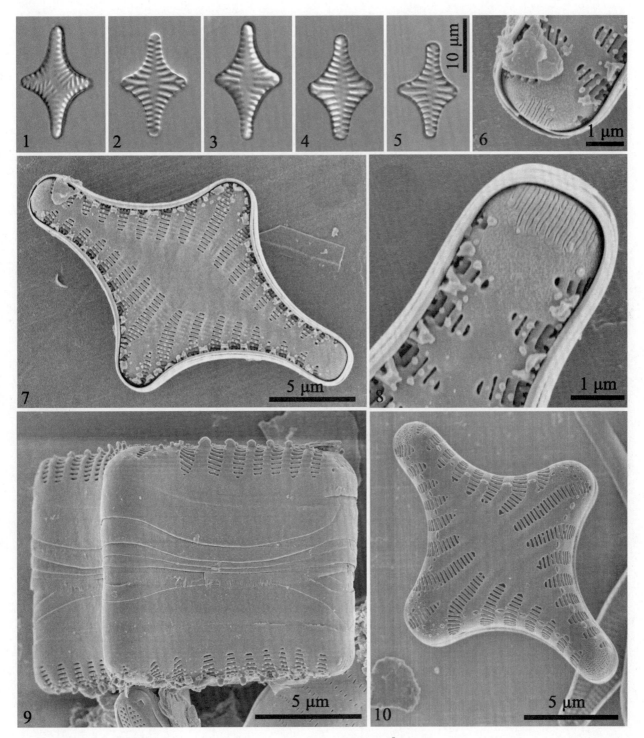

1～10　狭辐节窄十字脆杆藻 *Staurosirella leptostauron* (Ehrenberg) Williams & Round

图版 75

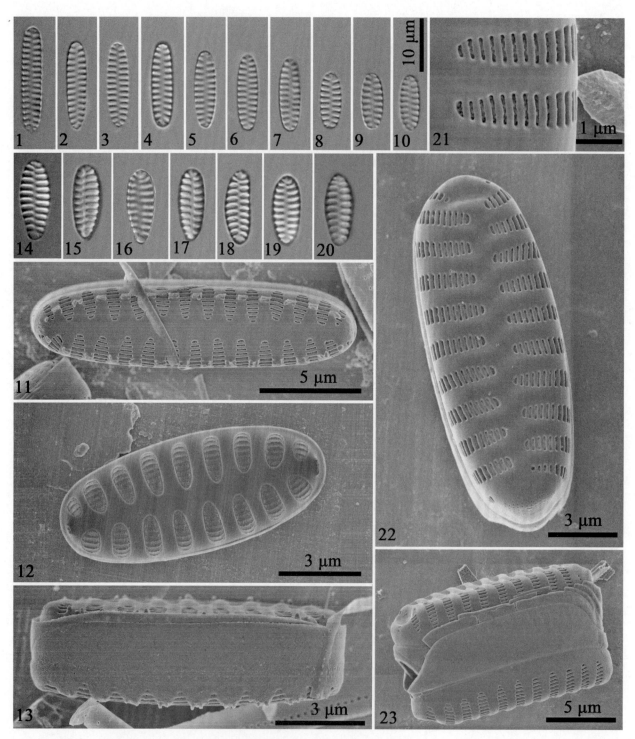

1～13　羽状窄十字脆杆藻 *Staurosirella pinnata*（Ehrenberg）Williams & Round
14～23　马特窄十字脆杆藻 *Staurosirella martyi*（Héribaud）Morales & Manoylov

图版 76

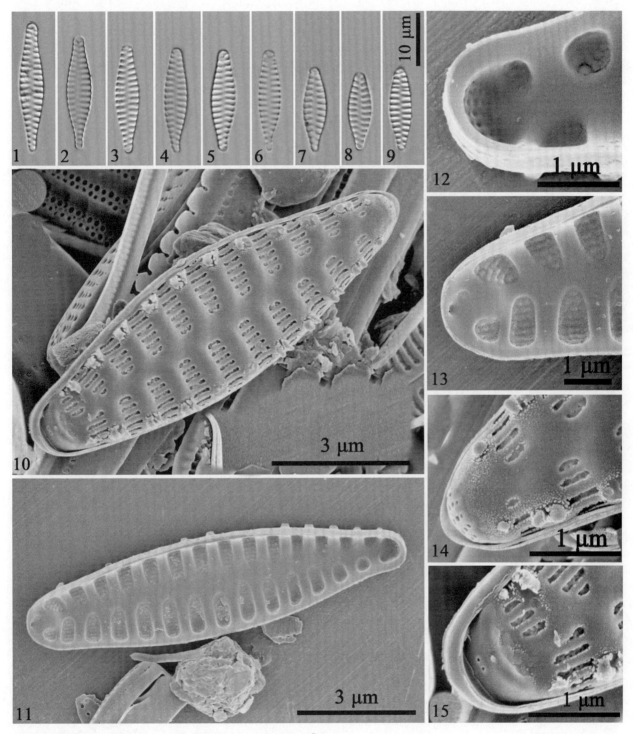

1～15　喜寒窄十字脆杆藻 *Staurosirella frigida* van de Vijver & Morales

图版 77

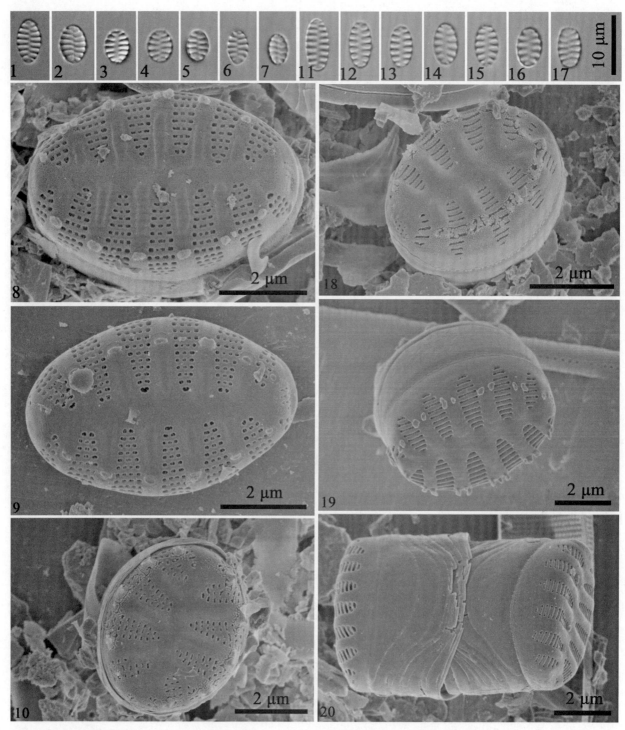

1~10　圆盘状网孔藻 *Punctastriata discoidea* Flower
11~20　卵形窄十字脆杆藻 *Staurosirella ovata* Morales

图版 78

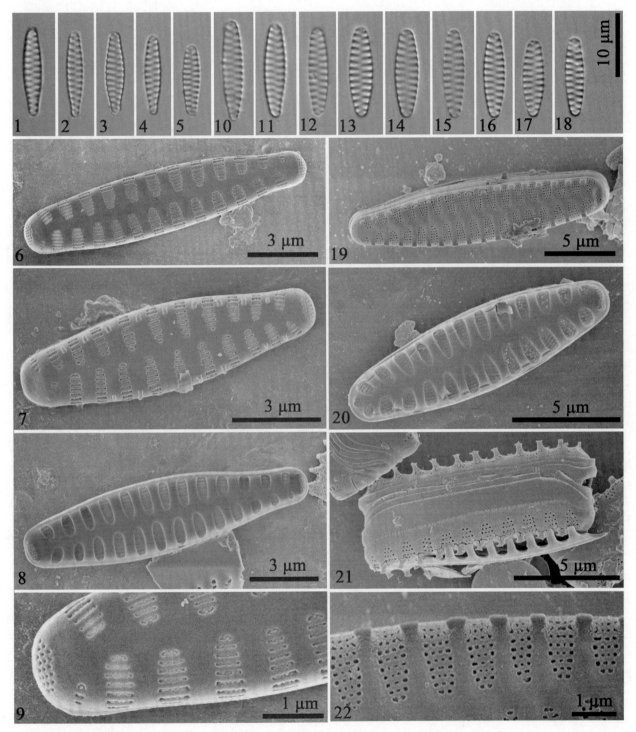

1～9　微小窄十字脆杆藻 *Staurosirella minuta* Morales & Edlund
10～22　披针形网孔藻 *Punctastriata lancettula*（Schumann）Hamilton & Siver

图版 79

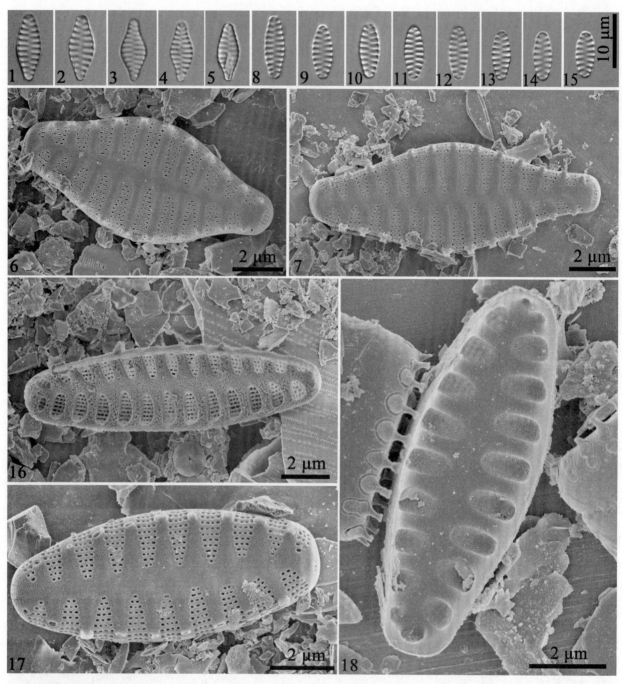

1～7 相似网孔藻 *Punctastriata mimetica* Morales
8～18 披针形网孔藻 *Punctastriata lancettula* (Schumann) Hamilton & Siver

图版 80

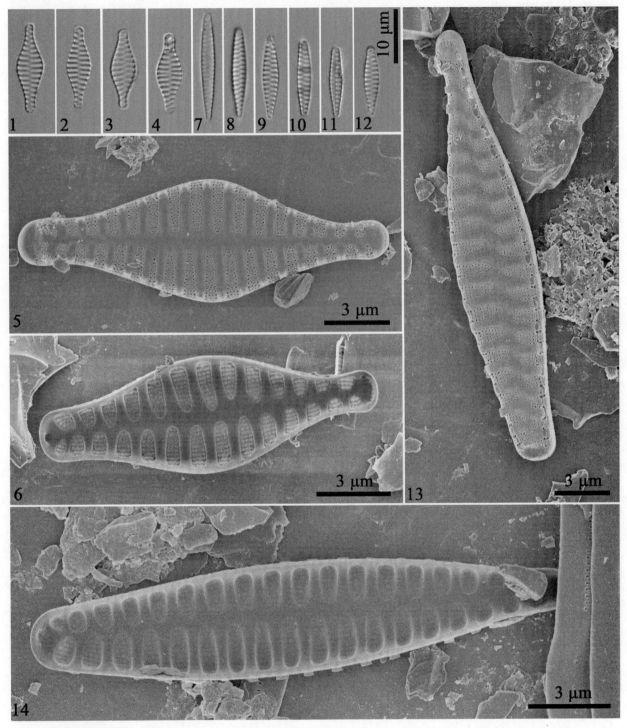

1～6　林芝网孔藻 *Punctastriata nyingchiensis* Luo &. Wang sp. nov.
7～14　线性网孔藻 *Punctastriata linearis* Williams &. Round

图版 81

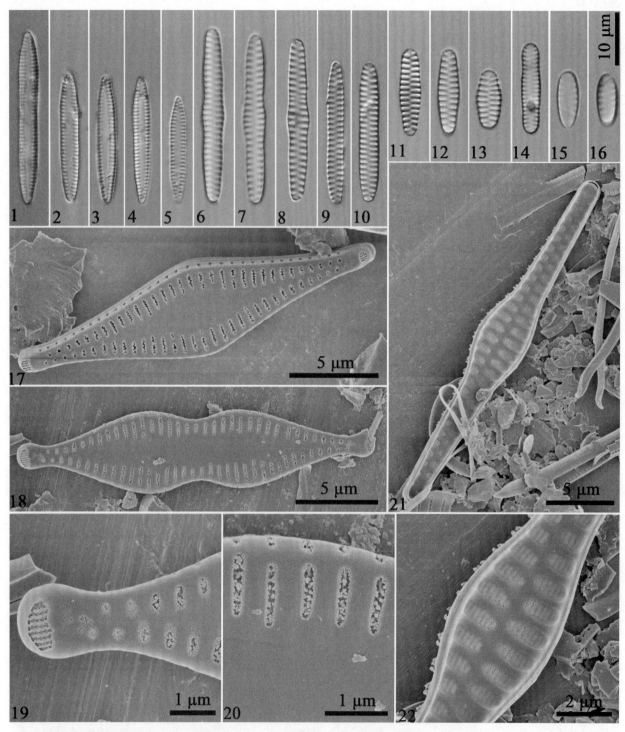

1～5　保罗尼卡假十字脆杆藻 *Pseudostaurosira polonica*（Witak &. Lange-Bertalot）Morales &. Edlund

6～8，21～22　膨大窄十字脆杆藻 *Staurosirella inflata*（Stone）Luo &. Wang comb. nov.

9～10　大窄十字脆杆藻 *Staurosirella maior*（Tynni）Luo &. Wang comb. nov.

11～13　突起窄十字脆杆藻 *Staurosirella ventriculosa*（Schumann）Luo &. Wang comb. nov.

14　布勒塔窄十字脆杆藻 *Staurosirella bullata*（Østrup）Luo &. Wang comb. nov.

15～16　具刺窄十字脆杆藻 *Staurosirella spinosa*（Skvortzow）Kingston

17　寄生假十字脆杆藻 *Pseudostaurosira parasitica*（Smith）Morales

18～20　近缢缩假十字脆杆藻 *Pseudostaurosira subconstricta*（Grunow）Kulikovskiy &. Genkal

图版 82

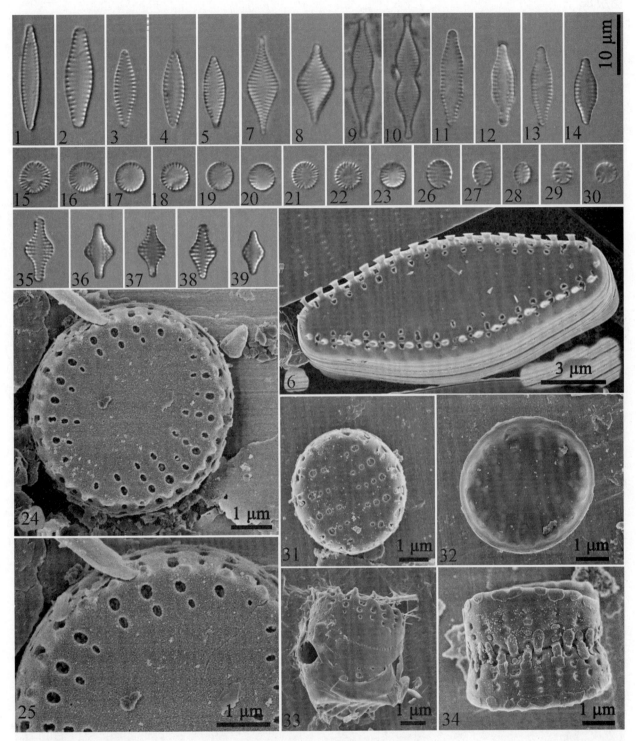

1~6　短线假十字脆杆藻 *Pseudostaurosira brevistriata* (Grunow) Williams & Round

7~8　寄生假十字脆杆藻 *Pseudostaurosira parasitica* (Smith) Morales

9~10　近缢缩假十字脆杆藻 *Pseudostaurosira subconstricta* (Grunow) Kulikovskiy & Genkal

11~14　强壮假十字脆杆藻 *Pseudostaurosira robusta* (Fusey) Williams & Round

15~25　圆形假十字脆杆藻 *Pseudostaurosira cataractarum* (Hustedt) Wetzel

26~34　串连假十字脆杆藻 *Pseudostaurosira trainorii* Morales

35~39　拟连结假十字脆杆藻 *Pseudostaurosira pseudoconstruens* (Marciniak) Williams & Round

图版 83

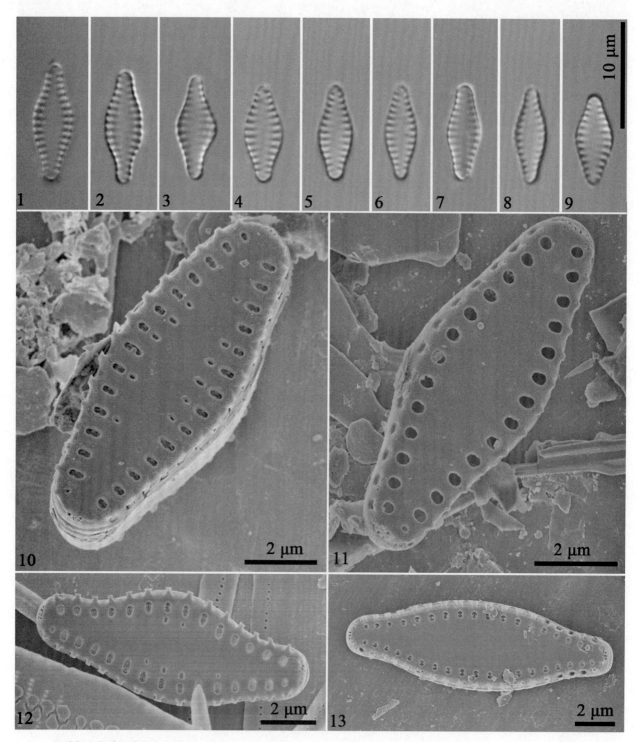

1~13　短线假十字脆杆藻膨大变种 *Pseudostaurosira brevistriata* var. *inflata*（Pantocsek）Edlund

图版 84

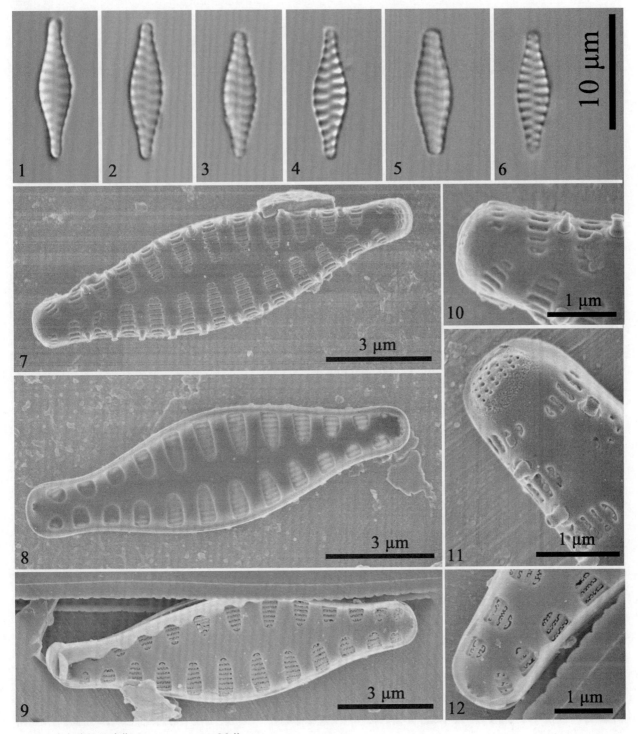

1～12 奥尔森尼具隙藻 *Opephora olsenii* Møller

图版 85

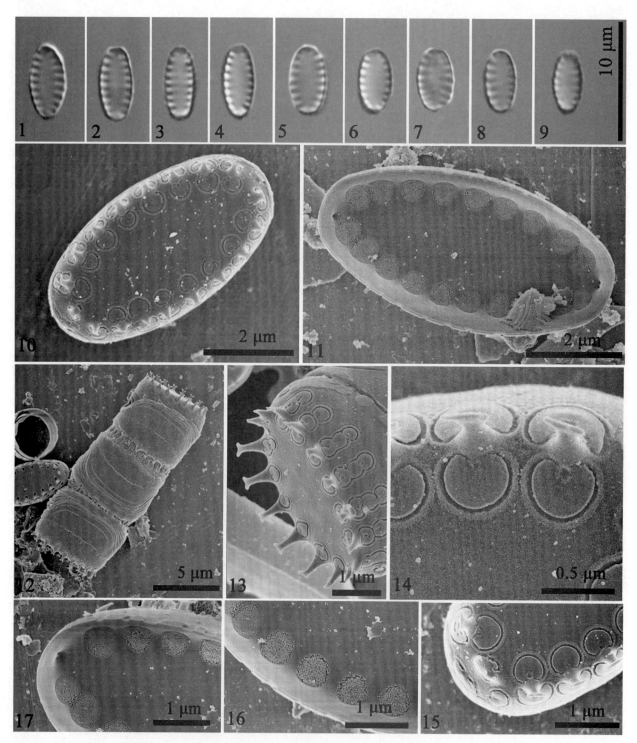

1～17　康乃迪克拟十字脆杆藻 *Pseudostaurosiropsis connecticutensis* Morales

图版 86

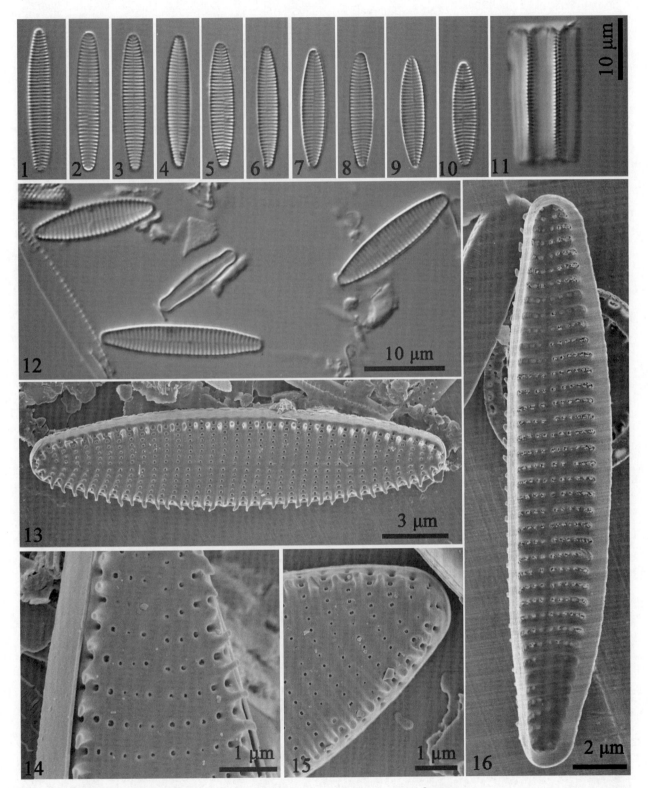

1～16　窄十字型脆杆藻 *Stauroforma exiguiformis* (Lange-Bertalot) Flower，Jones & Round

图版 87

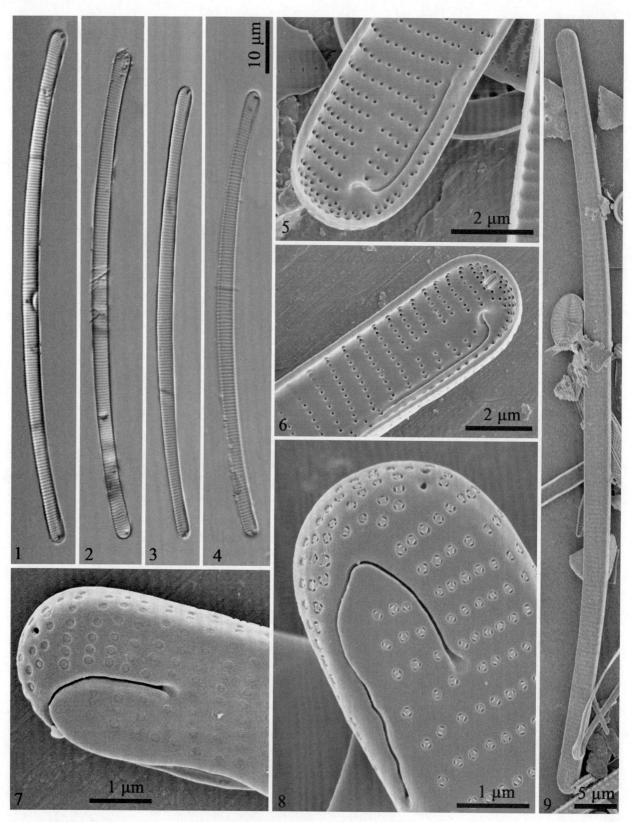

1~9 丝状短缝藻 *Eunotia filiformis* Luo，You & Wang

图版 88

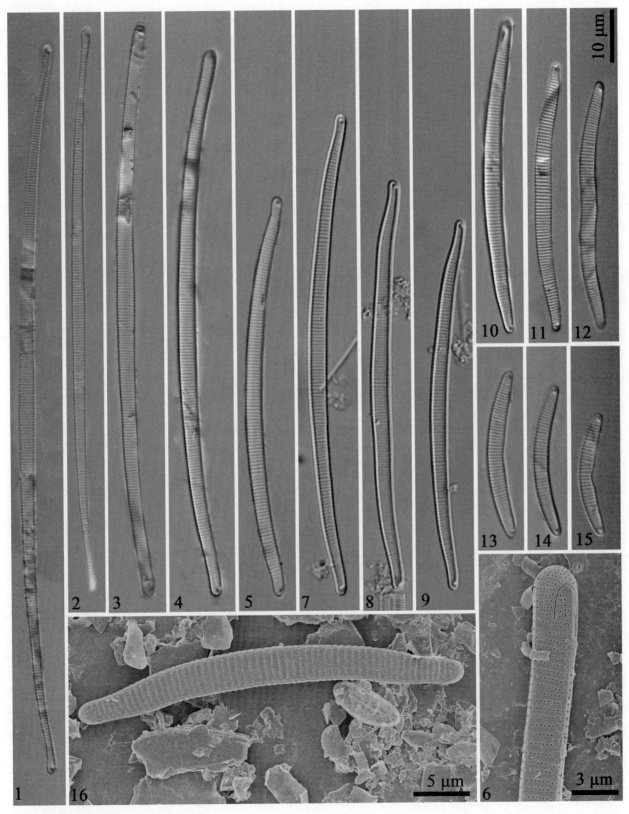

1~6　纳格短缝藻 *Eunotia naegelii* Migula
7~9　茱萸短缝藻 *Eunotia juettnerae* Lange-Bertalot
10~16　双月短缝藻 *Eunotia bilunaris*（Ehrenberg）Schaarschmidt

图版 89

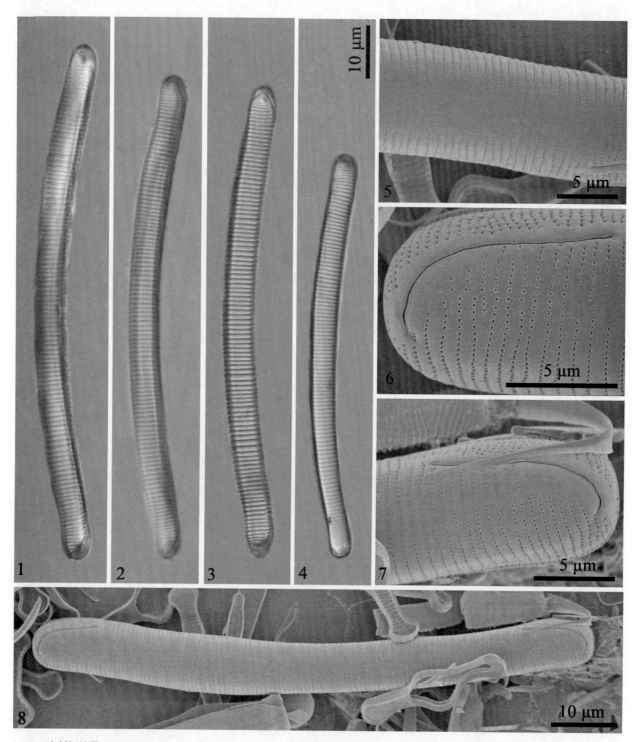

1～8 冰刺短缝藻 *Eunotia glacialispinosa* Lange-Bertalot &. Cantonati

图版 90

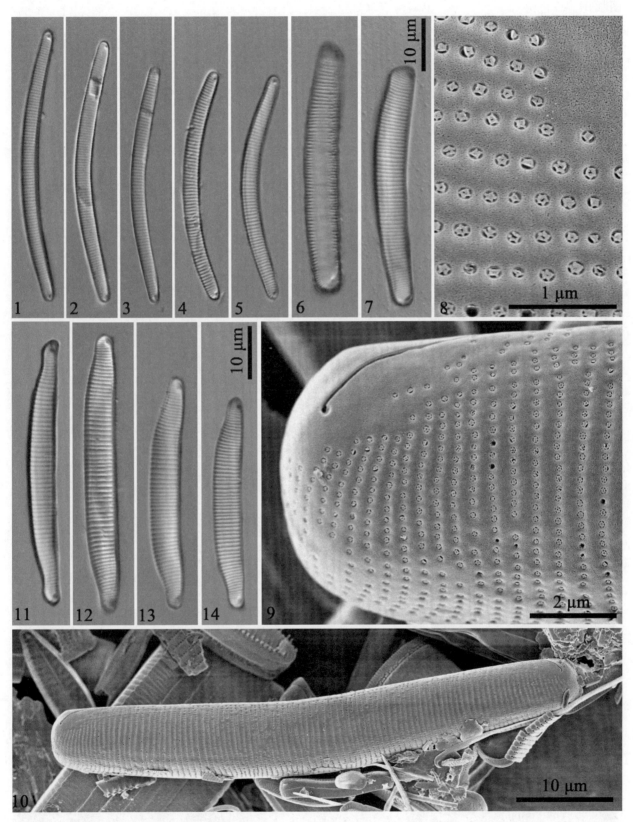

1～5　莫氏短缝藻 *Eunotia monnieri* Lange-Bertalot

6～10　平行短缝藻 *Eunotia parallela* Ehrenberg

11　扭缠短缝藻 *Eunotia implicata* Nörpel & Lange-Bertalot

12～14　索氏短缝藻 *Eunotia soleirolii*（Kützing）Rabenhorst

265

图版 91

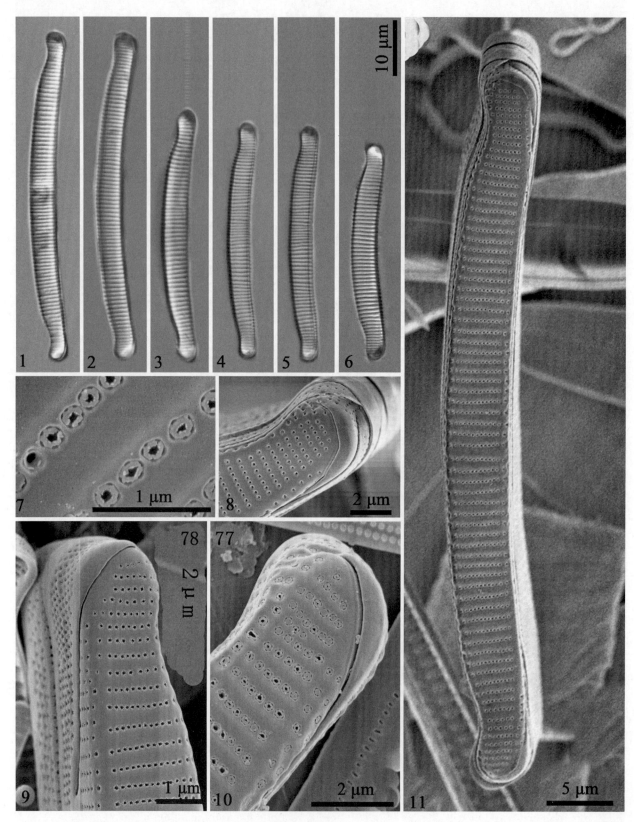

1～11 长条短缝藻 *Eunotia superpaludosa* Lange-Bertalot

图版 92

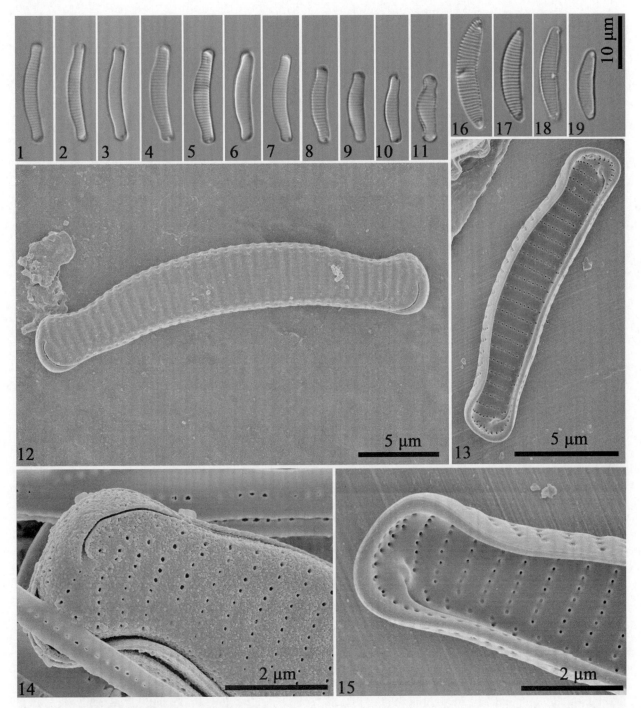

1～10，12～15　弧形短缝藻 *Eunotia arcus* Ehrenberg

11　喙头短缝藻 *Eunotia rhynchocephala* Hustedt

16～19　斯堪地短缝藻 *Eunotia scandiorussica* Kulikovskiy，Lange-Bertalot，Genkal & Witkowski

图版 93

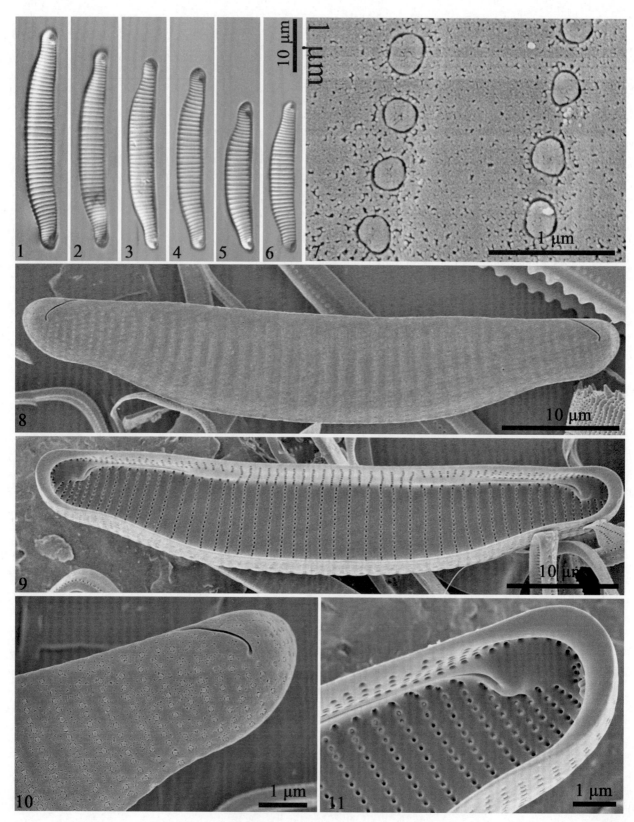

1~11 较小短缝藻 *Eunotia minor* (Kützing) Grunow

图版 94

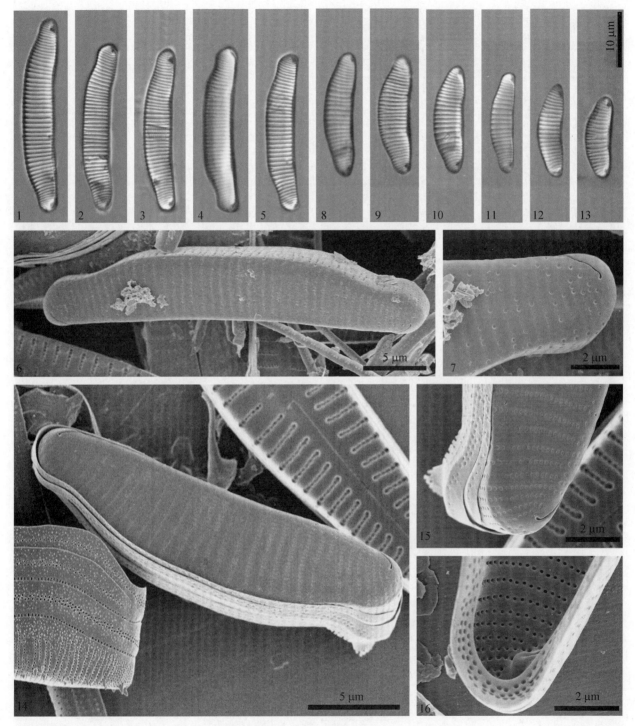

1～7　波米兰尼亚短缝藻 *Eunotia pomeranica* Lange-Bertalot & Witkowski
8～16　迈克尔短缝藻 *Eunotia michaelii* Metzeltin，Witkowski & Lange-Bertalot

图版 95

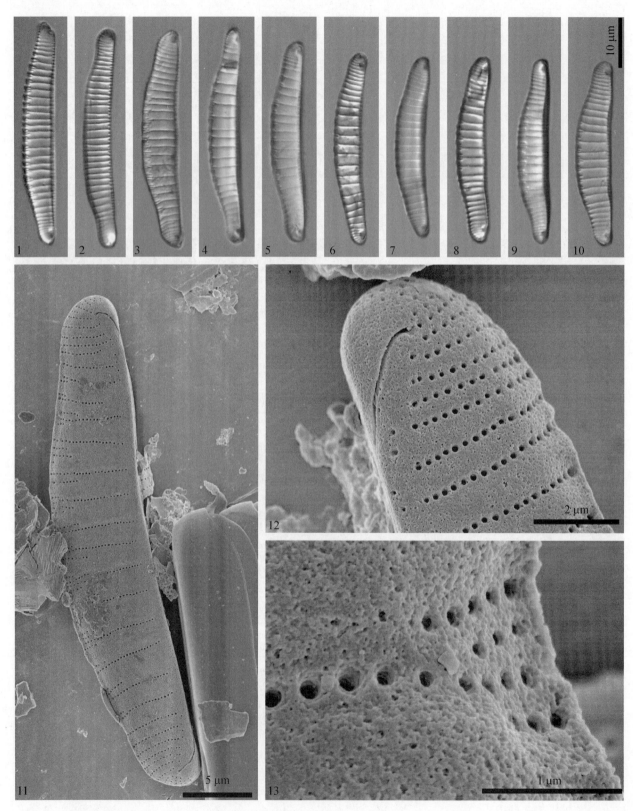

1～2　安卡松同短缝藻 *Eunotia ankazondranona* Manguin
3～13　奥德布雷短缝藻 *Eunotia odebrechtiana* Metzeltin & Lange-Bertalot

图版 96

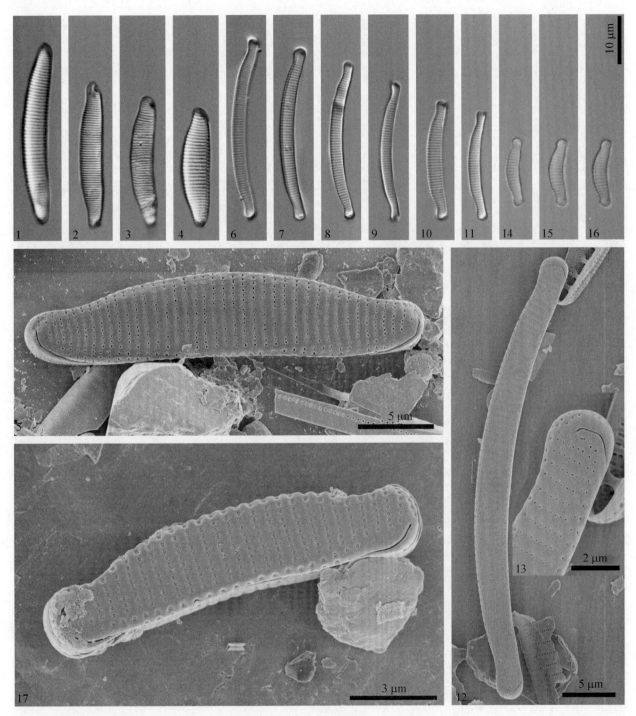

1～5　加泰罗尼亚短缝藻 *Eunotia catalana* Lange-Bertalot & Rivera Rondon
6～13　尼曼尼娜短缝藻 *Eunotia nymanniana* Grunow
14～17　柔弱短缝藻 *Eunotia tenella*（Grunow）Hustedt

图版 97

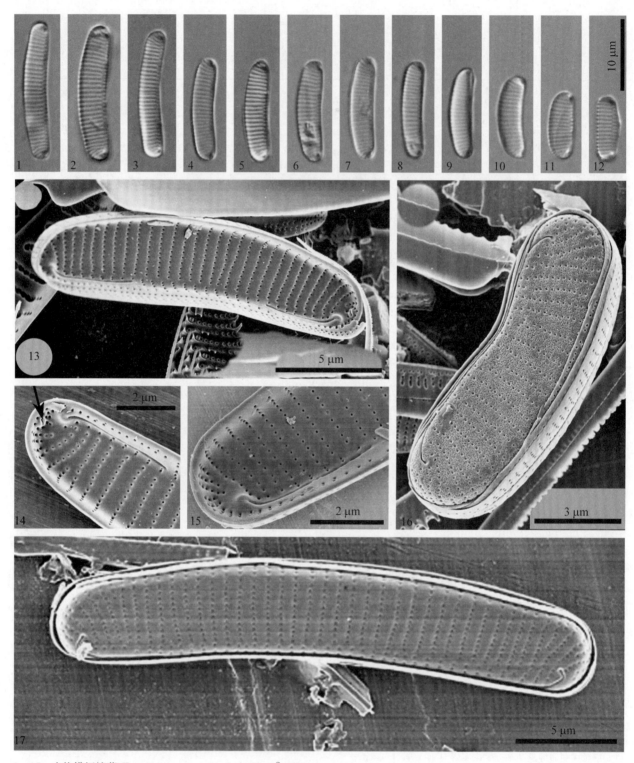

1~17　木格措短缝藻 *Eunotia mugecuoensis* Luo，You & Wang

图版 98

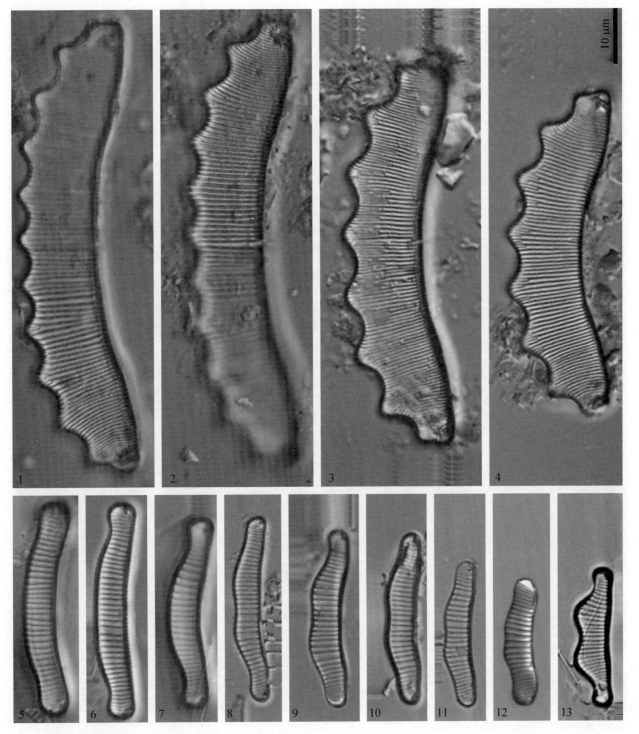

1～4　锯形短缝藻 *Eunotia serra* Ehrenberg
5～6　埃尼施纳短缝藻 *Eunotia enischna* Furey, Lowe & Johansen
7　拟弧形短缝藻 *Eunotia arcubus* Nörpel & Lange-Bertalot
8～11　双齿短缝藻 *Eunotia bidentula* Smith
12　圆贝短缝藻 *Eunotia circumborealis* Lange-Bertalot & Nörpel
13　近黄氏短缝藻 *Eunotia subherkiniensis* Lange-Bertalot

图版 99

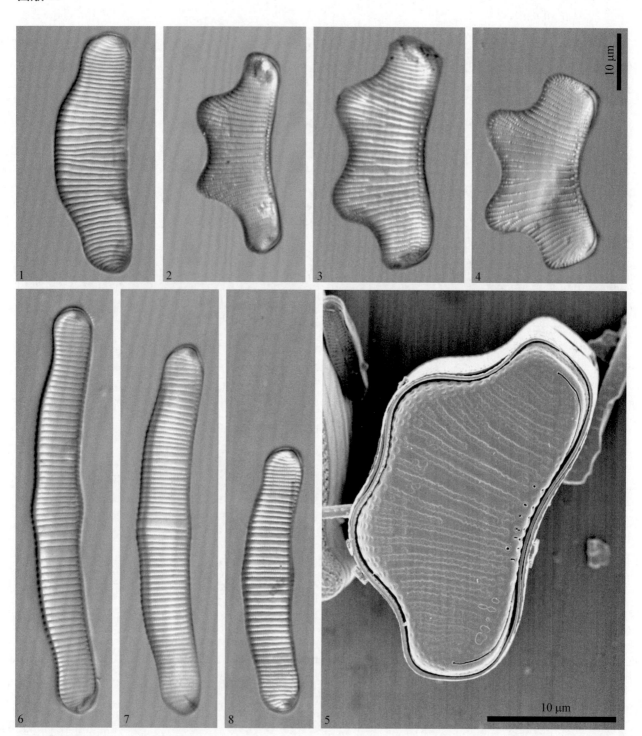

1　奥利菲短缝藻 *Eunotia oliffii* Cholnoky
2　驼峰短缝藻 *Eunotia bigibboidea* Lange-Bertalot & Witkowski
3～5　乳头状短缝藻 *Eunotia papilio* (Ehrenberg) Grunow
6～8　蚁形短缝藻 *Eunotia formicina* Lange-Bertalot

图版 100

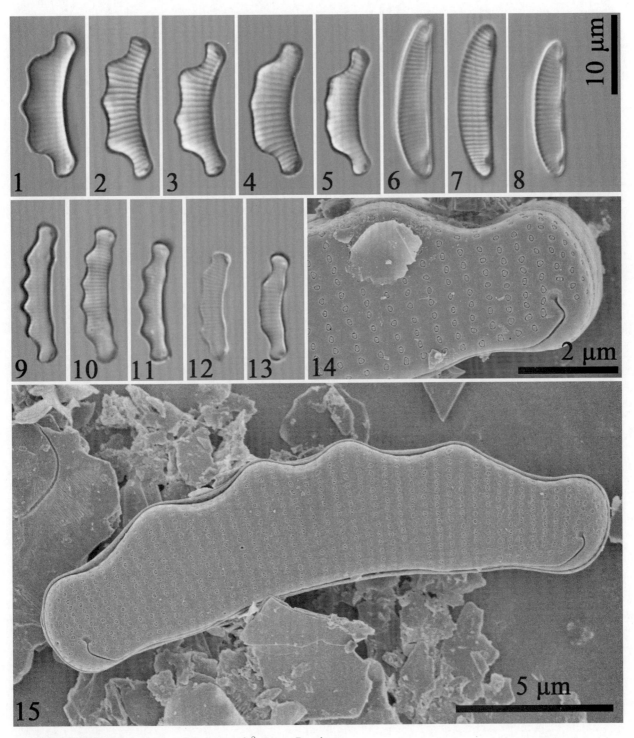

1~5　可变短缝藻 *Eunotia varioundulata* Nörpel & Lange-Bertalot
6~8　星形短缝藻 *Eunotia faba* (Ehrenberg) Grunow
9~15　极小短缝藻 *Eunotia perpusilla* Grunow

图版 101

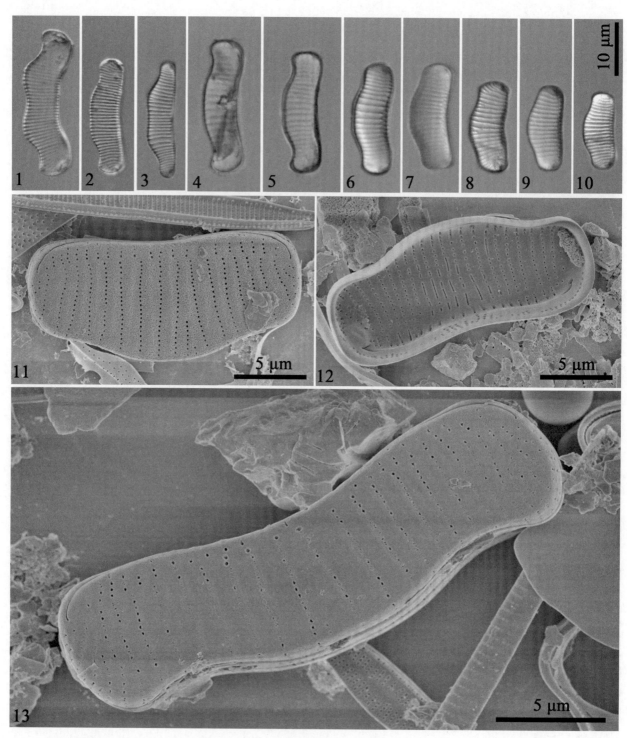

1~2　岩壁短缝藻中型变型 *Eunotia praerupta* f. *intermedia* Manguin

3　二峰短缝藻 *Eunotia diodon* Ehrenberg

4~13　库塔格鲁短缝藻 *Eunotia curtagrunowii* Norpe-Schempp & Lange-Bertalot

图版 102

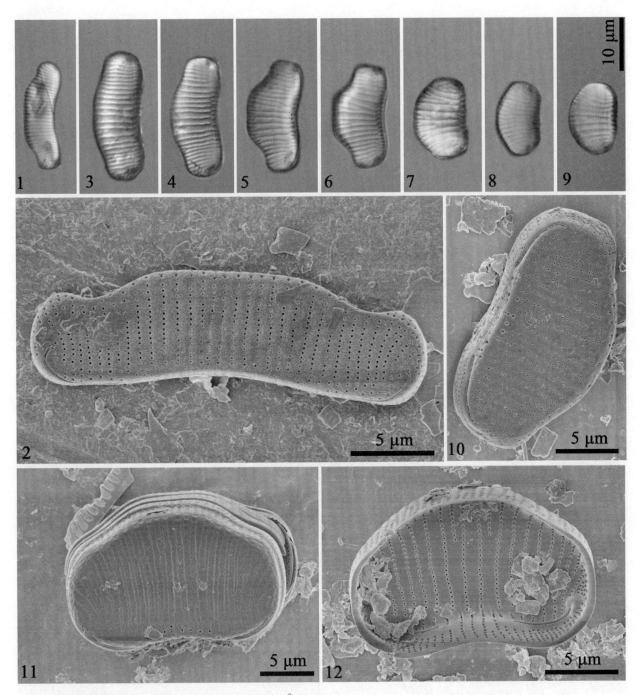

1~2　帕拉蒂娜短缝藻 *Eunotia palatina* Lange-Bertalot & Krüger
3~4　岩壁短缝藻 *Eunotia praerupta* Ehrenberg
7~12　（5~6?）稻城短缝藻 *Eunotia daochengensis* Luo & Wang sp. nov.

图版 103

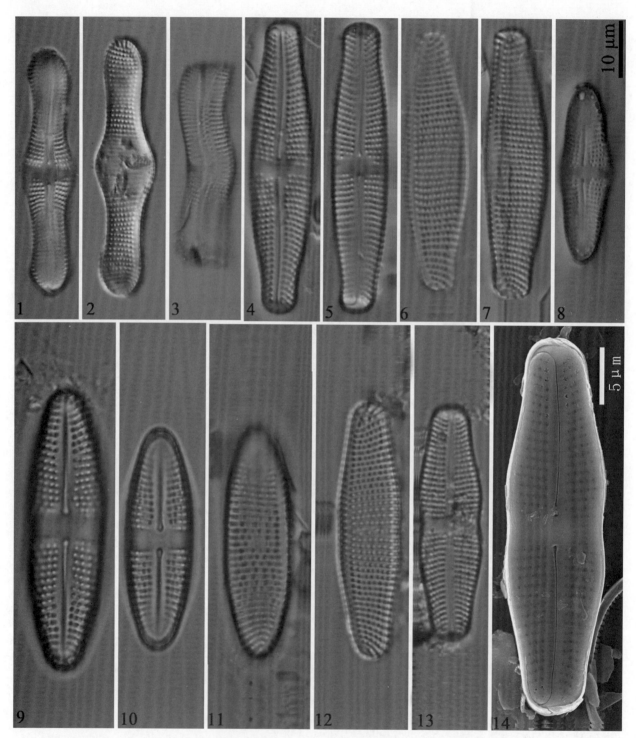

1～3　膨大曲壳藻 *Achnanthes inflata* (Kützing) Grunow

4～7　西奈曲壳藻 *Achnanthes sinaensis* (Hustedt) Levkov，Tofilovska & Wetzel

8　长板曲壳藻 *Achnanthes longboardia* Sherwood & Lowe

9～11　短柄曲壳藻中型变种 *Achnanthes brevipes* var. *intermedia* (Kützing) Cleve

12～14　狭曲壳藻 *Achnanthes coarctata* (Brébisson & Smith) Grunow

图版 104

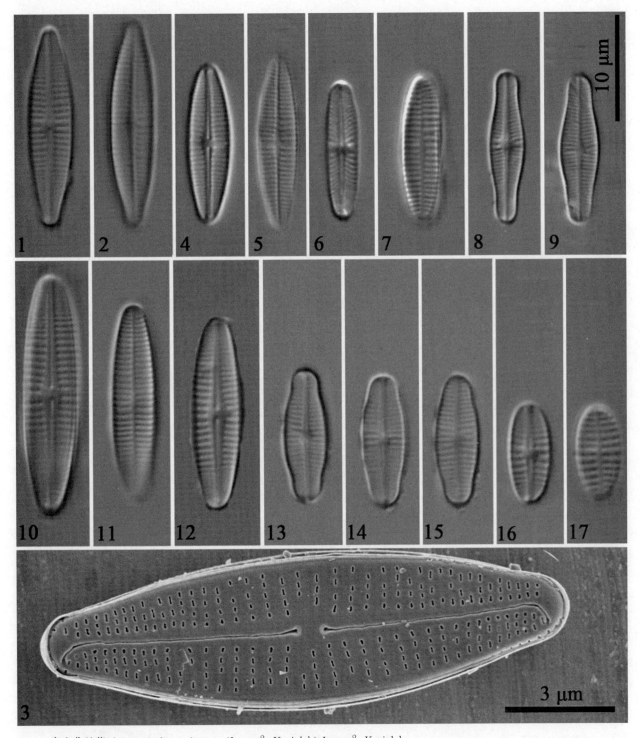

1~3　高山曲丝藻 *Achnanthidium alpestre*（Lowe & Kociolek）Lowe & Kociolek
4~5　汇合曲丝藻 *Achnanthidium convergens*（Kobayasi，Kobayshi，Nagumo & Mayama）Kobayasi
6~7　原子曲丝藻 *Achnanthidium atomus* Monnier Lange-Bertalot & Ector
8~9　链状曲丝藻 *Achnanthidium catenatum*（Bily & Marvan）Lange-Bertalot
10~12　弯曲曲丝藻 *Achnanthidium deflexum*（Reimer）Kingston
13~15　三角帆头曲丝藻 *Achnanthidium latecephalum* Kobayasi
16~17　菲斯特曲丝藻 *Achnanthidium pfisteri* Lange-Bertalot

图版 105

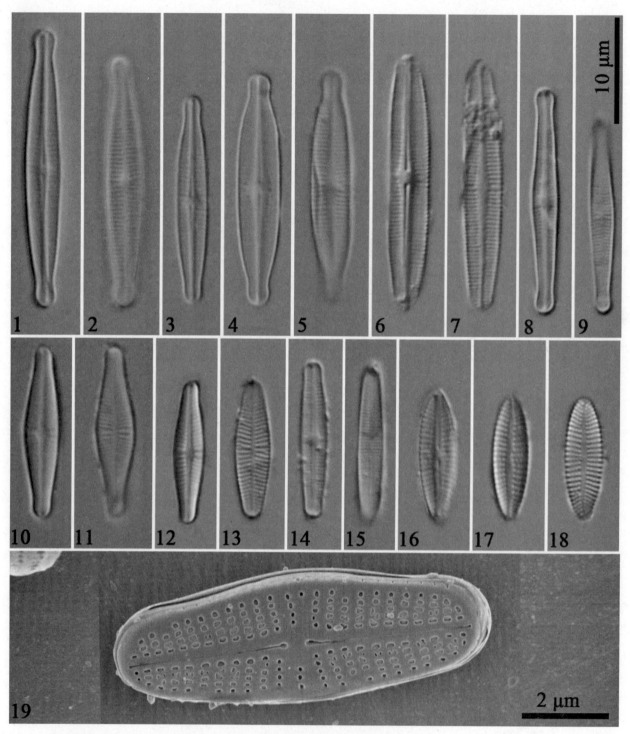

1～3　加勒多尼曲丝藻 *Achnanthidium caledonicum* Lange-Bertalot
4～5　纤细曲丝藻 *Achnanthidium gracillimum* (Meister) Lange-Bertalot
6～7　蒂内曼曲丝藻 *Achnanthidium thienemannii* Krammer & Lange-Bertalot
8～9　恩内迪曲丝藻 *Achnanthidium ennediense* Compère & Van de Vijver
10～13　富营养曲丝藻 *Achnanthidium eutrophilum* (Lange-Bertalot) Lange-Bertalot
14～15　达西曲丝藻 *Achnanthidium duthiei* (Sreenivasa) Edlund
16～18　亚哈德逊曲丝藻克氏变种 *Achnanthidium subhudsonis* var. *kraeuselii* (Cholnoky) Cantonati & Lange-Bertalot
19　施特劳宾曲丝藻 *Achnanthidium straubianum* (Lange-Bertalot) Lange-Bertalot

图版 106

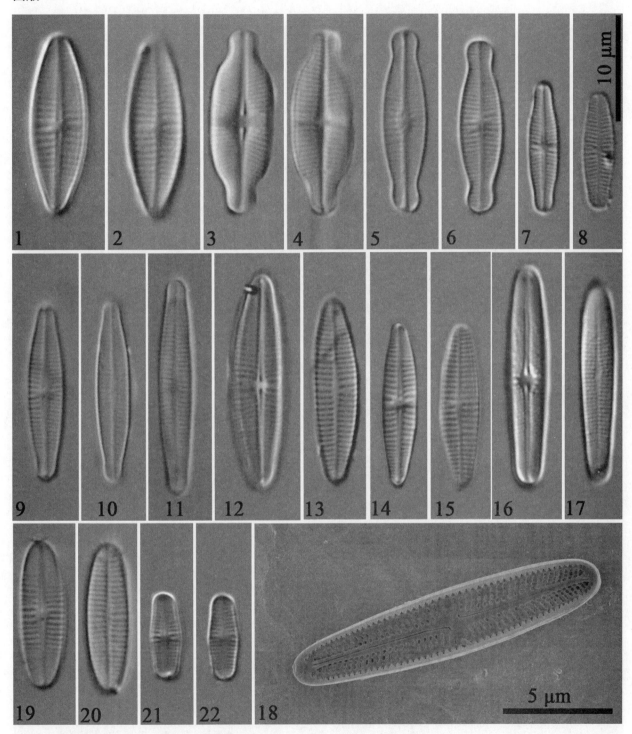

1~2　泸定曲丝藻 *Achnanthidium ludingensis* Wang

3~4　短小曲丝藻 *Achnanthidium exiguum*（Grunow）Czarnecki

5~6　三角帆头曲丝藻 *Achnanthidium latecephalum* Kobayasi

7~11　极小曲丝藻 *Achnanthidium minutissimum*（Kützing）Czarnecki

12~13　亚显曲丝藻 *Achnanthidium pseudoconspicuum*（Foged）Jüttner & Cox

14~15　庇里牛斯曲丝藻 *Achnanthidium pyrenaicum*（Hustedt）Kobayasi

16~18　卵形异端藻 *Gomphothidium ovatum*（Watanabe & Tuji）Kociolek，You，Yu，Li，Wang，Lowe & Wang

19~20　溪生曲丝藻 *Achnanthidium rivulare* Potapova & Ponader

21~22　施特劳宾曲丝藻 *Achnanthidium straubianum*（Lange-Bertalot）Lange-Bertalot

图版 107

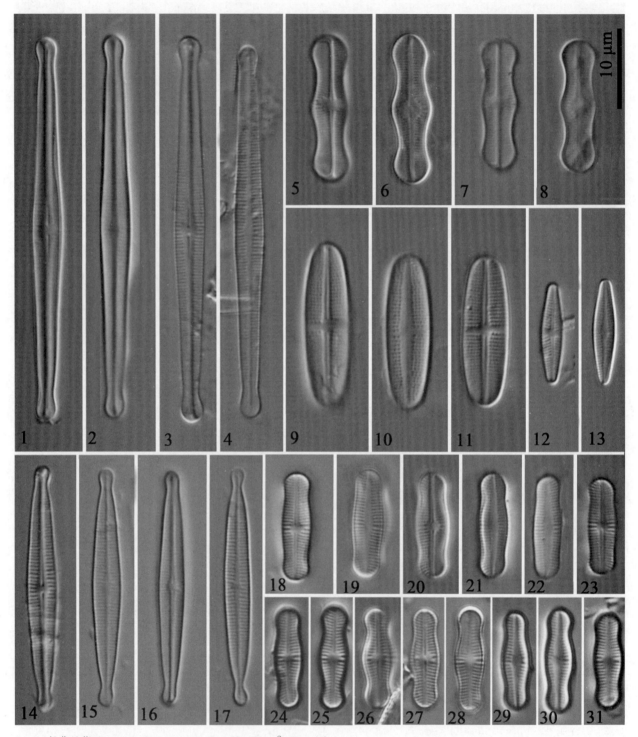

1～4　长曲丝藻 *Achnanthidium longissimum* Yu, You & Kociolek
5～8　三结曲丝藻 *Achnanthidium trinode* Ralfs
9～11　贵州曲丝藻 *Achnanthidium guizhouense* Yu, You & Kociolek
12～13　杰克曲丝藻 *Achnanthidium jackii* Rabenhorst
14～17　九寨曲丝藻 *Achnanthidium jiuzhaiense* Yu, You & Wang
18～23　罗森曲丝藻 *Achnanthidium rosenstockii* (Lange-Bertalot) Lange-Bertalot
24～31　四川科氏藻 *Kolbesia sichuanenis* Yu, You & Wang

图版 108

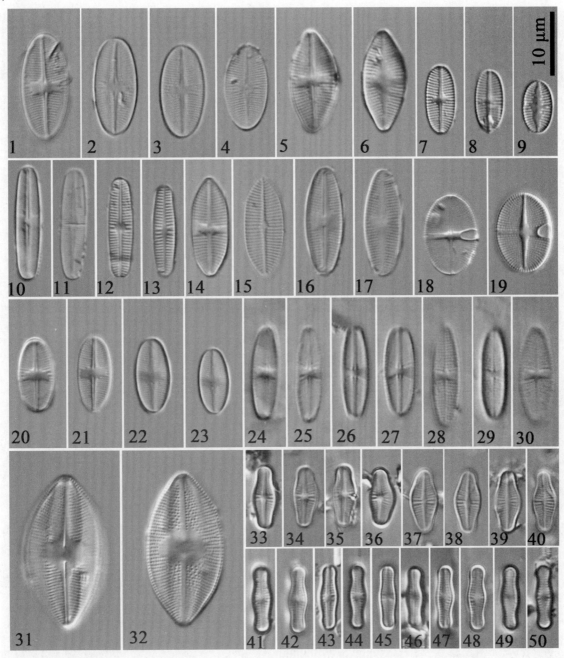

1~4　伯瑞特沙生藻 *Psammothidium bioretii* (Germain) Bukhtiyarova &. Round
5~6　雷克滕沙生藻 *Psammothidium rechtense* (Leclercq) Lange-Bertalot
7~9　莱万德沙生藻 *Psammothidium levanderi* (Hustedt) Bukhtiyarova &. Round
10~11　彼德森罗西藻 *Rossithidium peterseni* (Hustedt) Round &. Bukhtiyarova
12~13　微小罗西藻 *Rossithidium pusillum* (Grunow) Round &. Bukhtiyarova
14~15　匈牙利附萍藻 *Lemnicola hungarica* (Grunow) Round &. Basson
16~17　喜雪沙生藻 *Psammothidium kryophilum* (Petersen) Reichardt
18~19　卡尔卡格莱维藻 *Gliwiczia calcar* (Cleve) Kulikovskiy, Lange-Bertalot &. Witkowski
20~23　达奥内沙生藻 *Psammothidium daonense* Bukhtiyarova &. Round
24~30　椭圆曲丝藻 *Achnanthidium epilithicum* Yu, You &. Wang
31~32　波曲真卵形藻 *Eucocconeis undulatum* You, Zhao, Wang, Kociolek, Pang &. Wang
33~40　细小曲丝藻 *Achnanthidium limosum* Yu, You &. Wang
41~50　极细曲丝藻 *Achnanthidium subtilissimum* Yu, You &. Wang

图版 109

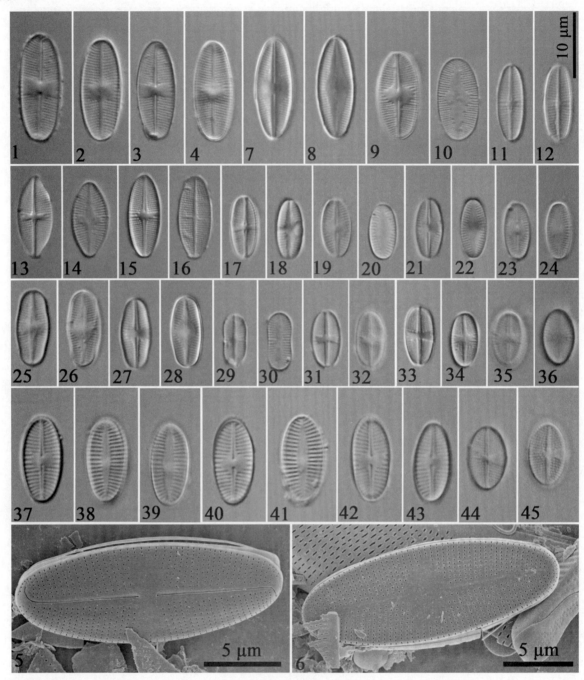

1～6　淡黄沙生藻 *Psammothidium helveticum* (Hustedt) Bukhtiyarova &. Round

7～8　阿尔泰沙生藻 *Psammothidium altaicum* (Poretzky) Bukhtiyarova

9～10　寒冷沙生藻 *Psammothidium frigidum* (Hustedt) Bukhtiyarova &. Round

11～12　球囊沙生藻 *Psammothidium sacculus* (Carter) Bukhtiyarova

13～14　半孔沙生藻 *Psammothidium semiapertum* (Hustedt) Aboal

15～16　四川沙生藻 *Psammothidium sichuanense* Wang

17～18　劳恩堡沙生藻 *Psammothidium lauenburgianum* Bukhtiyarova &.Round

19～24　苏格兰沙生藻 *Psammothidium scoticum* (Flower) Bukhtiyarova &. Round

25～28　腹面沙生藻 *Psammothidium ventrale* (Krasske) Bukhtiyarova &. Round

29～30　双生沙生藻 *Psammothidium didymum* (Hustedt) Bukhtiyarova &. Round

31～36　近原子沙生藻 *Psammothidium subatomoides* Bukhtiyarovar &. Round

37～45　胡斯特片状藻 *Platessa hustedtii* (Krasske) Lange-Bertalot

图版 110

1～2　线咀卡氏藻 *Karayevia laterostrata*（Hustedt）Bukhtiyarova

3～4　克里夫卡氏藻 *Karayevia clevei*（Grunow）Round

5～6　木格措片状藻 *Platessa mugecuoensis* You, Zhao, Wang, Yu, Kociolek, Pang & Wang

7～8　显纹片状藻 *Platessa conspicua*（Mayer）Lange-Bertalot

9～10　披针片状藻 *Platessa lanceolata* You, Zhao, Wang, Yu, Kociolek, Pang & Wang

11～13　山地片状藻 *Platessa montana*（Krasske）Lange-Bertalot

14～15　巴尔斯片状藻 *Platessa bahlsii* Potapova

16～17　齐格勒片状藻 *Platessa ziegleri*（Lange-Bertalot）Krammer & Lange-Bertalot

图版 111

1～2　海维迪平面藻中间变种 *Planothidium haynaldii* var. *intermedia* Cleve

3～4　喙状平面藻 *Planothidium rostratum*（Ostrup）Lange-Bertalot

5～6　披针形平面藻小变种 *Planothidium lanceolatum* var. *minor* Cleve

7～8　厄氏平面藻 *Planothidium oestrupii*（Cleve-Euler）Edlund，Soninkhishig，Williams ﹠ Stoermer

9～10　佩拉加平面藻 *Planothidium peragalloi*（Brun ﹠ Héribaud）Round ﹠ Bukhtiyarova

11～13　普生平面藻 *Planothidium frequentissimum*（Lange-Bertalot）Lange-Bertalot

14～15　椭圆平面藻 *Planothidium ellipticum*（Cleve）Round ﹠ Bukhtiyarova

图版 112

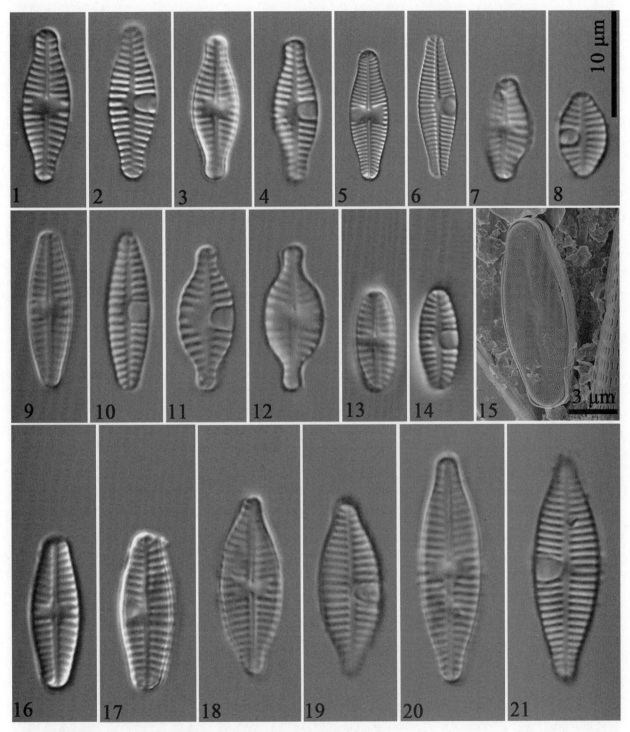

1～4 双孔平面藻 *Planothidium biporomum* (Hohn &. Hellerman) Lange-Bertalot

5～6 披针形平面藻 *Planothidium lanceolatum* (Brébisson &. Kützing) Lange-Bertalot

7～8 疑似平面藻 *Planothidium dubium* (Grunow) Round &. Bukhtiyarova

9～10 近披针形平面藻 *Planothidium cryptolanceolatum* Jahn &. Abarca

11～12 波氏平面藻 *Planothidium potapovae* Wetzel &. Ector

13～14 维氏平面藻 *Planothidium victorii* Novis, Braidwood &. Kilory

15～17 普生平面藻 *Planothidium frequentissimum* (Lange-Bertalot) Lange-Bertalot

18～21 忽略平面藻 *Planothidium incuriatum* Wetzel, van de Vijver &. Ector

图版 113

1~3　弯曲真卵形藻 *Eucocconeis flexella* (Kützing) Meister
4~5　矩形真卵形藻 *Eucocconeis rectangularis* Wang
6~8　披针真卵形藻 *Eucocconeis lanceolatum* Wang
9~10　高山真卵形藻 *Eucocconeis alpestris* (Brun) Lange-Bertalot
11~12　阿雷塔斯真卵形藻 *Eucocconeis aretasii* (EManguin) Lange-Bertalot
13~15　平滑真卵形藻 *Eucocconeis laevis* (Østrup) Lange-Bertalot

图版 114

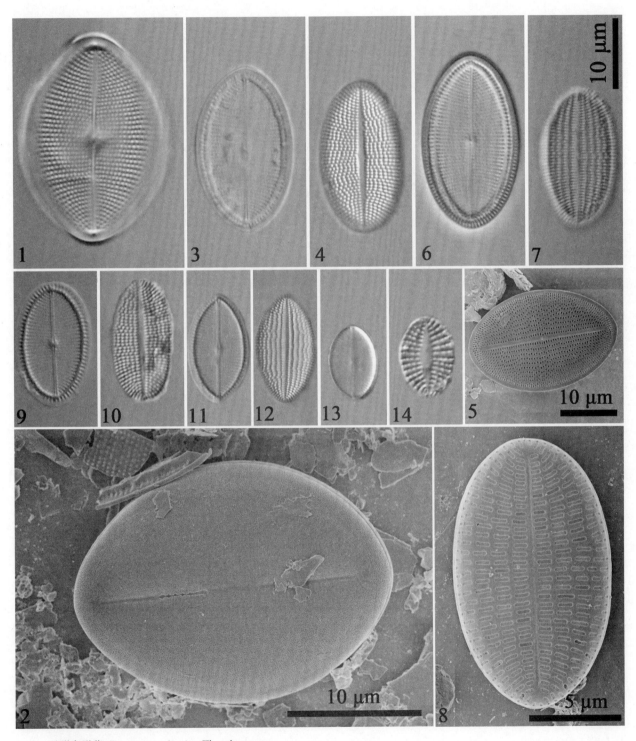

1～2　虱形卵形藻 *Cocconeis pediculus* Ehrenberg

3～5　扁圆卵形藻 *Cocconeis placentula* Ehrenberg，Krammer & Lange-Bertalot

6～8　扁圆卵形藻线条变种 *Cocconeis placentula* var. *lineata* (Ehrenberg) Van Heurck

9～10　扁圆卵形藻斜缝变种 *Cocconeis placentula* var. *klinoraphis* Geitler

11～12　扁圆卵形藻多孔变种 *Cocconeis placentula* var. *euglypta* (Ehrenberg) Grunow

13～14　假肋纹卵形藻 *Cocconeis pseudocostata* Romero

图版 115

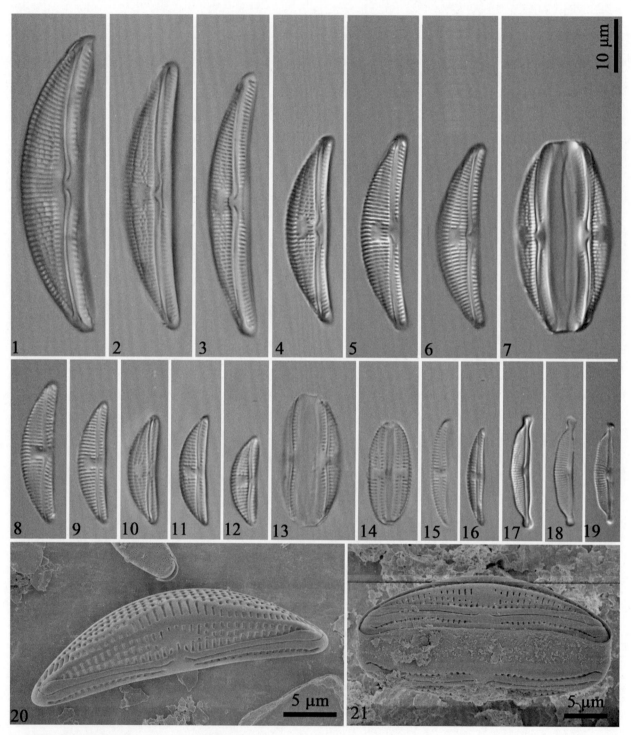

1　卵圆双眉藻 *Amphora ovalis*（Kützing）Kützing
2～7　结合双眉藻 *Amphora copulata*（Kützing）Schoeman & Archibald
8～12，20　马其顿双眉藻 *Amphora macedoniensis* Nagumo
13～16，21　相等双眉藻 *Amphora aequalis* Krammer
17～19　杜森海双眉藻 *Halamphora dusenii*（Brun）Levkov

图版 116

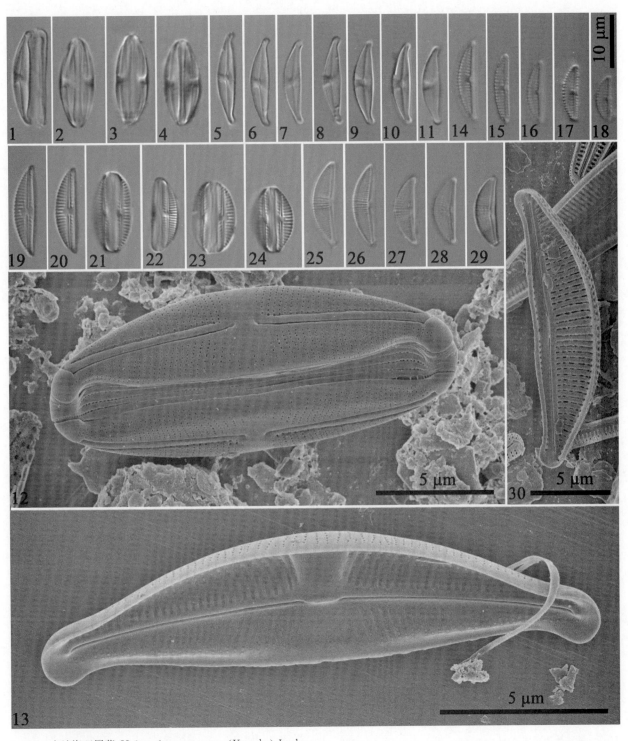

1～13　山地海双眉藻 *Halamphora montana*（Krasske）Levkov
14～18　模糊双眉藻 *Amphora indistincta* Levkov
19～24　楔形双眉藻 *Amphora cuneatiformis* Levkov & Kristic
25～30　蓝色海双眉藻 *Halamphora veneta*（Kützing）Levkov

图版 117

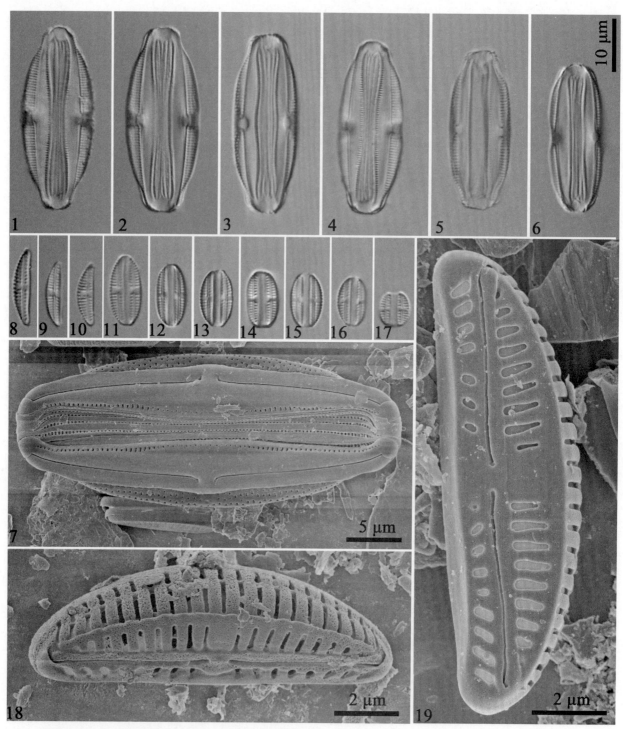

1～7　施罗德海双眉藻 *Halamphora schroederi*（Hustedt）Levkov
8～19　虱形双眉藻 *Amphora pediculus*（Kützing）Grunow

图版 118

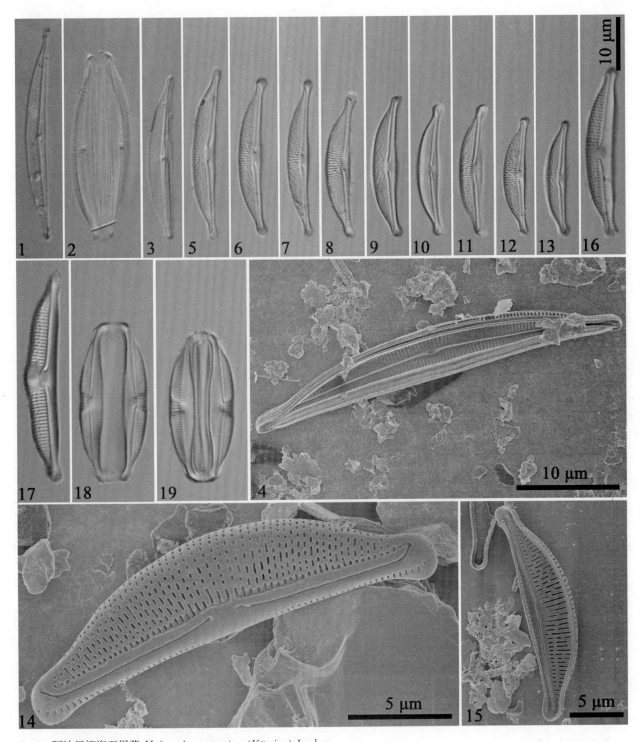

1～4　阿波尼娜海双眉藻 *Halamphora aponina*（Kützing）Levkov

5～15　寡盐海双眉藻 *Halamphora oligotraphenta*（Lange-Bertalot）Levkov

16　科伦西斯海双眉藻 *Halamphora coraensis*（Foged）Levkov

17　诺尔曼海双眉藻 *Halamphora normanii*（Rabenhorst）Levkov

18～19　泉生海双眉藻 *Halamphora fontinalis*（Hustedt）Levkov

图版 119

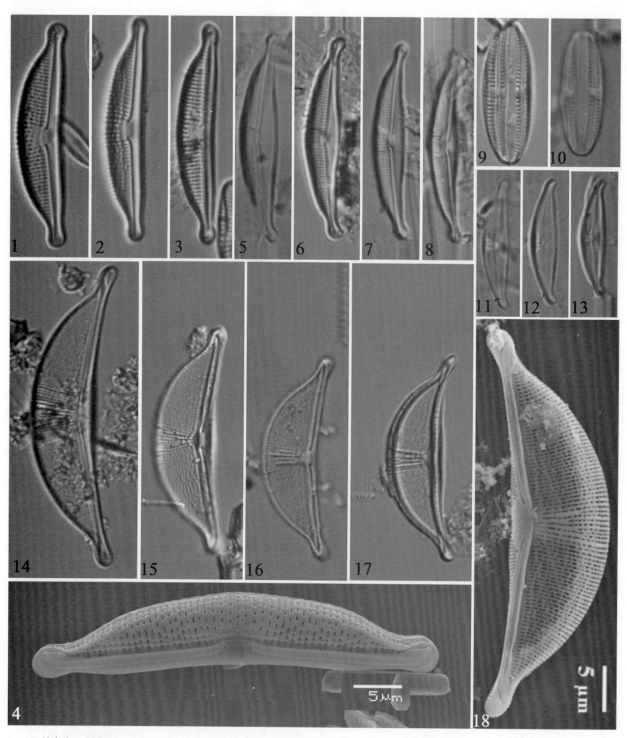

1～4　赫章海双眉藻 *Halamphora hezhangii* You &. Kociolek
5～8　近泉生海双眉藻 *Halamphora subfontinalis* You &. Kociolek
9～10　短海双眉藻 *Halamphora brevis* Levkov
11～13　近山地海双眉藻 *Halamphora submontana* (Hustedt) Levkov
14～18　伸长海双眉藻 *Halamphora elongata* Bennett &. Kociolek

图版 120

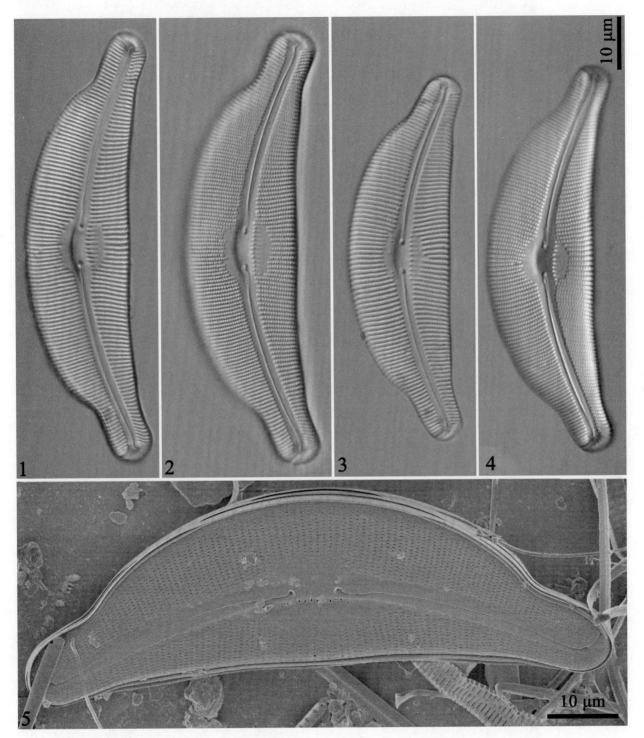

1~5　斯图施拜桥弯藻 *Cymbella stuxbergii* (Cleve) Cleve

图版 121

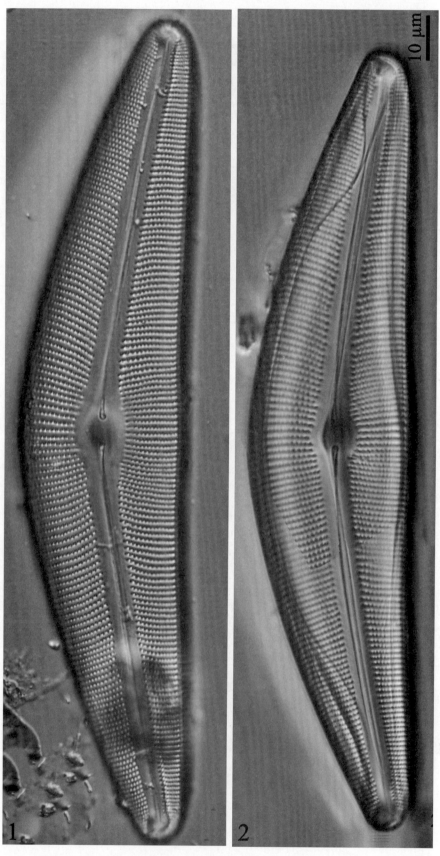

10 μm

1~2 晚熟桥弯藻 *Cymbella neogena* (Grunow) Krammer

图版 122

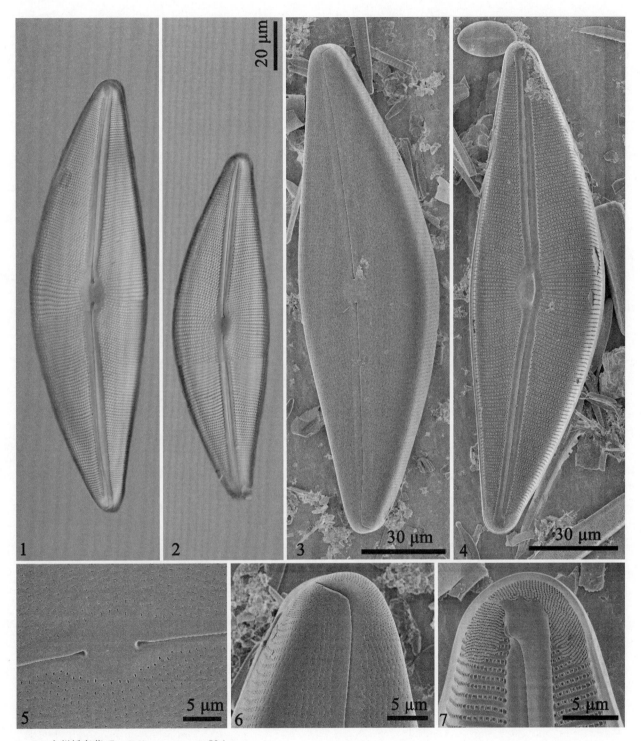

1~7　广州桥弯藻 *Cymbella cantonensis* Voigt

图版 123

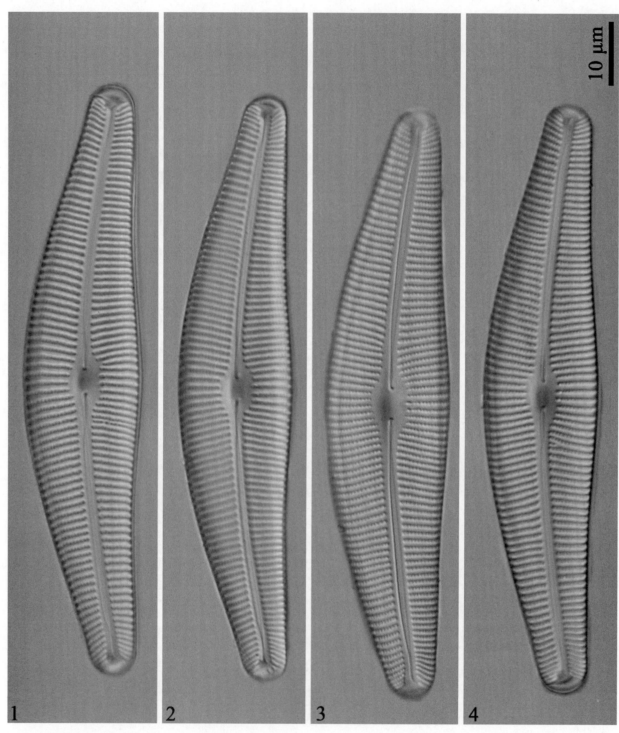

1～4　披针桥弯藻 *Cymbella lanceolata* Agardh

图版 124

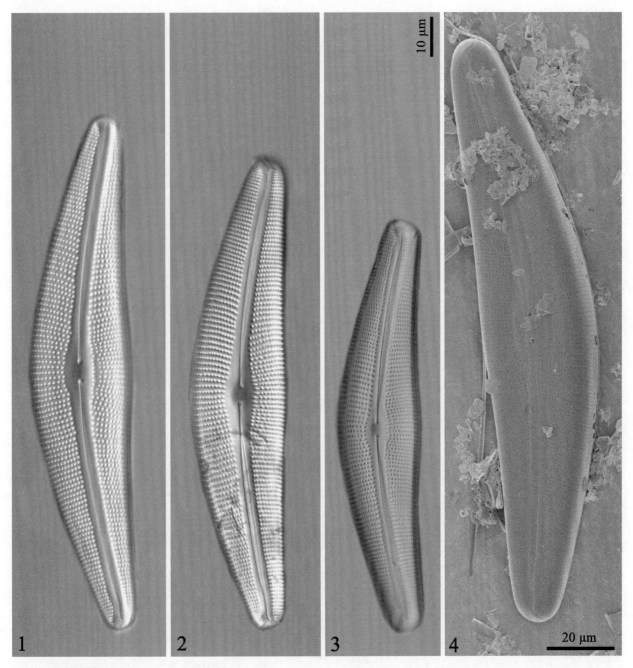

1～4　粗糙桥弯藻 *Cymbella aspera*（Ehrenberg）Cleve

图版 125

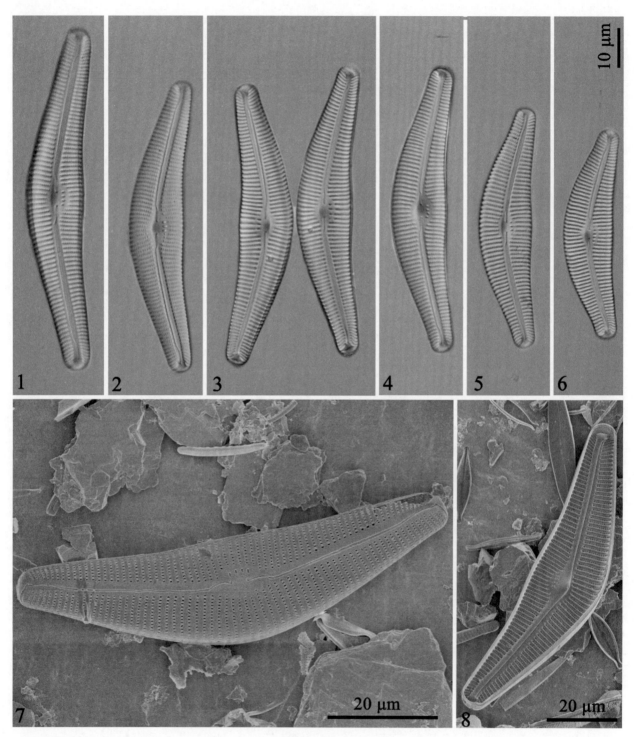

1～8　新箱形桥弯藻 *Cymbella neocistula* Krammer

图版 126

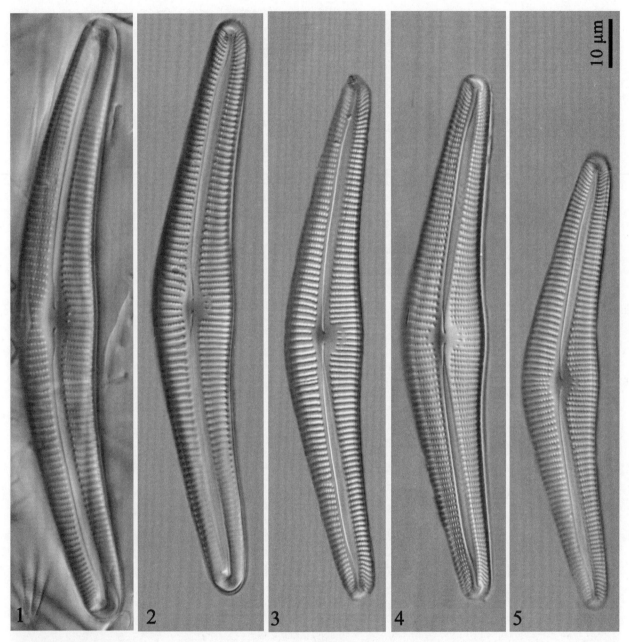

1　新箱形桥弯藻岛屿变种 *Cymbella neocistula* var. *islandica* Krammer
2～5　新箱形桥弯藻月形变种 *Cymbella neocistula* var. *lunata* Krammer

图版 127

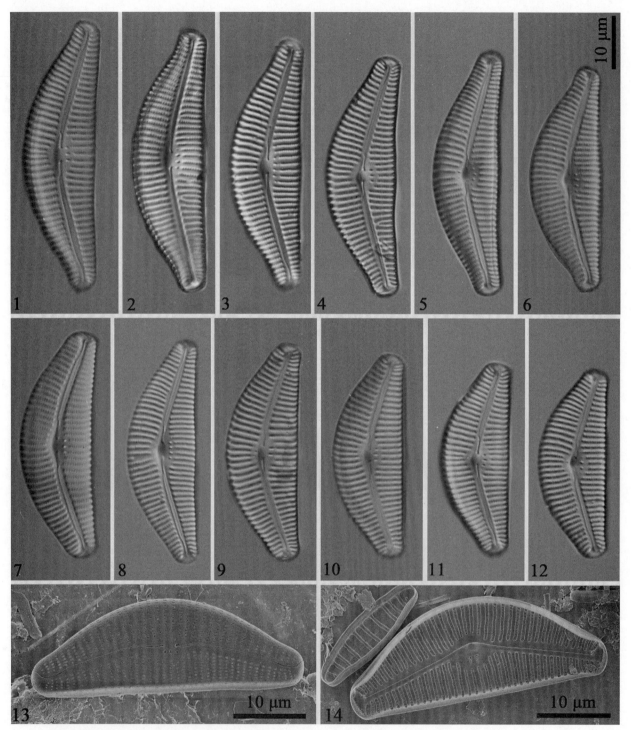

1～6　箱形桥弯藻钝棘变种 *Cymbella cistula* var. *hebetata*（Pantocsek）Cleve

7～14　箱形桥弯藻 *Cymbella cistula*（Ehrenberg）Kirchner

图版 128

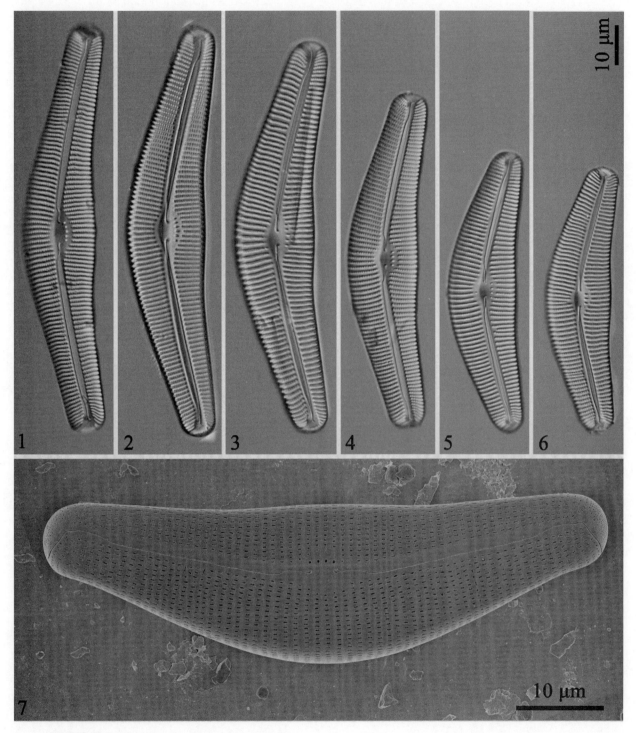

1～7 北极桥弯藻 *Cymbella arctica*（Lagerstedt）Schmidt

图版 129

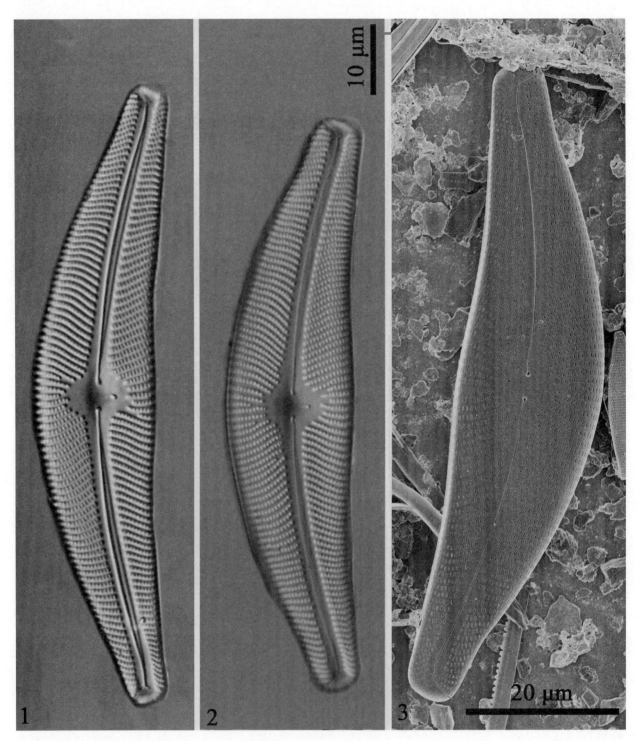

10 μm

20 μm

1~3 奥地利桥弯藻 *Cymbella australica*（Schmidt）Cleve

图版 130

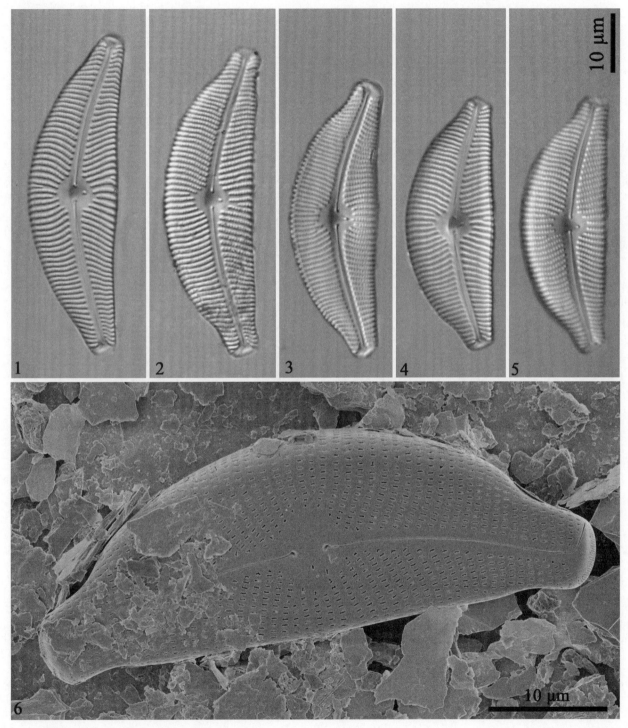

1～6　膨胀桥弯藻 Cymbella tumida（Brébisson）Van Heurck

图版 131

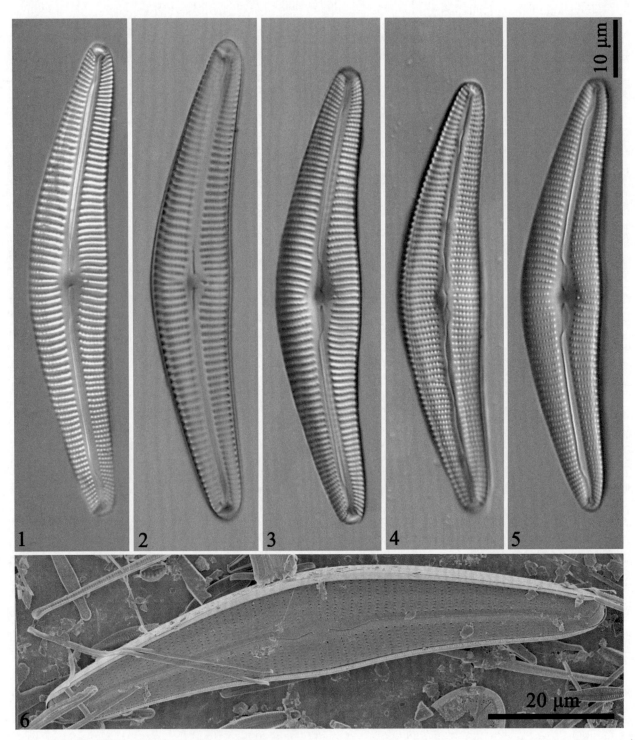

1~6 新月形桥弯藻 *Cymbella percymbiformis* Krammer

图版 132

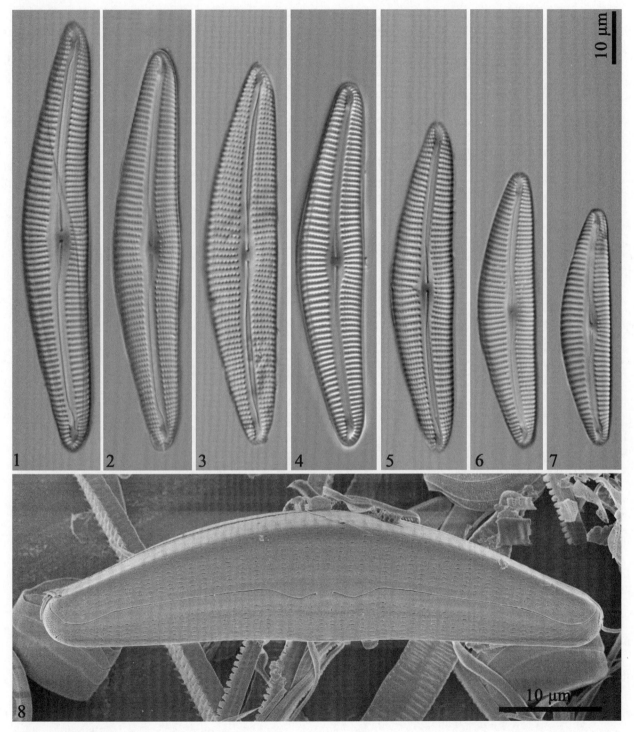

1~8　近蛋黄桥弯藻 *Cymbella subhelvetica* Krammer

图版 133

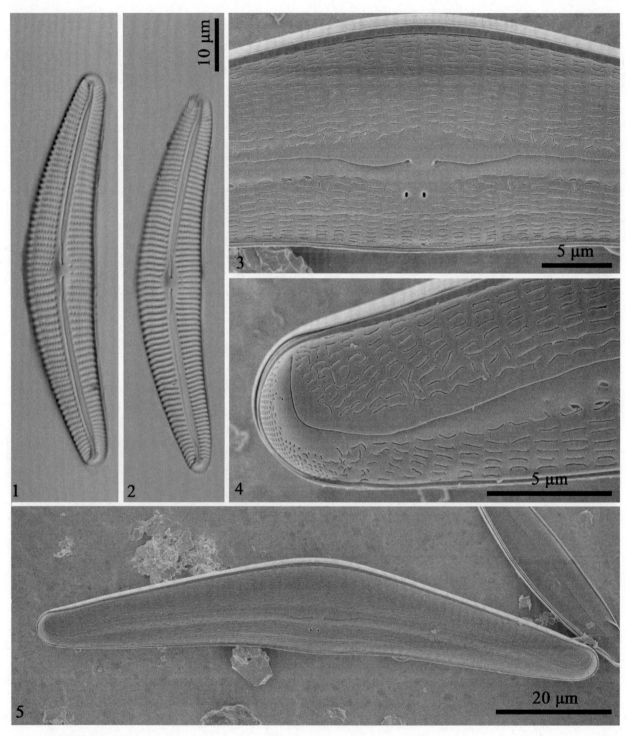

1～5 西蒙森桥弯藻 *Cymbella simonsenii* Krammer

图版 134

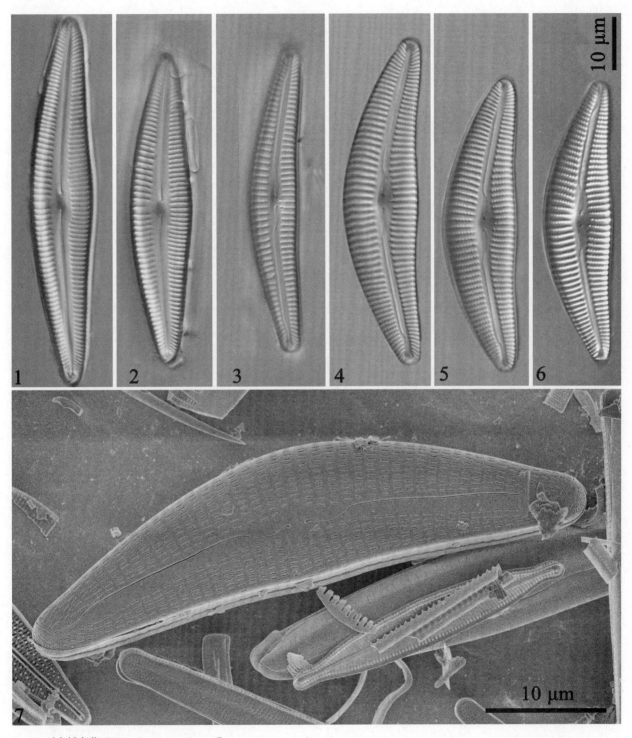

1～2　孤点桥弯藻 *Cymbella stigmaphora* Østrup

3　闭塞桥弯藻 *Cymbella obtusiformis* Krammer

4～7　斯库台桥弯藻 *Cymbella scutariana* Krammer

图版 135

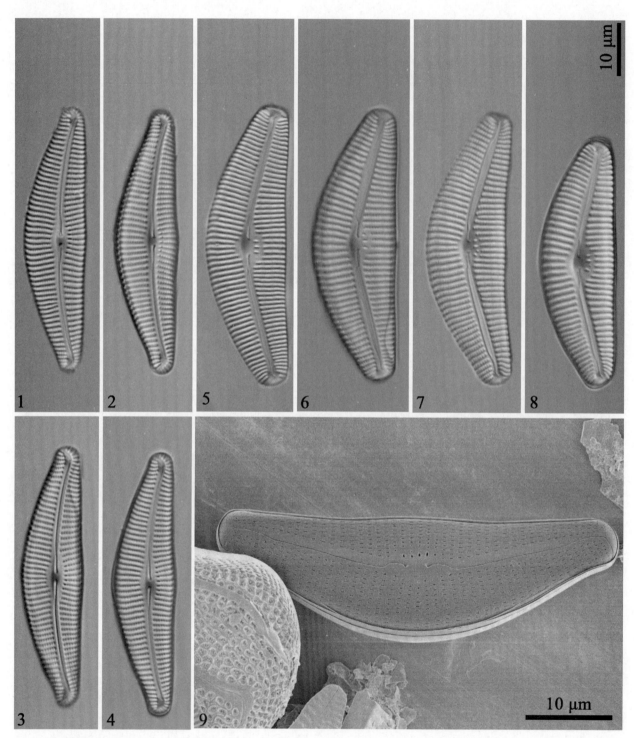

1～4　马吉安娜桥弯藻 *Cymbella maggiana* Krammer
5～9　近轴桥弯藻 *Cymbella proxima* Reimer

图版 136

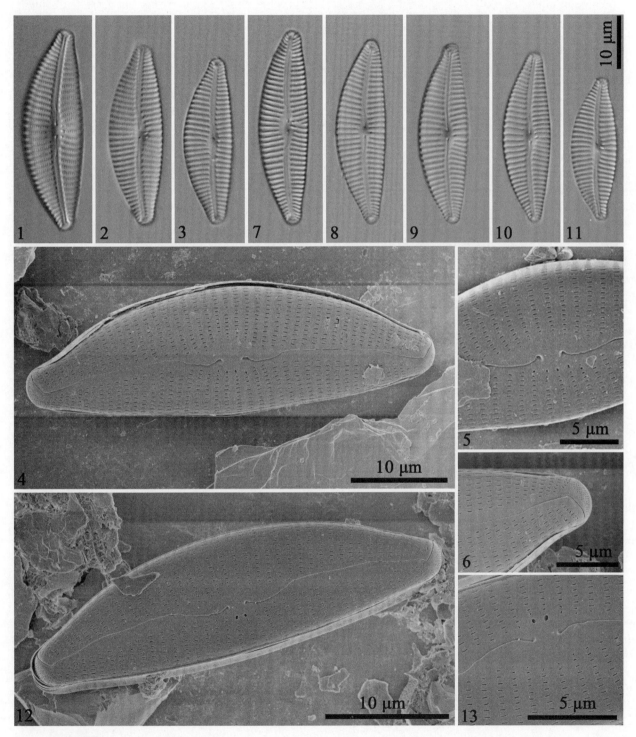

1～6　肿大桥弯藻 *Cymbella turgidula* Grunow
7～13　肿大桥弯藻孟加拉变种 *Cymbella turgidula* var. *bengalensis* Krammer

图版 137

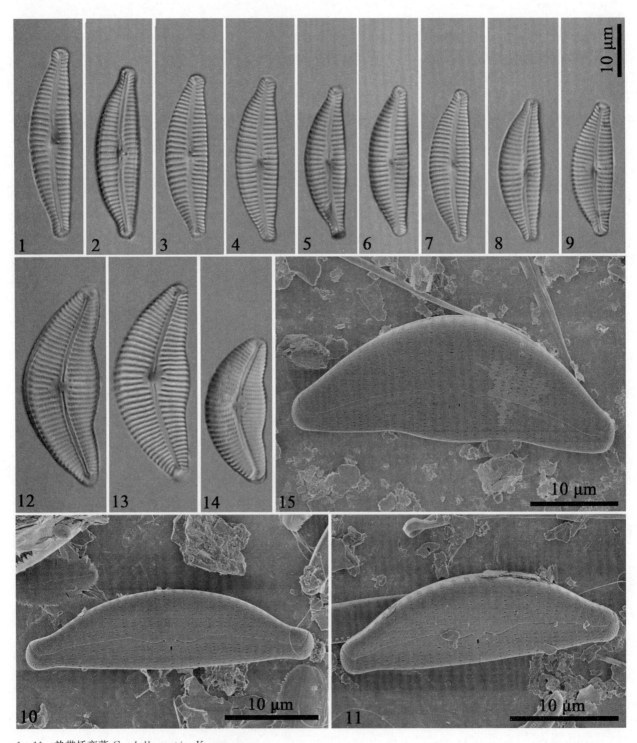

1～11　热带桥弯藻 *Cymbella tropica* Krammer
12～15　凸腹桥弯藻 *Cymbella convexa*（Hustedt）Krammer

图版 138

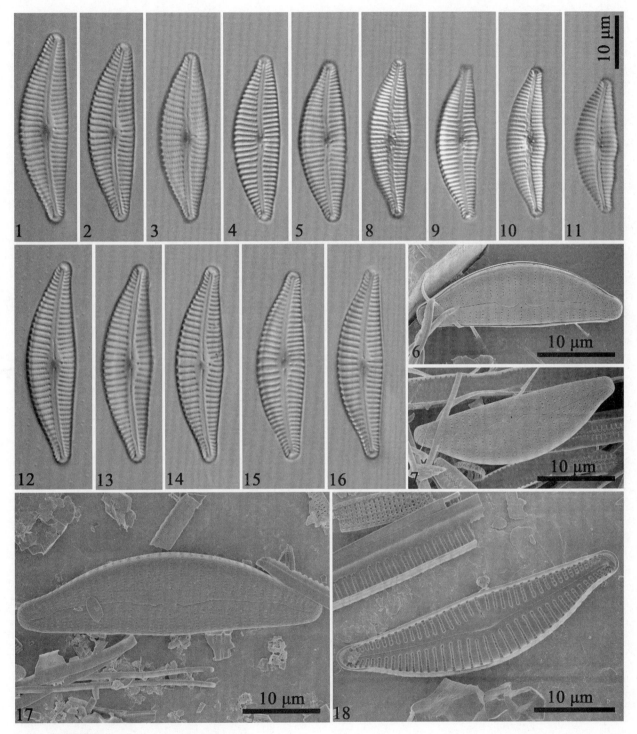

1～7　梅氏桥弯藻 *Cymbella metzeltinii* Krammer
8～11　切断桥弯藻 *Cymbella excisa* Kützing
12～18　普通桥弯藻 *Cymbella vulgata* Krammer

图版 139

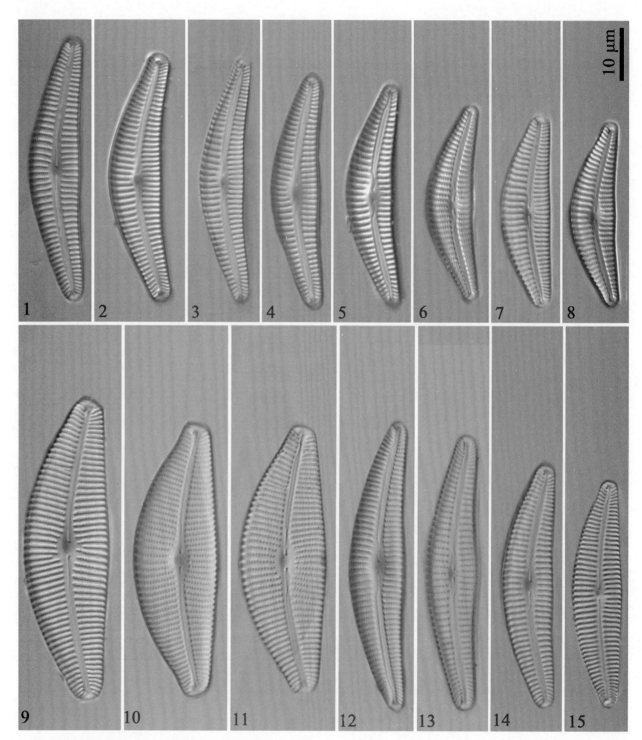

10 μm

1～8　汉茨桥弯藻 *Cymbella hantzschiana* Krammer
9～11　近箱形桥弯藻 *Cymbella subcistula* Krammer
12～15　高山桥弯藻 *Cymbella alpestris* Krammer

图版 140

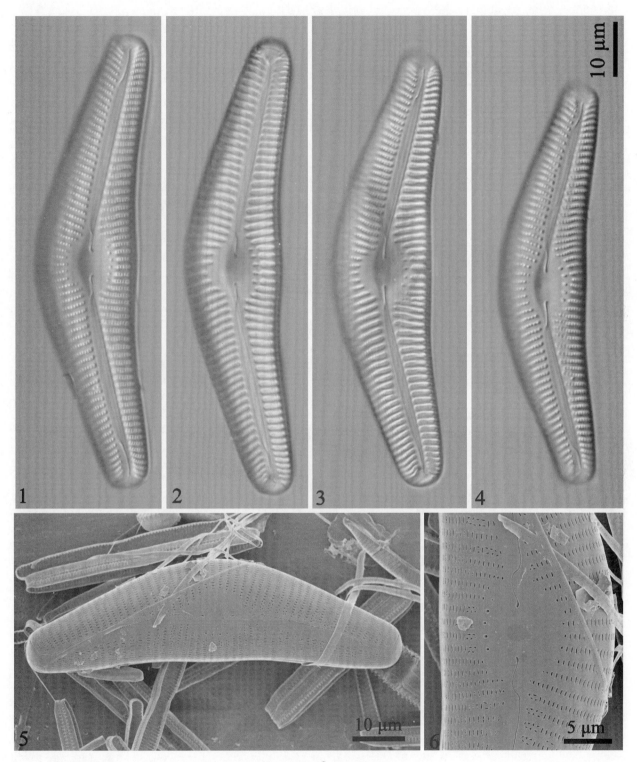

1～6　图尔桥弯藻 *Cymbella tuulensis* Metzeltin，Lange-Bertalot & Soninkhishig

图版 141

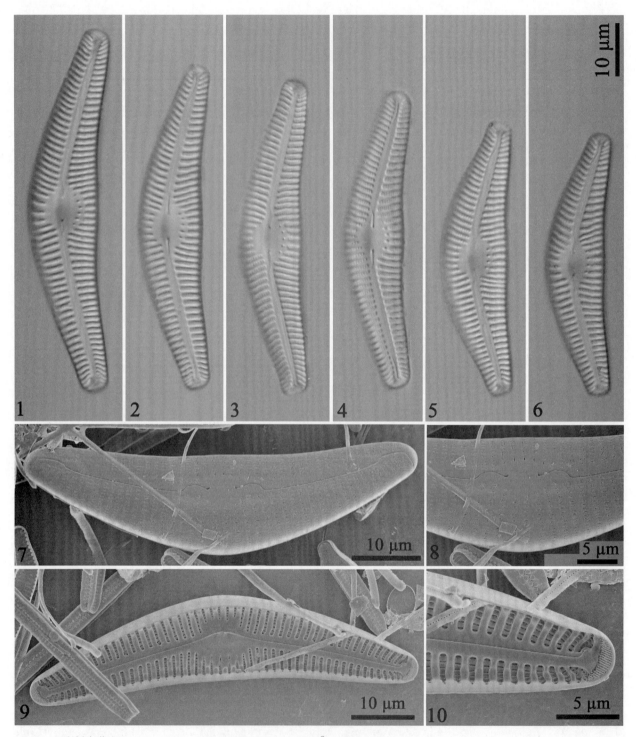

1~10　亚洲桥弯藻 *Cymbella asiatica* Metzeltin，Lange-Bertalot & Li

图版 142

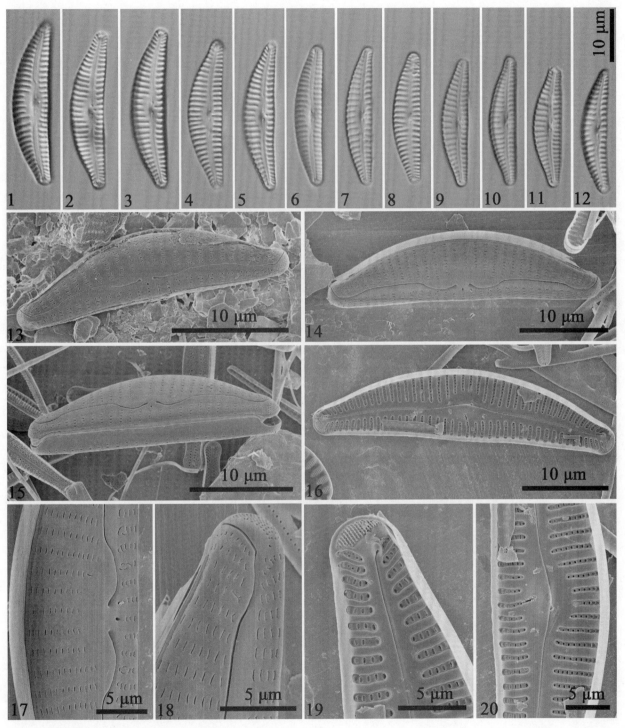

1~20　科斯勒桥弯藻 *Cymbella cosleyi* Bahls

图版 143

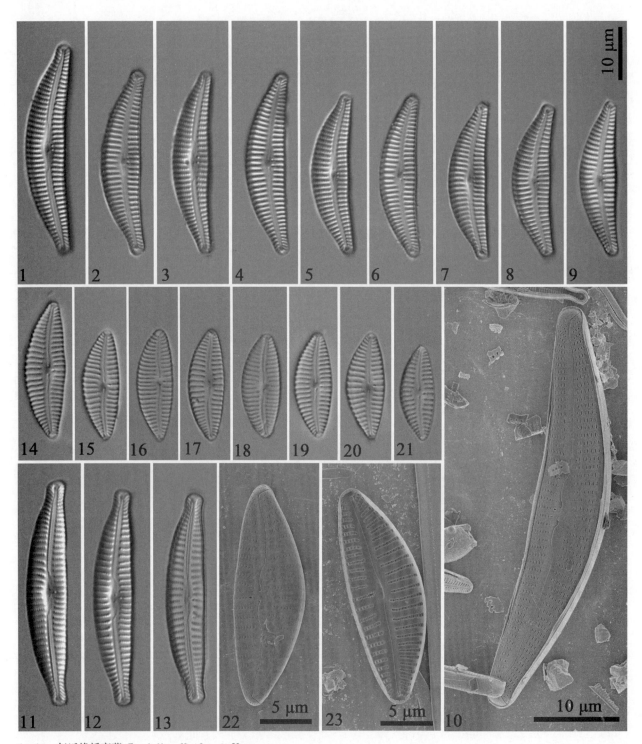

1～10　似近缘桥弯藻 *Cymbella affiniformis* Krammer
11～13　分割形桥弯藻 *Cymbella excisiformis* Krammer
14～23　科尔贝桥弯藻 *Cymbella kolbei* Hustedt

图版 144

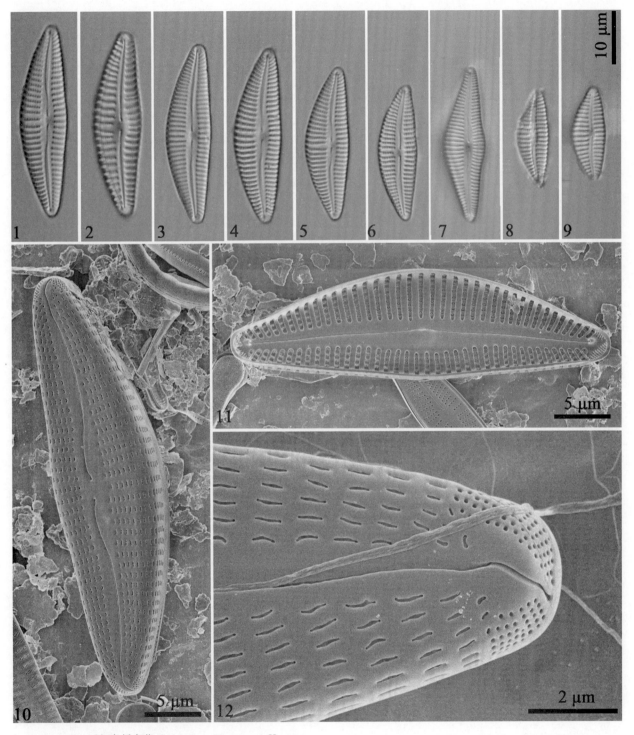

1~6，10~12　近细角桥弯藻 *Cymbella subleptoceros* Krammer
7　近缘桥弯藻原始变种 *Cymbella affinis* var. *primigenia* Manguin
8~9　胡斯特桥弯藻 *Cymbella hustedtii* Krasske

图版 145

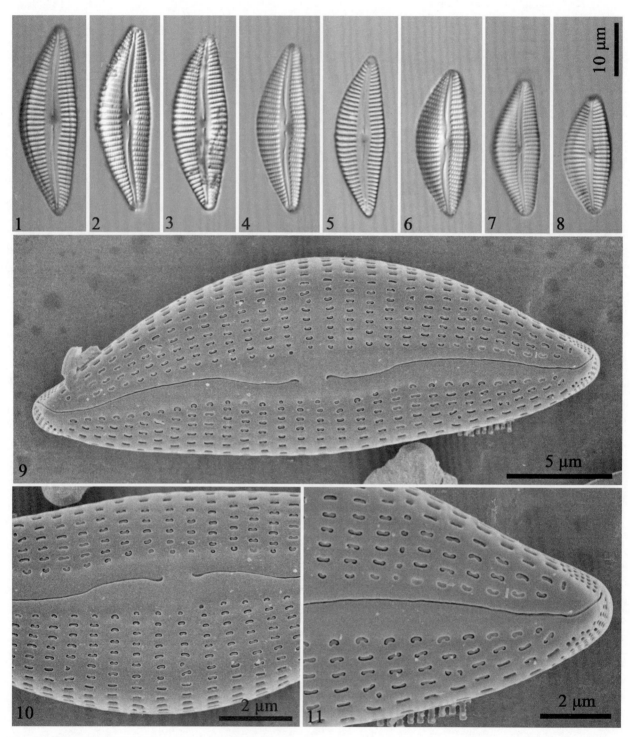

1~11　新细角桥弯藻 *Cymbella neoleptoceros* Krammer

图版 146

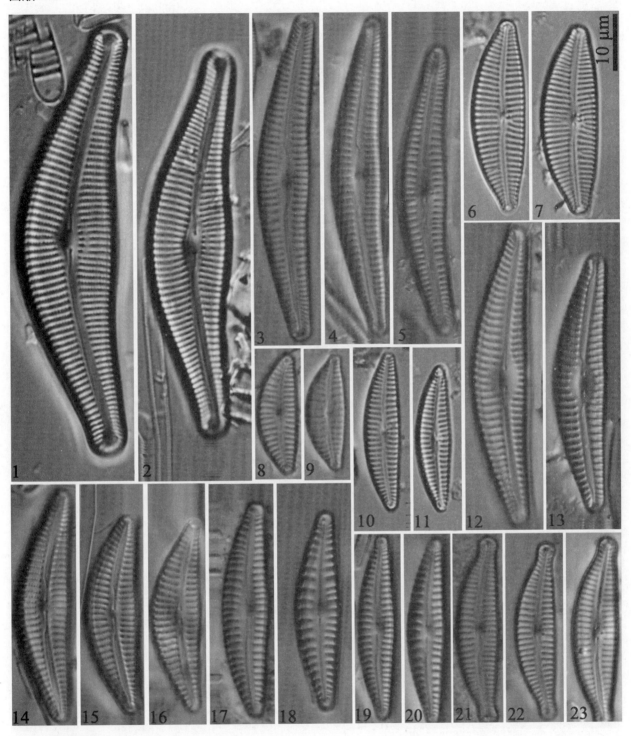

1～2　暗淡桥弯藻 *Cymbella hebetata* Pantocsek
3～5　背腹桥弯藻 *Cymbella dorsenotata* Østrup
6～7　极近缘桥弯藻 *Cymbella peraffinis*（Grunow）Krammer
8～9　切断桥弯藻亚头状变种 *Cymbella excisa* var. *subcapitata* Krammer
10～11　细角桥弯藻 *Cymbella leptoceros*（Ehrenberg）Grunow
12～13　近北极桥弯藻 *Cymbella subarctica* Krammer
14～16　微细桥弯藻 *Cymbella parva*（Smith）Kirchn
17～20　韦斯拉桥弯藻 *Cymbella weslawskii* Krammer
21～23　极头状桥弯藻 *Cymbella percapitata* Krammer

图版 147

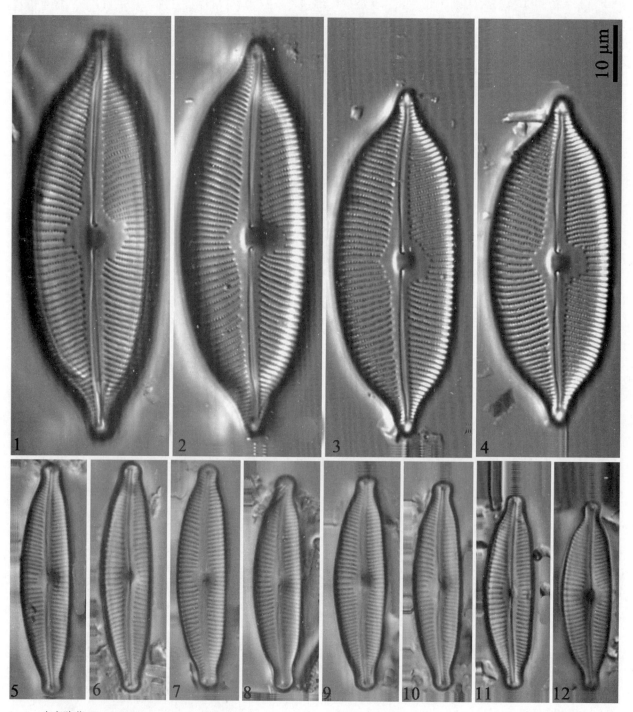

1~4　尖弯肋藻 *Cymbopleura apiculata* Krammer
5~12　舟形弯肋藻侧头变种 *Cymbopleura naviculiformis* var. *laticapitata* Krammer

图版 148

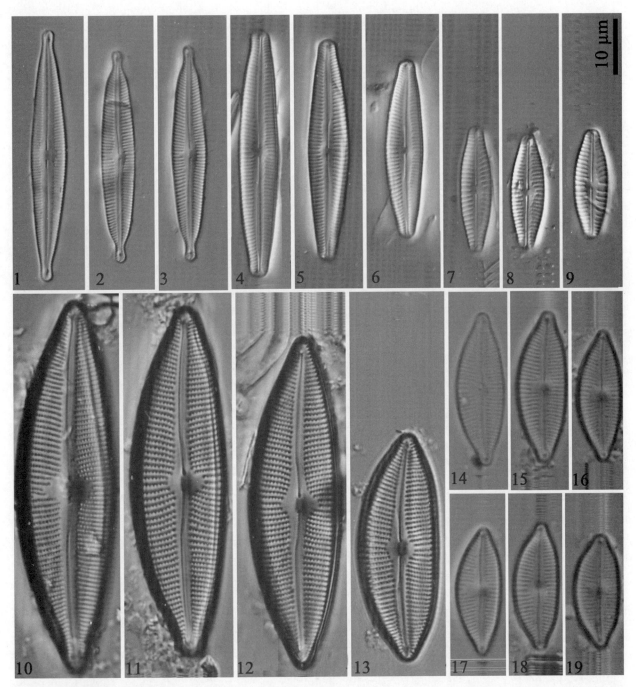

1　窄弯肋藻细弱变种 *Cymbopleura angustata* var. *tenuis* Krammer
2～3　窄弯肋藻泉生变种 *Cymbopleura angustata* var. *fontinalis* Krammer
4～6　近相等弯肋藻 *Cymbopleura subaequalis* (Grunow) Krammer
7～9　近相等弯肋藻平截变种 *Cymbopleura subaequalis* var. *pertruncata* Kammer
10～12　针状弯肋藻 *Cymbopleura acutiformis* Krammer
13　亚特弯肋藻 *Cymbopleura yateana* (Maillard) Krammer
14～19　安格利弯肋藻 *Cymbopleura anglica* (Lagerstedt) Krammer

图版 149

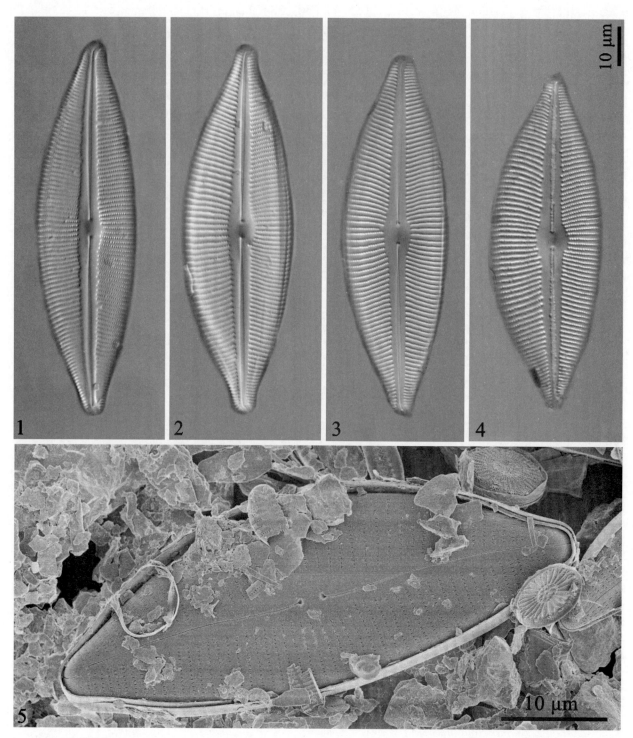

1~5 不对称弯肋藻 *Cymbopleura inaequalis* (Ehrenberg) Krammer

图版 150

1~8　延伸弯肋藻 *Cymbopleura perprocera* Krammer

图版 151

1～5　朱里尔吉弯肋藻 *Cymbopleura juriljii* Levkov & Metzeltin

图版 152

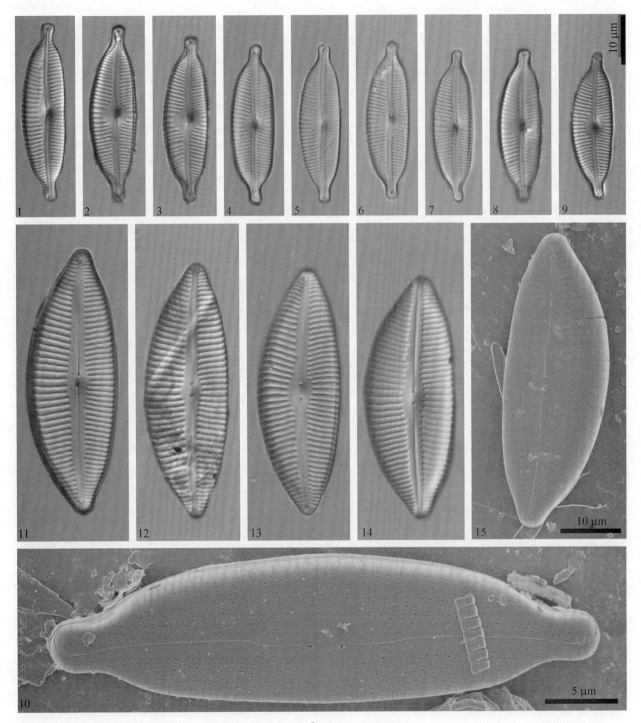

1~10　舟形弯肋藻 *Cymbopleura naviculiformis*（Auerswald & Heiberg）Krammer
11~15　侧偏弯肋藻 *Cymbopleura lata*（Grunow & Cleve）Krammer

图版 153

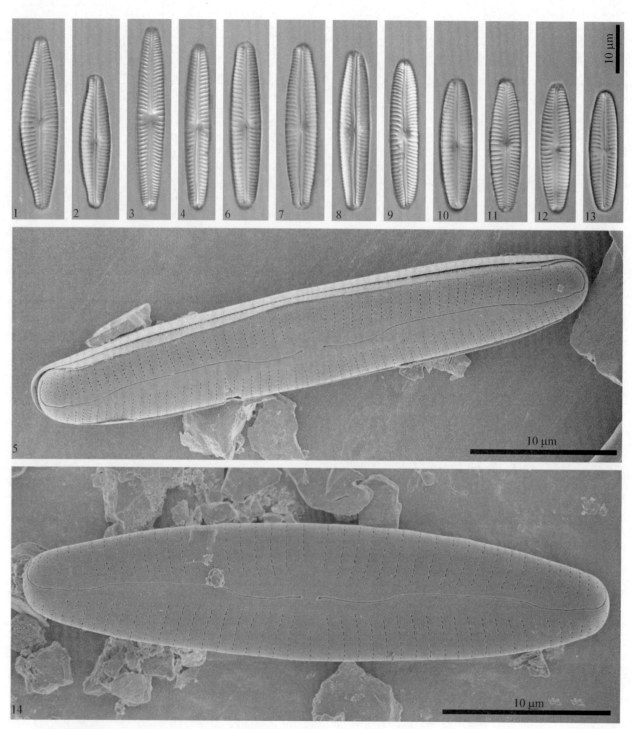

1～2　近相等弯肋藻 *Cymbopleura subaequalis* (Grunow) Krammer
3～5　矩圆弯肋藻微细变种 *Cymbopleura oblongata* var. *parva* Krammer
6～14　矩圆弯肋藻 *Cymbopleura oblongata* Krammer

图版 154

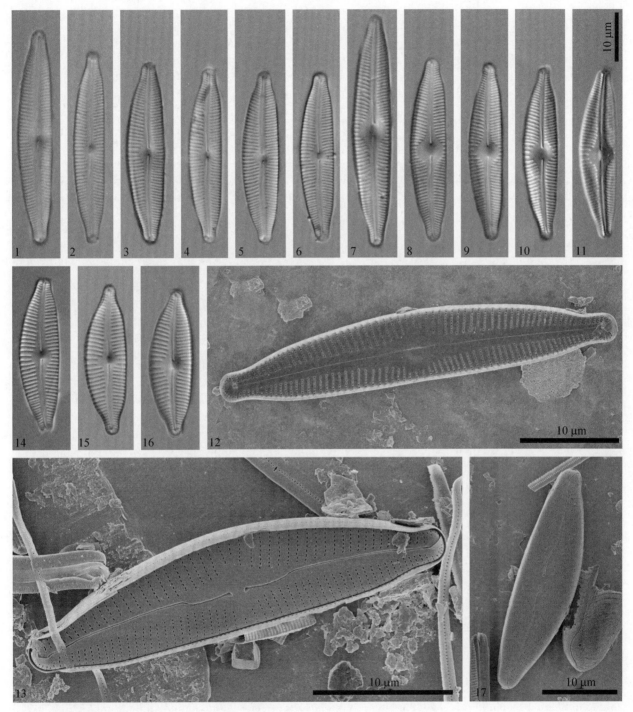

1～13　线形弯肋藻 *Cymbopleura linearis*（Foged）Krammer

14～17　玛吉埃弯肋藻 *Cymbopleura maggieae* Bahls

图版 155

1～6　赫西弯肋藻 *Cymbopleura hercynica*（Schmidt）Krammer

7～12　蒙提科拉弯肋藻 *Cymbopleura monticula*（Hustedt）Krammer

13　急尖弯肋藻 *Cymbopleura cuspidata*（Kützing）Kramme

14～15　双头弯肋藻 *Cymbopleura amphicephala*（Nägeli & Kützing）Krammer

图版 156

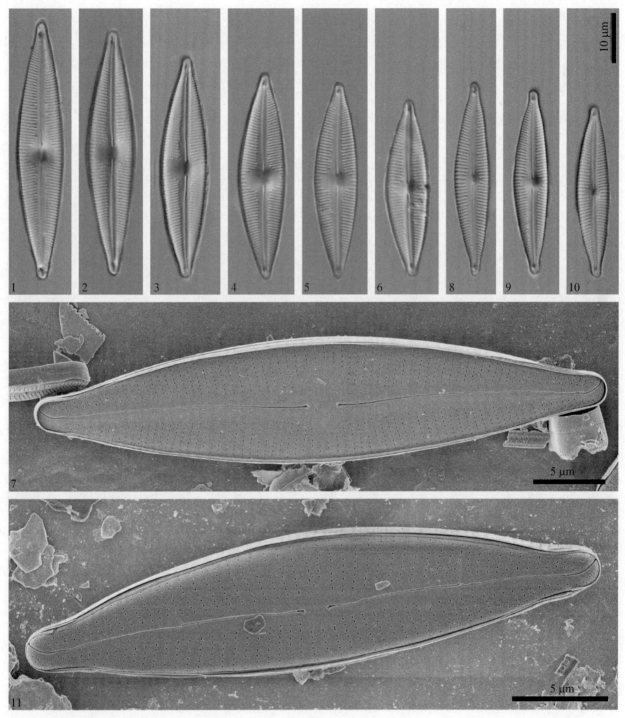

1～7　十字形弯肋藻 *Cymbopleura stauroneiformis*（Lagerstedt）Krammer
8～11　纳代科弯肋藻 *Cymbopleura nadejdae* Metzeltin，Lange-Bertalot & Soninkhishig

图版 157

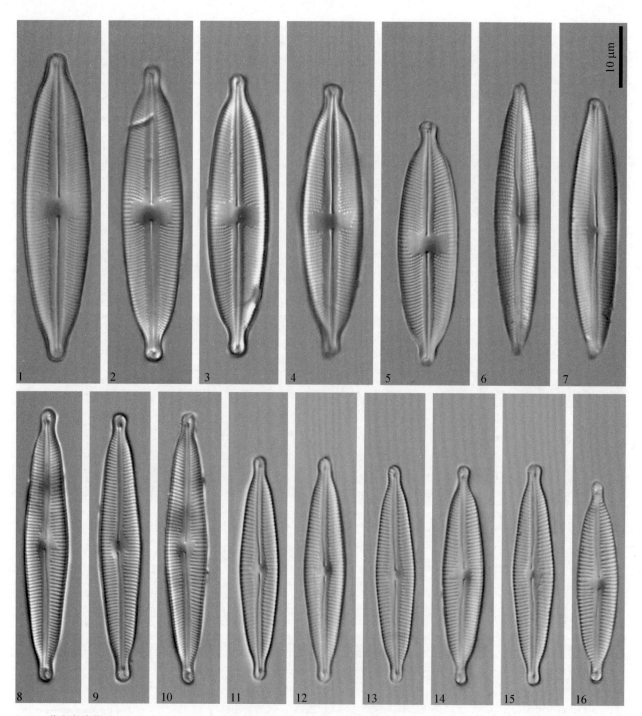

10 μm

1~5　蒙古弯肋藻 *Cymbopleura mongolica* Metzeltin，Lange-Bertalot &. Nergui

6~7　不定型弯肋藻 *Cymbopleura incertiformis* Krammer

8~16　窄弯肋藻 *Cymbopleura angustata*（Smith）Krammer

图版 158

1～6　马格列夫弯肋藻 *Cymbopleura margalefii* Delgado，Novais，Blanco & Ector
7～14　不定弯肋藻 *Cymbopleura incerta*（Grunow）Krammer
15～23　岩生弯肋藻 *Cymbopleura rupicola*（Grunow）Krammer

图版 159

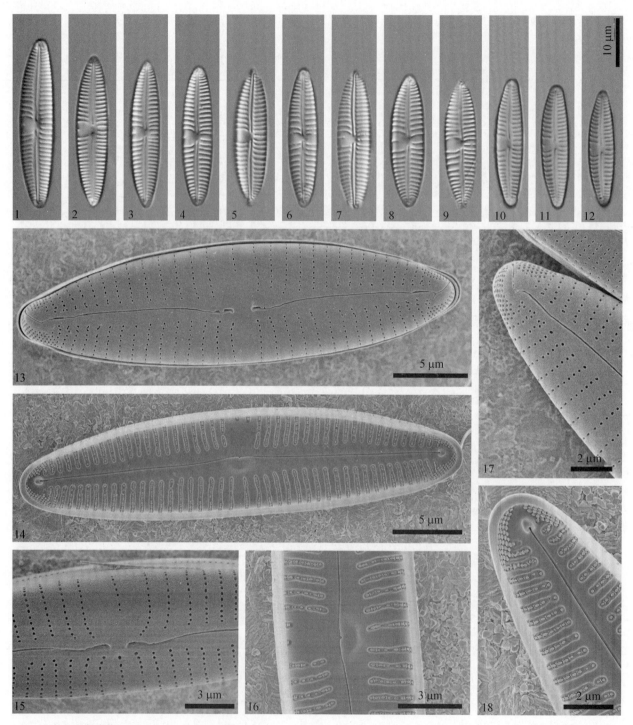

1~18　库布西弯肋藻 *Cymbopleura kuelbsii* Krammer

图版 160

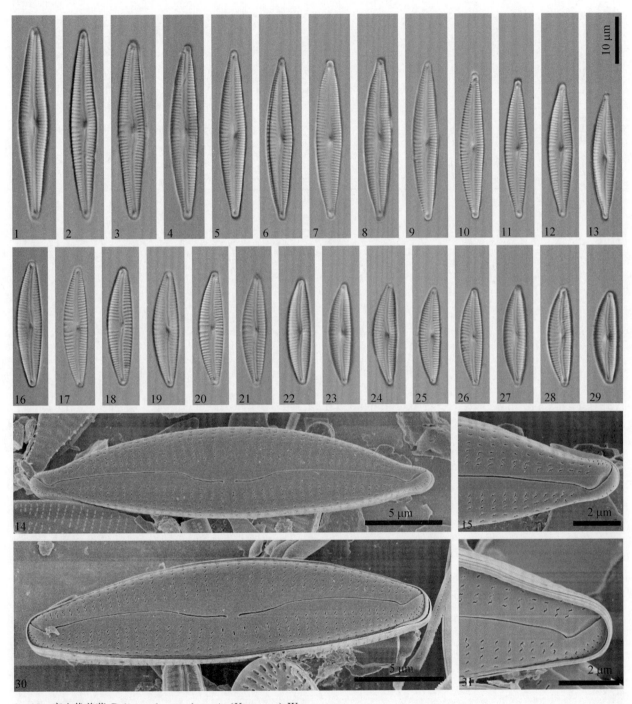

1~15　高山优美藻 *Delicatophycus alpestris*（Krammer）Wynne
16~31　稀疏优美藻 *Delicatophycus sparsistriatus*（Krammer）Wynne

图版 161

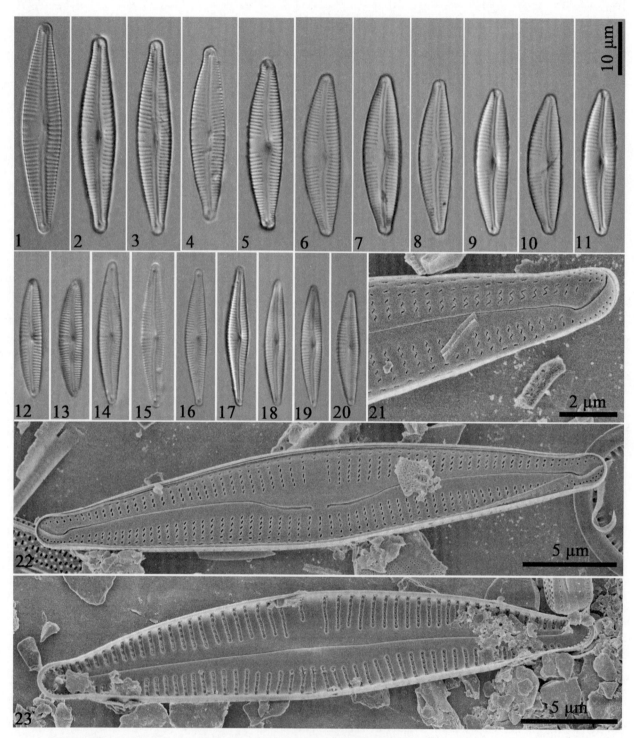

1～11　中华优美藻 *Delicatophycus sinensis* (Krammer & Lange-Bertalot) Wynne
12～13　犹太优美藻 *Delicatophycus judaica* (Krammer & Lange-Bertalot) Wynne
14～23　优美藻 *Delicatophycus delicatula* (Kützing) Wynne

图版 162

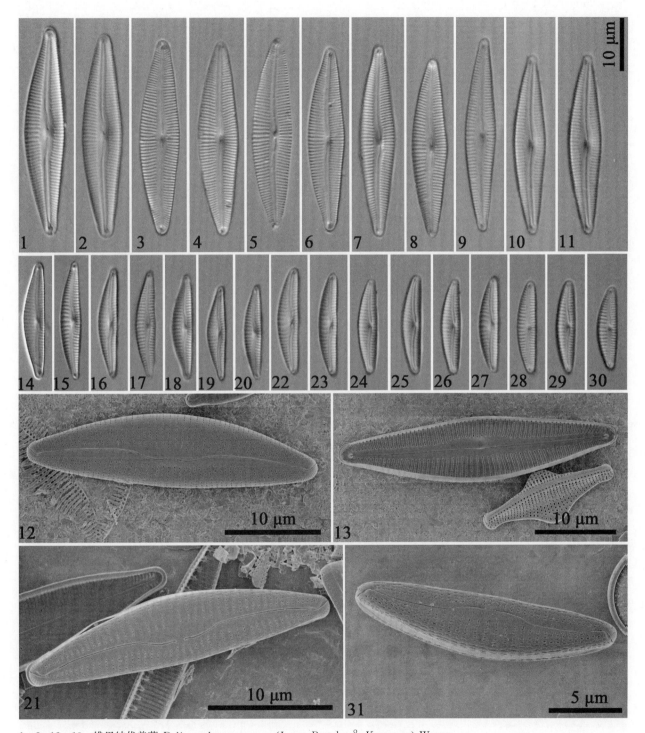

1~8，12~13　维里纳优美藻 *Delicatophycus verenae*（Lange-Bertalot & Krammer）Wynne
9~11　蒙古优美藻 *Delicatophycus montana*（Bahls）Wynne
14~21　小型优美藻 *Delicatophycus minuta*（Krammer）Wynne
22~31　加拿大优美藻 *Delicatophycus canadensis*（Bahls）Wynne

图版 163

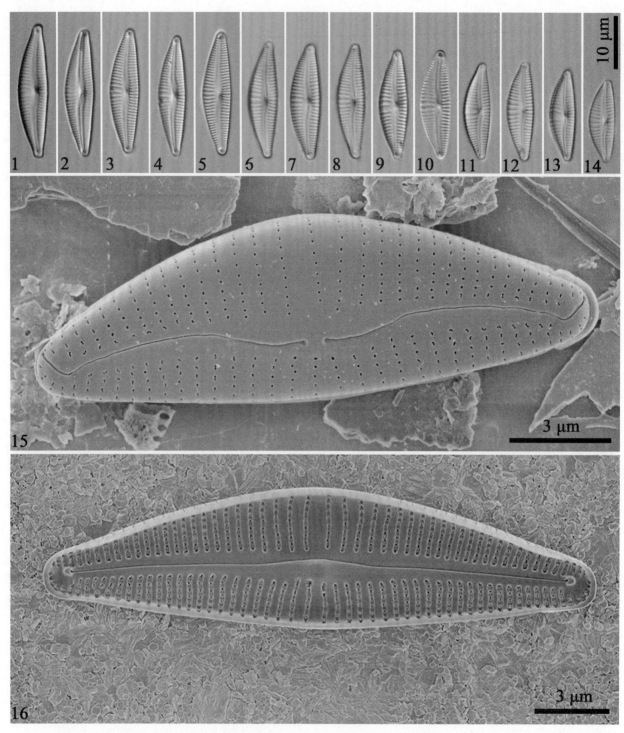

1～16　威廉姆斯优美藻 *Delicatophycus williamsii*（Liu & Blanco）Wynne

图版 164

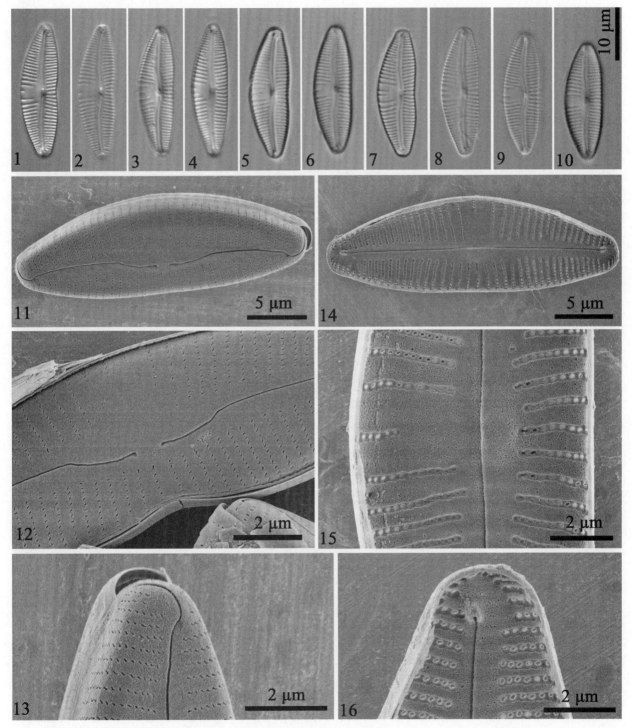

1～16　重庆优美藻 *Delicatophycus chongqingensis*（Zhang，Yang & Blanco）Wynne

图版 165

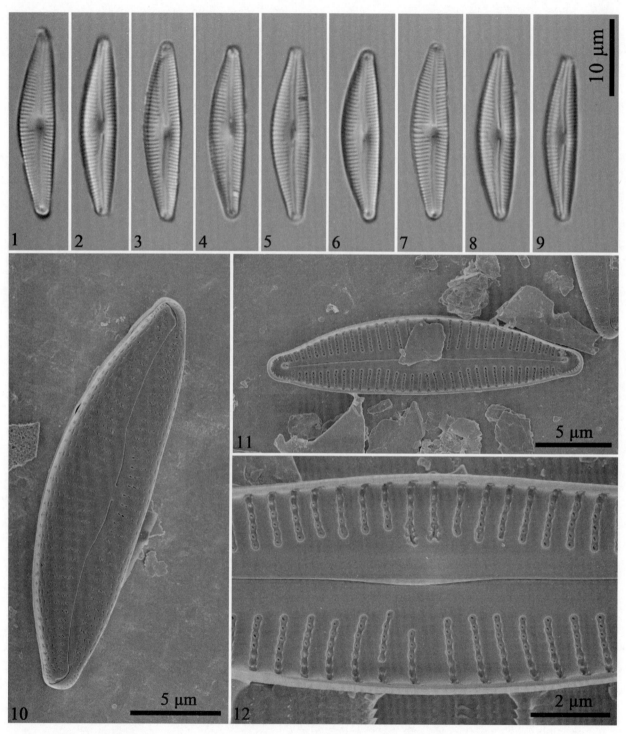

1～12　新加拿大优美藻 *Delicatophycus neocaledonica*（Krammer）Wynne

图版 166

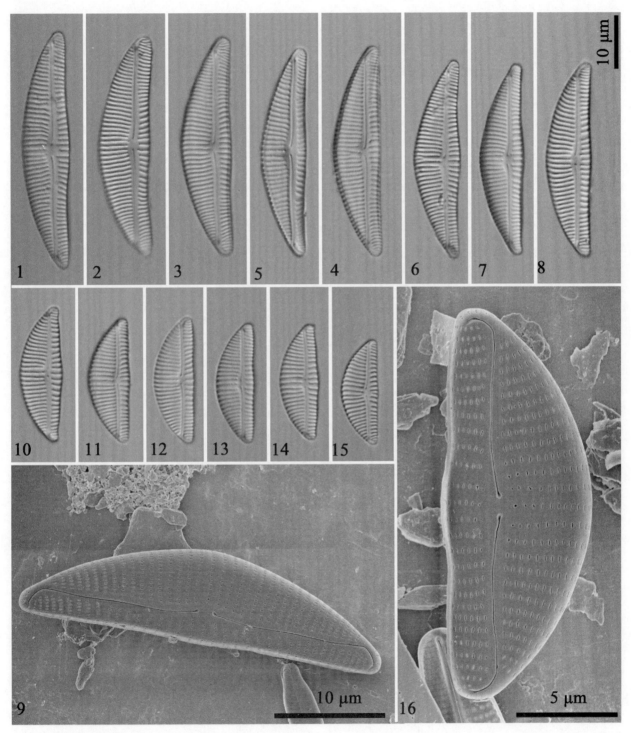

1～9　西里西亚内丝藻 *Encyonema silesiacum*（Bleisch）Mann

10～16　长贝尔塔内丝藻 *Encyonema lange-bertalotii* Krammer

图版 167

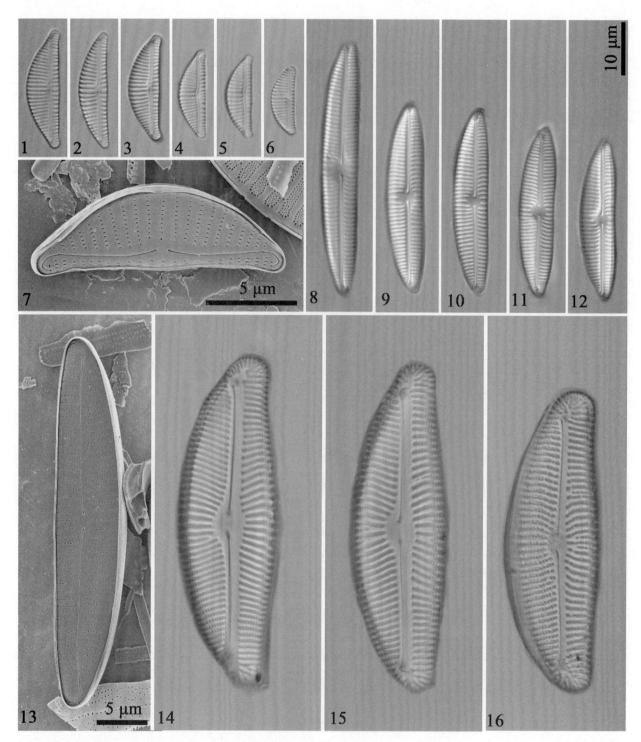

1～7　微小内丝藻 *Encyonema minutum*（Hilse）Mann
8～13　挪威内丝藻 *Encyonema norvegicum*（Grunow）Mayer
14～16　莱布内丝藻 *Encyonema leibleinii*（Agardh）Silva，Jahn，Ludwig & Menezes

图版 168

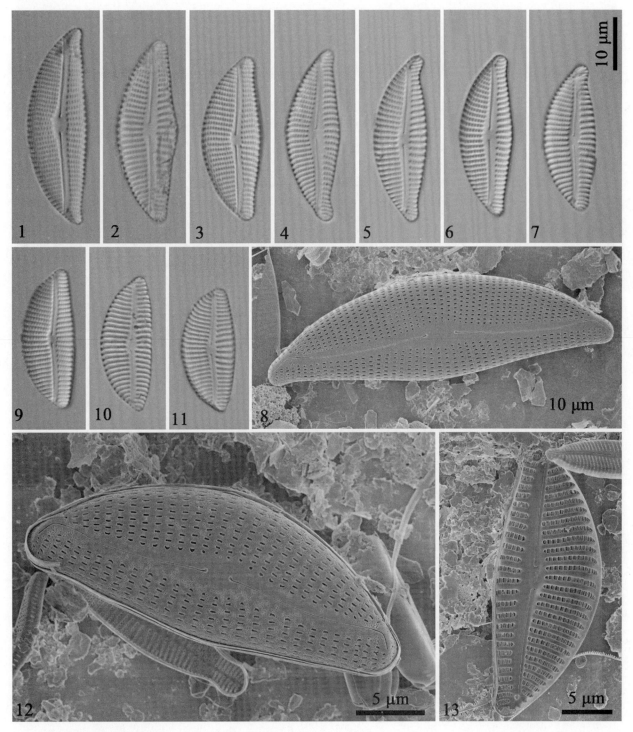

1～8　奥尔斯瓦尔德内丝藻 *Encyonema auerswaldii* Rabenhorst
9～13　簇生内丝藻 *Encyonema cespitosum* Kützing

图版 169

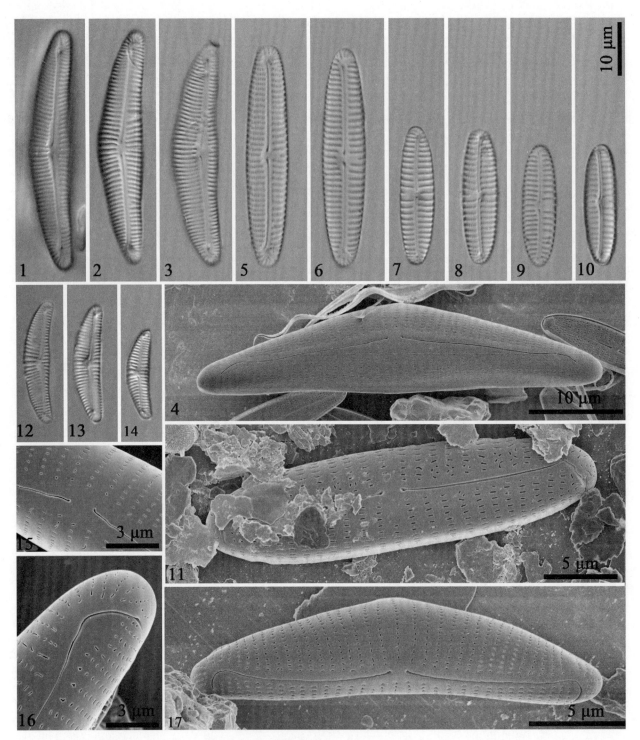

1～4　假簇生内丝藻 *Encyonema pseudocaespitosum* Levkov & Krstic

5～11　雷氏内丝藻 *Encyonema leei* Ohtsuka

12～17　奇异内丝藻 *Encyonema mirabilis* Rodionova，Pomazkina & Makarevich

图版 170

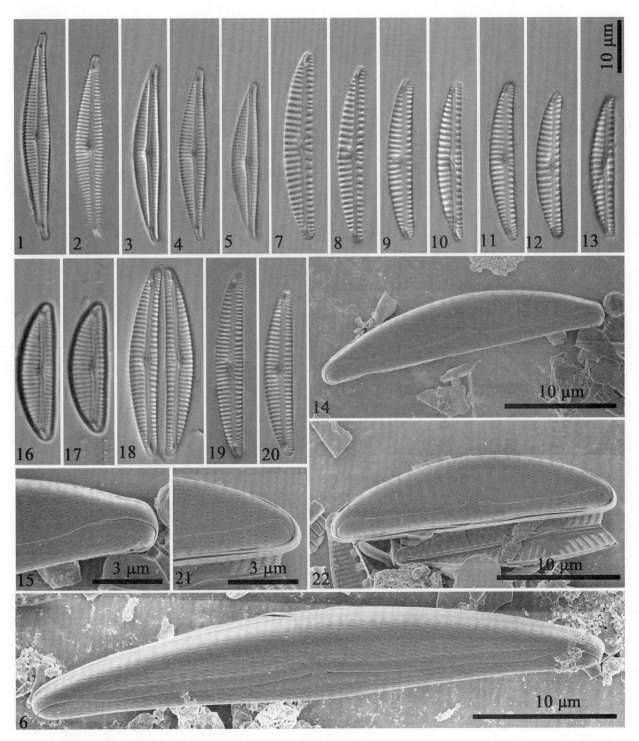

1～6　新纤细内丝藻 *Encyonema neogracile* Krammer
7～15　半月形内丝藻北方变种 *Encyonema lunatum* var. *boreale* Krammer
16～17　耶姆特兰内丝藻维尼变种 *Encyonema jemtlandicum* var. *venezolanum* Krammer
18～22　半月形内丝藻 *Encyonema lunatum* (Smith) Van Heurck

图版 171

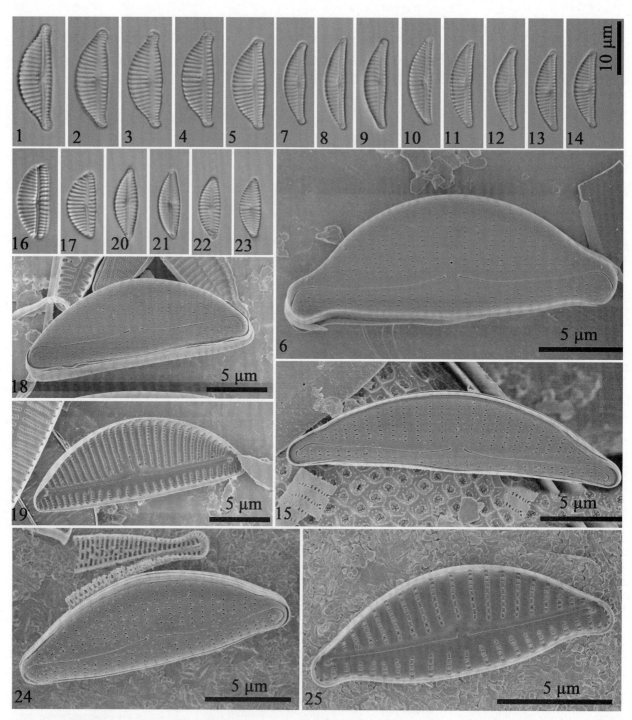

1～6　长内丝藻 *Encyonema latens*（Krasske）Mann

7～15　短头内丝藻 *Encyonema brevicapitatum* Krammer

16～19　近郎氏内丝藻 *Encyonema perlangebertalotii* Kulikovskiy & Metzeltin

20～25　具喙内丝藻 *Encyonema rostratum* Krammer

图版 172

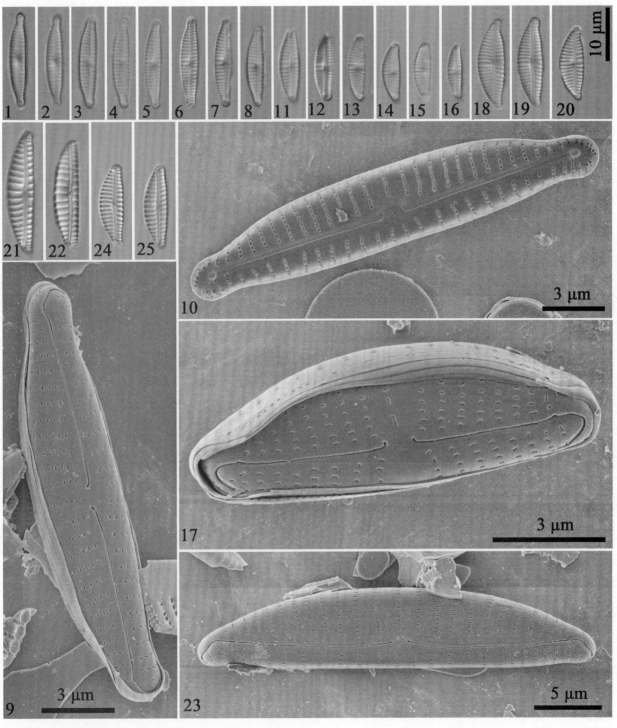

1~10　盖乌马内丝藻 *Encyonema gaeumannii*（Meister）Krammer

11~17　瑞卡德内丝藻 *Encyonema reichardtii*（Krammer）Mann

18~20　膨胀内丝藻 *Encyonema ventricosum*（Agardh）Grunow

21~23　卡罗尼内丝藻 *Encyonema caronianum* Kramme

24~25　库克南努内丝藻 *Encyonema kukenanum* Krammer

图版 173

1～9　新两尖近丝藻 *Kurtkrammeria neoamphioxys*（Krammer）Bahls

图版 174

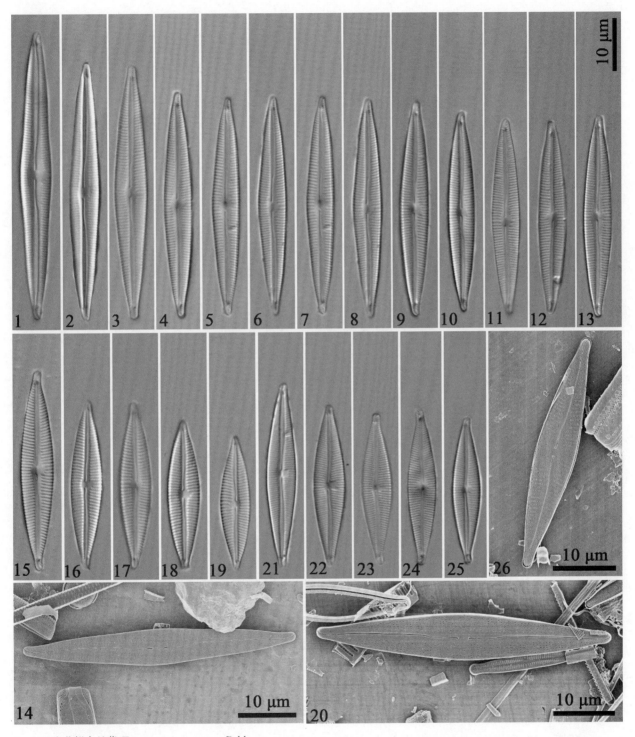

1~14　山北拟内丝藻 *Encyonopsis montana* Bahls
15~20　舟形拟内丝藻 *Encyonopsis cesatiformis* Krammer
21~26　斯塔夫霍尔蒂拟内丝藻 *Encyonopsis stafsholtii* Bahls

图版 175

1～10 赛萨特拟内丝藻 *Encyonopsis cesatii* (Rabenhorst) Krammer
11～18 法国拟内丝藻 *Encyonopsis falaisensis* (Grunow) Krammer

图版 176

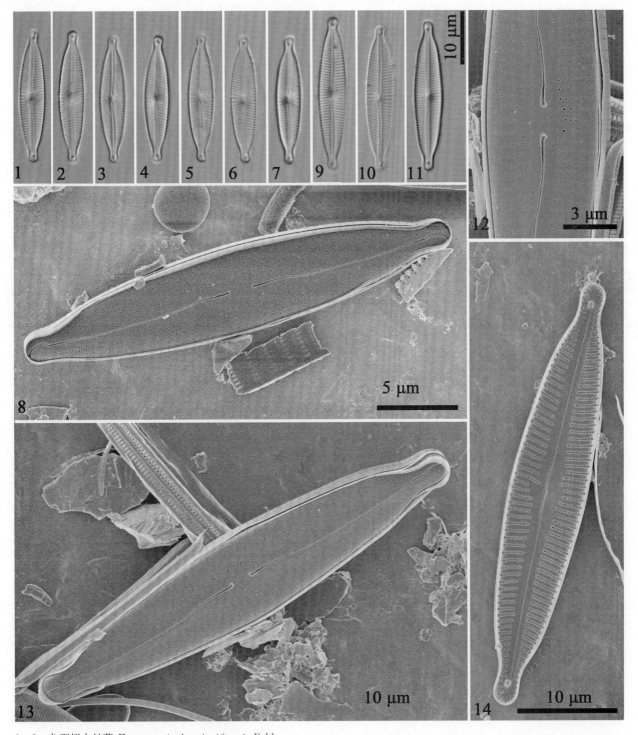

1～8　杂型拟内丝藻 *Encyonopsis descriptiformis* Bahls
9～14　杂拟内丝藻 *Encyonopsis descripta*（Hustedt）Krammer

图版 177

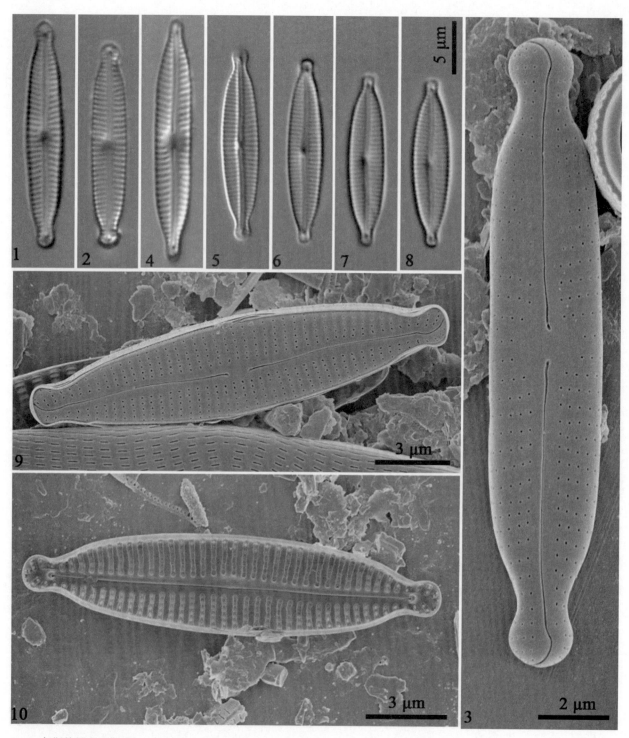

1～3　胡斯特拟内丝藻 *Encyonopsis hustedtii* Bahls
4　埃菲兰拟内丝藻 *Encyonopsis eifelana* Krammer
5～10　小头拟内丝藻 *Encyonopsis microcephala* (Grunow) Krammer

图版 178

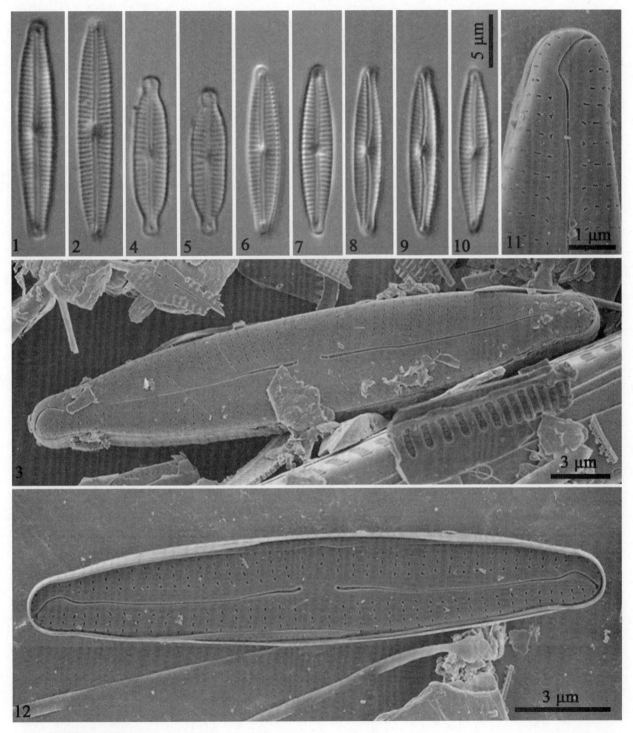

1～3　库特瑙拟内丝藻 *Encyonopsis kutenaiorum* Bahls
4～5　蒂罗里亚拟内丝藻 *Encyonopsis tiroliana* Krammer & Lange-Bertalot
6～12　北方拟内丝藻 *Encyonopsis perborealis* Krammer

图版 179

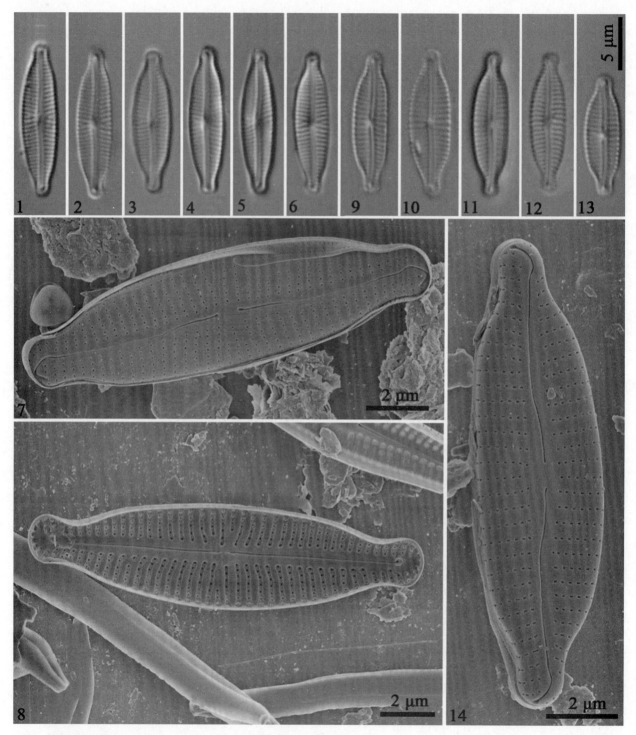

1~8　横断拟内丝藻 *Encyonopsis hengduanensis* Luo & Wang sp. nov.
9~14　微小拟内丝藻 *Encyonopsis minuta* Krammer & Reichardt

图版 180

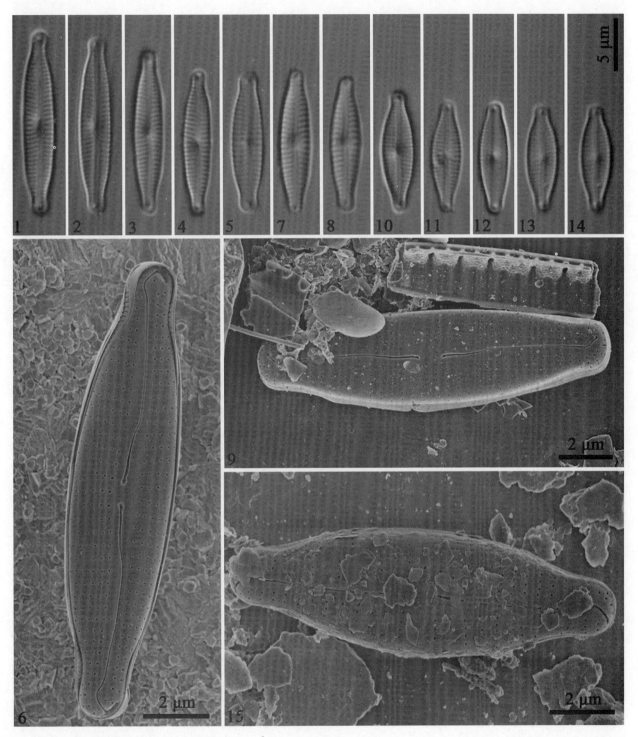

1～6　高山拟内丝藻 *Encyonopsis alpina* Krammer & Lange-Bertalot
7～9　鲍勃马歇尔拟内丝藻 *Encyonopsis bobmarshallensis* Bahls
10～15　极小拟内丝藻 *Encyonopsis perpuilla* Luo & Wang sp. nov.

图版 181

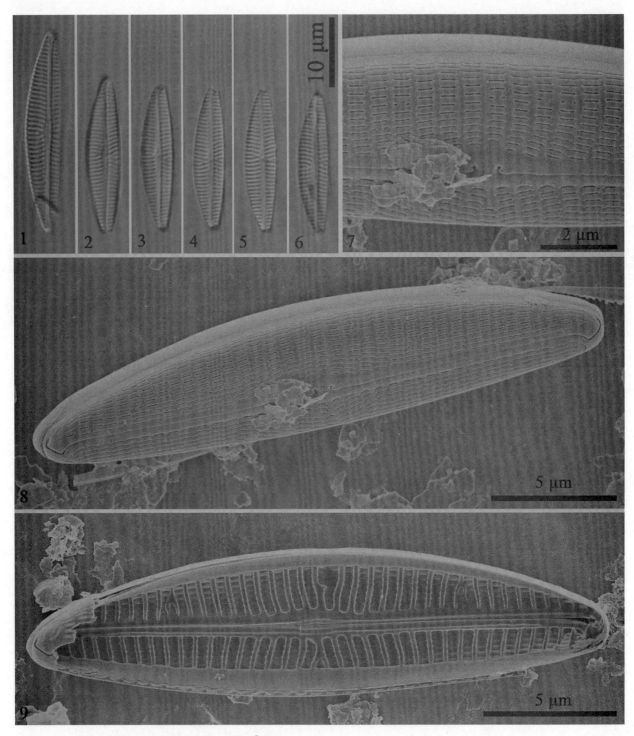

1~9　小半舟藻 *Seminavis pusilla* (Grunow) Cox &. Reid

图版 182

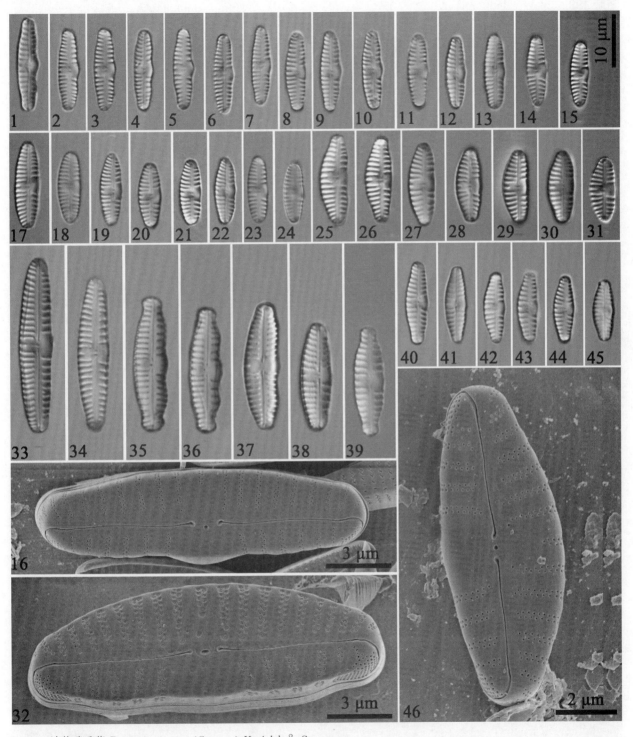

1～16　波状瑞氏藻 *Reimeria sinuata* (Gregory) Kociolek &. Stoermer

17～24　卵圆瑞氏藻 *Reimeria ovata* (Hustedt) Levkov &. Ector

25～32　亚洲瑞氏藻 *Reimeria asiatica* Kulikovskiy，Lange-Bertalot &. Metzeltin

33～34　泉生瑞氏藻 *Reimeria fontinalis* Levkov

35～36　头状瑞氏藻 *Reimeria capitata* (Cleve) Levkov &. Ector

37～38　单列瑞氏藻 *Reimeria uniseriata* Sala，Guerrero &. Ferrario

39　波状瑞氏藻粗壮变型 *Reimeria sinuata* f. *antiqua* (Grunow) Kociolek &. Stoermer

40～46　德钦瑞氏藻 *Reimeria deqinensis* Luo &. Wang sp. nov.

图版 183

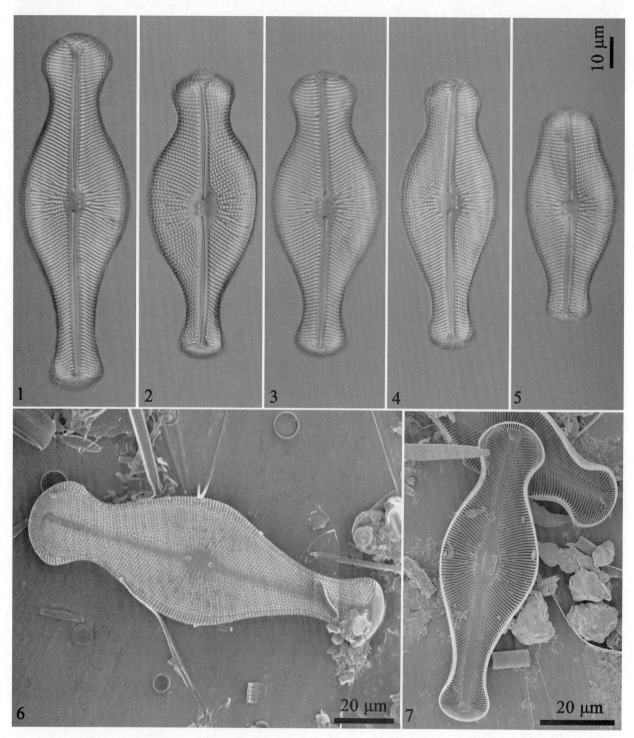

1～7　双生双楔藻 *Didymosphenia geminata*（Lyngbye）Schmidt

图版 184

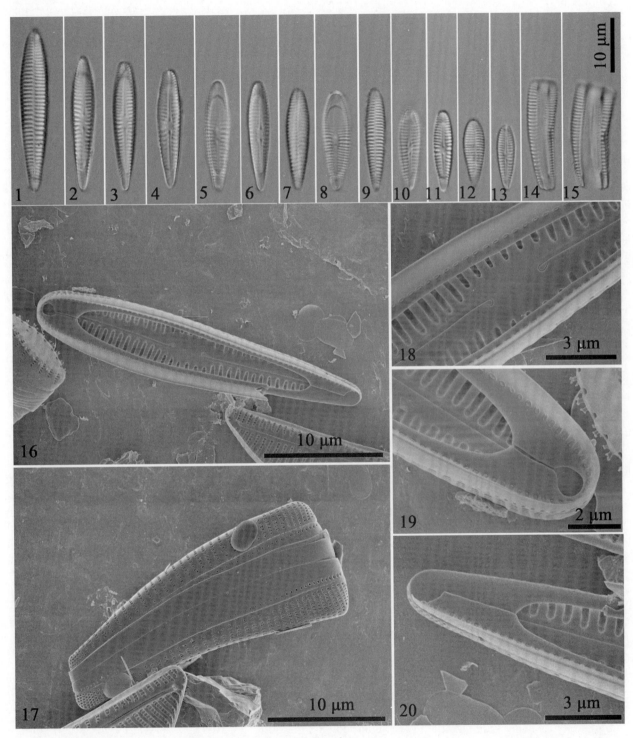

1～20 短纹弯楔藻 *Rhoicosphenia abbreviata*（Agardh）Lange-Bertalot

图版 185

1~16　橄榄绿异纹藻 *Gomphonella olivacea*（Hornemann）Rabenhorst

图版 186

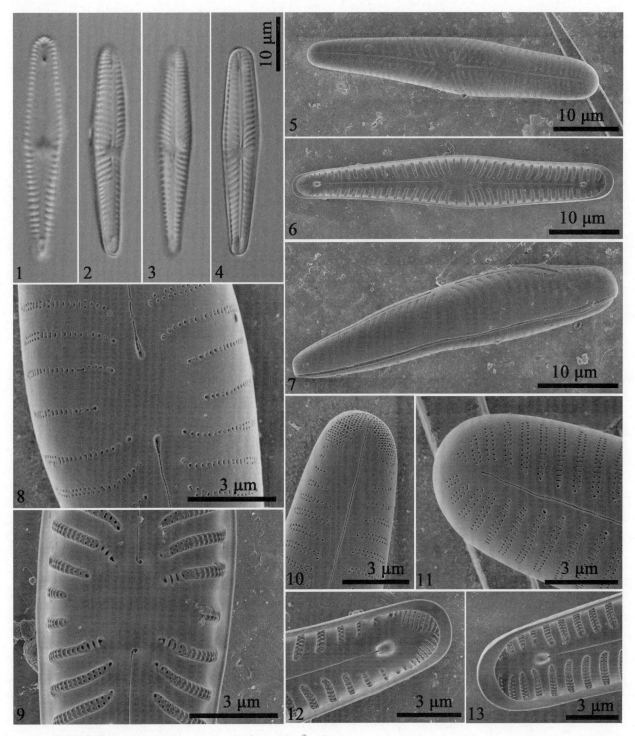

1～13 线性异纹藻 *Gomphonella linearoides* (Levkov) Jahn & Abarca

图版 187

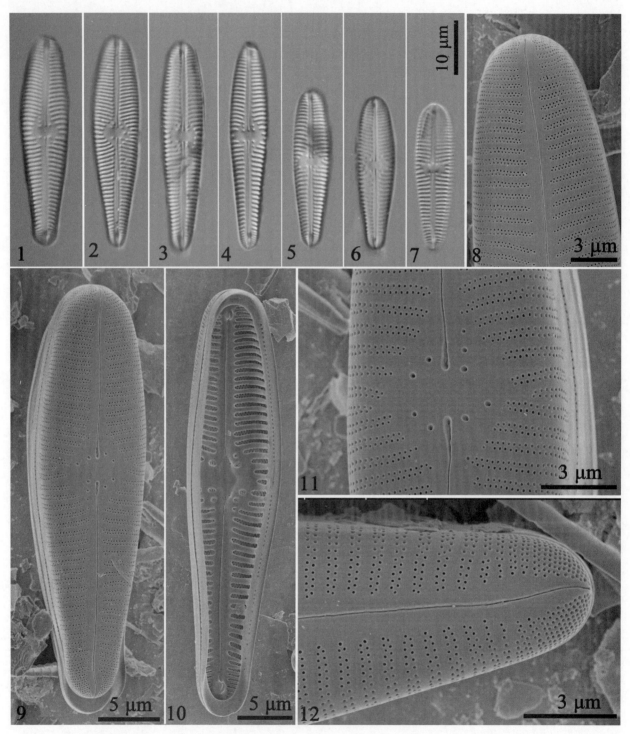

1~12　密纹异纹藻 *Gomphonella densestriata* Foged

图版 188

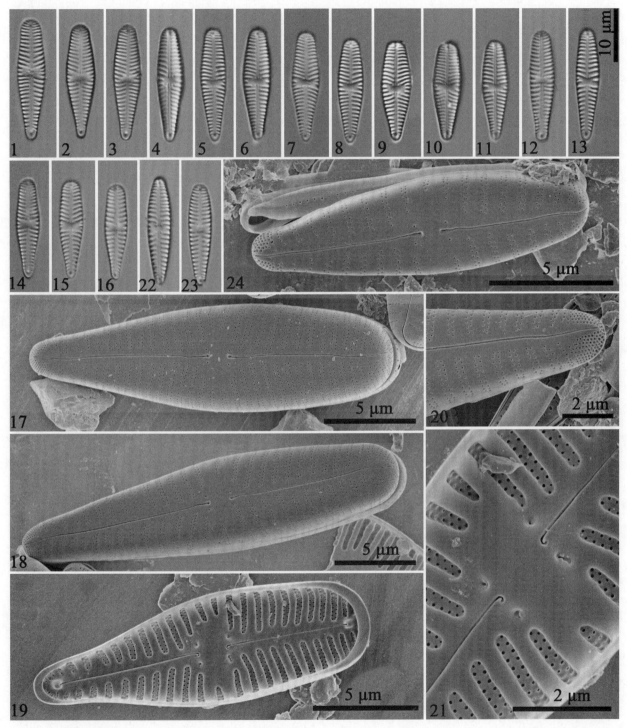

1~21　类橄榄绿异楔藻 *Gomphoneis olivaceoides* Hustedt
22~24　假库诺异楔藻 *Gomphoneis pseudokunoi* Tuji

图版 189

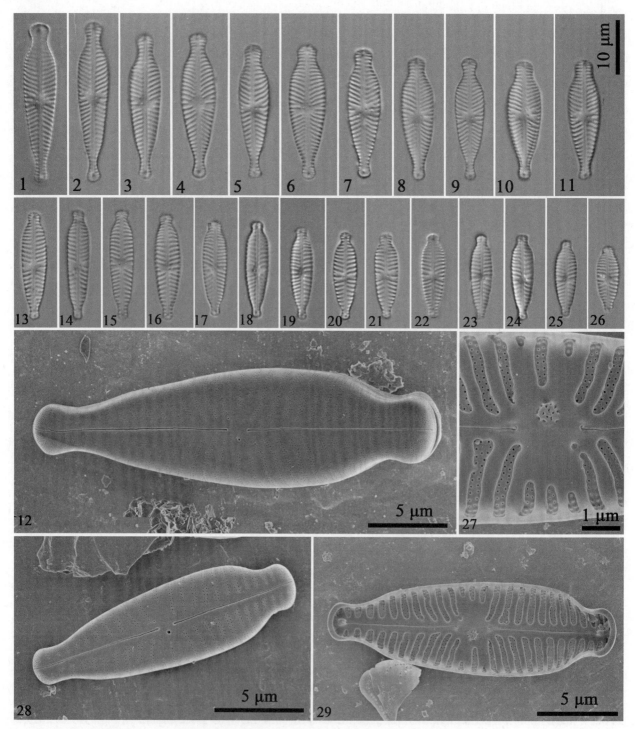

1～12　赫迪中华异极藻 *Gomphosinica hedinii* (Hustedt) Kociolek，You，Wang & Liu

13～29　高位中华异极藻 *Gomphosinica chubichuensis* (Jüttner & Cox) Kociolek，You & Wang

图版 190

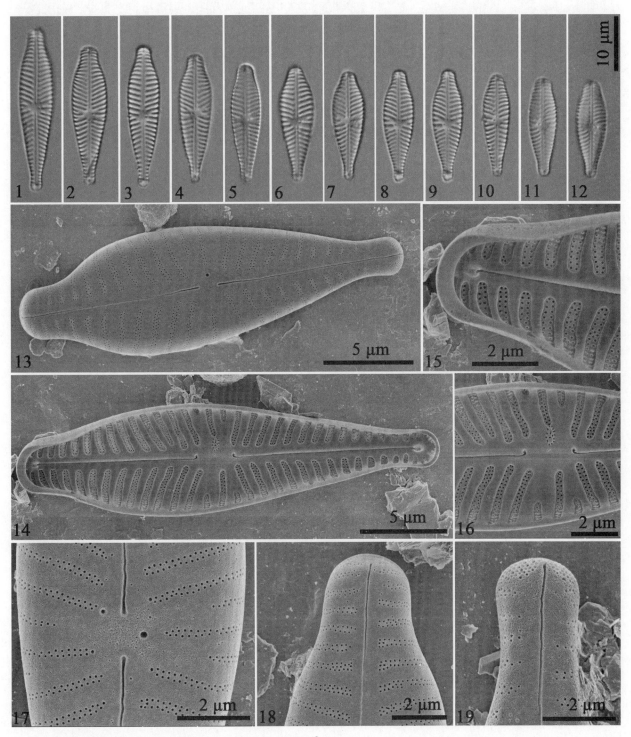

1～19　湖生中华异极藻 *Gomphosinica lacustris* Kociolek，You & Wang

图版 191

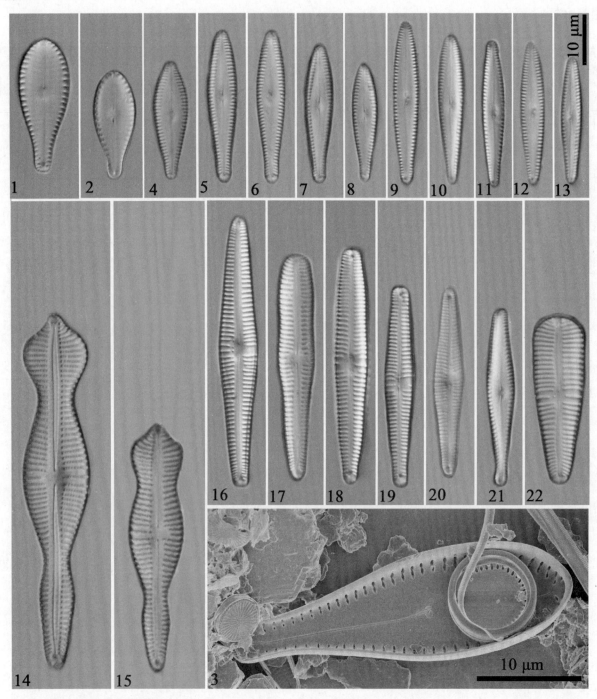

1～3　格鲁弗楔异极藻 *Gomphosphenid grovei* (Schmidt) Lange-Bertalot

4　舌状异极藻 *Gomphonema lingulatum* Hustedt

5～8　未知异极藻 *Gomphonema incognitum* Reichardt

9～13　岛屿异极藻 *Gomphonema insularum* Kociolek，Woodward & Graeff

14～15　膨胀异极藻 *Gomphonema tumida* Liu & Kociolek

16　理查德异极藻 *Gomphonema ricardii* Maillard

17　妙思乐异极藻 *Gomphonema mustela* Cleve-Euler

18～19　新疆异极藻 *Gomphonema xinjiangianum* You & Kociolek

20　雷曼尼亚异极藻 *Gomphonema leemanniae* Cholnoky

21　非洲异极藻 *Gomphonema afrhombicum* Reichardt

22　宽颈异极藻 *Gomphonema laticollum* Reichardt

图版 192

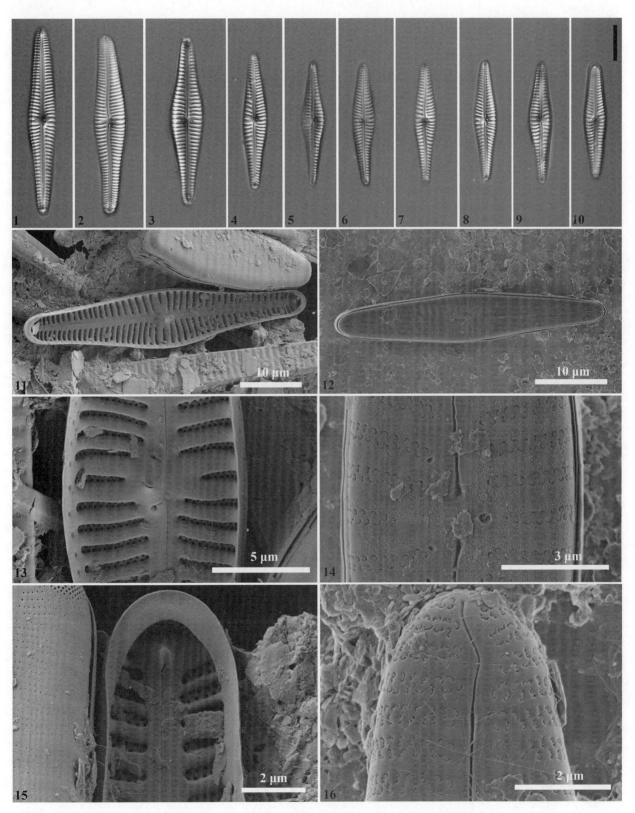

1～16　中凸异极藻 *Gomphonema preliciae* Levkov，Mitic-Kopanja & Reichardt

图版 193

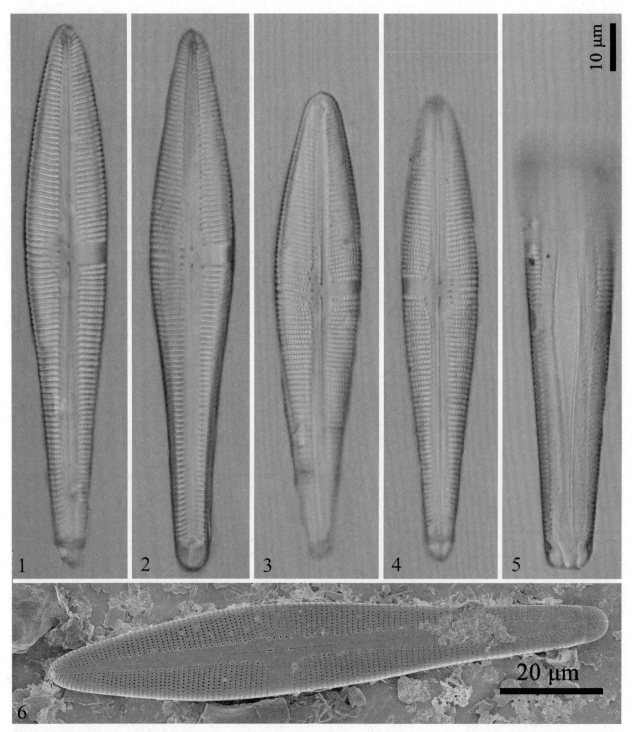

1～6　热带异极藻 *Gomphonema tropicale* Brun

图版 194

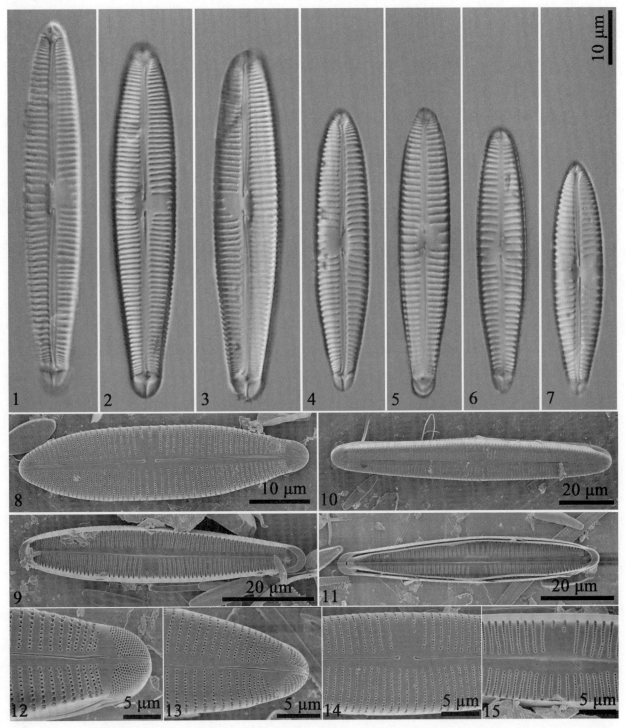

1～3，10～13　卡兹那科夫异极藻十字形变种 *Gomphonema kaznakowii* var. *cruciatum* Shi & Li
4～9，14～15　卡兹那科夫异极藻 *Gomphonema kaznakowii* Mereschkowsky

图版 195

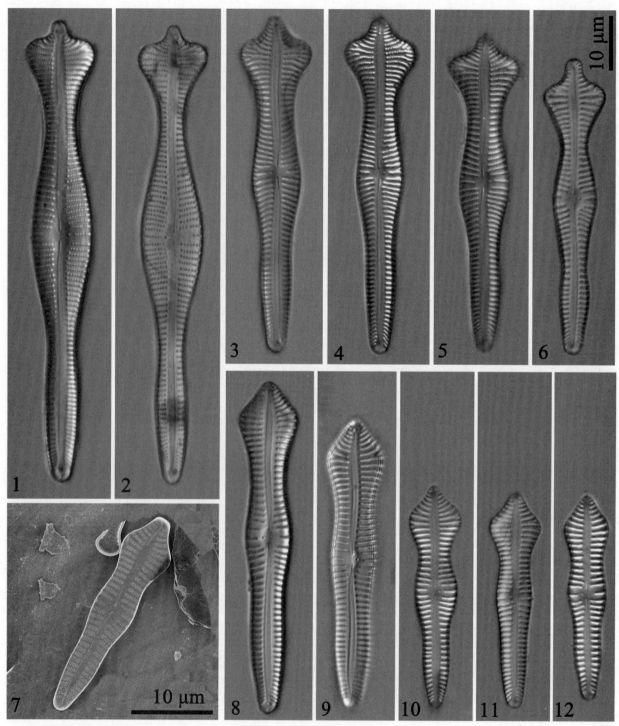

1~2　冠状异极藻 *Gomphonema coronatum* Ehrenberg
3~6　尖细异极藻 *Gomphonema acuminatum* Ehrenberg
7~12　三棱头异极藻 *Gomphonema trigonocephalum* Ehrenberg

图版 196

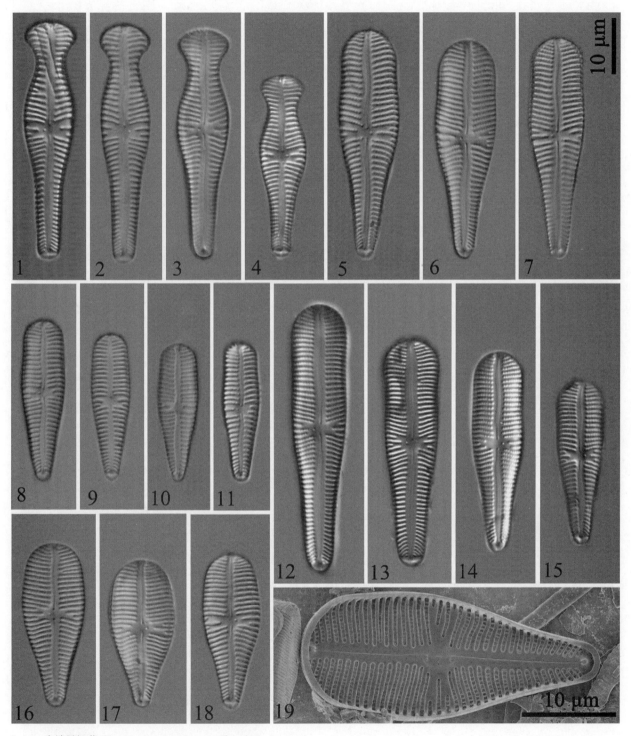

1～4　头端异极藻 *Gomphonema capitatum* Ehrenberg
5～7　膨大异极藻 *Gomphonema turgidum* Ehrenberg
8～11　近拉蒂科尔异极藻 *Gomphonema sublaticollum* Reichardt
12～15　宽颈异极藻 *Gomphonema laticollum* Reichardt
16～19　意大利异极藻 *Gomphonema italicum* Kützing

图版 197

1～6 尖细异极藻中型变种 *Gomphonema acuminatum* var. *intermedium* Grunow

7～9 布列毕松异极藻 *Gomphonema brebissonii* Kützing

10～11 尖细异极藻伯恩托克斯变种 *Gomphonema acuminatum* var. *pantocsekii* Cleve-Euler

12～13 长头异极藻 *Gomphonema longiceps* Ehrenberg

14～18 尤卡塔尼异极藻 *Gomphonema yucatanense* Metzeltin & Lange-Bertalot

图版 198

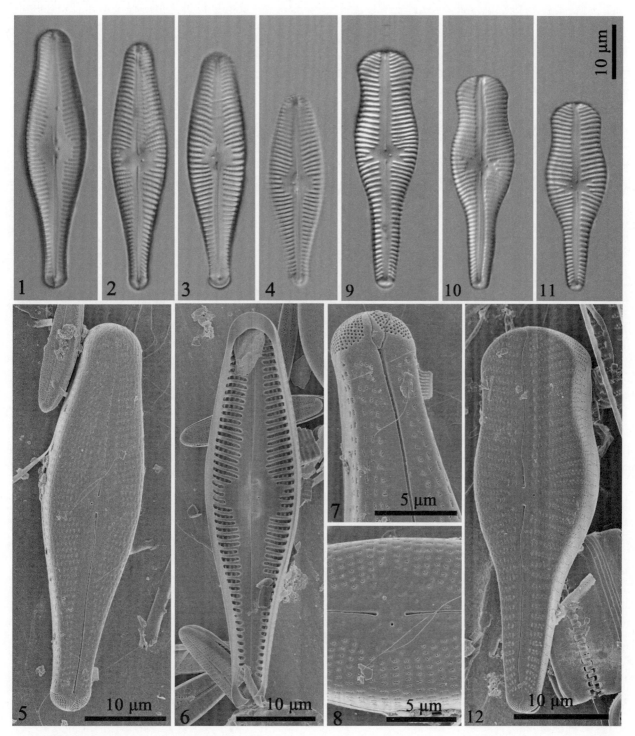

1~8　偏肿异极藻 *Gomphonema ventricosum* Gregory
9~12　缢缩异极藻 *Gomphonema truncatum* Ehrenberg

图版 199

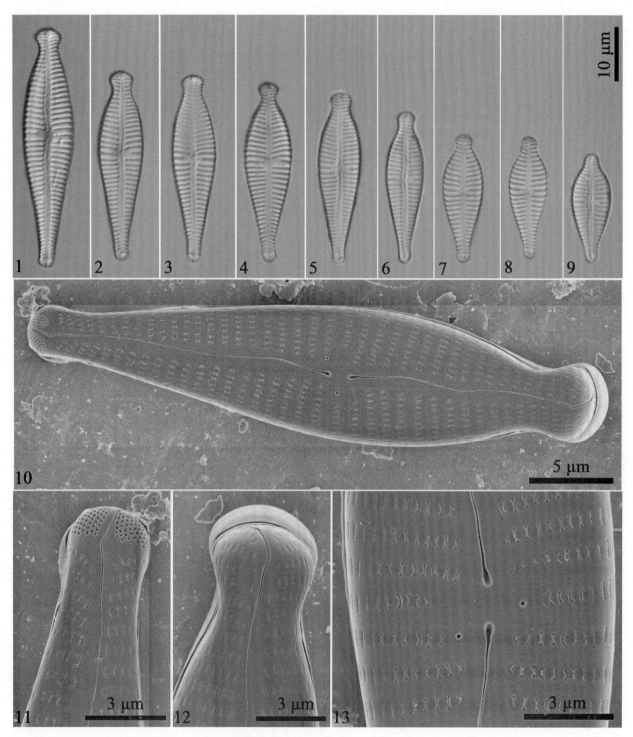

1～13　假具球异极藻 *Gomphonema pseudosphaerophorum* Kobayasi

图版 200

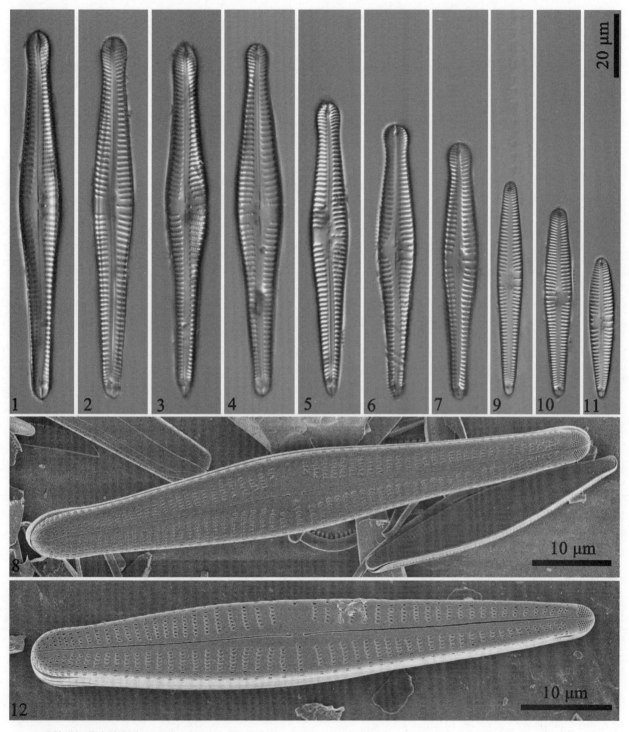

1~8　缠结异极藻头端变种 *Gomphonema intricatum* var. *capitata* Hustedt
9~12　缠结异极藻 *Gomphonema intricatum* Kützing

图版 201

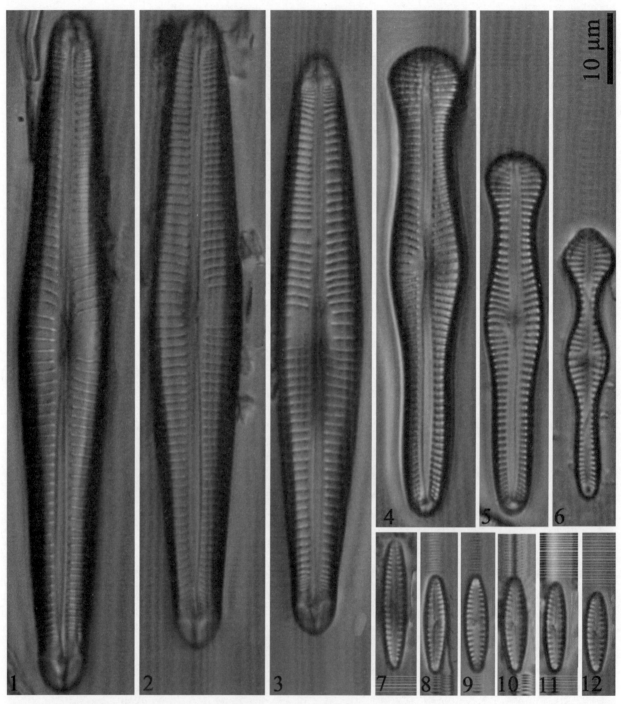

1～3　缠结异极藻化石变种 *Gomphonema intricatum* var. *fossile* Pantocsek

4～5　英吉利异极藻 *Gomphonema anglicum* Ehrenberg

6　假弱小异极藻 *Gomphonema pseudopusillum* Reichardt

7～12　矮小异极藻坚实变种 *Gomphonema pumilum* var. *rigidum* Lange-Bertalot & Reichardt

图版 202

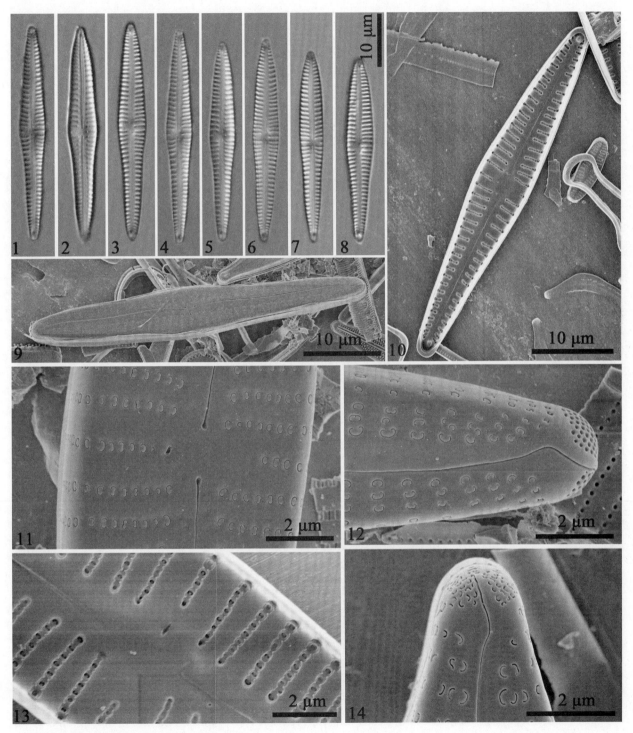

1～14 赫布里底异极藻 *Gomphonema hebridense* Gregory

图版 203

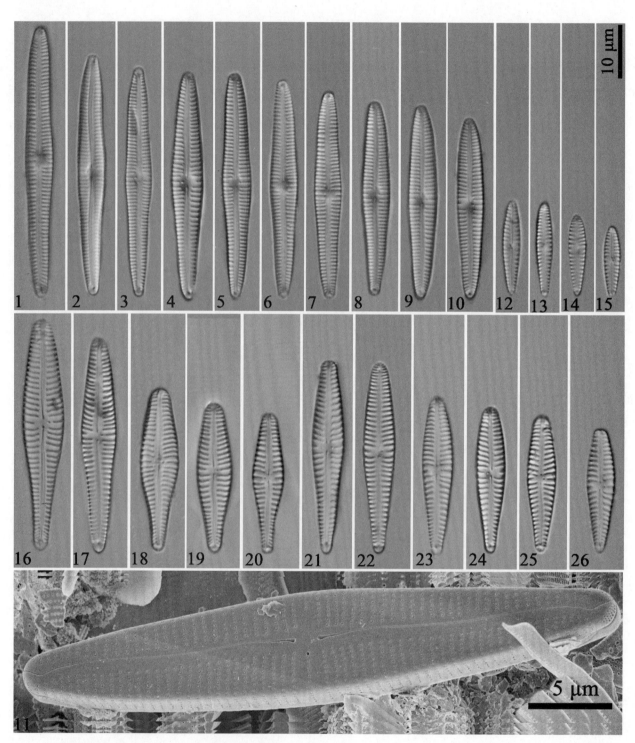

1～11　拉格赫姆异极藻 Gomphonema lagerheimii Cleve
12～15　窄壳面异极藻 Gomphonema angustivalva Reichardt & Lange-Bertalot
16～20　近球状异极藻 Gomphonema subbulbosum Reichardt
21～26　微披针形异极藻 Gomphonema microlanceolatum You & Kociolek

图版 204

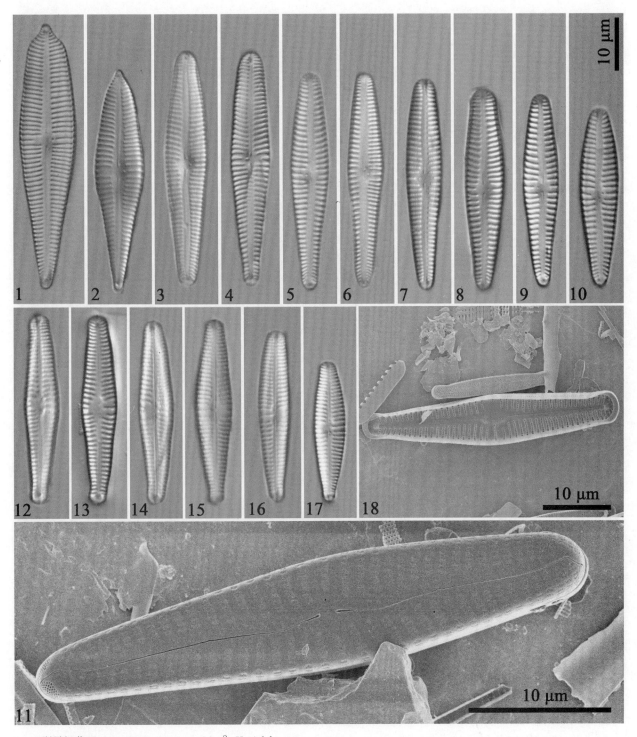

1　亚洲异极藻 *Gomphonema asiaticum* Liu & Kociolek
2　塔形异极藻 *Gomphonema turris* Ehrenberg
3～11　近棒形异极藻 *Gomphonema subclavatum*（Grunow）Grunow
12～18　维多利亚异极藻 *Gomphonema lacus-victoriensis* Reichardt

图版 205

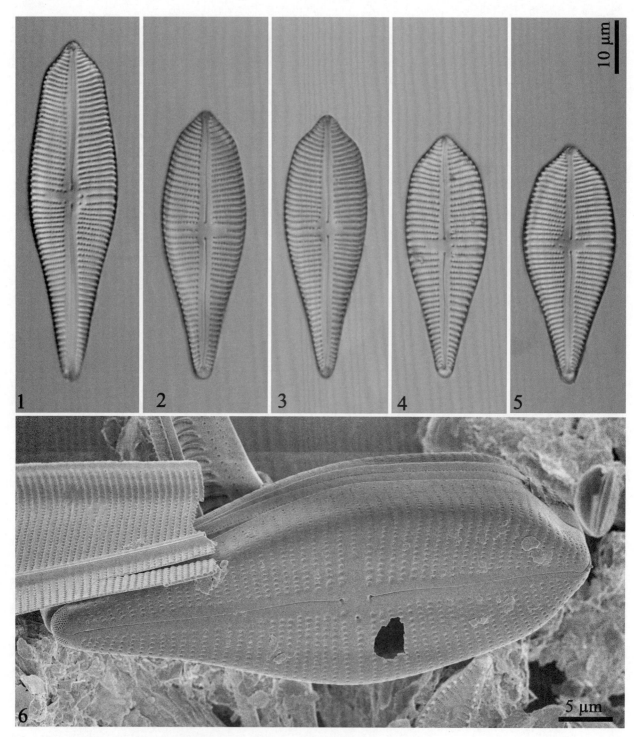

1～6 塔形异极藻中华变种 *Gomphonema turris* var. *sinicum* Zhu & Chen

图版 206

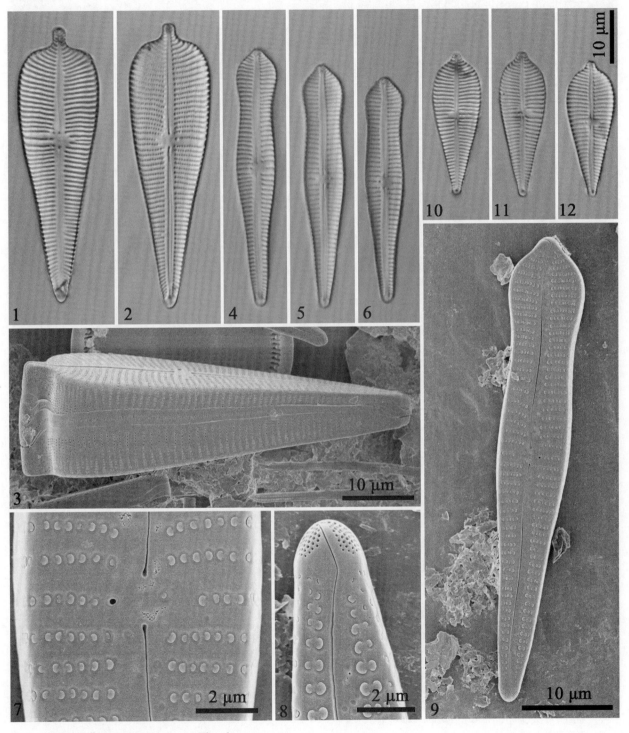

1~3　尖顶异极藻 *Gomphonema augur* Ehrenberg
4~9　窄头异极藻 *Gomphonema angusticephalum* Reichardt & Lange-Bertalot
10~12　尖顶型异极藻 *Gomphonema auguriforme* Levkov

图版 207

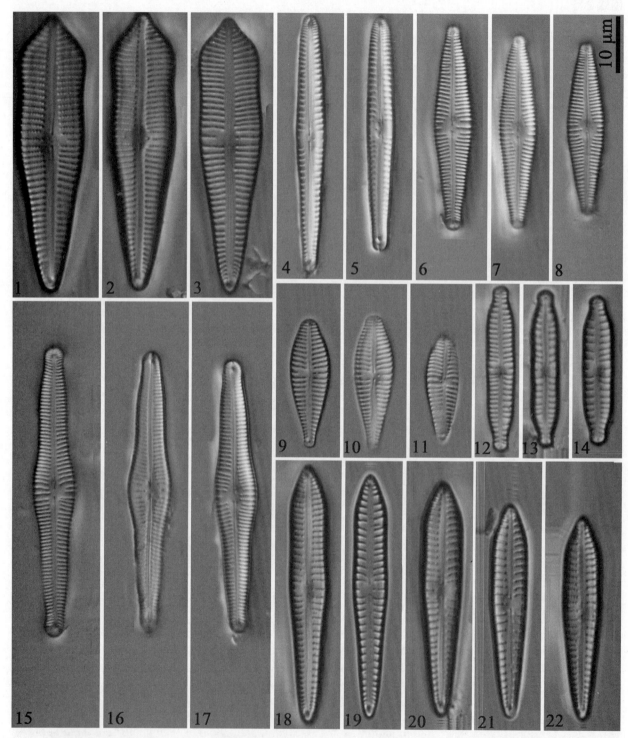

1～3　亚洲异极藻 *Gomphonema asiaticum* Liu & Kociolek

4～5　变形异极藻 *Gomphonema vibrio* Ehrenberg

6～8　拟细异极藻 *Gomphonema pseudoangur* Lange-Bertalot

9～11　墨西哥异极藻 *Gomphonema mexicanum* Grunow

12～14　近北极异极藻 *Gomphonema subarcticum* Lange-Bertalot & Reichardt

15～17　不对称异极藻 *Gomphonema asymmetricum* Carter

18～22　标志形异极藻 *Gomphonema insigniforme* Reichardt & Lange-Bertalot

图版 208

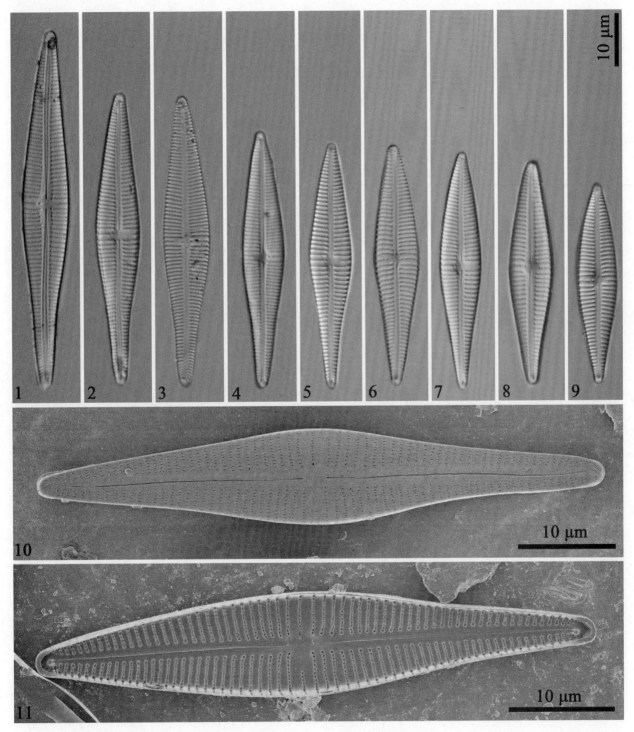

1~11　近纤细异极藻 *Gomphonema graciledictum* Reichardt

图版 209

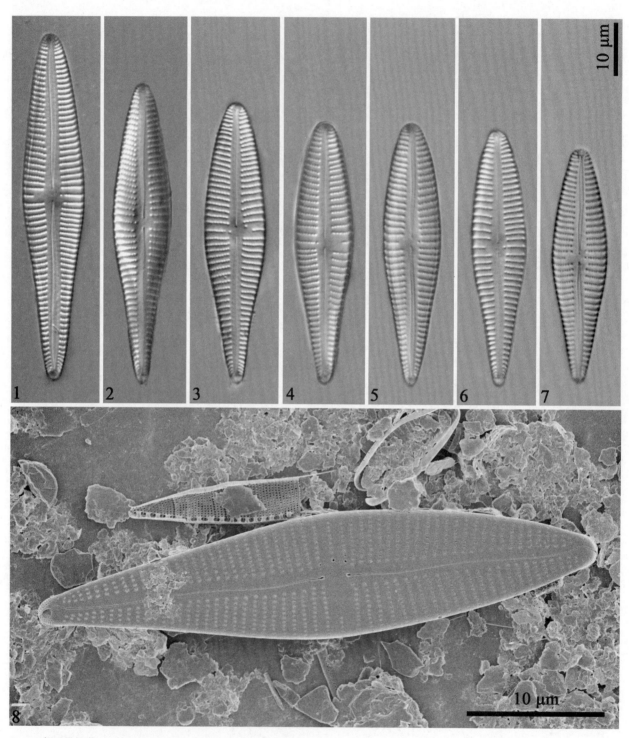

1～8　邻近异极藻 *Gomphonema affine* Kützing

图版 210

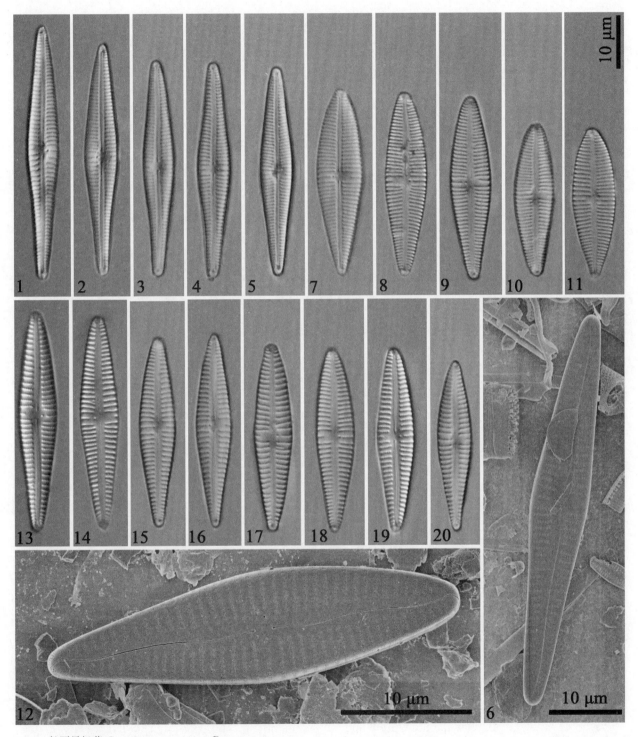

1～6　长耳异极藻 *Gomphonema auritum* Braun
7～12　细小异极藻 *Gomphonema parvuloides* Cholnoky
13～20　纤细异极藻 *Gomphonema gracile* Ehrenberg

图版 211

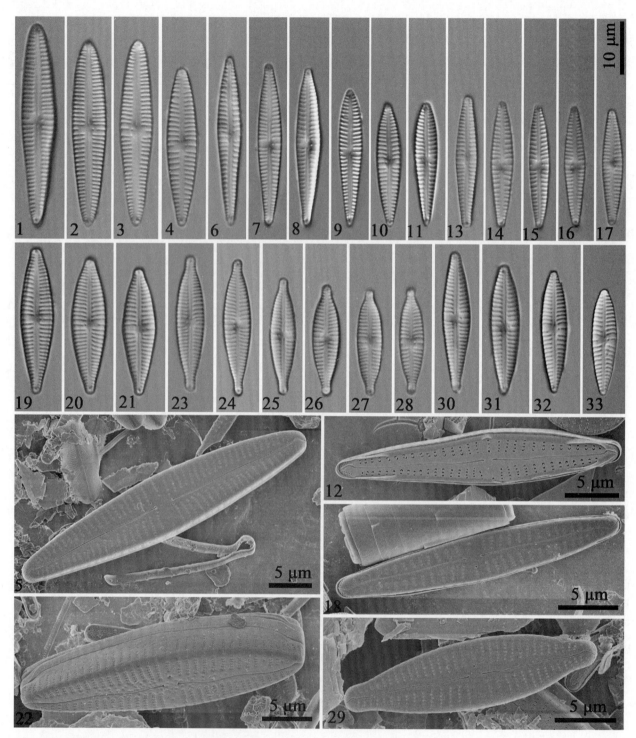

1～5 棒形异极藻 *Gomphonema clavatum* Ehrenberg

6～12 窄异极藻 *Gomphonema angustatum* (Kützing) Rabenhorst

13～18 近变形异极藻 *Gomphonema varisohercynicum* Lange-Bertalot &. Reichardt

19～22 南欧异极藻 *Gomphonema meridionalum* Kociolek &. Thomas

23～29 小异极藻 *Gomphonema parvulius* Lange-Bertalot &. Reichardt

30～33 极细异极藻 *Gomphonema exilissimum* Lange-Bertalot

图版 212

1～6　具领异极藻 *Gomphonema lagenula* Kützing
7～14　微小异极藻 *Gomphonema parvuliforme* Lange-Bertalot
15～22　小型异极藻 *Gomphonema parvulum* Kützing
23～26　美洲钝异极藻 *Gomphonema americobtusatum* Reichardt
27～30　延长异极藻 *Gomphonema productum* Lange-Bertalot & Reichardt

图版 213

1～2　威尔斯科异极藻 *Gomphonema wiltschkorum* Lange-Bertalot

3～9　小异极藻 *Gomphonema parvulius* Lange-Bertalot & Reichardt

10～15　球顶异极藻 *Gomphonema sphenovertex* Lange-Bertalot & Reichard

16～18　小型异极藻荒漠变种 *Gomphonema parvulum* var. *deserta* Skvortzow

19～25　美洲钝异极藻 *Gomphonema americobtusatum* Reichardt & Lange-Bertalot

26～32　细异极藻 *Gomphonema leptoproductum* Lange-Bertalot & Genkal

图版 214

1~10，17~18　小足异极藻 *Gomphonema micropus* Kützing

11~16　不稳异极藻王氏变种 *Gomphonema instabile* var. *wangii*（Bao & Reimer）Shi

图版 215

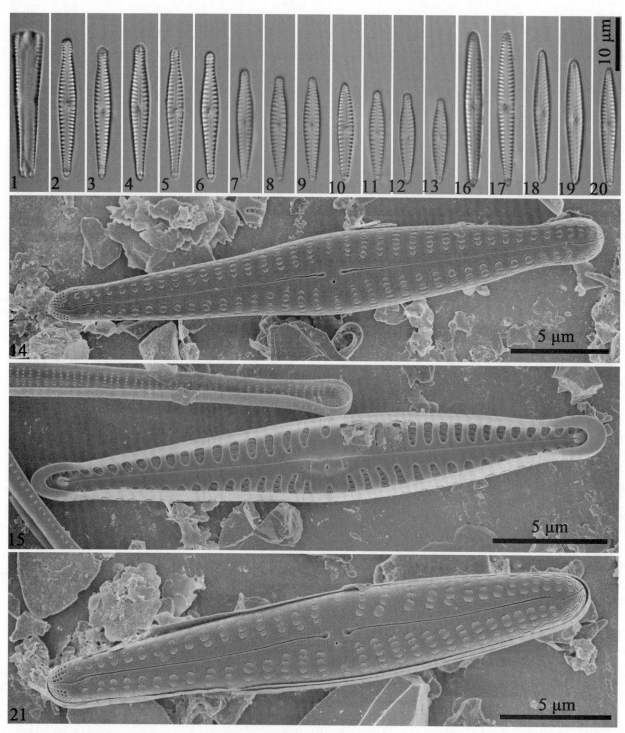

1～15 矮小异极藻 *Gomphonema pygmaeoides* You & Kociolek
16～21 狭异极藻 *Gomphonema procerum* Reichardt & Lange-Bertalot

图版 216

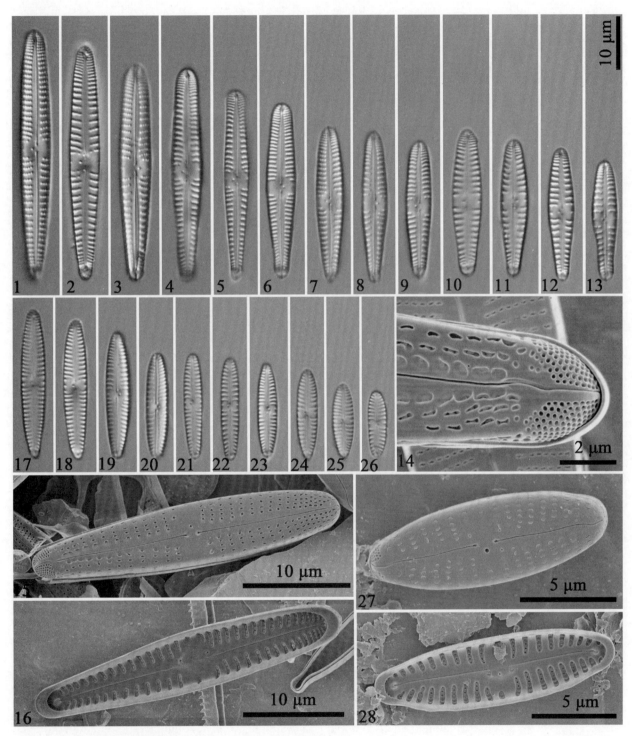

1~9，14~16　长贝尔塔异极藻 *Gomphonema lange-bertalotii* Reichardt
10~13　侧点异极藻 *Gomphonema lateripunctatum* Reichardt
17~28　瓦尔达异极藻 *Gomphonema vardarense* Reichardt

图版 217

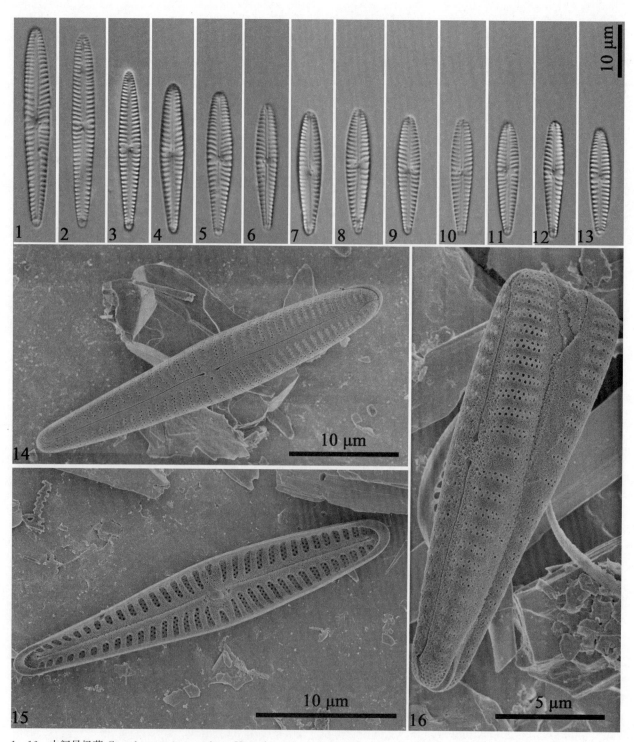

1~16 中间异极藻 *Gomphonema intermedium* Hustedt

图版 218

1~11　假中间异极藻 *Gomphonema pseudointermedium* Reichardt
12~24　较小异极藻 *Gomphonema minutum*（Agardh）Agardh

图版 219

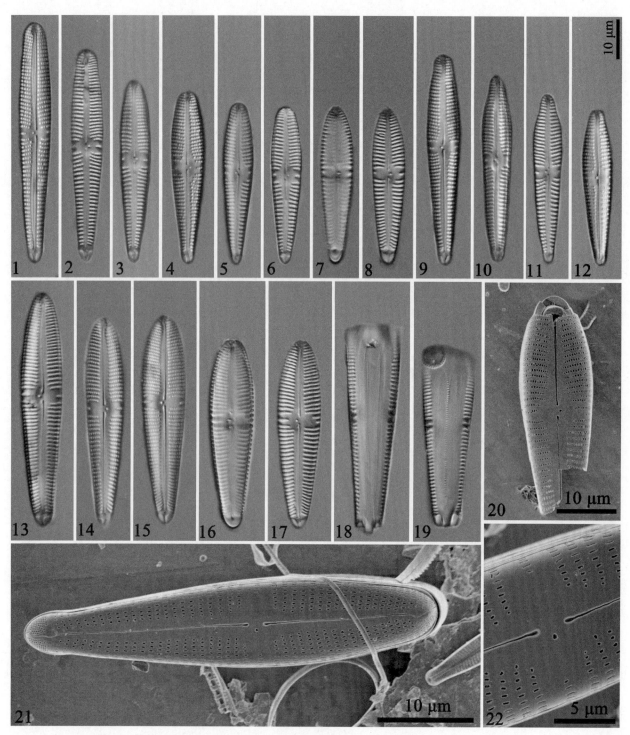

1～12，21～22　加利福尼亚异极藻 *Gomphonema californicum* Stancheva & Kociolek

13～20　李氏异极藻 *Gomphonema liyanlingae* Metzeltin & Lange-Bertalot

图版 220

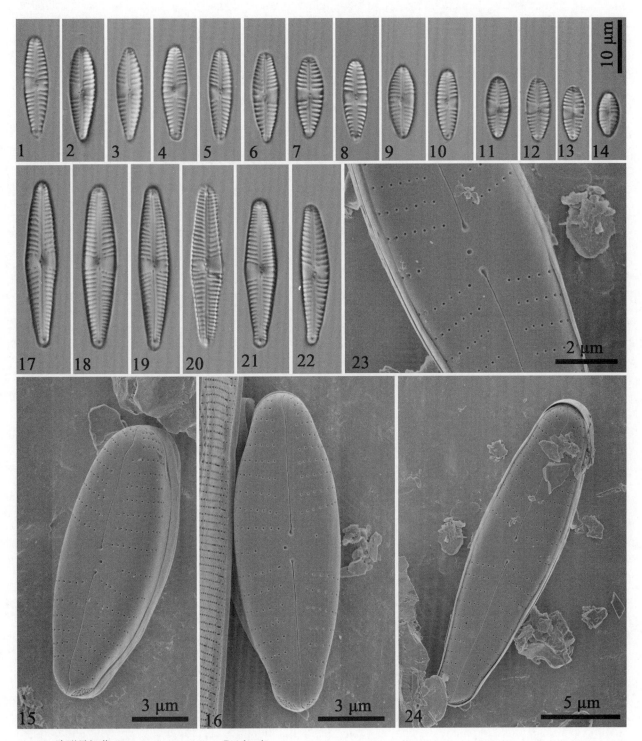

1～16　隐形异极藻 *Gomphonema occultum* Reichardt
17～24　变窄异极藻 *Gomphonema angustius* Reichardt

图版 221

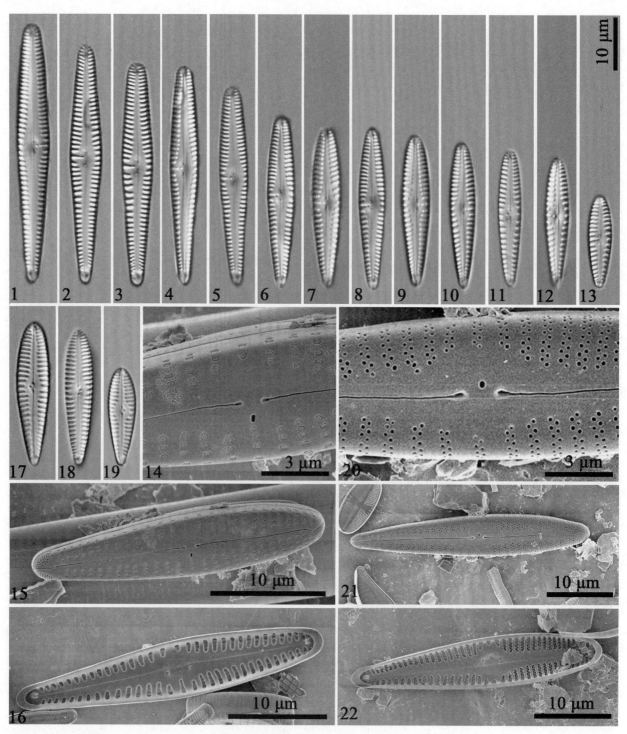

1～16　中亚异极藻 *Gomphonema medioasiae* Metzeltin，Lange-Bertalot & Nergui
17～22　披针形异极藻 *Gomphonema lancettula* Luo & Wang sp. nov.

图版 222

1～8　嗜苔藓拉菲亚藻 *Adlafia bryophila*（Petersen）Lange-Bertalot

9～23　小型拉菲亚藻 *Adlafia minuscula*（Grunow）Lange-Bertalot

图版 223

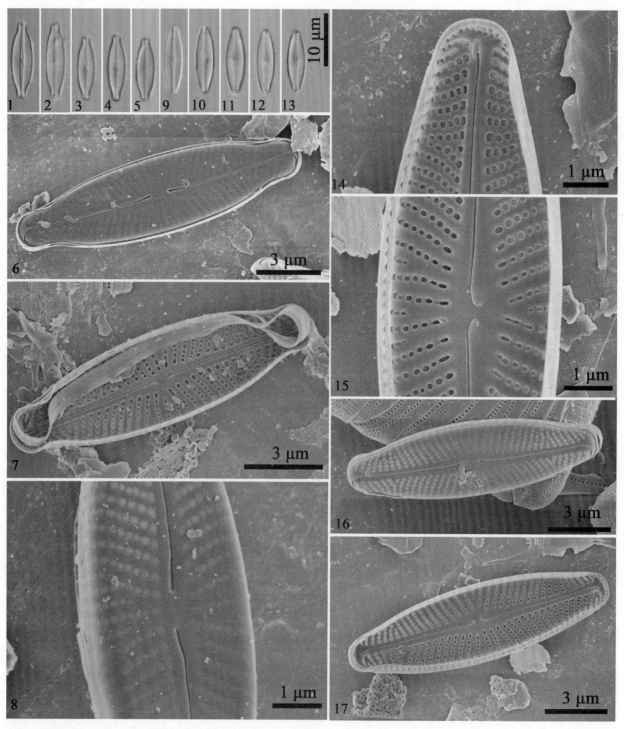

1～8　中华拉菲亚藻 *Adlafia sinensis* Liu & Williams

9～17　横断拉菲亚藻 *Adlafia hengduanensis* Luo & Wang sp. nov.

图版 224

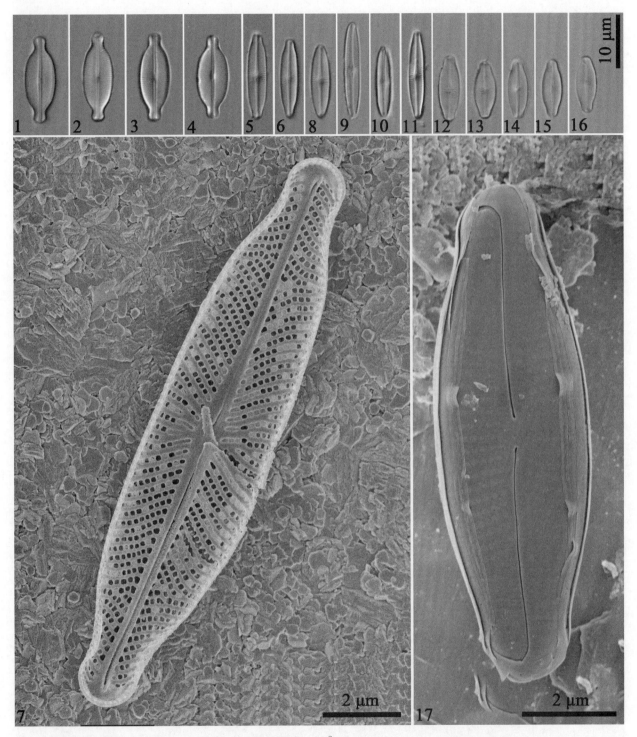

1～4　密纹拉菲亚藻 *Adlafia detenta* （Hustedt）Heudre，Wetzel & Ector

5～7　水生拉菲亚藻 *Adlafia aquaeductae* （Krasske）Lange-Bertalot

8　白卡尔拉菲亚藻 *Adlafia baicalensis* Kulikovskiy & Lange-Bertalot

9～11　史穗兰拉菲亚藻 *Adlafia suchlandtii* （Hustedt）Monnier & Ectori

12～17　拟白卡尔拉菲亚藻 *Adlafia pseudobaicalensis* Kulikovskiy & Lange-Bertalot

图版 225

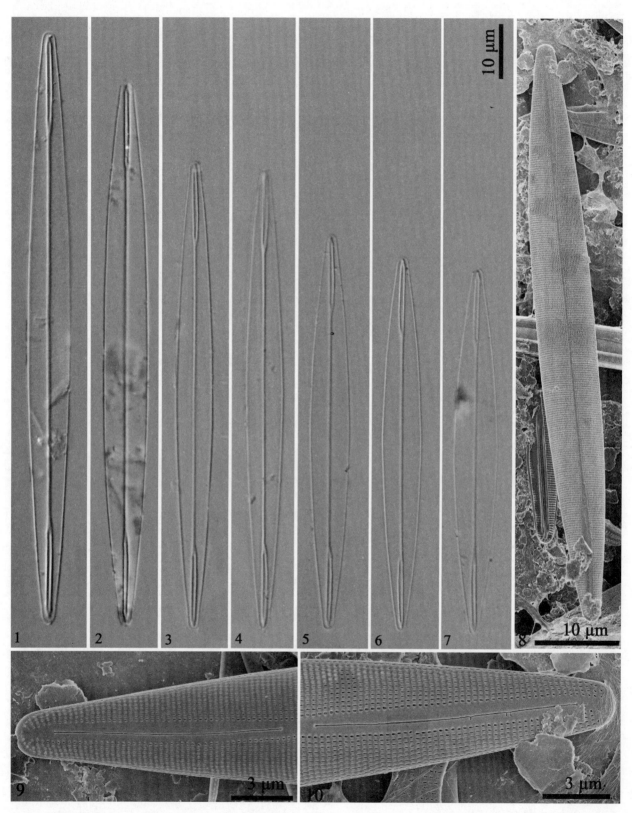

1～10　明晰双肋藻 *Amphipleura pellucida*（Kützing）Kützing

图版 226

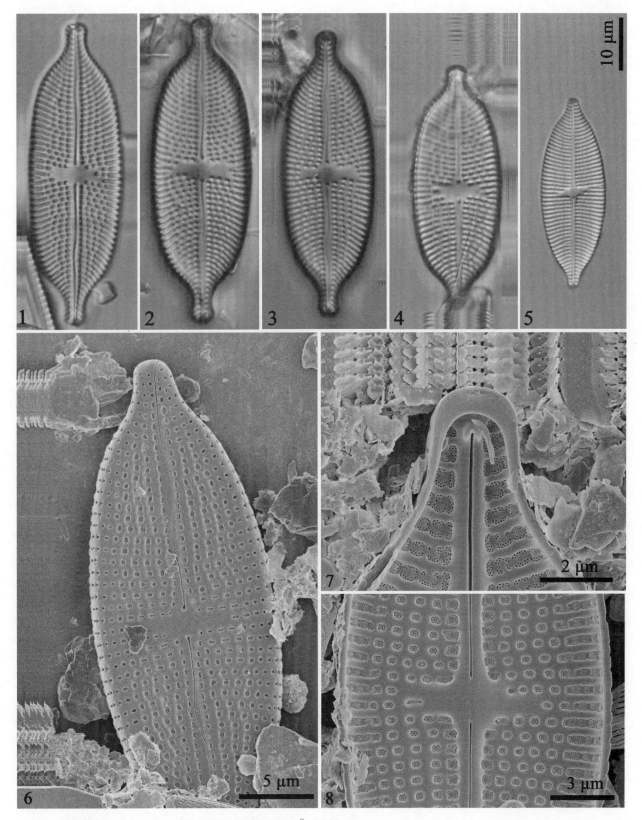

1～4　吐丝暗额藻 *Aneumastus tusculus*（Ehrenberg）Mann &. Stickle

5～8　喙暗额藻 *Aneumastus rostratus*（Hustedt）Lange-Bertalot

图版 227

1～6 具球异菱藻 *Anomoeoneis sphaerophora* Pfitzer

图版 228

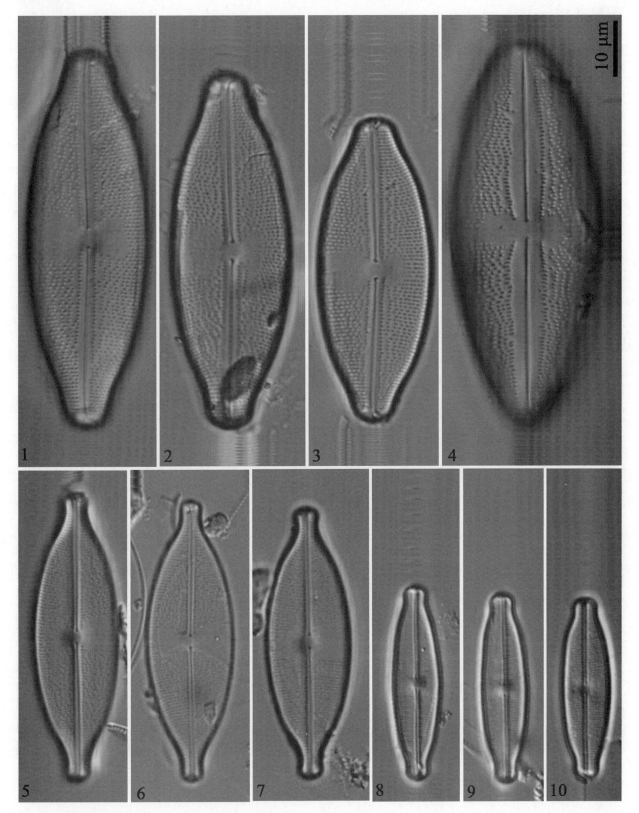

1~3　具球异菱藻冈瑟变种 *Anomoeoneis sphaerophora* var. *guentheri* Müller
4　中肋异菱藻 *Anomoeoneis costata*（Kützing）Hustedt
5~7　薄壁异菱藻 *Anomoeoneis inconcinna* Metzeltin，Lange-Bertalot & Nergui
8~10　莫诺异菱藻 *Anomoeoneis monoensis*（Kociolek & Herbst）Bahls

图版 229

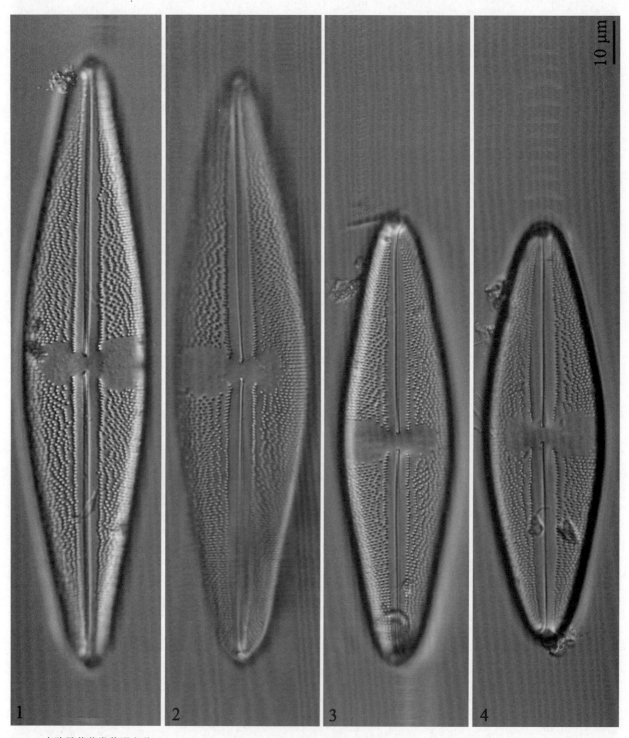

10 μm

1　2　3　4

1～4　中肋异菱藻类菱形变种 *Anomoeoneis costata* var. *rhomboides* Jao

图版 230

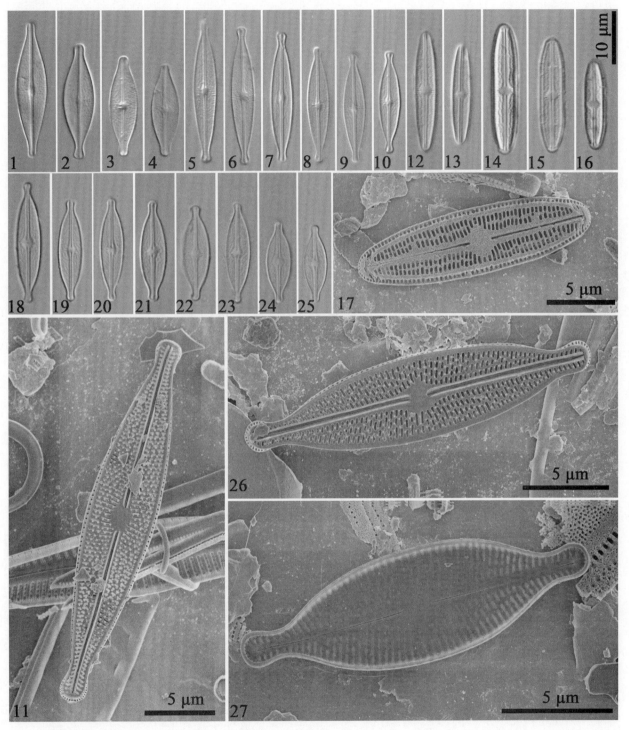

1～4　透明短纹藻 *Brachysira vitrea*（Grunow）Ross
5～11　小头短纹藻 *Brachysira microcephala*（Grunow）Compère
12～13　鲁佩利短纹藻 *Brachysira ruppeliana* Moser，Lange-Bertalot & Metzeltin
14～17　泽尔短纹藻 *Brachysira zellensis*（Grunow）Round & Mann
18～27　近瘦短纹藻 *Brachysira neoexilis* Lange-Bertalot

图版 231

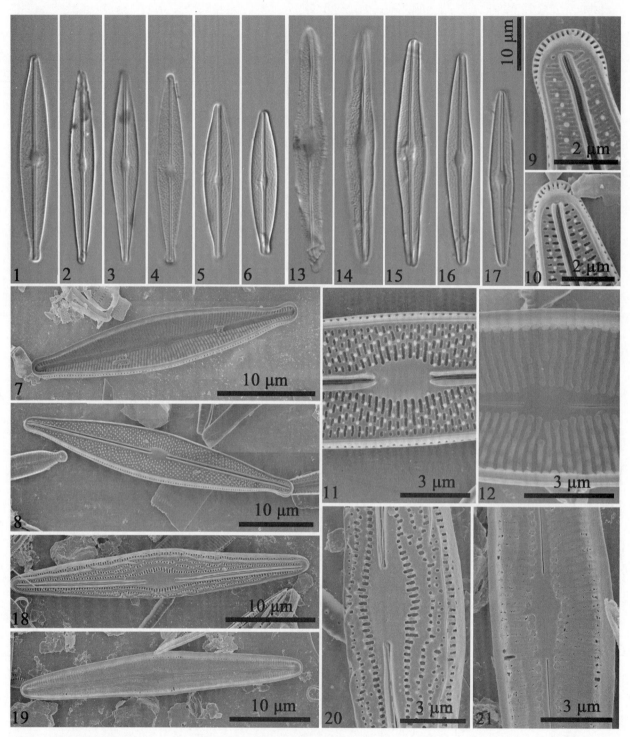

1～12　布兰奇短纹藻 *Brachysira blancheana* Lange-Bertalot & Moser
13～21　延伸短纹藻 *Brachysira procera* Lange-Bertalot & Moser

图版 232

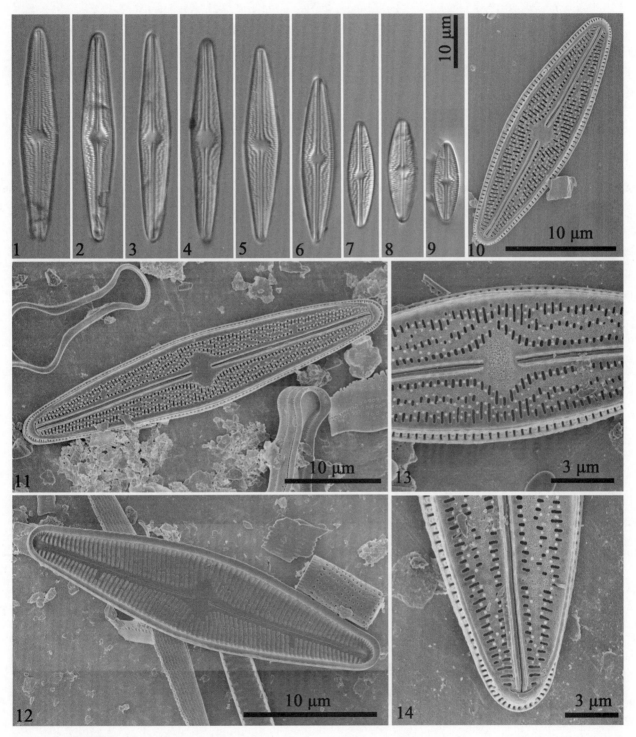

1～14　布氏短纹藻 *Brachysira brebissonii* Ross

图版 233

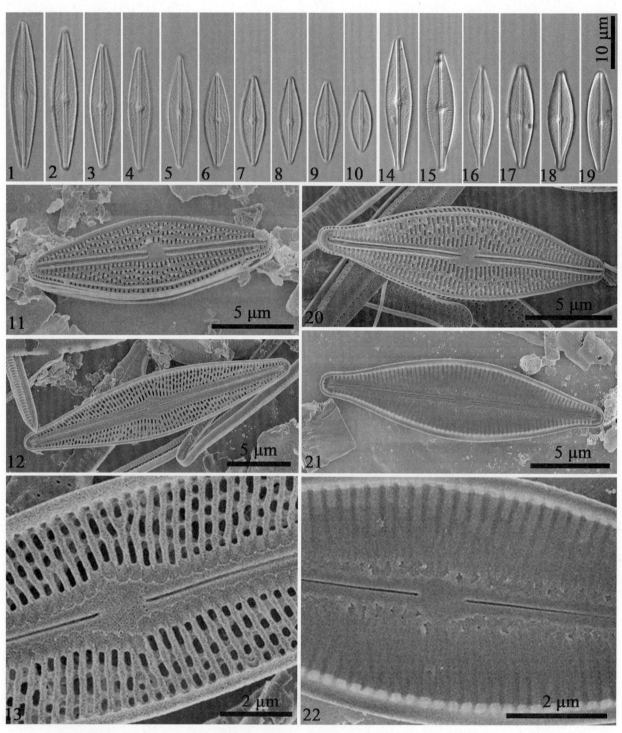

1~13　奥克兰短纹藻 *Brachysira ocalanensis* Shayler & Siver
14~22　瓜雷莱短纹藻 *Brachysira guarrerai* Vouilloud，Sala & Núñez-Avellaneda

图版 234

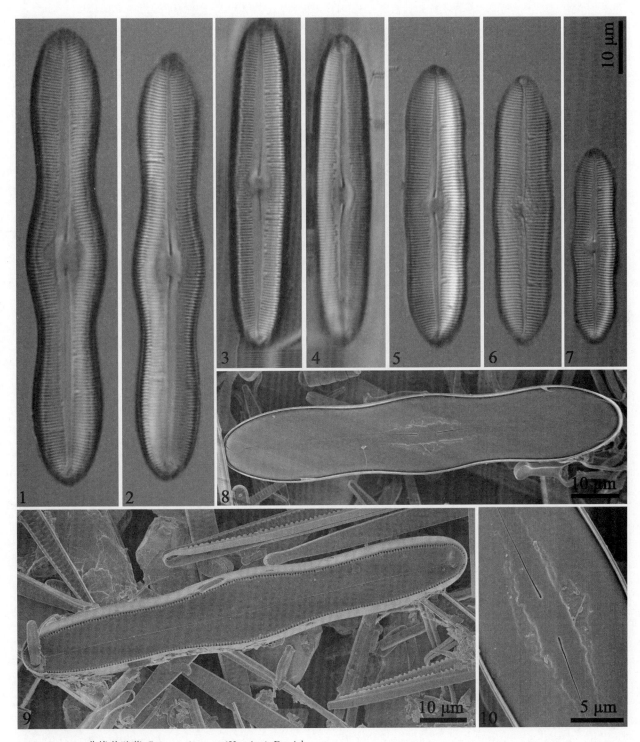

1～2，8～10　曲缘美壁藻 *Caloneis limosa*（Kützing）Patrick
3～4　热带美壁藻 *Caloneis thermalis*（Grunow）Krammer
5～7　短角美壁藻 *Caloneis silicula*（Ehrenberg）Cleve

图版 235

1～2　极大美壁藻 *Caloneis permagna* (Bailey) Cleve
3～9　镰形美壁藻 *Caloneis falcifera* Lange-Bertalot，Genkal & Vekhov
10～13　杆状美壁藻泉生变型 *Caloneis bacillum* f. *fonticola* (Grunow) Mayer

图版 236

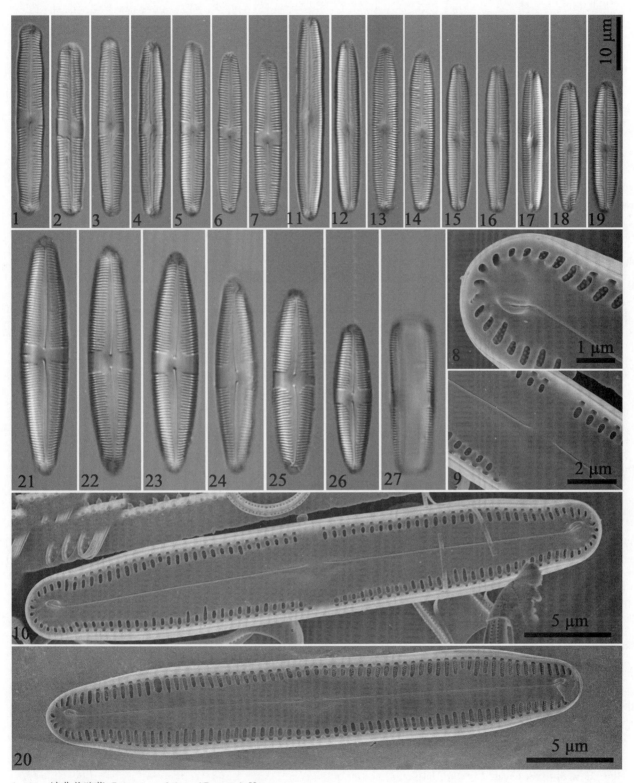

1～10　波曲美壁藻 *Caloneis undulata*（Gregory）Krammer
11～20　两栖美壁藻 *Caloneis tenuis*（Gregory）Krammer
21～27　克利夫美壁藻 *Caloneis clevei*（Lagerstedt）Cleve

图版 237

1~2　杆状美壁藻 *Caloneis bacillum* (Grunow) Cleve

3~9　殖民美壁藻 *Caloneis coloniformans* Kulikovskiy，Lange-Bertalot & Metzeltin

10~11　透明美壁藻 *Caloneis hyaline* Hustedt

12~22　伪塔拉格美壁藻 *Caloneis pseudotarag* Kulikovskiy，Lange-Bertalot & Metzeltin

23~26　吉德代纳美壁藻 *Caloneis gjeddeana* Foged

图版 238

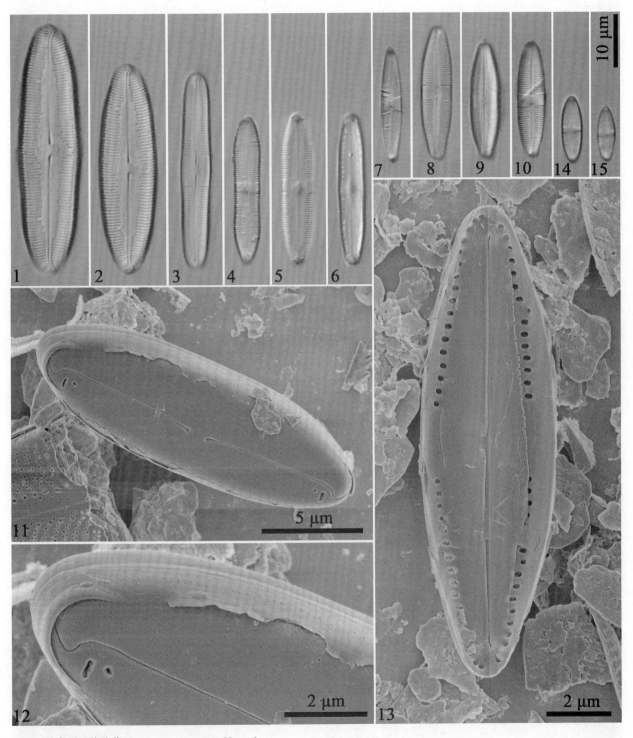

1～2　马来西亚美壁藻 *Caloneis malayensis* Hustedt

3　杆状美壁藻截形变种 *Caloneis bacillum* var. *trunculata* Skvortsov

4　偏肿美壁藻 *Caloneis ventricosa* Meister

5～6　杆状美壁藻宽披针形变型 *Caloneis bacillum* f. *latilanceolata* Zhu & Chen

7　烙印美壁藻 *Caloneis budensis*（Hustedt）Krammer

8～13　恒河美壁藻 *Caloneis ganga* Metzeltin，Kulikovskiy & Lange-Bertalot

14～15　伪透明美壁藻 *Caloneis pseudohyalina* Fusey

图版 239

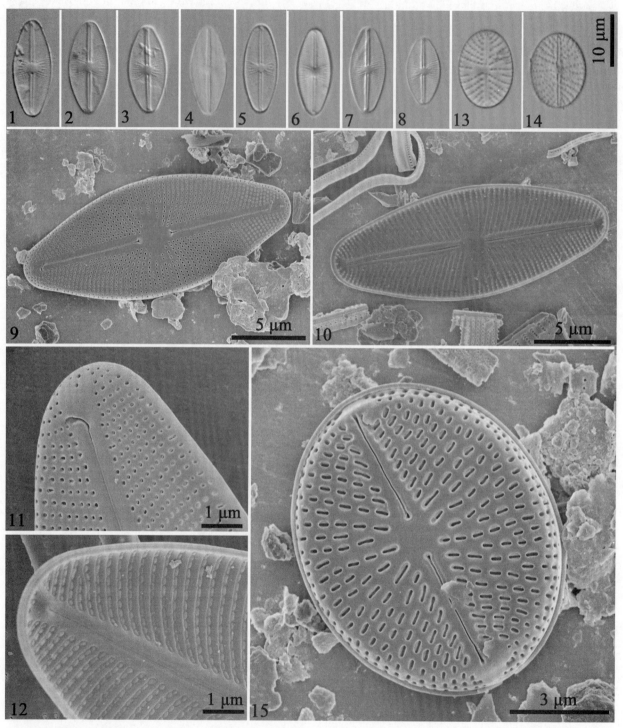

1～12　戴维西亚洞穴藻 *Cavinula davisiae* Bahls
13～15　楯状洞穴藻 *Cavinula scutelloides*（Smith）Lange-Bertalot

图版 240

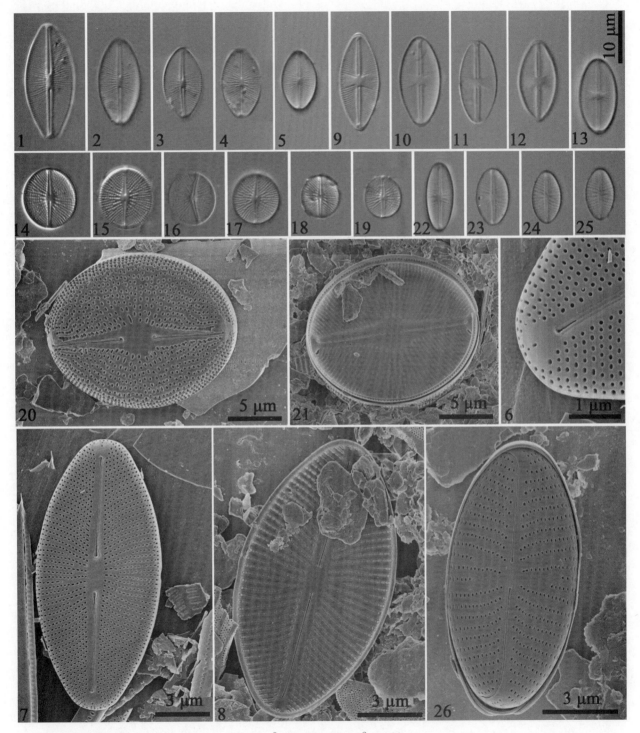

1~8　卵形洞穴藻 *Cavinula cocconeiformis*（Gregory & Greville）Mann & Stickle

9~13　石生洞穴藻 *Cavinula lapidosa*（Krasske）Lange-Bertalot

14~21　伪楯形洞穴藻 *Cavinula pseudoscutiformis*（Hustedt）Mann & Stickle

22~26　圆形鞍型藻 *Sellaphora rotunda*（Hustedt）Wetzel，Ector，Van de Vijver，Compère & Mann

图版 241

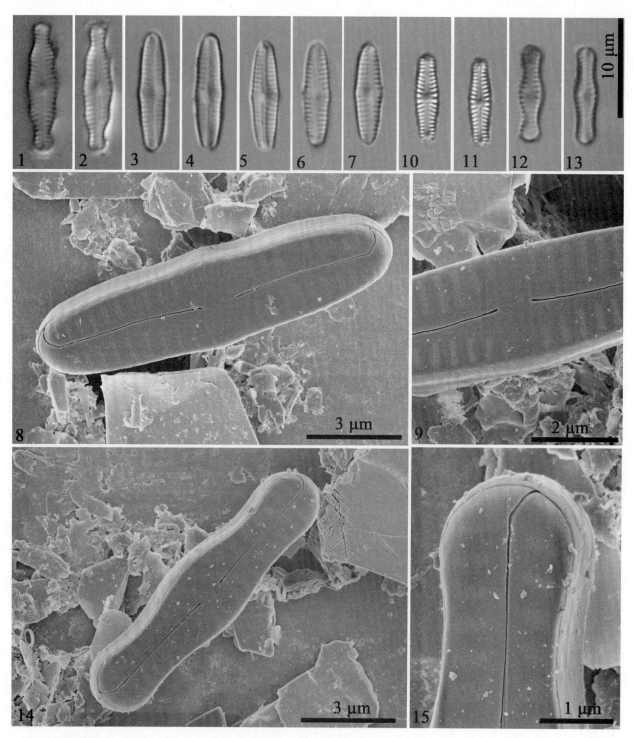

1～2　索尔矮羽藻 *Chamaepinnularia soehrensis*（Krasske）Lange-Bert & Krammer
3～9　平凡矮羽藻 *Chamaepinnularia mediocris*（Krasske）Lange-Bertalot
10～11　根特普矮羽藻 *Chamaepinnularia gandrupii*（Petersen）Lange-Bertalot & Krammer
12～15　海塞矮羽藻 *Chamaepinnularia hassiaca*（Krasske）Cantonati & Lange-Bertalot

图版 242

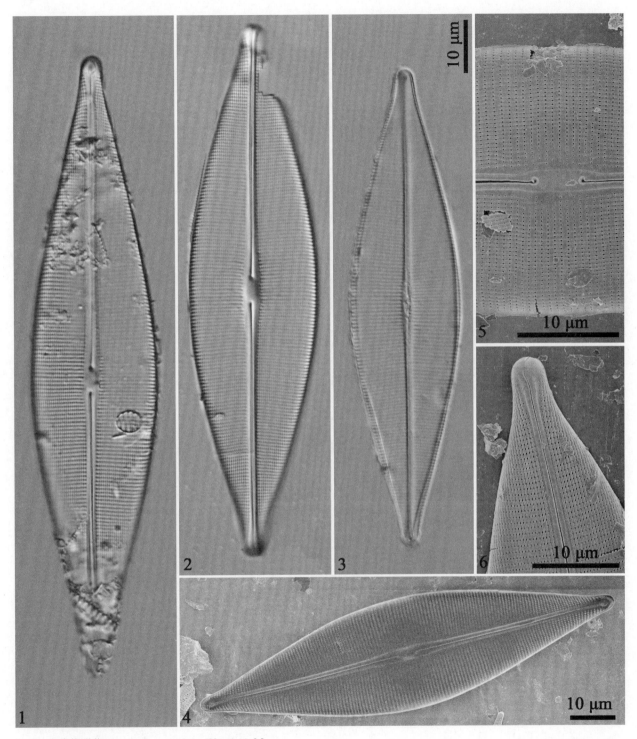

1～6　急尖格形藻 *Craticula cuspidata*（Kützing）Mann

图版 243

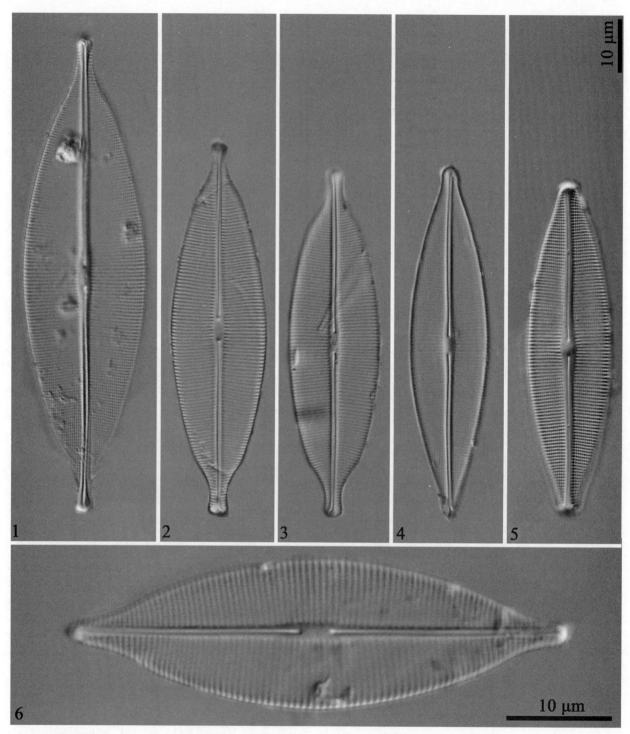

1～3　模糊格形藻 *Craticula ambigua*（Ehrenberg）Mann
4　盐生格形藻 *Craticula halopannonica* Lange-Bertalot
5　岸边格形藻 *Craticula obaesa* Van der Vijver，Kopalová & Zindarova
6　清晰格形藻 *Craticula nonambigua* Lange-Bertalot，Cavacini，Tagliaventi & Alfinito

图版 244

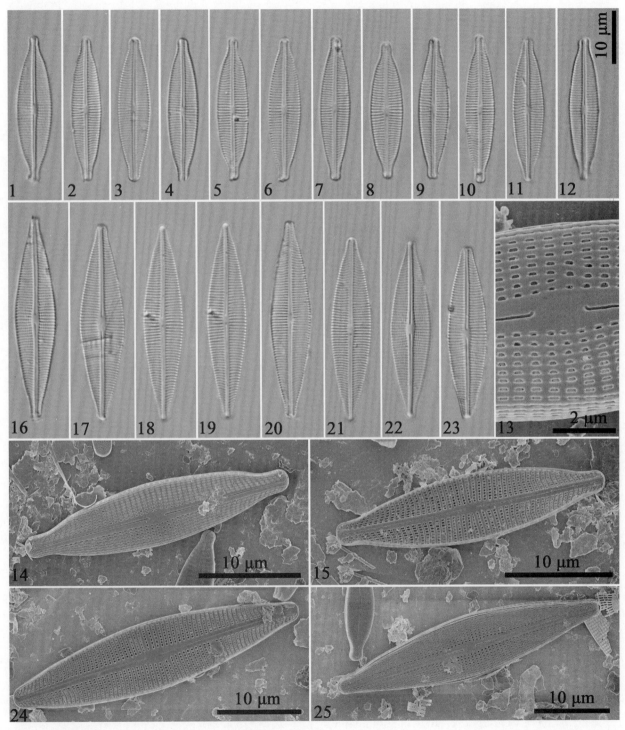

1~15　南极格形藻 *Craticula antarctica* Van de Vijver & Sabbe
16~25　布代里格形藻 *Craticula buderi*（Hustedt）Lange-Bertalot

图版 245

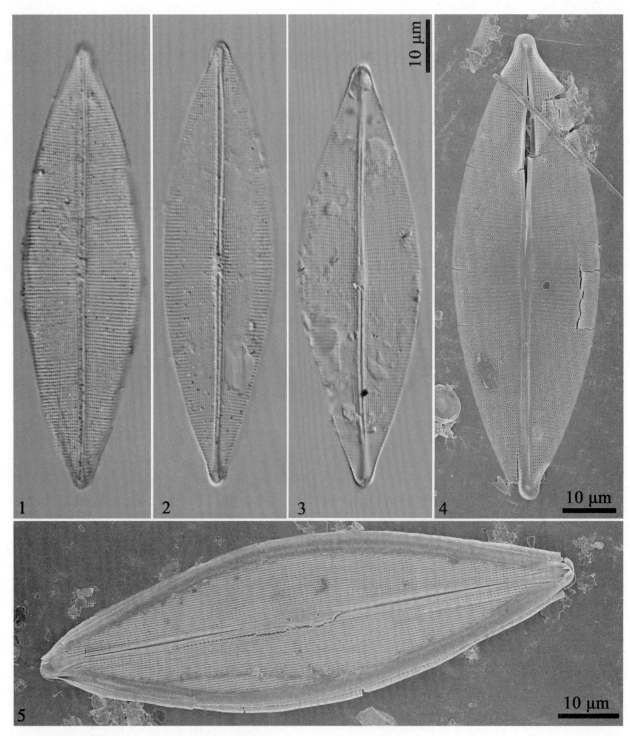

1～5　富曼蒂格形藻 *Craticula fumantii* Lange-Bertalot

图版 246

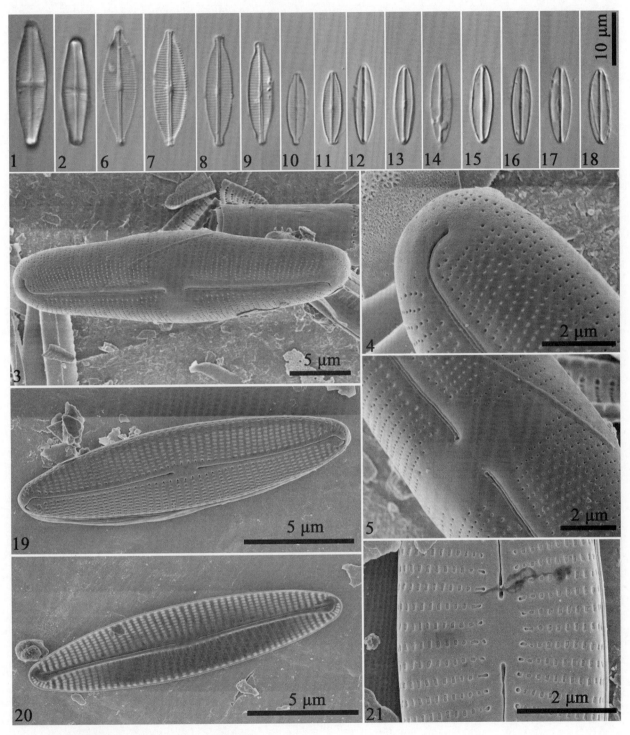

1~5　布兰迪辐带藻 *Staurophora brantii* Bahls
6~7　适中格形藻 *Craticula accomoda* （Hustedt） Mann
8~9　澳大利亚格形藻 *Craticula australis* Van der Vijver，Kopalová & Zindarova
10~11　微扰格形藻 *Craticula submolesta* （Hustedt） Lange-Bertalot
12~21　扰动格形藻 *Craticula molestiformis* （Hustedt） Mayama

图版 247

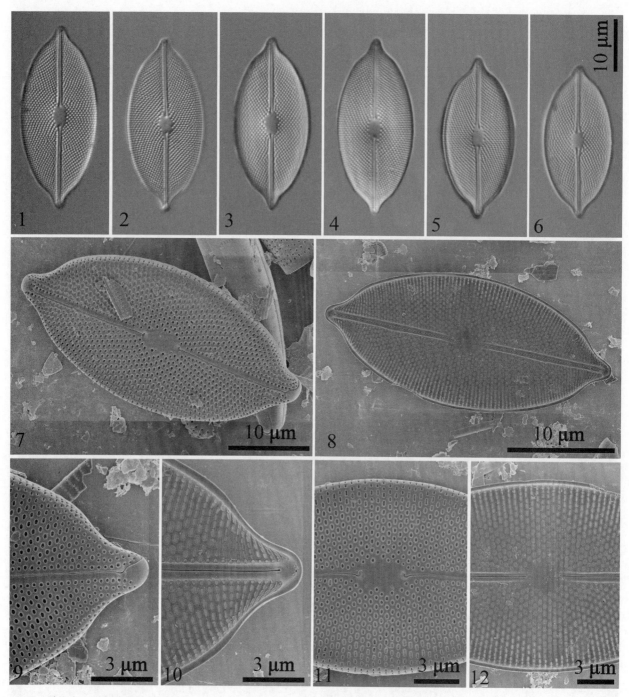

1~12 胎座交互对生藻 *Decussiphycus placenta* (Ehrenberg) Lange-Bertalot & Metzeltin

图版 248

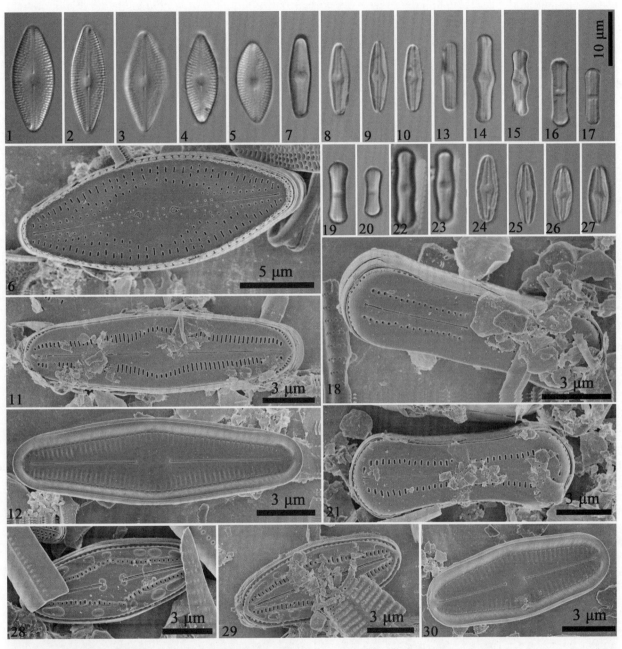

1～6　丝状全链藻 *Diadesmis confervacea* Kützing

7～12　福岛喜湿藻 *Humidophila fukushimae*（Lange-Bertalot，Werum &. Broszinski）Buczkó &. Köver

13　科马雷克喜湿藻 *Humidophila komarekiana* Kochman-Kędziora，Noga，Zidarova，Kopalová &. Van de Vijver

14～15　弓形喜湿藻 *Humidophila arcuatoides*（Lange-Bertalot）Lowe，Kociolek，Johansen，Van de Vijver，Lange-Bertalot &. Kopalová

16～18　狭喜湿藻 *Humidophila contenta*（Grunow）Lowe，Kociolek，Johansen，Van de Vijver，Lange-Bertalot &. Kopalová

19～21　爬虫形喜湿藻 *Humidophila sceppacuerciae* Kopalová

22～23　类印加喜湿藻 *Humidophila ingeaeformis* Hamilton &. Antoniade

24～30　极小喜湿藻 *Humidophila perpusilla*（Grunow）Lowe，Kociolek，Johansen，Van de Vijver，Lange-Bertalot &. Kopalová

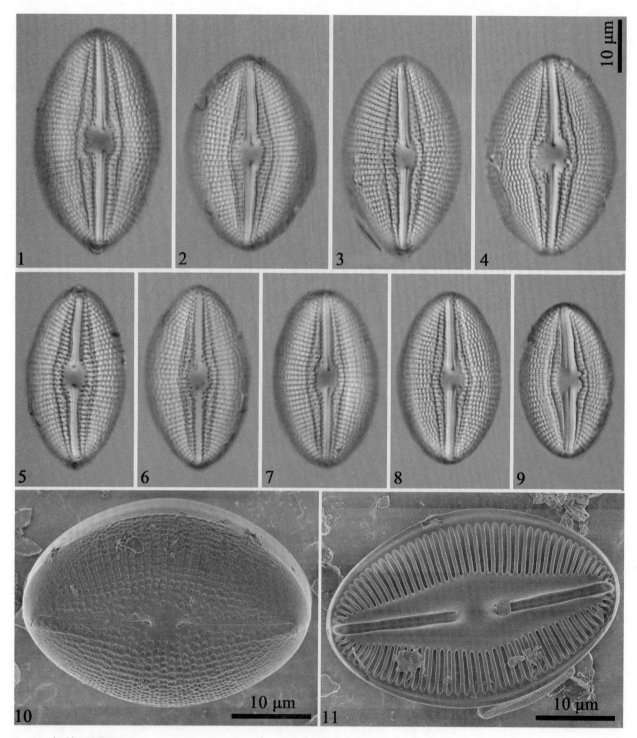

1～11　智利双壁藻 *Diploneis chilensis*（Hustedt）Lange-Bertalot

图版 250

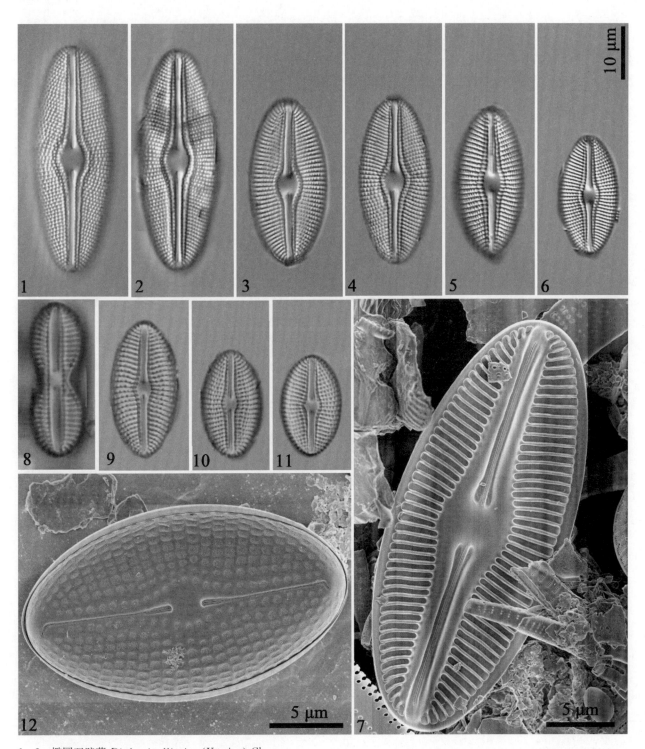

1～2 椭圆双壁藻 *Diploneis elliptica*（Kützing）Cleve

3～7 卵圆双壁藻 *Diploneis ovalis*（Hilse）Cleve

8 间断双壁藻 *Diploneis interrupta*（Kuetzing）Cleve

9～12 结石双壁藻 *Diploneis calcilacustris* Lange-Bertalot & Fuhrmann

图版 251

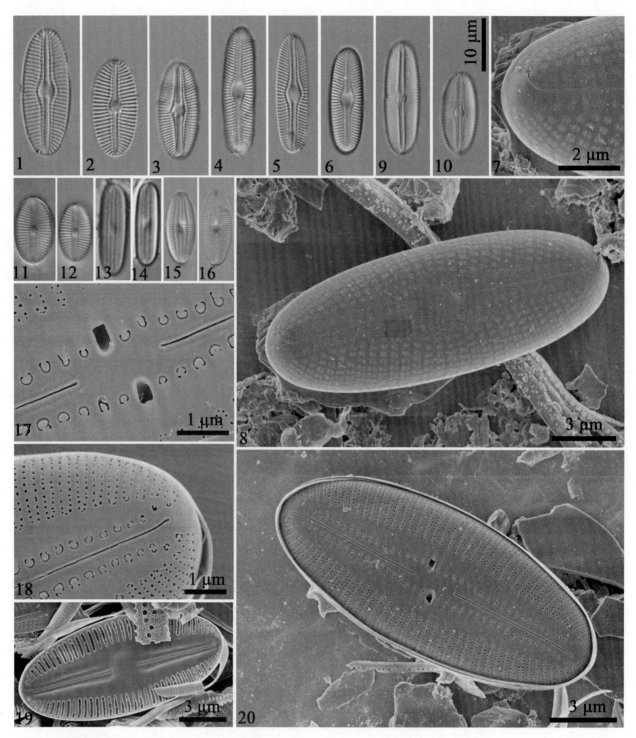

1～3　泉生双壁藻 *Diploneis fontanella* Lange-Bertalot

4～8　长圆双壁藻 *Diploneis oblongella* (Naegeli) Cleve

9～10　博尔特双壁藻 *Diploneis boldtiana* Cleve

11～12　小圆盾双壁藻 *Diploneis parma* Cleve

13～14　类眼双壁藻 *Diploneis oculata* (Brébisson) Cleve

15～20　彼得森双壁藻 *Diploneis petersenii* Hustedt

图版 252

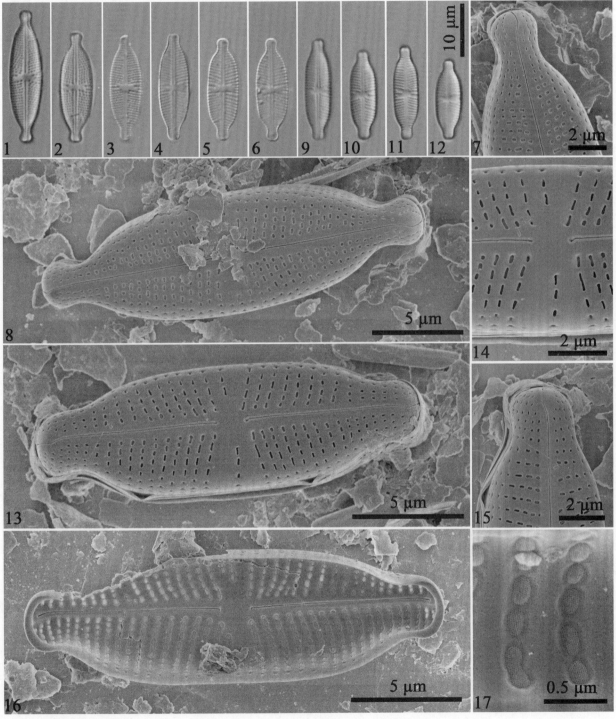

1~8　印度尼西亚杜氏藻 *Dorofeyukea indokotschyi* Kulikovskiy, Maltsev, Andreeva & Kociolek
9~17　萨凡纳杜氏藻 *Dorofeyukea savannahiana* (Patrick) Kulikovskiy & Kociolek

图版 253

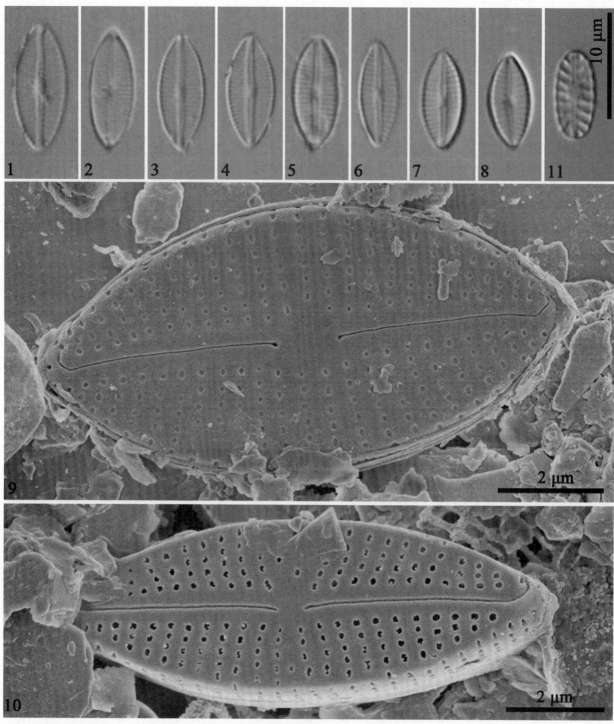

1～10　小塘生藻 *Eolimna subminuscula* (Manguin) Moser，Lange-Bertalot & Metzeltin

11　巴尔福利亚湿岩藻 *Hygropetra balfouriana* (Grunow & Cleve) Krammer & Lange-Bertalot

图版 254

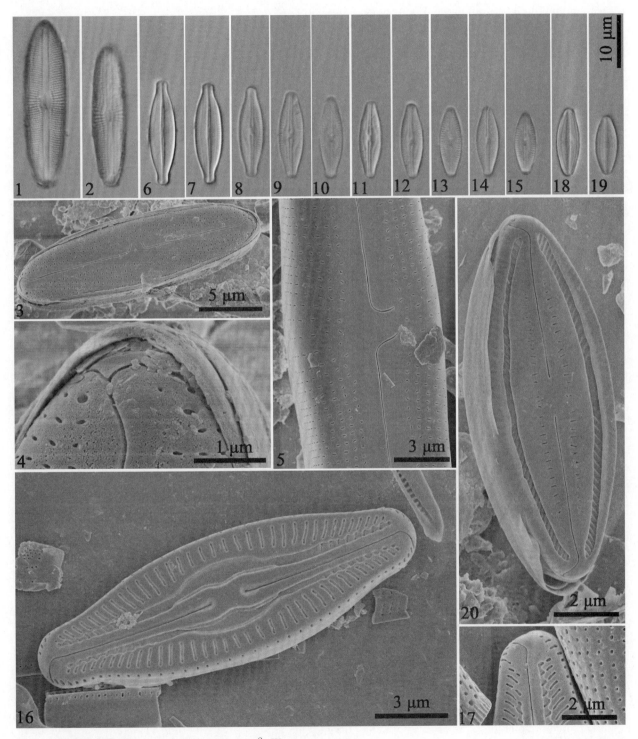

1～5　近膨胀缪氏藻 *Muelleria pseudogibbula* Liu & Wang
6～7　透明微肋藻 *Microcostatus vitrea*（Østrup）Luo & Wang comb. nov.
8～17　诺曼微肋藻 *Microcostatus naumannii*（Hustedt）Lange-Bertalot
18～20　威鲁姆微肋藻 *Microcostatus werumii* Metzeltin，Lange-Bertalot & Soninkhishig

图版 255

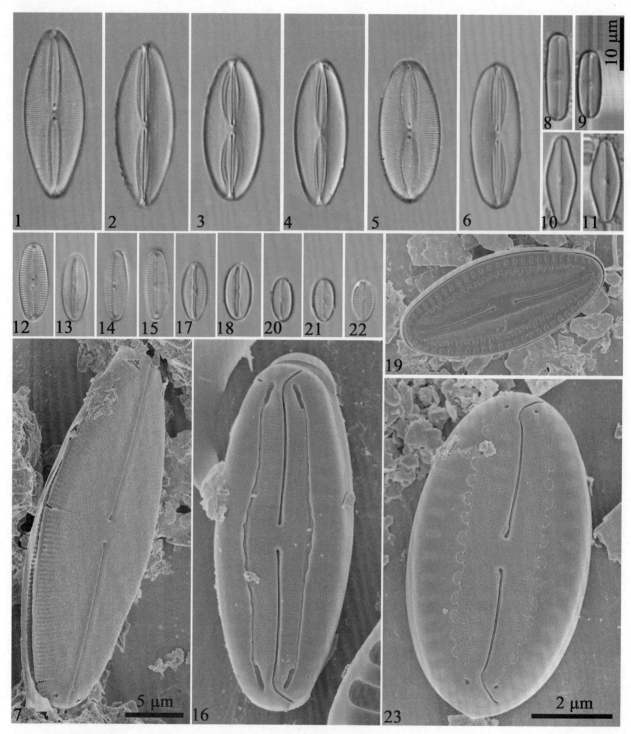

1～7　矮小伪形藻 *Fallacia pygmaea*（Kützing）Stickle & Mann

8～9　伦齐假伪形藻 *Pseudofallacia lenzii*（Hustedt）Lange-Bertalot

10～11　露西维假伪形藻 *Pseudofallacia losevae*（Lange-Bertalot, Genkal & Vechov）Liu, Kociolek & Wang

12～16　串珠假伪形藻 *Pseudofallacia monoculata*（Hustedt）Liu, Kociolek & Wang

17～19　佛罗里达假伪形藻 *Pseudofallacia floriniae*（Møller）Witkowski

20～23　加利福尼亚假伪形藻 *Pseudofallacia californica* Stancheva & Manoylov

图版 256

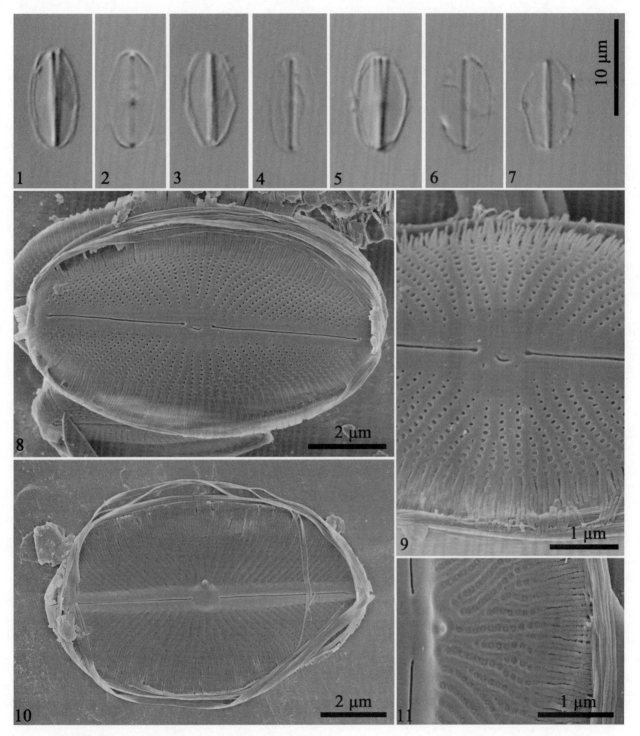

1~11　薄壳管状藻 *Fistulifera pelliculosa* (Kützing) Lange-Bertalot

图版 257

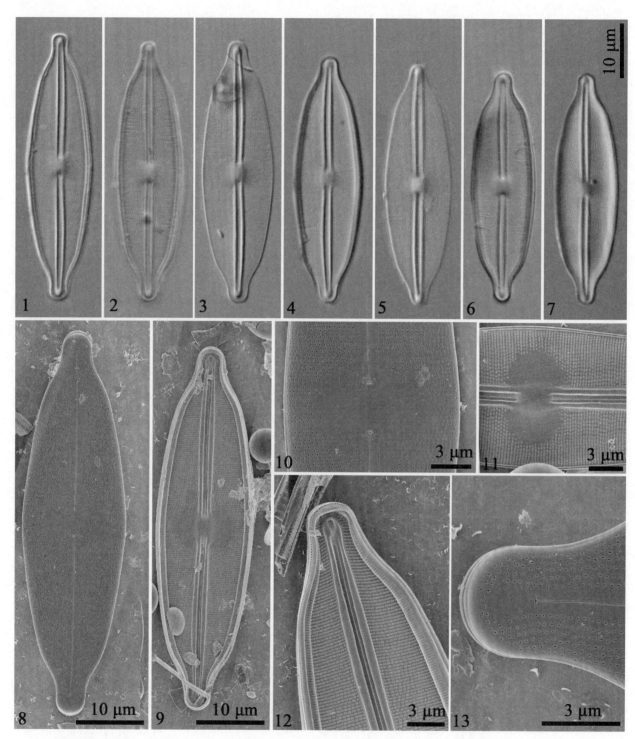

1~13　横断肋缝藻 *Frustulia hengduanensis* Luo & Wang

图版 258

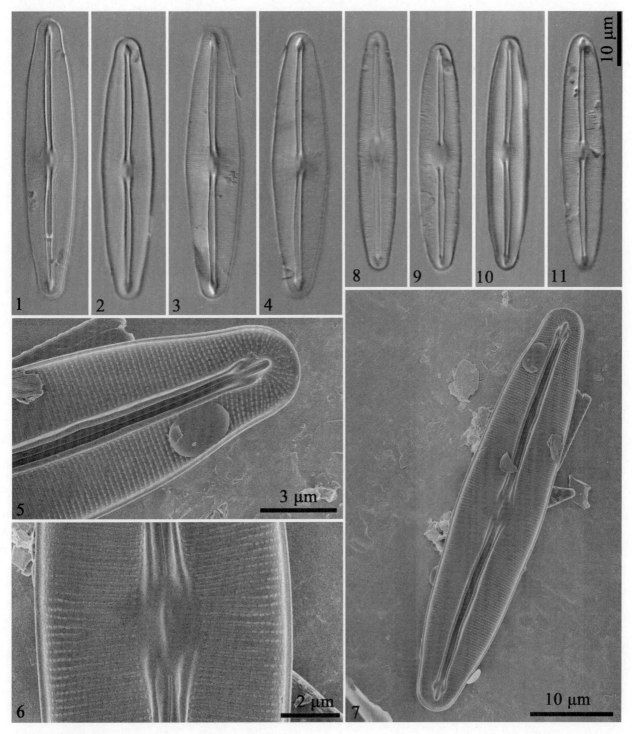

1~7　普生肋缝藻 *Frustulia vulgaris* (Thwaites) De Toni

8~11　亚洲肋缝藻 *Frustulia asiatica* (Skvortsov) Metzeltin，Lange-Bertalot & Soninkhishig

图版 259

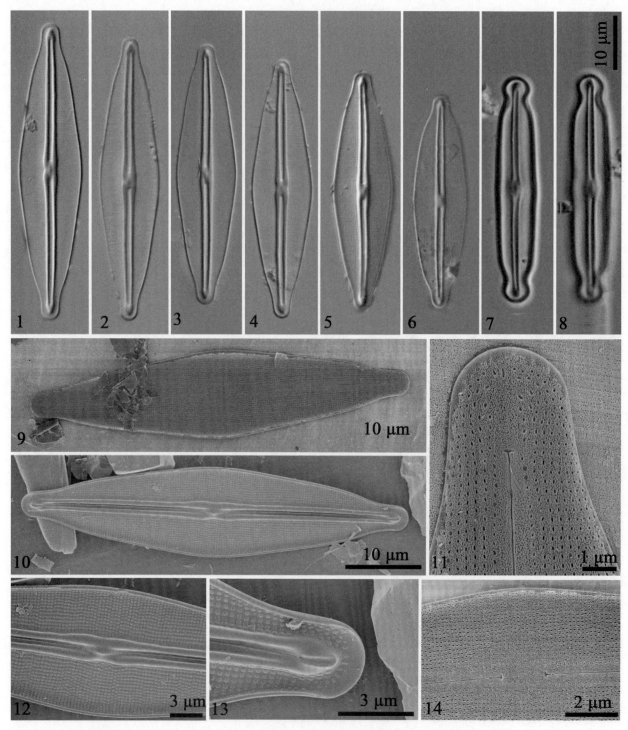

1~6, 9~14　粗脉肋缝藻 *Frustulia crassinervia* (Brébisson &. Smith) Lange-Bertalot &. Krammer

7~8　阿莫塞肋缝藻 *Frustulia amosseana* Lange-Bertalot

图版 260

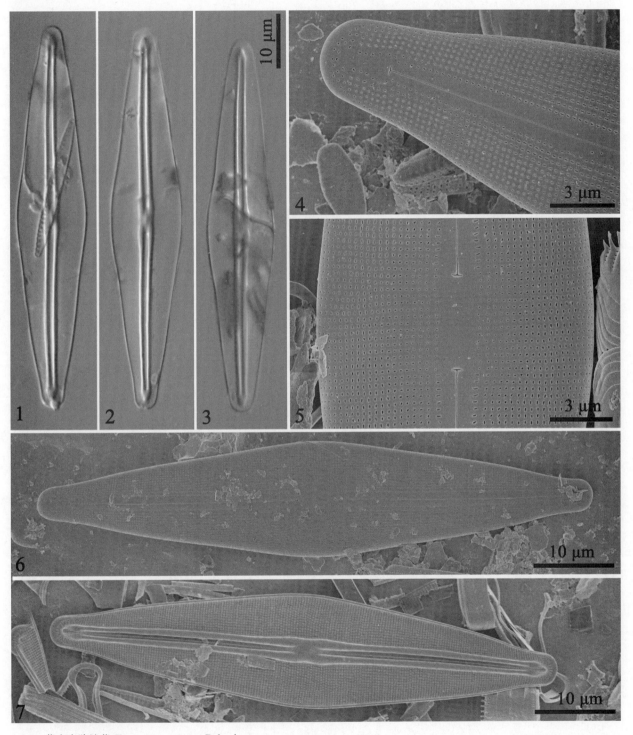

1～7　萨克森肋缝藻 *Frustulia saxonica* Rabenhorst

图版 261

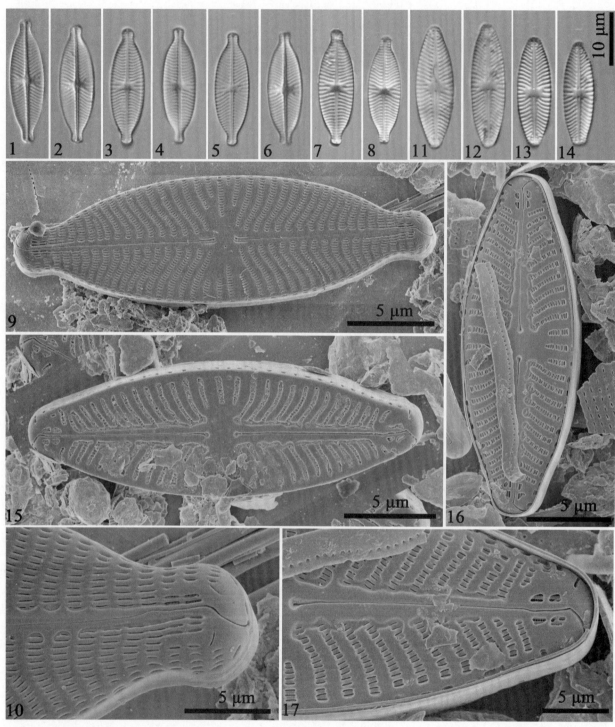

1～10　美容盖斯勒藻 *Geissleria decussis*（Østrup）Lange-Bertalot & Metzeltin
11～17　卡氏盖斯勒藻 *Geissleria cummerowii*（Kalbe）Lange-Bertalot

图版 262

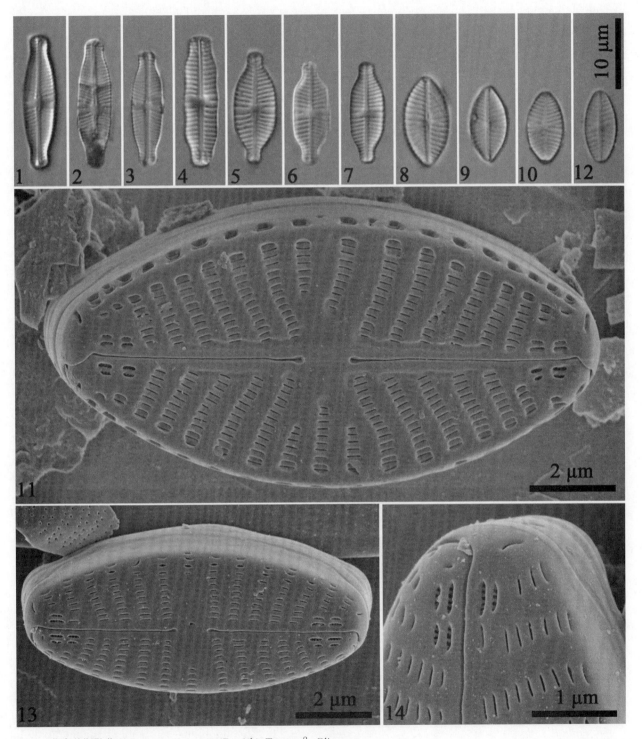

1～3　艾肯盖斯勒藻 Geissleria aikenensis (Patrick) Torgan & Olivera

4　无名盖斯勒藻 Geissleria ignota (Krasske) Lange-Bertalot & Metzeltin

5～7　蒙古盖斯勒藻 Geissleria mongolica Metzeltin, Lange-Bertalot & Soninkhishig

8～11　波旁盖斯勒藻 Geissleria bourbonensis Le Cohu, Ten-Hage & Coste

12～14　多变盖斯勒藻 Geissleria irregularis Kulikovskiy, Lange-Bertalot & Metzeltin

图版 263

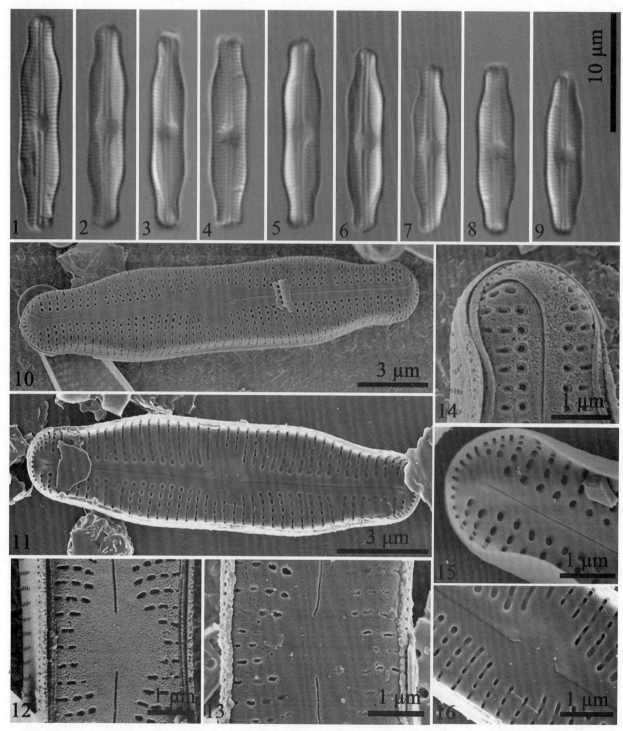

1～16　高山根卡藻 *Genkalia alpina* Luo，You & Wang

图版 264

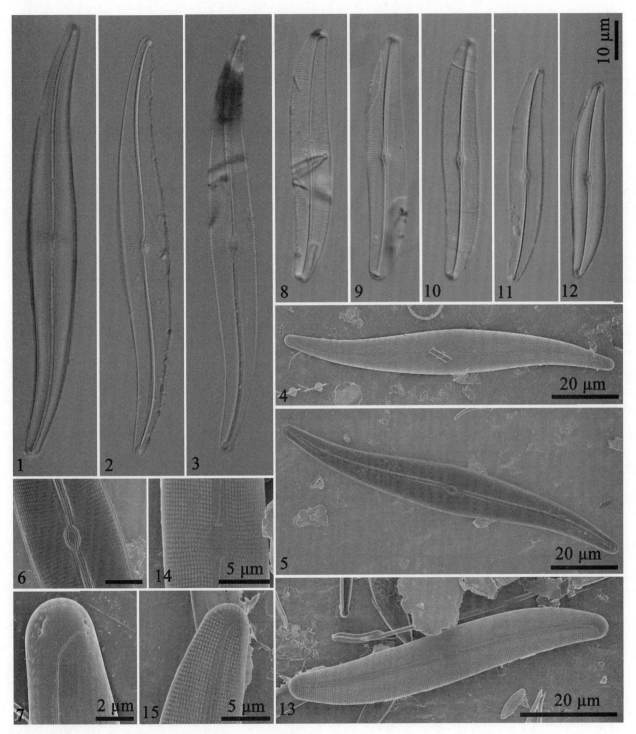

1～7　尖布纹藻 *Gyrosigma acuminatum* （Kützing） Rabenhorst

8～15　刀形布纹藻 *Gyrosigma scalproides* （Rabenhorst） Cleve

图版 265

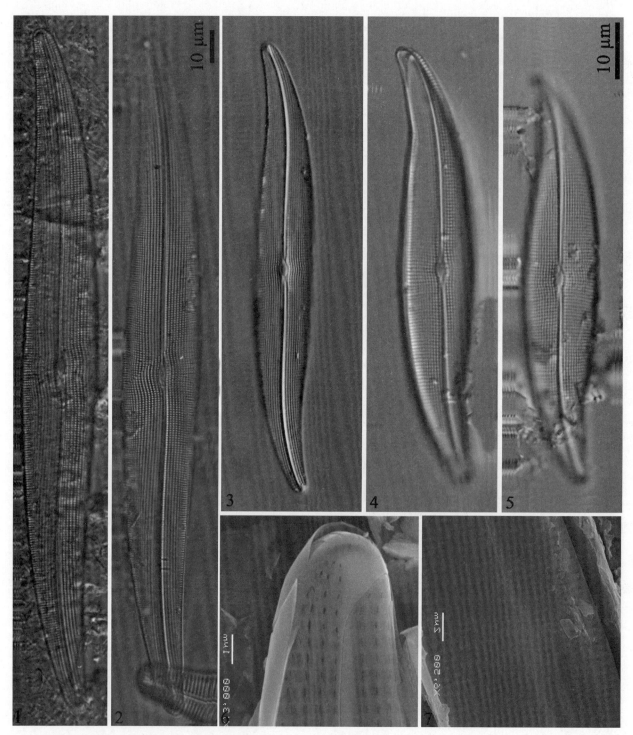

1～2 斯潘泽尔布纹藻 *Gyrosigma spencerii*（Smith）Cleve

3 渐窄布纹藻 *Gyrosigma attenuatum*（Kützing）Rabenhorst

4～7 奥立布纹藻 *Gyrosigma wormleyi*（Sull.）Boyer

图版 266

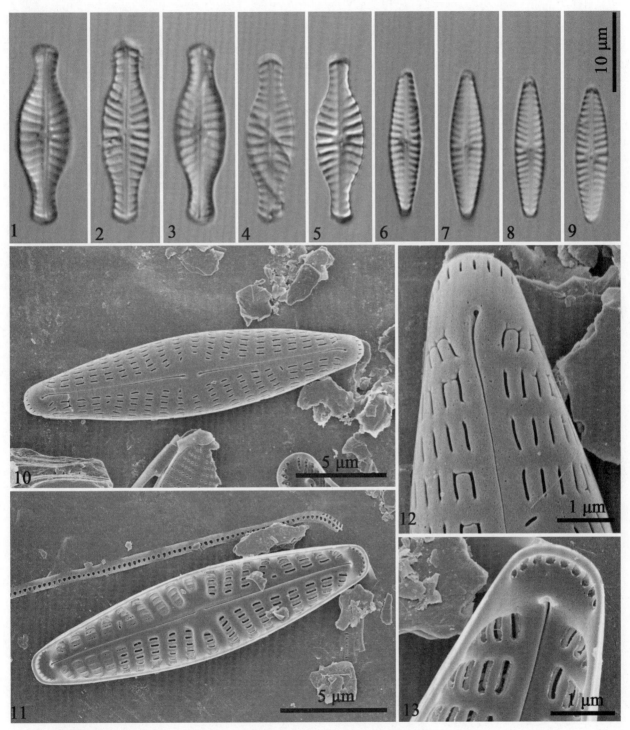

1~5　头端宽纹藻 *Hippodonta capitata* (Ehrenberg) Lange-Bertalot，Metzeltin &. Witkowski

6~13　杰奥宽纹藻 *Hippodonta geocollegarum* Pavlov，Levkov，Williams &. Edlund

图版 267

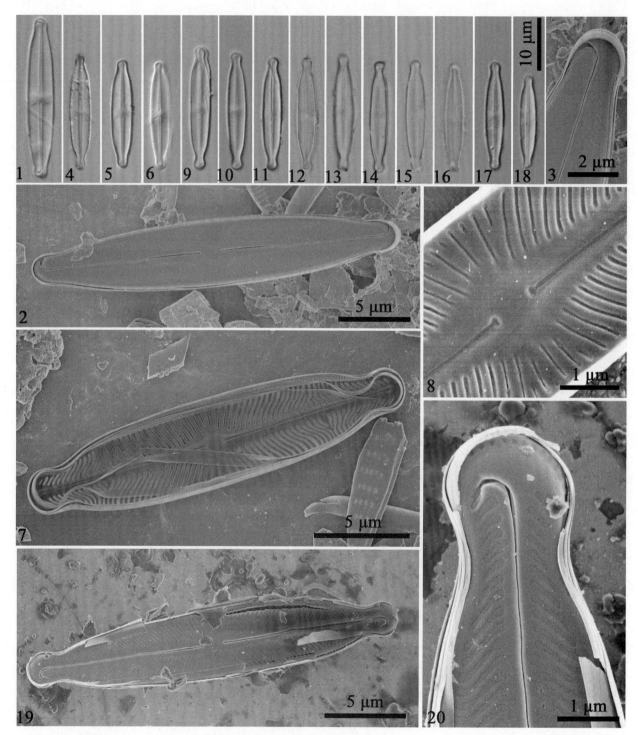

1~3　嘉吉小林藻 Kobayasiella jaagii（Meister）Lange-Bertalot
4~6　极细小林藻 Kobayasiella subtilissima（Cleve）Lange-Bertalot
7~20　微点小林藻 Kobayasiella micropunctata（Germain）Lange-Bertalot

图版 268

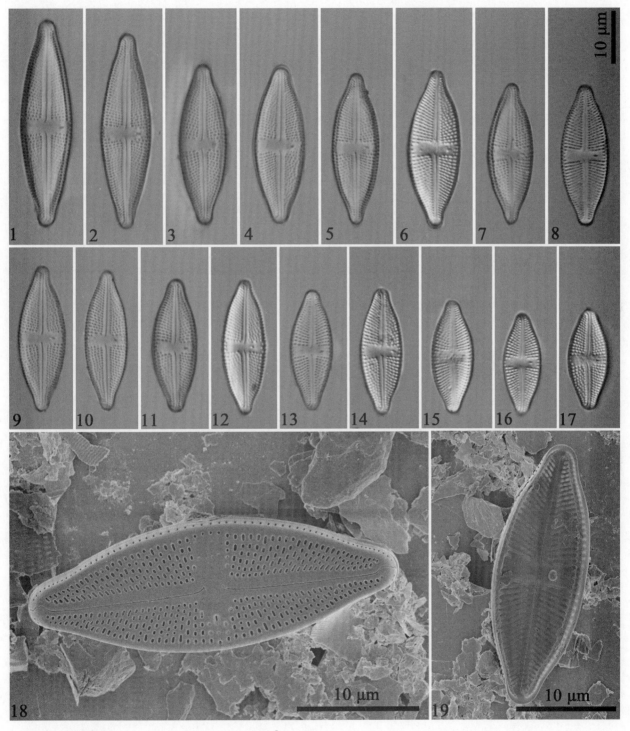

1～19 大披针泥栖藻 *Luticola grupcei* Pavlov，Nakov & Levkov

图版 269

1～9 桥佩蒂泥栖藻 *Luticola goeppertiana* (Bleisch) Mann, Rarick, Wu, Lee & Edlund
10～15 近菱形泥栖藻 *Luticola pitranensis* Levkov, Metzeltin & Pavlov

图版 270

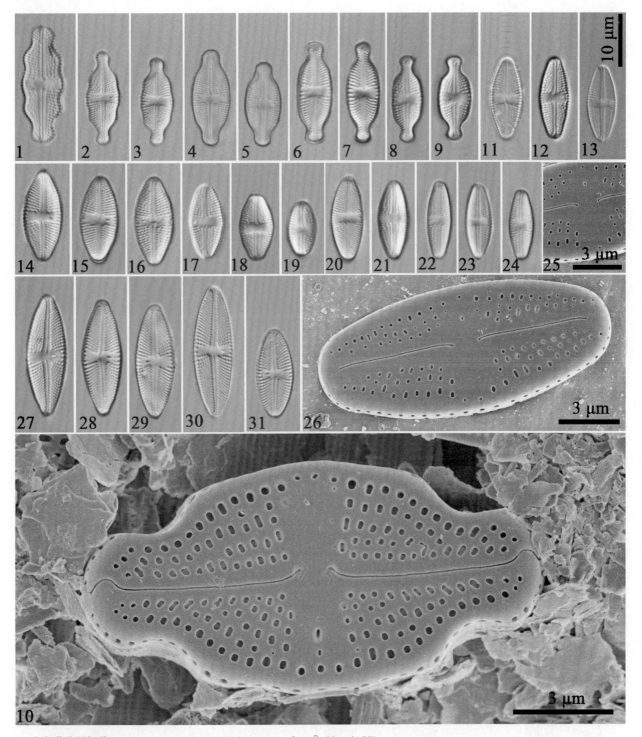

1　奥尔萨克泥栖藻 *Luticola olegsakharovii* Zidarova，Levkov & Van de Vijver

2～3　极钝形泥栖藻 *Luticola permuticopsis* Kopalová & Van de Vijver

4～5　考伯格斯泥栖藻 *Luticola caubergsii* Van de Vijver

6～10　偏凸泥栖藻 *Luticola ventricosa*（Kützing）Mann

11～13　钝泥栖藻 *Luticola mutica*（Kützing）Mann

14～19　近克罗泽泥栖藻 *Luticola subcrozetensis* Van de Vijver，Kopalová，Zidarova & Levkov

20～21　可赞赏泥栖藻 *Luticola plausibilis*（Hustedt）Li & Qi

22～26　澳大利亚钝泥栖藻 *Luticola australomutica* Van de Vijver

27～31　不对称泥栖藻 *Luticola scardica* Levkov，Metzeltin & Pavlov

图版 271

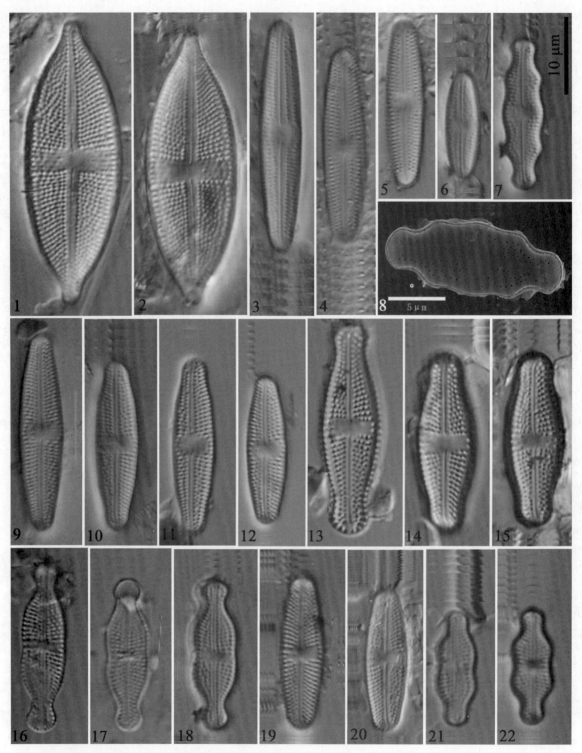

1～2　西尔根伯格泥栖藻 *Luticola hilgenbergii* Metzeltin，Lange-Bertalot & García-Rodríguez

3～6　细泥栖藻 *Luticola tenuis* Levkov，Metzeltin & Pavlov

7～8　雪白泥栖藻 *Luticola nivalis*（Ehrenberg）Mann

9～12　洞壁泥栖藻 *Luticola poulickovae* Levkov，Metzeltin & Pavlov

13～15　穆拉泥栖藻 *Luticola murrayi*（West & West）Mann

16～18　比利泥栖藻 *Luticola bilyi* Levkov，Metzeltin & Pavlov

19～20　柯氏泥栖藻 *Luticola cohnii*（Hilse）Mann

21～22　双结泥栖藻 *Luticola binodis*（Hustedt）Edlund

图版 272

1~2　可疑努佩藻 *Nupela decipiens*（Reimer）Potapova
3~4　阿斯塔蒂尔努佩藻 *Nupela astartiella* Metzeltin & Lange-Bertalot
5~9　近喙状努佩藻 *Nupela subrostrata*（Hustedt）Potapova
10~14　细柱马雅美藻 *Mayamaea atomus*（Kützing）Lange-Bertalot
15~20　小沟马雅美藻 *Mayamaea fossalis*（Krasske）Lange-Bertalot

图 273

1~2 假史密斯胸隔藻 *Mastogloia pseudosmithii* Lee，Gaiser，Van de Vijver，Edlund & Spaulding

3~9 史密斯胸隔藻 *Mastogloia smithii* Thwaites & Smith

图版 274

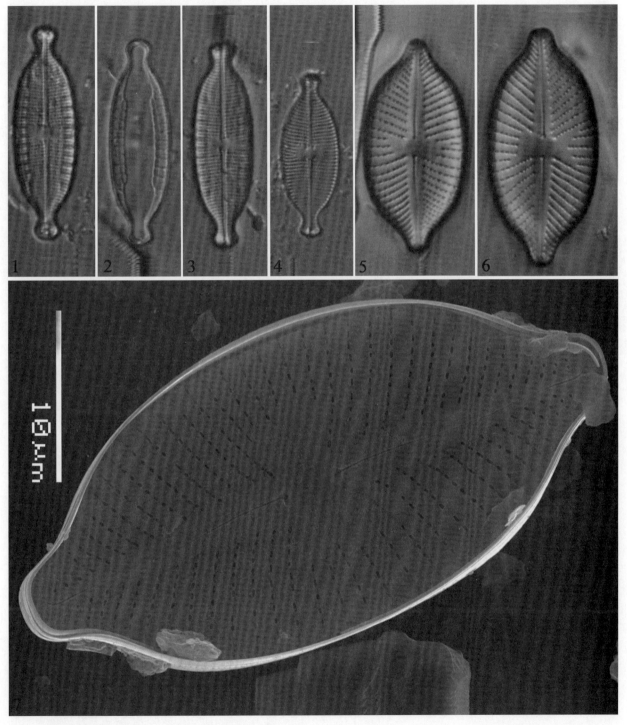

1～3　双头胸隔藻 *Mastogloia amphicephala* Zakrzewski
4　波罗的海胸隔藻 *Mastogloia baltica* Grunow
5～7　二形定舟藻 *Naviculadicta amphiboliformis* Metzeltin，Lange-Bertalot & Nergui

图版 275

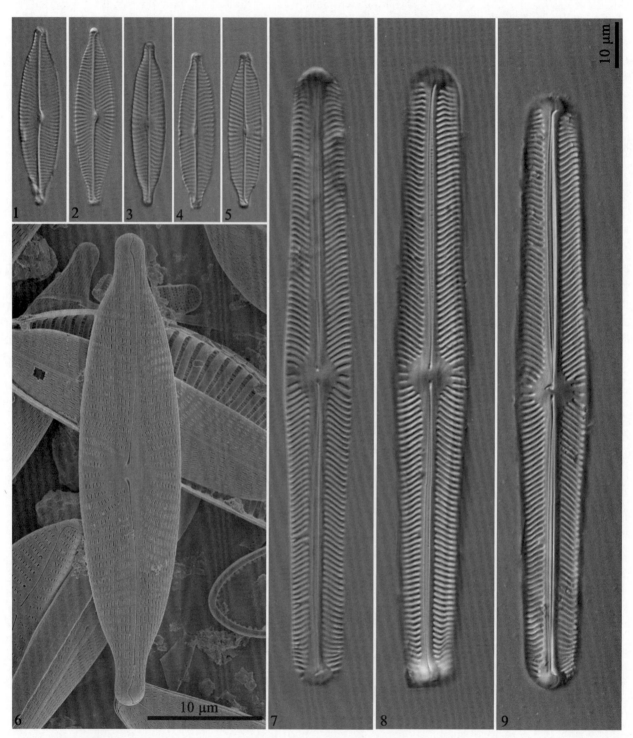

1～6　双头舟形藻 *Navicula amphiceropsis* Lange-Bertalot & Rumrich
7～9　极长圆舟形藻 *Navicula peroblonga* Metzeltin，Lange-Bertalot & Nergui

图版 276

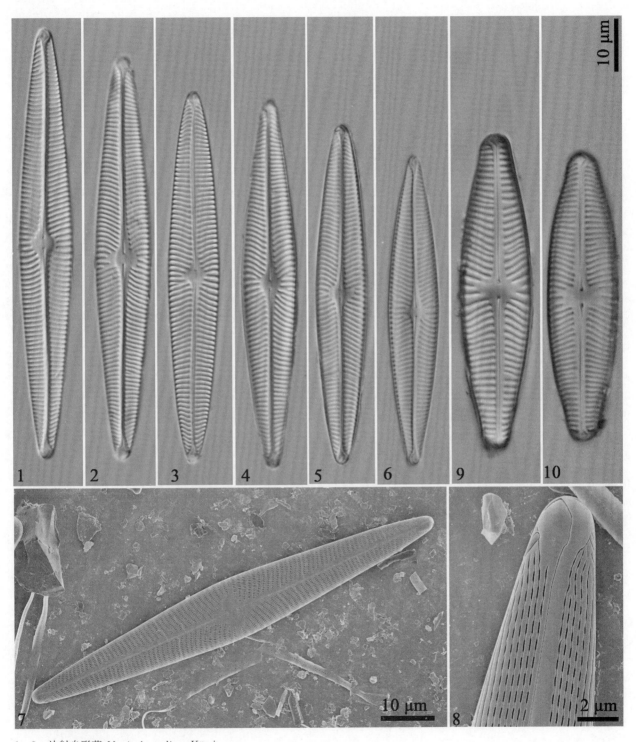

1~8　放射舟形藻 *Navicula radiosa* Kützing
9~10　斯莱斯维舟形藻 *Navicula slesvicensis* Grunow

图版 277

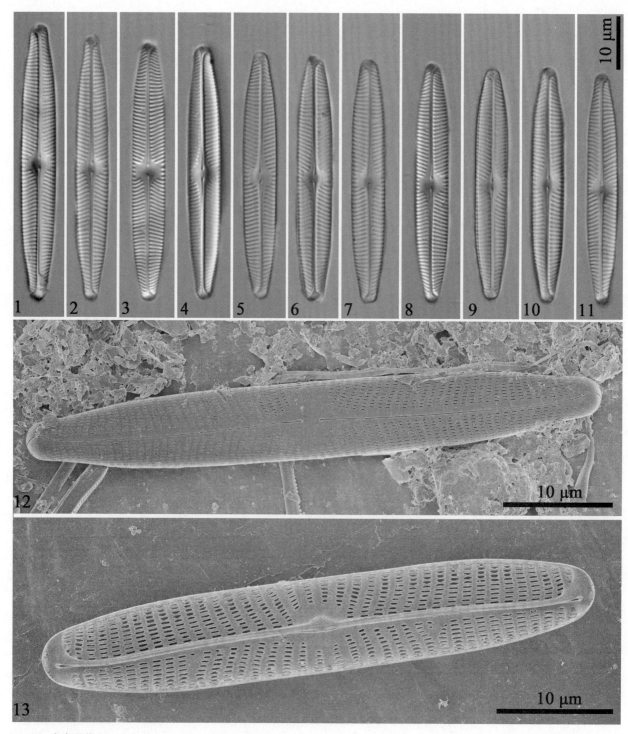

1～13　窄舟形藻 *Navicula angusta* Grunow

图版 278

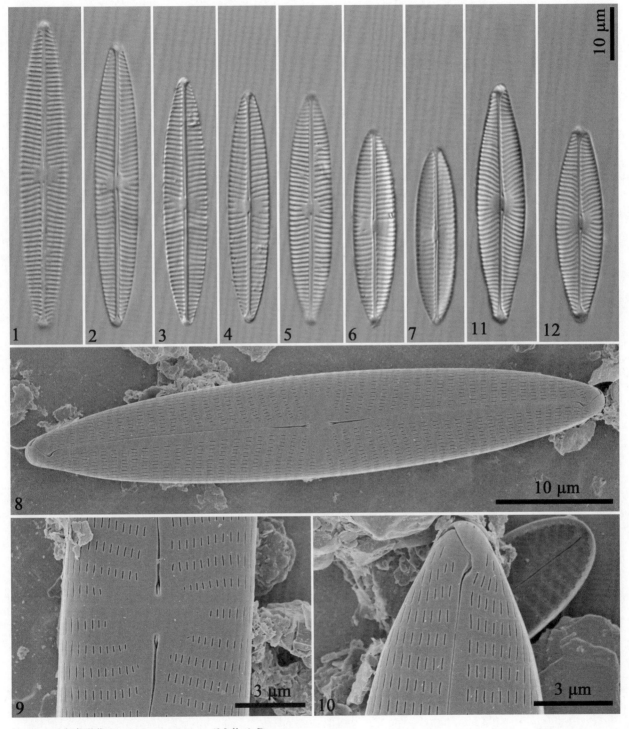

1～10　三点舟形藻 *Navicula tripunctata* (Müller) Bory
11～12　披针舟形藻 *Navicula lanceolata* Ehrenberg

图版 279

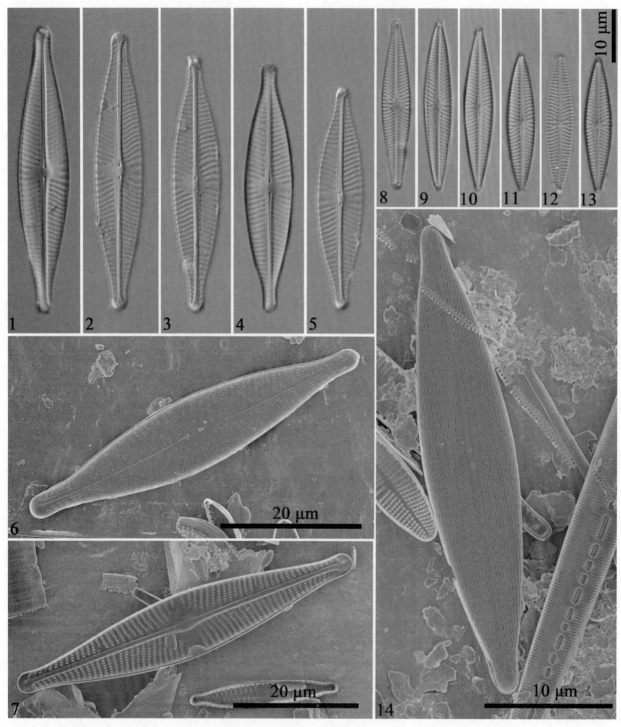

1～7　喙头舟形藻 *Navicula rhynchocephala* Kützing
8～14　清晰舟形藻 *Navicula chiarae* Lange-Bertalot & Genkal

图版 280

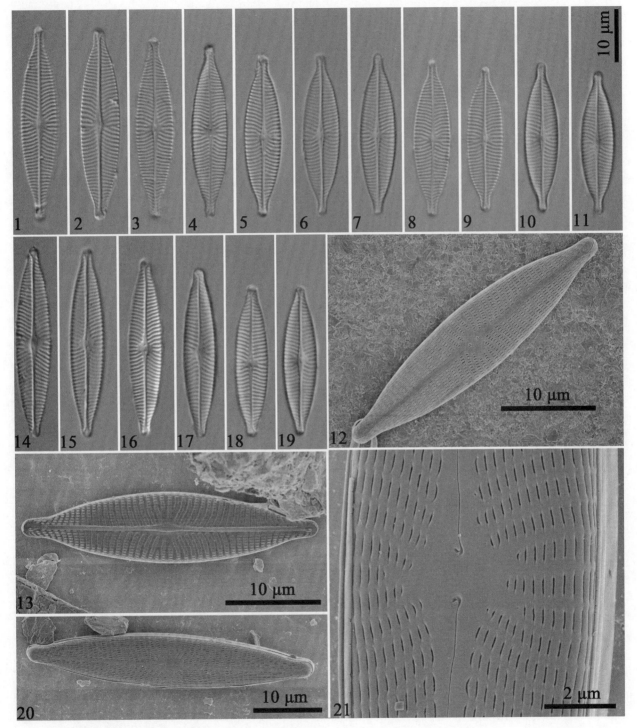

1~13　辐头舟形藻 *Navicula capitatoradiata* Germain & Gasse
14~21　近高山舟形藻 *Navicula subalpina* Reichardt

图版 281

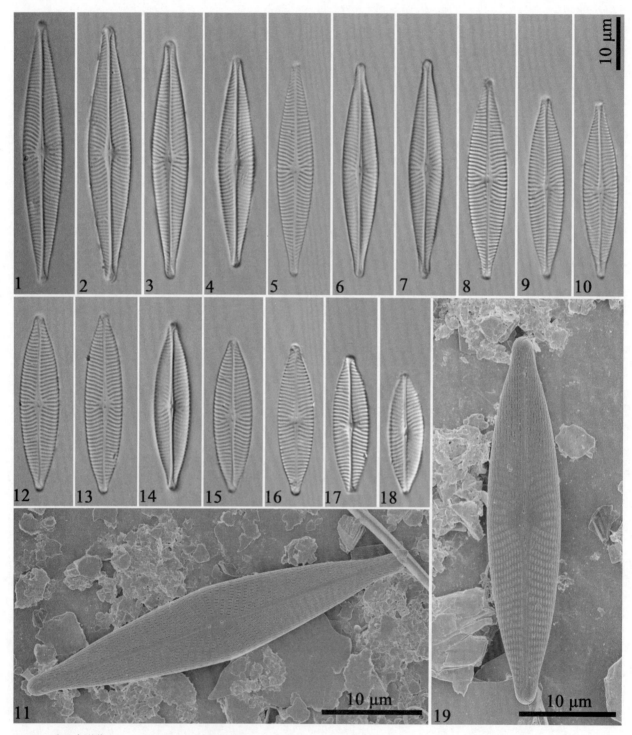

1～11　瑞士舟形藻 Navicula schweigeri Bahls
12～19　上凸舟形藻 Navicula upsaliensis（Grunow）Peragallo

图版 282

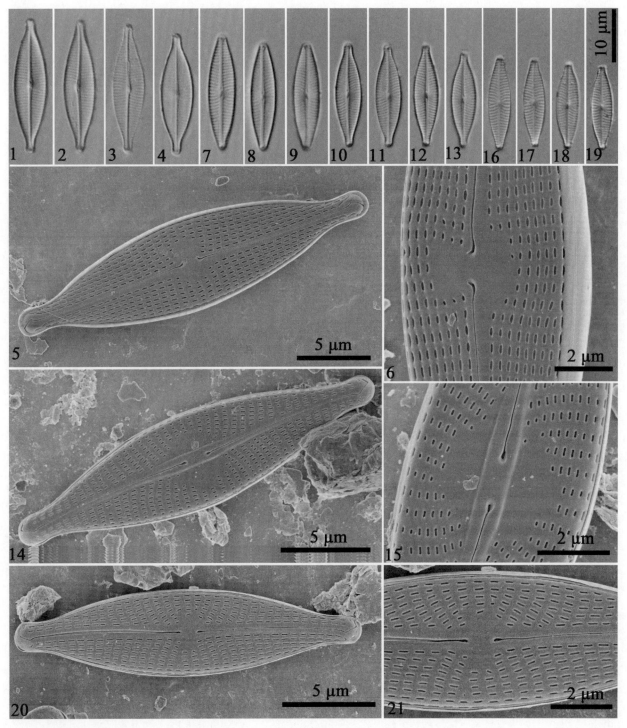

1～6 簇生舟形藻 *Navicula gregaria* Donkin
7～15 集瑞卡德舟形藻 *Navicula metareichardtiana* Lange-Bertalot &. Kusber
16～21 密花舟形藻 *Navicula caterva* Hohn &. Hellermann

图版 283

1～15　隐头舟形藻 *Navicula cryptocephala* Kützing
16～29　雷氏舟形藻 *Navicula leistikowii* Lange-Bertalot

图版 284

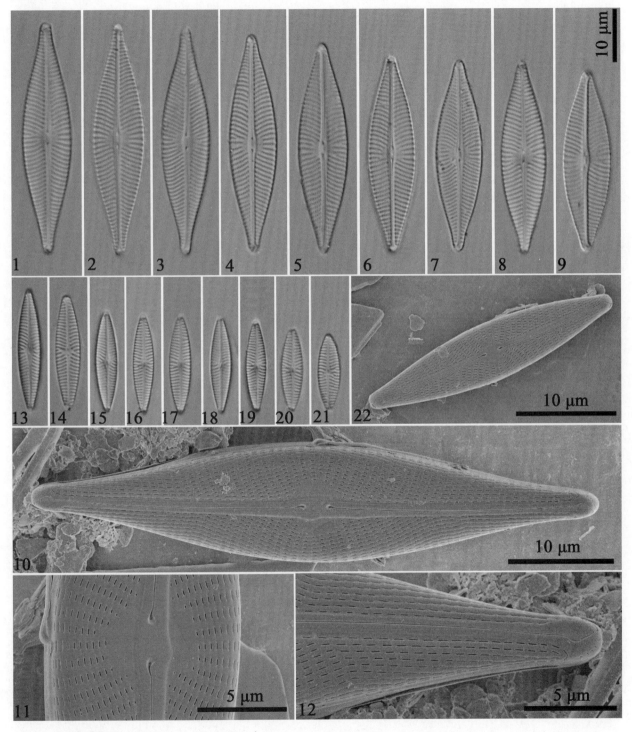

1~12　平凡舟形藻 *Navicula trivialis* Lange-Bertalot

13~22　隐弱舟形藻 *Navicula cryptotenelloides* Lange-Bertalot

图版 285

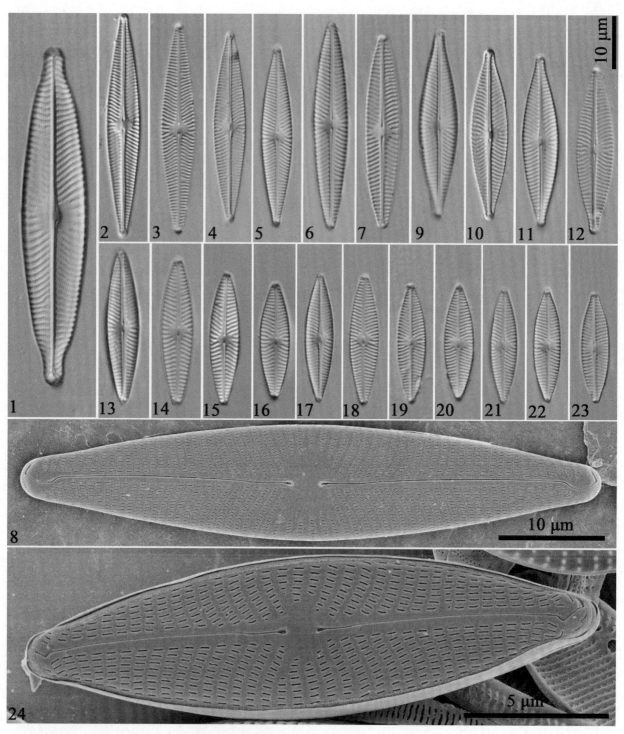

1　淡绿舟形藻 *Navicula viridula* (Kützing) Ehrenberg
2～8　卡若辛茨舟形藻 *Navicula cariocincta* Lange-Bertalot
9～24　隐细舟形藻 *Navicula cryptotenella* Lange-Bertalot

图版 286

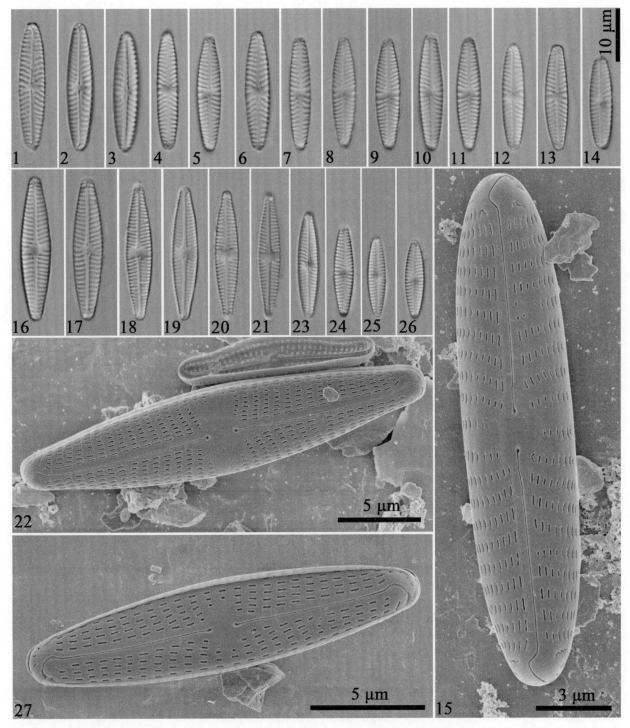

1～15　图尔舟形藻 *Navicula tuulensis* Metzeltin，Lange-Bertalot & Soninkhishig
16～22　荔波舟形藻 *Navicula libonensis* Schoeman
23～27　微车舟形藻 *Navicula microcari* Lange-Bertalot

图版 287

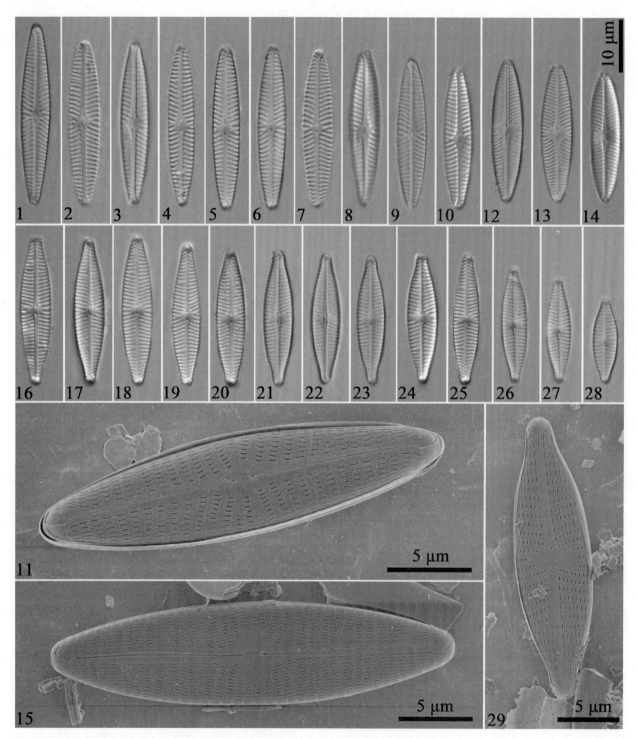

1～11　西比舟形藻 *Navicula seibigiana* Lange-Bertalot
12～15　绘制舟形藻 *Navicula tsetsegmaae* Metzeltin，Lange-Bertalot & Soninkhishig
16～29　威蓝色舟形藻 *Navicula veneta* Kützing

图版 288

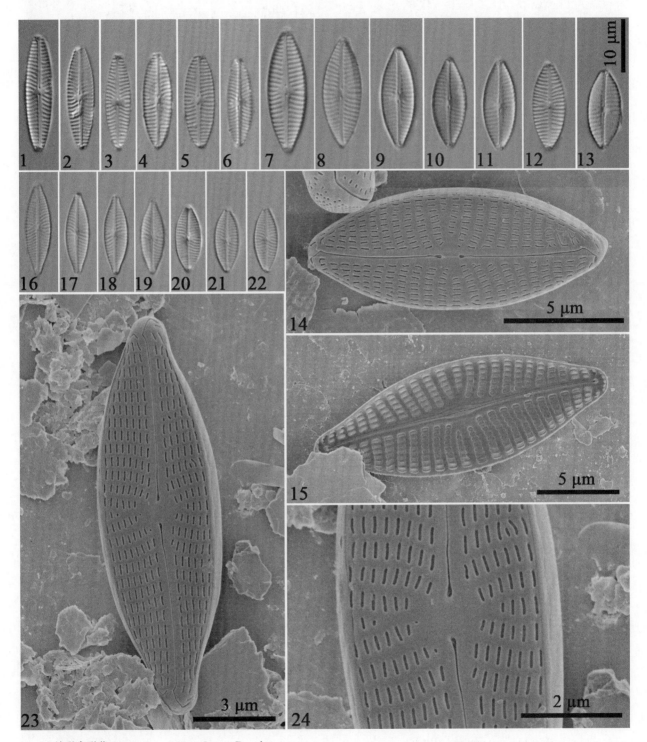

1～6 关联舟形藻 *Navicula associata* Lange-Bertalot
7～15 安东尼舟形藻 *Navicula antonii* Lange-Bertalot
16～24 德国舟形藻 *Navicula germanopolonica* Witkowski & Lange-Bertalot

图版 289

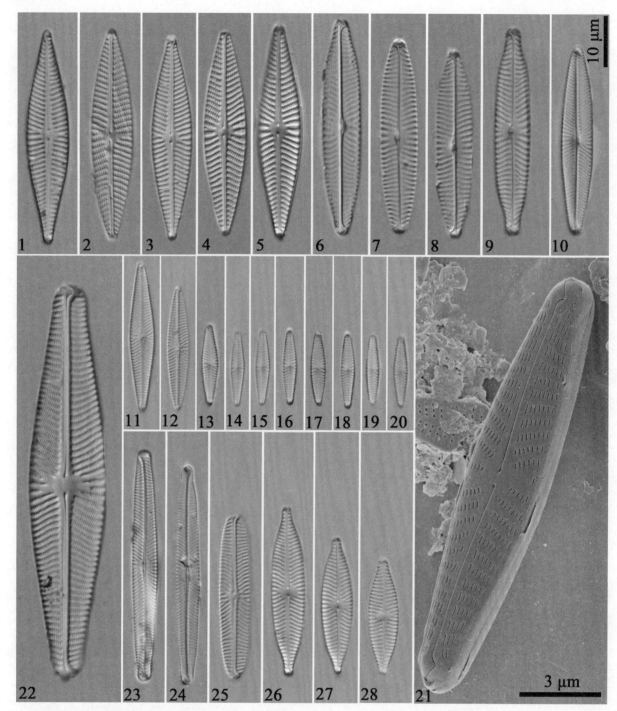

1～5　假披针形舟形藻 *Navicula pseudolanceolata* Lange-Bertalot
6～8　卡代伊舟形藻 *Navicula cadeei* Van de Vijver & Cocquyt
9　里德舟形藻 *Navicula riediana* Lange-Bertalot & Rumrich
10　对称舟形藻 *Navicula symmetrica* Patrick
11～12　假舟形藻 *Navicula notha* Wallace
13～21　维拉谱兰舟形藻 *Navicula vilalanii* Lange-Bertalot & Sabater
22　莱茵舟形藻纯正变种 *Navicula reinhardtii* var. *genuina* Cleve
23～24　细纹舟形藻 *Navicula leptostriata* Jørg
25　系带舟形藻 *Navicula cincta* (Threnberg) Ralgs
26～28　近喙头舟形藻 *Navicula subrhynchocephala* Hustedt

图版 290

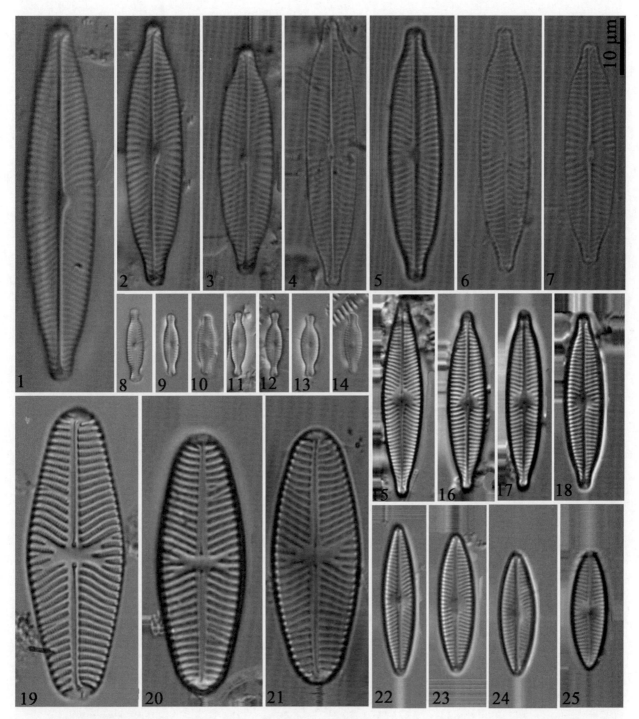

1～3　微绿舟形藻短喙变种 *Navicula viridula* var. *rostellata*（Kützing）Cleve
4～7　近绿舟形藻 *Navicula viridulacalcis* Lange-Bertalot
8～14　施马斯曼舟形藻 *Navicula schmassmannii* Hustedt
15～18　水生舟形藻 *Navicula aquaedurae* Lange-Bertalot
19～21　莱茵舟形藻 *Navicula reinhardtii* Grunow
22～25　默氏舟形藻 *Navicula moenofranconica* Lange-Bertalot

图版 291

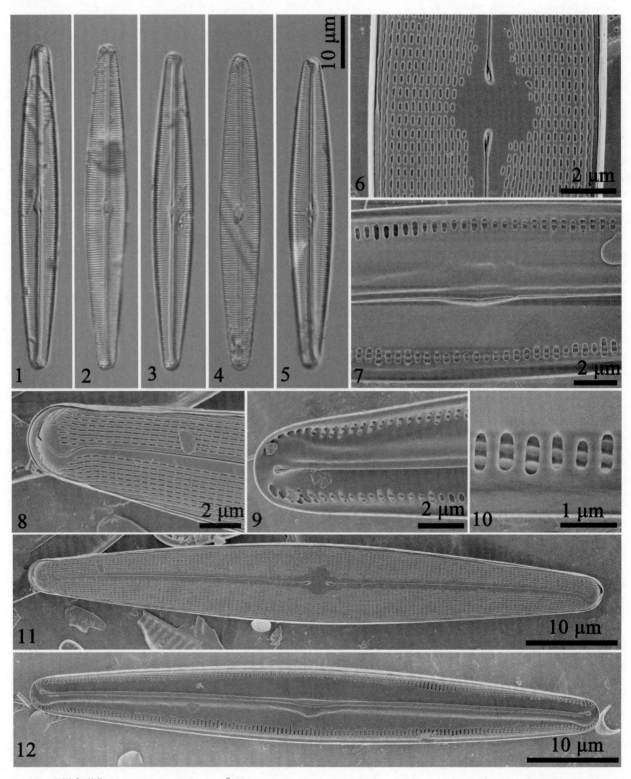

1～12 双层舟形藻 *Navicula obtecta* Juttner & Cox

图版 292

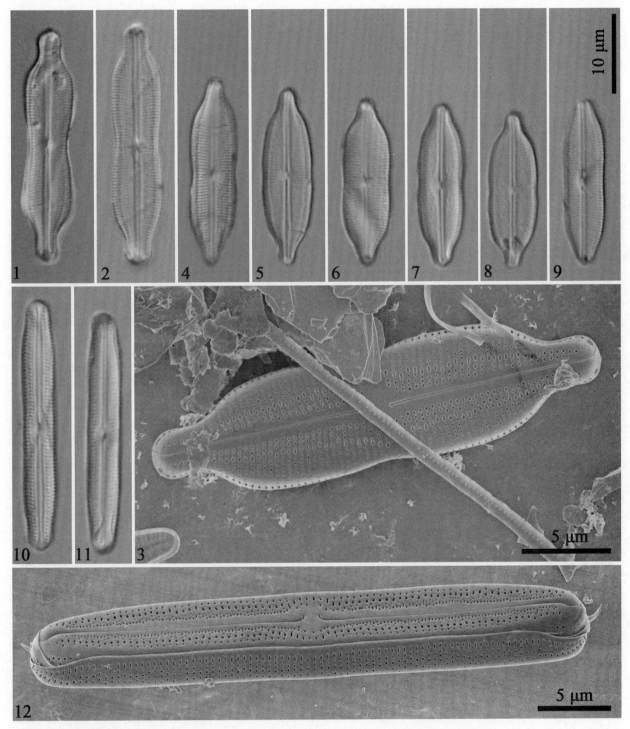

1~3　似双结长筐形藻 *Neidiomorpha binodiformis* (Krammer) Cantonati，Lange-Bertalot & Angeli

4~8　双结长筐形藻 *Neidiomorpha binodis* (Ehrenberg) Cantonati，Lange-Bertalot & Angeli

9　四川长筐形藻 *Neidiomorpha sichuaniana* Liu，Wang & Kociolek

10~12　标志细筐藻 *Neidiopsis vekhovii* Lange-Bertalot & Genkal

图版 293

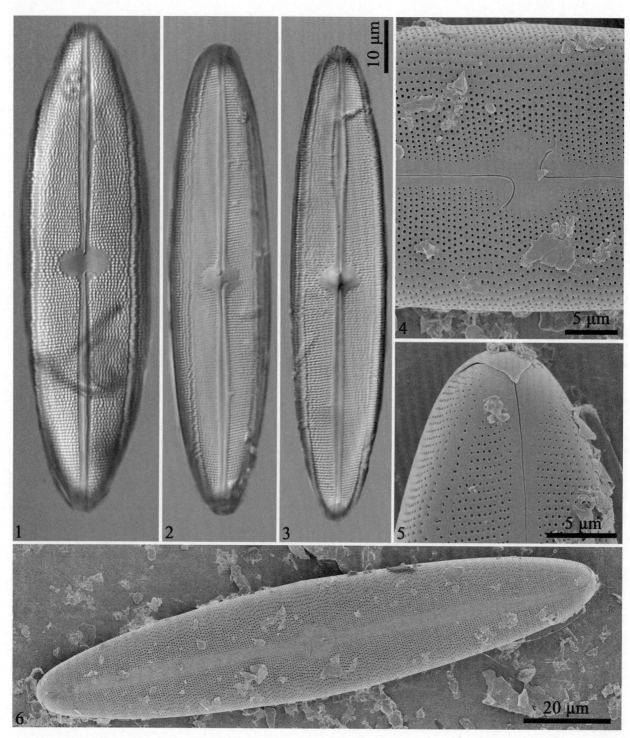

1～6　花湖长篦藻 *Neidium lacusflorum* Liu，Wang & Kociolek

图版 294

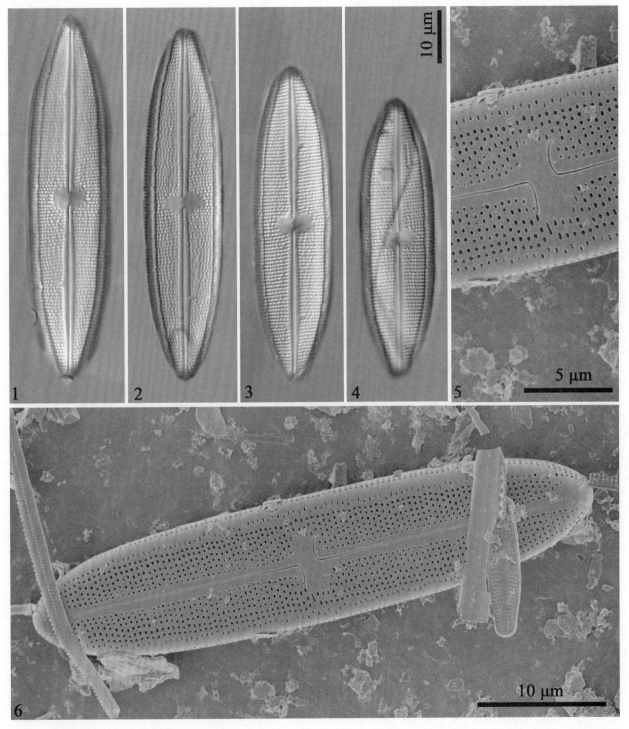

1～6　虹彩长篦藻 *Neidium iridis* (Ehrenberg) Cleve

图版 295

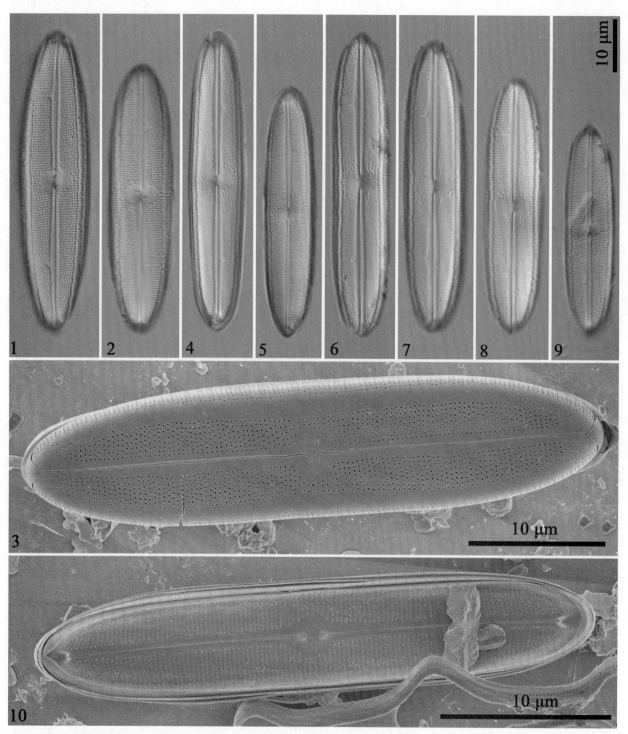

1～3　青藏长篦藻 *Neidium tibetianum* Liu，Wang & Kociolek
4～5　肯特长篦藻 *Neidium khentiiense* Metzeltin，Lange-Bertalot & Soninkhishig
6～10　收缩长篦藻 *Neidium medioconstrictum* Liu，Wang & Kociolek

图版 296

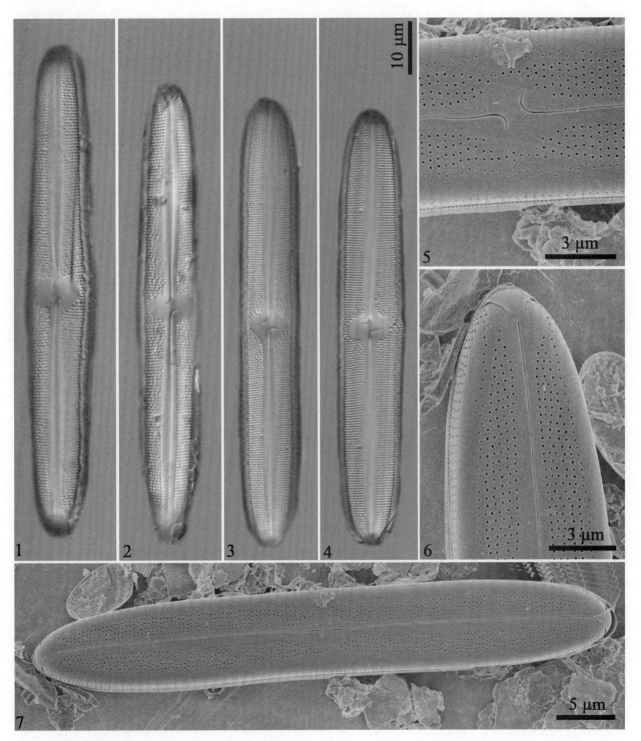

1~7　二哇长篦藻 *Neidium bisulcatum* (Lagerstedt) Cleve

图版 297

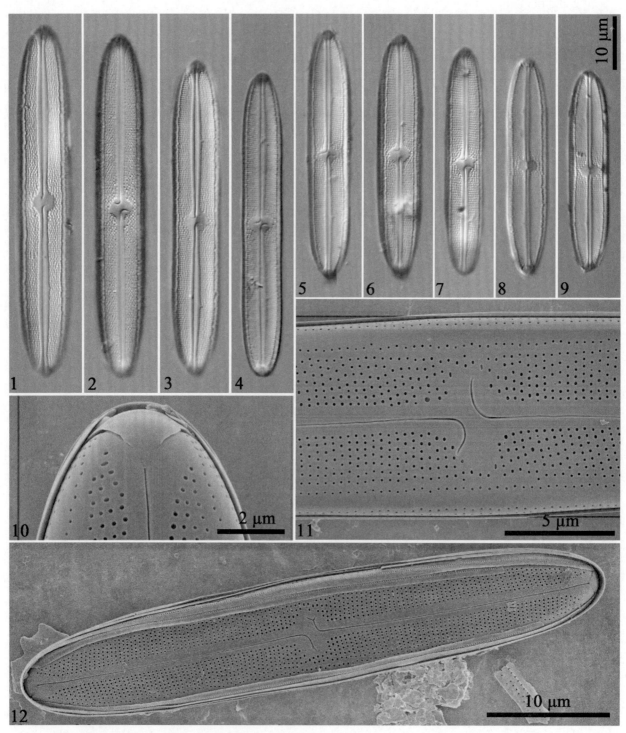

1～12　杆状长篦藻 *Neidium bacillum* Liu，Wang & Kociolek

图版 298

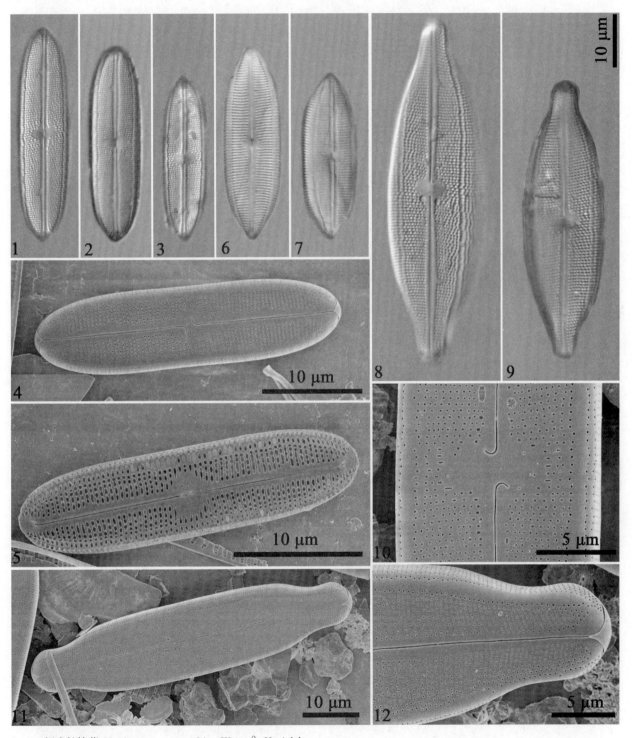

1～5　短喙长篦藻 *Neidium rostratum* Liu，Wang &. Kociolek
6～7　楔形长篦藻 *Neidium cuneatiforme* Levkov
8～12　相等长篦藻 *Neidium aequum* Liu，Wang &. Kociolek

图版 299

1～2 若尔盖长篦藻 *Neidium zoigeaeum* Liu，Wang & Kociolek
3～4 三波曲长篦藻 *Neidium triundulatum* Liu，Wang & Kociolek
5～6 舌状长篦藻 *Neidium ligulatum* Liu，Wang & Kociolek
7～8 增大长篦藻 *Neidium ampliatum* (Ehrenberg) Krammer
9～10 细纹长篦藻 *Neidium affine* Liu，Wang & Kociolek
11～12 燕麦长篦藻 *Neidium avenaceum* Liu，Wang & Kociolek

图版 300

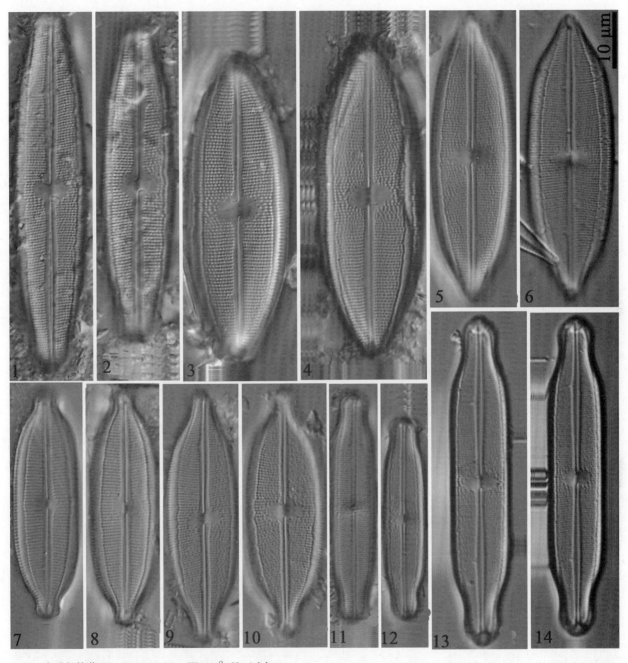

1～2 齐氏长篦藻 *Neidium qii* Liu，Wang & Kociolek

3～4 拱形长篦藻 *Neidium convexum* Liu，Wang & Kociolek

5～6 尖头长篦藻 *Neidium apiculatoides* Liu，Wang & Kociolek

7～8 不定长篦藻 *Neidium dubium* Liu，Wang & Kociolek

9～10 细纹长篦藻二喙变种 *Neidium affine* var. *amphirhynchus* Liu，Wang & Kociolek

11～12 近长圆长篦藻 *Neidium suboblongum* Liu，Wang & Kociolek

13～14 狭窄长篦藻 *Neidium angustatum* Liu，Wang & Kociolek

图版 301

10 μm

1～4　科氏长篦藻 *Neidium kozlowii* Skvortzow

5～6　喙状长篦藻 *Neidium rostellatum* Liu，Wang & Kociolek

7　双头长篦藻 *Neidium dicephalum* Liu，Wang & Kociolek

图版 302

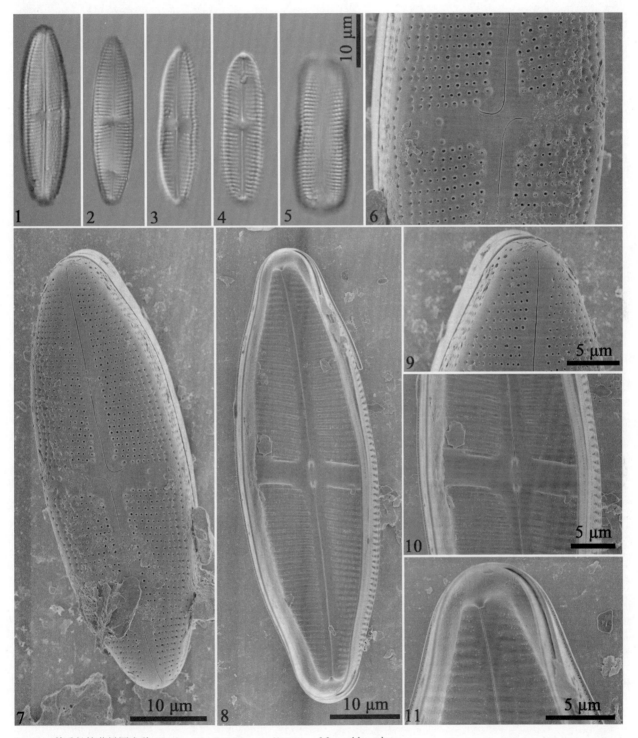

1~11　科氏长篦藻椭圆变种 *Neidium kozlowii* var. *ellipticum* Mereschkowsky

图版 303

1～7　显点长篦藻 *Neidium distinctepunctatum* Hustedt

8～13　科提长篦藻 *Neidium curtihamatum* Lange-Bertalot，Cavacini，Tagliaventi & Alfinito

图版 304

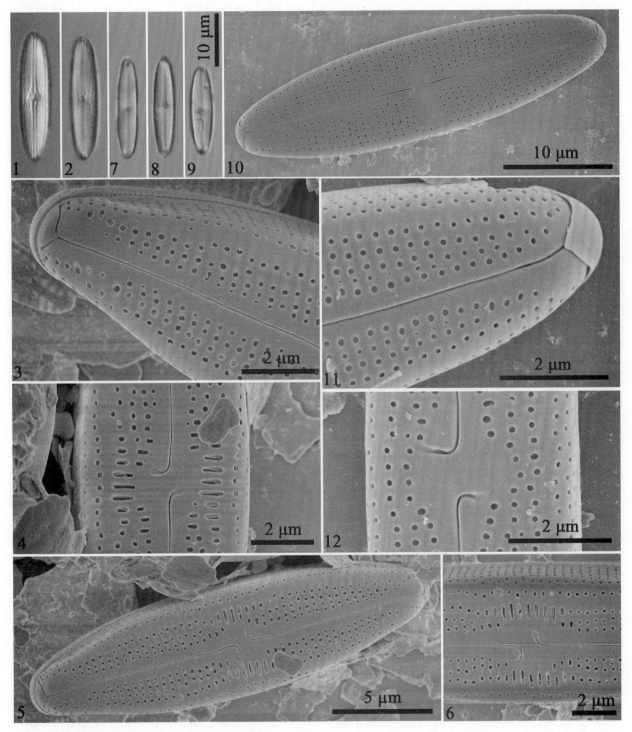

1~6　贝吉长篦藻 *Neidium bergii*（Cleve）Krammer

7~12　土栖长篦藻 *Neidium terrestre* Bock

图版 305

1~2　新巨大羽纹藻 *Pinnularia neomajor* Krammer
3~6　极细羽纹藻 *Pinnularia perspicua* Krammer

图版 306

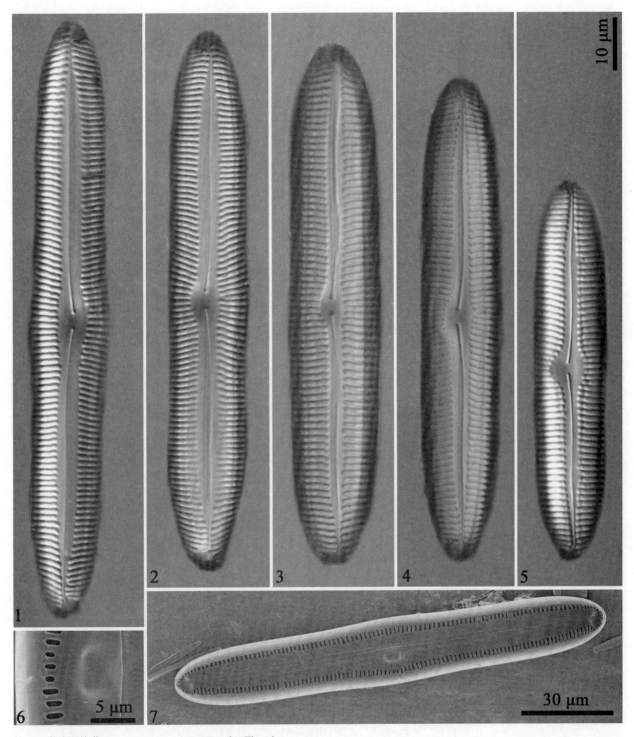

1～7　卷边羽纹藻 *Pinnularia viridis* (Nitzsch) Ehrenberg

图版 307

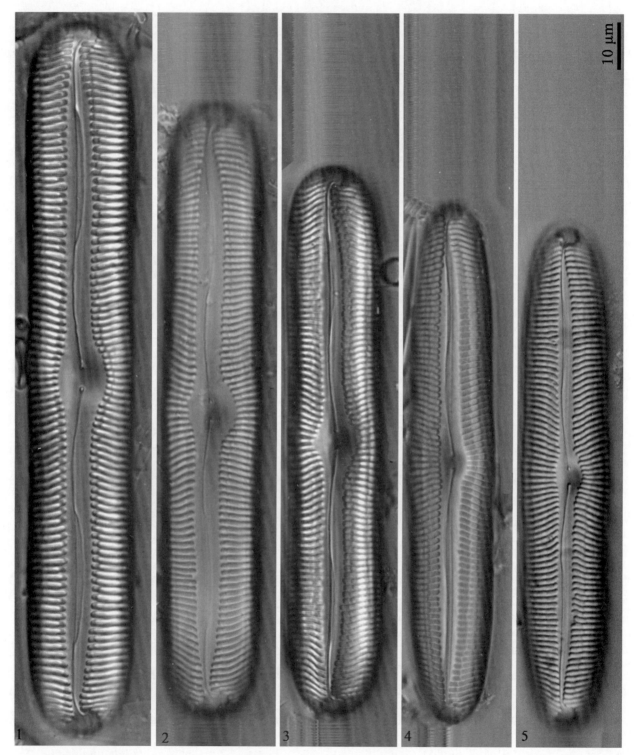

1～3　同族羽纹藻 *Pinnularia gentilis* (Donkin) Cleve
4～5　瑞卡德羽纹藻 *Pinnularia reichardtii* Krammer

图版 308

1～3　具孔羽纹藻爱尔兰变种 *Pinnularia stomatophora* var. *erlangensis*（Mayer）Krammer

4～11　具孔羽纹藻 *Pinnularia stomatophora*（Grunow）Cleve

图版 309

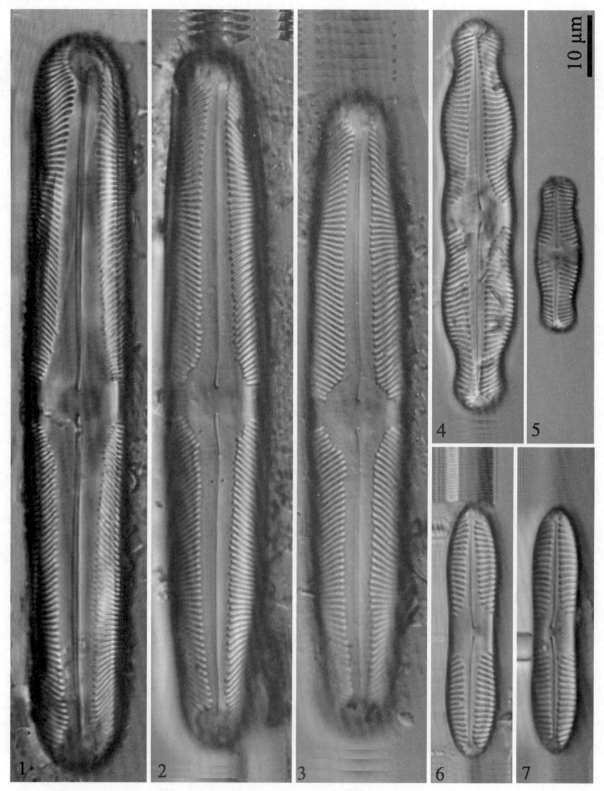

1　分歧羽纹藻双缢缩变种 Pinnularia divergens var. biconstricta (Cleve-Euler) Cleve-Euler

2～3　分歧羽纹藻菱形波纹变种 Pinnularia divergens var. rhombundulata Krammer

4　北乌头羽纹藻 Pinnularia septentrionalis Krammer

5　薄弱羽纹藻 Pinnularia infirma Krammer

6～7　圆头羽纹藻 Pinnularia globiceps Gregory

图版 310

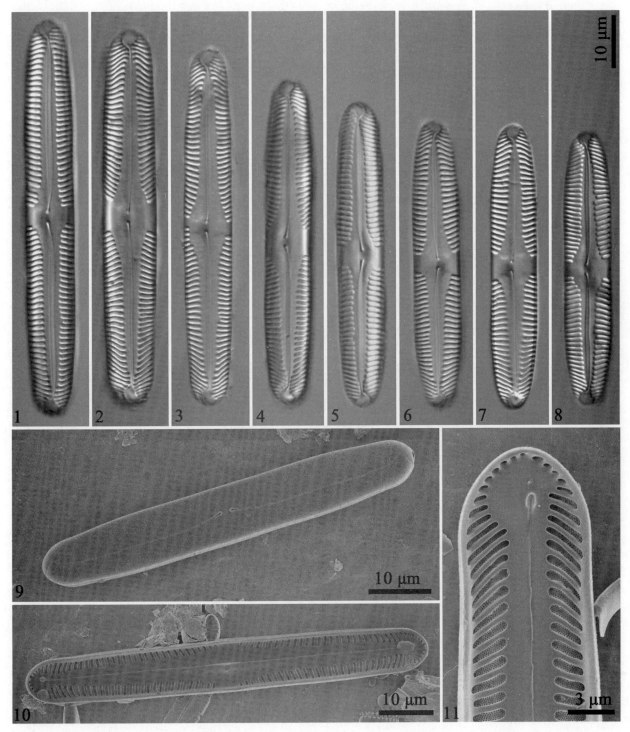

1～11　近弯羽纹藻 *Pinnularia subgibba* Krammer

图版 311

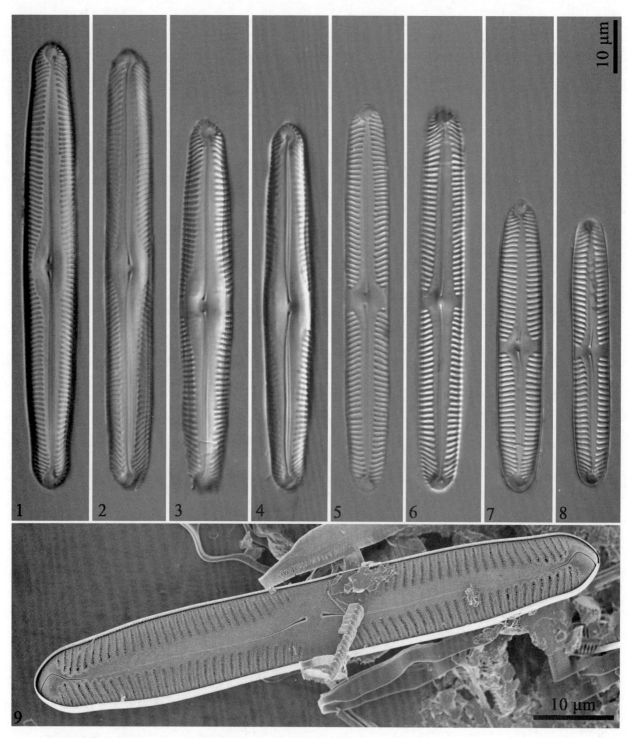

1～4　中心羽纹藻 *Pinnularia cruxarea* Krammer
5～9　棒形羽纹藻 *Pinnularia clavata* Liu，Kociolek & Wang

图版 312

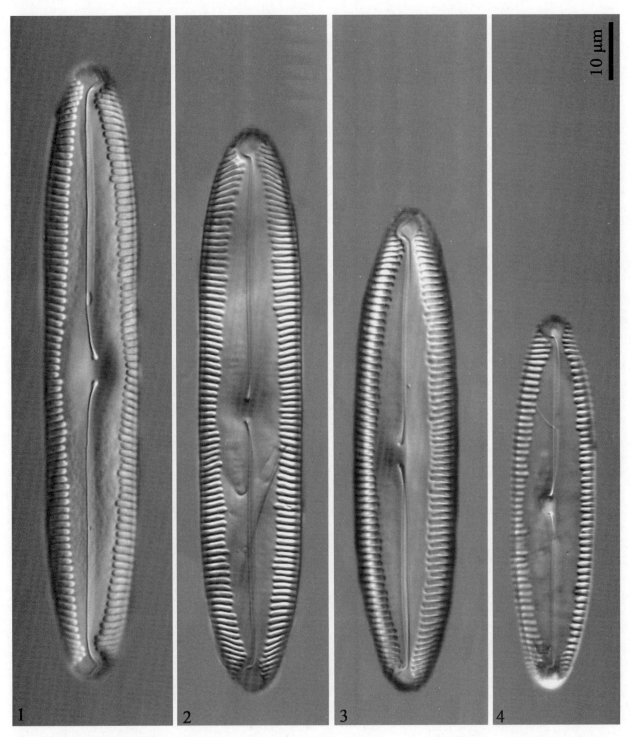

1～4　短肋羽纹藻 *Pinnularia brevicostata* Cleve

图版 313

10 μm

1 2 3 4

1~4 喜盐羽纹藻 *Pinnularia halophila* Krammer

图版 314

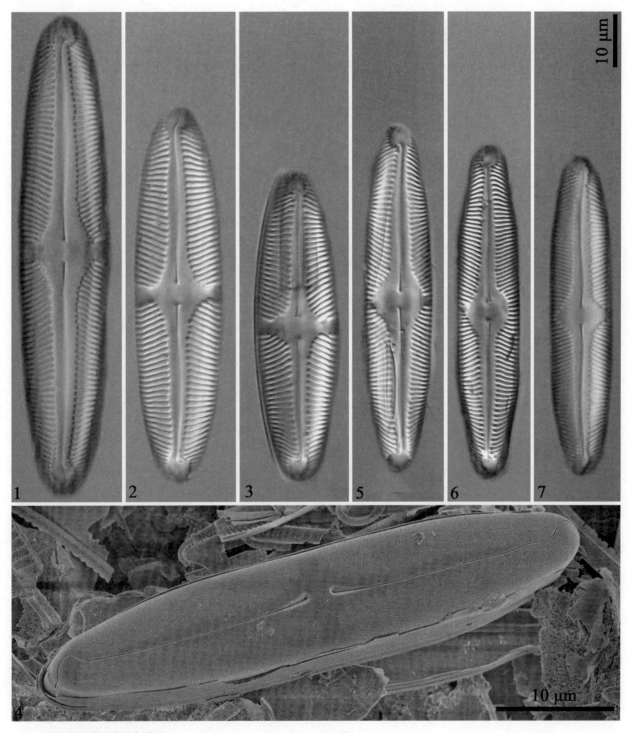

1~4 分歧羽纹藻近线形变种 *Pinnularia divergens* var. *sublinearis* Cleve
5~7 澳洲微辐节羽纹藻 *Pinnularia australomicrostauron* Zidarová，Kopalová &. Van de Vijver

图版 315

1~5　近微辐节羽纹藻 *Pinnularia submicrostauron* Liu，Kociolek &. Wang

6~7　分歧羽纹藻中型变种 *Pinnularia divergens* var. *media* Krammer

8~11　微辐节羽纹藻 *Pinnularia microstauron* (Ehrenberg) Cleve

12　弯羽纹藻喙状变种 *Pinnularia abaujensis* var. *rostrata* (Patrick) Patrick

13~14　阿布西塔羽纹藻 *Pinnularia absita* Hohn &. Hellerman

图版 316

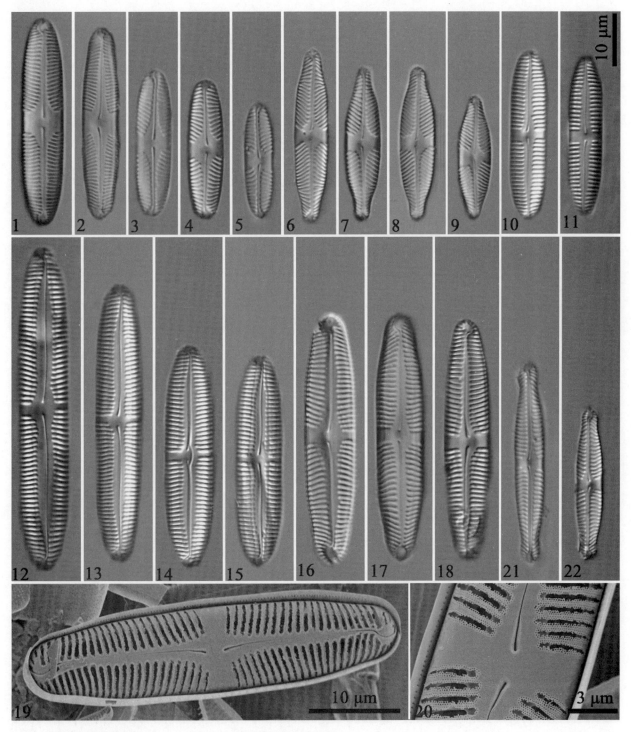

1~5 布列毕松羽纹藻 *Pinnularia brebissonii* (Kützing) Rabenhorst

6~9 荣格羽纹藻 *Pinnularia jungii* Krammer

10~11 扎贝林羽纹藻间断变种 *Pinnularia zabelinii* var. *interrupta* Skvortsov

12~15 康吉儿羽纹藻 *Pinnularia congeri* Skvortsov

16~20 多洛玛羽纹藻 *Pinnularia doloma* Hohn & Hellerman

21~22 近头端羽纹藻 *Pinnularia subcapitata* Gregory

图版 317

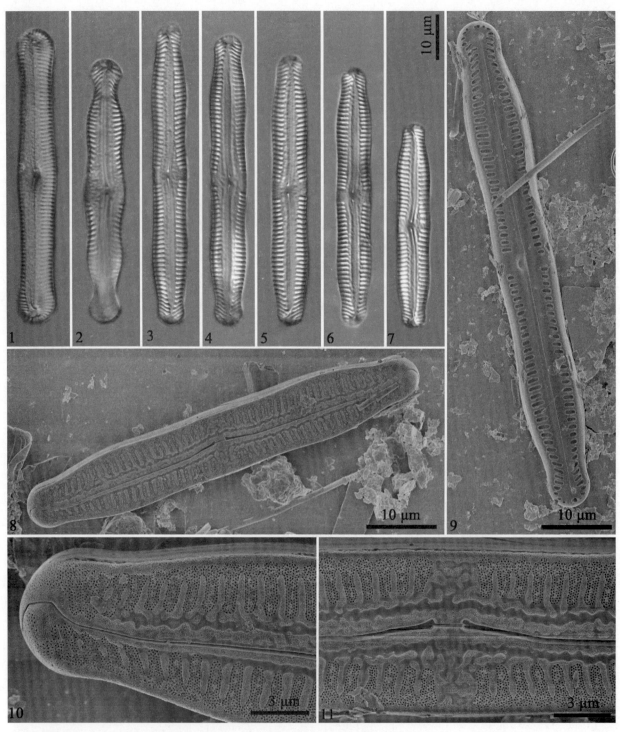

1　圆顶羽纹藻 *Pinnularia acrosphaeria* Smith
2　具节羽纹藻喙状变种 *Pinnularia nodosa* var. *robusta*（Foged）Krammer
3～11　具节羽纹藻 *Pinnularia nodosa*（Ehrenberg）Smith

图版 318

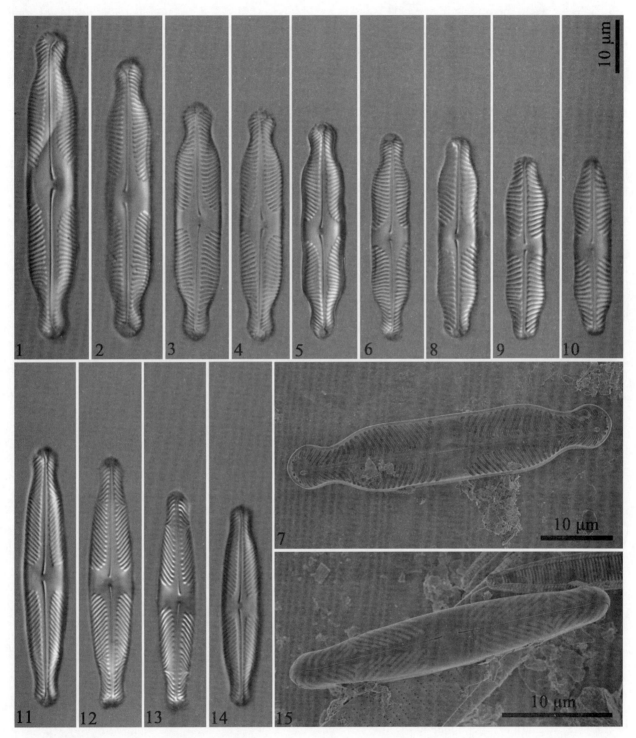

1～7　格鲁羽纹藻 *Pinnularia grunowii* Krammer
8～10　多雨形羽纹藻 *Pinnularia pluvianiformis* Krammer
11～15　极岐羽纹藻 *Pinnularia divergentissima*（Grunow）Cleve

图版 319

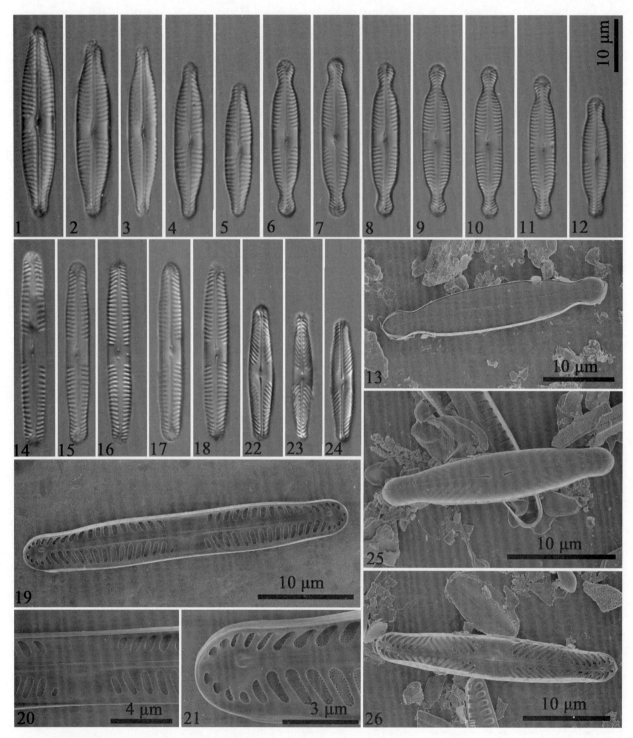

1～5　钩状羽纹藻 *Pinnularia pisciculus* Ehrenberg

6～13　腐生羽纹藻 *Pinnularia saprophila* Lange-Bertalot，Kobayasi & Krammer

14～21　左翼羽纹藻 *Pinnularia sinistra* Krammer

22～26　极岐羽纹藻胡斯特变种 *Pinnularia divergentissima* var. *hustedtiana* Ross

图版 320

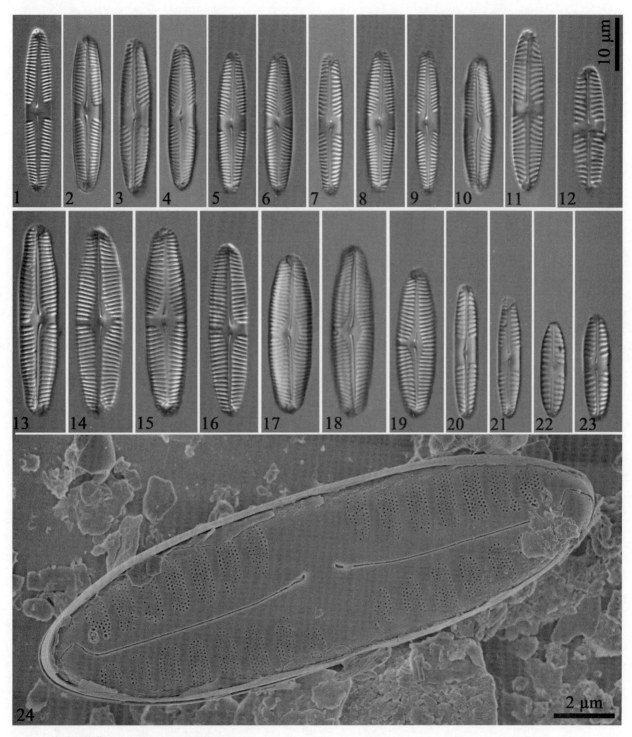

1～10　施氏羽纹藻 *Pinnularia schoenfelderi* Krammer

11～12　尖形布列毕松羽纹藻 *Pinnularia acutobrebissonii* Kulikovskiy，Lange-Bertalot & Metzeltin

13～16　萨王羽纹藻兴安变种 *Pinnularia savanensis* var. *hinganica* Skvortsov

17～19　近变异羽纹藻 *Pinnularia subcommutata* Krammer

20～21　模糊羽纹藻 *Pinnularia obscura* Krasske

22～24　拉格斯泰德羽纹藻 *Pinnularia lagerstedtii*（Cleve）Cleve

图版 321

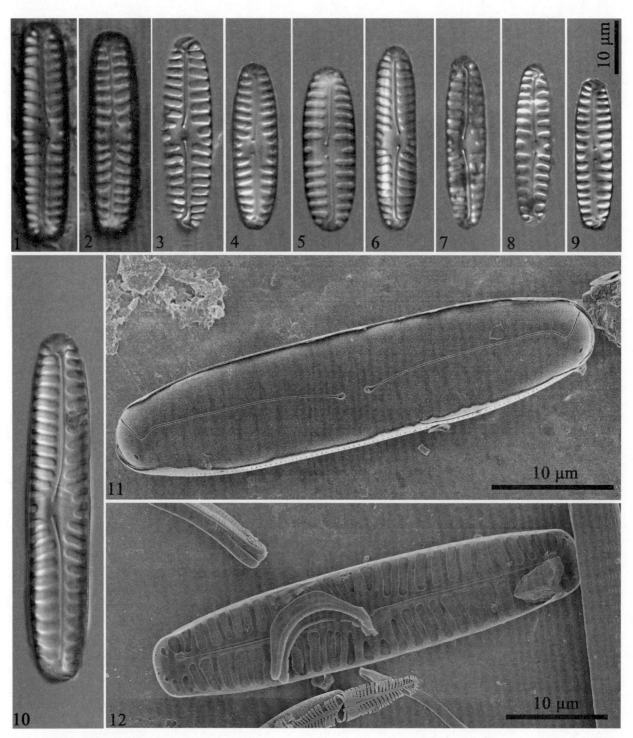

1～2　具棱羽纹藻 *Pinnularia angulosa* Krammer

3～9　北方羽纹藻 *Pinnularia borealis* Ehrenberg

10～12　北方羽纹藻岛屿变种 *Pinnularia borealis* var. *islandica* Krammer

图版 322

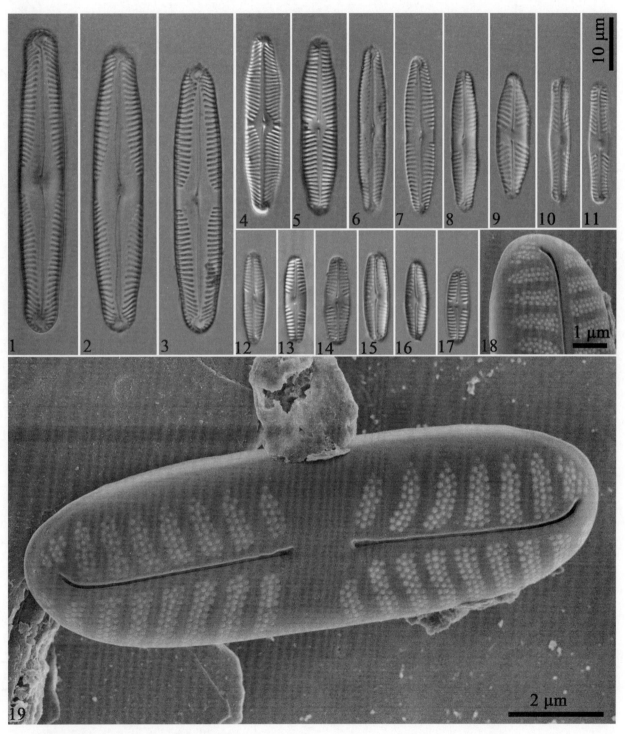

1～3　微细羽纹藻 *Pinnularia parvulissima* Krammer

4～5　锥状羽纹藻 *Pinnularia conica* Gandhi

6～8　喜酸羽纹藻 *Pinnularia acidicola* Van de Vijver & Cohu

9　伯尼基安羽纹藻 *Pinnularia birnirkiana* Patrick & Freese

10～11　二球羽纹藻极小变种 *Pinnularia biglobosa* var. *minuta* Cleve

12～19　近头端羽纹藻疏线变种 *Pinnularia subcapitata* var. *paucistriata* (Grunow) Cleve

图版 323

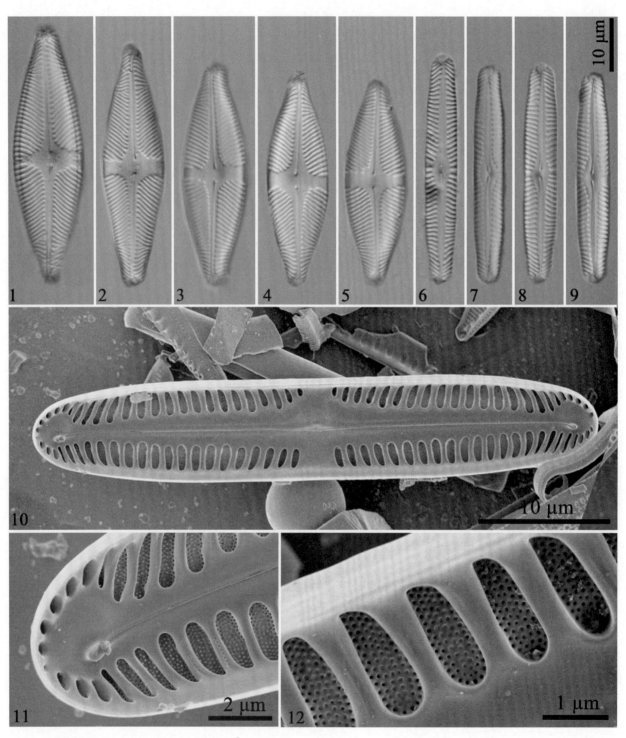

1～5　河蚌羽纹藻 *Pinnularia fluminea* Patrick & Freese
6～12　根卡羽纹藻 *Pinnularia genkalii* Krammer & Lange-Bertalot

图版 324

1～13　可变羽纹藻 *Pinnularia erratica* Krammer

图版 325

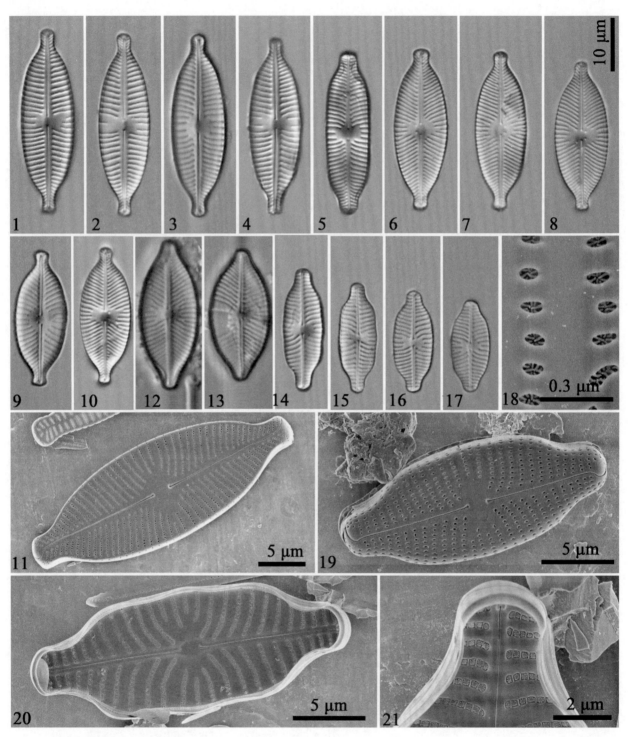

1～4　埃尔金盘状藻 *Placoneis elginensis*（Gregory）Cox

5　阿比斯库盘状藻 *Placoneis abiskoensis*（Hustedt）Lange-Bertalot ＆ Metzeltin

6～11　克莱曼盘状藻 *Placoneis clementioides*（Hustedt）Cox

12～13　温和盘状藻 *Placoneis clementis*（Grunow）Cox

14～21　波状盘状藻 *Placoneis undulata*（Østrup）Lange-Bertalot

图版 326

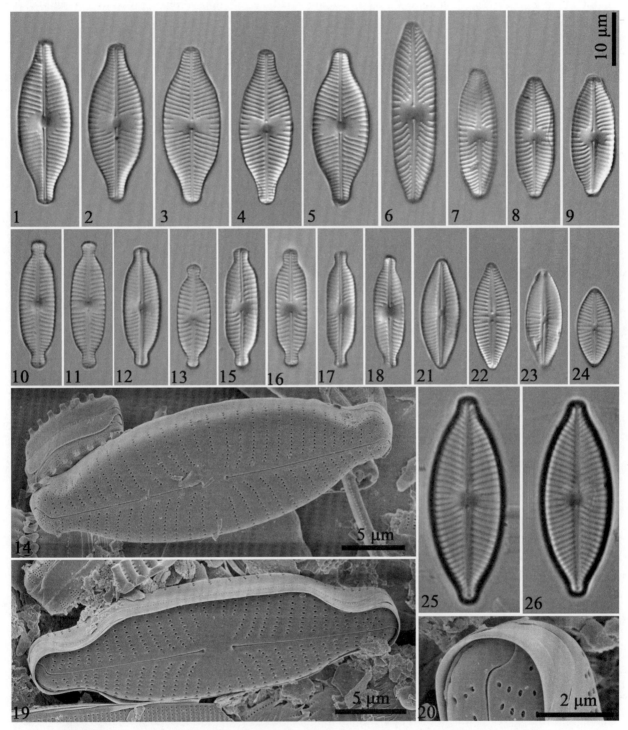

1～5　平截盘状藻 *Placoneis explanata*（Hustedt）Mamaya

6～9　未知盘状藻 *Placoneis ignorata*（Schimanski）Lange-Bertalot

10～14　椭圆盘状藻 *Placoneis ellipticorostrata* Metzeltin，Lange-Bertalot & Soninkhishig

15～20　帕拉尔金盘状藻 *Placoneis paraelginensis* Lange-Bertalot

21～24　汉堡盘状藻 *Placoneis hambergii*（Hustedt）Bruder

25～26　胎座盘状藻 *Placoneis placentula*（Ehrenberg）Mereschkowsky

图版 327

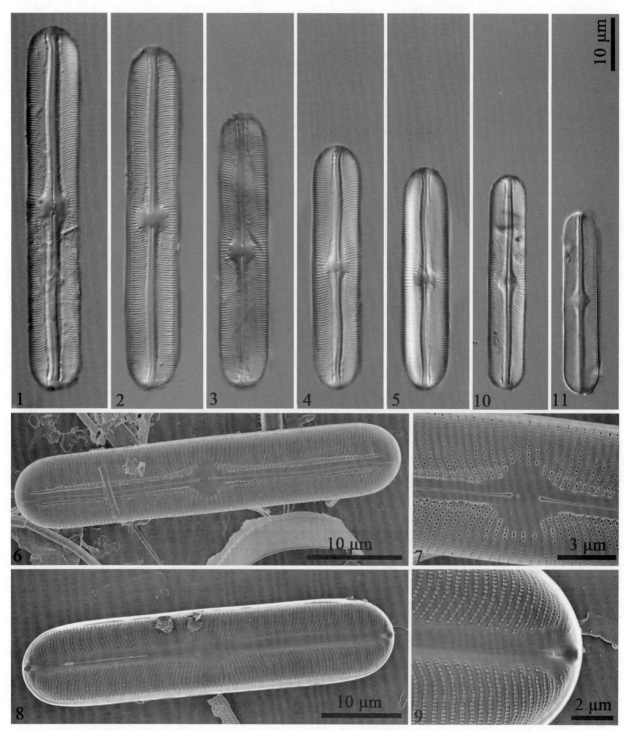

1~9　克莱斯鞍型藻 *Sellaphora kretschmeri* Metzeltin，Lange-Bertalot & Soninkhishig
10~11　梭状鞍型藻 *Sellaphora fusticulus* Lange-Bertalot

图版 328

1~12 坎西尔鞍型藻 *Sellaphora khangalis* Metzeltin & Lange-Bertalot

图版 329

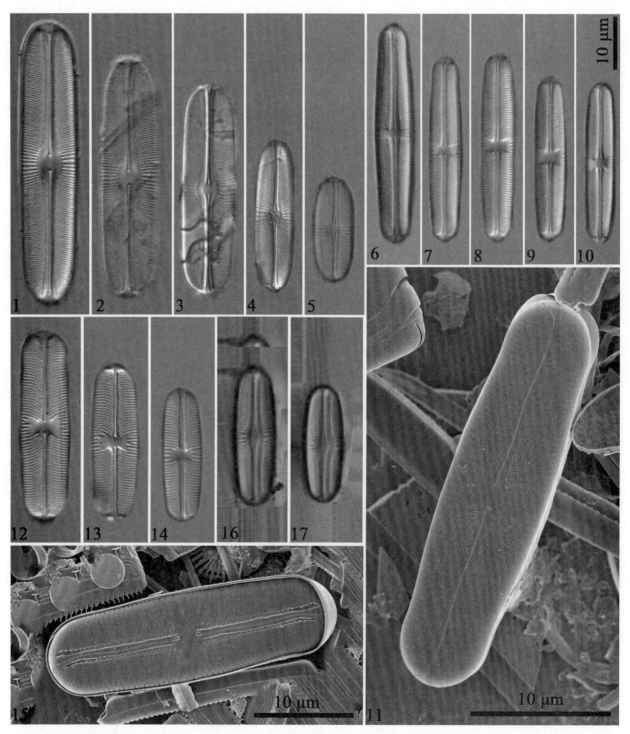

1~5　蒙古鞍型藻 *Sellaphora mongolocollegarum* Metzeltin &. Lange-Bertalot

6~11　施罗西鞍型藻 *Sellaphora schrothiana* Metzeltin，Lange-Bertalot &. Soninkhishig

12~15　近瞳孔鞍型藻 *Sellaphora parapupula* Lange-Bertalot

16~17　杆状鞍型藻 *Sellaphora bacillum*（Ehrenberg）Mann

图版 330

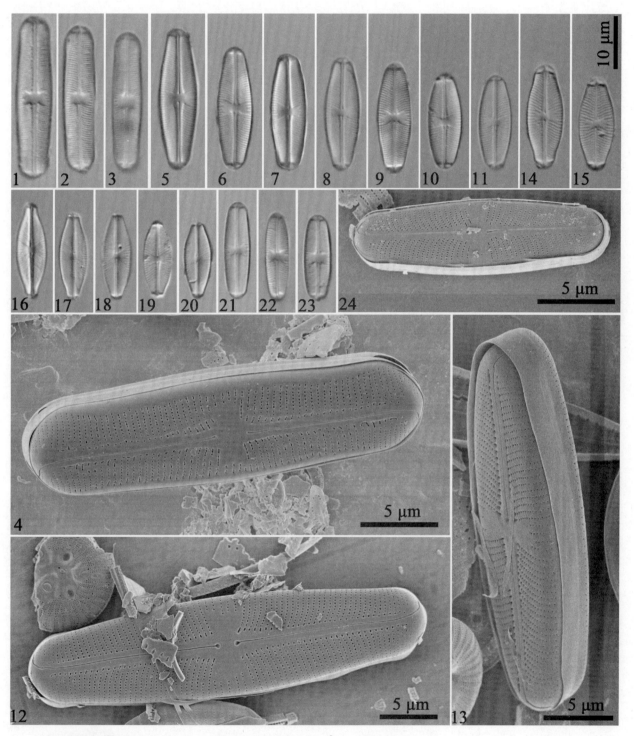

1～4　库斯伯鞍型藻 *Sellaphora kusberi* Metzeltin，Lange-Bertalot ＆ Soninkhishig

5～13　瞳孔鞍型藻 *Sellaphora pupula*（Kützing）Mereschkovsky

14～15　类瞳孔鞍型藻 *Sellaphora paenepupula* Metzeltin ＆ Lange-Bertalot

16～20　奥德雷基鞍型藻 *Sellaphora auldreekie* Mann ＆ Donald

21～24　伪瞳孔鞍型藻 *Sellaphora pseudopupula*（Gregory）Lange-Bertalot ＆ Metzeltin

图版 331

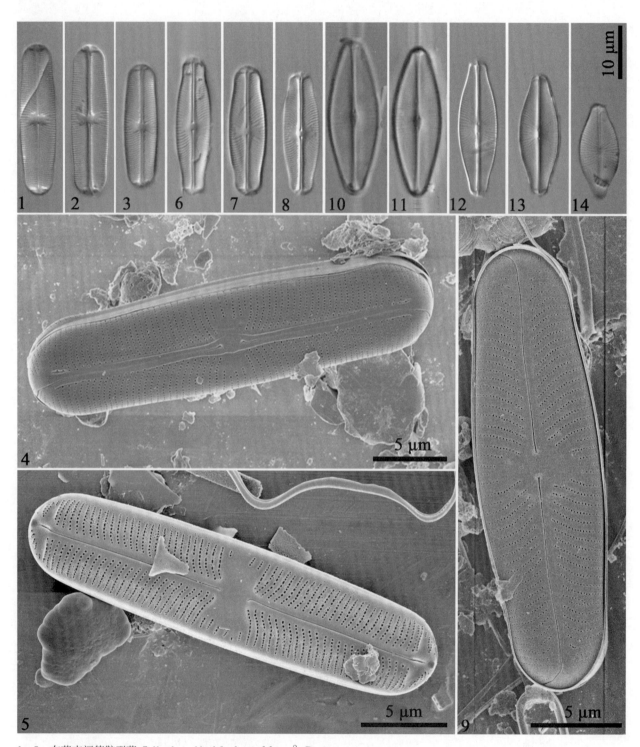

1～5　布莱克福德鞍型藻 *Sellaphora blackfordensis* Mann & Droop
6～9　亚头状鞍型藻 *Sellaphora perobesa* Metzeltin，Lange-Bertalot & Soninkhishig
10～11　类杆状鞍型藻 *Sellaphora bacilloides*（Hustedt）Levkov，Krstic & Nakov
12～14　波动鞍型藻 *Sellaphora permutata* Metzeltin，Lange-Bertalot & Soninkhishig

图版 332

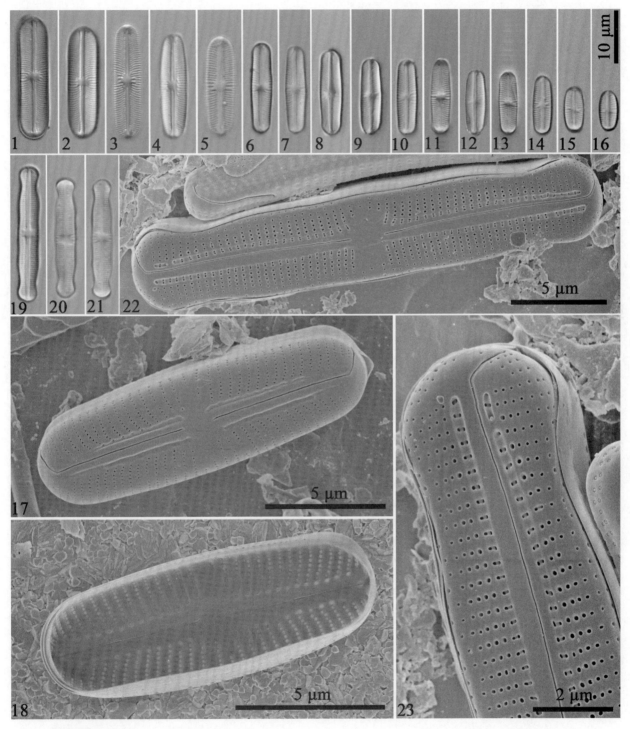

1~2　光滑鞍型藻 *Sellaphora laevissima*（Kützing）Mann

3~5　近杆状鞍型藻 *Sellaphora subbacillum*（Hustedt）Falasco & Ector

6~18　梳形鞍型藻 *Sellaphora stroemii*（Hustedt）Kobayasi Sellaphora aggerica

19~23　分离鞍型藻 *Sellaphora disjuncta*（Hustedt）Mann

图版 333

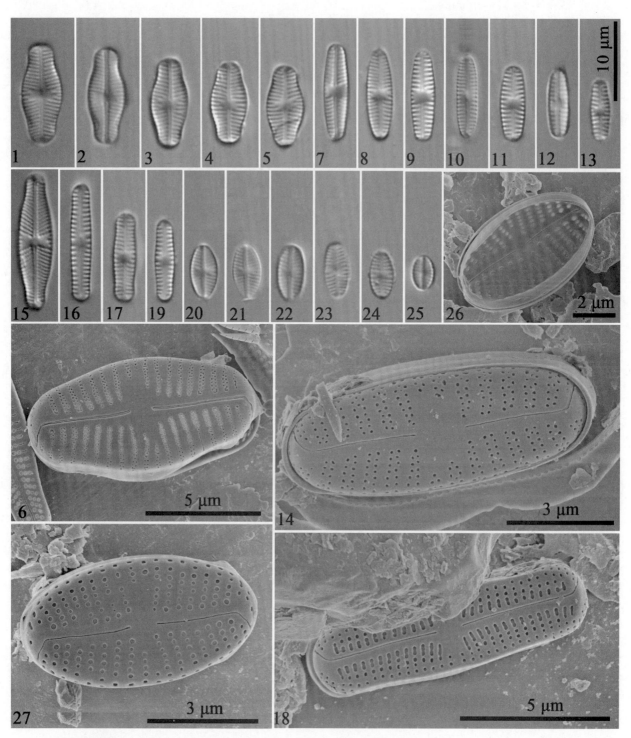

1～6　假凸腹鞍型藻 Sellaphora pseudoventralis（Hustedt）Chudaev & Gololobova

7～14　苏格瑞斯鞍型藻 Sellaphora saugerresii（Desmazières）Wetzel & Mann

15　专制鞍型藻 Sellaphora absoluta（Hustedt）Wetzel，Ector，Van de Vijver，Compère & Mann

16～19　冥河鞍型藻 Sellaphora styxii Novis，Braidwood & Kilroy

20～27　十字形鞍型藻 Sellaphora crassulexigua（Reichardt）Wetzel & Ector

图版 334

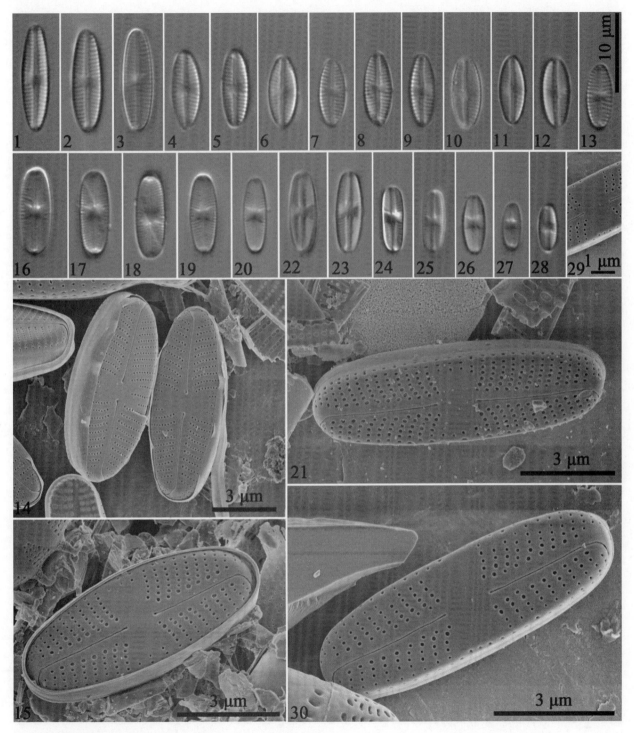

1~15　半裸鞍型藻 *Sellaphora seminulum*（Grunow）Mann

16~21　原子鞍型藻 *Sellaphora atomoides*（Grunow）Wetzel & Van de Vijver

22~30　黑色鞍型藻 *Sellaphora nigri*（Notaris）Wetzel & Ector

图版 335

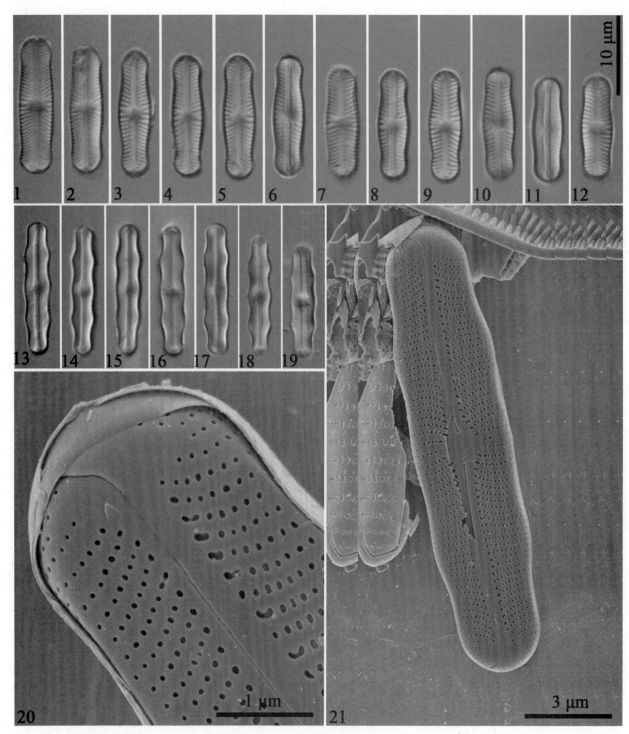

1~12　凸腹鞍型藻 *Sellaphora ventraloides* (Hustedt) Falasco &. Ector
13~21　三齿鞍型藻 *Sellaphora tridentula* (Krasske) Wetzel

图版 336

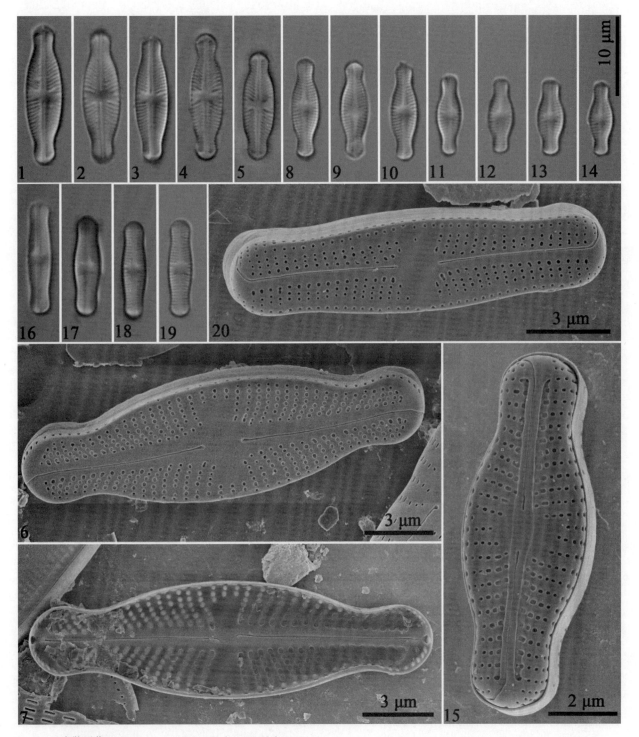

1～7　日本鞍型藻 *Sellaphora japonica* (Kobayasi) Kobayasi
8～15　古言鞍型藻 *Sellaphora guyanensis* Metzeltin & Lange-Bertalot
16～20　中间鞍型藻 *Sellaphora intermissa* Metzeltin，Lange-Bertalot & Nergui

图版 337

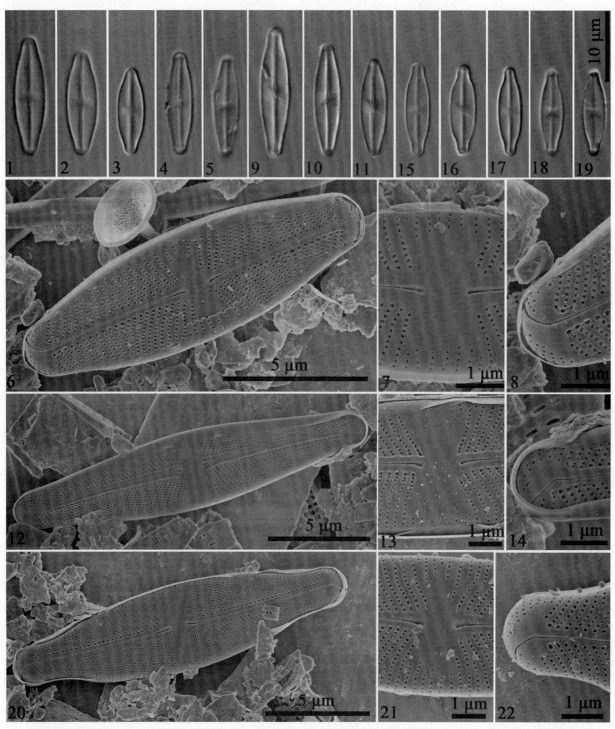

1～8 椭圆披针鞍型藻 *Sellaphora ellipticolanceolata* Metzeltin，Lange-Bertalot & Nergui

9～14 娜娜鞍型藻 *Sellaphora nana* (Hustedt) Lange-Bertalot，Cavacini，Tagliaventi & Alfinito

15～22 辐节型鞍型藻 *Sellaphora stauroneioides* (Lange-Bertalot) Vesela & Johansen

图版 338

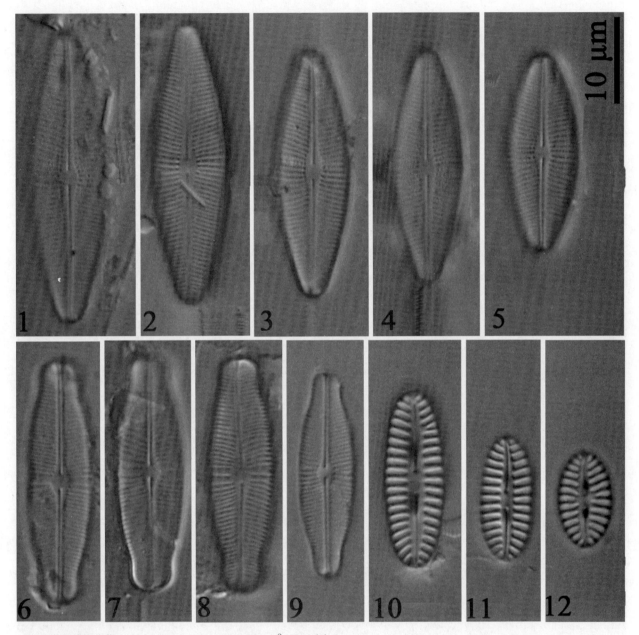

1～5　嫩哇前辐节藻 *Prestauroneis nenwai* Liu，Wang & Kociolek
6～8　洛伊前辐节藻 *Prestauroneis lowei* Liu，Wang & Kociolek
9　喙状前辐节藻 *Prestauroneis protracta*（Grunow）Bishop，Minerovic，Liu & Kociolek
10～12　四川藻 *Sichuaniella lacustris* Li，Lange-Bertalot & Metzeltin

图版 339

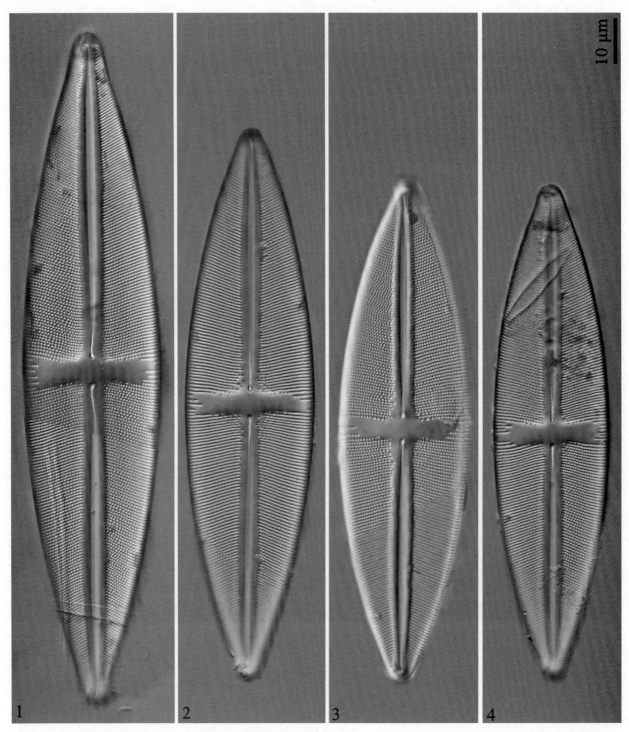

10 μm

1　2　3　4

1～4　圆辐节藻 *Stauroneis circumborealis* Lange-Bertalot & Krammer

图版 340

1～6　格氏辐节藻 *Stauroneis gremmenii* Van de Vijver & Lange-Bertalot

图版 341

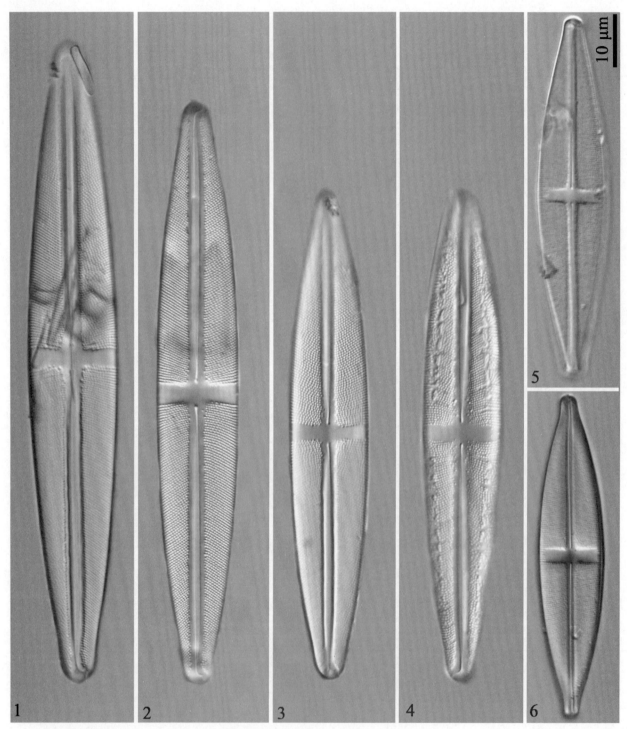

1～4　极细辐节藻 Stauroneis supergracilis Van de Vijver & Lange-Bertalot
5～6　西伯利亚辐节藻 Stauroneis siberica (Grunow) Lange-Bertalot & Krammer

图版 342

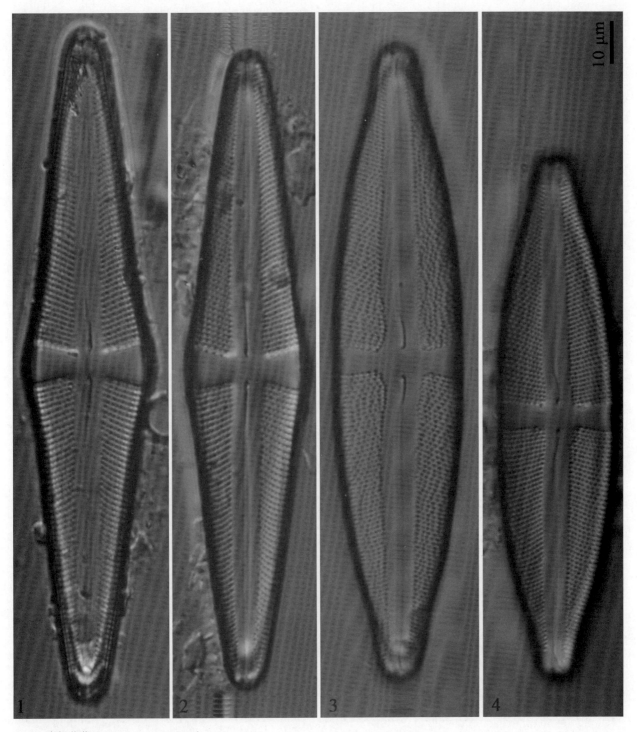

1～2　尖辐节藻 *Stauroneis acuta* Smith
3～4　翻转辐节藻 *Stauroneis superhyperborea* Van de Vijver & Lange-Bertalot

图版 343

1~8　加尔辐节藻 *Stauroneis jarensis* Lange-Bertalot，Cavacini，Tagliaventi &. Alfinito
9~11　双头辐节藻爪哇变种 *Stauroneis anceps* var. *javanica* Hustedt

图版 344

1　二头辐节藻 *Stauroneis amphicephala* Kützing

2　韦尔巴尼亚辐节藻 *Stauroneis verbania* Notaris

3　可辩辐节藻 *Stauroneis distinguenda* Hustedt

4～5　西藏辐节藻 *Stauroneis tibetica* Mereschkowsky

6　双头辐节藻羊八井变种 *Stauroneis anceps* var. *yangbajingensis* Huang

7　鲍里克辐节藻 *Stauroneis borrichii* (Petersen) Lund

8～10　鲍里克辐节藻近头端变种 *Stauroneis borrichii* var. *subcapitata* (Petersen) Lund

11～12　微小辐节藻 *Stauroneis minutula* Hustedt

13～14　史密斯辐节藻 *Stauroneis smithii* Grunow

15～20　分离辐节藻 *Stauroneis separanda* Lange-Bertalot & Werum

图版 345

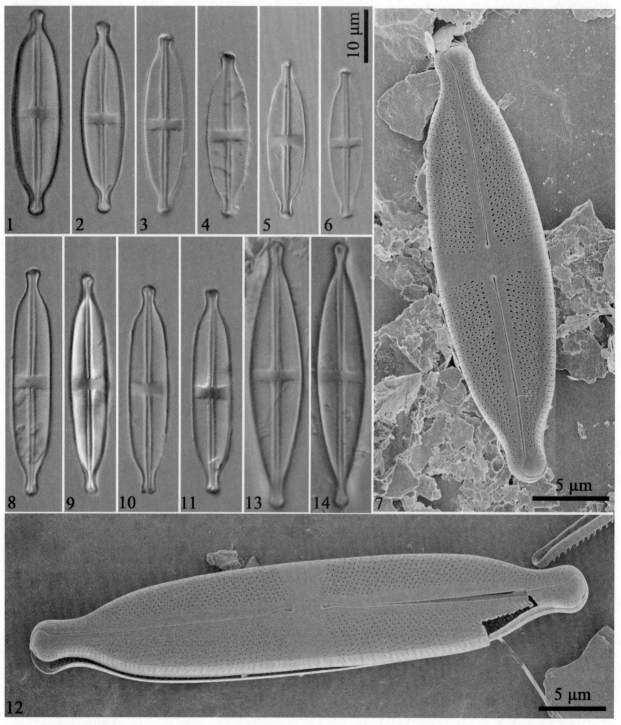

1～7　瑞卡德辐节藻 *Stauroneis reichardtii* Lange-Bertalot，Cavacini，Tagliaventi & Alfinito

8～12　繁杂辐节藻 *Stauroneis intricans* van de Vijver & Lange-Bertalot

13～14　纤弱辐节藻 *Stauroneis gracilior* Reichardt

图版 346

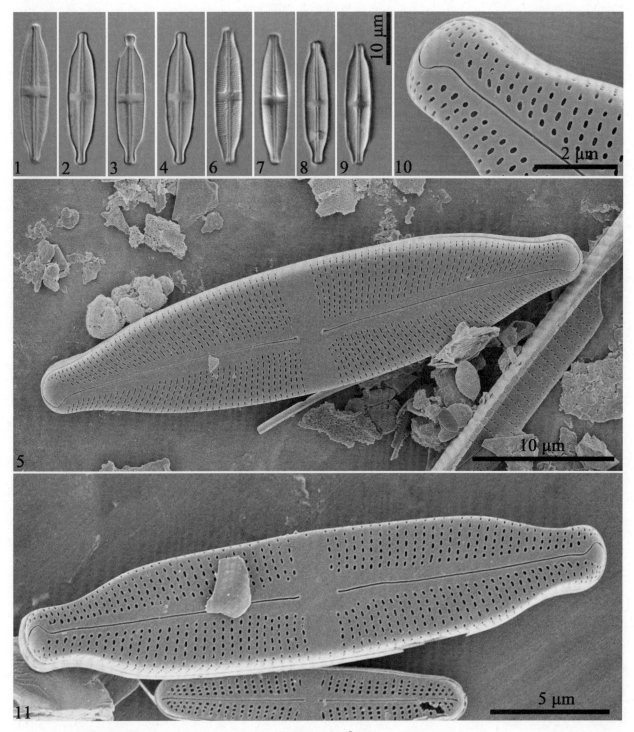

1~5　田地辐节藻膨大变种 *Stauroneis agrestis* var. *inflata* Kobayasi & Ando
6~11　克里格辐节藻 *Stauroneis kriegeri* Patrick

图版 347

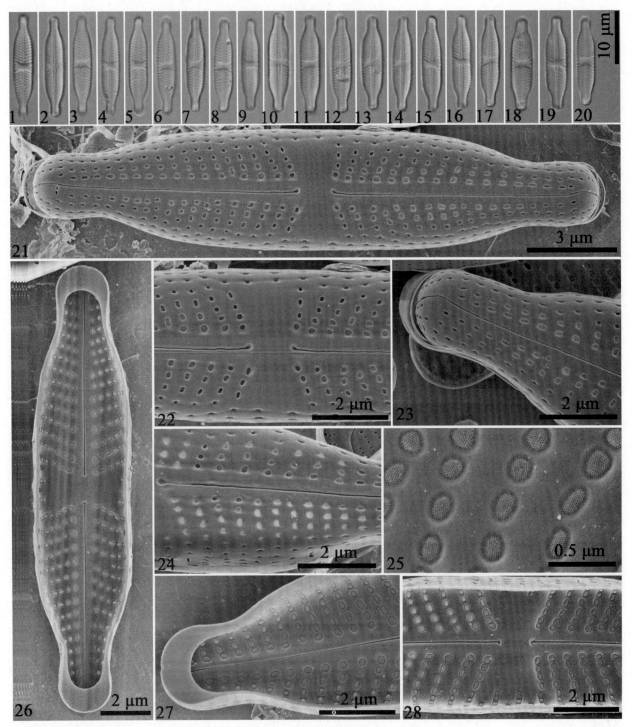

1~28　适度辐节藻 *Stauroneis modestissima* Metzeltin，Lange-Bertalot & Garcia-Rodriguez

图版 348

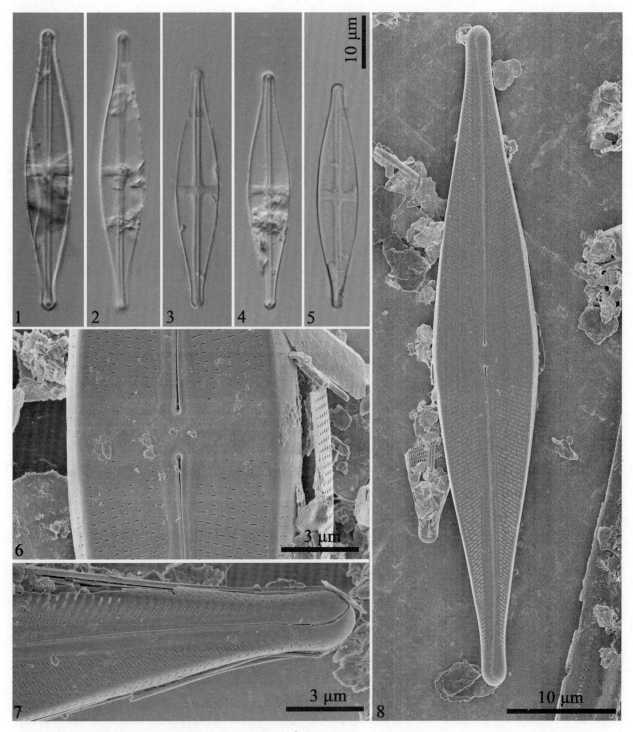

1～8　新透明辐节藻 *Stauroneis neohyalina* Lange-Bertalot & Krammer

图版 349

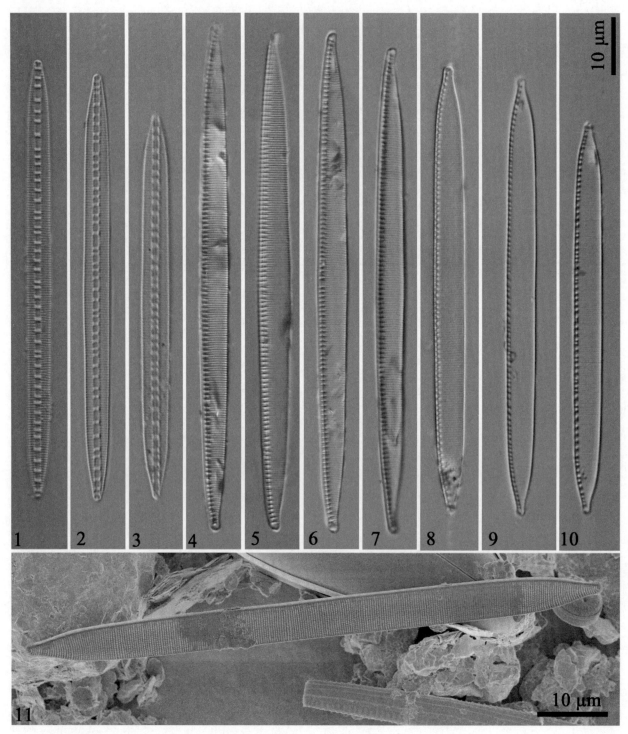

1～3　奇异杆状藻 *Bacillaria paxillifera* （Müller）Marsson

4～7　霍弗里菱形藻 *Nitzschia heufleriana* Grunow

8～11　规则菱形藻粗壮变种 *Nitzschia regula* var. *robusta* Hustedt

图版 350

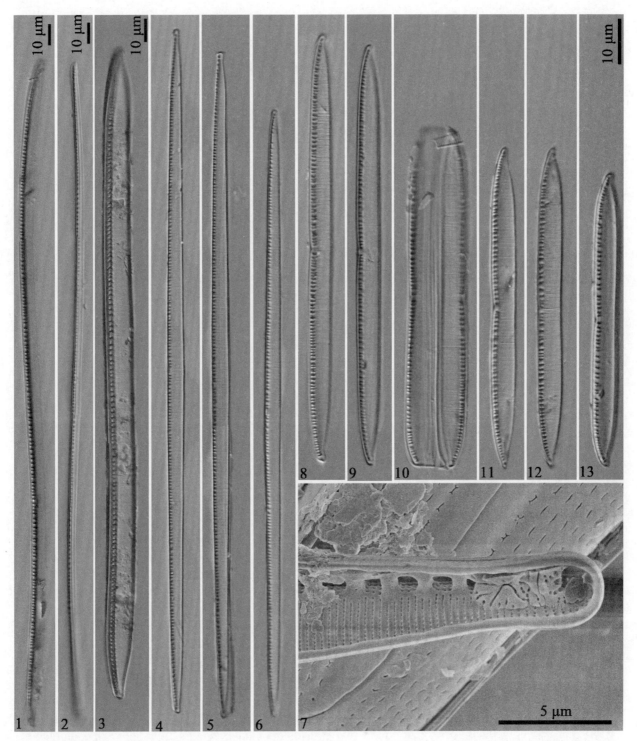

1~3　类 S 状菱形藻 *Nitzschia sigmoidea*（Nitzsch）Smith
4~7　适合菱形藻 *Nitzschia adapta* Hustedt
8~13　线性菱形藻 *Nitzschia linearis* Smith

图版 351

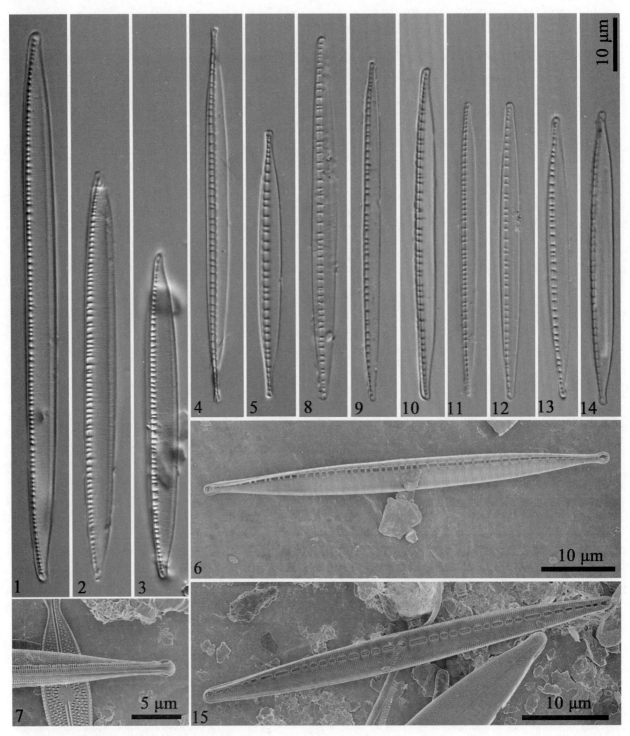

1~3　近线性菱形藻 *Nitzschia sublinearis* Hustedt
4~7　细端菱形藻中型变种 *Nitzschia dissipata* var. *media*（Hantzsch）Grunow
8~15　巴伐利亚菱形藻 *Nitzschia bavarica* Hustedt

图版 352

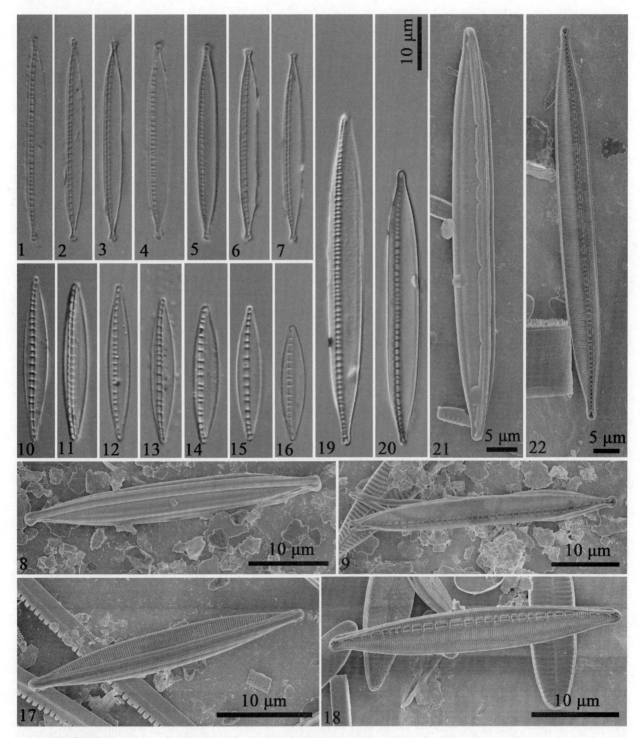

1～9　寡盐菱形藻 *Nitzschia oligotraphenta* (Lange-Bertalot) Lange-Bertalot
10～18　细端菱形藻 *Nitzschia dissipata* (Kützing) Rabenhorst
19～22　直菱形藻 *Nitzschia recta* Hantzsch

图版 353

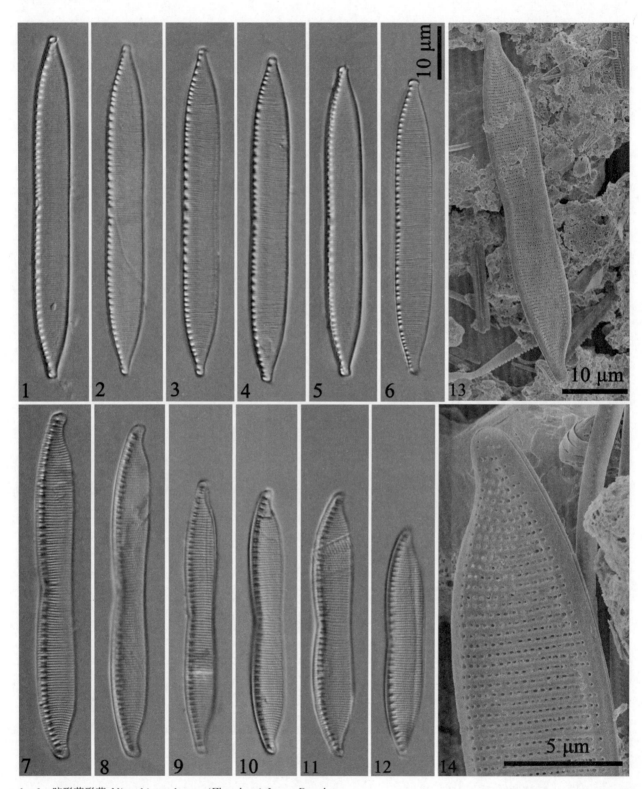

1～6　脐形菱形藻 *Nitzschia umbonata*（Ehrenberg）Lange-Bertalot

7～14　杂种菱形藻 *Nitzschia hybrida* Grunow

图版 354

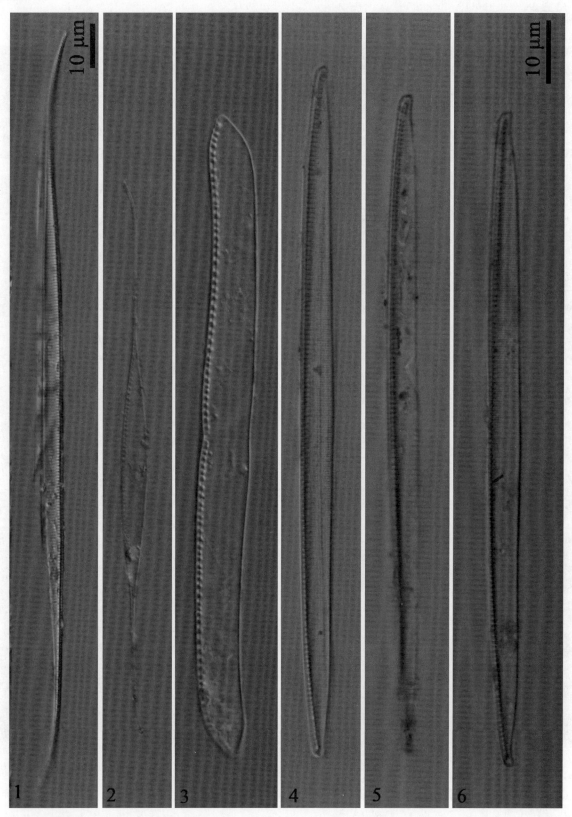

1　洛伦菱形藻 *Nitzschia lorenziana* Grunow
2　反曲菱形藻 *Nitzschia reversa* Smith
3　钝端菱形藻 *Nitzschia obtusa* Smith
4～6　额雷菱形藻 *Nitzschia eglei* Lange-Beralot

图版 355

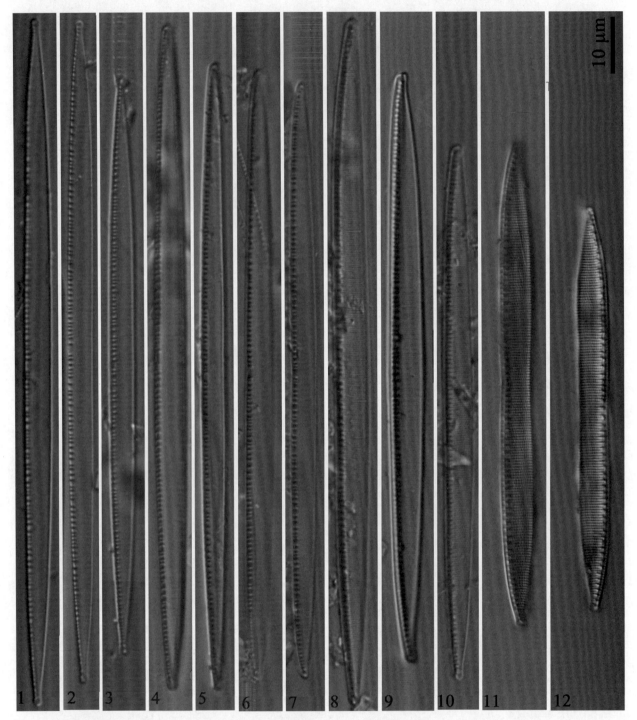

1～3　蠕虫状菱形藻 *Nitzschia vermicularis* （Kützing）Hantzsch
4～7　细致菱形藻 *Nitzschia tenuis* （Smith）Grunow
8～10　额雷菱形藻 *Nitzschia eglei* Lange-Bertalot
11～12　吉斯拉菱形藻 *Nitzschia gisela* Lange-Bertalot

图版 356

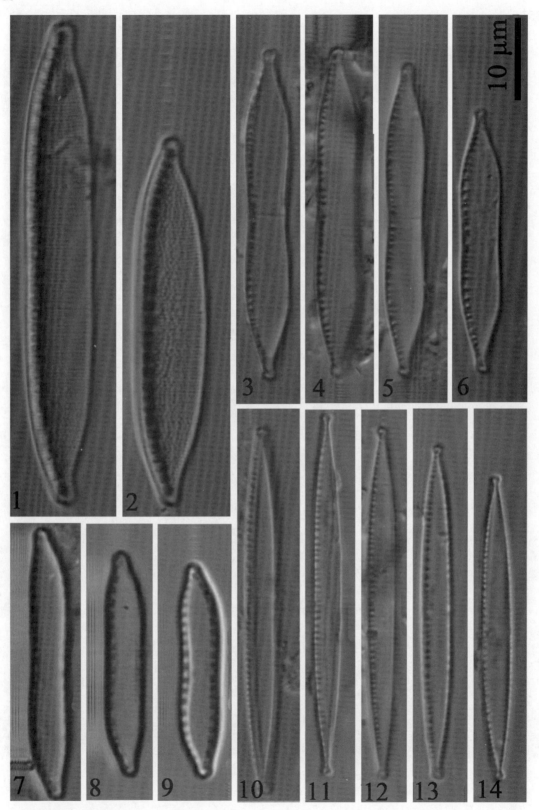

1～2　玻璃质菱形藻 *Nitzschia vitrea* Norman
3～6　毡帽菱形藻 *Nitzschia homburgiensis* Lange-Bertalot
7～9　短形菱形藻 *Nitzschia brevissima* Grunow
10～14　管毛菱形藻 *Nitzschia tubicola* Grunow

图版357

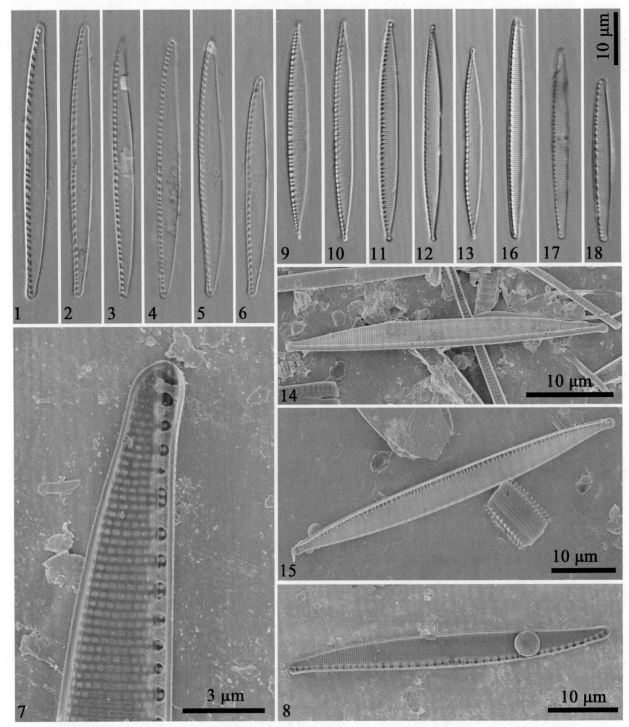

1～8　丝状菱形藻 *Nitzschia filiformis* Heurck

9～15　多样菱形藻 *Nitzschia diversa* Hustedt

16～18　吉斯纳菱形藻 *Nitzschia gessneri* Hustedt

图版 358

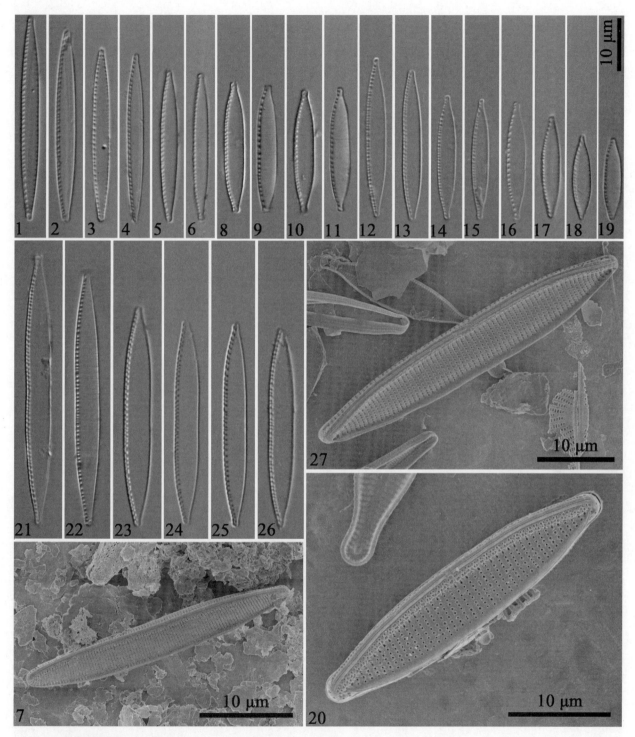

1～7　谷皮菱形藻线条变种 Nitzschia palea var. tenuirostris Grunow
8～11　谷皮菱形藻微小变种 Nitzschia palea var. minuta（Bleisch）Grunow
12～20　谷皮菱形藻柔弱变种 Nitzschia palea var. debilis（Kützing）Grunow
21～27　谷皮菱形藻 Nitzschia palea（Kützing）Smith

图版 359

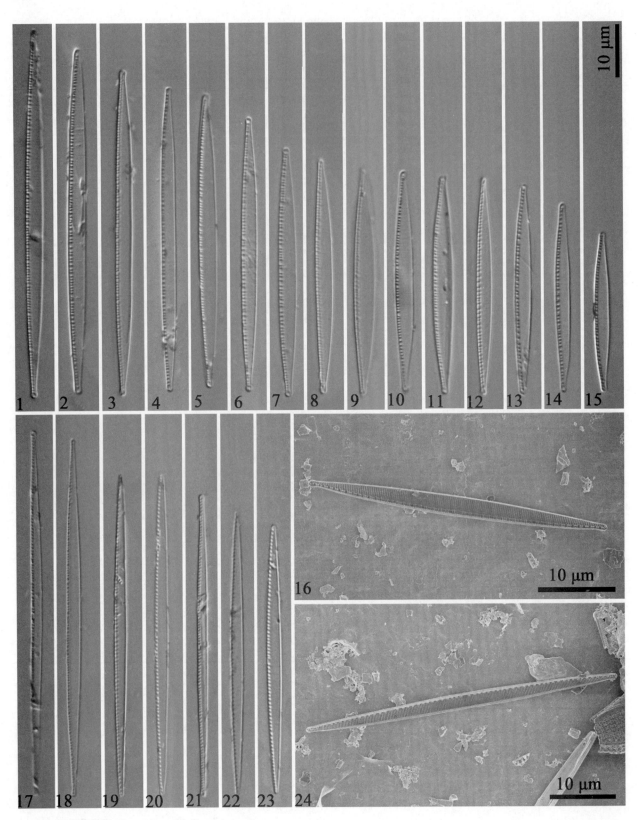

1～16　纤细菱形藻 *Nitzschia exilis* Sovereign

17～24　稻皮菱形藻 *Nitzschia paleacea*（Grunow）Grunow

图版 360

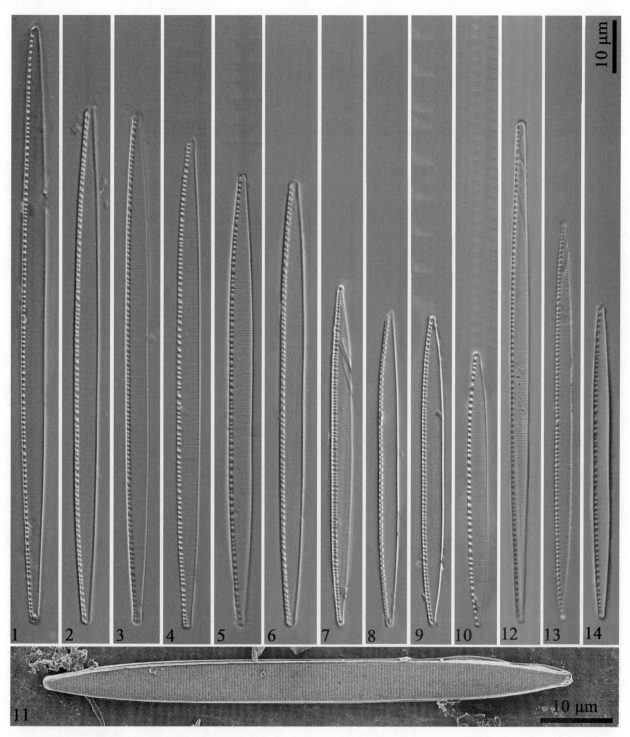

1～11　费拉扎菱形藻 *Nitzschia ferrazae* Cholnoky
12～14　中型菱形藻 *Nitzschia intermedia* Hantzsch

图版 361

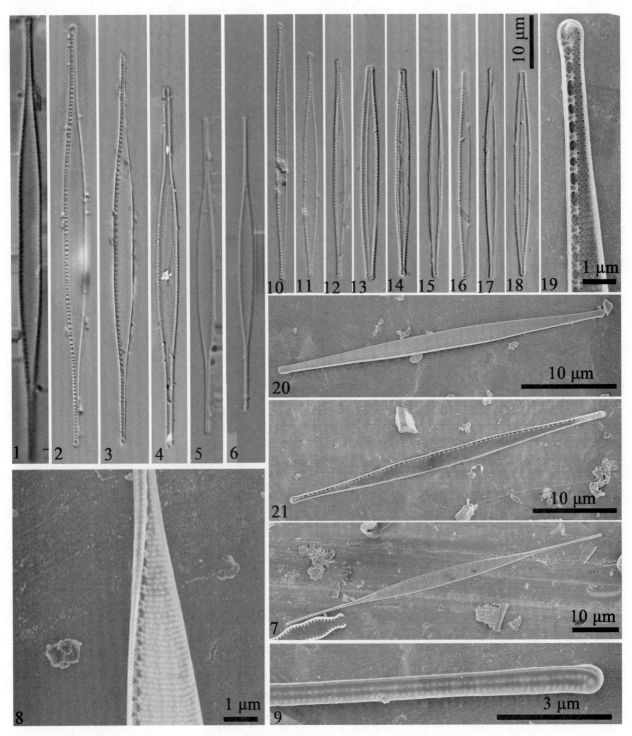

1~4, 7~9　针形菱形藻 *Nitzschia acicularis* (Kützing) Smith
5~6　爪维兰斯菱形藻 *Nitzschia draveillensis* Coste & Ricard
10~21　细长菱形藻 *Nitzschia gracilis* Hantzsch

图版 362

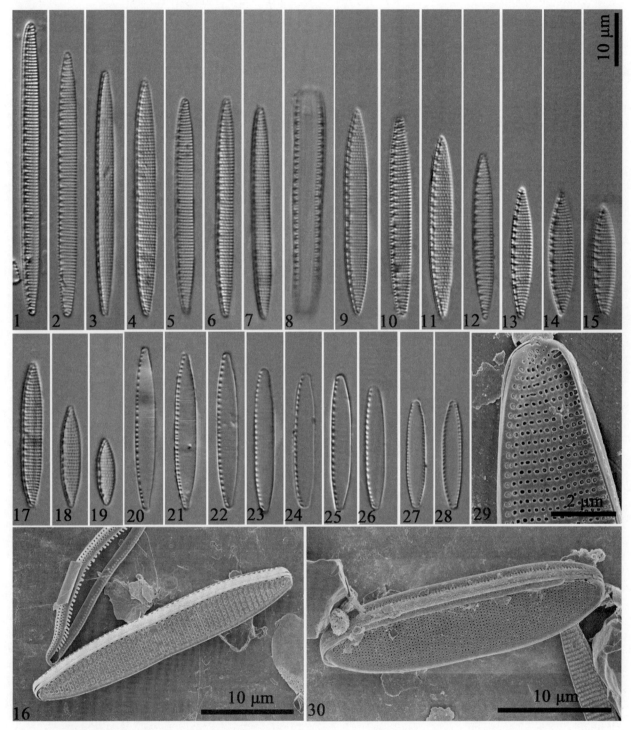

1~8　两栖菱形藻伸长变型 *Nitzschia amphibia* f. *frauenfeldii* (Grunow) Lange-Bertalot
9~19　两栖菱形藻 *Nitzschia amphibia* Grunow
20~30　普通菱形藻 *Nitzschia communis* Rabenhorst

图版 363

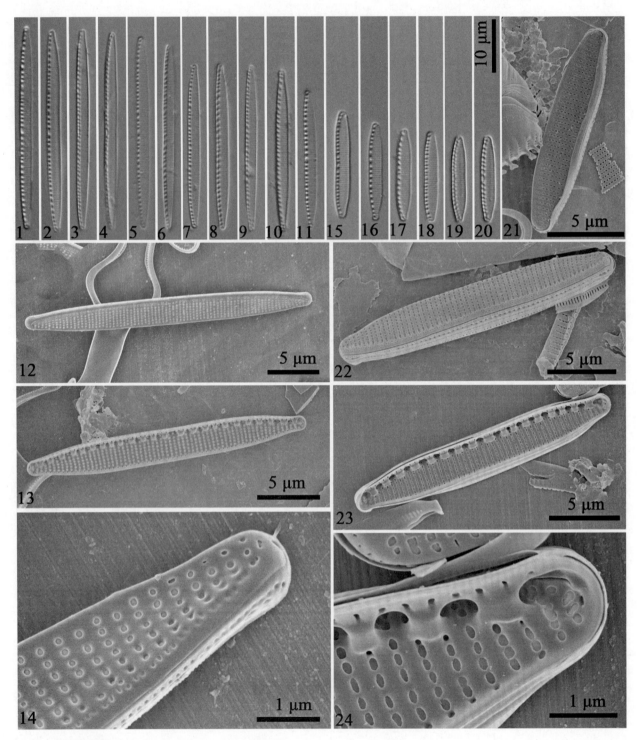

1～14　喜酸菱形藻 *Nitzschia acidoclinata* Lange-Bertalot
15～24　汉茨菱形藻 *Nitzschia hantzschiana* Rabenhorst

图版 364

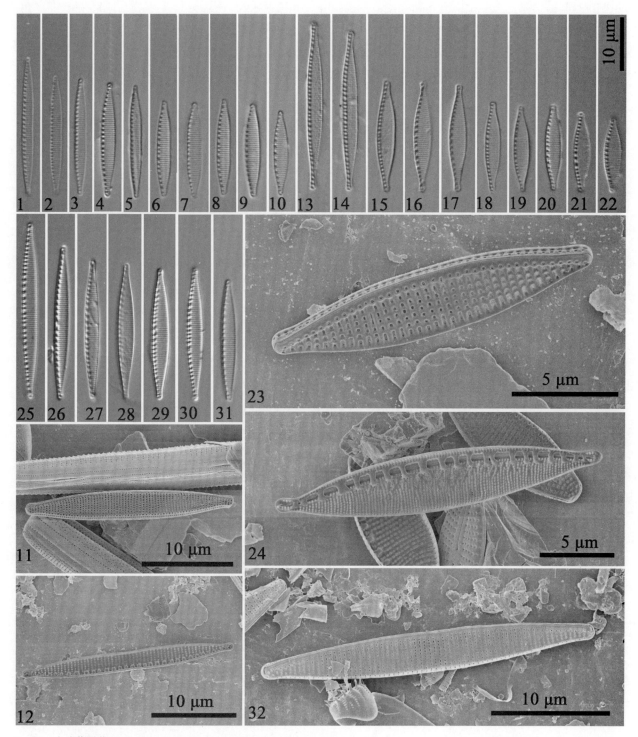

1～12　小片菱形藻 *Nitzschia frustulum* (Kützing) Grunow
13～24　溪生菱形藻 *Nitzschia fonticoloides* Sovereign
25～32　泉生菱形藻 *Nitzschia fonticola* (Grunow) Grunow

图版 365

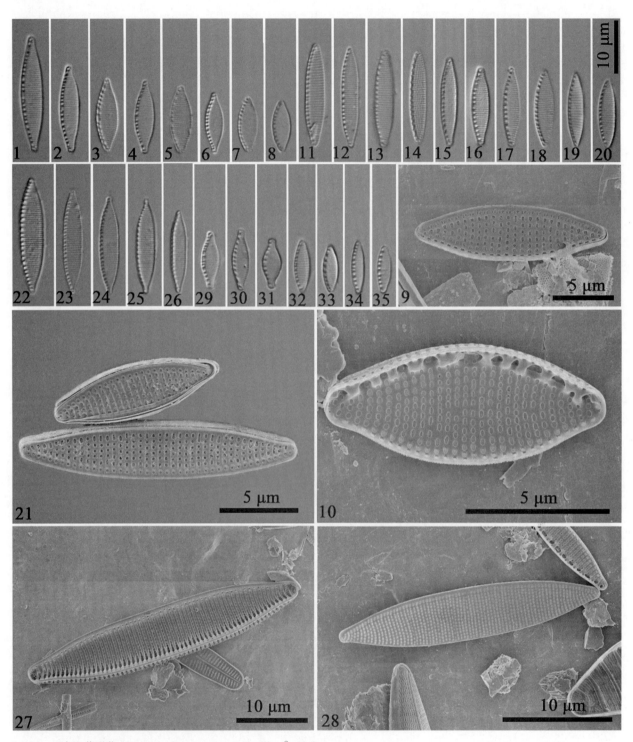

1～10　亚高山菱形藻 *Nitzschia dealpina* Lange-Bertalot &. Hofmann

11～21　高山菱形藻 *Nitzschia alpina* Hustedt

22～28　常见菱形藻 *Nitzschia solita* Hustedt

29～31　泉生菱形藻头端变种 *Nitzschia fonticola* var. *capitata* Cleve

32～35　平庸菱形藻 *Nitzschia inconspicua* Grunow

图版 366

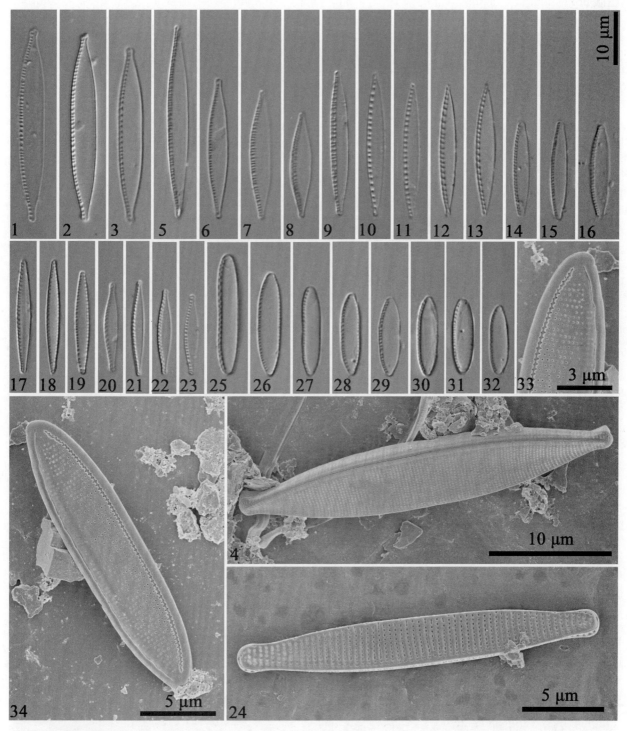

1~4　小头端菱形藻 *Nitzschia capitellata* Hustedt
5~8　底栖菱形藻 *Nitzschia fundi* Cholnoky
9~13　群聚菱形藻 *Nitzschia sociabilis* Hustedt
14~16　瘦弱菱形藻 *Nitzschia stelmachpessiana* Hamsher，Kociolek，Zidarova & Van de Vijver
17~19　阿奇巴尔菱形藻 *Nitzschia archibaldii* Lange-Bertalot
20~24　沟坑菱形藻 *Nitzschia lacuum* Lange-Bertalot
25~34　小型菱形藻 *Nitzschia pusilla* Grunow

图版 367

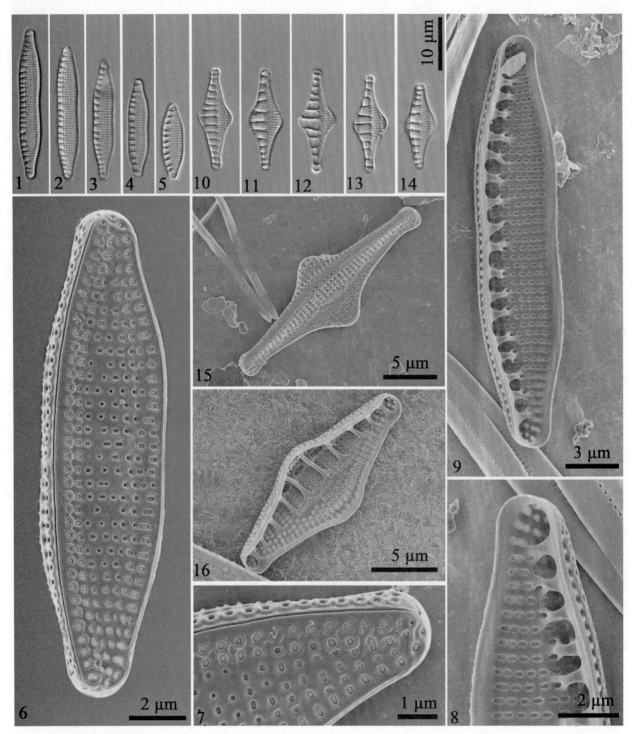

1～9　定日菱形藻 *Nitzschia dingrica* Jao & Lee
10～16　平板菱形藻 *Nitzschia tabellaria*（Grunow）Grunow

图版 368

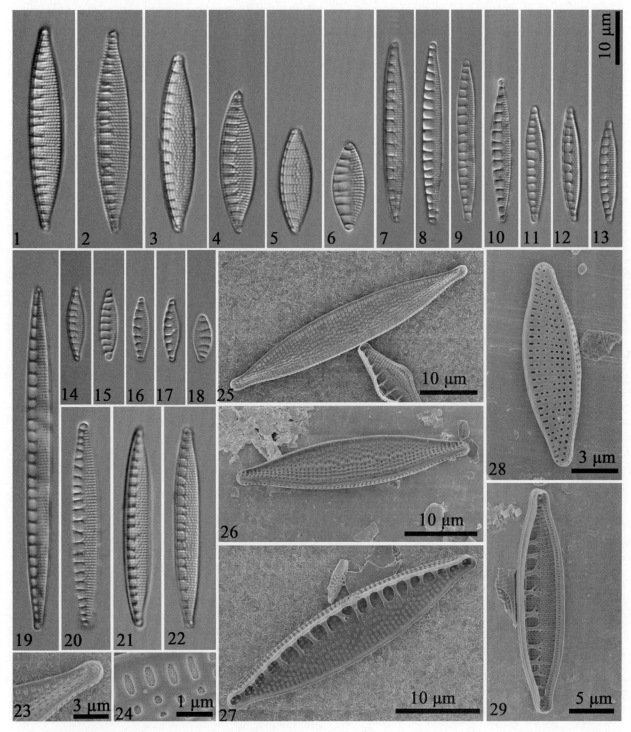

1~6　犬齿菱形藻 *Nitzschia solgensis* Cleve-Euler

7~29　德洛菱形藻 *Nitzschia delognei*（Grunow）Lange-Bertalot

图版 369

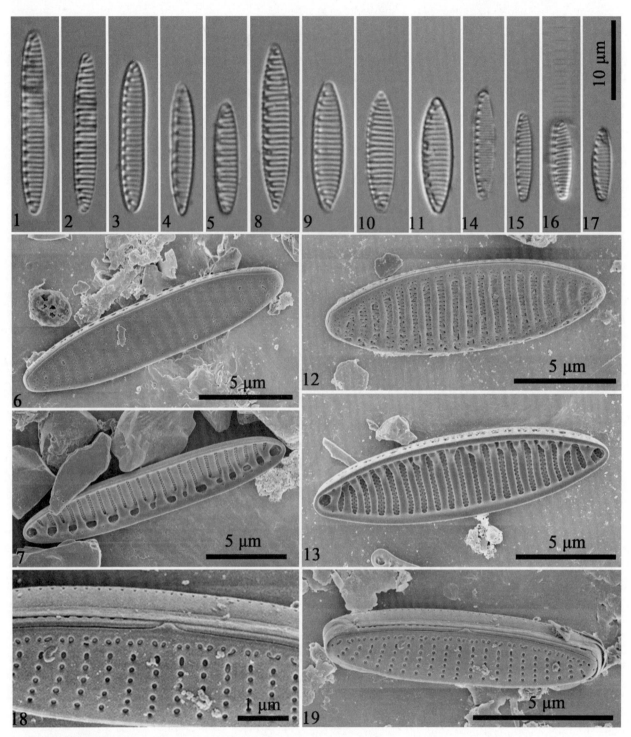

1～13　粗肋菱形藻 Nitzschia valdecostata Lange-Bertalot & Simonsen
14～19　粗条菱形藻 Nitzschia valdestriata Aleem & Hustedt

图版 370

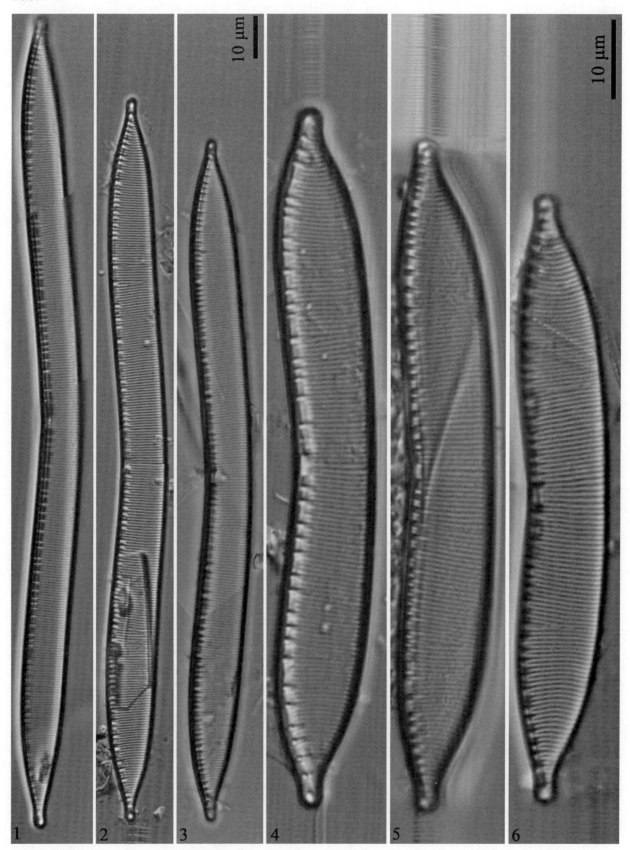

1～3　长菱板藻 *Hantzschia elongata*（Hantzsch）Grunow
4～6　近石生菱板藻 *Hantzschia subrupestris* Lange-Bertalot

图版 371

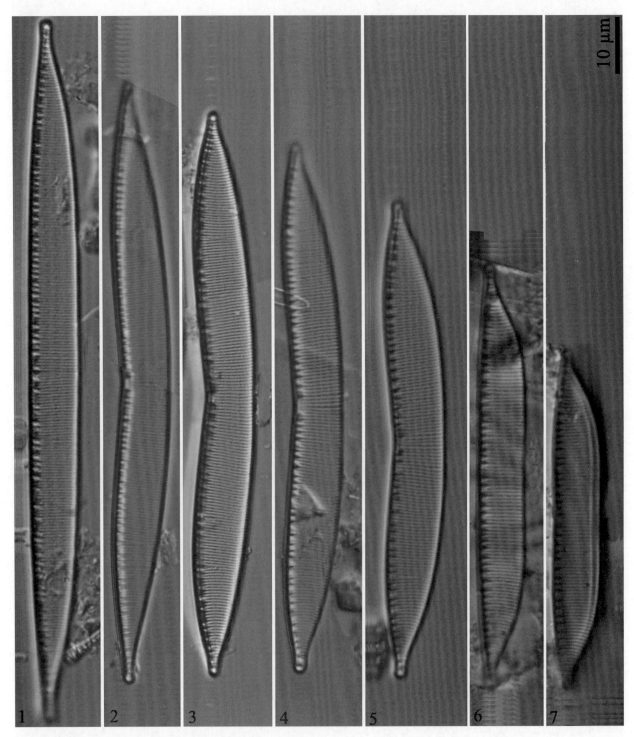

10 μm

1　长命菱板藻 *Hantzschia vivax* （Smith）Peragallo
2～5　格拉西奥萨菱板藻 *Hantzschia graciosa* Lange-Bertalot
6～7　盖斯纳菱板藻 *Hantzschia giessiana* Lange-Bertalot & Rumrich

图版 372

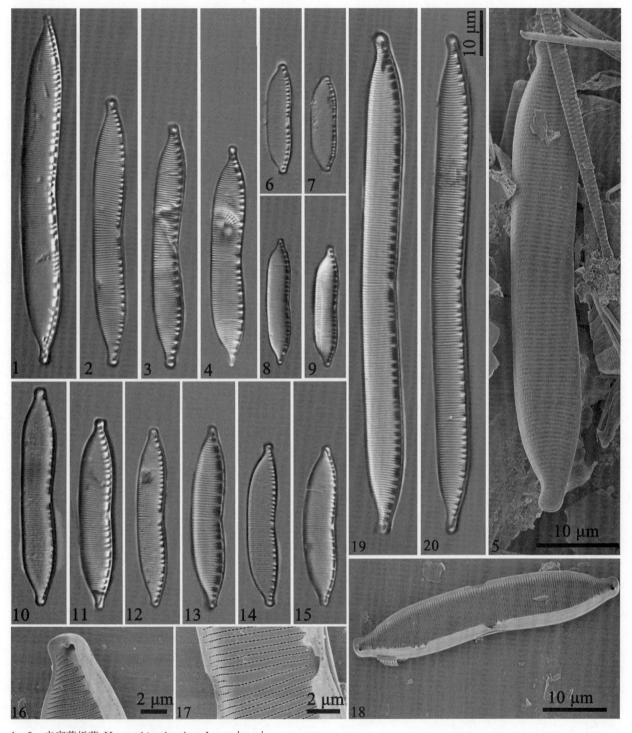

1～5　丰富菱板藻 *Hantzschia abundans* Lange-bertalot
6～9　两尖菱板藻相等变种 *Hantzschia amphioxys* var. *aequalis* Cleve
10～18　两尖菱板藻 *Hantzschia amphioxys*（Ehrenberg）Grunow
19～20　嫌钙菱板藻 *Hantzschia calcifuga* Reichardt & Lange-Bertalot

图版 373

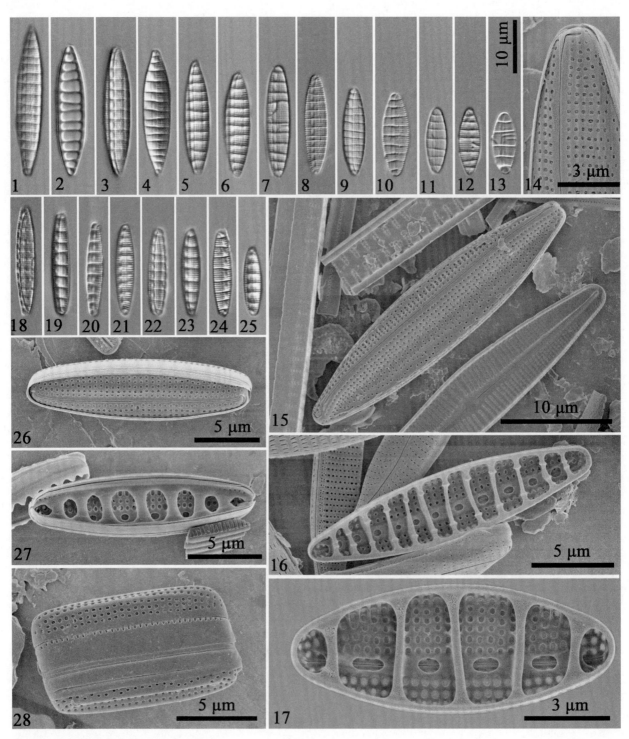

1～17　小型细齿藻 *Denticula tenuis* Kützing
18～28　华美细齿藻 *Denticula elegans* Kützing

图版 374

1～14　强壮细齿藻 *Denticula valida*（Pedicino）Grunow

中国横断山区硅藻研究

图版 375

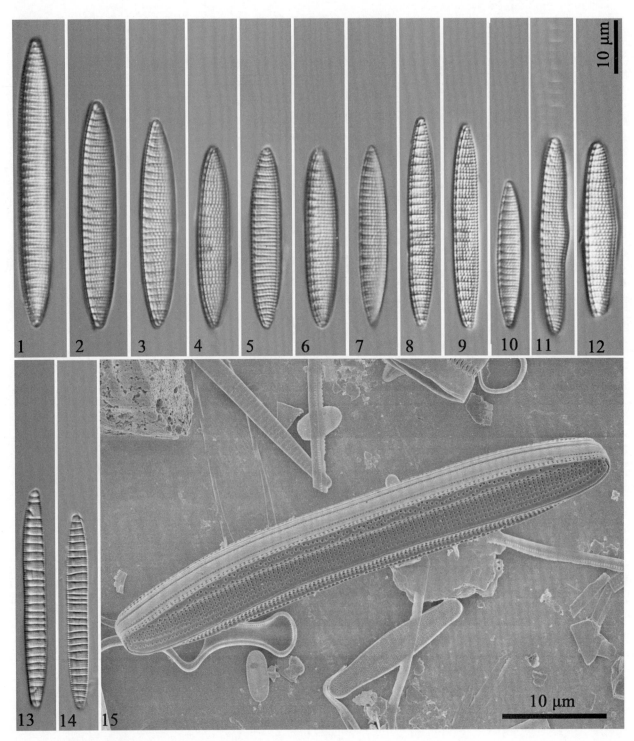

1～10　库津细齿藻 *Denticula kuetzingii* Grunow
11～12　库津细齿藻汝牧变种 *Denticula kuetzingii* var. *rumrichae* Krammer
13～15　多雨细齿藻 *Denticula rainierensis* Sovereign

图版 376

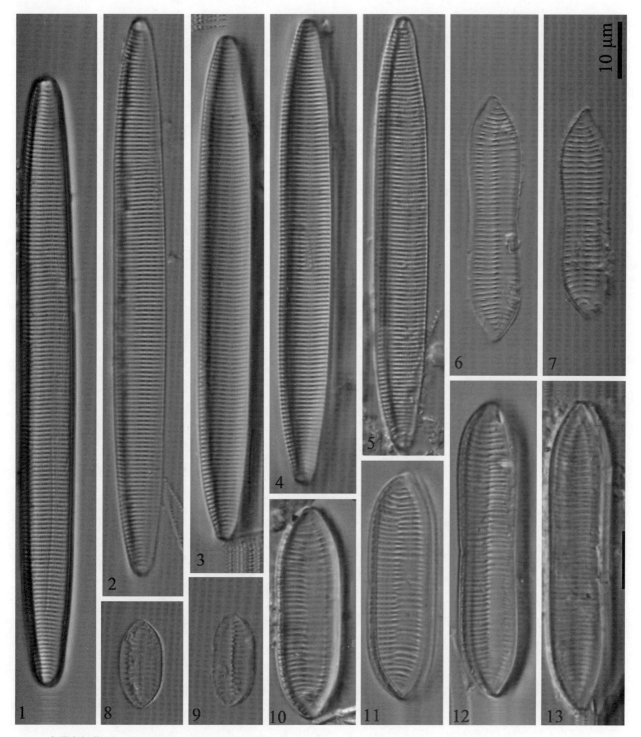

1～5　布诺盘杆藻 *Tryblionella brunoi* Lange-Bertalot
6～7　缢缩盘杆藻 *Tryblionella constricta* Gregory
8～13　莱维迪盘杆藻 *Tryblionella levidensis* Smith

图版 377

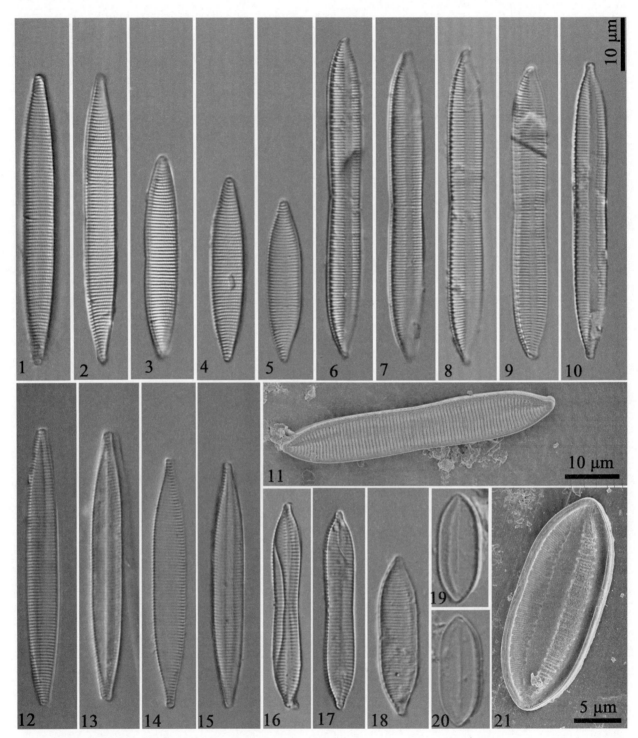

1～5　渐窄盘杆藻 *Tryblionella angusta* Smith
6～11　匈牙利盘杆藻 *Tryblionella hungarica* Frenguelli
12～15　狭窄盘杆藻 *Tryblionella angustatula*（Lange-Bertalot）You & Wang
16～17　细尖盘杆藻 *Tryblionella apiculata* Gregory
18　暖温盘杆藻 *Tryblionella calida* Mann
19～21　岸边盘杆藻 *Tryblionella littoralis*（Grunow）Mann

图版 378

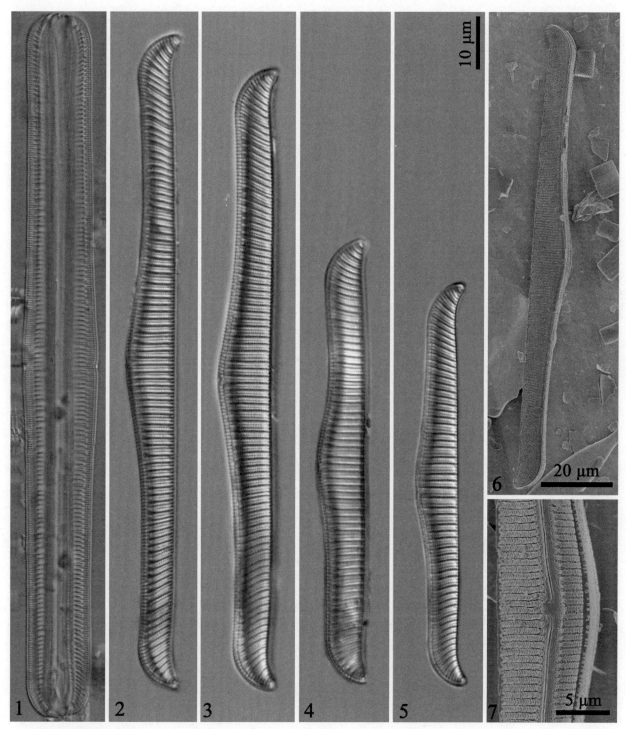

1　平行棒杆藻 Rhopalodia parallela（Grunow）Mull
2～7　弯棒杆藻 Rhopalodia gibba（Ehrenberg）Müller

图版 379

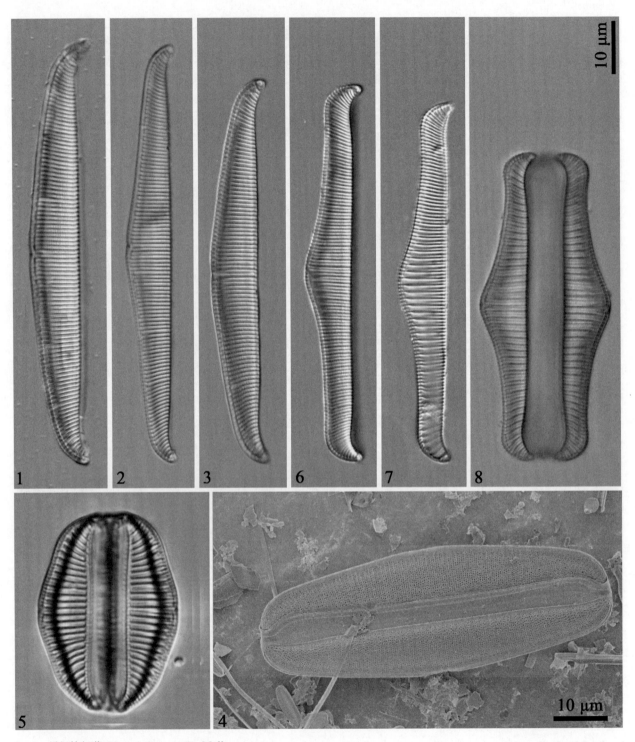

1～4　纤细棒杆藻 *Rhopalodia gracilis* Müller
5　弯棒杆藻偏肿变种 *Rhopalodia gibba* var. *ventricosa*（Kützing）Peragallo & Peragallo
6～8　弯棒杆藻凸起变种 *Rhopalodia gibba* var. *jugalis* Bonadonna

图版 380

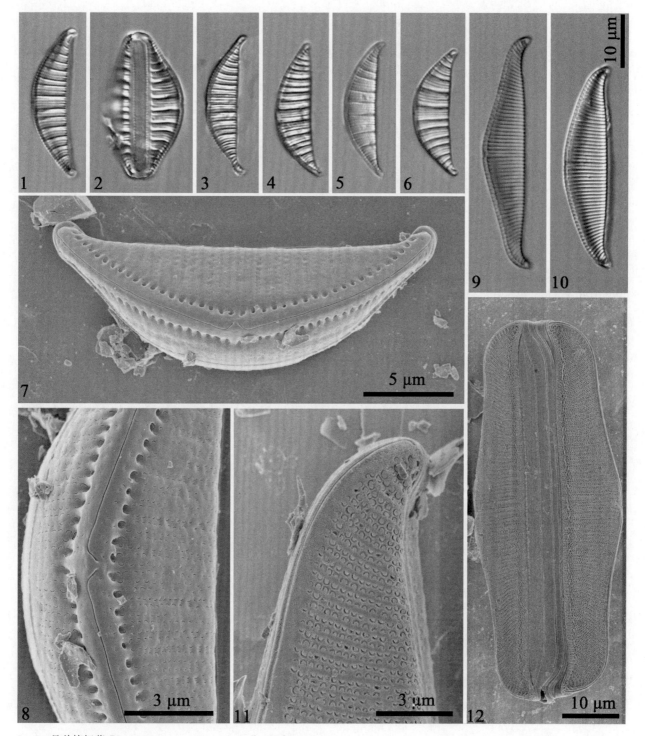

1～8　具盖棒杆藻 *Rhopalodia operculata*（Agardh）Hakansson
9～12　弯棒杆藻小型变种 *Rhopalodia gibba* var. *minuta* Krammer

图版 381

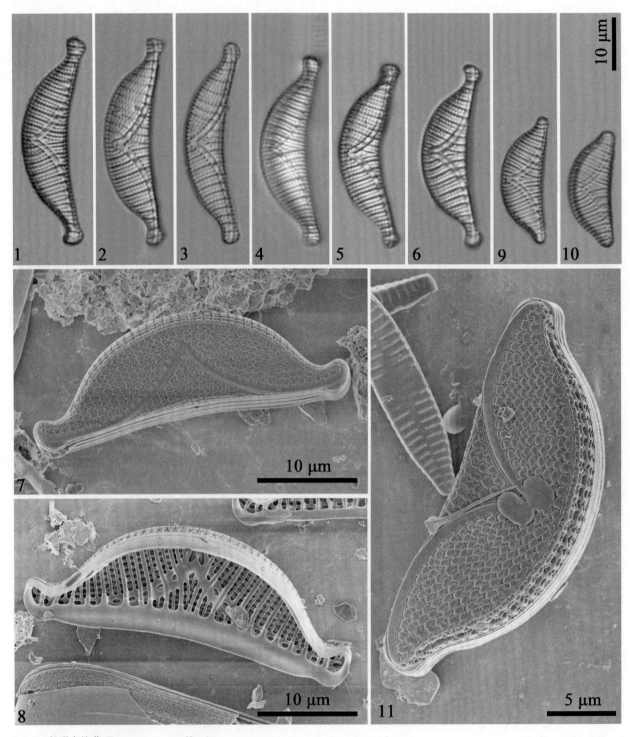

1~8　鼠形窗纹藻 *Epithemia sorex* Kützing
9~11　鼠形窗纹藻球状变型 *Epithemia sorex* f. *globosa* Allorge & Manquin

图版 382

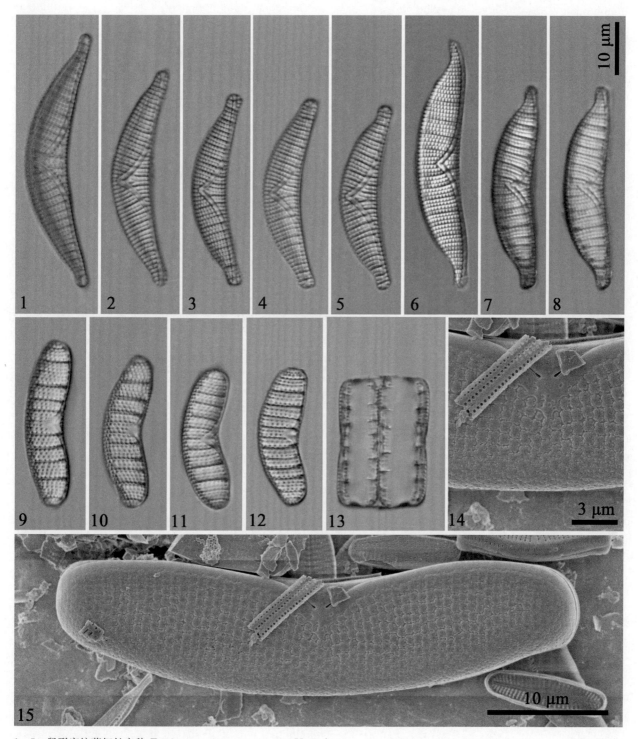

1～5 鼠形窗纹藻细长变种 *Epithemia sorex* var. *gracilis* Hustedt

6～8 膨大窗纹藻典型变型 *Epithemia turgida* f. *typica* Mayer

9～15 弗里克窗纹藻 *Epithemia frickei* Krammer

图版 383

1~5　膨大窗纹藻颗粒变种 *Epithemia turgida* var. *granulata*（Ehrenberg）Brunow

6~7　膨大窗纹藻头端变种 *Epithemia turgida* var. *capitata* Fricke

图版 384

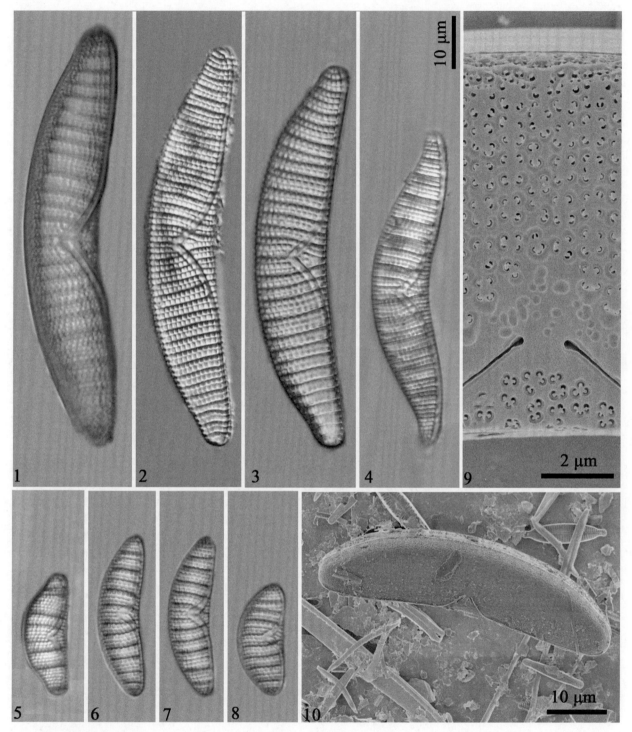

1~3　膨大窗纹藻 *Epithemia turgida* (Ehrenberg) Kützing
4　光亮窗纹藻高山变种 *Epithemia argus* var. *alpestris* (Smith) Grunow
5　光亮窗纹藻龟形变种 *Epithemia argus* var. *testudo* Fricke
6~10　光亮窗纹藻 *Epithemia argus* (Ehrenberg) Kützing

图版 385

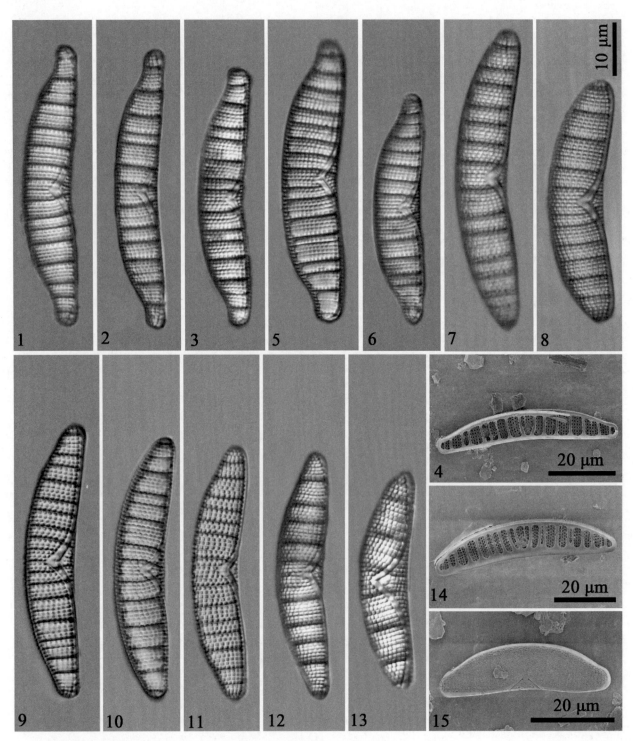

1～4　侧生窗纹藻顶生变种 *Epithemia adnata* var. *proboscidea*（Kützing）Hendey
5～6　侧生窗纹藻蛆形变种 *Epithemia adnata* var. *porcellus*（Kützing）Patrick
7～8　侧生窗纹藻萨克森变种 *Epithemia adnata* var. *saxonica*（Kützing）Patrick
9～15　侧生窗纹藻 *Epithemia adnata*（Kützing）Brebisson

图版 386

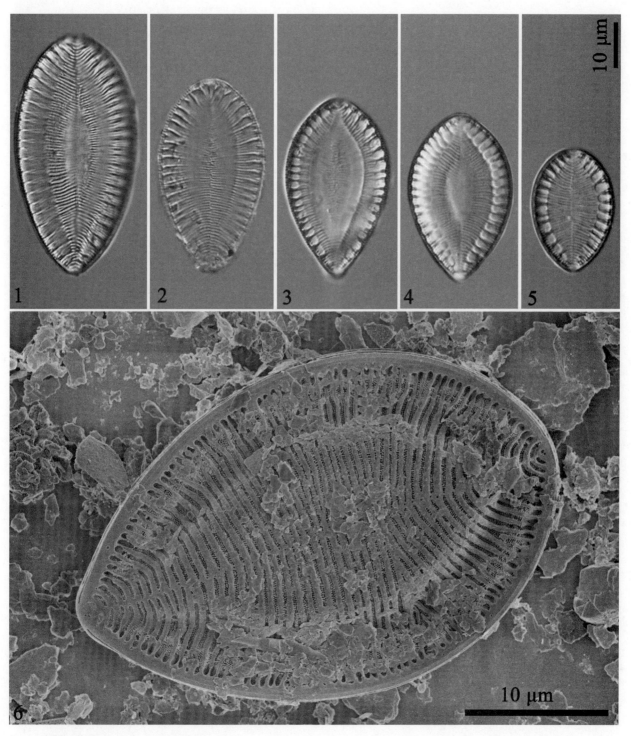

1～2 卵圆双菱藻 *Surirella ovalis* Brebisson

3～6 布列双菱藻 *Surirella brebissonii* Krammer & Lange-Bertalot

图版 387

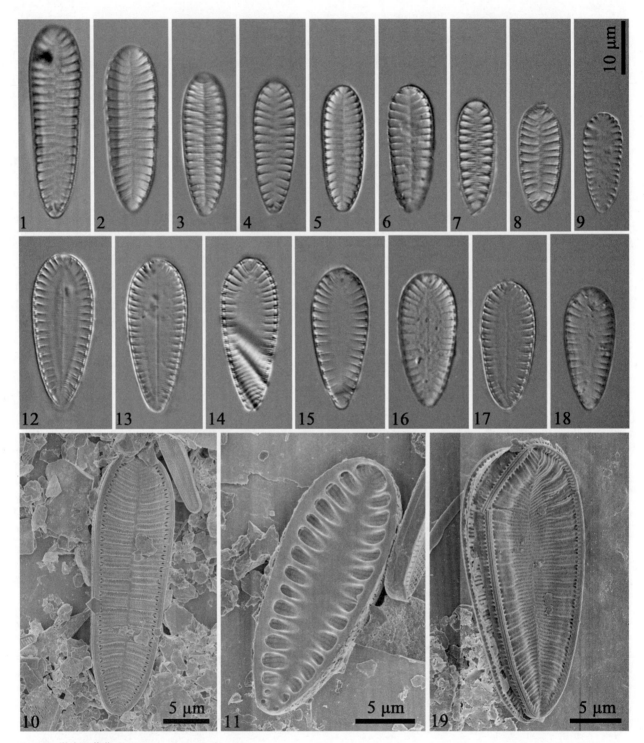

1～11 微小双菱藻 *Surirella minuta* Brebisson
12～19 泪滴双菱藻 *Surirella lacrimula* English

图版 388

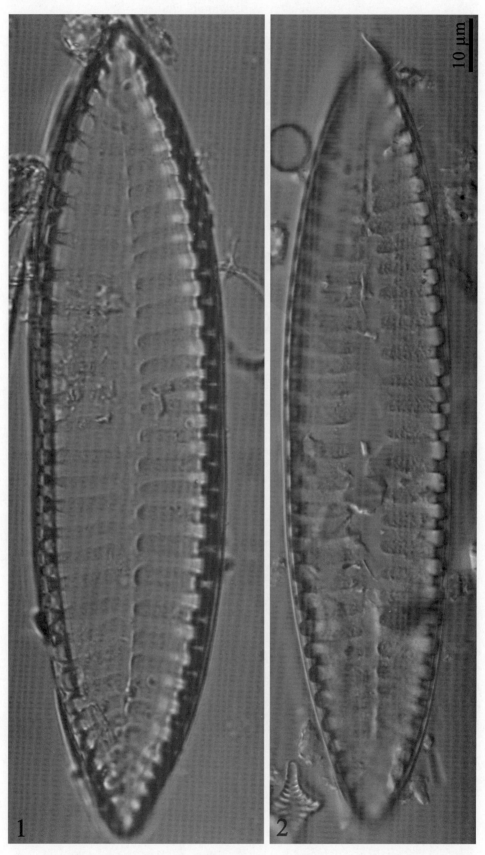

1   **2**

1～2　二列双菱藻 *Surirella biseriata* Brébisson

图版 389

1~2　华彩双菱藻 *Surirella splendida*（Ehrenberg）Kützing

图版 390

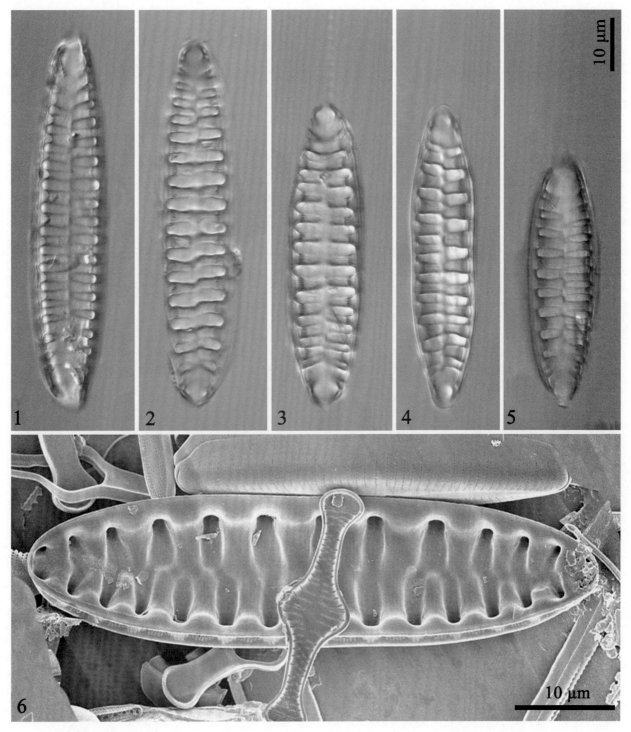

1～6　线性双菱藻 *Surirella linearis* Smith

图版 391

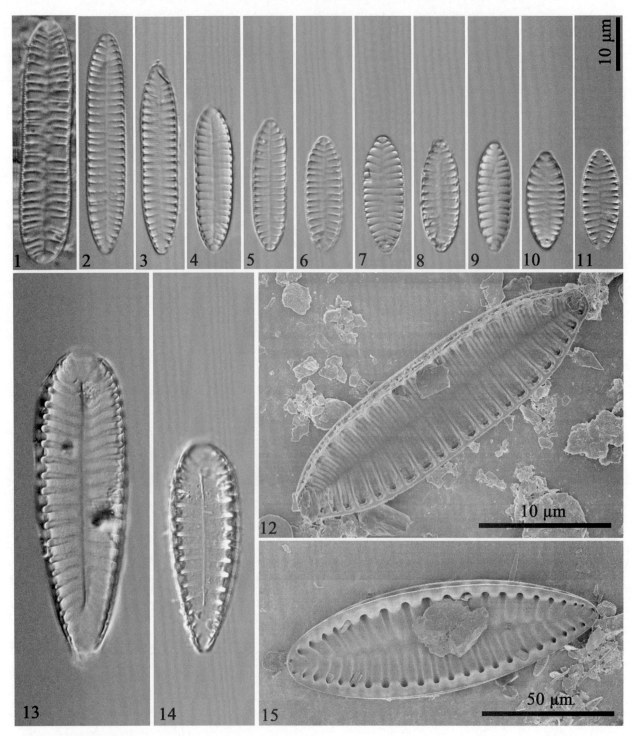

1　线性双菱藻缢缩变种 *Surirella linearis* var. *constricta* Grunow
2～12　窄双菱藻 *Surirella angusta* Kützing
13～15　柔软双菱藻 *Surirella tenera* Greyory

图版 392

1～2　膨大双菱藻 *Surirella turgida* Smith
3～5　细长双菱藻 *Surirella gracilis* Grunow
6　波海密双菱藻 *Surirella bohemica* Maly

图版 393

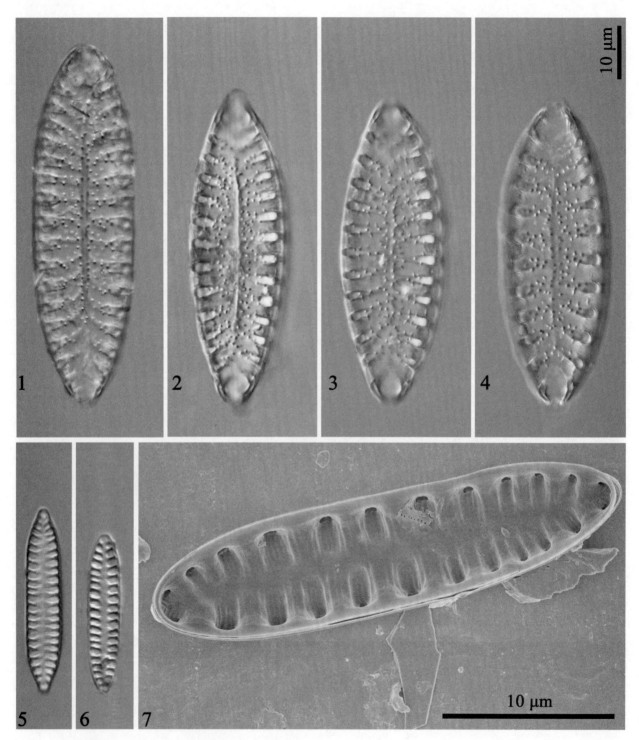

1～4 二额双菱藻 *Surirella bifrons* Ehrenberg
5～7 北极双菱藻 *Surirella arctica* (Patrick & Freese) Veselá & Potapova

图版 394

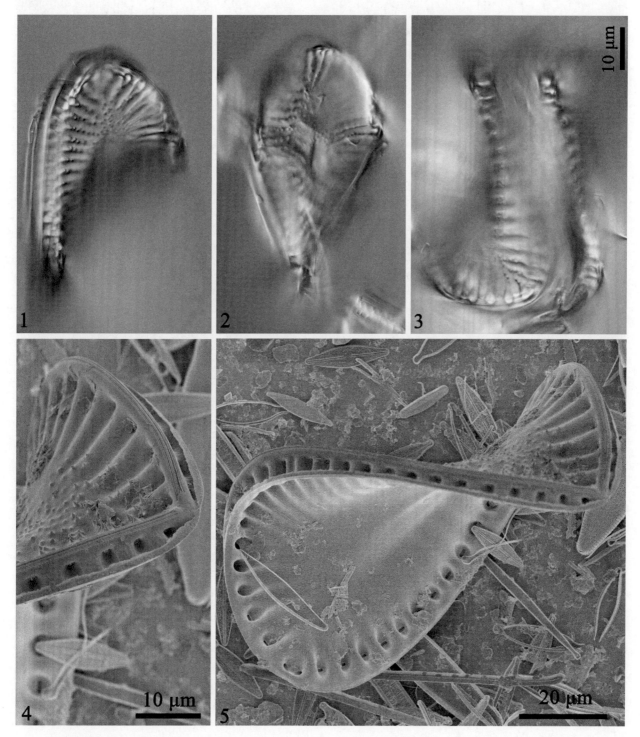

1~5 螺旋双菱藻 *Surirella spiralis* Kützing

图版 395

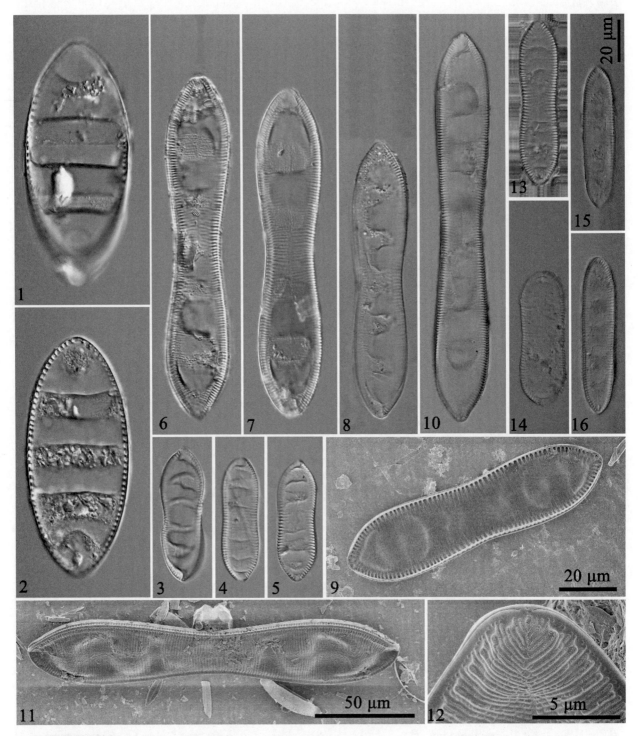

1～2 椭圆波缘藻 *Cymatopleura elliptica* Smith

3～5 扭曲波缘藻 *Cymatopleura aquastudia* Smith

6～9 草鞋波缘藻 *Cymatopleura solea* Smith

10～12 草鞋波缘藻细长变种 *Cymatopleura solea* var. *gracilis* Grunow

13 草鞋波缘藻细尖变种 *Cymatopleura solea* var. *apiculata*（Smith）Ralfs

14 草鞋波缘藻钝变种 *Cymatopleura solea* var. *obtusata* Jurilj

15～16 草鞋波缘藻整齐变种 *Cymatopleura solea* var. *regula*（Ehrenberg）Grunow

图版 396

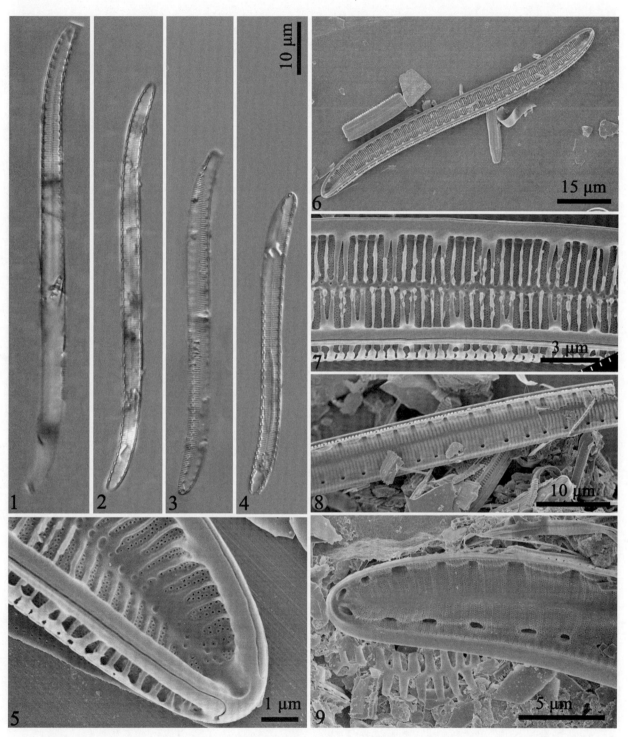

1～9　剑形长羽藻 *Stenopterobia anceps*（Lewis）Brebisson

图版 397

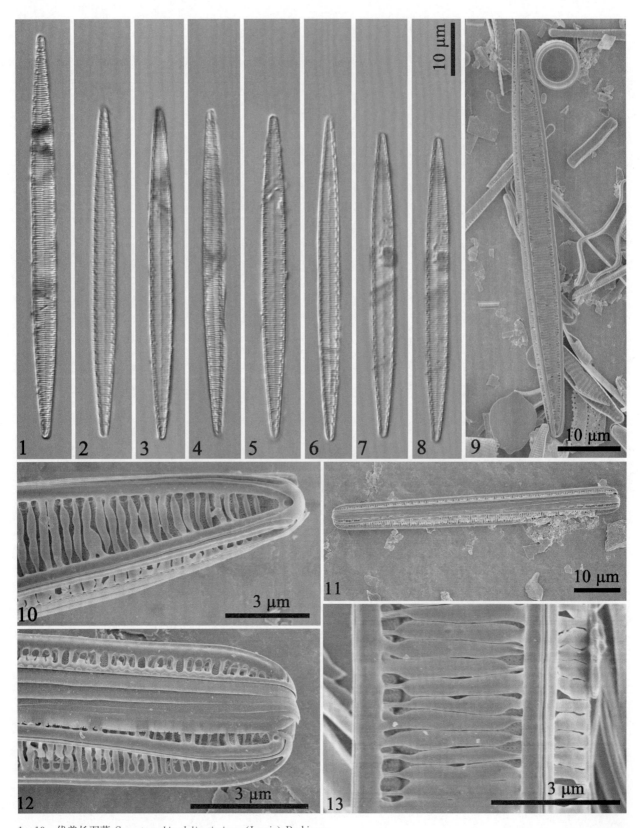

1～13 优美长羽藻 Stenopterobia delicatissima（Lewis）Brebisson

图版 398

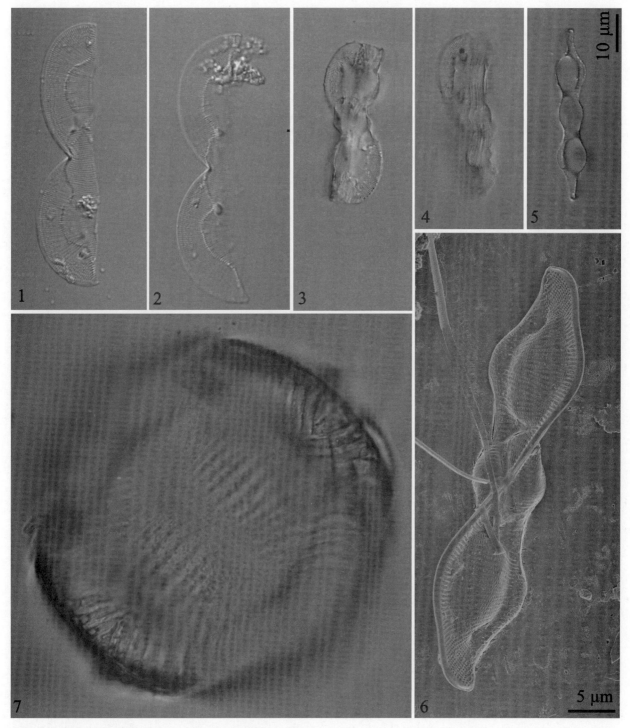

1~2　膜翼茧形藻 Entomoneis alata（Ehrenberg）Reimer
3~6　三波曲茧形藻 Entomoneis triundulata Liu & Williams
7　莱温马鞍藻 Campylodiscus levanderi Hustedt

附录

横断山区硅藻标本采集记录

标本代号	标本号	采集地点	采集日期	生境	着生基质	海拔[m]	水温[℃]	pH	电导率[ms—cm]	盐度[‰]	NH_4^+/N	DO[mg/L]	TDS[mg/L]
1	SC201508001~003	四川省泸定县海螺沟景区	20150730	沼泽	水草	2750	12.9	7.1	94	0.06	0.39	8.9	79
2	SC201508004~006	四川省泸定县海螺沟景区	20150730	池塘	底泥/石头	2800	16.0	7.8	71	0.05	0.29	9.0	64
3	SC201508007~015	四川省泸定县海螺沟水坛	20150730	溪流	石头	2840	10.7	8.0	71	0.05	0.29	9.0	64
4	SC201508016~022	四川省泸定县新兴乡烂河坝	20150730	溪流	丝状藻	2240	13.6	7.9	119	0.07	0.36	9.0	99
5	SC201508023~025	四川省泸定县雅家情海	20150730	溪流	水绵	3470	10.3	7.8	23	0.01	0.07	8.5	21
6	SC201508026~028	四川省康定市康定老榆林	20150730	湖泊	水草	3750	13.5	8.3	55	0.03	0.4	9.4	46
7	SC201508029~045	四川省康定市木格措	20150731	湖泊	树枝/石头	3780	12.4	7.8	29	0.02	0.08	7.3	25
8	SC201508046~053	四川省康定市药池温泉	20150731	温泉	水泡/石壁	3570	30.5	8.0	612	0.25	2.05	11.4	358
9	SC201508054~060	四川省康定市药池对面	20150731	溪流	无隔藻	3570	21.1	6.9	193	0.1	0.4	5.6	136
10	SC201508061~062	四川省康定市药池对面	20150731	溪流	石头	3570	13.8	7.3	38	0.05	0.12	7.6	37
11	SC201508063~082	四川省康定市七色海	20150731	湖泊	丝状藻/水泡/底泥/水草	3200	—	—	—	—	—	—	—
12	SC201508083~092	四川省康定市折多山中下	20150801	溪流/沼泽	混合	3730	6.5	7.6	61	0.04	0.24	8.9	62
13	SC201508093~095	四川省康定市折多山山腰	20150801	湖泊	浮游/石头	3900	11.2	7.8	37	0.02	0.31	6.4	33
14	SC201508096~097	四川省康定市折多山近顶	20150801	湖泊	水草	4100	12.1	8.1	131	0.08	0.47	6.9	113
15	SC201508098~102	四川省康定市新都桥	20150801	沼泽/溪流	丝状藻/底泥/水草	3620	10.8	8.1	68	0.04	0.18	9.7	60
16	SC201508103~110	四川省康定市新都桥	20150801	溪流	丝状藻/底泥/水泡	3470	18.1	8.0	71	0.04	0.3	7.3	53
17	SC201508111~113	四川省雅安县	20150801	溪流	浮游/石头/水泡	3210	15.1	8.4	138~139	0.06	0.19	7.3	81
18	SC201508114~117	四川省雅安县	20150801	溪流	水泡/丝状藻	3210	27.2	8.9	249	0.011	0.99	14.9	155

（续表）

标本代号	标本号	采集地点	采集日期	生境	着生基质	海拔 [m]	水温 [℃]	pH	电导率 [ms—cm]	盐度 [‰]	NH₄⁺/N	DO [mg/L]	TDS [mg/L]
19	SC201508118~124	四川省雅江县红龙乡	20150802	溪流	石头/水草/丝状藻/苔藓	4 100	—	—	—	—	—	—	—
20	SC201508125~129	四川省稻城县海子山保护区	20150802	沼泽	丝状藻/石头/水泡	4 160	15.3	6.9	20	0.01	0.11	5.4	16
21	SC201508130~137	四川省稻城县海子山保护区	20150802	沼泽/湖泊	底泥/苔藓	4 630	13.6	7.6	18	0.01	0.28	6.4	15
22	SC201508138~141	四川省稻城县海子山保护区	20150802	溪流	丝状藻/水泡	4 630	8.3	6.9	19	0.01	0.16	6.3	18
23	SC201508142~145	四川省稻城县海子山保护区	20150802	溪流/沼泽	石头/水泡/苔藓	4 630	12.8	6.9	13	0.01	0.02	7.1	10
24	SC201508146~150	四川省稻城县波瓦山	20150802	沼泽	底泥/浮游/水草/丝状藻	4 513	19.0	8.1	29	0.01	0.42	7.6	21
25	SC201508151~153	四川省亚丁自然保护区	20150803	溪流	丝状藻/浮游/水泡	4 200	6.3	7.8	114	0.08	0.23	9.1	116
26	SC201508154~173	四川省亚丁自然保护区	20150803	溪流	金鱼藻/水草/石头/苔藓	4 100	6.4	8.1	99	0.07	0.3	8.8	100
27	SC201508174~177	四川省稻城县卓玛央措	20150803	湖泊	石头/浮游/树枝/苔藓	4 100	—	—	—	—	—	—	—
28	SC201508178~185	四川省稻城县桑堆红草地	20150804	沼泽	底泥/石头/丝状藻	4 100	14.3	7.9	23	0.01	0.31	5.0	18
29	SC201508186~194	四川省稻城县牛奶海	20150804	湖泊	石头/浮游	4 100	15.0	8.5	112	0.07	0.39	8.8	90
30	SC201508195~200	四川省稻城县五色海	20150804	湖泊	丝状藻/石头/浮游/底泥	4 100	—	—	—	—	—	—	—
31	SC201508201~203	四川省稻城县桑堆红草地	20150804	沼泽	丝状藻/苔藓	4 100	15.4	7.6	21	0.01	0.14	5.6	17
32	SC201508204~205	四川省稻城县桑堆红草地	20150804	沼泽	水草/底泥	4 660	10.7	7.5	17	0.07	0.17	6.1	14
33	SC201508206~208	四川省理塘县普拥沟	20150804	池塘	底泥/浮游	3 930	15.5	7.4	32	0.02	0.49	5.4	25
34	SC201508209~210	四川省理塘县	20150804	池塘	丝状藻	4 110	—	—	—	—	—	—	—
35	SC201508211~213	四川省理塘县	20150804	溪流	石头/底泥/丝状藻	4 110	19.6	8.3	133	0.18	0.22	8.9	111
36	SC201508214~225	四川省雅江县	20150804	溪流	浮游/丝状藻/无隔藻/苔藓	3 430	13.0	8.2	146	0.09	0.27	7.8	122
37	SC201508226~231	四川省康定市塔公镇	20150805	溪流	浮游/水泡/底泥/丝状藻	3 580	11.3	7.4	23	0.01	0.1	7.8	20
38	SC201508232~233	四川省康定市塔公镇	20150805	溪流	浮游/石头	3 580	13.3	7.6	46	0.03	0.14	7.9	38
39	SC201508234~238	四川省道孚县八美玉石林	20150805	溪流	丝状藻/水泡	3 500	21.5	8.1	390	0.2	0.99	7.4	27
40	SC201508239~242	四川省道孚泰宁自然保护区	20150805	溪流	丝状藻/石头	3 470	14.5	8.0	72	0.04	0.16	7.6	59

标本代号	标本号	采集地点	采集日期	生境	着生基质	海拔[m]	水温[℃]	pH	电导率[ms—cm]	盐度[‰]	NH$_4^+$/N	DO[mg/L]	TDS[mg/L]
41	SC201508243~250	四川省道孚泰宁自然保护区	20150805	沼泽	底泥/草根/地木耳	3 470	18.3	8.0	99	0.05	0.33	7.5	74
42	SC201508251~256	四川省道孚县	20150805	温泉	石头/底泥	3 400	45~50	—	—	—	—	—	—
43	SC201508257~273	四川省丹巴县	20150805	池塘	水泡/丝状藻/轮藻/水绵	2 810	26.8	8.5	286	0.13	0.9	12.9	179
44	SC201508274~279	四川省小金县夹金山森林公园	20150806	溪流	浮游	2 440	9.4	8.0	162	0.11	0.43	9.7	150
45	SC201508280~284	四川省小金县夹金山森林公园	20150806	沼泽	草根/底泥/石头	2 440	9.9	8.3	164	0.11	0.62	10.0	150
46	SC201805001~008	四川省雅安市青衣江	20180428	溪流	水泡/丝状藻/苔藓	1 200	13.6	7.9	263	0.16	0.75	8.4	218
47	SC201805009~010	四川省天全县紫石乡	20180428	河流	岩石/浮游	2 400	14.1	8.3	129	0.08	0.04	8.2	105
48	SC201805011~014	四川省天全县紫石乡	20180428	池塘	枯叶/石头/底沙	2 400	20.6	9.5	70	0.04	0.7	9.3	50
49	SC201805015~018	四川省康定市木格措	20180429	溪流	丝状藻/苔藓/石头	3 870	3.0	8.3	25	0.02	0.76	8.5	27
50	SC201805019~033	四川省康定市木格措	20180429	湖泊	树枝/浮游/石头/枯木/丝状藻	3 870	7.9	8.1	31	0.02	0.41	7.0	80
51	SC201805034~035	四川省康定市药池温泉	20180429	温泉	石头	3 570	60.0	8.2	—	—	—	—	—
52	SC201805036~037	四川省康定市药池温泉	20180429	温泉	石头	3 570	50.0	—	—	—	—	—	—
53	SC201805038~039	四川省康定市药池温泉	20180429	温泉	石头	3 570	40.0	—	—	—	—	—	—
54	SC201805040~041	四川省康定市药池温泉	20180429	温泉	丝状藻	3 570	30.0	—	—	—	—	—	—
55	SC201805042~043	四川省康定市药池温泉	20180429	温泉	石头	3 570	20.0	—	—	—	—	—	—
56	SC201805044~045	四川省康定市药池温泉	20180429	温泉	水泡	3 570	15.0	7.8	72	0.83	3.6	3.7	51
57	SC201805046	四川省康定市药池温泉	20180429	温泉	混合	3 570	10.0	8.5	42	0.03	1.92	6.6	37
58	SC201805047	四川省康定市七色海	20180429	湖泊	水泡	3 200	40.0	6.4	88	0.4	1.76	2.6	53
59	SC201805048	四川省康定市七色海	20180429	湖泊	水泡	3 200	29.5	6.4	88	0.4	1.76	2.6	53
60	SC201805049~056	四川省康定市七色海	20180429	湖泊	水泡/水草	3 200	17.5	6.9	295	0.15	1.9	7.1	212

（续表）

标本代号	标本号	采集地点	采集日期	生境	着生基质	海拔[m]	水温[℃]	pH	电导率[ms—cm]	盐度[‰]	NH₄⁺/N	DO[mg/L]	TDS[mg/L]
61	SC201805057~066	四川省康定市七色海	20180429	湖泊	水草/石头/水泡	3 200	10.7	8.2	54	0.03	1.67	7.5	48
62	SC201805067~069	四川省康定市木雅圣地	20180430	溪流	石头	3 400	—	—	—	—	—	—	—
63	SC201805070~071	四川省道孚县雅拉雪山	20180430	溪流	石头	3 400	6.1	8.6	68	0.05	0.55	8.1	70
64	SC201805072~077	四川省道孚县雅拉雪山	20180430	溪流	石头/丝状藻/苔藓	3 400	7.5	8.0	78	0.06	0.88	6.3	75
65	SC201805078	四川省小金县四姑娘措	20180501	湖泊	石头	3 600	4.0	—	—	—	—	—	—
66	SC201805079~096	四川省小金县四姑娘山	20180501	沼泽	水草/水泡/苔藓/树叶/底泥	3 600	4.0	—	—	—	—	—	—
67	SC201805097~098	四川省卧龙自然保护区	20180501	池塘/溪流	石头/底泥/丝状藻/墙壁	1 500	15.6	8.9	173	0.1	0.43	8.3	137
68	HDS201810001~005	四川省都江堰市龙池镇岷江	20181015	河流	浮游/石头/丝状藻/苔藓	740	13.0	8.6	175	0.11	0.57	9.4	147
69	HDS201810006~012	四川省都江堰市岷江	20181015	河流	浮游/木头/石头/丝状藻	880	16.0	8.4	192	0.11	0.62	7.9	151
70	HDS201810013~016	四川省汉源县富林镇大渡河	20181016	河流	浮游	900	19.1	8.5	239	0.13	0.88	7.5	175
71	HDS201810017~019	四川省冕宁县冶勒镇	20181016	溪流	石头	2 670	11.2	8.4	96	0.06	1.12	7.7	85
72	HDS201810020~022	四川省冕宁县冶勒水库	20181016	湖泊	浮游/苔藓	2 670	12.4	8.1	172	0.11	0.8	7.3	147
73	HDS201810023~027	四川省冕宁县冶勒镇	20181016	溪流	石头/泥炭藓/水绵	2 670	11.9	8.2	—	—	—	—	—
74	HDS201810028~031	四川省冕宁县冶勒镇	20181016	溪流	浮游/苔藓/石头	2 550	9.3	8.5	45	0.03	0.83	8.8	42
75	HDS201810032~044	四川省西昌市邛海	20181017	湖泊	浮游/苔藓/丝状藻/草/蓝藻	1 510	19.8	8.5	271	0.14	0.97	6.8	195
76	HDS201810045~049	四川省西昌市螺髻山温泉	20181017	温泉	石壁	1 620	25.3	8.2	395	0.19	1.08	5.0	256
77	HDS201810050~059	四川省西昌市螺髻山温泉	20181017	温泉	石壁	1 620	23.4	8.4	374	0.18	1.07	5.1	250
78	HDS201810060~074	四川省西昌市螺髻山温泉	20181017	温泉	石壁	1 700	17.3	8.5	178	0.10	0.88	7.2	136
79	HDS201810075~077	四川省盐源县平川镇	20181017	河流	浮游/石头	1 600	16.8	8.4	169	0.09	0.81	7.5	130
80	HDS201810078~087	四川省盐源县潘家坝	20181017	池塘	丝状藻/石头/水草	2 400	19.1	9.1	259	0.14	0.99	10.4	189
81	HDS201810088~089	四川盐源县泸沽湖镇小草海	20181018	池塘	水草	2 700	11.5	7.9	187	0.12	—	6.2	164

（续表）

标本代号	标本号	采集地点	采集日期	生境	着生基质	海拔[m]	水温[℃]	pH	电导率[ms—cm]	盐度[‰]	NH₄⁺/N	DO[mg/L]	TDS[mg/L]
82	HDS201810092~100	四川省盐源县泸沽湖	20181018	湖泊	浮游/木桥/水草	2 700	17.2	8.7	181	0.10	0.87	6.0	138
83	HDS201810101~129	云南省宁蒗县泸沽湖	20181018	湖泊	浮游/水草/树根/石头/树叶	2 680	18.3	8.7	189	0.10	1.08	6.0	141
84	HDS201810130~140	云南省宁蒗县泸沽湖大草海	20181018	沼泽	水泡	2 690	13.5	7.7	163	0.10	0.63	3.7	137
85	HDS201810141~145	四川省盐源县泸沽湖	20181018	湖泊	浮游/水草	2 690	18.7	8.6	189	0.10	1.17	6.9	140
86	HDS201810146~150	云南省宁蒗县抓如村	20181019	池塘	浮游/丝状藻	2 560	14.5	8.2	170	0.10	0.72	5.7	139
87	HDS201810151~153	云南省宁蒗县太平村	20181019	池塘	丝状藻	2 230	19.8	9.0	—	—	—	—	—
88	HDS201810154~155，161~163，178～180，202~203	云南省宁蒗县弱贝金沙江	20181019	河流	浮游	1 400	15.8	8.1	567	0.35	0.69	8.3	449
89	HDS201810156~160	云南省宁蒗县弱贝	20181019	溪流	石头	1 400	17.5	8.4	—	—	—	—	—
90	HDS201810164~165	云南省丽江市古城内	20181019	溪流	水草/石壁	2 400	17.0	8.2	—	—	—	—	—
91	HDS201810166~173	云南省丽江拉市海湿地公园	20181020	湖泊	水草/浮游	2 440	15.1	8.4	272	0.16	1.09	4.3	218
92	HDS201810174~177	云南省丽江拉市海湿地公园	20181020	沼泽	满江红	2 440	15.2	8.2	—	—	—	—	—
93	HDS201810181~184	云南省香格里拉市	20181020	溪流	无镉藻/石壁/浮游	2 200	11.9	8.6	115	0.10	0.77	9.2	129
94	HDS201810185~188	云南省香格里拉市喀日桥	20181020	溪流	浮游/石头	3 210	12.3	8.6	84	0.05	0.74	8.6	72
95	HDS201810189~193	云南省香格里拉市龙潭公园	20181020	溪流	浮游/蓝藻/丝状藻/絮状物	3 280	12.4	8.3	117	0.07	0.74	6.9	100
96	HDS201810194~195	云南省香格里拉市龙潭公园	20181020	池塘	浮游	3 260	12.9	8.3	119	0.07	0.84	7.5	101
97	HDS201810196~200	云南省香格里拉市纳帕湖	20181020	湖泊	水泡/水草	3 260	16.8	8.0	302	0.17	0.83	8.1	233
98	HDS201810201~203	云南省德钦县奔子栏	20181021	溪流	石壁	2 070	10.9	8.5	—	—	—	—	—
99	HDS201810204	云南省德钦县白马雪山	20181021	溪流	石壁	2 500	7.6	8.8	—	—	—	—	—
100	HDS201810205~213	云南省德钦县白马雪山	20181021	溪流	石头	3 200	6.7	8.9	—	—	—	—	—
101	HDS201810214~220	云南省德钦县白马雪山	20181021	溪流	石头	3 400	6.2	8.7	—	—	—	—	—
102	HDS201810221~224	云南省德钦县白马雪山	20181021	溪流	石头	4 010	6.3	8.4	—	—	—	—	—

（续表）

标本代号	标本号	采集地点	采集日期	生境	着生基质	海拔 [m]	水温 [℃]	pH	电导率 [ms—cm]	盐度 [‰]	NH₄⁺/N	DO [mg/L]	TDS [mg/L]
103	HDS201810225~227	云南省德钦县升平镇	20181021	溪流	丝状藻	3 760	8.0	8.3	—	—	—	—	—
104	HDS201810228~234	云南省德钦县三岔河	20181021	溪流	水树藻/苔藓/丝状藻	3 760	7.0	8.5	—	—	—	—	—
105	HDS201810235~241	云南省德钦县三岔河	20181021	沼泽/溪流/河流	泥炭藓/苔藓/丝状藻	3 760	15.0	8.4	—	—	—	—	—
106	HDS201810242~246，255~256	云南省德钦县阿东村澜沧江	20181021	河流	石头/浮游	2 050	10.6	8.5	373	0.25	0.48	8.9	334
107	HDS201810247~248	云南省德钦县木许乡	20181021	溪流	浮游	1 660	9.6	8.5	258	0.18	0.32	8.5	239
108	HDS201810249~252	云南西藏交界过界河	20181021	溪流	浮游/石头	1 700	9.6	8.5	335	0.23	0.65	8.1	307
109	HDS201810253	西藏芒康县盐田镇盐田	20181022	盐池	石头	2 300	11.3	7.7	330	28.78	0.79	5.7	290
110	HDS201810254	西藏芒康县盐田镇盐田	20181022	盐池	石头	2 300	10.4	8.4	271	1.92	0.91	7.1	239
111	HDS201810257~258	西藏芒康县盐田镇盐田	20181022	盐池	石头	2 300	11.3	7.7	330	28.78	0.79	5.7	290
112	HDS201810259~263	西藏芒康县盐田镇	20181022	溪流	丝状藻/浮游/絮状物/石头	2 400	9.1	9.0	130	0.09	0.56	9.0	121
113	HDS201810264~268	西藏芒康县盐田镇	20181022	池塘	石头/絮状物/石头/轮藻	2 400	11.2	8.5	547	0.37	0.86	7.5	482
114	HDS201810269~273	西藏芒康县盐田镇	20181022	溪流	苔藓/蓝藻/丝状藻	2 400	11.2	8.5	547	0.37	0.86	7.5	482
115	HDS201810274~275	西藏芒康县盐田镇盐井隧道	20181022	溪流	石壁	2 940	5.0	8.7	—	—	—	—	—
116	HDS201810276~279	西藏芒康县热嘎	20181022	溪流	浮游/石头	3 110	7.5	8.6	205	0.15	0.88	8.3	200
117	HDS201810280~281	西藏芒康县拉沃拉	20181022	溪流	石头/丝状藻	4 760	8.5	8.8	77	0.05	2.19	7.3	74
118	HDS201810282~285	西藏芒康县如美中桥	20181022	溪流	底泥/丝状藻	3 800	10.8	8.0	180	0.12	1.49	6.7	148
119	HDS201810286~291	西藏芒康县登巴村	20181023	溪流	浮游/石头	3 500	2.5	8.7	81	0.07	0.75	9.4	103
120	HDS201810292~298	西藏左贡县东达山	20181023	溪流	丝状藻/石头/水草	4 000	2.3	8.5	80	0.07	0.63	8.5	92
121	HDS201810299~300	西藏左贡县东达山	20181023	池塘结冰	满江红	4 600	1.6	8.1	138	0.09	0.01	7.7	121
122	HDS201810301~302	西藏左贡县东达山	20181023	溪流	石头	4 600	—	—	—	—	—	—	—
123	HDS201810303~306	西藏左贡县东达山	20181023	沼泽	水草/水绵/石头	4 750	2.3	9.1	91	0.08	0.35	7.3	105

（续表）

标本代号	标本号	采集地点	采集日期	生境	着生基质	海拔[m]	水温[℃]	pH	电导率[ms—cm]	盐度[‰]	NH_4^+/N	DO[mg/L]	TDS[mg/L]
124	HDS201810307～309	西藏左贡县东达山	20181023	河流	丝状藻	4 500	4.8	8.2	112	0.09	—	7.9	119
125	HDS201810310～312	西藏左贡县玉曲河	20181023	河流	石头/浮游	3 850	7.7	8.3	171	0.12	1.73	8.0	166
126	HDS201810313～322	西藏左贡县	20181023	池塘	水草	3 850	11.9	8.3	262	0.17	1.97	10.4	227
127	HDS201810323～325	西藏八宿县玉曲河	20181023	河流	浮游/石头/水草	4 100	6.7	8.4	156	0.11	0.21	7.9	156
128	HDS201810326～330	西藏八宿县布泽村大桥怒江	20181023	河流	浮游	2 700	4.7	8.3	281	0.20	0.75	5.3	272
129	HDS201810331～335	西藏八宿县旺比村冷曲河	20181024	河流	浮游/石头/水草	2 960	3.0	8.7	—	—	—	—	—
130	HDS201810336～343	西藏八宿县吉达乡	20181024	溪流	浮游/丝状藻/水草	4 140	5.3	8.4	91	0.07	1.68	8.2	95
131	HDS201810344～345	西藏八宿县吉达乡	20181024	河流	浮游	4 140	1.7	8.3	89	0.08	2.48	8.9	105
132	HDS201810346～350	西藏八宿县大熊措	20181024	湖泊	底泥/浮游/水草	4 475	0.6	10.0	83	0.07	0.21	8.2	99
133	HDS201810351	西藏八宿县然乌湖	20181024	湖泊	浮游	4 140	6.4	8.7	125	0.10	0.57	7.2	130
134	HDS201810352～353	西藏八宿县然乌湖	20181024	池塘	底泥	4 140	—	—	—	—	—	—	—
135	HDS201810354～356	西藏八宿县然乌湖	20181024	湖泊	石头/水草/絮状物	3 930	3.4	8.5	49	0.04	1.35	9.7	52
136	HDS201810379～389	西藏八宿县然乌湖	20181025	湖泊	浮游/丝状藻/底泥/石头	3 940	6.6	8.2	90	0.07	0.97	8.6	90
137	HDS201810357～362	西藏八宿县各桶村	20181024	溪流	底泥/水草/丝状藻	4 310	8.5	8.4	71	0.05	1.22	7.2	68
138	HDS201810363～368	西藏八宿县桑曲河	20181024	河流	石头/墙壁/丝状藻	4 250	12.9	8.5	76	0.06	0.89	7.2	78
139	HDS201810369～371	西藏察隅县桑曲河	20181024	河流	浮游/石头	2 430	5.4	8.2	129	0.10	0.66	9.7	134
140	HDS201810372	西藏察隅县平安大酒店	20181025	池塘	墙壁	2 300	6.9	8.4	31	0.02	0.37	8.1	29
141	HDS201810373～375	西藏察隅县加油站	20181025	溪流	苔藓	2 360	5.3	8.7	—	—	—	—	—
142	HDS201810376～378	西藏察隅县卡英桥	20181025	溪流	浮游	2 640	6.5	8.2	83	0.06	1	8.9	84
143	HDS201810390～393	西藏波密县额贡藏布	20181025	河流	石头/浮游	3 250	7.0	8.2	88	0.06	1.66	8.1	87
144	HDS201810394～396，442～445	西藏波密县帕隆藏布	20181025	河流	石头/浮游	2 740	7.6	8.2	81	0.06	0.67	9.3	79
145	HDS201810397～410	西藏墨脱县检查站	20181026	溪流/沼泽	底泥/丝状藻/苔藓/石头	3 420	4.0	8.6	—	—	—	—	—

（续表）

标本代号	标本号	采集地点	采集日期	生境	着生基质	海拔[m]	水温[℃]	pH	电导率[ms—cm]	盐度[%]	NH₄⁺/N	DO[mg/L]	TDS[mg/L]
146	HDS201810411~414	西藏墨脱县检查站	20181026	溪流	底泥/丝状藻/苔藓/石头	3 450	5.8	9.8	—	—	—	—	—
147	HDS201810415~418	西藏墨脱县嘎隆拉隧道	20181026	溪流	石头/丝状藻/泥炭藓	3 770	2.3	8.7	55	0.05	1.13	9.2	64
148	HDS201810419~422	西藏波密县嘎隆寺旁	20181026	池塘	丝状藻/苔藓	3 770	5.3	8.6	—	—	—	—	—
149	HDS201810423~429	西藏波密县嘎隆寺旁	20181026	溪流	水树藻/丝状藻/苔藓	3 770	4.8	8.3	128	0.10	5.02	7.0	134
150	HDS201810430~432	西藏波密县冰湖流出水	20181026	溪流	石头/丝状藻	3 670	3.6	8.2	173	0.14	0.39	9.6	190
151	HDS201810433~435	西藏波密县扎木镇	20181026	溪流	丝状藻	3 200	4.5	8.2	120	0.09	0.29	8.4	129
152	HDS201810436~439	西藏波密县洛沙则	20181026	溪流	丝状藻	3 070	6.5	8.1	65	0.05	2.09	9.7	65
153	HDS201810440~445	西藏波密县嘎朗湿地公园	20181026	池塘	石头	2 780	14.0	8.7	—	—	—	—	—
154	HDS201810446	西藏波密县嘎朗湿地公园	20181026	池塘	石头	2 700	7.3	9.0	—	—	—	—	—
155	HDS201810447~452	西藏波密县嘎朗湿地公园	20181026	溪流	苔藓/底泥/水草/石头	2 760	7.9	8.5	—	—	—	—	—
156	HDS201810453~454	西藏波密县	20181027	溪流	石头/底泥	2 670	4.9	8.5	—	—	—	—	—
157	HDS201810455~456	西藏波密县易贡湖	20181027	湖泊	浮游	2 190	8.9	8.2	161	0.11	0.74	7.8	151
158	HDS201810457~458	西藏波密县	20181027	溪流	苔藓	2 130	7.7	8.3	—	—	—	—	—
159	HDS201810459~461	西藏林芝市雅鲁藏布	20181027	河流	石头	2 540	6.9	8.2	61	0.04	0.42	9.8	61
160	HDS201810462~468	西藏林芝市鲁朗景区	20181027	溪流	石头/丝状藻/水泡/絮状物	3 320	10.0	8.7	—	—	—	—	—
161	HDS201810469~476	西藏林芝市桃花山庄	20181027	池塘	满江红/水草/丝状藻/石头	2 960	20.4	7.7	—	—	—	—	—
162	HDS201810477~484	西藏林芝市巴宜区	20181027	河流	丝状藻/石头/水草	2 960	10.9	8.4	144	0.09	0.75	8.7	128
163	HDS202008001	云南省保山市腾冲市曲石乡	20200809	池塘	石头/水草	1 534	17.0	—	—	—	—	—	—
164	HDS202008002	云南省保山市腾冲市黑鱼河	20200809	溪流	石头/水草	1 510	17.5	—	—	—	—	—	—
165	HDS202008003	云南省保山市十里荷花	20200809	池塘	水草/石壁	1 500	15.0	—	—	—	—	—	—
166	HDS202008004	云南省保山市青华海	20200811	湖泊	石头/水草/丝状藻	1 470	20.0	—	—	—	—	—	—
167	064301~310	维西县塔城	20060611	池塘	石头	2 030	—	7.6	—	—	—	—	—

（续表）

标本代号	标本号	采集地点	采集日期	生境	着生基质	海拔[m]	水温[℃]	pH	电导率[ms—cm]	盐度[‰]	NH4+/N	DO[mg/L]	TDS[mg/L]
168	064311~322	维西县	20060612	溪流/池塘	丝状藻	2 374	—	7.5	—	—	—	—	—
169	064329~340	丽江	20060615	池塘/溪流	无隔藻/轮藻	2 795	—	7.9	—	—	—	—	—
170	105001~005	墨竹工卡	20100720	溪流	丝状藻	3 750	—	6.9	—	—	—	—	—
171	105013~016	边坝卡达村	20100721	水塘	轮藻	2 677	—	8.1	—	—	—	—	—
172	105027~032	工布江达	20100724	沼泽	轮藻	3 550	—						
173	105034~035	浪卡子县羊卓雍湖	20100724	湖泊	枯草	4 443	—	8.5					
174	105036~042	纳木措	20100725	湖泊	轮藻/石头	4 729	—	9.8					
175	105043~048	当雄草原	20100725	沼泽	水泡	4 012	—	7.7					
176	SC201108008~012	扎噶瀑布下游缓流	20110817	溪流	石头上附着丝状绿色藻	3 075	8.7	8.0					
177	SC201108027~028	明镜湖	20110817	湖泊	水底表面附着呈绿色褐色	—	14.8	7.9					
178	SC201108034~035	天鹅湖	20110817	湖泊	不详	3 360	15.2	7.7					
179	SC201108036~038	头道海	20110817	湖泊	不详	3 356	17.1	8.0					
180	SC201108039~043	翡翠湖	20110817	湖泊	绿色絮状物	3 416	10.7	7.7					
181	SC201108051~052	若尔盖热曲旁路边沼泽	20110818	沼泽	沼泽水草挤出水	3 582	17	7.4					
182	SC201108055~061	若尔盖县城附近桥洞下边	20110818	沼泽	绿色褐色丝状藻附着	3 360							
183	SC201108062~064	若尔盖铁布梅花鹿保护区旁	20110819	沼泽	水草附着褐色绿色丝状藻	3 222	16.1	7.9					
184	SC201108065~070	若尔盖河它旁	20110819	沼泽	水草附着黄色丝状藻/轮藻	3 222	15.6	8.2					
185	SC201108071~082	四川省若尔盖县红星镇	20110819	沼泽	丝状藻/轮藻/水草	3 203	13.5	7.5					
186	SC201108083~091	尕海湖	20110819	湖泊	水草/浮游/狐尾藻	3 481	14.9	9.2					
187	SC201108094~095	黑河大桥下	20110819	河流	浮游	3 444	20	8.7					
188	SC201108096~098	黑河大桥往唐克路上	20110819	河流	水草/丝状藻	3 438	25.2	9.1					
189	SC201108100~108	唐克前往瓦切乡路上	20110820	沼泽	沼泽绿色气泡	3 451							
190	SC201108109~115	红原月亮湾白河附近水泡	20110820	池塘	水草上附着褐色藻	—	18.6	9.7					
191	SC201108116~119	路标128处	20110820	河流	丝状草/水泡	3 483	21.8	7.6	—	—	—	—	—

（续表）

（续表）

标本代号	标本号	采集地点	采集日期	生境	着生基质	海拔[m]	水温[℃]	pH	电导率[ms—cm]	盐度[‰]	NH₄⁺/N	DO[mg/L]	TDS[mg/L]
192	SC201205003~010	黑水河与岷江交汇处	20120505	河流	浮游	1 620	12.3	8.5	—	—	—	—	—
193	SC201205051~054	松潘至若尔盖路上路边小河	20120507	河流	枯枝/水草/水泡	3 256	4.5	8.4	—	—	—	—	—
194	SC201205056~070	花湖	20120507	沼泽	丝状藻/水草/水泡	3 468	13.2	7.8	—	—	—	—	—
195	SC201205071~075	花湖里面亭子旁边	20120507	湖泊	水草/絮状物	3 468	16.5	8.5	—	—	—	—	—
196	SC201205076~080	花湖左边栈道第一个水深处	20120507	湖泊	浮游/水草	3 468	16.1	8.2	—	—	—	—	—
197	SC201205081~089	花湖中心	20120507	湖泊	水面漂浮呈绿色/浮游	3 468	20.6	8.7	—	—	—	—	—
198	SC201205095~102	嫩哇乡黑河	20120508	河流	浮游/水草/枯叶	3 454	11.8	8.2	—	—	—	—	—
199	SC201205122~123	黑河到唐克路上	20120508	沼泽	烂叶/苔藓	3 442	19.8	7.9	—	—	—	—	—
200	SC201205133~140	辖曼牧场	20120508	沼泽	绿色藻/狐尾藻/丝状藻	3 440	19	10.2	—	—	—	—	—
201	SC201205143~144	唐克到若尔盖	20120508	沼泽	桥下门洞水草附着	3 453	12.1	7.6	—	—	—	—	—
202	SC201205152~153	刚出若尔盖县	20120509	沼泽	水面漂浮绿藻	3 461	3.2	7.5	—	—	—	—	—
203	SC201205158~165	若尔盖到唐克	20120509	沼泽	路边沼泽中木贼附着	3 425	6.5	7.7	—	—	—	—	—
204	SC201205166~173	若尔盖到唐克	20120509	沼泽	苔藓附着	3 490	14.1	7.8	—	—	—	—	—
205	SC201205176~185	瓦切乡加油站旁	20120509	沼泽	水草附着	3 455	22.8	8.1	—	—	—	—	—
206	SC201205186~198	瓦切到松潘途中	20120509	沼泽	洞口石头附着絮状物	3 476	20.1	7.7	—	—	—	—	—
207	SC201205209~214	从麦洼到色地途中	20120509	小溪	丝状藻/烂草叶/水泡	3 583	12.5	8.2	—	—	—	—	—
208	SC201210085~110	甘海子	20121006	沼泽	浮游/丝状藻/枯叶	—	9.9	8.0	—	—	—	—	—
209	SC201210137~153	花湖	20121007	湖泊	水草/底泥/絮状物/丝状藻	3 468	7.5	7.9	—	—	—	—	—
210	SC201210164~166	花湖观景台	20121007	沼泽	絮状物/浮游	3 468	11	8.5	—	—	—	—	—
211	SC201210187~188	观景台	20121007	湖泊	浮游	3 481	—	—	—	—	—	—	—
212	SC201210319~320	白石海	20121011	湖泊	船上木头/浮游	2 658	9.2	9.2	—	—	—	—	—
213	SC201210321~324	墨海观景台下	20121011	湖泊	苔藓/水草	2 673	10.5	8.0	—	—	—	—	—

(续表)

标本代号	标本号	采集地点	采集日期	生境	着生基质	海拔[m]	水温[℃]	pH	电导率[ms/cm]	盐度[‰]	NH_4^+/N	DO[mg/L]	TDS[mg/L]
214	SC201210325~330	白石海	20121011	溪流	苔藓/石头	2 658	9.3	8.1	—	—	—	—	—
215	JSJ-1-6(1)-(4)	阿海水电站	20190802	河流	浮游	1 463	19.5	8.2	423	—	—	—	—
216	JSJ-1-7(1)-(4)	金安桥水电站	20190803	河流	浮游	1 378	20	8.2	460	—	—	—	—
217	JSJ-1-10(1)-(2)	鲁地拉雷打石渡口	20190804	河流	浮游	1 176	21.8	8.1	490	—	—	—	—
218	JSJ-1-11(1)-(3)	观音岩水坝	20190805	河流	浮游	1 120	23.6	8.3	600	—	—	—	—
219	JSJ-1-12(1)-(3)	龙洞	20190805	河流	浮游	994	21	8.3	564	—	—	—	—
220	JSJ-1-19(1)-(2)	乌东德坝区	20190807	河流	浮游	842	21.2	8.7	422	—	—	—	—
221	JSJ-1-25	白鹤滩镇	20190808	河流	浮游	544	22.2	8.3	426	—	—	—	—
222	JSJ-1-33(1)-(2)-34	溪洛渡街道	20190810	河流	浮游	533	24	8.3	494	—	—	—	—
223	JSJ-1-39	向家坝	20190811	河流	浮游	370	23.7	8.0	466	—	—	—	—
224	JSJ-1-42(1)-(2)-43	宜宾海事	20190811	河流	浮游	225	23.7	8.4	452	—	—	—	—
225	JSJ-2-3	虎跳峡	20191028	河流	浮游	1 765	11.8	8.3	733	—	—	—	—
226	JSJ-2-40	三块石	20191106	河流	浮游	227	20.2	8.8	363	—	—	—	—
227	JZG201907XNH1-4	犀牛海	20190709	湖泊	—	—	14.1	8.0	—	0.18	—	4.8	—
228	JZG201907LHH1-2	老虎海	20190710	湖泊	—	—	11.1	7.9	—	0.18	—	4.9	—
229	JZG201907WLH	卧龙海	20190710	湖泊	—	—	12.9	8.3	—	0.17	—	5.5	—
230	JZG201907JH1-2	镜海	20190711	湖泊	—	—	12.0	8.1	—	0.19	—	4.9	—
231	JZG201907WHH1-1	五花海大观景台	20190712	湖泊	—	—	10.0	7.5	—	0.19	—	4.5	—
232	JZG201907ZZTS1-3	珍珠滩瀑布水质	20190713	溪流	—	—	9.6	8.1	—	0.19	—	5.2	—

(续表)